LEHRBUCH

DER

SYNTHETISCHEN METHODEN

DER ORGANISCHEN CHEMIE

FÜR STUDIUM UND PRAXIS

VON

DR. THEODOR POSNER

PRIVATDOZENTEN AN DER UNIVERSITÄT GREIFSWALD

LEIPZIG

VERLAG VON VEIT & COMP.

1903

Druck von Metzger & Wittig in Leipzig.

Vorrede.

Das vorliegende Buch ist aus Vorlesungen über den gleichen Gegenstand hervorgegangen. Wenn der Verfasser glaubt, mit demselben einem Bedürfnis zu entsprechen, so hat dies seinen Grund darin, daß die vorhandenen Bücher über synthetische Darstellungsmethoden, so vorzügliche Nachschlagebücher sie auch für die Laboratoriumsarbeit des fertigen Chemikers sind, infolge der Anordnung des Stoffes dem Studierenden kein leichtes Eindringen in dies Gebiet gestatten. Für diesen Zweck hat der Verfasser den Versuch gemacht, den Stoff in der gleichen Anordnung zu behandeln, in welcher der Studierende gewöhnt ist, denselben aus den allgemeinen Lehrbüchern der organischen Chemie in sich aufzunehmen. Nur in einer Hinsicht schien es notwendig, von dem üblichen System abzuweichen. Die Einteilung des Buches in zwei große Abteilungen: „Fettkörper" und „Aromatische Verbindungen" hätte hier eine Menge zweckloser Wiederholungen bedingt, da vielfach für Verbindungen gleichen Charakters in beiden Gruppen die gleichen synthetischen Methoden Gültigkeit haben. Bei den einzelnen Methoden ist dagegen stets betont worden, ob sie für beide Körperklassen oder unter welchen Bedingungen sie für jede einzelne derselben Gültigkeit haben.

Dagegen erschien es zweckmäßig, das große Gebiet aller derjenigen Verbindungen, die sich theoretisch als Substitutionsprodukte der Kohlenwasserstoffe auffassen lassen, in die beiden Gruppen „Einwertige" und „Mehrwertige Verbindungen" zu teilen, weil für die mehrwertigen Verbindungen, namentlich aber für diejenigen gemischter Natur, sehr häufig spezielle synthetische Methoden gelten. Um jedoch auch hier nach Möglichkeit Wiederholungen zu vermeiden, wurden in der Abteilung „Mehrwertige Verbindungen" nur diese speziellen Methoden ausführlich besprochen, bei allen denjenigen Methoden aber, die lediglich Verallgemeinerungen früher besprochener Arbeitsweisen darstellen nur kurz auf letztere zurückverwiesen. Diejenigen Körperklassen, für deren mehrwertige Repräsentanten spezielle Methoden gar nicht existieren, wie z. B. Halogenverbindungen und Nitrokörper wurden in der Gruppe der mehrwertigen Substanzen gar nicht mehr erwähnt. Dementsprechend finden sich bei den Methoden zur Darstellung einwertiger Verbindungen stets schon Angaben über die Verallgemeinerung auf mehrwertige Körper.

Dem Charakter eines Lehrbuches entsprechend, ist bei den einzelnen Synthesen das Hauptgewicht zunächst auf ihre theoretische Bedeutung gelegt worden, doch wurden auch stets ihr praktischer Wert und die Grenzen ihrer Durchführbarkeit betont. Ebenso wurde bei den einzelnen Reaktionen der theoretische Verlauf zwar in erster Linie betrachtet, andrerseits aber auch den praktischen Versuchsbedingungen große Aufmerksamkeit geschenkt. Natürlich konnten im Rahmen dieses Buches keine genauen Arbeitsvorschriften zur Herstellung einzelner Körper gegeben werden, doch wurden für jede Methode prägnante Beispiele ausgewählt, und möglichst solche Literaturangaben angeführt, in denen sich genaue Vorschriften über die praktische Ausführung finden, so daß es stets ohne besondere Schwierigkeiten möglich ist, die gemachten Angaben auf beliebige Analoge zu übertragen. Wo die, namentlich in ausländischen Zeitschriften erschienenen, Originalarbeiten nicht zur Hand sind, ermöglicht die beigegebene Zeittafel (S. XXXII) leicht, ein Referat in irgend einer deutschen Zeitschrift, vor allem im „Chemischen Centralblatt" oder in den „Jahresberichten" aufzufinden.

Mit Rücksicht auf die praktische Tätigkeit der Studierenden, sowie überhaupt auf die Benutzbarkeit des Buches für die Laboratoriumsarbeit wurde außerdem an den geeigneten Orten auf die ausgezeichneten Vorschriften des jetzt wohl überall eingeführten „Gattermann"[1] hingewiesen, sowie häufig an die vorzüglichen Zusammenstellungen der praktischen Ausführungsweisen im „Lassar-Cohn"[2] erinnert.

---

[1] Gattermann, Praxis des organischen Chemikers. Fünfte Auflage. Leipzig, Veit & Comp. 1902.

[2] Lassar-Cohn, Arbeitsmethoden für organisch-chemische Laboratorien. Dritte Auflage. Hamburg und Leipzig, Leopold Voss. 1901—1903.

Soll das vorliegende Buch also in erster Linie den Zwecken des Studiums dienen, so wird es auch in der Praxis als Nachschlagebuch zu Rate gezogen werden können.

Von einer auch nur annähernd vollständigen Zusammenstellung der Literatur, durch die der Umfang des Buches außerordentlich angewachsen wäre, glaubte der Verfasser um so mehr absehen zu dürfen, als dem im Laboratorium arbeitenden Chemiker der „Beilstein“[1] und „Richter“[2] als nie versagende Ratgeber zu Gebote stehen.

So hofft denn der Verfasser, daß der vorliegende Versuch eines „Lehrbuches der synthetischen Methoden“ freundliche Aufnahme finden möge und bittet die Herrn Fachgenossen, ihn auf alle Mängel desselben aufmerksam machen zu wollen.

Zum Schluß sei es dem Verfasser gestattet, Herrn cand. Bondy auch an dieser Stelle für seine freundliche Hilfe beim Lesen der Korrekturen bestens zu danken.

Greifswald, im August 1903.

Posner.

---

[1] Beilstein, Handbuch der organischen Chemie. Leipzig, L. Voss.
[2] Richter, Lexikon der Kohlenstoffverbindungen. Leipzig, L. Voss.

Inhalt.

I

Dritter Teil. **Mehrwertige Verbindungen.**

Vierter Teil. **Heterocyklische Verbindungen.**

II

Nach Reaktionen geordnet.

I. Reaktionen, bei denen die Gesamtzahl der im Molekül vorhandenen Kohlenstoffatome unverändert bleibt.

A. Schaffung direkter Kohlenstoffbindungen zwischen Kohlenstoffatomen, die vorher nur durch Vermittlung anderer Elemente verknüpft waren.

Umlagerung.	Höhere primäre Amine aus sekundären 86. Benzidine aus Hydrazinen 87. 252. Aminodiphenylamine aus Hydrazinen (Semidinumlagerung) 88. 252. Diaminodiphenylmethane aus Methylendianilinen 88. C-Alkylderivate heterocyklischer Kerne aus N-Alkylderivaten 87. 377. 393. 399. Nitrile aus Isonitrilen 243. Triphenylglyoxalin aus Hydrobenzamid 393.
	Oxysäuren aus Phenolkohlensäureestern 358. C-Acidylacetessigester aus O-Acidylacetessigestern 329.
– N[1]	Nitrile aus Diazoniumcyaniden 241. 299. 322. 347. 357. Cykloparaffindicarbonester aus Pyrazolinderivaten 50.
– H_2O	Isochinolin aus Benzylidenaminoacetaldehyd 407. Akridine aus Acidyldiphenylaminen 408.
– NH_3	Indole aus Phenylhydrazonen 381.
Umlag., – S	Nitrile aus Senfölen 244.
Umlag., – H_2O	Nitrile aus Formaniliden 243.

B. Schaffung direkter Kohlenstoffbindungen unter Schließung eines Kohlenstoffringes.

– Hal.[2]	Cykloparaffinderivate aus Halogenverbindungen 42.
– N	Cykloparaffindicarbonsäureester aus Pyrazolinderivaten 50.
– Met.[3]	Cykloparaffinderivate aus Dinatriumverbindungen 48. 310.

[1] Im folgenden bedeutet – Abspaltung von, + Aufnahme von.
[2] Hal. = Halogen. H·Hal. = Halogenwasserstoff. [3] Met. = Metalle.

C. Schaffung von Doppelbindungen zwischen einfach gebundenen Kohlenstoffatomen.

D. Umwandlung von Kohlenstoffdoppelbindungen in einfache Bindungen.

[1] Min.S. = Mineralsäuren. [2] Kompliziertere Reaktionen.

[1] Bedeutet Substitution von Wasserstoff für Halogen.

[1] Substitution von Wasserstoff für Sauerstoff und Halogen gleichzeitig.

4. *Abspaltungsreaktionen.*

5. *Kombinationen verschiedener Reaktionen.*

[1] Metallalkylverbindungen. [2] Halogenalkyl.

4. *Verkettung durch Kombination verschiedener Reaktionen.*

B. Kohlenstoffatome verschiedener Moleküle werden sowohl durch direkte Kohlenstoffbindung als auch gleichzeitig durch Vermittlung anderer Elemente miteinander verbunden.

C. Kohlenstoffatome verschiedener Moleküle werden durch Vermittlung anderer Elemente miteinander verbunden.

1. Verkettung durch einfache Addition.

2. *Verkettung unter Austritt von Elementen oder anorganischen Verbindungen.*

III. Reaktionen, bei denen eine organische Verbindung in mehrere solche von geringerer Kohlenstoffanzahl zerfällt.

A. Zerfall unter Spaltung direkter Kohlenstoffbindungen.

1. Einfacher Zerfall.

Abkürzungen bei Literaturangaben.[1]

A. = Liebigs Annalen der Chemie.
A. Spl. = Supplementbände zu Liebigs Annalen.
A. ch. = Annales de chimie et de physique.
Am. = American chemical Journal.
B. = Berichte d. Deutschen chemischen Gesellschaft (R. = Referatenteil).
Bl. = Bulletin de la société chimique de Paris.
C. = Chemisches Centralblatt.
C. r. = Comptes rendus des séances de l'académie des sciences.
G. = Gattermann, Praxis des organischen Chemikers (Leipzig, Veit & Comp. 5. Auflage. 1902.)
Gaz. = Gazetta chimica italiana.
J. = Jahresbericht über die Fortschritte der Chemie. (1847—1885. Ricker, Gießen; seit 1886 Braunschweig, Vieweg.)
J. pr. = Journal für praktische Chemie.
L.-C. = Lassar-Cohn, Arbeitsmethoden für organisch-chemische Laboratorien (Hamburg u. Leipzig, Voß. 3. Auflage. 1901—1903).
M. = Monatshefte für Chemie.
Rec. = Recueil des travaux chimiques des Pays-Bas.
Soc. = Journal of the chemical Society.
Z. = Zeitschrift für Chemie, herausgegeben von Beilstein, Fittig und Hübner (7 Bände, 1865—1871).

---

[1] Zum Aufsuchen deutscher Referate, namentlich der ausländischen Originalarbeiten im „Chemischen Centralblatt“ oder in den „Jahresberichten“, dient die umstehende Zeittafel.

Zeittafel zum Aufsuchen der ausländischen Arbeiten im Centralblatt und in den Jahresberichten.

A.[1]	A. ch.	Am.	B.	Bl.[2]	C. r.[3]	Gaz.	J. pr.[4]	M.	Rec.	Soc.	Jahr
73—76	[3.] 28—30	—	—	—	30—31	—	49—51	—	—	3	1850
77—81	31—33	—	—	—	32—33	—	52—54	—	—	4	1851
82—84	34—36	—	—	—	34—35	—	55—57	—	—	5	1852
85—88	37—39	—	—	—	36—37	—	58—60	—	—	6	1853
89—92	40—42	—	—	—	38—39	—	61—63	—	—	7	1854
93—96	43—45	—	—	—	40—41	—	64—66	—	—	8	1855
97—100	46—48	—	—	—	42—43	—	67—69	—	—	9	1856
101—104	49—51	—	—	—	44—45	—	70—72	—	—	10	1857
105—108	52—54	—	—	} [1.] 1	46—47	—	73—75	—	—	11	1858
109—112	55—57	—	—	}	48—49	—	76—78	—	—	12	1859
113—116	58—60	—	—	2	50—51	—	79—81	—	—	13	1860
117—120	61—63	—	—	3	52—53	—	82—84	—	—	14	1861
121—124	64—66	—	—	4	54—55	—	85—87	—	—	15	1862
125—128	67—69	—	—	5	56—57	—	88—90	—	—	16	1863
129—132	[4.] 1—3	—	—	[2.] 1—2	58—59	—	91—93	—	—	17	1864
133—136	4—6	—	—	3—4	60—61	—	94—96	—	—	18	1865
137—140	7—9	—	—	5—6	62—63	—	97—99	—	—	19	1866
141—144	10—12	—	—	7—8	64—65	—	100—102	—	—	20	1867
145—148	13—15	—	1	9—10	66—67	—	103—105	—	—	21	1868
149—152	16—18	—	2	11—12	68—69	—	106—108	—	—	22	1869
153—156	19—21	—	3	13—14	70—71	—	[2.] 1—2	—	—	23	1870
157—160	22—24	—	4	15—16	72—73	1	3—4	—	—	24	1871
161—164	25—27	—	5	17—18	74—75	2	5—6	—	—	25	1872
165—170	28—30	—	6	19—20	76—77	3	7—8	—	—	26	1873
171—174	[5.] 1—3	—	7	21—22	78—79	4	9—10	—	—	27	1874
175—180	4—6	—	8	23—24	80—81	5	11—12	—	—	28	1875
181—184	7—9	—	9	25—26	82—83	6	13—14	—	—	29—30	1876
185—190	10—12	—	10	27—28	84—85	7	15—16	—	—	31—32	1877
191—194	13—15	—	11	29—30	86—87	8	17—18	—	—	33—34	1878
195—200	16—18	1	12	31—32	88—89	9	19—20	—	—	35—36	1879
201—205	19—21	1—2	13	33—34	90—91	10	21—22	1	—	37—38	1880
206—210	22—24	2—3	14	35—36	92—93	11	23—24	2	—	39—40	1881
211—216	25—27	3—4	15	37—38	94—95	12	25—26	3	1	41—42	1882
217—222	28—30	4—5	16	39—40	96—97	13	27—28	4	2	43—44	1883
223—226	[6.] 1—3	5—6	17	41—42	98—99	14	29—30	5	3	45—46	1884
227—232	4—6	6—7	18	43—44	100—101	15	31—32	6	4	47—48	1885
233—236	7—9	7—8	19	45—46	102—103	16	33—34	7	5	49—50	1886
237—242	10—12	9	20	47—48	104—105	17	35—36	8	6	51—52	1887
243—249	13—15	10	21	49—50	106—107	18	37—38	9	7	53—54	1888
250—255	16—18	11	22	[3.] 1—2	108—109	19	39—40	10	8	55—56	1889
256—260	19—21	12	23	3—4	110—111	20	41—42	11	9	57—58	1890
261—266	22—24	13	24	5—6	112—113	21	43—44	12	10	59—60	1891
267—271	25—27	14	25	7—8	114—115	22	45—46	13	11	61—62	1892
272—277	28—30	15	26	9—10	116—117	23	47—48	14	12	63—64	1893
278—283	[7.] 1—3	16	27	11—12	118—119	24	49—50	15	13	65—66	1894
284—288	4—6	17	28	13—14	120—121	25	51—52	16	14	67—68	1895
289—293	7—9	18	29	15—16	122—123	26	53—54	17	15	69—70	1896
294—298	10—12	19	30	17—18	124—125	27	55—56	18	16	71—72	1897
299—303	13—15	20	31	19—20	126—127	28	57—58	19	17	73—74	1898
304—309	16—18	21—22	32	21—22	128—129	29	59—60	20	18	75—76	1899
310—313	19—21	23—24	33	23—24	130—131	30	61—62	21	19	77—78	1900
314—319	22—24	25—26	34	25—26	132—133	31	63—64	22	20	79—80	1901
320—325	25—27	27—28	35	27—28	134—135	32	65—66	23	21	81—82	1902
326—331	28—30	29—30	36	29—30	136—137	33	67—68	24	22	83—84	1903

[1] Bd. 1—4 (1832). Jedes Jahr 4 Bde. [2] Bis 1863 unter dem Titel: Répertoire de chimie pure et appliquée. [3] Bd. 1 (1835), 2—3 (1836). Jedes Jahr 2 Bde. [4] Bd. 1—3 (1834). Jedes Jahr 3 Bde.

Einleitung.

Zur Erforschung der Konstitution einer chemischen Verbindung stehen uns zwei prinzipiell verschiedene Wege zu Gebote. Wir können die Verbindung in einfachere Bestandteile zerlegen, deren Natur uns vielleicht schon bekannt oder ihrer Einfachheit wegen leichter erkennbar ist, und uns so aus der qualitativen und quantitativen Bestimmung der Komponenten ein Bild des ganzen Komplexes schaffen. Man nennt derartige Untersuchungsmethoden analytische oder Abbaumethoden. Ebensogut und häufig sogar noch viel besser gelangen wir zum Verständnis eines komplizierteren Gebildes, wenn es uns gelingt, dasselbe aus einfacheren, uns genau bekannten Bestandteilen künstlich aufzubauen. Der Wert dieser synthetischen oder Aufbaumethoden ist leicht verständlich. Naturgemäß ist es häufig viel besser möglich, die feine Gliederung eines Gebildes zu verstehen, wenn wir dasselbe Stein für Stein selbst aufbauen können, als wenn wir es zerstören müssen, da wir bei den hierzu nötigen, oft sehr gewaltsamen Eingriffen stets Gefahr laufen, die Bestandteile bis zur Unkenntlichkeit zu verunstalten.

Damit ist aber der Wert der Aufbaumethoden keineswegs erschöpft. Betrachten wir die große, noch täglich zunehmende Zahl der uns bekannten Kohlenstoffverbindungen, so sehen wir, daß die Mehrzahl derselben durch künstlichen Aufbau aus anderen Verbindungen bekannt geworden ist, daß wir also der „Synthese" ein gutes Teil unserer gesamten chemischen Kenntnisse verdanken. Auch für das tägliche Leben ist dieser Zweig der Chemie von ungeahnter Bedeutung geworden. Wichtige Farbstoffe, zu deren Gewinnung man früher gewisse Pflanzen anbauen mußte, die wohlriechenden Stoffe unserer Blumen, ja selbst wichtige Bestandteile unserer Nahrungsmittel werden jetzt, zum Teil in größtem Maßstabe und weit billiger und besser als aus Naturprodukten, synthetisch aus früher wertlosen Produkten dargestellt. Aber auch eine grosse Menge ganz neuer Farbstoffe von nie vorher erreichter Pracht, Heilmittel von segensreichster Wirkung und manche andere wichtige Substanzen verdanken wir der organischen Synthese.

Die Geschichte der organischen Synthese reicht nicht sehr weit zurück. Noch zu Beginn des 19. Jahrhunderts teilten die Chemiker die Gesamtzahl der bekannten Verbindungen in zwei große Gruppen; nämlich anorganische Verbindungen, d. h. solche, die im Mineralreich vorkommen oder sich aus Mineralsubstanzen künstlich darstellen lassen, und organische Verbindungen, d. h. solche, die in den lebenden Organismen der Tiere und Pflanzen gebildet werden und zu deren Zustandekommen eine gewisse Lebenskraft, die „vis vitalis" notwendig sein sollte. Diese Anschauung wurde mit einem Schlage vernichtet, als es Wöhler im Jahre 1828 gelang, eine organische Verbindung und noch dazu eines der wichtigsten Stoffwechselprodukte des tierischen Organismus, den Harnstoff, künstlich aus seinen Elementen darzustellen. Diese bedeutsame Synthese blieb aber zunächst jahrzehntelang ohne wesentliche Nachfolge. Erst um die Mitte des Jahrhunderts lenkten Forscher wie Kolbe, Frankland, Würtz u. a. durch ihre bahnbrechenden Arbeiten die Aufmerksamkeit der Chemiker auf dieses Gebiet. Bald begann auf allen Seiten ein emsiges Schaffen, und wenn auch bis heute das Arbeitsfeld noch nicht annähernd erschöpft ist, so verfügen wir doch bereits über eine stattliche Reihe nicht nur einzelner Synthesen, sondern allgemein anwendbarer synthetischer Methoden, vermöge deren wir im stande sind, in vielen Fällen eine noch gar nicht bekannte, kompliziertere Verbindung aus ihren Elementen oder aus einem bequem zugänglichen Ausgangsmaterial so darzustellen, daß wir den ganzen Hergang des Aufbaues vor Beginn der praktischen Ausführung theoretisch genau übersehen können.

Der Begriff der „Synthese" in der organischen Chemie wird sehr verschieden gedeutet. Einerseits versteht man darunter nur den direkten Aufbau chemischer Verbindungen aus ihren Elementen, andererseits alle diejenigen Bildungsweisen organischer Verbindungen, bei denen Kohlenstoffatome, welche vorher nicht oder doch nicht direkt verbunden waren, miteinander verkettet werden. Im vorliegenden Buch soll jedoch der Begriff der Synthese im weitesten Sinn, nämlich für die Gesamtheit der künstlichen Darstellungsmethoden chemischer Verbindungen, im Gegensatz zur einfachen Isolierung derselben aus Naturprodukten gebraucht werden. Läßt sich nun eine synthetische Bildungsweise verallgemeinern, so daß sie nicht nur zur Darstellung einer einzelnen chemischen Verbindung, sondern, mutatis mutandis, für alle oder doch mehrere Repräsentanten der entsprechenden Gruppe dienen kann, so haben wir in derselben eine „synthetische Methode".

Diese synthetischen Methoden sollen im vorliegenden Buch ausschließlich behandelt werden, da der Hauptzweck desselben ist, dem Studierenden die allgemeinen Arbeitsmethoden der organischen Chemie in ihrem logischen Zusammenhange zu zeigen. Demgemäß werden Synthesen selbst wichtiger Körper, die sich nicht haben verallgemeinern lassen, hier nicht oder nur beiläufig erwähnt.

Da der Begriff der organischen Synthese in dem hier untergelegten Sinne die Mehrzahl der künstlichen Darstellungsmethoden überhaupt umfaßt, so soll im einzelnen noch unterschieden werden zwischen „vollkommener Synthese", die den Aufbau der Verbindung aus ihren Elementen ermöglicht, „partieller Synthese", die den Aufbau nur aus einer anderen einfacheren Verbindung erlaubt, und „indirekter Synthese", bei der zunächst eine kompliziertere Verbindung synthetisch dargestellt werden muß, durch deren teilweise Spaltung erst der gewünschte Körper entsteht. Schließlich werden als „Kernsynthesen" nur diejenigen Umsetzungen bezeichnet, bei denen zwischen zwei Kohlenstoffatomen, die vorher nicht direkt miteinander verbunden waren, eine Bindung geschaffen wird, bei denen also der Kohlenstoffkern des Ausgangsmaterials vergrößert wird.

Da die aromatischen Verbindungen, d. h. diejenigen, welche einen ringförmig konstituierten und durch das Vorhandensein einer bestimmten Anzahl von Doppelbindungen besonders stabilen Kern enthalten, bei den weitaus meisten Reaktionen viel mehr den gesättigten aliphatischen Verbindungen, als den ungesättigten gleichen, so sollen aus Zweckmäßigkeitsgründen nur die Derivate der Olefine und Acetylene als ungesättigte Verbindungen, alle aromatischen Verbindungen aber, sofern sie nicht etwa außerhalb des aromatischen Kernes noch eine Doppelbindung besitzen, bei den gesättigten Verbindungen abgehandelt werden.

Jedoch möge gleich hier erwähnt werden, daß diese aromatischen Verbindungen infolge des Vorhandenseins einer bestimmten Konstellation von mehreren Doppelbindungen sich bei manchen Reaktionen scharf von den aliphatischen Verbindungen unterscheiden und daß manche Elemente oder Gruppen sich ganz verschieden verhalten, je nachdem sie direkt am aromatischen Kern, oder an einer aliphatischen Kohlenstoffkette stehen, daß aber ringförmige Verbindungen, welche keine oder nur eine Doppelbindung besitzen (Cykloparaffine u. a.), im allgemeinen den aliphatischen Verbindungen nahe kommen.

Erster Teil.

Kohlenwasserstoffe.

Man unterscheidet verschiedene Klassen von Kohlenwasserstoffen, d. h. Verbindungen, welche nur aus Kohlenstoff und Wasserstoff bestehen, von folgenden Gesichtspunkten aus: Die verschiedenen Kohlenstoffatome, welche das Skelett des Kohlenwasserstoffs bilden, müssen alle untereinander gebunden sein, da die einwertigen Wasserstoffatome nicht als Bindeglieder zwischen zwei Kohlenstoffatomen funktionieren können, andere Elemente aber nicht vorhanden sind. Diese Bindung zwischen den verschiedenen Kohlenstoffatomen, die hier stets als vierwertige Elemente anzunehmen sind, kann nun so stattfinden, daß jedesmal eine Affinität eines Kohlenstoffatoms mit einer Affinität eines anderen verbunden ist. Da die hierbei verbrauchte Anzahl von Affinitäten die kleinste für die betreffende Kohlenstoffanzahl mögliche ist, wird bei dieser Bindungsart:

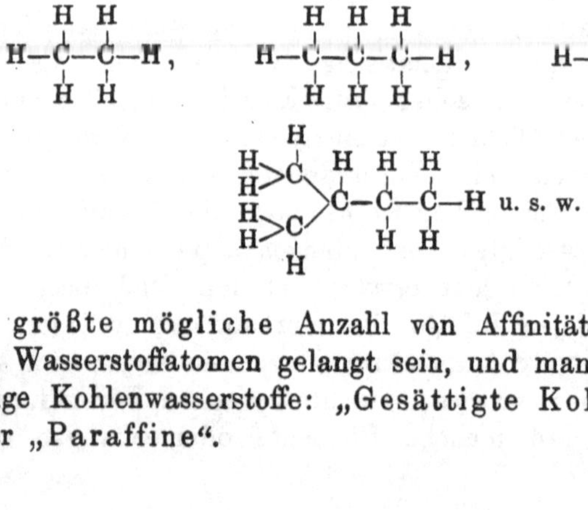

die größte mögliche Anzahl von Affinitäten zur Absättigung mit Wasserstoffatomen gelangt sein, und man nennt danach derartige Kohlenwasserstoffe: „Gesättigte Kohlenwasserstoffe“ oder „Paraffine“.

Die Bindung zwischen zwei Kohlenstoffen kann aber auch mit mehr als je einer Affinität geschehen. Derartige Kohlenwasserstoffe werden natürlich bei gleicher Kohlenstoffanzahl weniger Wasserstoffatome enthalten und heißen darum „Ungesättigte Kohlenwasserstoffe", weil sie starke Neigung zeigen, die fehlende Anzahl von Wasserstoffatomen noch nachträglich aufzunehmen. Sind an irgend einer Stelle des Moleküls zur Bindung zweier Kohlenstoffe je zwei Affinitäten verbraucht worden, enthält also das Molekül Doppelbindungen:

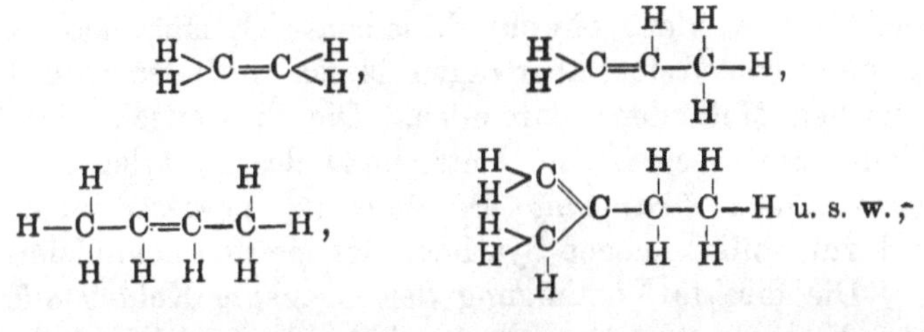

so nennt man die Kohlenwasserstoffe Olefine, oder wenn an mehreren Stellen solche Doppelbindungen vorkommen, Diolefine, Triolefine u. s. w. Außerdem können aber auch zur gegenseitigen Bindung zweier Kohlenstoffe je drei Affinitäten verbraucht werden:

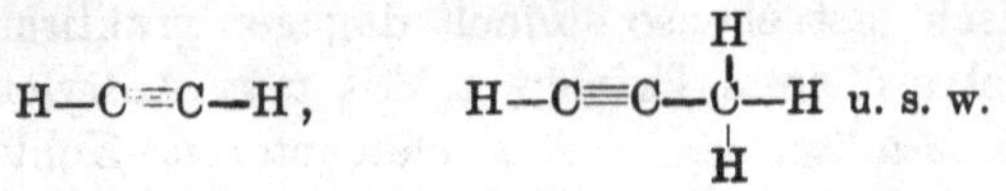

Derartige ungesättigte Kohlenwasserstoffe, welche dreifache Bindungen enthalten, heißen Acetylene bezw. Diacetylene, Triacetylene u. s. w.

Da die Kohlenwasserstoffe als die Grundkörper aller anderen organischen Verbindungen betrachtet werden können, sind ihre Synthesen von besonderem Interesse und grundlegend für fast alle anderen Synthesen. Einige einfache Kohlenwasserstoffe lassen sich direkt oder doch fast direkt durch Vereinigung der Elemente darstellen, während die meisten höheren Kohlenwasserstoffe durch geeignete Verkettung mehrerer einfacher Kohlenwasserstoffmoleküle aufgebaut werden. Da durch die einfachste mögliche Synthese, nämlich durch direkte Vereinigung von Kohlenstoff und Wasserstoff zunächst das Acetylen, ein Kohlenwasserstoff mit einer dreifachen Bindung entsteht, soll die Gruppe dieser Kohlenwasserstoffe zuerst besprochen werden.

I. Kohlenwasserstoffe mit dreifachen Bindungen.

A. Acetylene.

Da das niedrigste Glied dieser Reihe, die Verbindung HC≡CH, das Acetylen selbst, theoretisch als das Ausgangsmaterial für fast alle höheren Verbindungen, deren Synthese bisher überhaupt hat vollkommen durchgeführt werden können, angesehen werden kann, sollen hier zunächst die wichtigsten

Einzelsynthesen des Acetylens

kurz angeführt werden, obwohl dieselben sich nicht auf andere Glieder derselben Reihe übertragen lassen und demnach keine „synthetischen Methoden" darstellen. Die theoretisch wichtigste dieser Einzelsynthesen ist die Entstehung des Acetylens:

Durch direkte Vereinigung der Elemente, gewissermaßen der Schlüssel zur vollkommenen Synthese der meisten komplizierteren Körper. Die direkte Vereinigung der Elemente Kohlenstoff und Wasserstoff wurde von BERTHELOT dadurch erreicht, daß er in einem mit Wasserstoff erfüllten Raume zwischen zwei Kohlenspitzen den elektrischen Lichtbogen erzeugte[1]:

$$2C + H_2 = HC \equiv CH.$$

Naturgemäß läßt sich diese Synthese nicht verallgemeinern.

Theoretisch fast ebenso einfach, dagegen praktisch mit außerordentlich viel größerem Erfolge, erhält man Acetylen:

Aus den Metallkarbiden. Aus elementarem Kohlenstoff kann man *Acetylen* auch darstellen, wenn man denselben zunächst durch starkes Glühen von Kohle mit Kalk oder Kreide (bezw. Baryumcarbonat) im elektrischen Ofen mit Calcium (oder Baryum) vereinigt und die so entstehenden Carbide mit Wasser zersetzt.[2] Diese Darstellungsweise hat seit einigen Jahren ein bedeutendes technisches Interesse gewonnen, indem so dargestelltes Acetylen in großem Maßstabe zu Beleuchtungszwecken verwandt wird:

$$2C + Ca = \begin{matrix} C \\ \| \! \| \\ C \end{matrix} \!\! > Ca, \qquad \begin{matrix} C \\ \| \! \| \\ C \end{matrix} \!\! > Ca + 2H_2O = \begin{matrix} CH \\ \| \! \| \\ CH \end{matrix} + Ca \!<\! \begin{matrix} OH \\ OH \end{matrix}.$$

Da technisches Calciumkarbid jetzt überall zu haben ist, ist diese Methode auch bei weitem die einfachste zur Darstellung von Acetylen für Laboratoriumszwecke.

---

[1] BERTHELOT, A. ch. [3] **57**, 82; [4] **13**, 143. — Vgl. BONE, JERDAN. Soc. **71**, 41.

[2] WÖHLER, A. **124**, 220. — MAQUENNE, A. ch. [6] **28**, 266. B. **25**, R., 850. — MOISSAN, Bl. [3] **15**, 1285; B. **27** R., 297 u. 238.

Schließlich möge noch eine dritte Einzelsynthese des Acetylens erwähnt werden, obwohl dieselbe praktisch ohne Bedeutung ist, nämlich:

Aus Trihalogenmethan. Dieselbe setzt zwei später zu besprechende Reaktionen voraus, nämlich die vollkommene Synthese des einfachsten gesättigten Kohlenwasserstoffs, des Methans CH_4, sowie den Ersatz dreier Wasserstoffe desselben durch Halogen (Chlor, Brom oder Jod). Entzieht man diesen Trihalogenverbindungen das Halogen durch Metalle, so erhält man *Acetylen.* Zum Verständnis dieser Reaktion kann man sich denken, daß das Metall vermöge seiner größeren Affinität zum Halogen dasselbe dem Kohlenstoff entreißt. Hierdurch würden zunächst CH-Gruppen entstehen, welche je drei freie Affinitäten besitzen:

$$\mathrm{H{-}\overset{Cl}{\underset{Cl}{C}}{-}Cl + 3\,Na = \left[H{-}\overset{|}{\underset{|}{C}}{-}\right] + 3\,NaCl}\,.$$

Da nun Komplexe mit freien Affinitäten im allgemeinen nicht existieren können, vereinigen sich je zwei derselben, indem deren drei freie Affinitäten sich gegenseitig binden, zu *Acetylen*

$$\mathrm{\left[H{-}\overset{|}{\underset{|}{C}}{-} + {-}\overset{|}{\underset{|}{C}}{-}H\right] = H{-}C{\equiv}C{-}H}\,.$$

Diese Vereinigung läßt sich beim Trichlormethan (Chloroform) durch glühendes Kupfer[1] oder Natrium[2], noch bequemer beim Bromoform oder Jodoform durch Silber oder Zinkstaub[3] erreichen. Da das Methan, wie weiter unten gezeigt werden wird, sich synthetisch aus den Elementen aufbauen läßt, ist auch hiermit die „vollkommene Synthese" des Acetylens erreicht

$$\mathrm{HC{\equiv}Cl_3 + Cl_3{\equiv}CH + 6\,Na = HC{\equiv}CH + 6\,NaCl}\,.$$

Die Vereinigung zweier vorher mit Halogen verbundener Reste durch Halogenentziehung vermittelst Natrium (oder auch anderer Metalle) stellt den ersten Fall einer äußerst wichtigen, später noch häufig zu erwähnenden, synthetischen Methode dar, die man als Würtzsche oder Fittigsche Synthese bezeichnet, die aber zur Gewinnung höherer Acetylene noch nicht verallgemeinert worden ist.

Außer diesen Einzelsynthesen des Acetylens sind auch einige allgemeine

---

[1] Berthelot, A. ch. [3] **57**, 82.

[2] Fittig und Kletzinsky, Z. **1866**, 127.

[3] Cazeneuve, Bl. [2] **41**, 106; Bl. [3] **7**, 70; B. **25** R., 108.

Synthetische Methoden zur Gewinnung der Acetylene bekannt.

1. *Durch Abspaltung von Bromwasserstoff.* Diejenigen Dibromsubstitutionsprodukte der gesättigten Kohlenwasserstoffe, welche die beiden Bromatome an zwei benachbarten Kohlenstoffen enthalten (Olefindibromide) und welche aus den leicht zugänglichen Olefinen bequem darstellbar sind (s. S. 54), spalten unter der Einwirkung alkoholischer Kalilauge nacheinander die beiden Bromatome mit je einem Wasserstoff der benachbarten Kohlenstoffgruppe als Bromwasserstoff ab.[1] So gibt Äthylenbromid zunächst ein Molekül Bromwasserstoff unter Bildung von *Monobromäthylen*, sodann das zweite unter Bildung von *Acetylen* ab

$$\begin{array}{l} CH_2Br \\ | \\ CH_2Br \end{array} + KOH = \begin{array}{l} CH_2 \\ \| \\ CHBr \end{array} + KBr + H_2O\,,$$

$$\begin{array}{l} CH_2 \\ \| \\ CHBr \end{array} + KOH = \begin{array}{l} CH \\ ||| \\ CH \end{array} + KBr + H_2O\,.$$

Ganz analog entstehen aus den entsprechenden höheren Olefindibromiden (oder auch aus den als Zwischenprodukte aufzufassenden Monohalogenolefinen) die höheren Acetylene, so *Crotonylen* $CH_3C{\equiv}C{\cdot}CH_3$ aus $CH_3{\cdot}CHBr{-}CHBr{\cdot}CH_3$[2], *Allylen* $CH_3{\cdot}C{\equiv}CH$ aus $CH_3{\cdot}CCl:CH_2$[3] und zahlreiche Homologe.[4]

Auch aromatische Acetylene entstehen in ähnlicher Weise. Stilbenbromid $C_6H_5{\cdot}CHBr{-}CHBr{\cdot}C_6H_5$ liefert so *Tolan*[5] $C_6H_5{\cdot}C{\equiv}C{\cdot}C_6H_5$ und ebenso Styrolbromid $C_6H_5{\cdot}CHBr{\cdot}CH_2Br$ oder Acetophenonchlorid $C_6H_5{\cdot}CCl_2{\cdot}CH_3$ *Phenylacetylen*[6].

Zu dieser Bildungsweise ist zu bemerken, daß manche Acetylene bei stärkerem Erhitzen mit alkoholischer Kalilauge eine Umlagerung erleiden, und zwar in dem Sinne, daß unsymmetrisch gebaute Acetylene das Bestreben zeigen, in symmetrische Verbindungen überzugehen. So gibt Äthylacetylen $C_2H_5C{\equiv}CH$: *Dimethylacetylen* $CH_3{\cdot}C{\equiv}C{\cdot}CH_3$, Propylacetylen $C_3H_7{\cdot}C{\equiv}CH$: *Methyläthylacetylen* $CH_3{\cdot}C{\equiv}C{\cdot}C_2H_5$.[7]

Umgekehrt kann man *Propylacetylen* aus Methyläthylacetylen durch Erhitzen mit Natrium erhalten.[8]

---

[1] Sawitsch, A. **119**, 184. — Sabanejeff, A. **178**, 111.
[2] Caventou, A. **127**, 347.
[3] Sawitsch, A. **119**, 186. — Friedel, A. **134**, 262.
[4] Krafft u. Reuter, B. **25**, 2243.
[5] Limpricht, Schwanert, A. **145**, 347. — Fittig, A. **168**, 74 Anm.
[6] Peratoner, Gaz. **22**, [2] 67.
[7] Faworsky, B. **20** R., 781; J. pr. [2] **44**, 228.
[8] Faworsky, B. **21** R., 177.

Zuweilen kann man aus Tetrahalogensubstitutionsprodukten der gesättigten Kohlenwasserstoffe Acetylen darstellen, indem man das Halogen durch Erhitzen mit Natrium entzieht. So erhält man aus Dichloracetonchlorid *Allylen*[1]

$$CH_3\cdot CCl_2\cdot CHCl_2 + 4\,Na = CH_3\cdot C{\equiv}CH + 4\,NaCl.$$

Von größerer Wichtigkeit als hier ist die entsprechende Modifikation dieser Synthese für die Darstellung der Olefine.

2. *Durch Elektrolyse.* Acetylen und einige seiner Homologen sind durch elektrolytische Zersetzung der Alkalisalze ungesättigter Dicarbonsäuren erhalten worden. So entsteht aus Maleïnsäure oder Fumarsäure *Acetylen*[2]

$$\begin{matrix}CH\cdot COOK\\ \Vert\\ CH\cdot COOK\end{matrix} + \begin{matrix}HOH\\ \\ HOH\end{matrix} = \begin{matrix}CH\\ \vert\vert\vert\\ CH\end{matrix} + \begin{matrix}CO_2\\ \\ CO_2\end{matrix} + \begin{matrix}KOH\\ \\ KOH\end{matrix} + \begin{matrix}H\\ \vert\\ H\end{matrix},$$

indem das Ion $\begin{matrix}CHCO_2\\ \Vert\\ CHCO_2\end{matrix}$ in Acetylen und Kohlendioxyd zerfällt.

Mesaconsäure und Citraconsäure liefern in gleicher Weise *s-Allylen.*[3]

Da die vollkommene Synthese der ungesättigten zweibasischen Säuren bekannt ist, so bedeutet deren elektrolytische Zersetzung eine indirekte, aber vollkommene Synthese der Acetylene. Praktisch beansprucht dieselbe jedoch kein großes Interesse, weil die ungesättigten zweibasischen Säuren nur in geringer Anzahl leicht zugänglich sind.

Nach der ersten der beiden allgemeinen Bildungsweisen für Acetylene läßt sich die charakteristische Gruppe dieser Körperklasse natürlich auch in kompliziertere Verbindungen einführen. Beispielsweise gibt Dibrombernsteinsäure beim Behandeln mit alkoholischer (oder wäßriger) Kalilauge *Acetylendicarbonsäure.*[4]

$$\begin{matrix}CHBr\cdot COOH\\ \vert\\ CHBr\cdot COOH\end{matrix} + 2\,KOH = \begin{matrix}C{-}COOH\\ \vert\vert\vert\\ C{-}COOH\end{matrix} + 2\,KBr + 2\,H_2O.$$

Ebenso entsteht aus α-Bromallylalkohol $CH_2{=}CBr{-}CH_2OH$ der *Propargylalkohol* $CH{\equiv}C\cdot CH_2OH$[5] u. a. m.

B. Diacetylene und Polyacetylene.

Diacetylene sind bisher erst in sehr geringer Anzahl bekannt geworden. Sie entstehen entweder auch nach der allgemeinen Bildungsweise für Acetylene, so entsteht aus Diallyltetrabromid $CH_2Br\cdot CHBr\cdot CH_2\cdot CH_2\cdot CHBr\cdot CH_2Br$ *Dipropargyl*[6] $CH{\equiv}C\cdot CH_2\cdot CH_2\cdot C{\equiv}CH$, oder

[1] Fittig, Borsche, A. **133**, 111. Vgl. a. Kunckell, B. **33**, 2655, 3261.
[2] Kekulé, A. **131**, 85. [3] Aarland, J. pr. [2] **6**, 256; **7**, 142.
[4] Baeyer, B. **18**, 677, 2269. — Lossen, A. **272**, 127.
[5] Henry, Ann. scient. Brux. 1878. [6] Henry, B. **6**, 956.

durch Verkettung mehrerer Acetylenreste, z. B. aus Allylenkupfer durch Oxydation mit Ferricyankalium *Dimethyldiacetylen.*[1]

$$CH_3\cdot C{\equiv}C\cdot Cu\cdot C{\equiv}C\cdot CH_3 + O = CH_3\cdot C{\equiv}C{-}C{\equiv}C\cdot CH_3 + CuO.$$

Nach letzterer Methode werden auch Derivate der Polyacetylene erhalten, so aus der Kupferverbindung der Diacetylencarbonsäure *Tetraacetylendicarbonsäure.*[2]

II. Kohlenwasserstoffe mit Doppelbindungen.

A. Kohlenwasserstoffe mit Doppelbindungen in offener Kette oder Olefine.

1. *Durch Addition von Wasserstoff an Acetylene.* Die Olefine entstehen in theoretisch einfachster Weise aus den Acetylenen durch direkte partielle Reduktion (Wasserstoffanlagerung). So erhält man *Äthylen,* wenn man die Kupferverbindung des Acetylens mit Zink und Ammoniak (d. i. Wasserstoff in statu nascendi) behandelt.[3]

$$\begin{matrix}CH\\ \|\!|\\ CH\end{matrix} + \begin{matrix}H\\ |\\ H\end{matrix} = \begin{matrix}CH_2\\ \|\\ CH_2\end{matrix}.$$

Phenylacetylen $C_6H_5C{\equiv}CH$ läßt sich durch Zinkstaub und Eisessig oder Natrium und Methylalkohol in gleicher Weise zu *Styrol* $C_6H_5CH{=}CH_2$ reduzieren.[4]

Praktisch ist diese Reaktion ohne Bedeutung, einmal, weil die Reduktion naturgemäß sehr leicht bis zur Bildung gesättigter Kohlenwasserstoffe weitergeht, dann aber auch weil die Olefine auf andere Weise sehr leicht erhältlich sind.

2. *Durch Halogenwasserstoffabspaltung.* Bequemer ist eine Bildungsweise, die der wichtigsten Darstellung der Acetylene vollkommen analog ist. Genau wie dort aus den Dihalogensubstitutionsprodukten durch alkoholische Kalilauge zwei Moleküle Halogenwasserstoff abgespalten werden, spaltet dasselbe Reagens aus Monohalogensubstitutionsprodukten ein Molekül Halogenwasserstoff ab und bildet Olefine. So entsteht *Äthylen,* wenn man Bromäthyl in siedende alkoholische Kalilauge tropfen läßt.

$$\begin{matrix}CH_2Br\\ |\\ CH_3\end{matrix} + KOH = \begin{matrix}CH_2\\ \|\\ CH_2\end{matrix} + KBr + H_2O.$$

Besonders leicht zerfallen bei dieser Reaktion diejenigen Verbindungen, bei denen das Halogen an einem mittelständigen Kohlenstoffatom steht, so bildet sich *Propylen* $CH_3{-}CH{=}CH_2$ besonders

[1] Griner, C. r. **105**, 283; B. **20** R., 564. [2] Baeyer, B. **18**, 2271. [3] Wilde, B. **7**, 352. [4] Aronstein, Holleman, B. **22**, 1184.

leicht aus Isopropyljodid $CH_3 \cdot CHJ \cdot CH_3$. In den höheren Reihen liefern die verschiedenen isomeren Halogenderivate auch isomere Olefine, so

norm. Butyljodid $JCH_2 \cdot CH_2 \cdot CH_2 \cdot CH_3 \longrightarrow$ *α-Butylen*[1] $CH_2{=}CH \cdot CH_2 \cdot CH_3$,
sek. Butyljodid $CH_3 \cdot CHJ \cdot CH_2 \cdot CH_3 \longrightarrow$ *β-Butylen*[2] $CH_3 \cdot CH{=}CH \cdot CH_3$,
tert. Butyljodid $\genfrac{}{}{0pt}{}{CH_3}{CH_3}{>}CJ \cdot CH_3 \longrightarrow$ *Isobutylen*[3] $\genfrac{}{}{0pt}{}{CH_3}{CH_3}{>}C{=}CH_2$.

Die Halogenwasserstoffabspaltung findet in der Regel so statt, daß das Halogen mit einem Wasserstoffatom einer benachbarten Methyl- oder Methylengruppe austritt (s. jedoch S. 43).

Aus Halogenverbindungen, welche zugleich eine Hydroxylgruppe enthalten (Halogenhydrinen s. S. 58) findet die Abspaltung meist mit dem Hydroxylwasserstoff statt, d. h. es entstehen keine Olefine, sondern Alkylenoxyde (s. diese).

Ist das Kohlenstoffatom, an welchem das Halogen steht, mit mehreren anderen von verschiedenem Wasserstoffgehalt verbunden, so erfolgt die Wasserabspaltung mit einem Wasserstoff des wasserstoffärmsten Kohlenstoffs. So gibt das Hexylchlorid $CH_3 \cdot CH_2 \cdot CH_2 \cdot CH_2 \cdot CHCl \cdot CH_3$ *β-Hexylen*[4] $CH_3CH_2 \cdot CH_2 \cdot CH{=}CH \cdot CH_3$.

Durch die gleiche Reaktion lassen sich auch in gemischte aliphatisch-aromatische Kohlenwasserstoffe in der aliphatischen Gruppe doppelte Bindungen einführen, z. B. gibt Bromäthylbenzol $C_6H_5 \cdot CHBrCH_3$ in genau gleicher Weise *Phenyläthylen (Styrol)* $C_6H_5 \cdot CH{=}CH_2$.[5] An Stelle der alkoholischen Kalilauge kann auch Natronlauge und in vielen Fällen auch Bleioxyd[6] verwandt werden. Tertiäre Jodide spalten schon mit Ammoniak Halogenwasserstoff ab, andererseits haben organische Basen, und zwar besonders tertiäre Basen, wie Pyridin, Chinolin, oft die gewünschte Wirkung.

Hierher gehört vielleicht die Verbindung, die durch Einwirkung von Zinkstaub oder Silber auf Triphenylchlormethan entsteht. Dieselbe wird zwar von ihrem Entdecker als das freie *Triphenylmethyl* $(C_6H_5)_3 \vdots C—$ angesehen[7], von anderer Seite jedoch nicht ohne Wahrscheinlichkeit als die ungesättigte Verbindung $(C_6H_5)_2 : C : C_6H_4$ *(Diphenylphenylenmethan)*[8] erklärt.

Durch Abspaltung von Halogenwasserstoff vermittelst alkoholischer Kalilauge oder Chinolin läßt sich auch aus Monochlor- oder Monobromhexahydrobenzol *Tetrahydrobenzol (Cyklohexen)* darstellen.[9]

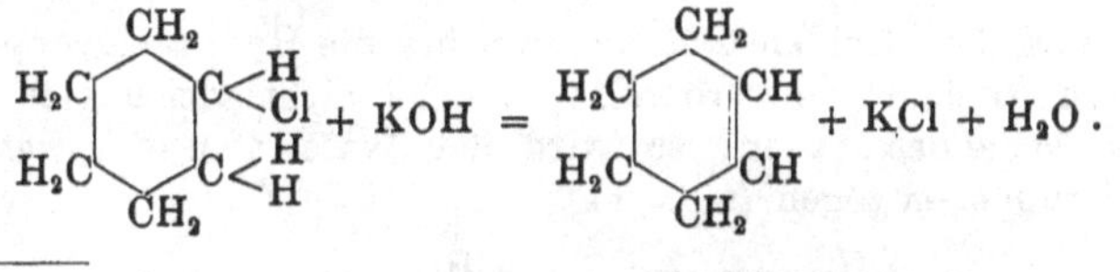

[1] Lieben, Rossi, A. **158**, 164; Saytzew, Grabowsky, A. **179**, 330.
[2] Lieben, A. **150**, 108; Luynes, A. **129**, 200.
[3] Butlerow, A. **144**, 19. [4] Morgan, A. **177**, 305.
[5] Thorpe, Z. 1871, 130. [6] Eltekoff, B. **11**, 414.
[7] Gomberg, B. **33**, 3150; **34**, 2726. [8] Norris, Am. **25**, 117; **29**, 129.
[9] Markownikoff, A. **302**, 27.

Analog entstehen auch aus den Halogenverbindungen anderer gesättigter Ringe ungesättigte Ringverbindungen, z. B. *Cyklopenten* aus Brom- oder Jod-Cyklopentan[1], andererseits aus Dibrom- oder Dichlorhexamethylen *Dihydrobenzol (Cyklohexadiën)*[2] u. s. w.

3. *Durch Wasserabspaltung aus Alkoholen.* Besonders glatt entstehen Olefine, wenn man einwertige Alkohole mit wasserstoffentziehenden Mitteln wie Schwefelsäure oder Chlorzink erhitzt. Es wird hierbei die Hydroxylgruppe mit einem Wasserstoff des benachbarten Kohlenstoffs als Wasser abgespalten. Äthylalkohol liefert so *Äthylen.*

$$\begin{array}{l} CH_2OH \\ | \\ CH_3 \end{array} = \begin{array}{l} CH_2 \\ \| \\ CH_2 \end{array} + H_2O\,.$$

Diese Methode ist bei weitem die wichtigste zur praktischen Gewinnung von Olefinen.

Gebraucht man Schwefelsäure als wasserentziehendes Mittel, so entsteht als Zwischenprodukt *Äthylschwefelsäure* (*Schwefelsäuremonoäthylester*)

$$\begin{array}{l} CH_2OH \\ | \\ CH_3 \end{array} + OH\cdot SO_2\cdot OH = \begin{array}{l} CH_2\cdot O\cdot SO_2\cdot OH \\ | \\ CH_3 \end{array} + H_2O\,.$$

Diese spaltet beim Erhitzen wieder Schwefelsäure ab und gibt *Äthylen.*[3]

$$\begin{array}{l} CH_2\cdot O\cdot SO_3H \\ | \\ CH_3 \end{array} = \begin{array}{l} CH_2 \\ \| \\ CH_2 \end{array} + H_2SO_4\,.$$

Besonders leicht geht die Reaktion wiederum bei sekundären und tertiären Alkoholen, sowie bei den primären Alkoholen der höheren Reihen vor sich. Bei letzteren findet die Wasserabspaltung häufig schon beim Erhitzen ohne Schwefelsäure statt. In ähnlicher Weise zerfallen auch die Ester dieser höheren Alkohole mit höheren Fettsäuren ebenso wie die obengenannte Äthylschwefelsäure in Säure und *Olefin.*[4] In einigen Fällen gelingt letztere Umsetzung auch für niedrigere Olefine, so zerfällt Benzoesäureisopropylester beim Destillieren völlig in Benzoesäure und *Propylen*[5]

$$C_6H_5\cdot COO\cdot CH(CH_3)_2 = C_6H_5\cdot COOH + CH_3\cdot CH{=}CH_2\,.$$

Sind mit dem Kohlenstoffatom, welches die Hydroxylgruppe trägt, zwei andere Kohlenstoffe verbunden, welche nicht gleich viel Wasserstoffatome gebunden haben, so wird der Wasserstoff der wasserstoffärmeren Gruppe entzogen (s. S. 11).

$$\begin{array}{r} CH_3 \\ (CH_3)_2CH \end{array}\!\!>CHOH = \begin{array}{r} CH_3 \\ (CH_3)_2C \end{array}\!\!\geqslant CH + H_2O\,.$$

Methylisopropylcarbinol *Trimethyläthylen*

---

[1] Gärtner u. Wislicenus, A. **275**, 331; Meiser, B. **32**, 2049.

[2] Baeyer, B. **25**, 1840.

[3] Erlenmeyer, A. **192**, 244.

[4] Krafft, B. **16**, 3018.

[5] Linnemann, A. **161**, 51.

Nicht immer entsteht jedoch nur der eine zu erwartende Kohlenwasserstoff, sondern dieser gibt zuweilen durch Umlagerung oder auch Polymerisation zur Bildung anderer Olefine Anlaß. So entsteht aus Isobutylalkohol $(CH_3)_2 \cdot CH \cdot CHOH$ und Chlorzink nicht nur das *Butylen* $(CH_3)_2 \cdot C{=}CH_2$, sondern daneben auch das *Isomere*: $CH_3 \cdot CH{=}CH \cdot CH_3$.[1] Aus Isoamylalkohol entsteht neben *Amylen*[2] auch *Diamylen* und *Triamylen*.

Auch diese Reaktion ist in unveränderter Weise für die Schaffung doppelter Bindungen in den Seitenketten gemischter Kohlenwasserstoffe verwendbar, z. B. gibt Benzyl-tolylcarbinol $C_6H_5 \cdot CH_2 \cdot CHOH \cdot C_6H_4CH_3$ *Phenyltolyläthylen* $C_6H_5CH{=}CH \cdot C_6H_4 \cdot CH_3$.[3]

Die Ausführung der Reaktion gestaltet sich meist so, daß man den Alkohol mit einem Überschuß des wasserentziehenden Mittels (meist konzentrierte Schwefelsäure) auf die zur Einleitung der Reaktion nötige Temperatur erhitzt. Bei den niedrigeren Olefinen, die bei gewöhnlicher Temperatur gasförmig sind, läßt man dann ein Gemisch des Alkohols und der Schwefelsäure weiter zutropfen und erhält so einen regelmäßigeren Gasstrom des Olefins.[4]

Eine große Menge von Olefinen sind in letzter Zeit dadurch neu bekannt oder bequem darstellbar geworden, daß man durch eine neue Modifikation der Metallalkylsynthese (vgl. S. 119) geeignete höhere Alkohole bequem erhalten konnte.[5]

4. *Durch intramolekulare Halogenabspaltung.* Aus denjenigen Dihalogensubstitutionsprodukten der gesättigten Kohlenwasserstoffe, welche die beiden Halogene an zwei benachbarten Kohlenstoffen (I.) oder an einem Kohlenstoff (II.) enthalten, kann man durch Natrium (oder Zink) die beiden Halogene unter Bildung von Olefinen entfernen. Äthylenbromid $CH_2Br{-}CH_2Br$ liefert mit Zink, Äthylenchlorid $CH_2Cl{-}CH_2Cl$ sowie Äthylidenchlorid $CH_3{-}CHCl_2$ mit Natrium *Äthylen*.[6] Im letzteren Falle muß man annehmen, daß ein Wasserstoff von einem Kohlenstoff zum anderen gewandert ist, wenn nicht in allen Fällen zunächst unter Acetylenbildung Halogenwasserstoff abgespalten wird (vgl. S. 8), der seinerseits mit dem Metall Wasserstoff gibt und an das Acetylen anlagert (III.).

$$(I.)\quad \begin{array}{c} H \\ H\cdot\dot{C}{-}Cl \\ H\cdot\dot{C}{-}Cl \\ \dot{H} \end{array} + \begin{array}{c} Na \\ Na \end{array} = \left[\begin{array}{c} H \\ H\cdot\dot{C}{-} \\ H\cdot\dot{C}{-} \\ \dot{H} \end{array} + \begin{array}{c} NaCl \\ NaCl \end{array}\right] = \begin{array}{c} H \\ H\cdot\dot{C} \\ \| \\ H\cdot\dot{C} \\ \dot{H} \end{array} + 2\,NaCl,$$

[1] Le Bel, Greene, Am. **2**, 23. [2] Würtz, Bl. (1863) **5**, 301; A. **123**, 205.
[3] Mann, B. **14**, 1646. [4] G. 158.
[5] Grignard, A. ch. [7] **24**, 433. C. 1900, II, 33; 1901, I, 1322; II, 624. — Klages, B. **35**, 2245 u. 2633—2652.
[6] Tollens, A. **137**, 311.

(II.) 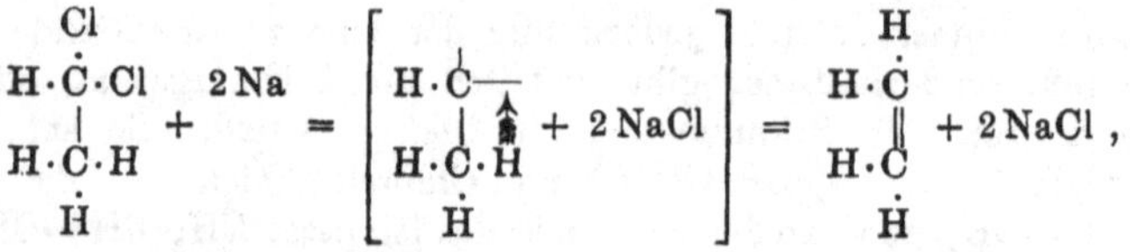

(III.) 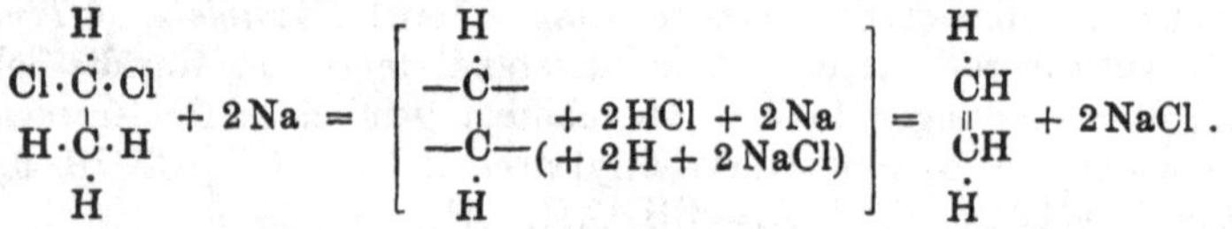

Für die Darstellung der gewöhnlichen Olefine ist auch diese Methode ohne große Bedeutung, weil die vorhergehenden viel bequemer zum Ziele führen. Wichtiger ist sie für die Darstellung der Cyklo-olefine, z. B. entsteht aus Dibromtetramethylendicarbonsäure auf diese Weise *Cyklotetrendicarbonsäure.*[1]

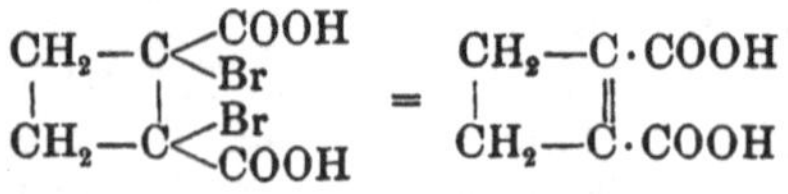

und ganz analog die *Cyklopentendikarbonsäure.*

Die Abspaltung des Broms gelingt bei diesen Verbindungen am glattesten beim Kochen mit Jodkalium und Alkohol, eine Methode, die auch sonst noch mehrfach zur Darstellung ungesättigter Verbindungen Verwendung findet.

5. *Durch intermolekulare Halogenabspaltung.* Ebenso wie man Acetylen aus den Trihalogensubstitutionsprodukten des Methans durch Verkettung zweier Moleküle darstellen kann (S. 7), entsteht aus Dihalogensubstitutionsprodukten des Methans *Äthylen.* Ausgeführt wurde diese Synthese von BUTLEROW[2], der Methylenjodid mit Kupfer auf 100° erhitzte.

$$\begin{array}{l} CH_2J_2 \\ CH_2J_2 \end{array} + 4\,Cu = \begin{array}{l} CH_2 \\ \| \\ CH_2 \end{array} + 2\,Cu_2J_2\,.$$

In dieser Form läßt sich diese Verkettungsreaktion auf einige analoge Fälle ausdehnen, z. B. ermöglicht diese Synthese auch die Verkettung von Verbindungen mit aromatischen Resten, z. B. gibt Benzophenonchlorid mit Silber *Tetraphenyläthylen*[3]

$$\begin{array}{l} (C_6H_5)_2\cdot CCl_2 \\ (C_6H_5)_2\cdot CCl_2 \end{array} + 4\,Ag = \begin{array}{l} C(C_6H_5)_2 \\ \| \\ C(C_6H_5)_2 \end{array} + 4\,AgCl\,.$$

[1] PERKIN, Soc. **65**, 950. [2] A. **120**, 356.
[3] BEHR, B. **3**, 752. — S. a. HANHART, B. **15**, 898 u. ONUFROWICZ, B. **17**, 833.

Von irgend welcher praktischen Bedeutung ist die Reaktion auch hier nicht.

6. *Durch Alkylierung niedrigerer Olefine.* Man kann höhere Homologe der Olefine auch so darstellen, daß man in ein niedrigeres Olefin andere Kohlenwasserstoffgruppen einführt. Dies kann auf verschiedene Weisen geschehen:

α) Durch Einwirkung von Zinkalkyl auf bromsubstituierte Olefine. Bromäthylen gibt mit Zinkäthyl *α-Butylen.*[1]

$$CH_2{=}CHBr + zn\cdot C_2H_5{}^2 = CH_2{=}CH\cdot C_2H_5 + znBr.$$

β) Durch Verkettung eines halogensubstituierten Olefins mit einem anderen Halogensubstitutionsprodukte vermittelst Natrium (oder Silber oder Zink) [WÜRTZsche Synthese].

Jodallyl und Jodmethyl geben beim gemeinschaftlichen Erhitzen mit Natrium *α-Butylen.*[3]

$$CH_2{=}CH\cdot CH_2\cdot J + JCH_3 + 2\,Na = CH_2{=}CH\cdot CH_2\cdot CH_3 + 2\,NaJ.$$

Das bei dieser Reaktion entstehende *α*-Butylen lagert sich zum großen Teil sofort in *β-Butylen* $CH_3\cdot CH{=}CH\cdot CH_3$ um (vgl. S. 13).[4]

Allyljodid, für sich allein mit Natrium erhitzt, gibt *Diallyl*[5] Benzylchlorid und Allyljodid *Phenylbutylen*[6] u. s. w.

γ) Durch Verkettung eines halogensubstituierten Olefins mit einem aromatischen Kohlenwasserstoff unter Austritt von Halogenwasserstoff bei Gegenwart von Aluminiumchlorid (FRIEDEL-CRAFTSsche Synthese). Vinylbromid und Benzol geben so etwas *Styrol.*[7]

$$CH_2{=}CHBr + C_6H_6 = CH_2{=}CH\cdot C_6H_5 + HBr.$$

α-Dibromäthylen und Benzol gibt *Diphenyläthylen*[8]

$$CH_2{=}CBr_2 + 2\,C_6H_6 = CH_2{=}C(C_6H_5)_2 + 2\,HBr.$$

In den meisten Fällen liefert jedoch diese Synthese nicht das erwartete höhere Olefin, sondern gesättigte Verbindungen. Zuweilen

---

[1] WÜRTZ, A. **152**, 21.

[2] Der Übersichtlichkeit wegen soll in den Fällen, wo zur Reaktion mit einem anderen Molekül nur die Hälfte eines Moleküls nötig ist, auch nur diese Hälfte in der Formel ausgedrückt werden. Hierbei wird die Hälfte eines zweiwertigen Atoms durch dessen Symbol mit kleinem Anfangsbuchstaben dargestellt. zn ist also gleich $^1/_2$ Zn, demnach zn C_2H_5 gleich $^1/_2$ $Zn(C_2H_5)_2$, zn Br gleich $^1/_2$ $ZnBr_2$.

[3] WÜRTZ, A. **144**, 235. [4] GROSHEINTZ, Bl. [2] **29**, 201.

[5] BERTHELOT, LUCA, A. **100**, 361.

[6] ARONHEIM, A. **171**, 225. — S. a. PRZYBYTEK, B. **20**, 3240; **21** R., 709

[7] ANSCHÜTZ, A. **235**, 231. [8] DEMOLE, B. **12**, 2245.

bewirkt Bleioxyd eine ähnliche Halogenwasserstoffabspaltung, so aus β-Isoamylen und Jodmethyl zu *Tetramethyläthylen* [1]

$$(CH_3)_2 \cdot C{=}CH \cdot CH_3 + CH_3J = (CH_3)_2C{=}C(CH_3)_2 + HJ.$$

δ) Durch Verkettung von Olefinen mit tertiären Alkoholen unter Wasseraustritt bei Gegenwart von Chlorzink oder Schwefelsäure. So liefert tertiärer Butylalkohol mit Isobutylen *Isobutylisobutylen.* [1]

$$(CH_3)_3COH + CH_2{=}C(CH_3)_2 = (CH_3)_3C \cdot CH{=}C(CH_3)_2 + H_2O.$$

Alle diese Reaktionen sind Spezialfälle von Methoden, die zur Darstellung gesättigter Kohlenwasserstoffe von großer Wichtigkeit sind und dort ausführlich behandelt werden. Zur praktischen Darstellung von Olefinen sind sie nur in seltenen Fällen brauchbar.

7. *Durch Elektrolyse.* Die niedrigeren Olefine lassen sich durch Elektrolyse aus den Kaliumsalzen zweibasischer gesättigter Säuren in wässriger Lösung darstellen (vgl. S. 9), z. B. *Äthylen* aus dem Kaliumsalz der Bernsteinsäure. [2]

$$\begin{array}{l}CH_2 \cdot CO_2K\\ | \\ CH_2 \cdot CO_2K\end{array} + \begin{array}{l}HOH\\ \\ HOH\end{array} = \begin{array}{l}CH_2\\ \| \\ CH_2\end{array} + \begin{array}{l}CO_2\\ \\ CO_2\end{array} + \begin{array}{l}KOH\\ \\ KOH\end{array} + \begin{array}{l}H\\ | \\ H\end{array}.$$

Auch hier zerfällt das zunächst entstehende Ion $\begin{array}{l}CH_2 \cdot CO_2\\ | \\ CH_2 \cdot CO_2\end{array}$ sekundär in *Äthylen* und Kohlendioxyd.

Diese Methode besitzt lediglich theoretisches Interesse.

8. *Durch Kohlensäureabspaltung.* Aromatische Kohlenwasserstoffe mit ungesättigter Seitenkette entstehen glatt aus den entsprechenden ungesättigten Säuren durch Kohlensäureabspaltung. Diese Reaktion repräsentiert einen Fall von „indirekter Synthese". Zimtsäure gibt so beim Erhitzen mit Kalk oder mit Wasser auf 200° *Styrol.* [3]

$$C_6H_5 \cdot CH{=}CH \cdot COOH = C_6H_5 \cdot CH{=}CH_2 + CO_2.$$

Diese Bildungsweise läßt sich, obwohl sie nicht sehr glatt verläuft, ziemlich gut praktisch verallgemeinern, weil aromatische ungesättigte Säuren verhältnismäßig leicht zugänglich sind. Zuweilen kann man diese Reaktion mit einer vorher genannten sehr vorteilhaft vereinigen. So

[1] Wischnegradsky, B. **16**, 398. [2] Butlerow, A. **189**, 48.

[3] Kekulé, A. **131**, 75.

[4] Gerhardt, Cahours, A. **38**, 96. — Simon, A. **31**, 267. — Krämer, Spilker, B. **23**, 3269.

ist die bequemste Darstellungsweise für *Styrol* die Zersetzung von β-Bromhydrozimtsäure mit Sodalösung. Hierbei findet zugleich Abspaltung von Bromwasserstoff und Kohlendioxyd statt[1]

$$C_6H_5\cdot CHBr\cdot CH_2\cdot COOH = C_6H_5CH{=}CH_2 + HBr + CO_2.$$

Die Bildung von Diolefinen verläuft der der Monoolefine völlig analog, und zwar namentlich durch Halogenwasserstoffabspaltung aus geeigneten Dihalogenverbindungen.[2]

B. Ringförmige Kohlenwasserstoffe mit Doppelbindungen oder aromatische Kohlenwasserstoffe.

Der außerordentlich großen Anzahl der sogenannten aromatischen Verbindungen liegen ringförmig konstituierte Kohlenwasserstoffe zu grunde, wie das Benzol C_6H_6 oder die analogen mehrkernigen Gebilde Naphtalin $C_{10}H_8$, Anthracen $C_{14}H_{10}$ und andere mehr. Obwohl für diese Kohlenwasserstoffe von verschiedenen Gesichtspunkten aus Konstitutionsformeln angenommen werden müssen, nach denen diese Kohlenwasserstoffe keine Doppelbindungen enthalten, so gibt doch die von KEKULÉ aufgestellte Formel, nach der z. B. die sechs Kohlenstoffe des Benzols abwechselnd durch einfache und doppelte Bindungen aneinander gekettet sind,

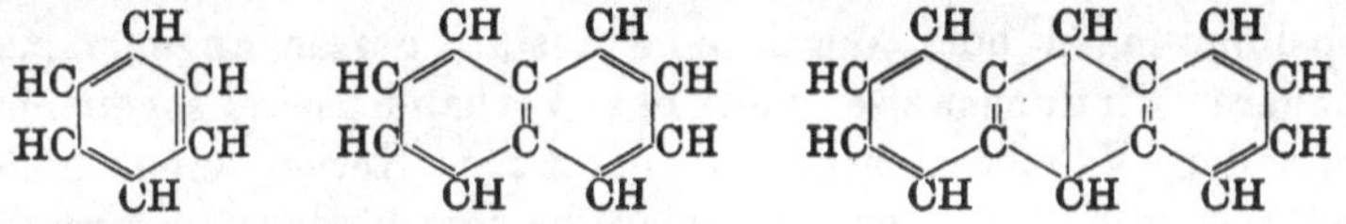

Benzol Naphtalin Anthracen

für das allgemeine chemische Verhalten dieser Kohlenwasserstoffe und aller ihrer Derivate die anschaulichste und wahrscheinlichste Erklärung. Die Synthesen dieser Kohlenwasserstoffe sollen daher an dieser Stelle abgehandelt werden. Da jedoch die im Ring stehenden Doppelbindungen einen wesentlich anderen Charakter haben als die aliphatischen und das Benzol, Naphtalin u. s. w. bei Substitutionsvorgängen, Verkettungen mit anderen Komplexen und vielen anderen Reaktionen viel eher den gesättigten aliphatischen Kohlenwasserstoffen, als den eigentlichen Olefinen gleicht, die Phenylgruppe C_6H_5— also bei sehr vielen Reaktionen ohne Änderung an Stelle der gesättigten aliphatischen Alkylgruppen Methyl CH_3—, Äthyl C_2H_5— u. s. w. gesetzt werden

[1] FITTIG, BINDER, A. **195**, 137; BERNTHSEN, BENDER, B. **15**, 1983 Anm.
[2] S. z. B. IPATJEW, J. pr. [2] **59**, 518.

kann, so sollen hier nur diejenigen Synthesen besprochen werden, bei denen die Ringkerne mit ihren Doppelbindungen neu geschaffen werden. Diejenigen Synthesen dagegen, die bereits von dem fertig formierten Kern und seinen Derivaten ausgehen, sollen gemeinschaftlich mit den Synthesen der gesättigten Kohlenwasserstoffe besprochen werden, z. B. die Synthese des *Toluols* (*Methylbenzols*) aus Brombenzol und Jodmethyl gemeinschaftlich mit der Synthese des *Propans* aus Bromäthyl und Jodmethyl, der sie vollkommen analog ist.

Andererseits sollen gleich hier bei den Kohlenwasserstoffen auch diejenigen Bildungsweisen mit erwähnt werden, die zu Derivaten derselben, also z. B. zu Carbonsäuren führen, soweit durch sie der Benzolring selbst neu geschaffen wird, da bei diesen Synthesen die Ringbildung das Wesentliche ist und sie infolgedessen den betreffenden Kohlenwasserstoffsynthesen völlig analog sind.

Auch in den späteren Kapiteln werden die aromatischen Verbindungen aus dem angeführten Grunde gemeinschaftlich mit den gesättigten aliphatischen Verbindungen abgehandelt, und als ungesättigte Verbindungen nur diejenigen behandelt werden, welche sich von den aliphatischen Olefinen ableiten. Durch das im Ring vorhandene System von mehreren, in der Regel drei Doppelbindungen oder durch eine anstatt dessen angenommene besondere Bindungsweise und das Vorhandensein sogenannter potentieller Valenzen erhalten derartige Kerne eine außerordentlich große Beständigkeit gegen die verschiedensten Agentien. Außerdem beeinflußt die eigenartige Konfiguration der aromatischen Ringe aber auch den Charakter aller möglichen an einem solchen Kerne stehenden Substituenten sehr wesentlich, wovon noch vielfach die Rede sein wird.

Kerne mit mehreren Doppelbindungen sind zwar auch mit fünf und sieben Kohlenstoffatomen als Glieder eines Ringes bekannt, doch haben dieselben nur eine sehr geringe Wichtigkeit und sind auch noch so wenig erforscht, daß allgemeine Methoden für ihre Bildung kaum bekannt sind.

α) Benzol.

Außer einigen einzelnen Bildungsweisen wie der einfachen Addition von 6 Molekülen Kohlenoxyd mit 6 Atomen Kalium zu Hexaoxybenzolkalium oder dem Ringschluß gewisser ungesättigter

Ketone u. a. m., gibt es vor allem zwei Synthesen des Benzolkernes, die sich so weit verallgemeinern lassen, daß man sie als synthetische Methoden ansehen kann.

1. *Polymerisation von Acetylenen.* Acetylen CH≡CH polymerisiert sich, wenn man es durch rotglühende Röhren leitet, direkt zu *Benzol.* Da das Acetylen durch direkte Vereinigung der Elemente Kohlenstoff und Wasserstoff entsteht, liegt hierin die denkbar einfachste vollkommene Synthese des Benzols. Drei Moleküle Acetylen treten zusammen, indem in jedem eine der drei Bindungen gelöst wird und die freiwerdenden Affinitäten zur Verkettung der drei Moleküle dienen.[1]

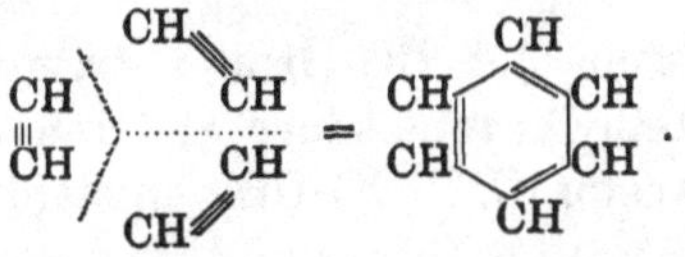

Als praktische Darstellungsmethode kommt diese Reaktion natürlich gar nicht in Betracht.

In gleicher Weise polymerisieren sich unter der Einwirkung von Schwefelsäure die Homologen des Acetylens. Methylacetylen (Allylen) $CH{\equiv}C \cdot CH_3$ gibt *1.3.5-Trimethylbenzol* (*Mesitylen*)[2], Dimethylacetylen (Crotonylen) $CH_3 \cdot C{\equiv}C \cdot CH_3$ gibt *Hexamethylbenzol*[3]

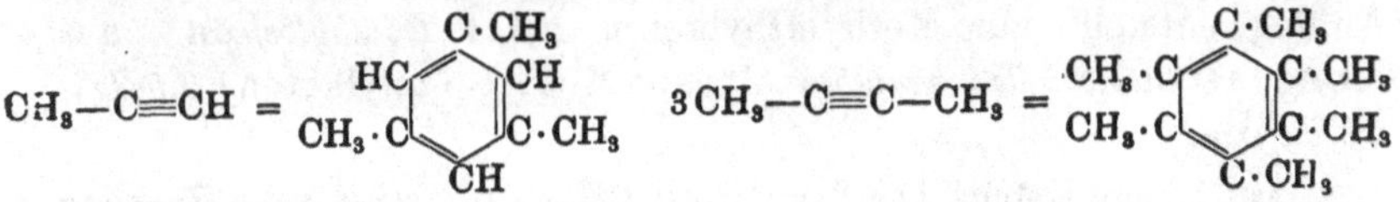

Durch diese Synthese lassen sich auch andere Derivate des Benzols darstellen. Durch freiwillige Polymerisation entsteht aus Bromacetylen symmetrisches *Tribrombenzol*[4], unter dem Einfluß des Sonnenlichtes aus Acetylencarbonsäure (Propargylsäure) CH≡CCOOH symmetrische *Benzoltricarbonsäure* (*Trimesinsäure*)[5]

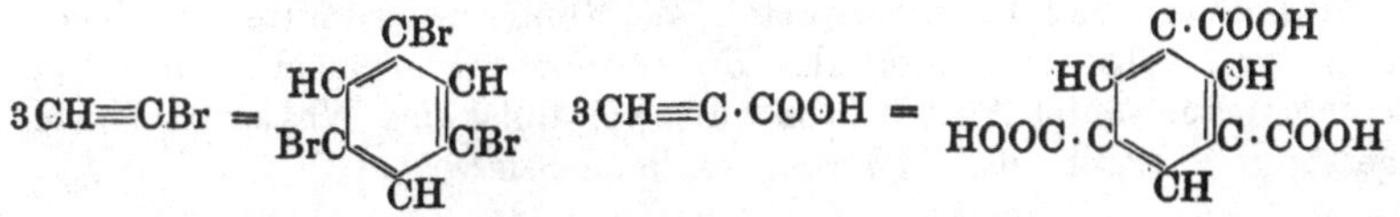

2. *Durch Kondensation von Ketonen.* Ketone kondensieren sich unter dem Einfluß wasserentziehender Mittel zu Benzolderivaten.

---

[1] Berthelot, J. **1866**, 515; s. a. Moissan, Moureu, C. r. **122**, 1240; B. **29** R., 540. — Alexander, B. **32**, 2381.

[2] Fittig u. Schrohe, B. **8**, 17.

[3] Almedingen, B. **14**, 2073.

[4] Sabanejew, B. **18** R., 374.

[5] Baeyer, B. **19**, 2185.

Diese Ringbildung gründet sich auf die Tatsache, daß sich die Karbonylgruppe (C=O) ganz allgemein unter Wasseraustritt und Entstehung einer Doppelbindung mit einer Methylgruppe zu kondensieren vermag, wenn die letztere ebenfalls einer Karbonylgruppe benachbart steht und dadurch eine erhöhte Reaktionsfähigkeit ihrer Wasserstoffatome zeigt:

$$\genfrac{}{}{0pt}{}{X}{Y}{>}CH{=}O + H_3C\cdot CO\cdot Z = \genfrac{}{}{0pt}{}{X}{Y}{>}C{=}CH\cdot CO\cdot Z + H_2O\ .$$

Von dieser hervorragend wichtigen allgemeinen Reaktion wird noch vielfach die Rede sein. Sie wird zur Darstellung zahlreicher ungesättigter Verbindungen benutzt und ihre wichtigsten Ausführungsformen gewöhnlich unter dem Namen der „PERKINschen Synthese" zusammengefaßt.

Das Sauerstoffatom der CO-Gruppe tritt mit zwei Wasserstoffatomen einer Methylgruppe eines anderen Ketonmoleküls als Wasser aus. Aus Aceton $CH_3\cdot CO\cdot CH_3$ entsteht so *1.3.5-Trimethylbenzol* (*Mesitylen*)[1]

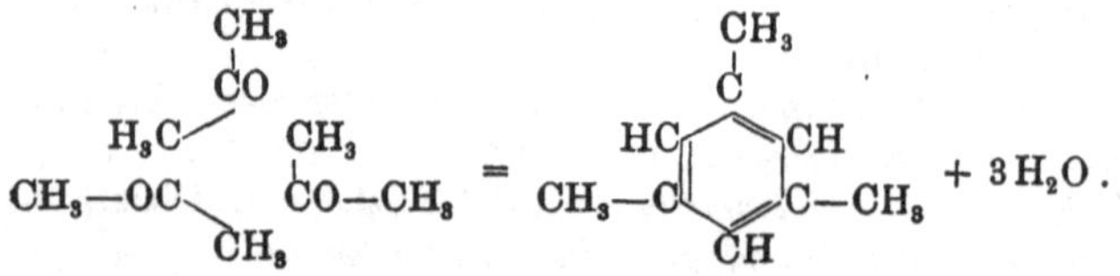

Analog entsteht aus Methyläthylketon *1.3.5-Triäthylbenzol*[2]; aus Acetophenon *1.3.5-Triphenylbenzol*[3]; aus Methyl-p-tolylketon *1.3.5-Tritolylbenzol.*[4]

Auf höhere Ketone von der Formel $CH_3\cdot CO\cdot R$ scheint die Reaktion nicht mehr anwendbar zu sein, denn weder Methylisobutylketon noch Methyl-hexylketon noch Methyl-o-Xylylketon lassen sich unter Ringschluß kondensieren.

Bei der Kondensation des Acetons zu Trimethylbenzol zeigt sich ein merkwürdiger Einfluß des wasserentziehenden Mittels. Es gelingt bei Anwendung von Chlorwasserstoff als Kondensationsmittel gewissermaßen (vgl. folgende Seite) als Zwischenprodukt zunächst die drei Acetonmoleküle unter Austritt von nur zwei Molekülen Wasser zu einem ungesättigten Keton, dem *Phoron*, zu kondensieren

$$\genfrac{}{}{0pt}{}{CH_3}{CH_3}{>}CO + CH_3\cdot CO\cdot CH_3 + CO{<}\genfrac{}{}{0pt}{}{CH_3}{CH_3}$$

$$= \genfrac{}{}{0pt}{}{CH_3}{CH_3}{>}C{=}CH\cdot CO\cdot CH{=}C{<}\genfrac{}{}{0pt}{}{CH_3}{CH_3} + 2\,H_2O\ .$$

[1] FITTIG, BRÜCKNER, A. **174**, 43. [2] JACOBSEN, B. **7**, 1435.
[3] BERTHOLD, ENGLER, B. **6**, 638; **7**, 1123. — CLAISEN, FISCHER, B. **21**, 1140.
[4] CLAUS, RIEDEL, J. pr. [2] **41**, 405.

Destilliert man dies Phoron nun mit Schwefelsäure, so wird noch ein Molekül Wasser abgespalten und es entsteht das obengenannte symmetrische *1.3.5-Trimethylbenzol* (*Mesitylen*). Bewirkt man indes die Abspaltung des dritten Wassermoleküls mit Chlorzink oder Phosphorpentoxyd, so entsteht ein isomerer Kohlenwasserstoff, das unsymmetrische *1.3.4-Trimethylbenzol* oder *Pseudocumol.*[1]

Die drei an der Kondensation teilnehmenden Ketonmoleküle brauchen nicht gleich zu sein, sondern man kann durch Anwendung von Ketongemischen die Reaktion variieren. Destilliert man z. B. ein Gemisch von Aceton und Methyläthylketon mit Schwefelsäure, so entsteht hauptsächlich *s-Dimethyläthylbenzol* und *s-Methyldiäthylbenzol.*[2] Ebenso liefert ein Gemisch von Aceton und Methylpropylketon *s-Dimethylpropylbenzol* und *s-Methyldipropylbenzol.*[3]

Die Ketonmoleküle können bei dieser Reaktion teilweise durch Aldehyde ersetzt werden. So geben zwei Moleküle Isovaleraldehyd mit einem Molekül Aceton *Diisopropylmethylbenzol.*[4]

In ähnlicher Weise kondensieren sich manche Diketone zu Chinonderivaten. Diacetyl gibt so *2.5-Dimethylchinon* (*p-Xylochinon*), Acetylpropionyl *Tetramethylchinon* (*Durochinon*)[5]

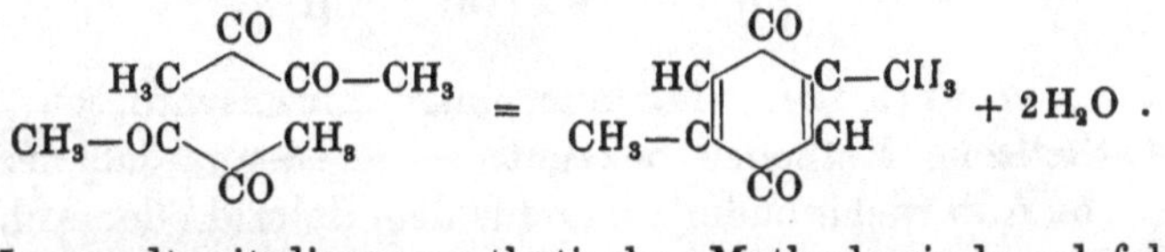

Verwandt mit dieser synthetischen Methode sind noch folgende Einzelsynthesen des Benzolringes. Einige ungesättigte Aldehyde und Ketone schließen sich unter intramolekularer Wasserabspaltung zu Benzolderivaten, so Geraniol oder Citral $(CH_3)_2CH \cdot CH_2 \cdot CH:CH \cdot C(CH_3):CH \cdot CHO$ zu *1.4-Isopropylmethylbenzol* (*Cymol*)[6], das Keton $CH_3 \cdot CH_2 \cdot CH:C(CH_3) \cdot CH:CH \cdot CO \cdot CH_3$ zu *1.3.5-Trimethylbenzol.* Auch die vorher schon erwähnten ungesättigten Ketone, die als Zwischenprodukte bei der Kondensation der einfachen Ketone auftreten, gehören vielleicht hierher, obwohl es nicht unwahrscheinlich ist, daß sie vor dem Ringschluß erst wieder in einfache Acetonmoleküle zerfallen.[7] Drei Moleküle Formylaceton $CH_3 \cdot CO \cdot CH:CHOH$ geben analog unter dreimaliger Wasserabspaltung *1.3.5-Triacetylbenzol*[8] und in gleicher Weise drei Moleküle Formylessigester $CHOH{=}CH \cdot COO \cdot C_2H_5$ *1.3.5-Benzoltricarbonsäure* (*Tri-*

[1] Claisen, A. **180**, 18. — Jacobsen, B. **10**, 858.
[2] Jacobsen, B. **7**, 1432. [3] Jacobsen, B. **8**, 1258.
[4] Barbier, Bouveault, C. r. **120**, 1420; B. **28** R., 608.
[5] Pechmann, B. **21**, 1420. [6] Semmler, B. **24**, 205; **26**, 2725.
[7] Claisen, A. **180**, 22. [8] Claisen, Stylos, B. **21**, 1145.

mesinsäure).[1] Drei Moleküle Butyrylchlorid liefern ähnlich unter Abspaltung dreier Moleküle Salzsäure (mit Aluminiumchlorid) *Triäthylphloroglucin.*[2]

β) Naphtalin und Anthracen.

Allgemeine synthetische Methoden, die zur Bildung des Naphtalinkernes führen, sind nicht bekannt, doch schließen sich manche Einzelsynthesen dieser Verbindung eng an die Methoden zur Synthese des Benzolkernes an. Leitet man z. B. ein Gemisch von Benzol und Acetylen durch glühende Röhren, so entsteht *Naphtalin* unter Abspaltung von zwei Atomen Wasserstoff, ähnlich wie sich Acetylen allein unter denselben Bedingungen zu Benzol polymerisiert.

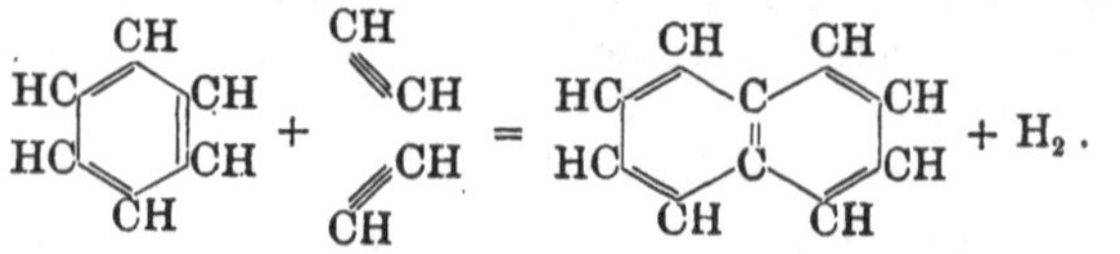

Auch für das Anthracen sind nur einige Einzelsynthesen, nicht aber synthetische Methoden bekannt, es sei denn, daß man die Bildung von Anthrachinonderivaten aus dem Chlorid oder Anhydrid der Phtalsäure mit verschiedenen Benzolderivaten als solche auffassen will. So gibt Phtalsäurechlorid mit Benzolverbindungen beim Erhitzen mit Zinkstaub *Anthrachinone*,[3] und Phtalsäureanhydrid und Phenole beim Erhitzen mit Schwefelsäure auf 150° *Oxyanthrachinone*[4]

$$C_6H_4{<}{}^{COCl}_{COCl} + C_6H_6 = C_6H_4{<}{}^{CO}_{CO}{>}C_6H_4 + 2\,HCl\,,$$

$$C_6H_4{<}{}^{CO}_{CO}{>}O + C_6H_5OH = C_6H_4{<}{}^{CO}_{CO}{>}C_6H_3OH + H_2O\,.$$

γ) Hydroaromatische ungesättigte Ringe.

Zwischen den eben behandelten aromatischen Verbindungen, welche durch das Vorhandensein eines Systems meist dreier Doppelbindungen charakterisiert sind, und den gesättigten (hydroaromatischen) Ringverbindungen (Cykloparaffinen) (S. 41—54), welche sich von den aromatischen Verbindungen, soweit solche existieren,

[1] Piutti, B. **20**, 537. [2] Combes, Bl. [3] **11**, 711.
[3] Piccard, B. **7**, 1785. [4] Baeyer, Caro, B. **7**, 969.

dadurch ableiten lassen, daß deren Doppelbindungen durch Anlagerung von Wasserstoff (Hydrierung) sämtlich in einfache Bindungen übergegangen sind

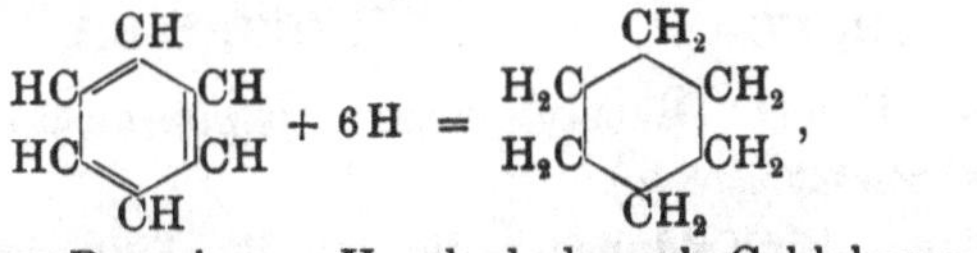

Benzol Hexahydrobenzol, Cyklohexen

stehen solche Ringverbindungen, welche nur eine oder zwei Doppelbindungen enthalten (Cykloolefine und Cyklodiolefine). Derartige Ringverbindungen mit sechsgliedrigem Ring entstehen theoretisch aus den aromatischen Verbindungen durch partielle Hydrierung

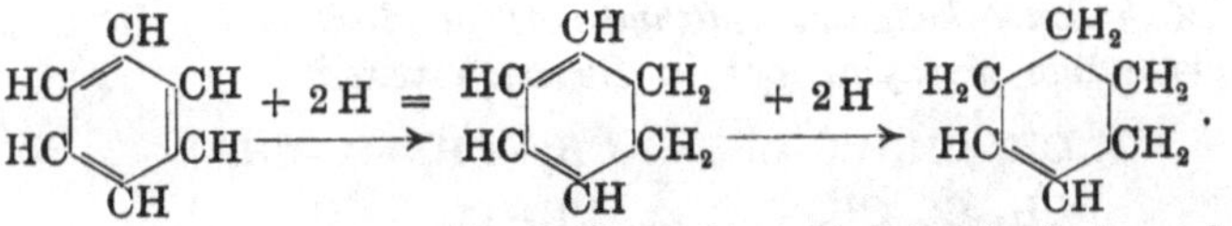

Benzol Dihydrobenzol, Cyklohexadiën Tetrahydrobenzol, Cyklohexen

Praktisch erhält man sie gewöhnlich aus Derivaten der gesättigten Ringe nach Analogie der allgemeinen Olefinsynthesen (S. 11 und 14). Außer diesen Bildungsweisen, die aus den vorher erörterten Gründen an dieser Stelle nicht näher besprochen werden sollen, existiert aber noch eine wichtige Synthese, die durch direkte Ringbildung zu Derivaten der Cykloolefine führt.

Ringbildung durch intramolekulare Kondensation von Diketonen. Diese Methode schließt sich eng an eine später ausführlich zu behandelnde allgemeine Reaktion von größter Wichtigkeit, die sogenannte PERKINsche Synthese an. Wie schon erwähnt (vgl. S. 20) ist die Gruppe C=O (Karbonylgruppe) befähigt, sich unter Wasseraustritt und Bildung einer Doppelbindung mit einer Methyl- oder Methylengruppe eines anderen Moleküls zu kondensieren, wenn deren Wasserstoffe infolge der Nachbarschaft einer Karbonylgruppe besonders reaktionsfähig sind. Enthält nun eine Verbindung zwei Karbonylgruppen, von denen die eine in Reaktion treten, die andere aber nur zur Erhöhung der Reaktionsfähigkeit einer benachbarten Gruppe dienen wird, so kann eine analoge Kondensation innerhalb des Moleküls erfolgen. Hierbei entstehen Ketonderivate ungesättigter Ringverbindungen. So geht

Diacetylbutan unter Wasserabspaltung in *Acetylmethylcyklopenten* (*Methylcyklopentenmethylketon*) über [1]

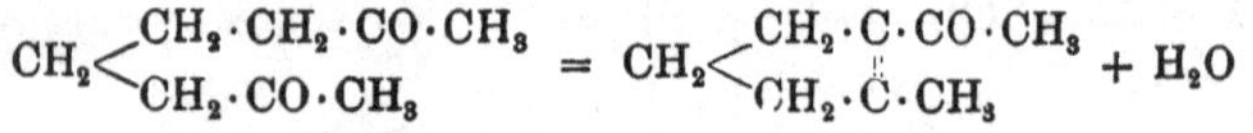

und ebenso liefert Diacetylpentan *Acetylmethylcyklohexen* (*Methyltetrahydrobenzolmethylketon*).[2]

Bei diesen Ringbildungen, die bei der Einwirkung irgend eines wasserentziehenden Mittels, z. B. konzentrierter Schwefelsäure vor sich gehen, reagiert also gewöhnlich die der einen Karbonylgruppe benachbart stehende CH_2-Gruppe, nicht die ebenso beeinflußte CH_3-Gruppe. Ringe von weniger als fünf Kohlenstoffatomen scheinen sich jedoch nach dieser Reaktion nicht zu bilden. Nach ganz analog verlaufender Reaktion sollte man nämlich aus Diacetylpropan Acetylmethylcyklobuten, d. h. ein Vierringderivat erwarten. Anstatt dessen entsteht jedoch *Methylketocyklohexen* (*Methylketotetrahydrobenzol*), in dem hier eine endständige Methylgruppe in Reaktion tritt.[3]

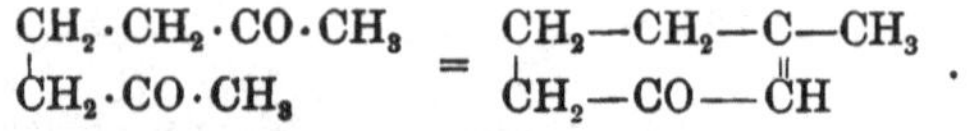

Eine bedeutend größere Bedeutung und Verallgemeinerungsfähigkeit gewann die Methode dadurch, daß Knoevenagel[4] zeigte, daß in letzterem Sinne alle Diketoverbindungen reagieren, welche die beiden Ketogruppen in 1.5-(δ-)Stellung enthalten, wenn nur zu einer der Ketogruppen benachbart eine Methylgruppe vorhanden ist, und daß man derartige Diketoverbindungen in großer Mannigfaltigkeit erhalten kann.

Läßt man z. B. auf den Äthylidenbisacetessigester, das Produkt, das aus Acetaldehyd und Acetessigester entsteht, wasserentziehende Mittel einwirken, so tritt unter Wasserabspaltung[5] Ringschluß zum *Dimethylcyklohexenondicarbonsäureester* ein.

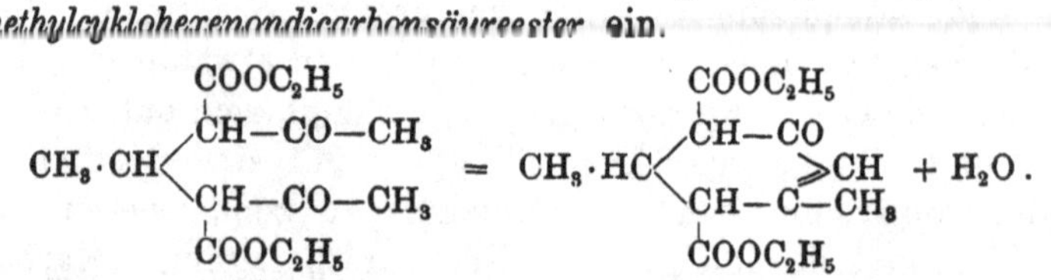

[1] Perkin, Marshall, Soc. **57**, 243. [2] Perkin, Kipping, Soc. **57**, 14.
[3] Hagemann, B. **26**, 876.
[4] und fast gleichzeitig Neurath; Diss., Berlin 1895. — A. **281**, 25; **289**, 131.
[5] nach vorangegangener Addition (Aldolbildung); s. Rabe, Elze, A. **323**, 83.

Da man bei dieser Reaktion als wasserabspaltende Agentien Alkalien oder Säuren benutzt, tritt nach erfolgtem Ringschluß sofort Verseifung des gebildeten Esters zur Säure ein und diese spaltet Kohlensäure ab, so daß man als Endprodukt nicht den Dimetyhlcyklohexenondicarbonsäureester, sondern das *Dimethylcyklohexenon* erhält.

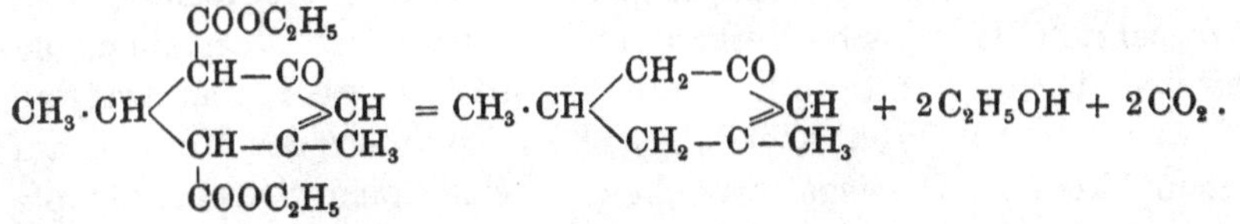

Die Kondensation (und bei den Ketosäureestern zugleich die Verseifung und Kohlensäureabspaltung) wird durch anhaltendes Kochen mit verdünnter Schwefelsäure oder mit Alkalien bewirkt.[1]

Da man 1.5-Diketoverbindungen von der für den Ringschluß nötigen allgemeinen Formel:

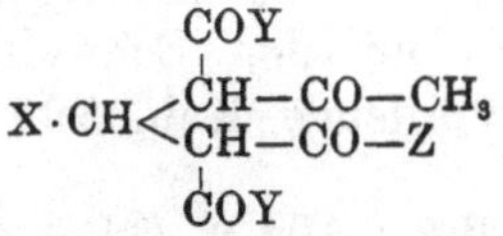

aus den verschiedensten Aldehyden ($X = H$, CH_3, C_2H_5, C_6H_5 u.s.w.), mit β-Ketosäureestern ($Y = OC_2H_5$ und $Z = CH_3$, C_2H_5, C_6H_5 u. a.) oder mit β-Diketonen (Y und $Z = CH_3$, C_2H_5, C_6H_5 u. s. w.) erhalten kann (s. mehrwertige Ketone), so gibt diese Synthese eine allgemeine Methode zum Aufbau von Verbindungen der Formel:

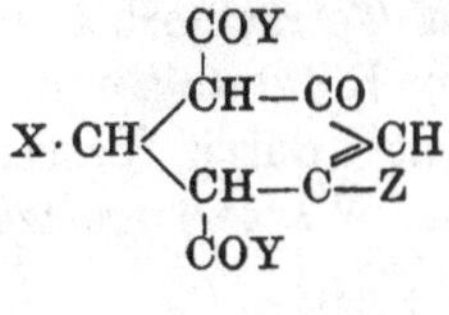

und überhaupt von Derivaten des Cyklohexenons 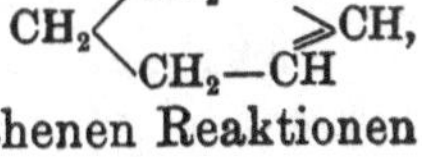 die sich mit Hilfe der an anderen Orten besprochenen Reaktionen in andere hydroaromatische oder aromatische Verbindungen überführen lassen.

III. Gesättigte Kohlenwasserstoffe.

A. Kohlenwasserstoffe mit gesättigten offenen Ketten.

Vor den allgemeinen Aufbaumethoden für die gesättigten Kohlenwasserstoffe sollen hier wiederum einige direkte Einzelsynthesen des Methans CH_4, des niedrigsten Gliedes dieser

[1] G. 168.

Reihe, Platz finden, da dieses als die einfachste organische Verbindung gewissermaßen das Ausgangsmaterial für alle höheren Verbindungen darstellt und einige seiner Darstellungsweisen sich naturgemäß nicht an die allgemeinen Synthesen angliedern lassen.

Durch direkte Vereinigung der Elemente Kohlenstoff und Wasserstoff läßt sich Methan nicht synthetisch darstellen, da hierbei der ungesättigte Kohlenwasserstoff $CH \equiv CH$, das Acetylen (S. 6) entsteht.[1] Wohl aber läßt sich die Synthese des Methans auf einem kleinen Umwege erreichen. Leitet man Schwefeldämpfe über glühenden Kohlenstoff, so vereinigen sich beide Elemente zu Schwefelkohlenstoff

$$C + 2S = CS_2 .$$

Führt man nun diesen letzteren in Dampfform gemeinschaftlich mit Schwefelwasserstoffgas über glühendes Kupfer oder Eisen, so vereinigt sich das Metall mit dem Schwefel beider Verbindungen und zugleich der freiwerdende Kohlenstoff und Wasserstoff zu *Methan*[2]

$$CS_2 + 2H_2S + 8Cu = CH_4 + 4Cu_2S .$$

Man kann den Schwefelkohlenstoff auch mit Chlor behandeln, das sich einerseits mit dem Schwefel zu Chlorschwefel, andererseits mit dem Kohlenstoff zu *Tetrachlorkohlenstoff* vereinigt[3]

$$CS_2 + 3Cl_2 = CCl_4 + S_2Cl_2 .$$

Die vier Chloratome des Tetrachlorkohlenstoffs lassen sich dann durch Wasserstoff (in der Rotgluthitze durch Wasserstoffgas oder bei gewöhnlicher Temperatur durch Wasserstoff in statu nascendi aus Natriumamalgam und Wasser) ersetzen[4]

$$CCl_4 + 8H = CH_4 + 4HCl .$$

Läßt man ferner Kohlenstoff bei mangelhaftem Luftzutritt verbrennen, so verbindet er sich direkt mit einem Atom Sauerstoff zu *Kohlenoxyd*

$$2C + O_2 = 2CO .$$

Wenn man nun durch ein Gemisch des so erhaltenen Kohlenoxydgases mit Wasserstoff den Induktionsfunken schlagen läßt,

[1] Nach neueren Beobachtungen entstehen bei der direkten Vereinigung von Kohlenstoff und Wasserstoff doch kleine Mengen von Methan und Äthan (Bone, Jerdan, Soc. **79**, 1042).

[2] Berthelot, A. ch. [3] **53**, 69.

[3] Kolbe, A. **45**, 41; **54**, 146.

[4] Berthelot, J. **1857**, 267.

so vereinigt sich der Wasserstoff einerseits mit dem Kohlenstoff zu *Methan*, andererseits mit dem Sauerstoff zu Wasser[1]

$$CO + 3H_2 = CH_4 + H_2O.$$

Auch das durch vollkommene Verbrennung von Kohlenstoff entstehende Kohlendioxyd läßt sich unter Bildung von Methan reduzieren.[2]

Schließlich liefert das beim sehr starken Glühen von Kohlenstoff und Aluminium entstehende Aluminiumkarbid beim Übergießen mit Wasser *Methan* und Aluminiumhydroxyd[3]

$$C_3Al_4 + 12H_2O = 3CH_4 + 2Al_2(OH)_6.$$

Einige andere Darstellungsweisen des Methans, z. B. aus Methylalkohol oder Natriumacetat, schließen sich den übrigen Synthesen der gesättigten Kohlenwasserstoffe an.

Von allgemeinen synthetischen Methoden zur Darstellung von gesättigten Kohlenwasserstoffen sind namentlich die folgenden von Wichtigkeit.

1. *Durch Reduktion ungesättigter Kohlenwasserstoffe.* Die ungesättigten Kohlenwasserstoffe (S. 5) addieren Wasserstoff unter Bildung gesättigter Kohlenwasserstoffe.

Diese Addition bewirkt man bei den niedrigeren gasförmigen Verbindungen, indem man ihr Gemisch mit Wasserstoff auf Dunkelrotglut erhitzt, am besten bei Gegenwart eines Überträgers, wie fein verteiltes Nickel. Platinschwarz bewirkt die Vereinigung schon bei gewöhnlicher Temperatur. So erhält man sowohl aus Acetylen wie auch aus Äthylen *Äthan.*[4]

$$\begin{array}{c}CH\\ \|\!|\\ CH\end{array} + 2H_2 = \begin{array}{c}CH_3\\ \\ CH_3\end{array} \qquad \begin{array}{c}CH_2\\ \|\\ CH_2\end{array} + H_2 = \begin{array}{c}CH_3\\ |\\ CH_3\end{array}.$$

Die höheren ungesättigten Kohlenwasserstoffe, die Flüssigkeiten oder feste Körper darstellen, behandelt man zweckmäßig mit anderen Reduktionsmitteln. Bewirkt man die Reduktion z. B. durch Erhitzen mit Jodwasserstoffsäure auf 150—180°, so kann man auch Verbindungen der Acetylenreihe erst partiell zu solchen der Äthylenreihe und diese weiter zu gesättigten Kohlenwasserstoffen reduzieren. So gibt Diphenylacetylen (Tolan) zuerst Diphenyläthylen (Stilben)[5] und schließlich *Diphenyläthan* (*Dibenzyl*)

$$\begin{array}{c}C_6H_5\cdot C\\ \|\!|\\ C_6H_5\cdot C\end{array} + H_2 = \begin{array}{c}C_6H_5CH\\ \|\\ C_6H_5CH\end{array} \qquad \begin{array}{c}C_6H_5CH\\ \|\\ C_6H_5CH\end{array} + H_2 = \begin{array}{c}C_6H_5\cdot CH_2\\ |\\ C_6H_5\cdot CH_2\end{array}.$$

---

[1] Brodie, A. **169**, 270.

[2] Sabatier, Senderens, C. r. **134**, 514.

[3] Moissan, Bl. [3] **11**, 1012; **15**, 1285; B. **27** R., 620.

[4] Sabatier, Senderens, C. r. **124**, 1360; **128**, 1173; **135**, 87.

[5] Barbier, J. 1874, 421.

Durch Erhitzen mit Jodwasserstoffsäure auf hohe Temperatur oder mit feinverteiltem Nickel kann man auch an die drei Doppelbindungen des Benzols (siehe dieses) Wasserstoff anlagern und erhält so *Hexahydrobenzol (Cyklohexan)*[1]

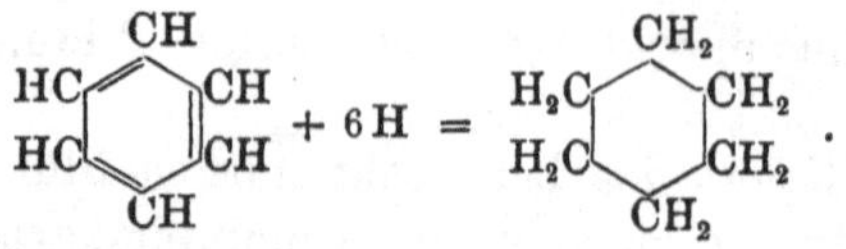

Analog lassen sich auch zahlreiche Derivate des Benzols in die entsprechenden Hexamethylenderivate überführen, eine Umsetzung, von der noch später die Rede sein wird.

Als praktische Darstellungsweise ist diese Methode ohne Bedeutung.

2. *Durch Reduktion sauerstoffhaltiger Derivate.* Die sauerstoffhaltigen Derivate, insbesondere Alkohole, Phenole, Ketone und Säuren lassen sich zu gesättigten Kohlenwasserstoffen reduzieren. Diese Reduktion wird teils direkt, teils auf einem Umwege ausgeführt.

a) Bei direkter Reduktion liefern Phenole, Ketone und Säuren die entsprechenden Kohlenwasserstoffe mit gleicher Kohlenstoffanzahl. Bei den Phenolen gelingt die Entziehung des Sauerstoffs durch Erhitzen mit Zinkstaub. So liefert Phenol *Benzol*[2]

$$C_6H_5 \cdot OH + Zn = C_6H_6 + ZnO\,.$$

Die gleiche Reduktion läßt sich mit mehrwertigen Phenolen sowie mit Oxypyridinen und Oxychinolinen ausführen. Es entsteht so z. B. *Benzol* aus Pyrogallol und *Pyridin* aus β-Oxypyridin.

Beim Erhitzen mit Jodwasserstoffsäure und Phosphor auf Temperaturen bis zu 300° lassen sich auch die Ketone und Säuren zu Kohlenwasserstoffen reduzieren. So gibt Benzophenon: *Diphenylmethan*[3], Benzoesäure: *Toluol*, Stearinsäure: *Oktadekan*[4] u. s. w.

$$C_6H_5 \cdot CO \cdot C_6H_5 + 4\,HJ = C_6H_5 \cdot CH_2 \cdot C_6H_5 + H_2O + 2\,J_2\,,$$
$$C_6H_5 \cdot COOH + 6\,HJ = C_6H_5 \cdot CH_3 + 2\,H_2O + 3\,J_2\,,$$
$$C_{17}H_{35} \cdot COOH + 6\,HJ = C_{18}H_{38} + 2\,H_2O + 3\,J_2\,.$$

Die Reduktion der Ketone bietet ein wichtiges Hilfsmittel für die Synthese höherer Kohlenwasserstoffe, da die verschiedensten Ketone aus Säuren leicht erhältlich sind (s. weiter unten die

[1] Berthelot, C. r. **85**, 831; Bl. [1] **9**, 17. — S. a. Markownikoff, A. **302**, 1. — Sabatier, Senderens, C. r. **132**, 1254.

[2] Baeyer, A. **140**, 295. [3] Graebe, B. **7**, 1624.

[4] Krafft, B. **15**, 1687.

Synthese der Ketone), während die direkte Reduktion der Säuren nur theoretisches Interesse bietet.

Diese direkte Reduktion läßt sich vorwiegend bei aromatischen und höheren aliphatischen Verbindungen benutzen. Die Reduktion wird, je nach der Reduzierbarkeit der betreffenden Substanz, entweder im offenen Gefäß oder im Einschlußrohr und bei den verschiedensten Temperaturen ausgeführt.[1]

Nach den bisherigen Erfahrungen liefert jedoch Acetophenon bei der Reduktion mit Jodwasserstoffsäure und Phosphor kein Äthylbenzol, sondern kompliziertere Produkte. Wohl aber entsteht in analoger Weise aus o-Acetophenoncarbonsäure: *o-Äthylbenzoesäure.*[2] Mit besonders gutem Erfolge lassen sich Diphenylketone, die auch nach einer besonderen Synthese sehr leicht zugänglich sind (s. später bei den Ketonen) zu Derivaten des Diphenylmethans reduzieren. So liefert Benzophenon selbst fast quantitativ *Diphenylmethan.*[3]

Bei den meisten aliphatischen Ketonen ist es jedoch zweckmäßiger, dieselben durch Behandeln mit Phosphorpentachlorid zunächst in die „Ketochloride" (s. S. 65) überzuführen und diese der Reduktion zu unterwerfen.[4] Diese Umwandlung schließt sich der indirekten Reduktion der Alkohole eng an.

b) Alkohole lassen sich zum Teil nur schlecht direkt zu Kohlenwasserstoffen reduzieren. Benzylalkohol gibt zwar beim Erhitzen mit Jodwasserstoff *Toluol,*[5] doch versagt die Reaktion bei rein aliphatischen Alkoholen meistens. Man verwandelt daher die Alkohole fast immer zunächst in Chloride, Bromide oder Jodide (s. S. 62). Diese Halogenverbindungen lassen sich dann leicht durch naszierenden Wasserstoff (aus Zink und Salzsäure, Kupferzink und Wasser, Zinkstaub und Alkohol oder Natriumamalgam und Alkohol) oder auch durch Jodwasserstoffsäure zu Kohlenwasserstoffen reduzieren.[6]

$$CH_3OH + HJ = CH_3J + H_2O\,,$$
$$CH_3J + 2H = CH_4 + HJ\,.$$

Die Jodide liefern auch mit Aluminiumchlorid im geschlossenen Rohr bei gewissen Temperaturen die zugehörigen Paraffine.[7] Mit Natriumamalgam läßt sich sogar das am aromatischen Kern stehende

---

[1] Bucherer, B. **27**, 1231. — Graebe, B. **7**, 1624. — G. 283. — L.-C. 969.

[2] Gabriel, Michael, B. **10**, 2206.

[3] Graebe, B. **7**, 1624. — G. 283.

[4] Krafft, B. **15**, 1690, 1711; **19**, 2218. [5] Graebe, B. **8**, 1055.

[6] Gladstone, Tribe, B. **6**, 203. — Sabanejeff, B. **9**, 1810. — Schorlemmer, A. **150**, 209. — Zelinsky, B. **31**, 3203 u. a.

[7] Köhnlein, B. **16**, 561. — L. Meyer, B. **27**, 2766.

Halogen durch Wasserstoff ersetzen, doch ist diese Umsetzung ohne große Bedeutung.

Auch Benzolhexachlorid läßt sich zu *Hexahydrobenzol* reduzieren.

Andererseits kann man die aus den Alkoholen erhaltenen Jodide zunächst in Zinkalkyle (oder Quecksilberalkyle[1]) verwandeln (s. diese) und diese mit Wasser (oder konzentrierter Schwefelsäure) zersetzen:

$$2\,CH_3J + 2\,Zn = Zn(CH_3)_2 + ZnJ_2\,,$$

$$Zn{<}^{CH_3}_{CH_3} + {}^{HOH}_{HOH} = {}^{CH_4}_{CH_4} + Zn{<}^{OH}_{OH}\,.$$

Die beiden letzten Reaktionen lassen sich häufig zu einer Operation vereinigen, indem man die Alkyljodide mit Zink und Wasser in geschlossenen Gefäßen auf höhere Temperaturen erhitzt[2] oder mit Kupferzink und Alkohol bei gewöhnlicher Temperatur behandelt.[3]

3. *Würtzsche Synthese.* Diese Synthese ist von außerordentlicher Wichtigkeit und allgemeinster Anwendbarkeit, namentlich zur Gewinnung höherer gesättigter Kohlenwasserstoffe. Sie beruht darauf, daß man den Alkylbromiden oder -jodiden durch Einwirkung von Natrium (oder anderen Metallen, wie Silber oder Kupfer in feinverteiltem Zustande) das Halogen enzieht und so zwei Alkylgruppen miteinander verkettet. Ganz analoge Methoden sind bereits in der Acetylenreihe, wie auch bei den Olefinen erwähnt worden, sind jedoch dort von untergeordneter Bedeutung. Behandelt man z. B. Jodmethyl in ätherischer Lösung mit Natrium, so entsteht durch Verkettung zweier Methylreste *Äthan*[4]

$$\begin{matrix} CH_3J \\ CH_3J \end{matrix} + 2\,Na = \begin{matrix} CH_3 \\ | \\ CH_3 \end{matrix} + 2\,NaJ\,.$$

Unter Anwendung von Zink als halogenentziehendem Mittel wurde diese Synthese schon von Frankland zur Darstellung von Äthan benutzt[5], sie erhielt ihre große Bedeutung aber erst durch die Entdeckung der außerordentlich viel allgemeineren Wirksamkeit des Natriums.[6] Auch durch feinverteiltes Silber oder Kupfer lassen sich zwei Kohlenwassertoffreste verketten[7], doch ist Natrium fast stets besser geeignet.

---

[1] Schorlemmer, A. **132**, 234.
[2] Frankland, A. **71**, 203; **85**, 360 **95**, 53.
[3] Gladstone, Tribe, Soc. **45**, 154.
[4] Buckeisen, Wanklyn, A. **116**, 329.
[5] A. **71**, 213. — S. a. Schöyen, A. **130**, 234.
[6] Würtz, A. ch. [3] **44**, 275; A. **96**, 365.
[7] Wislicenus, A. **149**, 220.

Die Reaktion wird meist in ätherischer Lösung ausgeführt und geht gewöhnlich schon bei gewöhnlicher Temperatur, zuweilen auch ohne Lösungsmittel und durch mäßiges Erwärmen vor sich.[1] Als Zwischenprodukte entstehen gewöhnlich tiefblaue kristallinische Natriumverbindungen, die noch nicht genauer untersucht sind, nach Analogie mit den entsprechenden Zinkverbindungen aber wahrscheinlich Jodnatriumverbindungen der Kohlenwasserstoffreste darstellen. Hiernach würde die Reaktion in folgenden beiden Phasen verlaufen, z. B.

$$\text{I.}\quad C_2H_5\cdot J + 2\,Na = C_2H_5Na_2J \quad \text{(blaues Zwischenprodukt)}$$

$$\text{II.}\quad C_2H_5\cdot Na_2J + J\cdot C_2H_5 = C_2H_5\cdot C_2H_5 + 2\,NaJ.$$ [2]

Im allgemeinen reagieren die Jodide am besten, die Bromide weniger leicht und die Chloride am schlechtesten. Außerdem geben fast nur primäre Halogenverbindungen, seltener sekundäre und fast nie tertiäre Halogenverbindungen (vgl. S. 107) gute Resultate. Auch Polyhalogenverbindungen sind nur selten brauchbar. Die Halogenverbindungen reagieren meist um so glatter, je größer ihr Molekül ist. Auch Halogenatome in den Seitenketten aromatischer Verbindungen reagieren gut. Z. B. entsteht aus Benzylchlorid und Propylchlorid *Butylbenzol.*[3]

Nach dieser Methode ist die längste bis jetzt bekannte normale Kohlenstoffkette synthetisch dargestellt worden, indem aus zwei Molekülen Myricyljodid das *Hexacontan* $C_{60}H_{122}$ erhalten wurde.[4] Auch optisch aktive Kohlenwasserstoffe konnten so gewonnen werden.[5]

Wendet man ein Gemisch zweier verschiedener Halogenalkyle an, so erhält man hauptsächlich diejenigen Kohlenwasserstoffe, die durch Vereinigung der beiden verschiedenen Alkylgruppen entstehen, daneben jedoch in kleinerer Menge auch die beiden durch Verkettung gleichartiger Reste gebildeten. So liefert z. B. ein Gemisch von Bromäthyl und Isoamylbromid hauptsächlich *Dimethylpentan*[6]

$$\begin{matrix} CH_3\cdot CH_2Br \\ (CH_3)_2CH\cdot CH_2\cdot CH_2Br \end{matrix} + 2\,Na = \begin{matrix} CH_2\cdot CH_3 \\ | \\ CH_2\cdot CH_2\cdot CH(CH_3)_2 \end{matrix} + 2\,NaBr.$$

Haben die beiden angewandten Alkyljodide eine sehr verschiedene Beständigkeit gegen Natrium, so entstehen jedoch nur die aus zwei gleichen Alkylen gebildeten Kohlenwasserstoffe. So entsteht aus einem Gemenge von Jodäthyl und sekundärem Oktylbromid zuerst bei nied-

[1] Schorlemmer, A. **144**, 184. — Just, A. **220**, 155.
[2] Krafft, B. **21**, 3187. [3] Radziszewski, B. **9**, 261.
[4] Hell u. Hägele, B. **22**, 502.
[5] Just, A. **220**, 155. — Welt, B. **27** R., 852.
[6] Grimshaw, A. **166**, 165. — Just, A. **220**, 153.

riger Temperatur aus der ganzen Menge der ersteren Butan, während das Oktylbromid bei höherer Temperatur Dioktyl liefert.[1]

Diese Synthese erhielt noch größere Wichtigkeit, als sie von FITTIG auch auf die aromatische Reihe ausgedehnt wurde. Man kann nämlich auch durch Einwirkung von Natrium auf ein Gemisch von bromierten Benzolkohlenwasserstoffen und Jod- oder Bromalkylen beliebige gemischte aliphatisch-aromatische oder reinaromatische Kohlenwasserstoffe darstellen. Ein Gemisch von Brombenzol und Jodmethyl gibt z. B. *Toluol*[2]

$$C_6H_5Br + JCH_3 + 2\,Na = C_6H_5 \cdot CH_3 + NaBr + NaJ\,.$$

Aus Brombenzol allein entsteht *Diphenyl*[3]

$$\begin{matrix} C_6H_5Br \\ C_6H_5Br \end{matrix} + 2\,Na = \begin{matrix} C_6H_5 \\ | \\ C_6H_5 \end{matrix} + 2\,NaBr\,.$$

Die Reaktion geht bei Anwendung von metallischem Natrium ebenfalls meist schon bei gewöhnlicher Temperatur vor sich und wird bei den niedrigeren Alkylverbindungen meist in trockener ätherischer Lösung, unter Zusatz einiger Tropfen Essigester, bei den höheren Homologen ohne Lösungsmittel und eventuell unter Druck ausgeführt.[4]

Die Einführung einer Alkylgruppe in einen aromatischen Kern gelingt auf diese Weise glatt. Ist dagegen bereits eine Alkylgruppe vorhanden, so läßt sich eine zweite nach dieser Methode nur in die p-Stellung gut einführen[5], weniger gut in o-Stellung[6], in die m-Stellung dagegen häufig gar nicht.[7] Bei gleichzeitiger Einführung mehrerer Alkylgruppen für ebenso viele Halogenatome sind die Ausbeuten oft mangelhaft.[8]

Auch in andere ringförmige Kerne kann man nach dieser Methode Alkylgruppen einführen, z. B. in Naphtalin[9], Thiophen[10] u. a.

Ganz allgemein läßt sich der Vorgang der WÜRTZ-FITTIGschen Synthese durch folgende Gleichung ausdrücken, in der R und R_1 beliebige einwertige Kohlenwasserstoffreste bedeuten:

$$RJ + R_1Br + 2\,Na = R{-}R_1 + NaJ + NaBr\,.$$

Sie ist namentlich für höhere aliphatische Kohlenwasserstoffe meist die einzige brauchbare Darstellungsmethode. Für aliphatisch-aromatische Kohlenwasserstoffe läßt sie sich zuweilen vorteilhaft durch die folgende Synthese ersetzen.

[1] LACHOWICZ, A. **220**, 186.
[2] FITTIG, TOLLENS, A. **131**, 304.
[3] FITTIG, A. **121**, 363; **132**, 202.
[4] G. 236.
[5] FITTIG, GLINZER, A. **136**, 303.
[6] JANNASCH, HÜBNER, A. **170**, 119.
[7] WROBLEWSKY, A. **192**, 197.
[8] JANNASCH, B. **10**, 1356; A. **176**, 286; **216**, 202. 212. 223.
[9] BRUNEL, B. **17**, 1179.
[10] V. MEYER, KREIS, B. **17**, 1558.

4. *Friedel-Craftssche Synthese.* In Benzolkohlenwasserstoffen lassen sich die am Kern stehenden Wasserstoffatome direkt durch aliphatische Alkylgruppen ersetzen, wenn man auf ein Gemisch der Kohlenwasserstoffe mit Halogenalkylen Aluminiumchlorid (bezw. Eisenchlorid, Zinkchlorid oder auch Aluminiumamalgam[1]) einwirken läßt. Das Halogen des Halogenalkyls wird mit je einem Wasserstoffatom des Benzolkernes als Halogenwasserstoff abgespalten, während sich die beiden freiwerdenden Reste vereinigen. Diese synthetische Methode, die für den Aufbau gemischter Kohlenwasserstoffe theoretisch von größter Wichtigkeit und allgemeinster Anwendbarkeit ist, wurde von FRIEDEL und CRAFTS entdeckt. Aus Chloräthyl und Benzol entsteht beispielsweise *Äthylbenzol*[2]

$$C_6H_6 + ClC_2H_5 = C_6H_5 \cdot C_2H_5 + HCl.$$

Als Darstellungsmethode für die Praxis ist die FRIEDEL-CRAFTSsche Synthese nicht so wichtig, wie man nach ihrer allgemeinen Anwendbarkeit glauben sollte, weil sie in vielen Fällen sehr wenig glatt verläuft und auch nicht selten ganz versagt (s. weiter unten).

Das Eintreten der gleichen Reaktion bei Gegenwart von Zinkstaub hatte schon einige Jahre vor FRIEDEL und CRAFTS, ZINCKE beobachtet, doch gewann erst durch die Anwendung von Aluminiumchlorid diese synthetische Methode ihre jetzige Bedeutung und allgemeine Anwendbarkeit. Die Wirkungsweise beider Mittel ist noch nicht völlig aufgeklärt. Das Zink wirkt fermentartig, vielleicht dadurch, daß es zunächst kleine Mengen naszierenden Chlorwasserstoffs liefert, während aus dem Aluminiumchlorid und den Halogenalkylen wahrscheinlich zuerst metallorganische Verbindungen entstehen, die weiter mit den Kohlenwasserstoffen reagieren.[3]

Nach dieser Reaktion lassen sich sowohl in aliphatischen Polyhalogenverbindungen mehrere Halogenatome durch Benzolreste, als auch im Benzolkern mehrere Wasserstoffatome durch Alkylgruppen ersetzen. Es gibt z. B. Äthylenchlorid mit Benzol: das symmetrische *Diphenyläthan* (*Dibenzyl*)[4]

---

[1] NENCKI, B. **32**, 2414. — HIRST, COHEN, Soc. **67**, 827.

[2] FRIEDEL, CRAFTS, A. ch. [6] 1, 457; B. **17** R., 376. — SEMPOTOWSKI, B. **22**, 2662.

[3] PERRIER, B. **33**, 815. — S. a. DEMUTH, V. MEYER, B. **23**, 396 u. RADZIEWANOWSKI, B. **27**, 3235.

[4] SYLVA, C. r. **89**, 606; J. **1879**, 379.

$$\begin{array}{l} CH_2Cl \\ | \\ CH_2Cl \end{array} + 2\,C_6H_6 = \begin{array}{l} CH_2\cdot C_6H_5 \\ | \\ CH_2\cdot C_6H_5 \end{array} + 2\,HCl$$

oder Chloroform mit Benzol: *Triphenylmethan*[1]

$$CHCl_3 + 3\,C_6H_6 = CH(C_6H_5)_3 + 3\,HCl\,.$$

Doch verläuft die Reaktion mit Polyhalogenverbindungen meist wenig glatt.

(Tetrachlorkohlenstoff liefert kein Tetraphenylmethan, sondern *Triphenylchlormethan.*[2] Es lassen sich nämlich nach den gewöhnlichen Methoden nicht für alle vier Affinitäten eines Kohlenstoffatoms Phenylgruppen einführen.)

Andererseits gibt z. B. Benzol mit mehreren Molekülen Halogenalkyl höhere Alkylderivate so mit sechs Molekülen Chlormethyl: *Hexamethylbenzol*[3]

$$C_6H_6 + 6\,CH_3Cl = C_6(CH_3)_6 + 6\,HCl\,.$$

Letzterer Umstand, sowie die weiter unten erwähnte umlagernde und spaltende Wirkung des Aluminiumchlorids bedingen, daß bei der FRIEDEL-CRAFTSschen Synthese gewöhnlich ein Gemisch verschiedener Kohlenwasserstoffe entsteht, die durch fraktionierte Destillation voneinander getrennt werden müssen.

In gleicher Weise wie aliphatische Halogenalkyle reagieren auch die in der Seitenkette halogenisierten aromatischen Kohlenwasserstoffe. Aus Benzol und Benzylchlorid entsteht also *Diphenylmethan*[4]

$$C_6H_6 + ClCH_2\cdot C_6H_5 = C_6H_5\cdot CH_2\cdot C_6H + H_5Cl\,,$$

und aus Stilbenbromid und Benzol: *Tetraphenyläthan*[5]

$$\begin{array}{l} C_6H_5CHBr \\ \quad\;\; | \\ C_6H_5CHBr \end{array} + 2\,C_6H_6 = \begin{array}{l} C_6H_5\cdot CH\cdot C_6H_5 \\ \qquad\;\; | \\ C_6H_5\cdot CH\cdot C_6H_5 \end{array} + 2\,HBr\,.$$

Halogenatome, die an aromatische Kerne gebunden sind, reagieren dagegen nie in dieser Weise, auch dann nicht, wenn z. B. durch Nitrogruppen das Halogen für alle anderen Reaktionen beweglich genug geworden ist (vgl. S. 115). Dagegen muß der reagierende Kohlenwasserstoff aromatisch sein und auch bei fett-aromatischen Körpern tritt der Alkylrest der Halogenverbindung demnach stets in den Kern und niemals in die Seitenkette.

Von den übrigen ringförmigen Kernen scheinen nur noch Naphtalin[6]

---

[1] FRIEDEL, CRAFTS, A. ch. [6] 1, 489; Bl. [2] **37**, 6; B. **15**, 361. — E. u. O. FISCHER, A. **194**, 252. — BILTZ, B. **26**, 1961.

[2] Siehe GOMBERG, B. **33**, 3150; **34**, 2726. S. a. NORRIS, GREEN, Am. **26**, 492.

[3] FRIEDEL, CRAFTS, B. **17** R., 376; A. ch. [6] 1, 467.

[4] FRIEDEL, CRAFTS, A. ch. [6] 1, 478; B. **17** R., 376.

[5] ANSCHÜTZ, A. **235**, 201; B. **17**, 1041.

[6] ROUX, B. **17** R., 229; **21** R., 355.

und Thiophen[1] an Stelle des Benzols treten zu können, während Anthracen, Phenanthren u. a. ganz ungeeignet zu sein scheinen.

Von den Substitutionsprodukten der Kohlenwasserstoffe reagieren nur sehr wenige in normaler Weise mit Halogenalkylen. Ebenso gut wie die Kohlenwasserstoffe sind nur die Phenoläther geeignet (s. diese). Schon die Phenole, die sonst auch leicht reagieren, liefern viel unangenehme Nebenprodukte. Die meisten Aminoderivate sind unbrauchbar, weil die NH_2-Gruppe vom Aluminiumchlorid angegriffen wird. Substituenten von saurem Charakter vermindern die Reaktionsfähigkeit der Kohlenwasserstoffe sehr stark oder heben dieselbe völlig auf. So reagiert Brombenzol nur sehr schwierig, Nitrobenzol gar nicht mit Halogenalkylen. Auch Carbonsäuren, Ester und Aldehyde reagieren nicht einfach. Im Komplex des Halogenalkyls schaden sogenannte elektronegative Substituenten nicht immer, so reagiert z. B. Nitrobenzylchlorid ganz normal. Amido-, Karboxyl- und Aldehydgruppen bewirken allerdings auch hier die Bildung komplizierter Gemische.

Der Verlauf der Reaktion wird häufig noch dadurch kompliziert, daß unter dem Einfluß des Aluminiumchlorids Wanderungen von Alkylgruppen, sowie Isomerisationen und Spaltungen eintreten. So lagert sich Toluol teilweise in ein Gemisch von Benzol und Xylol um

$$2C_6H_5CH_3 = C_6H_6 + C_6H_4(CH_3)_2,$$

während andererseits z. B. Normalpropylbromid mit Benzol Isopropylbenzol liefert.

Enthält der Benzolkohlenwasserstoff bereits eine Seitenkette, so tritt die neue Gruppe mit Vorliebe in p-Stellung, seltener in die o-Stellung und nur ganz ausnahmsweise in m-Stellung ein. Bei Thiophen- und Naphtalinkernen findet der Eintritt nicht in α-Stellung statt.

Die Reaktion[2] geht meist schon bei mäßiger Wärme (40—90°) vor sich. Entweder läßt man die gasförmige Halogenverbindung durch ein erwärmtes Gemisch des Kohlenwasserstoffs mit Aluminiumchlorid[3] streichen, oder man trägt letzteres in ein Gemisch der beiden Kom-

---

[1] Schleicher, B. **19**, 673. — Comey, B. **17**, 790.

[2] Für die praktische Ausführung dieser Synthese sind von verschiedenen Autoren sehr verschiedene Vorschriften gegeben worden. Eine gute Zusammenstellung derselben siehe L.-C. 587 ff. Eine ausführliche Vorschrift wird auch G. 274 gegeben. Dieselbe gilt zwar für eine Ketondarstellung, kann aber fast unverändert auch für die meisten Kohlenwasserstoffsynthesen dienen. In Elbs, Synthetische Darstellungsmethoden; Leipzig 1891, II, S. 128 u. 141 ff. findet sich ebenfalls eine vorzügliche Übersicht der einschlägigen Arbeitsbedingungen.

[3] Über Darstellung des Aluminiumchlorids siehe Stockhausen, Gattermann, B. **25**, 3521; G. 331. Über die notwendige Beschaffenheit siehe Biltz, B. **26**, 1960. An Stelle des Aluminiumchlorids kann zuweilen mit Vorteil Eisenchlorid verwandt werden. Baur, B. **27**, 1611. — Nencki, B. **30**, 1766.

ponenten ein, eventuell unter Anwendung eines indifferenten Verdünnungsmittels wie Schwefelkohlenstoff oder Petroläther, das infolge seines niedrigen Siedepunktes einen bequemen Wärmeregulator darbietet. Auch ein großer Überschuß des betreffenden Kohlenwasserstoffs (namentlich von Benzol) kann vorteilhaft als Verdünnungsmittel dienen.

Häufig ist es auch zweckmäßig, zu dem mit dem Verdünnungsmittel überschichteten Aluminiumchlorid das Gemisch von Kohlenwasserstoff, Halogenalkyl und Verdünnungsmittel allmählich zuzusetzen. Nach dem jedesmaligen Zugeben muß abgewartet werden, bis die erste heftige Reaktion, die unter starker Halogenwasserstoffentwicklung und freiwilliger Erwärmung verläuft, vorüber ist. Nachdem alles Gemisch zugeflossen ist, erwärmt man auf dem Wasserbad am Rückflußkühler, bis die Entwicklung von Halogenwasserstoff aufhört. Kohlenwasserstoff, Halogenalkyl und Aluminiumchlorid werden meist in äquivalenten Mengen angewendet, doch reicht auch häufig eine bedeutend geringere Menge Aluminiumchlorid zur völligen Umsetzung hin. Sonnenlicht beschleunigt die Reaktion. Sehr wesentlich für einen guten Verlauf ist sorgfältigster Ausschluß von Feuchtigkeit. Von den Halogenalkylen sind die Chlor- und Bromverbindungen gleich gut geeignet, während Jodverbindungen meist nicht brauchbar sind. Wegen der vorher erwähnten zersplitternden und isomerisierenden Wirkung des Aluminiumchlorids ist es nicht vorteilhaft, das Erhitzen sehr lange fortzusetzen. Nach Beendigung der Reaktion wird das Reaktionsgemisch vorsichtig mit Eiswasser zersetzt und die abgeschiedene Ölschicht fraktioniert.

Auch andere Halogenverbindungen, z. B. Säurechloride, reagieren ebenso wie Halogenalkyle (s. Ketone), dagegen liefern ungesättigte Halogenalkyle nur selten die entsprechenden Produkte (s. S. 15).

5. *Durch Wasserabspaltung unter Verkettung zweier Reste.* a) *Aus niedrigeren Kohlenwasserstoffen und Aldehyden.* Kohlenwasserstoffe vom Typus des Diphenylmethans entstehen allgemein aus aliphatischen Aldehyden oder Acetalen durch Kondensation mit Benzolkohlenwasserstoffen unter Anwendung wasserentziehender Mittel, wie Schwefelsäure. Formaldehyd (oder Methylal) kondensiert sich z. B. mit Benzol zu *Diphenylmethan*[1]

$$CH_2O + 2C_6H_6 = CH_2(C_6H_5)_2 + H_2O\,,$$

$$CH_2(OCH_3)_2 + 2C_6H_6 = CH_2(C_6H_5)_2 + 2CH_3OH\,.$$

Aromatische Aldehyde kondensieren sich nicht so leicht mit Benzolkohlenwasserstoffen, wohl aber mit deren Amidoderivaten. Da man jedoch aus letzteren die Amidogruppen über die Diazoverbindungen leicht durch Wasserstoff ersetzen kann (s. weiter unten), so ist auf diesem Umwege die Synthese von Triphenylmethan und seinen Homologen leicht durchführbar. Benzaldehyd gibt mit Anilinchlorhydrat und Zink-

[1] Baeyer, B. 6, 221.

chlorid bei 120° *Diamidotriphenylmethan* (vgl. S. 87), und letzteres in üblicher Weise das *Triphenylmethan* selbst

$$C_6H_5\cdot CHO + 2C_6H_5NH_2 = C_6H_5\cdot CH(C_6H_4NH_2)_2 + H_2O \quad (\longrightarrow CH(C_6H_5)_3).$$

An Stelle des Benzols und seiner Homologen können auch hier Naphtalin und Thiophen treten.[1]

Man arbeitet so, daß man den Aldehyd in konzentrierter Schwefelsäure löst und unter guter Kühlung allmählich das Benzol zugibt. Je nach der Heftigkeit der Reaktion kann man dieselbe durch Zusatz von Eisessig mäßigen oder durch Schwefelsäureanhydrid verstärken. Nach mehrstündigem Stehen wird die Masse in Wasser gegossen. Bequemer als die freien Aldehyde verwendet man zuweilen die Acetale.

b) *Aus niedrigeren Kohlenwasserstoffen und Alkoholen.* Kohlenwasserstoffe lassen sich auch durch Kondensation aromatischer oder kohlenstoffreicher aliphatischer Alkohole mit Benzolkohlenwasserstoffen (oder Thiophen[2], Pyrrol[3]) darstellen. So entsteht aus Benzylalkohol und Benzol *Diphenylmethan*[4], aus Benzhydrol und Benzol *Triphenylmethan*[5] u. s. w.

$$C_6H_5\cdot CH_2\cdot OH + C_6H_6 = C_6H_5\cdot CH_2\cdot C_6H_5 + H_2O\,,$$

$$\begin{matrix}C_6H_5\\C_6H_5\end{matrix}\!\!>\!CHOH + C_6H_6 = \begin{matrix}C_6H_5\\C_6H_5\end{matrix}\!\!>\!CH\cdot C_6H_5 + H_2O\,.$$

Als wasserentziehendes Mittel dient meist Schwefelsäure oder Phosphorpentoxyd bei etwa 150°. Von den aliphatischen Alkoholen liefern nur die höheren von Butylalkohol aufwärts einigermaßen glatt diese Kondensationsprodukte.

6. *Aus Metallalkylen und Halogenalkylen.* Von geringerem praktischen aber großem theoretischen Interesse ist die Bildung von Kohlenwasserstoffen durch Einwirkung von Halogenalkylen auf Zinkalkyle. Während das Zink sich mit dem Halogen verbindet, treten die beiden freiwerdenden Alkylreste zu einem höheren Kohlenwasserstoff zusammen. So liefert Jodmethyl und Zinkmethyl *Äthan*[6]

$$CH_3J + znCH_3 = CH_3\cdot CH_3 + znJ\,.$$ [7]

Diese Methode erlaubt insbesondere Kohlenwasserstoffe mit verzweigter Kohlenstoffkette darzustellen, wie z. B. das *Tetramethylmethan* aus Acetonchlorid[8] und Zinkmethyl:[9]

---

[1] Grabowski, B. **7**, 1605. — Peter, B. **17**, 1345.
[2] Levi, B. **19**, 1624. [3] Dennstedt, B. **23**, 2563.
[4] V. Meyer, Wurster, B. **6**, 963. [5] Hemilian, B. **7**, 1204.
[6] Frankland, A. **71**, 203; **85**, 360; **95**, 53. [7] S. S. 15 Anm. 2.
[8] Aus Aceton und Phosphorpentachlorid, s. S. 65.
[9] Lwow, J. **1870**, 491.

$$\frac{CH_3}{CH_3}{>}CCl_2 + Zn{<}\frac{CH_3}{CH_3} = \frac{CH_3}{CH_3}{>}C{<}\frac{CH_3}{CH_3} + ZnCl_2 .$$

Ebenso wie aliphatische Halogenalkyle reagieren auch in der Seitenkette halogenisierte aromatische Kohlenwasserstoffe. Benzalchlorid liefert z. B. mit Zinkmethyl *Isopropylbenzol* (*Dimethylphenylmethan*[1])

$$C_6H_5{\cdot}CHCl_2 + Zn{<}\frac{CH_3}{CH_3} = C_6H_5{\cdot}CH{<}\frac{CH_3}{CH_3} + ZnCl_2 .$$

Die Umsetzung geht meist ziemlich heftig vor sich und wird daher in einem geeigneten Verdünnungsmittel, wie Äther oder Benzol, und eventuell unter Kühlung, sowie unter völligem Ausschluß von Feuchtigkeit (vgl. S. 30) vorgenommen.

Hier möge gleich noch erwähnt werden, daß man mit Metallalkylen stets unter besonderen Vorsichtsmaßregeln arbeiten muß, da sich diese Verbindungen bei Berührung mit der Luft von selbst entzünden. Alle Manipulationen müssen daher in einer Atmosphäre von trockener Kohlensäure ausgeführt werden.

7. *Aus Diazoverbindungen durch Reduktion und Stickstoffabspaltung.* In ihrer Anwendbarkeit auf die aromatischen Verbindungen beschränkt ist die Bildung von Kohlenwasserstoffen aus den Diazoverbindungen (s. S. 91) unter Abspaltung von Stickstoff und gleichzeitiger Reduktion. Diese Umsetzung findet statt beim Kochen der Diazoverbindung mit Alkohol oder alkalischer Zinnoxydullösung und ist von hervorragendem theoretischen Interesse, da sie zur Aufklärung der Konstitution zahlreicher aromatischer Verbindungen gedient hat.[2] Es entsteht so z. B. *Benzol* aus Benzoldiazoniumhydroxyd[3]

$$\begin{array}{l} C_6H_5{\cdot}N{\cdot}OH \\ \quad\;\; \| \! | \\ \quad\;\; N \end{array} + H_2 = C_6H_6 + N_2 + H_2O .$$

Auch zur indirekten Darstellung mancher Verbindungen, die sich direkt nicht erhalten lassen, ist diese Methode häufig notwendig. So kann man direkt aus Toluol nur o- und p-, nicht aber *m-Nitrotoluol* gewinnen (vgl. S. 69). Vielmehr muß man zu diesem Zweck erst p-Toluidin darstellen, in dieses eine Nitrogruppe einführen und dann nach der vorliegenden Methode die NH_2-Gruppe wieder eliminieren[4]

[1] Liebmann, B. **13**, 45.

[2] Siehe z. B. die Konstitutionsaufklärung des Parafuchsins von E. u. O. Fischer, A. **194**, 270.

[3] Friedländer, B. **22**, 587. [4] Buchka, B. **22**, 829.

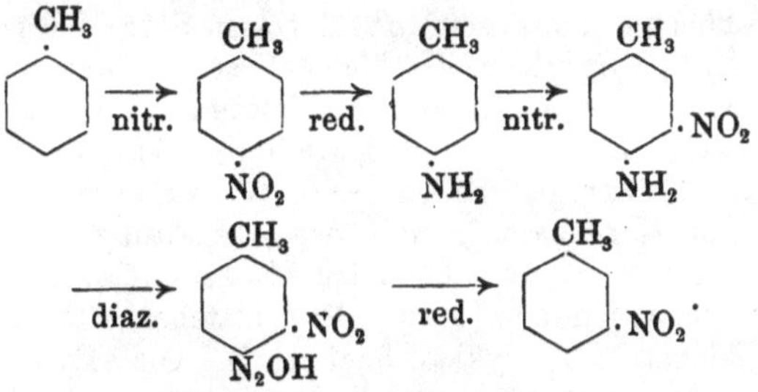

Für die Ausführung dieser Reaktion ist es nicht notwendig, die Diazoverbindung in freiem Zustande herzustellen. Man löst vielmehr die als Ausgangsmaterial dienende Amidoverbindung in überschüssiger Salzsäure ($2^1/_2$ Molekül) auf und erzeugt in der Lösung durch vorsichtiges Hinzufügen von Natriumnitrit, wie später (S. 93) noch ausführlicher erörtert werden wird, zunächst das Benzoldiazoniumchlorid

$$C_6H_5 \cdot \underset{\underset{N}{|||}}{N} \cdot Cl ,$$

welches durch das Alkali der Zinnoxydullösung in das Benzoldiazoniumhydroxyd verwandelt und dann reduziert wird.[1]

Die als Reduktionsmittel dienende Substanz wird dabei natürlich oxydiert, so der Alkohol zu Aldehyd und das Zinnoxydul zu Zinnoxyd. Als Zwischenprodukte entstehen wahrscheinlich Hydrazine.

Zuweilen entstehen beim Kochen mit Alkohol nicht die Kohlenwasserstoffe, sondern Phenoläther (s. diese).

Es scheint, daß durch Vermittlung der Diazoverbindungen unter Umständen auch verschiedene Kohlenwasserstoffreste miteinander verknüpft werden können, z. B. zu Abkömmlingen des *Diphenyls.*[2]

8. *Aus Carbonsäuren durch Kohlensäureabspaltung.* Kohlenwasserstoffe entstehen ferner, wenn man die Salze der Carbonsäuren mit Natronkalk oder Alkalihydrat destilliert. Die Carbonsäuren spalten hierbei CO_2 ab und liefern den Kohlenwasserstoff der um ein Kohlenstoffatom niedrigeren Reihe. Diese Darstellungsweise ist sowohl in der aliphatischen, wie in der aromatischen Reihe allgemein durchführbar. Für die niedrigen Glieder der aliphatischen Reihe bietet diese Reaktion eine bequeme Gewinnungsmethode. So liefert Essigsäure *Methan*[3], Propionsäure *Äthan*, Benzoesäure *Benzol*[4], Toluylsäure *Toluol* u. s. w.

$$CH_3 \cdot COOH + 2\,NaOH = CH_4 + Na_2CO_3 + H_2O ,$$
$$C_6H_5 \cdot COOH + CaO = C_6H_6 + CaCO_3 .$$

[1] G. 199. [2] Bamberger, Kühling, B. **28**, 41. 403; **29**, 165.
[3] Dumas, J. pr. [1] **21**, 260. [4] Mitscherlich, A. **9**, 39.

Bei den höheren Fettsäuren ist es ratsam, zur Vermeidung der Ketonbildung (s. die Synthese der Ketone) an Stelle von Natronkalk Natriummethylat zu verwenden und im Vakuum zu destillieren.[1]

Bei den Carbonsäuren der Cykloparaffine scheint die Kohlensäureabspaltung nur in wenigen Fällen glatt zu verlaufen, und auch in diesen Fällen findet gleichzeitig mit der Abspaltung einer Carboxylgruppe immer die Aboxydation zweier Wasserstoffatome unter Entstehung einer Doppelbindung statt. Es entstehen also an Stelle der erwarteten Cykloparaffine Cykloolefine, z. B. aus Hydrindencarbonsäure: *Inden*, aus Tetrahydronaphtalindicarbonsäure *Naphtalin* u. a. (s. S. 47 u. 48).

9. *Durch SO_3-Abspaltung aus den Sulfosäuren.* Nahe verwandt mit der vorigen Methode ist die Entstehung von Kohlenwasserstoffen aus ihren Sulfosäuren durch Abspaltung von SO_3. Diese Reaktion ist jedoch nur in der aromatischen Reihe durchführbar. Die Abspaltung von SO_3 findet häufig schon bei der trockenen Destillation statt. Benzolsulfosäure liefert so *Benzol*

$$C_6H_5 \cdot SO_3H = C_6H_6 + SO_3 .$$

Die Abspaltung von SO_3 findet glatter statt, wenn man die Sulfosäure für sich oder in konzentrierter Schwefelsäure mit überhitztem Wasserdampf behandelt oder aber ihr Ammoniumsalz der trockenen Destillation unterwirft. Auch durch Erhitzen des Bleisalzes mit Chlorammonium oder der Säure mit starker Salzsäure gelangt man häufig gut zu dem gewünschten Ziel.[2]

Die Methode besitzt im allgemeinen nur ein theoretisches Interesse.

Zu den bisher genannten Methoden zur Darstellung von Kohlenwasserstoffen kommen noch diejenigen, bei denen ein Kohlenstoffring neu gebildet wird und die daher bei den ringförmigen Kohlenwasserstoffen erwähnt worden sind (S. 18), sowie einige sehr merkwürdige Reaktionen, die an anderer Stelle besprochen werden (s. S. 86), weil sie nicht direkt zu Kohlenwasserstoffen, sondern zu Amidoverbindungen führen. Da letztere aber leicht in Kohlenwasserstoffe übergeführt werden können (s. S. 38), sind die genannten Reaktionen zugleich indirekt Synthesen der zu grunde liegenden Kohlenwasserstoffe. In gleicher Weise sind natürlich auch noch andere synthetische Methoden, die zunächst zu sauerstoffhaltigen Derivaten führen, wenn sie besonders glatt verlaufen, als indirekte Synthesen von Kohlenwasserstoffen von großer Wichtigkeit, so die Benzoïnbildung (s. Oxyketone) für das Dibenzyl $C_6H_5 \cdot CH_2 \cdot CH_2 \cdot C_6H_5$ und andere mehr.

---

[1] Mai, B. **22**, 2133. [2] V. Meyer, B. **16**, 1468. — Kelbe, B. **19**, 92.

Außerdem sind einige gesättigte aliphatische Kohlenwasserstoffe durch elektrolytische Zersetzung der Kalisalze einbasischer Carbonsäuren erhalten worden. So entsteht aus Kaliumacetat *Äthan*, indem das Ion CH_3COO in CO_2 und CH_3— zerfällt und je zwei Methylgruppen sich vereinigen.[1]

Ebenso entsteht aus isovaleriansaurem Kalium *Isooktan (Diisobutyl)*[2] und aus kapronsaurem Kalium *Dekan (Diamyl)*.[3]

B. Kohlenwasserstoffe mit gesättigten Kohlenstoffringen.[4]

Die gesättigten Kohlenstoffringe, die mit 3, 4, 5 bis 8 Kohlenstoffatomen als Ringglieder bekannt sind, die sogenannten Cykloparaffine oder Polymethylene[5], unterscheiden sich von den aromatischen Ringen durch das Fehlen des für diese charakteristischen Systems mehrerer Doppelbindungen (s. S. 18). Dementsprechend besitzen die Cykloparaffine nicht die große Beständigkeit der aromatischen Ringe und stehen in dieser Beziehung, sowie in Bezug auf die Eigenschaften der am Ring stehenden Substituenten den aliphatischen Kohlenwasserstoffen nahe. Wie bei den aromatischen Kohlenwasserstoffen sollen auch hier nicht nur die Synthesen der Cykloparaffine selbst, sondern auch diejenigen ihrer Derivate besprochen werden, insofern die synthetische Bildung des Polymethylenringes ihr wesentlicher Bestandteil ist.

Übrigens zeigen die verschiedenen gesättigten Ringe große Unterschiede in ihrer Beständigkeit, die uns durch die „Spannungstheorie" von Baeyer erklärlich geworden ist.[6] Hiernach ist der Pentamethylenring der beständigste und übertrifft hierin den Hexamethylenring. Die nach beiden Seiten folgenden Ringe des Tetramethylens und Heptamethylens sind schon unbeständiger, und der Trimethylen- und Okto-

---

[1] Kolbe, A. **69**, 279; J. pr. [2] **4**, 46. [2] Kolbe, A. **69**, 261.

[3] Brazier, Gossleth, A. **75**, 265.

[4] Da die meisten hier benutzten Reaktionen Analogien zu allgemeinen Methoden darstellen, die ausführlich erst später behandelt werden, so dürfte es sich für das Studium von Anfängern empfehlen, diesen Abschnitt vorläufig nur flüchtig durchzusehen, zum vollen Verständnis desselben aber nach Erledigung des gesamten übrigen Buches noch einmal eingehend darauf zurückzugreifen.

[5] Auch als Ringolefine hat man diese Körper bezeichnet, weil sie nur den Olefinen von gleicher Kohlenstoffzahl naturgemäß isomer sind, doch ist diese Benennung wenig anschaulich, da diesen Körpern das Charakteristikum der Olefine, die Doppelbindung, fehlt.

[6] Baeyer, B. **18**, 2278; **23**, 1275.

methylenring kommen in Bezug auf Angreifbarkeit durch verschiedene Reagenzien schon den Olefinen ziemlich nahe.

Vorausgeschickt möge werden, daß die meisten Derivate des Cyklohexans nicht direkt durch synthetische Ringbildung, sondern durch Wasserstoffanlagerung an die entsprechenden Benzolderivate erhalten werden, obwohl die im folgenden besprochenen Ringsynthesen auch für den Hexamethylenring gelten. So gibt die Benzoesäure bei der Reduktion *Hexamethylencarbonsäure* (*Hexahydrobenzoesäure*).[1]

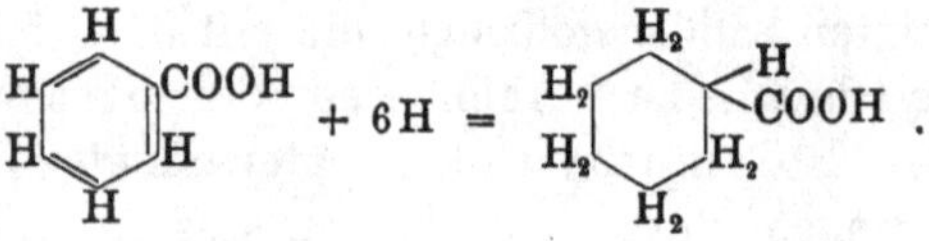

In gleicher Weise lassen sich auch viele andere Benzolderivate in Cyklohexanderivate überführen.[2] Diese Reaktion gehört jedoch nicht hierher, weil die Benzolderivate ja den Sechsring bereits fertig gebildet enthalten. Sie wird als solche an anderen Stellen behandelt (vgl. S. 28 und an anderen Orten). Zwischen den wahren aromatischen Verbindungen (mit drei Doppelbindungen) und den Hexamethylenderivaten (Hexahydroverbindungen) sind als Zwischenprodukte auch Dihydroverbindungen (Cyklodiolefine mit zwei Doppelbindungen) und Tetrahydroverbindungen (Cykloolefine mit einer Doppelbindung) bekannt, die meist nach den allgemeinen Olefinsynthesen aus Derivaten der Cykloparaffine (vgl. S. 11 und 14) gewonnen werden und theoretisch als durch partielle Hydrierung der aromatischen Verbindungen (vgl. S. 23) entstehend gedacht werden können.

1. *Würtz-Freundsche Synthese.* Die einfachste Methode zur Darstellung von Cykloparaffinen schließt sich eng der schon früher (S. 30) erwähnten Würtzschen Synthese von Kohlenwasserstoffen mit offener Kette an. Genau wie man dort durch intermolekulare Halogenentziehung vermittelst Natrium zwei Alkylreste miteinander verketten kann, ist es möglich, durch das gleiche Mittel zwei Kohlenstoffatome einer offenen Kette, an welchen je

[1] Aschan, A. **271**, 231.

[2] Von ganz besonderem Interesse für unsere theoretischen Kenntnisse ist die Hydrierung der Phtalsäuren geworden, bei der aus jeder Phtalsäure zwei geometrisch isomere Hexahydrophtalsäuren entstanden, deren Existenz uns Baeyers Theorie verständlich gemacht hat; A. **258**, 145; B. **23** R., 577.

ein Halogenatom steht, unter Ringschluß zu verbinden. So entsteht das *Trimethylen* (*Cyklopropan*) bei der Behandlung von Trimethylenbromid mit Natrium[1]

$$CH_2\left\langle\begin{array}{l}CH_2Br\\ CH_2Br\end{array}\right. + Na_2 = CH_2\left\langle\begin{array}{l}CH_2\\ |\\ CH_2\end{array}\right. + 2\,NaBr\,.$$

Ganz ebenso entstehen aus den Dihalogeniden längerer Kohlenstoffketten Ringe von größerer Gliederzahl, z. B. aus Hexamethylenbromid das *Hexamethylen* (*Cyklohexan, Hexahydrobenzol*)[2]

$$\begin{array}{l}CH_2-CH_2-CH_2Br\\ |\\ CH_2-CH_2-CH_2Br\end{array} + Na_2 = \begin{array}{l}CH_2-CH_2-CH_2\\ |\qquad\qquad\quad |\\ CH_2-CH_2-CH_2\end{array} + 2\,NaBr$$

und andererseits ist die Olefinsynthese durch Halogenabspaltung vermittelst Natrium (s. S. 13) der einfachste Fall dieser Ringbildungsmethode, indem man die Olefine als zweigliedrige Kohlenstoffringe, das Äthylen also als Cykloäthan (Dimethylen) ansehen kann.

Bei entsprechender Konstitution der verwendeten Halogenverbindung entstehen natürlich Ringe mit aliphatischer Seitenkette, so das *Methyltetramethylen* aus 1.4-Dibrompentan[3]

$$\begin{array}{l}CH_2-CH\left\langle\begin{array}{l}CH_3\\ Br\end{array}\right.\\ |\\ CH_2-CH_2Br\end{array} + Na_2 = \begin{array}{l}CH_2-CH-CH_3\\ |\qquad\ \ |\\ CH_2-CH_2\end{array} + 2\,NaBr\,.$$

Die Anwendbarkeit der Methode ist, soweit entsprechende aliphatische Dihalogenverbindungen entsprechender Konstitution zu Gebote stehen,[4] anscheinend ganz allgemein. Man läßt auch hier das metallische Natrium gewöhnlich auf die reinen oder in einem indifferenten Lösungsmittel wie Äther oder Xylol gelöste Halogenverbindung bei Siedetemperatur einwirken. Anstatt dessen kann man das Halogen auch durch Zinkstaub und Alkohol entziehen.[5]

2. *Durch Bromwasserstoffabspaltung.* Während im allgemeinen bei der Einwirkung von alkoholischer Kalilauge auf aliphatische Bromverbindungen das Bromatom mit einem Wasserstoff einer benachbarten Methyl- oder Methylengruppe unter Olefinbildung abgespalten wird (s. S. 11), kann in gewissen Fällen die Bromwasserstoffabspaltung auch mit einem Wasserstoffatom einer nicht

[1] FREUND, M. **3**, 625. [2] HAWORTH, PERKIN, Soc. **65**, 599.

[3] COLMAN, PERKIN, Soc. **53**, 201.

[4] Z. B. ist das Tetramethylen noch nicht bekannt, weil es noch nicht gelungen ist, das 1.4-Dibrombutan in genügender Menge herzustellen, doch steht außer Zweifel, daß er sich aus diesem gewinnen lassen wird.

[5] GUSTAVSON, J. pr. [2] **36**, 300; B. **20** R., 706.

benachbarten Gruppe stattfinden, wenn deren Wasserstoffatome durch die Nachbarschaft einer Carboxyl- oder Ketogruppe eine erhöhte Beweglichkeit erlangt haben (vgl. S. 20). So entsteht bei der Einwirkung von alkoholischem Kali auf Bromglutarsäureester *Trimethylendicarbonsäure*, während man nach der gewöhnlichen Olefinbildung Glutakonsäure erwarten sollte.[1]

$$CH_2\begin{matrix}\diagup CHBr{-}COOH \\ \diagdown CH_2{-}COOH\end{matrix} + KOH = CH_2\begin{matrix}\diagup CH{-}COOH \\ \diagdown \overset{|}{C}H{-}COOH\end{matrix} + KBr + H_2O\,.$$

Analog entsteht aus Bromdimethylglutarsäureester *Dimethyltrimethylendicarbonsäure* (*Caronsäure*)[2] und die gleiche Ringbildung tritt auch bei der Darstellung von *Acetyltrimethylen* aus Acetylpropylbromid ein[3]

$$\begin{matrix} CH_2Br \\ \diagup \\ CH_2{-}CH_2\cdot CO\cdot CH_3 \end{matrix} + KOH = \begin{matrix} CH_2 \\ \diagup\;\diagdown \\ CH_2{-}CH\cdot CO\cdot CH_3 \end{matrix} + KBr + H_2O\,.$$

Inwieweit sich diese Synthese sonst verallgemeinern läßt, ist noch nicht mit Sicherheit anzugeben.

3. *Malonester- und Acetessigester-Synthese.* Eine besonders wichtige Methode, die zunächst zu Dicarbonsäuren der Cykloparaffine führt, ist die Einwirkung der Dihalogenverbindungen (Alkylenbromide) auf Dinatriummalonester (Malonester bei Gegenwart von Natriumäthylat). So entsteht aus Äthylenbromid der *Trimethylendicarbonsäureester*, aus Trimethylendibromid der *Tetramethylendicarbonsäureester* u. s. w.[4]

$$\begin{matrix} CH_2Br \\ | \\ CH_2Br \end{matrix} + Na_2C\begin{matrix}\diagup COOC_2H_5 \\ \diagdown COOC_2H_5\end{matrix} = \begin{matrix} CH_2 \\ | \\ CH_2 \end{matrix}\!\!>C\begin{matrix}\diagup COOC_2H_5 \\ \diagdown COOC_2H_5\end{matrix},$$

$$CH_2\begin{matrix}\diagup CH_2Br \\ \diagdown CH_2Br\end{matrix} + Na_2C\begin{matrix}\diagup COOC_2H_5 \\ \diagdown COOC_2H_5\end{matrix} = CH_2\begin{matrix}\diagup CH_2\diagdown \\ \diagdown CH_2\diagup\end{matrix}C\begin{matrix}\diagup COOC_2H_5 \\ \diagdown COOC_2H_5\end{matrix}.$$

Diese Synthese ist eine Abart einer außerordentlich wichtigen allgemeinen Methode zur Darstellung mehrbasischer Säuren, von der als solcher später ausführlich die Rede sein wird.

Hier möge ihr Verlauf nur kurz geschildert werden.

Sie verläuft in mehreren Phasen. Zunächst wirkt ein Molekül

---

[1] PERKIN, BOWTELL, Proceedings **15**, 241; C. **1900** I, 284.

[2] PERKIN, THORPE, Soc. **75**, 48.

[3] IDZKOWSKA, WAGNER, C. 1898 II, 474.

[4] PERKIN, B. **17**, 54; **19**, 2038. — FITTIG, RÖDER, A. **227**, 19 u. 27.

Natriumäthylat auf den Malonester ein, indem in der CH_2-Gruppe des letzteren ein Wasserstoffatom durch Natrium ersetzt wird

$$\text{I.}\quad CH_2<\begin{matrix}COOC_2H_5\\ COOC_2H_5\end{matrix} + NaOC_2H_5 = Na\cdot CH<\begin{matrix}COOC_2H_5\\ COOC_2H_5\end{matrix} + C_2H_5OH\,.$$

Der so entstandene *Natriummalonester* reagiert zunächst mit einem Halogenatom der Dihalogenverbindung und es entsteht ein Halogenalkylmalonester, mit Äthylenbromid z. B. *Bromäthylmalonester*[1]

$$\text{II.}\quad \begin{matrix}CH_2Br\\ |\\ CH_2Br\end{matrix} + NaCH<\begin{matrix}COOC_2H_5\\ COOC_2H_5\end{matrix} = \begin{matrix}CH_2\\ |\\ CH_2Br\end{matrix}\!\!>\!CH<\begin{matrix}COOC_2H_5\\ COOC_2H_5\end{matrix} + NaBr\,.$$

Ist so das eine Wasserstoffatom der reaktionsfähigen CH_2-Gruppe des Malonesters durch den Halogenalkylrest ersetzt, so vermag nun das zweite Wasserstoffatom derselben Gruppe, ebenso wie vorher das erste, mit Natriumäthylat zu reagieren

$$\text{III.}\quad \begin{matrix}CH_2\\ |\\ CH_2Br\end{matrix}\!\!>\!CH<\begin{matrix}COOC_2H_5\\ COOC_2H_5\end{matrix} + NaOC_2H_5 = \begin{matrix}CH_2\\ |\\ CH_2Br\end{matrix}\!\!>\!CNa<\begin{matrix}COOC_2H_5\\ COOC_2H_5\end{matrix} + C_2H_5OH\,.$$

Dieser Ersatz des zweiten Wasserstoffatoms findet natürlich nur statt, wenn für jedes Molekül Malonester zwei Moleküle Natriumäthylat angewendet worden sind und wenn im Verhältnis zur Halogenverbindung kein Überschuß von Malonester vorhanden ist. Diese Natriumverbindung spaltet schließlich intramolekular unter Ringschluß Bromnatrium ab

$$\text{IV.}\quad \begin{matrix}CH_2\\ |\\ CH_2Br\end{matrix}\!\!>\!CNa<\begin{matrix}COOC_2H_5\\ COOC_2H_5\end{matrix} = \begin{matrix}CH_2\\ |\\ CH_2\end{matrix}\!\!>\!C<\begin{matrix}COOC_2H_5\\ COOC_2H_5\end{matrix} + NaBr\,.$$

Ist dagegen im Verhältnis zur Halogenverbindung ein Überschuß von nichtsubstituiertem Malonester vorhanden, so reagiert dieser von vorneherein nach Reaktion I mit dem noch anwesenden Natriumäthylat. Dementsprechend kann die Reaktion III und somit auch IV nicht mehr oder nur in beschränktem Maße stattfinden. Dagegen ist noch Natriummalonester vorhanden und mit diesem reagiert nun der in Reaktion II entstandene Halogenalkylmalonester unter intermolekularer Bromnatriumabspaltung

$$\text{IVa.}\quad \begin{matrix}CH_2-CH<\begin{matrix}COOC_2H_5\\ COOC_2H_5\end{matrix}\\ |\qquad\qquad\qquad\\ CH_2Br\qquad\qquad\end{matrix} + NaCH<\begin{matrix}COOC_2H_5\\ COOC_2H_5\end{matrix}$$

$$= \begin{matrix}CH_2-CH<\begin{matrix}COOC_2H_5\\ COOC_2H_5\end{matrix}\\ |\qquad\qquad\qquad\\ CH_2-CH<\begin{matrix}COOC_2H_5\\ COOC_2H_5\end{matrix}\end{matrix} + NaBr\,.$$

Halogenverbindungen, welche zwei Halogenatome enthalten, können also mit Malonester bei Gegenwart von Natriumäthylat auf zwei ver-

[1] Diese Zwischenprodukte lassen sich in der Tat zuweilen isolieren. S. Perkin, Freer, Soc. **51**, 833. — Fittig, Roeder, A. **227**, 19.

schiedene Arten reagieren, indem auf je ein Molekül der Dihalogenverbindung entweder zwei oder nur ein Molekül Malonester einwirken. Im ersteren Falle entstehen aliphatische Tetracarbonsäureester (s. mehrbasische Säuren), im zweiten Cykloparaffindicarbonsäureester; z. B. aus Äthylenbromid entweder *Butantetracarbonsäureester* (I) oder *Cyklopropandicarbonsäureester* (II)

$$\text{(I)}\quad \begin{matrix} CH_2Br \\ | \\ CH_2Br \end{matrix} + 2\,CH_2{<}\begin{matrix} COOC_2H_5 \\ COOC_2H_5 \end{matrix} + 2\,NaOC_2H_5$$

$$= \begin{matrix} CH_2-CH{<}\begin{matrix} COOC_2H_5 \\ COOC_2H_5 \end{matrix} \\ | \\ CH_2-CH{<}\begin{matrix} COOC_2H_5 \\ COOC_2H_5 \end{matrix} \end{matrix} + 2\,NaBr + 2\,C_2H_5OH\,,$$

$$\text{(II)}\quad \begin{matrix} CH_2\cdot Br \\ | \\ CH_2\cdot Br \end{matrix} + CH_2{<}\begin{matrix} COOC_2H_5 \\ COOC_2H_5 \end{matrix} + 2\,NaOC_2H_5$$

$$= \begin{matrix} CH_2 \\ | \\ CH_2 \end{matrix}{>}C{<}\begin{matrix} COOC_2H_5 \\ COOC_2H_5 \end{matrix} + 2\,NaBr + 2\,C_2H_5OH\,.$$

Da man zur praktischen Ausführung der Synthese die Natriumverbindung des Malonesters nicht isoliert, sondern Malonester, Natriumäthylat (Natrium in Alkohol gelöst) und Halogenverbindung in alkoholischer Lösung reagieren läßt, gehen meist beide Reaktionen nebeneinander her, und kann man je nach der angewandten Menge des Malonesters im Verhältnis zu Halogenverbindung und Natrium die eine oder die andere Reaktion zur Hauptreaktion machen. Im übrigen entspricht diese Bildungsweise völlig der gewöhnlichen Malonestersynthese (s. diese). In den meisten Fällen geht die Reaktion bei gewöhnlicher Temperatur vor sich.

Auch aromatische Verbindungen, welche in zwei orthoständigen Seitenketten je ein Halogenatom enthalten, reagieren ebenso mit Malonester. Dabei entstehen Verbindungen, in denen der Cykloparaffinring mit einem aromatischen Kern kondensiert ist. So entsteht aus o-Xylylenbromid *Hydrindendicarbonsäureester* [1]

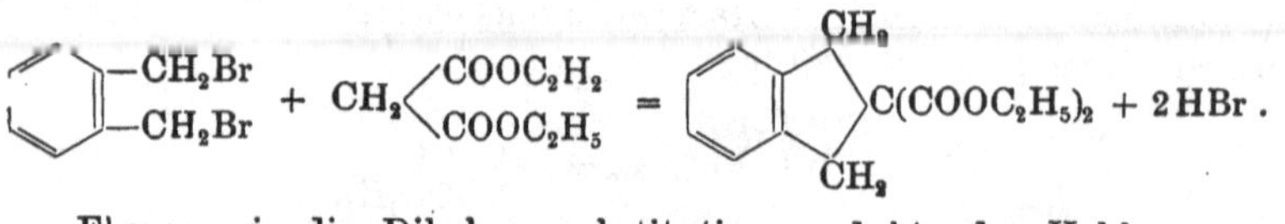

Ebenso wie die Dihalogensubstitutionsprodukte der Kohlenwasserstoffe, reagieren auch andere analoge Dihalogenverbindungen. So kann man aus den Bromadditionsprodukten verschiedener ungesättigter Verbindungen die entsprechenden Trimethylenderivate erhalten.

Die bei diesen Reaktionen erhaltenen Ester liefern bei der Verseifung die entsprechenden Dicarbonsäuren, die beim Erhitzen leicht CO_2 abspalten und in Monocarbonsäuren übergehen (vgl. diese).

---

[1] Baeyer, Perkin, B. 17, 124.

Versucht man aus den so erhaltenen Monocarbonsäuren auch die letzte Carboxylgruppe durch Erhitzen der Salze mit Natronkalk (vgl. S. 39) abzuspalten, so tritt häufig gleichzeitig eine Oxydation ein und man erhält an Stelle des erwarteten Cykloparaffins das um zwei Wasserstoffe ärmere Cykloolefin, z. B. aus der Hydrindencarbonsäure nicht Hydrinden, sondern *Inden*

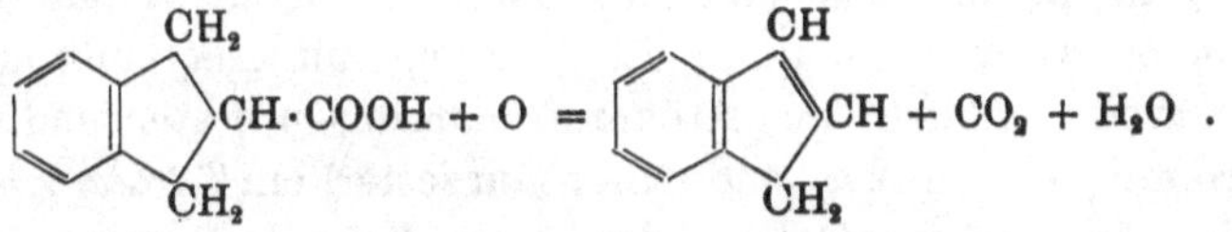

Ebenso wie der Malonester reagieren auch andere Ester, welche durch Natrium vertretbare Wasserstoffatome enthalten, z. B. der Acetessigester. Auch hier kann die Dihalogenverbindung entweder mit zwei oder mit einem Molekül Acetessigester reagieren. Im ersteren Falle entstehen Diacetylparaffindicarbonsäureester, im zweiten Acetylcykloparaffinmonocarbonsäureester. So liefert Äthylenbromid mit Acetessigester und Natriumäthylat entweder *$\alpha_1\alpha_2$-Diacetyladipinsäureester* oder *1.1-Acetyltrimethylencarbonsäureester.*[1]

$$\begin{matrix} CH_2\cdot Br \\ | \\ CH_2\cdot Br \end{matrix} + 2\,NaHC\begin{matrix} \diagup CO\cdot CH_3 \\ \diagdown COOC_2H_5 \end{matrix} = \begin{matrix} CH_2-CH<\begin{matrix} COCH_3 \\ COOC_2H_5 \end{matrix} \\ | \\ CH_2-CH<\begin{matrix} COOC_2H_5 \\ COCH_3 \end{matrix} \end{matrix} + 2\,NaBr\,,$$

$$\begin{matrix} CH_2Br \\ | \\ CH_2Br \end{matrix} + Na_2C<\begin{matrix} COCH_3 \\ COOC_2H_5 \end{matrix} = \begin{matrix} CH_2 \\ | \\ CH_2 \end{matrix}>C<\begin{matrix} CO\cdot CH_3 \\ COOC_2H_5 \end{matrix} + 2\,NaBr\,.$$

Im allgemeinen scheinen diejenigen Halogenverbindungen, die mit Malonester in gewünschter Weise reagieren, auch auf Acetessigester analog einzuwirken.[2] Nur das Trimethylenbromid macht hier merkwürdigerweise eine Ausnahme, indem es kein Cykloparaffinderivat liefert.[3]

Sonst entspricht die Synthese der allgemeinen Acetessigestersynthese, von der an anderer Stelle die Rede ist (s. Ketone). Die Reaktion findet beim Kochen in alkoholischer Lösung statt. Bei der Verseifung dieser Acetylcykloparaffincarbonsäureester enstehen entgegen dem sonstigen Verhalten der β-Ketosäureester (s. Ketone) zunächst die zugehörigen Säuren, die erst bei der Destillation (entsprechend der „Ketonspaltung") Kohlendioxyd abspalten und die Acetylcykloparaffine liefern. Eine Abspaltung der Acetylgruppe (entsprechend der „Säurespaltung") der gewöhnlichen β-Ketosäureester scheint nicht einzutreten.

---

[1] Perkin, B. **16**, 2136; **19**, 2046.

[2] Z. B. Perkin, Colman, B. **21**, 740.

[3] Perkin, B. **19**, 1244, 2557.

Außer dem Acetessigester reagieren dann noch Benzoylessigester[1], Cyanessigester[2] und die durch Malonestersynthese entstehenden Polycarbonsäureester, welche die reaktionsfähige Gruppe $-CH<\begin{smallmatrix}COOC_2H_5\\COOC_2H_5\end{smallmatrix}$ zweimal enthalten (s. mehrbasische Säuren), in denen also ebenfalls zwei Wasserstoffatome durch Natrium ersetzbar sind, unter Ringbildung mit Alkylenbromiden. Beispielsweise entsteht aus Äthantetracarbonsäureester und o-Xylylenbromid (neben o-Xylylendimalonsäureester) ein *Tetracarbonsäureester des Tetrahydronaphtalins*, der beim Verseifen leicht in die entsprechende Dicarbonsäure übergeht (vgl. Malonestersynthese)[3]

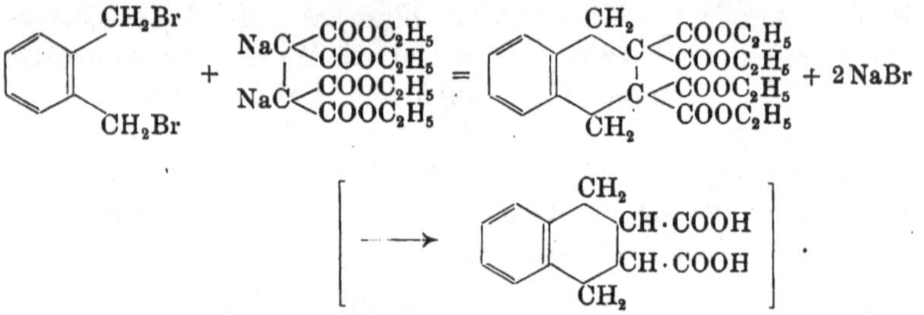

Das Silbersalz dieser Säure liefert beim Erhitzen nicht Tetrahydronaphtalin, sondern *Naphtalin* (vgl. weiter oben).

Aus den m- und p-Xylylenverbindungen lassen sich keine analogen Ringe erhalten.

4. *Aus Dinatriumverbindungen mit Halogen.* Als eine Umkehrung der ersten Cykloparaffinsynthese von FREUND(-WÜRTZ) (S. 42) kann man eine andere Methode betrachten, die ebenfalls von Derivaten des Malonesters oder Acetessigesters ausgeht. Ebenso, wie man eine offene Kohlenstoffkette, welche an zwei verschiedenen Stellen Halogenatome enthält, zum Ringschluß bringen kann, indem man das Halogen durch Natrium entzieht, kann man den gleichen Zweck erreichen, wenn man einer Verbindung, welche an zwei verschiedenen Stellen des Moleküls Natriumatome direkt an Kohlenstoff gebunden enthält, das Natrium durch Halogen entzieht. Als Ausgangsmaterial hierfür

[1] PERKIN, B. **16**, 2138; Soc. **47**, 840; **51**, 837.
[2] PERKIN, CARPENTER, Soc. **75**, 921.
[3] PERKIN, Soc. **53**, 8.

benutzt man solche Verbindungen, welche an zwei verschiedenen Stellen des Moleküls je ein durch Natrium ersetzbares, direkt am Kohlenstoff stehendes Wasserstoffatom besitzen. Solche Verbindungen sind die Verkettungsprodukte zweier Moleküle Malonester oder Acetessigester, wie sie z. B. als Nebenprodukte bei der vorhergehenden Synthese (s. S. 45 und 47 und später) und auch durch Verallgemeinerung der vorliegenden Synthese selbst (s. Malonestersynthese) entstehen, d. h. alle Verbindungen, welche entweder die Gruppe $-CH<{COOC_2H_5 \atop COOC_2H_5}$ oder die Gruppe $-CH<{CO\cdot CH_3 \atop COOC_2H_5}$ zweimal enthalten. Behandelt man so den Butantetracarbonsäureester (s. S. 46) erst mit Natriumäthylat, so werden die beiden reaktionsfähigen Wasserstoffatome durch Natrium ersetzt und diese Natriumverbindung gibt mit einer ätherischen Lösung von freiem Brom unter Ringschluß *Tetramethylen-(Cyklobutan-)tetracarbonsäureester* [1]

$$\begin{array}{l} CH_2-CH(COOC_2H_5)_2 \\ \vert \\ CH_2-CH(COOC_2H_5)_2 \end{array} + 2\,NaOC_2H_5 = \begin{array}{l} CH_2-CNa(COOC_2H_5)_2 \\ \vert \\ CH_2-CNa(COOC_2H_5)_2 \end{array} + 2\,C_2H_5OH\,,$$

$$\begin{array}{l} CH_2-CNa(COOC_2H_5)_2 \\ \vert \\ CH_2-CNa(COOC_2H_5)_2 \end{array} + 2\,Br = \begin{array}{l} CH_2-C(COOC_2H_5)_2 \\ \vert \quad\quad \vert \\ CH_2-C(COOC_2H_5)_2 \end{array} + 2\,NaBr\,.$$

Analog entsteht aus $\alpha_1\alpha_2$-Diacetyladipinsäureester (s. S. 47) *Diacetyltetramethylendicarbonsäureester* [2]

$$\begin{array}{l} CH_2\cdot CNa<{CO\cdot CH_3 \atop COOC_2H_5} \\ \vert \\ CH_2\cdot CNa<{COOC_2H_5 \atop CO\cdot CH_3} \end{array} + 2\,Br = \begin{array}{l} CH_2-C<{CO\cdot CH_3 \atop COOC_2H_5} \\ \vert \quad\quad \vert \\ CH_2-C<{COOC_2H_5 \atop CO\cdot CH_3} \end{array} + 2\,NaBr\,.$$

Durch Verallgemeinerung dieser Synthese sind auch die entsprechenden Derivate 3-, 5- und 6-gliedriger Ringe darstellbar, doch scheint der Siebenring nach dieser Methode nicht zu entstehen.[3] Dagegen lassen sich auch Ringe, welche mit Benzolkernen kondensiert sind, auf diese Weise erhalten, so gibt die Natriumverbindung des o-Xylylendimalonesters (s. S. 48) mit Jod *Tetrahydronaphtalintetracarbonsäureester.*[4]

Da diese Methode eine Abart der außerordentlich wichtigen Malonestersynthese, wird sie in Verbindung mit dieser an anderer Stelle noch ausführlich behandelt. Dort finden sich auch die Angaben

[1] Perkin, B. **19**, 2041, 1056; B. **18**, 3250.

[2] Perkin, Obrembski, B. **19**, 2048. [3] Freer, Perkin, B. **21**, 738.

[4] Baeyer, Perkin, B. **17**, 452.

über die praktische Ausführung der Reaktion. Hier möge nur erwähnt werden, daß im vorliegenden Spezialfall Brom häufig besser zu wirken scheint als Jod.

In ganz ähnlicher Weise läßt sich der Ringschluß auch erreichen, wenn man auf die vorstehend erwähnten Dinatriumverbindungen an Stelle von freiem Halogen Dihalogenparaffine einwirken läßt. Z. B. entsteht aus der Natriumverbindung des Pentantetracarbonsäureesters mit Methylenjodid *Cyklohexantetracarbonsäureester* [1]

$$CH_2\left<\begin{array}{l}CH_2\cdot CNa(COOC_2H_5)_2\\ CH_2\cdot CNa(COOC_2H_5)_2\end{array}\right. + J_2CH_2 = CH_2\left<\begin{array}{l}CH_2-C(COOC_2H_5)_2\\ \qquad >CH_2\\ CH_2-C(COOC_2H_5)_2\end{array}\right. + 2\,NaJ\,.$$

5. *Aus aliphatischen Diazoverbindungen.* Über die synthetische Bildung von Cykloparaffinen bei der Einwirkung von aliphatischen Diazoverbindungen auf die Ester ungesättigter Säuren ist noch wenig näheres bekannt. Aus Diazomethan und Fumarsäureester entsteht beispielsweise *Trimethylendicarbonsäureester.* [2] Die Reaktion verläuft in zwei Phasen. Zuerst addieren sich die beiden Komponenten zu einer heterocyklischen (Pyrazolin-)Verbindung

$$\begin{array}{c}N{=}N\\ \diagdown\!\diagup\\ CH_2\end{array} + \begin{array}{l}CH\cdot COOC_2H_5\\ \| \\ CH\cdot OOOC_2H_5\end{array} = \begin{array}{l}N{=}N-CH-COOC_2H_5\\ | \qquad\quad | \\ CH_2{-}{-}CH-COOC_2H_5\end{array}\,,$$

die beim Erhitzen in Stickstoff und Trimethylendicarbonsäureester zerfällt

$$\begin{array}{l}N{=}N-CH\cdot COOC_2H_5\\ | \qquad\quad | \\ CH_2{-}{-}CH\cdot COOC_2H_5\end{array} = N_2 + \begin{array}{l}\quad CH\cdot COOC_2H_5\\ \overbrace{CH_2-CH}\cdot COOC_2H_5\end{array}\,.$$

Analog entsteht derselbe Ester aus Diazoessigester und Akrylsäureester. [3]

6. *Durch intramolekulare Pinakonbildung.* Wie später (S. 112) ausführlich besprochen werden wird, erhält man bei der Reduktion von Ketonen neben den sekundären Alkoholen, den normalen Reduktionsprodukten, die sogenannten Pinakone, ditertiäre Glykole, welche durch Verkettung zweier Moleküle des Ketons unter gleichzeitiger Reduktion entstehen. Dieselbe Verkettung kann nun intramolekular stattfinden, wenn man ein Diketon der Reduktion unterwirft. Reduziert man z. B. Diacetylpentan, so entsteht neben dem normalen disekundären Alkohol, dem Dioxynonan, als Pinakon *Dimethyldioxyheptamethylen* [4]

[1] Perkin, Soc. **59**, 803. [2] v. Pechmann, B. **27**, 1891. — Buchner, A. **284**, 197.

[3] Buchner, B. **23**, 703. S. auch Buchner u. Papendieck, A. **284**, 212 u. Buchner, Witter, B. **23**, 2583.

[4] Perkin, Soc. **59**, 214.

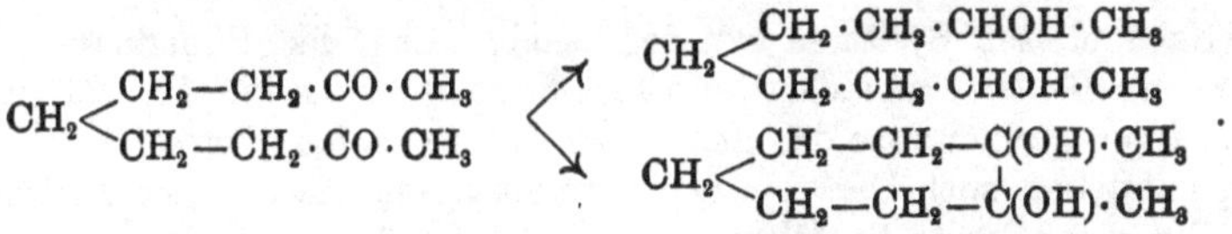

Analog entsteht aus Dibenzoylpropan *Diphenyldioxypentamethylen*[1]

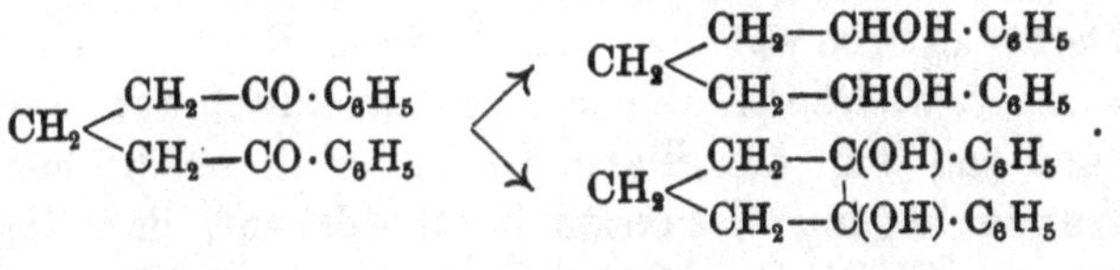

Diese Ringbildung, die durch Reduktion mit Natrium und feuchtem Äther bewirkt wird, verläuft jedoch wenig glatt und beansprucht als Darstellungsmethode keine große Bedeutung. Sie liefert komplexe Reaktionsgemische, deren Bestandteile schwierig zu trennen sind.

7. *Durch intramolekulare Ketonbildung.* Die wichtigste Synthese für aliphatische Ketone, deren genaue Besprechung sich an anderer Stelle findet, beruht darauf, daß bei der Destillation der Kalk- (oder Baryt-)salze einbasischer organischer Säuren aus je einem Molekül dieser Salze ein Molekül Calciumcarbonat abgespalten wird

$$\begin{matrix}CH_3\cdot COO\\CH_3\cdot COO\end{matrix}\!>\!Ca = \begin{matrix}CH_3\\CH_3\end{matrix}\!>\!CO + CaCO_3 .$$

Theoretisch kann man diese Reaktion auch so auffassen, daß immer zwei Moleküle einer einbasischen Säure ein Molekül hypothetische Kohlensäure abspalten

$$\left[\begin{matrix}CH_3\cdot COOH\\CH_3\cdot COOH\end{matrix} = \begin{matrix}CH_3\\CH_3\end{matrix}\!>\!CO + H_2CO_3\right] .$$

Befinden sich nun die beiden zur Ketonbildung notwendigen Karboxylgruppen nicht an zwei verschiedenen, sondern an einem und demselben Molekül, d. h. destilliert man die Kalksalze zweibasischer Säuren, so führt die analoge Reaktion natürlich zu einem ringförmigen Keton. Dementsprechend liefert das Calciumsalz der Adipinsäure *Ketopentamethylen* (*Adipinketon*).[2]

$$\begin{matrix}CH_2{-}CH_2{-}COO\\ |\\ CH_2{-}CH_2{-}COO\end{matrix}\!>\!Ca = \begin{matrix}CH_2{-}CH_2\\ |\\ CH_2{-}CH_2\end{matrix}\!>\!CO + CaCO_3 ,$$

$$\left[\begin{matrix}CH_2{-}CH_2{-}COOH\\ |\\ CH_2{-}CH_2{-}COOH\end{matrix} = \begin{matrix}CH_2{-}CH_2\\ |\\ CH_2{-}CH_2\end{matrix}\!>\!CO + H_2CO_3\right] .$$

[1] Wislicenus, A. **302**, 194. S. a. Japp, Michie, Soc. **79**, 1011.

[2] Wislicenus, Hentzschel, A. **275**, 312 ff.

Nach dieser Synthese wurden analog aus der Pimelinsäure das *Ketohexamethylen*[1], aus der Korksäure das *Ketoheptamethylen* (*Suberon*)[2] und aus der Azelaïnsäure das *Ketooctomethylen* (*Azelaon*)[3] erhalten.[4] Vielleicht entstehen auch Derivate des Tetramethylens nach dieser Reaktion.[5]

Die praktische Ausführung deckt sich völlig mit der später behandelten allgemeinen Ketonsynthese.

8. *Durch Ketosäurebildung.* Auch diese Ringsynthese ist ein Analogon einer wichtigen allgemeinen Synthese, deren ausführliche Behandlung bei den Ketosäuren (s. diese) erfolgen wird. Die zu grunde liegende Reaktion beruht darauf, daß die Carboxäthylgruppe $—COOC_2H_5$ sich bei Gegenwart von Natriumäthylat mit CH_3- oder CH_2-Gruppen zu kondensieren vermag, wenn die Wasserstoffatome der letzteren durch die Nachbarschaft einer Carboxylgruppe (oder Ketogruppe) eine erhöhte Beweglichkeit erhalten haben. Diese Kondensation verläuft scheinbar (vgl. Acetessigesterbildung) als eine einfache Alkoholabspaltung und ergibt z. B. aus zwei Molekülen Essigester ein Molekül Acetessigester

$$CH_3\cdot COOC_2H_5 + CH_3\cdot COOC_2H_5 = CH_3\cdot CO\cdot CH_2\cdot COOC_2H_5 + C_2H_5OH\,.$$

Die gleiche Kondensation, die bei intermolekularem Verlauf zu offenen Ketosäuren führt, liefert, wenn sie intramolekular stattfindet, ringförmige Verbindungen. Zu dieser Reaktion geeignet sind die Ester zweibasischer Säuren, indem die eine Estergruppe in Reaktion tritt, die andere aber die Reaktionsfähigkeit einer benachbarten CH_2-Gruppe veranlaßt. So erhält man aus Adipinsäureester unter der Einwirkung von metallischem Natrium *Ketopentamethylencarbonsäureester*

$$\begin{array}{ll} CH_2 \text{———————} & CH_2 \\ | & | \\ CH_2—COOC_2H_5 & CH_2\cdot COOC_2H_5 \end{array} = \begin{array}{ll} CH_2 \text{————} & CH_2 \\ | & | \\ CH_2—CO— & CH\cdot COOC_2H_5 \end{array} + C_2H_5OH\,,$$

und ebenso aus Pimelinsäureester *Ketohexamethylencarbonsäureester*.[6]

Alles Nähere über Theorie und Praxis geht aus dem beim Acetessigester Mitgeteilten hervor.

Die entstehenden cyklischen β-Ketosäureester verhalten sich den offenen β-Ketosäureestern völlig gleich. So zeigt die zwischen Keto-

[1] Wislicenus, Mager, A. **275**, 362. — Baeyer, A. **278**, 101. — Zelinsky, B. **34**, 2799.

[2] Markownikow, C. **1893** II, 859.

[3] Wislicenus, Mager, A. **275**, 364. — Derlon, B. **31**, 1960. S. a. Miller Tschitschkin, A. **307**, 375.

[4] Boussingault, A. **19**, 308. — Tilley, A. **39**, 166. — Date u. Schorlemmer, A. **199**, 147. — Wislicenus, A. **275**, 312, 364.

[5] Jakowleff, Bjelzoff, C. **1897** II, 342. [6] Dieckmann, B. **27**, 102.

gruppe und Carboxylgruppe stehende CH_2-Gruppe die Ersetzbarkeit der Wasserstoffatome durch Natrium und Alkylgruppen, durch welche Reaktion höhere analog konstituierte Verbindungen dargestellt werden können (vgl. Ketosäuren). Bei der Verseifung dieser Ester finden, genau wie beim Acetessigester je nach den Bedingungen zwei verschiedene Arten von Zerfall statt. Durch die „Ketonspaltung" entsteht *Ketopentamethylen* bezw. *Ketohexamethylen*, durch die „Säurespaltung" wird *Adipinsäure* bezw. *Pimelinsäure* zurückgebildet.[1]

Die Einwirkung von Oxalsäureester auf Ester zweibasischer Säuren beruht auf der gleichen Reaktion, deren allgemeinere Anwendung zur Darstellung von Ketosäuren mit offener Kette ebenfalls später angeführt werden wird. Naturgemäß sind zur Ringbildung mit Oxalester nur Ester solcher zweibasischer Säuren befähigt, welche zwei durch die Nachbarschaft von Carboxyl- (oder Keto-)gruppen reaktionsfähig gemachte CH_2-Gruppen enthalten. So liefert Glutarsäureester mit Oxalester *Diketopentamethylendicarbonsäureester*[2]

$$\begin{array}{l} COOC_2H_5 \\ | \\ COOC_2H_5 \end{array} + \begin{array}{l} CH_2-COOC_2H_5 \\ | \\ CH_2 \\ | \\ CH_2-COOC_2H_5 \end{array} = \begin{array}{l} CO-CH-COOC_2H_5 \\ | \qquad | \\ | \qquad CH_2 \\ | \qquad | \\ CO-CH-COOC_2H_5 \end{array} + 2C_2H_5-OH\,.$$

Ebenso wie der Glutarsäureester selbst, reagieren auch die β-substituierten Glutarsäureester,[3] Tricarballylsäureester,[4] Acetondicarbonsäureester[5] u. a. m.[6] Auch Ketone von geeigneter Konstitution, z. B. Dibenzylketon, kondensieren sich in analoger Weise mit Oxalester.[7] Andererseits kann auch z. B. Malonsäureester die Rolle des Oxalesters vertreten.[8]

Eine nahe mit dieser verwandte Reaktion ist auch die Bildung des *Succinylobernsteinsäureesters* (*Diketohexamethylendicarbonsäureesters*) bei der Einwirkung von Natriumäthylat auf Bernsteinsäureester[9]

$$\begin{array}{l} C_2H_5OCO\cdot CH_2 \\ | \\ CH_2\cdot COOC_2H_5 \end{array} + \begin{array}{l} C_2H_5OCO\cdot CH_2 \\ | \\ CH-COOC_2H_5 \end{array}$$

$$= \begin{array}{l} C_2H_5OCO\cdot CH-CO-CH_2 \\ \qquad\qquad | \qquad\qquad | \\ \qquad\quad CH_2-CO-CHCOOC_2H_5 \end{array} + 2C_2H_5OH\,.$$

[1] Dieckmann, B. **27**, 103; A. **317**, 27—109. [2] Dieckmann, B. **27**, 965; **30**, 1470.
[3] Dieckmann, B. **32**, 1933. [4] Wislicenus, Schwanhäuser, A. **297**, 98.
[5] Rimini, Gaz. **26**, 2. 374.
[6] S. auch Herrmann, A. **211**, 308. — Baeyer, B. **18**, 3457.
[7] Claisen, B. **27**, 1353. — Claisen, Ewan, A. **284**, 245.
[8] Rimini, Gaz. **26**, 2. 374. [9] Herrmann, A. **211**, 306.

Auch aus allen diesen Estern können durch Verseifung und Abspaltung von CO_2 die zugehörigen *Ketocykloparaffine*[1] gewonnen werden. Ebenso lassen sich die Ketogruppen häufig zu CH_2-Gruppen reduzieren.[2]

Ringe mit weniger als fünf Gliedern scheinen nach dieser Methode noch nicht dargestellt zu sein.

Die Kohlenwasserstoffe können theoretisch als die Ausgangsmaterialien zur Gewinnung sämtlicher übriger organischer Verbindungen aufgefaßt werden. Praktisch sind sie dies hauptsächlich in der aromatischen Reihe, wo die Kohlenwasserstoffe zunächst in Nitroverbindungen oder Sulfosäuren übergeführt werden, aus denen dann die übrigen Derivate mehr oder weniger direkt erhalten werden. Zur Einführung von Alkylgruppen in aromatische Kerne können auch die aromatischen Kohlenwasserstoffe selbst (Friedel-Craftssche Methode) oder ihre Halogenderivate (Würtz-Fittigsche Methode) dienen.

In der aliphatischen Reihe sind die Kohlenwasserstoffe praktisch von geringerem Wert. Sie werden zur Darstellung anderer Verbindungen fast stets zunächst in Halogenderivate übergeführt, doch sind letztere häufig bequemer auf anderem Wege zu erhalten.

Zweiter Teil.

Einwertige Derivate der Kohlenwasserstoffe.

I. Halogenverbindungen.[3]

Die Halogenverbindungen sind aufzufassen als Kohlenwasserstoffe (oder andere Verbindungen), in denen eines oder mehrere am Kohlenstoff stehende Wasserstoffatome durch Halogenatome ersetzt sind. Sie entstehen nach folgenden Methoden:

1. *Durch Addition an ungesättigte Verbindungen.* Die ungesättigten Kohlenwasserstoffe addieren sowohl die freien Halogene als auch die Halogenwasserstoffe unter Lösung ihrer Doppel-

---

[1] Z. B. Baeyer, Noyes, B. **22**, 2170. [2] Kompa, B. **34**, 2473.

[3] Der Einfachheit, sowie des engen Zusammenhanges wegen sind die Di- und Polyhalogenverbindungen hier zugleich mit den einwertigen abgehandelt.

bindungen und geben Halogenverbindungen, die als Substitutionsprodukte der gesättigten Kohlenwasserstoffe aufgefaßt werden können und mit diesen (siehe weiter unten) identisch sind. Diese Addition ist analog der Wasserstoffanlagerung an die Olefine unter Bildung gesättigter Kohlenwasserstoffe (s. S. 27). Addiert z. B. Äthylen Chlorwasserstoff, so entsteht *Äthylchlorid* oder *Chloräthan*, das als Äthan aufzufassen ist, dessen eines Wasserstoffatom durch Chlor ersetzt worden ist

$$\begin{array}{c} CH_2 \\ \| \\ CH_2 \end{array} + \begin{array}{c} H \\ | \\ Cl \end{array} = \begin{array}{c} CH_3 \\ | \\ CH_2Cl \end{array}.$$

Addiert das Olefin freies Halogen, so entstehen Körper, die analog als Dihalogensubstitutionsprodukte der gesättigten Kohlenwasserstoffe anzusehen sind, so aus Äthylen das *Äthylenbromid* (*symmetrisches Dibromäthan*), aus Stilben das *Stilbenbromid* u. a. m.

$$\begin{array}{c} CH_2 \\ \| \\ CH_2 \end{array} + 2Br = \begin{array}{c} CH_2Br \\ | \\ CH_2Br \end{array} \qquad \begin{array}{c} C_6H_5\cdot CH \\ \| \\ C_6H_5\ CH \end{array} + 2Br = \begin{array}{c} C_6H_5\cdot CHBr \\ | \\ C_6H_5\cdot CHBr \end{array}.$$

Besonders leicht findet die Addition der freien Halogene und von diesen wiederum am leichtesten diejenige von Chlor und Brom statt.

Um die Vereinigung herbeizuführen, genügt es, die gasförmigen Olefine bei gewöhnlicher Temperatur mit Chlor zu mischen oder in Brom bezw. eine Lösung von Jod einzuleiten, wobei lebhafte Erwärmung eintritt. Feste oder flüssige Olefine löst man in Schwefelkohlenstoff und leitet Chlor ein oder läßt Brom bezw. eine Lösung von Jod eintropfen.

Diese Methode bietet naturgemäß die bequemste Darstellung für diejenigen Dihalogenderivate, deren Halogene an zwei benachbarten Kohlenstoffatomen stehen.[1]

Namentlich die Addition von Brom gelingt mit wenigen Ausnahmen[2] bei allen Verbindungen, welche eine Doppelbindung zwischen zwei Kohlenstoffatomen enthalten, und ist der gebräuchlichste Beweis für das Vorhandensein einer solchen, doch ist hierbei nicht zu vergessen, daß die Addition durchaus nicht immer mit der gleichen Leichtigkeit vor sich geht und daß auch gesättigte Kohlenstoffringe unter Aufspaltung des Ringes allmählich Brom addieren.[3]

Häufig findet außer der Addition auch eine Substitution von Wasserstoff durch Halogen statt, und zwar besonders leicht bei Chlor

---

[1] G. 158. [2] Siehe z. B. Liebermann, B. **28**, 143.

[3] Eine wertvolle Zusammenstellung über die Ausführung von Bromadditionen findet sich in einer Arbeit von Michael, J. pr. [2] **52**, 291. — L.-C. 297.

und namentlich bei Anwendung eines Überschusses von Halogen. Diese Substitution gibt sich stets durch Auftreten von Halogenwasserstoff zu erkennen und ist dann die Zufuhr von Halogen zu unterbrechen. Von Brom wendet man zweckmäßig nur die für die Addition berechnete und abgewogene Menge an. Jod wirkt gewöhnlich nicht substituierend.[1]

Von ziemlich bedeutendem Einfluß auf den Verlauf der Reaktion ist zuweilen das Licht, und zwar befördert helles Tageslicht die Addition, während die Substitution durch Dunkelheit begünstigt wird. Auch die Wahl des Lösungsmittels ist nicht ohne Einfluß hierauf.

Das Benzol verhält sich bei dieser Reaktion wie ein Triolefin, indem es im Sonnenlicht 6 Atome Chlor oder Brom addiert und Benzolhexachlorid bezw. Benzolhexabromid liefert, doch findet die Addition nur schwierig statt

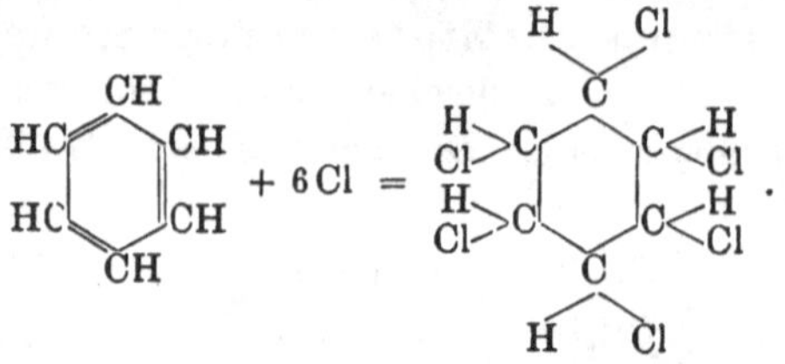

Auch ungesättigte Halogenverbindungen addieren weitere Halogenatome in gleicher Weise. Bei ungesättigten Jodverbindungen wird leicht gleichzeitig das Jod durch Chlor verdrängt.[2] So liefert Allyljodid mit Chlor *Trichlorpropan (Trichlorhydrin)*:

$$CH_2{=}CH \cdot CH_2J + 3\,Cl = CH_2Cl \cdot CHCl \cdot CH_2Cl + J\,.$$

Natürlich entstehen bei der Addition an andere ungesättigte Verbindungen die entsprechenden gesättigten Halogensubstitutionsprodukte. Allylalkohol liefert so einen *Dibrompropylalkohol (Glycerindibromhydrin)*

$$\begin{array}{l} CH_2OH \\ | \\ CH \\ \| \\ CH_2 \end{array} + 2\,Br = \begin{array}{l} CH_2OH \\ | \\ CHBr \\ | \\ CH_2Br \end{array} \quad \text{u. s. w.}$$

Diolefine, d. h. Kohlenwasserstoffe mit zwei Doppelbindungen lagern naturgemäß 4 Atome Halogen an. Befinden sich die beiden Doppelbindungen jedoch in α-Stellung zueinander, d. h. gehen sie von zwei benachbarten Kohlenstoffatomen aus (sogenannte konjugierte Doppelbindungen), so werden zunächst nur 2 Atome Halogen

---

[1] L.-C. 400.

[2] Jodbenzol addiert leicht zwei Atome Chlor, jedoch nicht unter Lösung einer Doppelbindung, sondern indem das Jod aus dem einwertigen in den dreiwertigen Zustand übergeht. Es entsteht das Phenyljodidchlorid $C_6H_5 \cdot J : Cl_2$. Daß die beiden Chloratome am Jod stehen, beweist der leichte Übergang in Jodosobenzol $C_6H_5J : O$. (WILLGERODT, B. **25**, 3494.)

an den beiden Enden der konjugierten Doppelbindungen angelagert, während die beiden freiwerdenden Affinitäten sich zu einer mittelständigen Doppelbindung vereinigen. Divinyl (1.3-Butadiën) würde demnach ein *Dibrombutylen* (*1.4-Dibrom-2-buten*) geben

$$CH_2{=}CH{-}CH{=}CH_2 + 2\,Br = CH_2Br{-}CH{=}CH{-}CH_2Br\,.$$

Die beste Erklärung für diese und ähnliche Tatsachen gibt die von Thiele aufgestellte Theorie der Partialvalenzen.[1]

Bei den Kohlenwasserstoffen der Acetylenreihe können ungesättigte oder gesättigte Additionsprodukte entstehen, jenachdem 2 oder 4 Atome Halogen aufgenommen werden. So liefert Acetylen zuerst *Acetylendibromid* (*Dibromäthylen*) und schließlich *Acetylentetrabromid* (*Tetrabromäthan*),

$$\begin{matrix}CH\\ \|\!\|\\ CH\end{matrix} + 2\,Br = \begin{matrix}CHBr\\ \|\\ CHBr\end{matrix} \qquad \begin{matrix}CH\\ \|\!\|\\ CH\end{matrix} + 4\,Br = \begin{matrix}CHBr_2\\ |\\ CHBr_2\end{matrix}\,,$$

Tolan erst *Tolandichlorid* (*Dichlorstilben*), dann *Tolantetrachlorid* u. s. w.

$$\begin{matrix}C_6H_5\cdot C\\ \|\!\|\\ C_6H_5\cdot C\end{matrix} + 2\,Cl = \begin{matrix}C_6H_5\cdot CCl\\ \|\\ C_6H_5\cdot CCl\end{matrix} \qquad \begin{matrix}C_6H_5\cdot C\\ \|\!\|\\ C_6H_5\cdot C\end{matrix} + 4\,Cl = \begin{matrix}C_6H_5\cdot CCl_2\\ |\\ C_6H_5\cdot CCl_2\end{matrix}\,.$$

Jod wird von den Acetylenen nur sehr träge aufgenommen. Von diesem Halogen scheinen die Acetylene stets nur 2 Atome zu addieren. Tolan wird bei gewöhnlicher Temperatur und in Lösung von Jod gar nicht angegriffen. Beim Schmelzen mit Jod gibt es ein Dijodid.

Weniger leicht als freies Halogen wird Halogenwasserstoff an die Doppelbindungen der Olefine angelagert. Die Reaktionsfähigkeit der drei Halogenwasserstoffe steht im umgekehrten Verhältnisse zueinander, wie die der freien Halogene, indem Jodwasserstoff am leichtesten, Chlorwasserstoff am schwierigsten addiert wird.

Man verfährt so, daß man die Substanz mit rauchender Halogenwasserstoffsäure bei gewöhnlicher Temperatur oder bei 100° unter Druck reagieren läßt. Zuweilen ist es auch praktisch, das trockene Halogenwasserstoffgas einzuleiten oder seine Lösung in Eisessig anzuwenden. Wegen des starken Reduktionsvermögens des Jodwasserstoffs sind hier hohe Temperaturen möglichst zu vermeiden.

Die Anlagerung von Halogenwasserstoff folgt gewissen Gesetzmäßigkeiten. Tragen die beiden doppeltgebundenen Kohlenstoffatome ungleich viel Wasserstoffe, so lagert sich der Halogenwasserstoff so an, daß das Halogen an das Kohlenstoffatom tritt, an dem die wenigsten

[1] Siehe Thiele, A. **306**, 87.

Wasserstoffatome stehen. So liefert Propylen: *Isopropyljodid*, Isobutylen: *Tertiäres Butylchlorid* u. s. w.

$$CH_3\cdot CH{=}CH_2 + HJ = CH_3\cdot CHJ\cdot CH_3\,,$$
$$(CH_3)_2\cdot C{=}CH_2 + HCl = (CH_3)_2\cdot CCl\cdot CH_3\,.$$

Tragen die beiden doppeltgebundenen Kohlenstoffatome gleich viel Wasserstoff, so tritt das Halogen an dasjenige Kohlenstoffatom, das dem Ende der Kohlenstoffkette am nächsten steht. So gibt Amylen: *2-Chlorpentan.*

$$CH_3\cdot CH_2\cdot CH{=}CH\cdot CH_3 + HCl = CH_3\cdot CH_2\cdot CH_2\cdot CHCl\cdot CH_3\,.$$

Ebenso wie die Olefine verhalten sich ungesättigte Halogenverbindungen. So gibt Chloräthylen: *Äthylidenchlorid*

$$CH_2{=}CHCl + HCl = CH_3\cdot CHCl_2\,.$$

Überhaupt geht die Anlagerung um so leichter vor sich, je weniger Wasserstoff die doppelt gebundenen Kohlenstoffe enthalten. So addiert Äthylen $CH_2{=}CH_2$ am schwierigsten, Chloräthylen $CH_2{=}CHCl$ bedeutend leichter, Isobutylen $(CH_3)_2\cdot C{=}CH_2$ am leichtesten.

Bei der Addition von Bromwasserstoff entstehen jedoch zuweilen die beiden möglichen Anlagerungsprodukte nebeneinander, besonders wenn mit sehr konzentrierter Bromwasserstoffsäure oder mit trockenem Bromwasserstoffgas gearbeitet wird. So entsteht aus Allylbromid und Bromwasserstoff je nach den Bedingungen vorwiegend *Trimethylenbromid* oder *Propylenbromid*

$$CH_2{=}CH\cdot CH_2Br + HBr\ (\text{Gas}) = CH_2Br\cdot CH_2\cdot CH_2Br\,,$$
$$CH_2{=}CH\cdot CH_2Br + HBr\ (\text{Lösung}) = CH_3\cdot CHBr\cdot CH_2Br\,.$$

Durch Anlagerung von unterchloriger Säure an Olefine, die sehr leicht beim Schütteln der letzteren mit wäßriger unterchloriger Säure vor sich geht, entstehen sogenannte Chlorhydrine, Verbindungen, welche einerseits Halogenverbindungen, andererseits Alkohole sind. Äthylen liefert so z. B. Glykolmonochlorhydrin (s. S. 63).

$$\begin{matrix} CH_2 \\ \| \\ CH_2 \end{matrix} + \begin{matrix} OH \\ | \\ Cl \end{matrix} = \begin{matrix} CH_2OH \\ | \\ CH_2Cl \end{matrix}\,.$$

Analog entstehen Bromhydrine.

Dieselben Halogenhydrine entstehen durch Addition von Halogenwasserstoff an die Alkylenoxyde. Auch hierbei sind gewisse Gesetzmäßigkeiten beobachtet worden.[1]

Kohlenwasserstoffe mit dreifacher Bindung addieren nacheinander oder gleichzeitig zwei Moleküle Halogenwasserstoff. Die Anlagerung folgt auch hier der vorher ausgeführten Gesetzmäßigkeit. So gibt Acetylen als Endprodukt *Äthylidenchlorid.*

$$\begin{matrix} CH \\ ||| \\ CH \end{matrix} + 2HCl = \begin{matrix} CH_3 \\ | \\ CHCl_2 \end{matrix}\,.$$

[1] Krassuski, C. **1902** II, 1095.

2. *Durch Substitution für Wasserstoffatome.* In gesättigten (und ungesättigten) Kohlenwasserstoffen kann man ein oder mehrere Atome Wasserstoff direkt durch Halogen ersetzen. Läßt man z. B. auf Methan Chlor einwirken, so entsteht zuerst *Chlormethyl,* dann *Dichlormethan* (*Methylenchlorid*), dann *Trichlormethan* (*Chloroform*) und schließlich *Tetrachlormethan* (*Tetrachlorkohlenstoff*). Das verdrängte Wasserstoffatom bildet dabei stets mit einem zweiten Atom Halogen Halogenwasserstoff.

I. $CH_4 + Cl_2 = CH_3Cl + HCl$ II. $CH_4 + 2Cl_2 = CH_2Cl_2 + 2HCl$.

III. $CH_4 + 3Cl_2 = CHCl_3 + 3HCl$ IV. $CH_4 + 4Cl_2 = CCl_4 + 4HCl$.

Man erhält also bei direkter Substitution meist ein Gemenge verschiedener Produkte. Chlor und Brom wirken unmittelbar substituierend und zwar ersteres am stärksten. Die Einwirkung beider wird verstärkt sowohl durch Wärme und direktes Sonnenlicht,[1] als auch durch sogenannte Halogenüberträger. Es sind dies Körper, welche zunächst höhere Halogenverbindungen bilden, die dann wieder in die ursprünglichen Verbindungen und freies Halogen zerfallen und so letzteres „in statu nascendi" einwirken lassen. Solche Überträger sind: Jod, Antimontrichlorid, Aluminiumchlorid und vor allem Eisenchlorid bezw. die entsprechenden Bromide.[2] Da diese Verbindungen stets wieder regeneriert werden, brauchen sie nur in geringer Menge zugesetzt zu werden.[3] Substitution durch Jod findet nur schwierig und unter ganz bestimmten Bedingungen statt.

Da nämlich der dabei entstehende Jodwasserstoff, vermöge seines starken Reduktionsvermögens der Reaktion direkt entgegenwirkt, muß derselbe durch gewisse Zusätze gebunden werden. Dies geschieht durch Alkali, Quecksilberoxyd oder Jodsäure.

$$2C_3H_8 + 2J_2 + HgO = 2C_3H_7J + H_2O + HgJ_2,$$

$$5C_6H_6 + 2J_2 + HJO_3 = 5C_6H_5J + 3H_2O.$$

Die Bildung von Jodwasserstoff kann auch von vornherein ver-

---

[1] Doch befördert das direkte Sonnenlicht bei Gegenwart von Doppelbindungen in erster Linie die Addition an diese (s. S. 56).

[2] Siehe auch COHEN, DAKIN, Soc. **75**, 893 und EDINGER, GOLDBERG, B. **33**, 2875. 2883.

[3] Solche Substanzen, von denen kleine Mengen zur Herbeiführung andauernder Reaktionen genügen und die scheinbar an der Reaktion gar nicht beteiligt sind, nennt man auch „Kontaktsubstanzen", weil man früher annahm, daß sie rein physikalisch durch ihre Oberflächenbeschaffenheit etc. wirkten.

mieden werden, wenn man an Stelle des freien Jods Chlorjod anwendet, das ebenfalls jodierend wirkt.

$$C_6H_6 + JCl = C_6H_5J + HCl.$$

Man verfährt bei der Chlorierung meist so, daß man das Chlor in den eventuell zum Sieden erhitzten, dem Sonnenlicht ausgesetzten oder mit einem Überträger versetzten Kohlenwasserstoff einleitet[1], oder letzteren mit einem chlorabgebenden Agens, wie Jodtrichlorid oder Antimonpentachlorid erwärmt. Da das Halogen nacheinander mehrere, bezw. alle vorhandenen Wasserstoffatome ersetzt, muß man, wenn man nur eines oder nur eine beschränkte Anzahl derselben substituieren will, eine beschränkte Menge des Halogens einwirken lassen. Da sich das gasförmige Chlor nicht bequem abwägen läßt, verfährt man hier meist so, daß man die Gewichtszunahme der zu chlorierenden Substanz kontrolliert und mit dem Chlorieren aufhört, wenn die berechnete Gewichtszunahme erreicht ist.

Bei den niedrigeren, gasförmigen und überhaupt bei den aliphatischen Kohlenwasserstoffen stellt man die Halogenderivate meist praktischer indirekt nach einer der anderen Methoden dar, z. B. aus den Alkoholen, dagegen ist die direkte Substitution für aromatische und aliphatisch-aromatische Verbindungen von größter Wichtigkeit.[2]

Die Bromierung ist, schon wegen der Wägbarkeit des Broms, häufig bequemer auszuführen als die Chlorierung und ist ebenfalls hauptsächlich für die Gewinnung aromatischer oder aliphatisch-aromatischer Bromverbindungen wertvoll. Auch die Bromierung wird mit oder ohne Verdünnungsmittel, in der Kälte oder Hitze und meist unter Benutzung von „Halogenüberträgern" ausgeführt.[3]

Wie schon erwähnt, wirkt Jod allein niemals direkt substituierend ein, sondern nur, wenn die entstehende Jodwasserstoffsäure sofort gebunden wird. Man erhitzt also z. B. die zu jodierende Substanz mit Jod und Jodsäure (oder Quecksilberoxyd u. a. m.) im Rohr. Auch Natriumsalze schwacher Säuren sind zur Bindung des Jodwasserstoffs gut verwendbar, z. B. Borax.[4]

Bei sehr energischer Einwirkung von Chlor wird zuweilen die Kohlenstoffkette gespalten.[5]

Auch über die Substitution von Wasserstoff durch Halogen lassen sich gewisse Regeln aufstellen, die allerdings zum Teil nicht ganz strenge Gültigkeit haben.

Bei der Monochlorierung der normalen Paraffine entstehen nebeneinander das primäre Chlorderivat und dasjenige sekundäre, bei dem das Chlor an dem dem endständigen benachbarten Kohlenstoffatom steht. Die Bromierung dieser Kohlenwasserstoffe liefert fast nur das sekun-

---

[1] G. 253. [2] L.-C. 329. [3] G. 231; L.-C. 282.
[4] Classen, D. R.-P. 86069; L.-C. 389.
[5] Krafft, B. 8, 1296. — Krafft, Merz, B. 10, 801.

däre Produkt. Die weitere Chlorierung oder Bromierung verläuft, entgegen älteren Annahmen, wenn man unnötig hohe Temperaturen vermeidet, stets so, daß das Halogen an Kohlenstoffatome tritt, welche noch kein Halogen enthalten. Nur bei sehr energischer Halogenisierung entstehen schließlich Produkte, welche mehrere Halogenatome an einem Kohlenstoff tragen. So entsteht bei den gewöhnlichen Bedingungen durch weitere Halogenisierung aus Bromäthyl: *Äthylenbromid*, aus n-Propylchlorid: *Propylenchlorid* u. s. w.[1]

$$CH_3 \cdot CH_2Br \longrightarrow CH_2Br—CH_2Br,$$
$$CH_3 \cdot CH_2 \cdot CH_2Cl \longrightarrow CH_3 \cdot CHCl \cdot CH_2Cl.$$

Unter geeigneten Bedingungen erhält man zuweilen jedoch auch sonst die Verbindungen, welche mehrere Halogenatome am gleichen Kohlenstoff tragen. So erhält man durch weitere Chlorierung von Äthylidenchlorid *Äthenyltrichlorid* (neben *1.1.2-Trichloräthan*)[2]

$$CH_3 \cdot CHCl_2 + Cl_2 = CH_3 \cdot CCl_3 + HCl.$$

Behandelt man aliphatische Brom- oder Jodverbindungen[3] mit Chlor, so wird oft erst das ursprüngliche Halogen durch Chlor ersetzt, bevor weitere Substitution eintritt. Ebenso wird Jod durch Brom verdrängt. Durch Erhitzen mit Quecksilberchlorid, Antimonpentachlorid oder Chlorjod können Brom und Jod durch Chlor ersetzt werden, ohne daß weitere Substitution eintritt, während andererseits beim Erhitzen mit Aluminiumbromid bezw. Aluminium-, Calcium- und Kaliumjodid das Chlor gegen Brom oder Jod ausgetauscht wird. Das bequemste Mittel, Chlor für Brom oder Jod einzuführen, ist häufig andauerndes Schütteln der kalten Lösung mit Chlorsilber. Jodalkyle liefern mit Silberfluorid Fluoralkyle.[4]

Bei aromatischen Kohlenwasserstoffen, welche Seitenketten enthalten, kann man das Halogen nach Belieben in den Benzolkern oder in die Seitenkette einführen.[5]

Läßt man das Halogen auf die Substanz bei deren Siedetemperatur

---

[1] V. Meyer u. Müller, J. pr. [2] **46**, 161. — Regeln über weitere Halogensubstitution: Herzfelder, B. **26**, 2432; **27**, 489. — L.-C. 324.

[2] Städel, A. **195**, 183.

[3] Aromatische Jodverbindungen bilden mit Chlor meist Jodidchloride, d. h. das Jod wird zunächst nicht verdrängt, sondern addiert 2 Atome Chlor (Willgerodt, J. pr. [2] **33**, 154; B. **25**, 3494), wohl aber wirkt Brom auch auf derartiges Jod substituierend (Hirtz, B. **29**, 1404).

$$C_6H_5 \cdot J + Cl_2 = C_6H_5—J\begin{matrix}<Cl\\ <Cl\end{matrix}.$$

[4] L.-C. 386, 425. — Gustavson, B. **14**, 1709. — Romburgh, B. **16**, 392. — Spindler, Kerez, A. **231**, 257—301. — Meslans, C. r. **108**, 352; B. **22** R., 267.

[5] Beilstein, Geitner, A. **139**, 332.

oder im direkten Sonnenlicht[1] ohne Anwendung eines Überträgers einwirken, so findet Substitution in der Seitenkette statt (I), während bei Gegenwart eines Halogenüberträgers bei gewöhnlicher Temperatur und in zerstreutem Licht das Halogen stets in den Kern tritt.[2] Im letzteren Fall nimmt das Halogen vorwiegend die p-Stellung (II), in geringem Maße auch die o-Stellung (III) zur Seitenkette ein. Enthält ein Benzolkern bereits ein Halogen, so tritt ein zweites in die p-Stellung zum ersten (s. auch die Substitutionsregeln S. 69)

I. 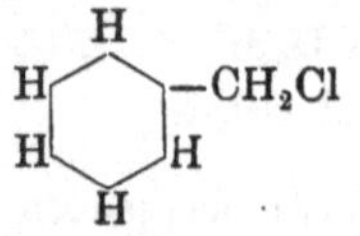 II. 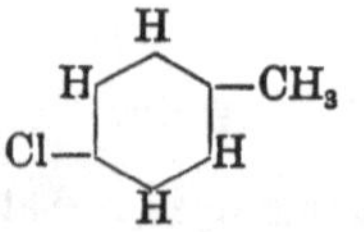 III. 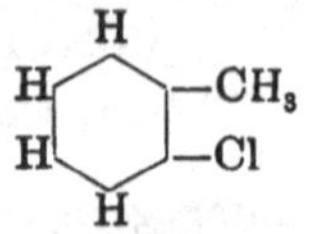 .

Gewisse Substituenten im Benzolkern können der Substitution hinderlich sein.[3]

3. *Durch Ersatz der Hydroxylgruppe in Alkoholen.* Während die Halogenderivate nach dem vorher Gesagten sich einerseits als Substitutionsprodukte der Kohlenwasserstoffe erweisen, sind sie andererseits identisch mit den Alkylestern der Halogenwasserstoffsäuren (s. Ester), ähnlich wie in der anorganischen Chemie das durch Zusammentritt von Kalium und freiem Brom entstehende Salz identisch ist mit dem aus Kaliumhydroxyd und Bromwasserstoff gebildeten.

α) Aus Alkoholen und Halogenwasserstoffsäuren. Die Halogenalkyle lassen sich also durch den gewöhnlichen Esterifizierungsprozeß aus Alkoholen und den Halogenwasserstoffsäuren darstellen, wobei der Wasserstoff der letzteren unter Austritt von Wasser durch Alkyl ersetzt wird

$$CH_3OH + HCl = CH_3Cl + H_2O\,.$$

Auf diese Weise reagieren nur wahre Alkohole, d. h. Verbindungen, deren Hydroxylgruppe an einem aliphatischen Rest steht, nicht aber Phenole. Man kann also nach dieser Methode wohl Benzylchlorid $C_6H_5 \cdot CH_2Cl$, nicht aber Chlortoluol $Cl \cdot C_6H_4 \cdot CH_3$ darstellen (s. S. 103 Anm.).

Mehrwertige Alkohole liefern ganz analog diejenigen Di- und Polyhalogenverbindungen, deren Halogenatome an verschiedenen Kohlenstoffatomen stehen.

Die Reaktion läßt sich nur dann zu Ende führen, wenn das bei

[1] Schramm, M. **8**, 299; C. **1898** I, 1019.

[2] Nur Phosphorpentachlorid scheint die Chlorierung in der Seitenkette zu begünstigen (Erdmann, A. **272**, 150).

[3] Hollemann, Böeseken, R. **16**, 425.

derselben auftretende Wasser gebunden wird. Dies erreicht man entweder durch einen Zusatz von Chlorzink oder Schwefelsäure, oder dadurch, daß man das trockene Halogenwasserstoffgas in großem Überschuß in den Alkohol einleitet oder auch durch Erhitzen mit konzentrierter Halogenwasserstoffsäure unter Druck. Das letzte Verfahren findet besonders bei höheren Alkoholen Anwendung, weil diese mit wasserentziehenden Mitteln leicht Olefine (siehe dieselben) liefern, die dann wiederum durch umgekehrte Addition von Halogenwasserstoff Anlaß zur Bildung von isomeren Halogenalkylen geben. So liefert normaler Heptylalkohol mit Salzsäuregas und Chlorzink ein Gemisch von *primärem* und *sekundärem Heptylchlorid*

$$\text{I.}\quad CH_3\cdot CH_2\cdot CH_2\cdot CH_2\cdot CH_2\cdot CH_2\cdot CH_2OH + HCl = CH_3\cdot CH_2\cdot CH_2\cdot CH_2\cdot CH_2\cdot CH_2\cdot CH_2Cl + H_2O\,.$$

$$\text{II.}\quad \left\{\begin{array}{l} CH_3\cdot CH_2\cdot CH_2\cdot CH_2\cdot CH_2\cdot CH_2\cdot CH_2OH \\ \qquad = CH_3\cdot CH_2\cdot CH_2\cdot CH_2\cdot CH_2\cdot CH{=}CH_2 + H_2O \\ CH_3\cdot CH_2\cdot CH_2\cdot CH_2\cdot CH_2\cdot CH{=}CH_2 + HCl \\ \qquad = CH_3\cdot CH_2\cdot CH_2\cdot CH_2\cdot CH_2\cdot CHCl\cdot CH_3\,. \end{array}\right.$$

Die niedrigen Alkohole läßt man meist einfach in ein erwärmtes Gemisch von Chlor- oder Bromkalium mit Schwefelsäure eintropfen.[1] Man kann Halogenalkyle auch aus anderen Alkylestern, den Alkylschwefelsäuren, durch doppelten Austausch mit Halogenmetallen darstellen

$$C_2H_5O\cdot SO_2\cdot OH + KBr = C_2H_5Br + KO\cdot SO_2\cdot OH\,.$$

Bromwasserstoff reagiert leichter als Chlorwasserstoff, Jodwasserstoff leichter als diese beiden. Bei letzteren ist wegen seines großen Reduktionsvermögens Erhitzen möglichst zu vermeiden, da sonst leicht halogenfreie Produkte erhalten werden (s. S. 29).

In mehrwertigen Alkoholen kann man je nach den Versuchsbedingungen eine oder mehrere Hydroxylgruppen durch Halogen ersetzen. So entsteht aus Glycol zuerst das *Glycolchlorhydrin* und dann *Äthylenchlorid* und analog stellt man andere „Halogenhydrine" dar

$$\begin{array}{l}CH_2OH\\|\\CH_2OH\end{array} + HCl = \begin{array}{l}CH_2Cl\\|\\CH_2OH\end{array} + H_2O \qquad \begin{array}{l}CH_2OH\\|\\CH_2OH\end{array} + 2HCl = \begin{array}{l}CH_2Cl\\|\\CH_2Cl\end{array} + 2H_2O\,.$$

Auch hierbei ist das Reduktionsvermögen der Jodwasserstoffsäure zu beachten. Dieselbe liefert zuweilen aus mehrwertigen Alkoholen Monojodalkyle, z. B. aus Glycol *Jodäthyl*

$$\begin{array}{l}CH_2OH\\|\\CH_2OH\end{array} + 3HJ = \begin{array}{l}CH_2\cdot J\\|\\CH_3\end{array} + 2H_2O + J_2\,.$$

Diese Einführung von Jod für Hydroxylgruppen unter gleichzeitiger Reduktion anderer Hydroxylgruppen, besitzt deshalb ein gewisses Interesse, weil auf diese Weise aus höheren mehrwertigen Alkoholen, die

[1] G. 107.

als Naturprodukte leicht zu haben sind, sekundäre Monojodide erhalten werden, die auf anderem Wege kaum zugänglich sind und ein wertvolles Ausgangsmaterial zur Gewinnung sekundärer Alkohole darbieten (vgl. S. 111). So entstehen: *Isopropyljodid* aus Glycerin, *sek. n-Butyljodid* aus Erythrit, *sek. n-Hexyljodid* aus Mannit u. a. m.

Die direkte Esterifizierung ist die bequemste Methode zur Darstellung der Chlor- und Bromalkyle, während die Jodalkyle meist zweckmäßiger nach der nächstfolgenden Arbeitsweise darzustellen sind. Auch zur Darstellung ungesättigter Halogenverbindungen aus den entsprechenden Alkoholen ist die folgende Methode vorzuziehen.

β) Aus Alkoholen und Phosphorhalogeniden. Die Hydroxylgruppe der Alkohole kann auch vermittelst der Phosphorhalogenverbindungen durch Halogen ersetzt werden. Die Reaktion stellt sich als ein Austausch von Hydroxyl und Halogen zwischen Alkyl und Phosphor dar

$$3\,C_2H_5OH + PCl_3 = 3\,C_2H_5Cl + P(OH)_3 .$$

Durch Anwendung der höheren Phosphorhalogenverbindungen lassen sich auch Hydroxylgruppen, welche an aromatischen Kernen stehen, durch Halogen ersetzen, also z. B. Phenol in *Chlorbenzol* überführen

$$C_6H_5OH + PCl_5 = C_6H_5Cl + POCl_3 + HCl .$$

Chlorverbindungen stellt man nach dieser Methode nur aus Phenolen oder solchen Alkoholen dar, auf die die freie überschüssige Salzsäure weiter einwirken würde. Dies ist z. B. bei ungesättigten Verbindungen der Fall, da diese Salzsäure addieren. Zuweilen leistet Phosphorpentachlorid auch gute Dienste, wenn es sich darum handelt, mehrwertige Alkohole vollständig in Chlorverbindungen überzuführen, so bei der Darstellung von *Tetrachlorbutan* aus Erythrit[1]

$$CH_2OH\cdot CHOH\cdot CHOH\cdot CH_2OH \longrightarrow CH_2Cl\cdot CHCl\cdot CHCl\cdot CH_2Cl .$$

Besonders bequem und zuverlässig ist diese Methode zur Herstellung von Jodalkylen aus Alkoholen, zu welchem Zweck dieselbe auch fast ausschließlich angewandt wird. Meist ist es nicht nötig, das Phosphorbromid oder Phosphorjodid als solches anzuwenden, sondern man versetzt ein Gemisch des Alkohols mit rotem Phosphor allmählich mit Brom oder Jod[2]

$$3\,C_2H_5OH + P + 3\,J = 3\,C_2H_5J + H_3PO_3 .$$ [3]

Zuweilen macht sich auch hier die reduzierende Wirkung des intermediär gebildeten Jodwasserstoffs geltend. Bei der Destillation von Glycerin mit gelbem Phosphor und Jod entsteht z. B. *Isopropyljodid.*[4]

---

[1] Henninger, A. ch. [6] 7, 229. [2] G. 109.

[3] Beilstein, A. **126**, 250. [4] Markownikow, A. **138**, 364.

Zur Umsetzung der Phenole muß dagegen fertiges Phosphorpentabromid oder Phosphortrijodid angewandt werden, doch verläuft in beiden Fällen die Reaktion wenig glatt.

4. *Durch Ersatz von Sauerstoff in Aldehyden und Ketonen.* Dihalogenparaffine, welche beide Halogenatome an demselben Kohlenstoff enthalten, lassen sich leicht aus Aldehyden oder Ketonen darstellen. In einer Reaktion, die der vorher erwähnten ganz analog ist, tauschen nämlich diese Verbindungen bei der Behandlung mit Phosphorpentachlorid oder Phosphorpentabromid ihren Sauerstoff gegen zwei Halogenatome aus. Propionaldehyd liefert so z. B. *Propylidenchlorid* (*1-Dichlorpropan*)[1]

$$CH_3 \cdot CHO + PCl_5 = CH_3 \cdot CHCl_2 + POCl_3 .$$

Aceton gibt *2-Dichlorpropan* (*Acetonchlorid*)[2], u. s. w.

Man kann derartige Halogenverbindungen als Halogenwasserstoffester hypothetischer zweiwertiger Alkohole, der sogenannten „Orthoaldehyde" und „Orthoketone" auffassen (vgl. Aldehyde und Ketone).

Da die „Ketonchloride" leicht reduzierbar, die Ketone selbst aber leicht synthetisch darstellbar sind, ist diese Reaktion von Wichtigkeit für die Synthese höherer Kohlenwasserstoffe (s. S. 28).

Auch die Sauerstoffatome des Chinons lassen sich bei der Behandlung mit Phosphorpentachlorid durch Chlor ersetzen, doch tritt hier für jedes Sauerstoffatom nur ein Chloratom an den Kern, indem hier gleichzeitig eine Änderung der Kohlenstoffbindungen im Kern eintritt, so daß aus dem gewöhnlichen Benzochinon *p-Dichlorbenzol* entsteht (vgl. Bildung mehrwertiger Phenole aus Chinonen).

Die analog konstituierten Trihalogenverbindungen, die Halogenwasserstoffester der „Orthosäuren" (vgl. Säuren) lassen sich nicht aus den Säuren herstellen. Sie werden vielmehr durch direkte Substitution aus den Kohlenwasserstoffen erhalten (s. S. 59).

5. *Aus Diazoverbindungen.* Naturgemäß auf aromatische Verbindungen beschränkt und nur zur Einführung von Halogen in den Benzolkern anwendbar ist die Zersetzung der Diazoniumhalogenide. Da die letzteren aus den Kohlenwasserstoffen über die Nitro- und Amidoverbindungen leicht erhältlich sind und ihre Umwandlung völlig eindeutig verläuft, ist diese Methode hier von großer Wichtigkeit. So zerfällt Diazobenzolchlorid (Benzoldiazoniumchlorid) bei geeigneter Behandlung glatt in *Chlorbenzol* und Stickstoff

$$\begin{matrix} C_6H_5 \cdot N \cdot Cl \\ \vert\vert\vert \\ N \end{matrix} = C_6H_5Cl + N_2 .$$

[1] Reboul, A. ch. [5] **14**, 458. [2] Friedel, A. **112**, 236.

Die gewünschte Umwandlung tritt schon ein, wenn man irgend ein Diazoniumsalz mit der entsprechenden Halogenwasserstoffsäure erhitzt. So liefert Benzoldiazoniumsulfat oder -nitrat mit Jodwasserstoffsäure *Jodbenzol*[1]

$$C_6H_5\cdot\underset{\displaystyle N}{\overset{}{\underset{|||}{N}}}\cdot NO_3 + HJ = C_6H_5J + N_2 + HNO_3\,.$$

Diese Reaktion verläuft jedoch nur mit Jodwasserstoffsäure glatt und ohne störende Nebenprodukte. Zur Darstellung der Chlor- und Bromverbindungen benutzt man das unter dem Namen „SANDMEYERsche Reaktion“ bekannte Verfahren. Man läßt die Lösung des Diazoniumchlorids oder -bromids, die durch Diazotieren der Amidoverbindung in salzsaurer bezw. bromwasserstoffsaurer Lösung entsteht, in eine Lösung von Kupferchlorür in Salzsäure bezw., Kupferbromür in Bromwasserstoffsäure einfließen. Es entstehen zunächst Doppelsalze von der allgemeinen Formel:

$$X\cdot N(\vdots N)Cl,\ Cu_2Cl_2 \quad \text{oder} \quad X\cdot N(\vdots N)Br,\ Cu_2Br_2$$

die beim Erwärmen glatt in Kupferhalogenür, Stickstoff und Halogensubstitutionsprodukt zerfallen[2]

$$C_6H_5\cdot\underset{\displaystyle N}{\underset{\vdots}{N}}Cl,\ Cu_2Cl_2 = C_6H_5Cl + N_2 + Cu_2Cl_2\,.$$

Noch bequemer und häufig unter wesentlicher Verbesserung der Ausbeute gelangt man zum Ziel, wenn man einfach die Lösung des betreffenden Diazohalogenids in der Kälte mit Kupferpulver versetzt.[3]

Oft genügt auch eine mit der betreffenden Halogenwasserstoffsäure versetzte Kupfersulfatlösung.[4]

Chlor- und Fluorverbindungen lassen sich auch vorteilhaft durch Einwirkung der konzentrierten Halogenwasserstoffsäuren auf Diazoamidoverbindungen (s. S. 94) darstellen[5]

$$C_6H_5N{:}N\cdot NHC_6H_5 + 2\,HFl = C_6H_5Fl + N_2 + C_6H_5NH_2,\ HFl\,.$$

Nach den hier besprochenen Methoden kann man natürlich auch bei jeweiliger Auswahl für den speziellen Fall Halogenderivate irgend welcher anderen organischen Verbindungen darstellen, wenn durch die angewandten Reaktionsmittel keine der schon vorher am Kohlenstoffkern stehenden Gruppen angegriffen wird.

[1] G. 206. — GRIESS, J. 1866, 447.

[2] SANDMEYER, B. **17**, 1633. 2650; **18**, 1492. — LELLMANN, REMY, B. **19**, 810. — G. 210.

[3] GATTERMANN, B. **23**, 1218. — L.-C. 309. 358.

[4] ANGELI, Gaz. **21**. 2. 258.

[5] WALLACH, HEUSLER, A. **243**, 219. — WALLACH, A. **235**, 258.

Die Halogenverbindungen sind namentlich in der aliphatischen Reihe außerordentlich wichtige Ausgangs- oder Zwischenprodukte für die Darstellung zahlreicher, ja fast aller, anderer Verbindungen, indem sich Halogenatome in aliphatischen Substanzen bezw. in den Seitenketten aromatischer Verbindungen gegen die verschiedenartigsten Gruppen austauschen lassen. Derartige Halogenverbindungen dienen namentlich zur Synthese höherer Kohlenwasserstoffe, sowie von Alkoholen, Säuren (Säurenitrilen), Aminoverbindungen u. s. w.

Halogenverbindungen, deren Halogenatome an einem aromatischen Kern stehen, sind dagegen wenig reaktionsfähig. Sie sind fast nur zur Einführung von Alkylgruppen nach der WÜRTZ-FITTIGschen Synthese geeignet.

II. Nitroverbindungen.[1]

1. *Durch direkte Nitrierung.* Die einfachste Methode zur Darstellung von Nitroverbindungen, d. h. Verbindungen, welche die sogenannte Nitrogruppe $-NO_2$ an Kohlenstoff gebunden enthalten, ist die direkte Nitrierung der Kohlenwasserstoffe mit Salpetersäure. Ein Wasserstoffatom des Kohlenwasserstoffs bildet mit der Hydroxylgruppe der Salpetersäure Wasser und an seine Stelle tritt die Nitrogruppe an das betreffende Kohlenstoffatom. Aus Benzol entsteht auf diese Weise *Nitrobenzol*[2]

$$C_6H_6 + HO \cdot NO_2 = C_6H_5 \cdot NO_2 + H_2O\,.$$

Diese Methode ist ganz allgemein anwendbar, wenn es sich darum handelt, Nitrogruppen in einen aromatischen Kern einzuführen, ist aber in der aliphatischen Reihe nur selten zu verwenden. Auch bei aromatischen Kohlenwasserstoffen mit Seitenketten tritt die Nitrogruppe unter den gewöhnlichen Bedingungen stets in den Kern.

Während das Benzol, entsprechend der Gleichwertigkeit seiner sechs Wasserstoffatome, nur eine Mononitroverbindung liefern kann, sind bei den kondensierten Kernen mehrere stellungsisomere Mononitroverbindungen möglich. So entstehen bei der direkten Nitrierung des Phenanthrens drei isomere *Mononitrophenanthrene*[3]

[1] Auch hier sind die Di- und Polynitroverbindungen mit den einwertigen zugleich abgehandelt.

[2] MITSCHERLICH, A. 9, 47; 12, 305.

[3] SCHMIDT, B. 12, 1154

$\alpha =$ 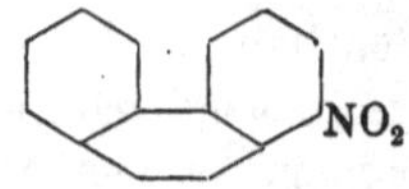 $\beta =$ 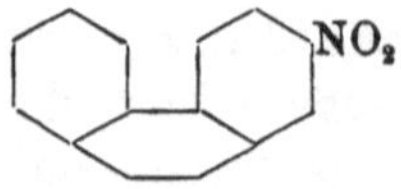 $\gamma =$ 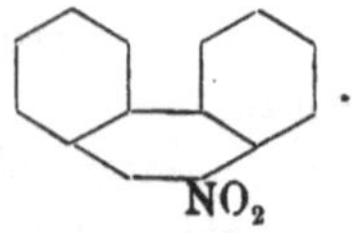.

Beim Naphtalin sind zwei *Mononitronaphtaline* möglich

$\alpha =$ 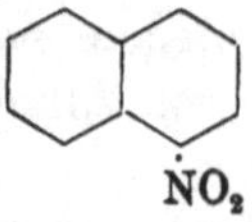 $\beta =$ 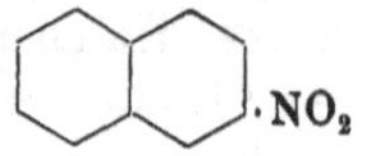,

doch entsteht bei der direkten Nitrierung nur die α-Verbindung,[1] während die β-Verbindung aus β-Nitro-α-naphtylamin durch Eliminierung der Amidogruppe (vgl. S. 38) dargestellt werden muß.[2] Vom Anthracen konnten bisher keine Nitroverbindungen erhalten werden.

Die Nitrierung aromatischer Kohlenwasserstoffe geschieht, indem man den Kohlenwasserstoff, je nach seiner Reaktionsfähigkeit in konzentrierte oder rauchende Salpetersäure oder Gemische von Salpetersäure und Schwefelsäure einträgt, oder umgekehrt die Säure zu dem Kohlenwasserstoff fließen läßt, wobei meist Kühlung notwendig ist. Zur Einführung mehrerer Nitrogruppen muß das Reaktionsgemisch gewöhnlich erhitzt werden. Bei sehr leicht nitrierbaren Kohlenwasserstoffen mäßigt man die Einwirkung noch durch Lösen in Eisessig. Die Nitrierung findet um so leichter statt, je mehr Alkylgruppen der Kohlenwasserstoff enthält. Durch Nitrogruppen kann man nicht wie durch Halogen alle sechs, sondern nur drei Wasserstoffe des Benzolkernes ersetzen.[3]

In der aliphatischen Reihe lassen sich nur höhere Paraffine vom n-Hexan aufwärts und einige andere Verbindungen mit tertiären Kohlenstoffatomen durch Erhitzen mit verdünnter Salpetersäure auf 130—140° direkt nitrieren, weil die Salpetersäure auf die meisten aliphatischen Substanzen in erster Linie oxydierend wirkt.[4] Bei dieser Art der Nitrierung tritt auch zuweilen bei aromatischen Verbindungen die Nitrogruppe in die Seitenkette, so daß aus Toluol *Phenylnitromethan*

$$C_6H_5CH_3 + HONO_2 = C_6H_5 \cdot CH_2NO_2 + H_2O$$

---

[1] BEILSTEIN, KUHLBERG, A. **169**, 83.

[2] SANDMEYER, B. **20**, 1496.

[3] G. 175. — L.-C. 717. 724. 731.

[4] KONOWALOW, B. **26** R., 878; B. **28**, 1863. — WORSTALL, C. **1898** I, 926; **1899** I, 966. — KONOWALOW, ibid. 1063. — MARKOWNIKOW, ibid. 1064.

entsteht u. a. m.[1] Auch Styrol wird beim Kochen mit Salpetersäure in der Seitenkette nitriert[2]

$$C_6H_5 \cdot CH{=}CH_2 + OH \cdot NO_2 = C_6H_5 \cdot CH{=}CHNO_2 + H_2O .$$

Ebenso wie in das Benzol selbst, läßt sich die Nitrogruppe auch ganz allgemein in irgend welche Derivate des Benzols einführen. Die Stellung, die die Nitrogruppe oder auch ein anderer Substituent einnimmt, wenn im Benzolkern bereits ein oder mehrere Wasserstoffatome substituiert sind, richtet sich im allgemeinen nach folgenden

Substitutionsregeln.

Bei der Bildung von *Biderivaten* wirkt das schon im Kern stehende Atom oder Radikal richtend auf den neu eintretenden Substituenten ein. Ist der schon vorhandene Substituent Halogen (Cl, Br, J), Hydroxyl (OH), Alkoxyl (OR), Acidoxyl (OCOR), Amido (NH_2), Alkamido (NHR), Acidamido (NHCO·R) oder Alkyl (R=CxHy), so tritt der zweite Substituent in die p- und o-Stellung; enthält dagegen der Kern bereits eine der folgenden Gruppen: Nitro (NO_2), Sulfonsäure (SO_3H), Carboxyl (COOH), Aldehyd (CHO), Keto (COR) oder Nitril (CN), so nimmt der Substituent die m-Stellung ein. Unter Beachtung dieser Regel kann man durch Variierung der Reihenfolge der Substitution stellungsisomere Verbindungen, z. B. *p-Nitrochlorbenzol* durch Nitrieren von Chlorbenzol und *m-Nitrochlorbenzol* durch Chlorieren von Nitrobenzol erhalten, ebenso wird man *o- und p-Nitrophenol* durch Nitrieren von Phenol erhalten, *m-Nitrophenol* aber auf dem Umwege über m-Nitranilin und m-Nitrodiazobenzol aus m-Dinitrobenzol darstellen müssen.[3]

Crum Brown und Gibson[4] fassen diese Regel in folgender Weise: Wenn die Wasserstoffverbindung des Atoms oder Radikals, welches im Monoderivat in den Benzolkern getreten ist, nicht direkt, d. h. in einer Operation, zu der entsprechenden Hydroxylverbindung oxydiert werden kann, so entstehen bei weiterer Substitution o-p-Derivate, im anderen Falle m-Derivate.[5]

Die Bildung von *Triderivaten* folgt im allgemeinen derselben Regel. Orientieren die beiden schon vorhandenen Substituenten den neu eintretenden dritten an dieselbe Stelle, so nimmt er diese ein; weisen sie ihm verschiedene Stellen an, so entstehen die beiden entsprechenden Isomeren nebeneinander, wenn nicht die orientierende Wirkung des einen Substituenten bedeutend stärker ist, als die des

---

[1] Konowalow, B. **27** R., 193. 468. — C. **1899** I, 1237; B. **28**, 1850. — Holleman, B. **28** R., 235; **29**, 2199.

[2] Simon, A. **31**, 269. — Blyth, Hofmann, A. **53**, 297.

[3] S. auch Kehrmann, B. **23**, 130. — Bantlin, B. **11**, 2100.

[4] Soc. **61**, I, 367.

[5] S. a. Flürscheim, J. pr. [2] **66**, 321 u. Holleman, Rec. **18**, 267; **19**, 79. 188. 364; **20**, 206.

anderen. So wirkt z. B. die Hydroxylgruppe stärker als alle anderen Substituenten, die Amidogruppe stärker als Halogen u. s. w.

Bei der Bildung von *Tetraderivaten* werden die Verhältnisse noch komplizierter. Unsymmetrische Triderivate liefern bei weiterer Substitution gewöhnlich auch unsymmetrische Tetraderivate. Führt man in ein Monoderivat (Anilin, Phenol u. s. w.) drei gleichartige Substituenten ein wie drei Chloratome oder drei Nitrogruppen, so stellen sich die letzteren zueinander symmetrisch

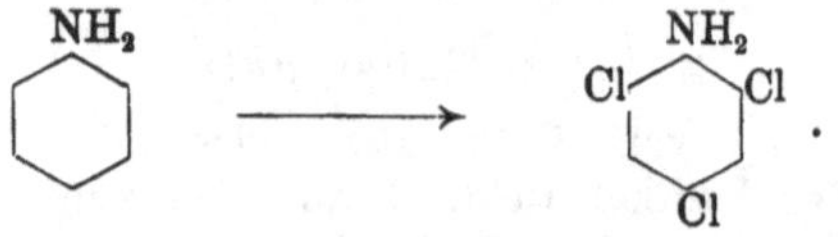

2. *Durch Substitution für Halogenatome.* In der aliphatischen Reihe erhält man Nitroverbindungen meist durch Erhitzen der Alkyljodide mit Silbernitrit, z. B. *Nitromethan* aus Jodmethyl[1]

$$CH_3J + AgNO_2 = CH_3NO_2 + AgJ\,.$$

Die Reaktion geht meist sehr heftig vor sich. Man mischt daher das Silbernitrit mit Sand und läßt das Halogenalkyl langsam zutropfen.[2] Als Nebenprodukte entstehen die isomeren Alkylester der salpetrigen Säure.[3] Die beiden Produkte lassen sich stets leicht trennen, da die Nitroverbindungen niedriger sieden als die Ester. An Stelle des Silbernitrits kann hier nicht das Kalisalz genommen werden, doch wirkt dies in anderen Fällen in gleicher Weise. So entsteht aus Chloressigsäure und Kaliumnitrit unter gleichzeitiger Abspaltung von CO_2 *Nitromethan*[4]

$$ClCH_2\cdot COOH + KNO_2 = NO_2\cdot CH_3 + KCl + CO_2\,.$$

Bei den höheren Nitrofettsäuren findet diese Kohlensäureabspaltung nicht mehr statt, vielmehr entsteht aus β-Brompropionsäure mit Silbernitrit *Nitropropionsäure.*[5]

Verbindungen, welche zugleich Halogen und die Nitrogruppe enthalten, erhält man entweder durch Chlorierung oder Bromierung der Nitroparaffine oder aus denjenigen Dihalogenparaffinen, deren Halogenatome an verschiedenen Kohlenstoffatomen stehen, mit der monomolekularen Menge Silbernitrit. Auch aus Nitroalkoholen mit Phosphorhalogenid lassen sie sich darstellen.

Dinitroparaffine entstehen aus den Halogennitroparaffinen mit Kaliumnitrit, nicht aber aus den Dihalogenparaffinen. Außerdem bilden sie sich durch Oxydation der Pseudonitrole (siehe weiter unten) mit

[1] V. Meyer, A. **171**, 32. [2] L.-C. 786.

[3] Über die Theorie dieser Erscheinung siehe Kissel, B. **15**, 1574. — Tscherniak, A. **180**, 157. — V. Meyer, Forster, B. **9**, 529.

[4] Kolbe u. Preibisch, J. pr. [2] **5**, 427; **8**, 309.

[5] Lewkowitsch, J. pr. [2] **20**, 169.

Chromsäure und in komplizierterer Reaktion durch Einwirkung von Salpetersäure auf sekundäre Alkohole, Ketone, Isofettsäuren u. a. m., sowie durch Anlagerung von NO_2 an einige Acetylene und Olefine.[1]

3. *Durch Alkylierung niedrigerer Nitroverbindungen.* Höhere Nitroverbindungen mit aliphatisch gebundener Nitrogruppe kann man darstellen, indem man Nitroparaffine mit Kohlenwasserstoffresten verkettet. Dies kann auf verschiedene Weisen geschehen.

α) Aus Halogennitroparaffinen und Zinkalkyl.[2] So liefert z. B. Trichlornitromethan mit Zinkmethyl tertiäres *Nitrobutan.*

$$CCl_3NO_2 + 3\,znCH_3 = CNO_2(CH_3)_3 + 3\,znCl\,.$$

β) Ungesättigte Nitroverbindungen entstehen durch Kondensation aromatischer Aldehyde mit Nitromethan[3], z. B. *ω-Nitrostyrol* aus Benzaldehyd und Nitromethan

$$C_6H_5CHO + CH_3NO_2 = C_6H_5CH{=}CHNO_2 + H_2O.$$

Aliphatische Aldehyde reagieren ebenfalls mit Nitromethan, jedoch unter einfacher Anlagerung, d. h. unter Bildung sekundärer Alkohole. Dagegen liefern aliphatische Aldehyde und insbesondere Formaldehyd mit aromatischen Nitroverbindungen (auch Nitrophenolen) Nitroderivate des Diphenylmethans.[4]

Auch irgend welche anderen Verkettungen nach den verschiedenen Methoden der Kohlenwasserstoffsynthese können in einzelnen Fällen zum Aufbau höherer Nitroverbindungen benutzt werden, z. B. kann man aus Nitrobenzylchlorid und Benzol nach der Friedel-Craftsschen Synthese *Nitrodiphenylmethan* darstellen (s. S. 35)

$$NO_2\cdot C_6H_4\cdot CH_2Cl + C_6H_6 = NO_2\cdot C_6H_4\cdot CH_2\cdot C_6H_5\,.$$

Doch wurde bei dieser Synthese schon erwähnt, daß die Gegenwart von Nitrogruppen im aromatischen Kohlenwasserstoff diese Reaktion verhindert. Über die Anwendbarkeit der Synthese von Würtz-Fittig scheinen noch keine Erfahrungen vorzuliegen.

Man kann Nitroverbindungen schließlich auch durch Oxydation von primären Aminen erhalten, obwohl diese Reaktion naturgemäß nur von theoretischem Interesse ist. Die Oxydation, die successive Hydroxylamino-, Nitroso- und Nitroverbindungen liefert, gelingt in der aliphatischen und aromatischen Reihe mit Sulfomonopersäure[5], in der aromatischen Reihe auch mit Natriumsuperoxyd.[6] Die Amine vom Typus

[1] Sudborough, Soc. **71**, 224.

[2] Bewad, J. pr. [2] **48**, 345; B. **24**, 974; **26**, 129.

[3] Priebs, A. **225**, 321. — Posner, B. **31**, 656. — Thiele, B. **32**, 1293. — Bouveault, Wahl, C. r. **135**, 41.

[4] Henry, C. r. **120**, 1265, D. R. P. 67001 u. 72490.

[5] Bamberger, Seligmann, B. **36**, 685—710.

[6] O. Fischer, Trost, B. **26**, 3083.

$R\cdot CH_2\cdot NH_2$ liefern jedoch meist hauptsächlich Hydroxamsäuren.[1] Hier entstehen als Zwischenprodukte Aldoxime[2], die sich weiter oxydieren lassen.

Amidogruppen, welche am aromatischen Kern stehen, kann man auch vermittelst der Diazoverbindungen gegen Nitrogruppen austauschen, indem man die Diazoniumsalze mit Kaliumcupronitrit behandelt[3] (vgl. S. 66).

Anhang: Nitrolsäuren und Pseudonitrole entstehen durch Einwirkung von salpetriger Säure in statu nascendi auf Nitroparaffine und zwar erstere aus primären (vgl. S. 107), letztere aus sekundären Mononitroparaffinen. So entsteht *Äthylnitrolsäure* aus Nitroäthan[4]

$$CH_3\cdot CH_2\cdot NO_2 + ONOH = CH_3\cdot C{<}^{NO_2}_{NOH} + H_2O\,,$$

Propylpseudonitrol aus Isonitropropan[5]

$$\begin{matrix}CH_3\\CH_3\end{matrix}{>}C{<}^{NO_2}_{H} + OHNO = \begin{matrix}CH_3\\CH_3\end{matrix}{>}C{<}^{NO_2}_{NO} + H_2O\,.$$

Auf tertiäre Nitroparaffine wirkt salpetrige Säure gar nicht ein. Da die Nitroparaffine indirekt ziemlich bequem aus den Alkoholen darstellbar sind, benutzt man diese Reaktion und die charakteristische Färbung der entstehenden Verbindungen[6] zur Unterscheidung primärer, sekundärer und tertiärer Alkohole.

Außerdem entstehen:

Nitrolsäuren aus Dibrommononitroparaffinen mit Hydroxylamin, die *Äthylnitrolsäure* also aus Dibromnitroäthan[7]

$$CH_3\cdot C{<}^{NO_2}_{Br_2} + H_2NOH = CH_3{-}C{<}^{NO_2}_{NOH} + 2\,HBr\,.$$

Pseudonitrole aus Ketoximen mit Stickstoffdioxyd, *Propylpseudonitrol* z. B. aus dem Oxim des gewöhnlichen Acetons[8]

$$4\begin{matrix}CH_3\\CH_3\end{matrix}{>}C{=}NOH + 3\,N_2O_4 = 4\begin{matrix}CH_3\\CH_3\end{matrix}{>}C{<}^{NO}_{NO_2} + 2\,H_2O + 2\,NO\,.$$

Die Nitroverbindungen der aromatischen Reihe sind die Ausgangsprodukte für die Mehrzahl der übrigen aromatischen Verbindungen. Sie werden auch technisch im größten Maßstabe gewonnen und zur Weiterverarbeitung meist zunächst zu Amido-

[1] Bamberger, B. **36**, 710.
[2] Bamberger, Schentz, B. **34**, 2023; **36**, 710.
[3] Hantzsch, Blagden, B. **33**, 2546.
[4] V. Meyer, Constam, A. **214**, 329. [5] V. Meyer, A. **175**, 120.
[6] Nitrolsäuren in alkalischer Lösung rot, Pseudonitrole blau.
[7] V. Meyer, B. **7**, 1139; **9**, 395. [8] Scholl, B. **21**, 507.

verbindungen reduziert (siehe nächstes Kapitel). Außer zu den letzteren können sie auch zu anderen stickstoffhaltigen Verbindungen reduziert werden (s. S. 76).

In der aliphatischen Reihe haben die Nitroverbindungen nur theoretisches Interesse.

III. Amidoderivate der Kohlenwasserstoffe (Amine).

Als Amine bezeichnet man diejenigen organischen Stickstoffverbindungen, welche sich dadurch vom Ammoniak NH_3 ableiten, daß dessen Wasserstoffatome durch einen oder mehrere einwertige Kohlenwasserstoffreste (Alkylgruppen) ersetzt worden sind. Man unterscheidet primäre, sekundäre und tertiäre Amine je nachdem dieser Ersatz für eines, zwei oder alle drei Wasserstoffatome des Ammoniaks stattgefunden hat

NH_3	$NH_2 \cdot Alk$	$NH{<}^{Alk}_{Alk}$	$N{\equiv}(Alk)_3$.
Ammoniak	Primäre Amine	Sekundäre Amine	Tertiäre Amine

Die primären Amine sind also Verbindungen, welche sich von den Kohlenwasserstoffen dadurch ableiten lassen, daß Wasserstoff durch die sogenannte Aminogruppe (Amidogruppe) NH_2— ersetzt worden ist. Dieser Ersatz kann im selben Kohlenwasserstoffmolekül ebenfalls ein- oder mehrmals stattfinden und hiernach unterscheidet man primäre Monamine, Diamine u. s. w.

C_6H_6	$C_6H_5NH_2$	$C_6H_4{<}^{NH_2}_{NH_2}$	u. s. w.
Benzol	Monaminobenzol (Anilin)	Diaminobenzol (Phenylendiamin)	

Die sekundären Amine sind Verbindungen, in welchen zwei einwertige Alkylgruppen durch die sogenannte Iminogruppe (Imidogruppe) NH< miteinander verbunden sind, tertiäre Amine diejenigen, in denen drei einwertige Alkylgruppen durch ein dreiwertiges Stickstoffatom verbunden sind. Die tertiären Amine besitzen die Fähigkeit, ein Molekül einer einwertigen aliphatischen Halogenverbindung zu addieren, wobei der Stickstoff vom dreiwertigen in den fünfwertigen Zustand übergeht. Diese salzartigen Verbindungen, welche den gewöhnlichen Ammoniumsalzen entsprechen, bezeichnet man als quaternäre Ammoniumhalogenide, die zu grunde liegenden Hydroxylbasen als quaternäre Ammoniumbasen

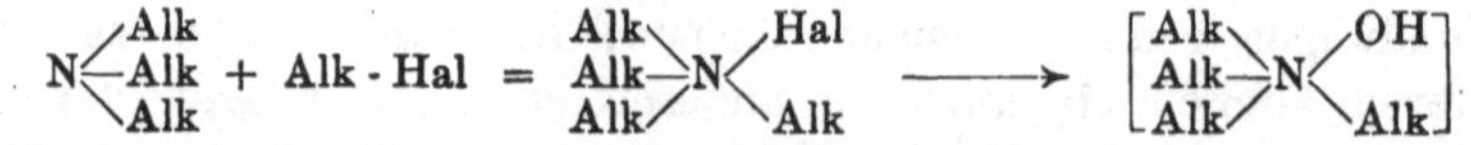

Tertiäres Amin — Quaternäres Ammoniumhalogenid — Quaternäre Base

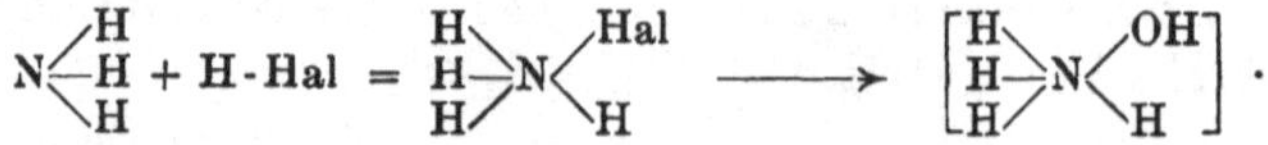

Ammoniak — Ammoniumsalz — Ammoniumhydroxyd

Die **aliphatischen** Amine sind starke Basen, und zwar um so stärkere, je mehr aliphatische Gruppen sie enthalten.[1] Dagegen drücken **aromatische** Gruppen die Basizität herab, so daß das Diphenylamin nur noch sehr schwache, das Triphenylamin gar keine basischen Eigenschaften mehr besitzt. Noch weiter wird die Basizität durch Eintritt von Halogenatomen und Nitrogruppen in die aromatischen Kerne herabgedrückt. Die Basen bilden mit Mineralsäuren Salze, die in Wasser löslich, in Äther dagegen unlöslich und unflüchtig sind. Die freien Basen werden aus den Salzen durch fixe Alkalien in Freiheit gesetzt und können, soweit sie nicht in fester Form ausfallen, aus der alkalischen Lösung durch Äther ausgeschüttelt oder mit Wasserdampf abgeblasen werden. In den aromatischen Aminen sind die am Stickstoff stehenden Wasserstoffatome durch Kalium oder Natrium ersetzbar.

Die wichtigsten Bildungsweisen der Amine sind die folgenden.

1. *Durch Wasserstoffaddition an Nitrile (Mendiussche Reaktion).* Die nach verschiedenen Methoden leicht erhältlichen **Cyanalkyle (Nitrile)** (s. diese), lassen sich durch Wasserstoff in statu nascendi zu Aminen reduzieren. Die Cyanwasserstoffsäure selbst gibt so *Methylamin*, ihre Ester aber die homologen Basen, Methylcyanid (Acetonitril): *Äthylamin* u. s. w.

$$HCN + 4H = CH_3 \cdot NH_2,$$
$$CH_3 \cdot CN + 4H = CH_3 \cdot CH_2NH_2 \quad \text{u. s. w.}$$

Diese Umsetzung wird meist nach ihrem Entdecker als die Mendiussche Reaktion[2] bezeichnet.

Diese Reaktion entspricht vollkommen der Bildung der gesättigten Kohlenwasserstoffe aus den ungesättigten, indem es sich um eine einfache Addition von Wasserstoff an eine Doppelbindung handelt

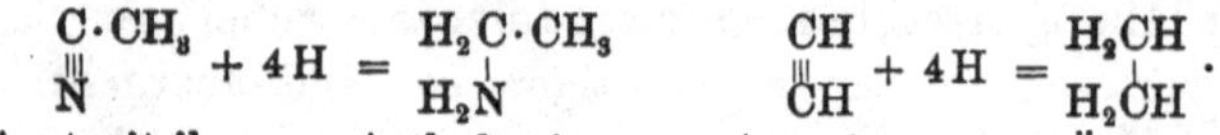

Acetonitril — Aethylamin — Acetylen — Äthan

Die Reduktion wird am bequemsten durch Eintragen von Natrium

---

[1] S. jedoch Ostwald, J. pr. [2] **33**, 360. [2] A. **121**, 128.

in die heiße alkoholische Lösung der Nitrile ausgeführt. Auch andere Reduktionsmittel, welche naszierenden Wasserstoff liefern (Metalle mit Säuren), können benutzt werden, sind aber meist unbequemer. Überhaupt verläuft die Umsetzung meist nicht sehr glatt. Dieselbe Reduktion läßt sich auch auf einem Umwege erreichen.[1]

Der Übergang der Nitrile in Amine ist für die Synthese höherer Kohlenstoffverbindungen von Wichtigkeit, weil sie den Übergang irgend eines Alkohols in den um ein Kohlenstoff reicheren Alkohol vermittelt.

$$C_xH_yOH \longrightarrow CxHyJ \longrightarrow CxHy\cdot CN$$
$$\longrightarrow CxHy\cdot CH_2\cdot NH_2 \longrightarrow CxHy\cdot CH_2OH.$$

In ganz gleicher Weise lassen sich mehrwertige Nitrile zu mehrwertigen Aminen reduzieren, z. B. das Nitril der Bernsteinsäure zu *Diaminobutan* (*Putrescin*)[2]

$$\begin{matrix} CH_2\cdot CN \\ | \\ CH_2\cdot CN \end{matrix} + 8H = \begin{matrix} CH_2\cdot CH_2\cdot NH_2 \\ | \\ CH_2\cdot CH_2\cdot NH_2 \end{matrix}.$$

2. *Aus Nitroverbindungen durch Reduktion.* Amidoverbindungen entstehen durch Reduktion der Nitroverbindungen (s. vorhergehenden Abschnitt). Die Reduktion läßt sich sowohl bei aromatischen als auch bei aliphatischen Nitroderivaten ausführen, ist aber nur für die Darstellung der aromatischen Amine von großer Wichtigkeit, weil hier die Nitroverbindungen leicht zugänglich sind. Aromatische Amine werden fast ausschließlich nach dieser Methode gewonnen. Aus Nitrobenzol entsteht so *Anilin* (*Amidobenzol*)[3]

$$C_6H_5NO_2 + 6H = C_6H_5NH_2 + 2H_2O.$$

Die Reduktion der Nitrogruppe kann durch die verschiedensten Reduktionsmittel bewirkt werden.[4] Das gewöhnlichste Mittel ist Wasserstoff in statu nascendi, der aus verschiedenen Metallen und Säuren entwickelt werden kann. Für kleinere Versuche nimmt man gewöhnlich Zinn oder Zink und Salzsäure.[5] Die Reduktion geht bei gewöhnlicher Temperatur unter starker Wärmeentwickelung vor sich. In der Technik benutzt man gewöhnlich Eisenfeile und Salzsäure als Reduktionsmittel.[6] Da man zur Ausführung dieser Reduktion nur eine ganz geringe Menge Salzsäure braucht, ist hier nicht der Wasserstoff das reduzierende Agens, sondern das fein verteilte Eisen selbst zusammen mit Wasser. Die Salzsäure dient wahrscheinlich nur zur Darstellung

[1] Henle, B. **35**, 3039.
[2] Ladenburg, B. **16**, 1150; **19**, 780. [3] Zinin, A. **44**, 283.
[4] S. z. B. Sabatier, Senderens, C. r. **135**, 225.
[5] G. 179. [6] L.-C. 954.

einer gewissen Menge Eisenchlorür, welches als Reaktionsüberträger wirkt.[1] Auch durch Erhitzen mit einer Lösung von Zinnchlorür in Salzsäure lassen sich Nitroverbindungen glatt zu Aminen reduzieren. Diese Methode ist besonders von Wichtigkeit, wenn man von mehreren Nitrogruppen nur eine beschränkte Anzahl reduzieren will, da man das Zinnchlorür in genau berechneter Menge anwenden kann.[2] Auch Schwefelammonium in alkoholischer Lösung reduziert meist von mehreren Nitroverbindungen nur eine,[3] die Wirkung der beiden letztgenannten Reduktionsmittel ist jedoch oft eine verschiedene. So wird in o-p-Dinitrotoluol durch Schwefelammonium nur die o-Nitrogruppe, durch eine beschränkte Menge Zinnchlorür aber nur die p-Nitrogruppe reduziert.[4]

Auch sonst läßt sich Schwefelammonium mit Vorteil in allen denjenigen Fällen anwenden, in denen entweder der naszierende Wasserstoff oder auch die Gegenwart von Säuren Nebenreaktionen bewirken können. Nitroverbindungen, die noch andere leicht reduzierbare Gruppen enthalten und die in Wasser löslich sind, z. B. o-Nitrobenzaldehyd, können mit Eisenvitriol und Ammoniak[5] oder Eisenvitriol und Barytwasser[6] reduziert werden. Ebenso ist Zinkstaub in alkoholischer oder ammoniakalischer Lösung ein gutes Reduktionsmittel.[7] Auch Aluminiumamalgam leistet häufig vorzügliche Dienste.[8]

In einigen, allerdings sehr seltenen Fällen scheint die Nitrogruppe sich aber auch allen Reduktionsversuchen zu widersetzen.[9]

Durch geeignete Auswahl der Reduktionsmittel kann man bei der Reduktion der Nitroverbindungen eine ganze Reihe von Verbindungen erhalten, welche man als Zwischenprodukte der Gesamtreduktion der Nitro- zur Amidogruppe auffassen kann und von welchen weiter unten die Rede sein wird.

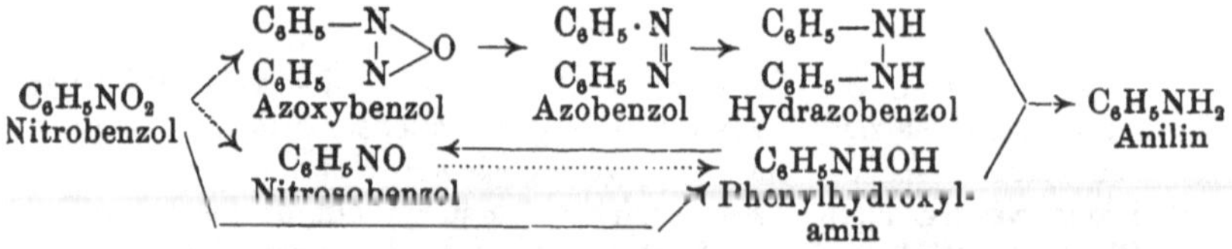

Natürlich entstehen Amidoverbindungen auch durch völlige Reduktion

---

[1] Wohl, B. **27**, 1436. 1815.

[2] Anschütz, B. **19**, 2161. — L.-C. 1068.

[3] G. 182. — L.-C. 1017. — Beilstein, Kurbatow, A. **176**, 44.

[4] Anschütz, B. **19**, 2161. [5] Friedländer, B. **15**, 2572; **17**, 456.

[6] P. Fischer, B. **24**, 3193.

[7] Über die Verwendung von Natriumarsenit siehe Loesner, J. pr. [2] **50**, 563. — L.-C. 950.

[8] L.-C. 945. — Wislicenus, Kaufmann, B. **28**, 1323 u. J. pr. [2] **54**, 18.

[9] Posner, B. **35**, 2345.

dieser Körper, die bei der partiellen Reduktion der Nitroverbindungen gebildet werden, doch hat dieser Vorgang lediglich theoretisches Interesse.

Durch Reduktion anderer stickstoffhaltiger Verbindungen.

Auch andere stickstoffhaltige Verbindungen lassen sich zu Amidoverbindungen reduzieren. Hierher gehören außer den schon erwähnten Zwischenprodukten noch die folgenden Körperklassen:

a) Säureamide können durch Natrium und siedenden Amylalkohol reduziert werden. Acetamid liefert z. B. *Äthylamin*[1]

$$CH_3 \cdot CO \cdot NH_2 + 4H = CH_3 \cdot CH_2 \cdot NH_2 + H_2O\,.$$

b) Aldehydammoniakverbindungen lassen sich mit Zinkstaub und Salzsäure reduzieren. Acetaldehydammoniak gibt *Äthylamin*[2]

$$CH_3 \cdot CH{<}^{OH}_{NH_2} + 2H = CH_3 \cdot CH_2 \cdot NH_2 + H_2O\,.$$

c) Die Oxime der Aldehyde, Ketone und Chinone liefern bei der Reduktion mit Natriumamalgam und Eisessig Amine; das Acetaldoxim z. B. *Äthylamin*, das Acetonoxim *Isopropylamin*[3]

$$CH_3 \cdot CH : NOH + 4H = CH_3 \cdot CH_2 \cdot NH_2 + H_2O\,,$$

$$\begin{matrix}CH_3\\CH_3\end{matrix}{>}C : NOH + 4H = \begin{matrix}CH_3\\CH_3\end{matrix}{>}CH \cdot NH_2 + H_2O\,.$$

So gelangt man z. B. von den Oximen der relativ leicht zugänglichen Ketopolymethylene (s. S. 51) zu den Aminoverbindungen der Cykloparaffine.[4]

d) Auch die Phenylhydrazone der Aldehyde und Ketone liefern bei gleicher Behandlung die gleichen Amine neben Anilin[5]

$$CH_3 \cdot CH{=}N{-}NHC_6H_5 + 4H = CH_3 \cdot CH_2 \cdot NH_2 + C_6H_5NH_2\,.$$

e) Sekundäre Amine lassen sich häufig bequem darstellen durch Reduktion der Aldehydalkylimide (aus Aldehyden und primären Aminen) (s. S. 85) mit Natrium und Alkohol.[6] Isobutylaldehydmethylimid (aus Isubutylaldehyd und Methylamin) gibt so *Methylisobutylamin*

$$\begin{matrix}CH_3\\CH_3\end{matrix}{>}CH \cdot CH{=}NCH_3 + 2H = \begin{matrix}CH_3\\CH_3\end{matrix}{>}CH \cdot CH_2 \cdot NH \cdot CH_3\,.$$

---

[1] Guerbet, Bl. [3] **21**, 778. [2] D. R. P. 73812; B. **27** R., 437.

[3] Goldschmidt, B. **19**, 3232; **20**, 728. — L.-C. 995.

[4] Wislicenus, Hentzschel, A. **275**, 325.

[5] Tafel, B. **22**, 1854. — L.-C. 994.

[6] O. Fischer, A. **241**, 328. — Zaunschirm, A. **245**, 279. — Stoermer u. Lepel, B. **29**, 2110.

3. *Aus Halogenverbindungen durch Substitution.* Wenn man aliphatische Halogenverbindungen mit alkoholischem oder auch wäßrigem Ammoniak erhitzt, wird ihr Halogen durch die Amidogruppe bezw. der Wasserstoff des Ammoniaks durch Alkyl ersetzt.[1] Die Reaktion geht so vor sich, daß das Ammoniak zunächst ein Molekül Halogenalkyl addiert, indem der vorher dreiwertige Stickstoff fünfwertig wird, z. B. zu Methylaminjodhydrat

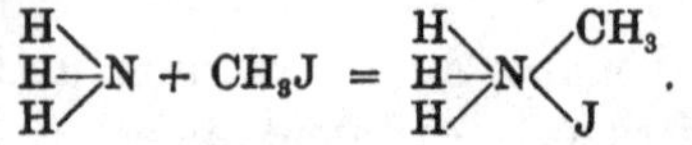

Diesem Ammoniumsalz wird durch überschüssiges Ammoniak teilweise Jodwasserstoff entzogen und so freies *Alkylamin* gebildet:

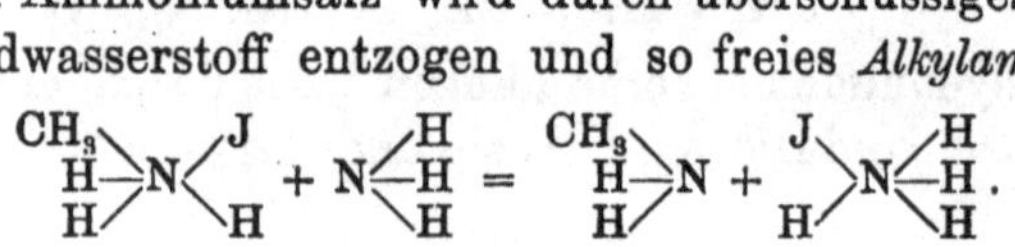

Da nun die Amine wiederum Halogenalkyl anzulagern vermögen, entstehen in gleicher Weise weiter aus dem primären Amin, sekundäre und tertiäre Amine und quaternäre Ammoniumsalze, so daß das Reaktionsprodukt stets ein Gemisch verschiedener Basen darstellt.

Der Austausch von Halogenatomen gegen den Ammoniakrest findet nur auf aliphatische Halogenverbindungen und solche aromatischen, bei denen das Halogen in der Seitenkette steht, Anwendung. Halogenatome, welche direkt am aromatischen Kern stehen, reagieren kaum mit Ammoniak. Nur wenn am selben Kern in o- oder p-Stellung[2] noch andere Halogenatome oder Nitrogruppen stehen, ist ein solcher Austausch ausführbar.

Ebenso wie die Halogenverbindungen aliphatischer Reste, reagieren auch andere Ester, so die Salpetersäureester und die alkylschwefelsauren Salze. Erstere liefern vorzugsweise primäre, letztere tertiäre Amine.[3] Auch die aromatischen Sulfosäuren sind zur Amindarstellung verwendbar,[4] doch beanspruchen diese Reaktionen nur theoretisches Interesse.

Analog den gewöhnlichen Halogenalkylen reagieren auch alle anderen aliphatischen Halogenverbindungen. So entstehen aus Dihalogenverbindungen Diamine, aus halogensubstituierten Säuren Aminosäuren u. s. w.

Die Ausführung dieser Methode geschieht so, daß man die Halogenverbindungen mit wäßrigem oder meist besser alkoholischem Ammoniak

---

[1] Hofmann, A. **74**, 159.

[2] Walker, Zincke, B. **5**, 114. — Salkowsky, A. **174**, 276.

[3] Wallach, Schulze, B. **14**, 421. — Passon, B. **24**, 1678.

[4] Jackson, Wing, B. **19**, 902.

von möglichst hoher Konzentration in Druckgefäßen auf 100—120° erhitzt.[1] Will man primäre Amine darstellen, so wendet man, um der vorstehend erwähnten Bildung sekundärer, tertiärer und quaternärer Verbindungen nach Möglichkeit vorzubeugen, einen möglichst großen Überschuß von Ammoniak, etwa das Zehnfache der berechneten Menge, an. Trotzdem entstehen fast immer Gemische, die erst auf ziemlich umständliche Weise in ihre Bestandteile zerlegt werden müssen (s. weiter unten). Man wird daher diese Methode häufig nur zur Gewinnung der tertiären Amine benutzen, zu welchem Zweck dann natürlich verhältnismäßig geringere Mengen Ammoniak verwendet werden, zur Darstellung der primären oder sekundären Basen aber die im Anschluß hieran behandelten Modifikationen dieser Methode vorziehen. Zu bemerken ist noch, daß sekundäre[2] und tertiäre Halogenverbindungen fast ausschließlich primäre Amine liefern. Tertiäre Halogenverbindungen liefern zuweilen auch gar keine Amine, weil sie große Tendenz haben, Halogenwasserstoff abzuspalten und Olefine zu liefern (vgl. S. 10).

Zur Isolierung der einzelnen Produkte aus dem nach dieser Methode meist erhaltenen Gemisch existieren verschiedene Methoden. Zunächst wird das ganze Reaktionsprodukt auf dem Wasserbade eingedampft, um das überschüssige Ammoniak zu entfernen. Sodann kann man die quaternären Ammoniumverbindungen von den Aminen durch Kalilauge trennen, welche die letzteren aus ihren Salzen in Freiheit setzt, die quaternären Halogenverbindungen aber nicht zerlegt. Destilliert man das Gemisch, so destillieren nur die drei Amine über, die dann weiter getrennt werden müssen. Durch fraktionierte Destillation kann diese Trennung nur selten erreicht werden, dagegen gelingt sie zuweilen durch fraktionierte Kristallisation der Salze, insbesondere bei Verbindungen mit höheren Alkylgruppen.[3] Häufig muß man jedoch die verschiedene Reaktionsfähigkeit der Basen benutzen. So können dieselben nach dem Hofmannschen Verfahren[4] voneinander getrennt werden. Dasselbe beruht darauf, das primäre Basen mit Oxalsäurediäthylester das entsprechende Dialkyloxamid

$$\begin{matrix} COOC_2H_5 \\ | \\ COOC_2H_5 \end{matrix} + 2\,NH_2Alk = \begin{matrix} CONHAlk \\ | \\ CONHAlk \end{matrix} + 2\,C_2H_5OH,$$

sekundäre Basen Dialkyloxaminsäureester

---

[1] S. a. Dhommée, Bl. [3]. **27**, 736.

[2] Die Bezeichnung primär, sekundär und tertiär ist hier etwas anders zu verstehen als bei den Aminen. Unter primären Halogenverbindungen versteht man diejenigen, welche sich von einem primären Alkohol dadurch ableiten, daß dessen Hydroxylgruppe durch Halogen ersetzt worden ist. Als primäre, sekundäre und tertiäre Halogenverbindungen definiert man also die Halogenwasserstoffester der primären, sekundären und tertiären Alkohole (s. S. 107).

[3] Vgl. z. B. Posner, B. **26**, 1863.

[4] Wallach, B. **8**, 760. — Hofmann, **3**, 776.

$$\begin{matrix} COOC_2H_5 \\ | \\ COOC_2H_5 \end{matrix} + NH(Alk)_2 = \begin{matrix} COOC_2H_5 \\ | \\ CON(Alk)_2 \end{matrix} + C_2H_5OH$$

bilden, tertiäre Basen mit diesem Ester dagegen gar nicht reagieren, bei der Destillation des Produktes also allein übergehen. Von den beiden zurückbleibenden Oxalsäurederivaten ist das Dialkyloxamid in Wasser löslich, der Dialkyloxaminsäureester dagegen unlöslich. Nach der Trennung dieser beiden Verbindungen kann man aus jeder derselben die zugehörige Base durch Destillation mit Kalilauge in Freiheit setzen.

Auch mit Formaldehyd läßt sich die Trennung bewerkstelligen. Dasselbe wirkt auf Trialkylamin ebenfalls nicht ein, liefert dagegen mit den beiden anderen Basen Kondensationsprodukte (s. weiter unten), die sich voneinander und von der tertiären Base durch fraktionierte Destillation leicht trennen lassen.[1]

Ebenso kann man das verschiedene Verhalten der drei Klassen von Aminen gegen Benzolsulfochlorid zur Trennung derselben benutzen. Dasselbe reagiert mit tertiären Basen gar nicht, während es mit den primären und sekundären Basen Monalkyl- bezw. Dialkylphenylsulfamide bildet (s. Sulfamide), von denen die ersteren in Alkalien löslich, die letzteren aber unlöslich sind.[2] Die Basen werden aus den Sulfamiden durch Erhitzen mit Kalilauge zurückgewonnen.

Auch mit Schwefelkohlenstoff reagieren nur die primären und sekundären (freien) Basen unter Bildung von alkyldithiocarbaminsauren Salzen, doch ist diese Trennungsmethode kaum praktischer Verwendung fähig, außer zur Isolierung der tertiären Basen, welche man aus dem Reaktionsgemisch abdestillieren kann.[3]

Wird auf die Gewinnung der primären Basen kein Wert gelegt, so kann man auch auf das Gemisch der Basen in saurer Lösung Natriumnitrit einwirken lassen. Hierdurch werden die primären Basen zerstört (d. h. in Alkohole oder Phenole umgewandelt s. S. 117), die sekundären Basen aber in Nitrosamine übergeführt (s. S. 100), welche als Öle ausgeschieden werden und durch Reduktion mit Zinn und Salzsäure wieder in die Basen zurückverwandelt werden können.[4] Sind gar keine primären Basen vorhanden, wie z. B. bei der später erwähnten Darstellung gemischter aliphatisch-aromatischer Basen aus primären aromatischen Basen, so kann man auch die sekundären Basen mit Essigsäureanhydrid in Acetylverbindungen überführen[5] (s. Säureamide), und, nach dem Abdestillieren der tertiären Basen, durch Erhitzen mit Kalilauge wieder spalten.

---

[1] Delépine, C. r. **122**, 1064; B. **29** R., 520.

[2] Hinsberg, B. **23**, 2962. — Über die praktische Ausführung dieser Methode siehe auch Solonina, C. **1897** II, 848.

[3] Hofmann, B. **8**, 105. 461. — Grodzki, B. **14**, 2754. — Jahn, B. **15**, 1290.

[4] Nölting, Boasson, B. **10**, 795.

[5] Reverdin, Harpe, B. **22**, 1005.

Schließlich ist auch das Verhalten der verschiedenen Basen gegen Ferrocyanwasserstoffsäure[1] oder gegen Metaphosphorsäure[2] zur Trennung geeignet.

Will man primäre Aminbasen darstellen, so ist die Bildung der höheren Basen als Nebenprodukte sehr unbequem. Man kann dieselbe vermeiden, wenn man das Halogenalkyl anstatt auf Ammoniak auf Ammoniakderivate einwirken läßt, in denen zwei Wertigkeiten des dreiwertigen Stickstoffatoms bereits durch irgend einen leicht abspaltbaren Komplex besetzt sind. Solche Verbindungen sind die Isocyansäure CO:NH (oder Isocyanursäure), und das Phtalimid $C_6H_4<\substack{CO\\CO}>NH$, die in Form ihrer Kalium- oder Silberverbindungen angewandt werden. Erhitzt man letztere mit Halogenalkylen, so entsteht leicht unter Austritt von Halogenkalium oder -silber die entsprechende Alkylverbindung, so aus cyansaurem Silber und Jodäthyl der Aethylester der Isocyansäure

$$CO:NAg + C_2H_5J = CO:NC_2H_5 + AgJ,$$

der dann leicht durch Destillation mit Kalilauge unter Bildung von *Äthylamin* gespalten wird[3]

$$CO:NC_2H_5 + 2KOH = NH_2C_2H_5 + K_2CO_3.$$

Die für die Praxis bequemste Methode ist die Umsetzung des Phtalimidkaliums mit Halogenalkyl, die durch gemeinschaftliches Erhitzen leicht ausführbar ist, und Spaltung des entstandenen Alkylphtalimids durch Erhitzen mit starker Salzsäure im Rohr,[4] doch reagieren nur primäre Halogenverbindungen (s. S. 79 Anm. 2) in gewünschter Weise mit Phtalimidkalium

$$C_6H_4<\substack{CO\\CO}>NK + AlkJ = C_6H_4<\substack{CO\\CO}>NAlk + KJ,$$

$$C_6H_4<\substack{CO\\CO}>NAlk + 2H_2O = C_6H_4<\substack{COOH\\COOH} + AlkNH_2.$$

Die analog zusammengesetzten Ester der Isothiocyansäure, die Senföle, werden ebenfalls durch Erhitzen mit Wasser oder verdünnten Säuren unter Bildung von Aminen gespalten

$$S:C:NAlk + 2H_2O = CO_2 + H_2S + AlkNH_2.$$

Auch die Ester der Isocyanwasserstoffsäure, die Isonitrile, zerfallen in gleicher Weise in Amine und Ameisensäure

$$CNAlk + 2H_2O = HCOOH + AlkNH_2.$$

---

[1] E. Fischer, A. **190**, 184. [2] Schlömann, B. **26**, 1020.
[3] Würtz, A. **71**, 330; **76**, 325. — S. V. Meyer, B. **10**, 131.
[4] Gabriel, B. **20**, 2224; **24**, 3104.

Für die Darstellung sekundärer aliphatischer Amine ist die direkte Synthese aus Ammoniak und Halogenalkyl aus den erörterten Gründen ebenfalls häufig sehr unbequem. Auch hier kann man jedoch auf einem kleinen Umwege meist leicht zum gewünschten Ziele gelangen. Wenn man nämlich Anilin mit Jodalkyl behandelt, erhält man mühelos die tertiäre Base, das Dialkylanilin. Dieses liefert mit salpetriger Säure leicht die p-Nitrosoverbindung (s. S. 99), die durch Kalilauge in Nitrosophenol und das entsprechende sekundäre Amin gespalten wird (s. S. 100). Zur Reindarstellung von *Dimethylamin* stellt man sich also zuerst Dimethylanilin, dann daraus p-Nitrosodimethylanilin dar und spaltet letzteres durch Kalilauge[1]

$$C_6H_5NH_2 + 2\,CH_3J = C_6H_5N(CH_3)_2 + 2\,HJ\,,$$
$$C_6H_5N(CH_3)_2 + NOOH = NO\cdot C_6H_4\cdot N(CH_3)_2 + H_2O\,,$$
$$NO\cdot C_6H_4\cdot N(CH_3)_2 + H_2O = NO\cdot C_6H_4\cdot OH + HN(CH_3)_2\,.$$

Ein ähnliches Verfahren beruht auf der Darstellung und Spaltung von Dialkylsulfonamiden.[2]

Nach den eben erwähnten Methoden lassen sich natürlich auch Verbindungen mit mehreren Amidogruppen darstellen, wenn man von Polyhalogenverbindungen ausgeht.

Primäre aromatische Amine, deren Aminogruppe am Kern steht, werden fast ausschließlich durch Reduktion der Nitroverbindungen (s. S. 75) gewonnen, und auch zur Darstellung von gemischten aliphatisch-aromatischen Aminen stellt man nach dieser Methode zunächst die primäre aromatische Base dar und führt in deren Amidogruppe die aliphatischen Reste nach der vorliegenden Methode ein, z. B. läßt man zur Darstellung von *Phenyläthylamin* (*Äthylanilin*), Äthylbromid auf Anilin einwirken:[3]

$$C_6H_5NH_2 + BrC_2H_5 = C_6H_5NHC_2H_5\cdot HBr\,.$$

Diese Umsetzung geht sehr leicht, meist schon bei gewöhnlicher Temperatur vor sich. Anstatt auf das freie Anilin die Alkylhalogenide einwirken zu lassen, kann man auch Anilinchlorhydrat oder besser -bromhydrat mit den entsprechenden Alkoholen auf etwa 250° erhitzen, wobei sich zunächst die Alkylhalogenide bilden.[4] Primäre aromatische Amine oder deren Natriumverbindungen reagieren unter Bildung sekun-

[1] Baeyer, Caro, B. **7**, 964; **8**, 616.
[2] Marckwald, Droste-Huelshoff, B. **31**, 3261.
[3] Hofmann, A. **74**, 128.
[4] Städel, Reinhardt, B. **16**, 29. — Städel, Bauer, B. **19**, 1939.

därer und tertiärer Basen sogar mit aromatisch gebundenen Halogenatomen. So entsteht aus Anilin und Brombenzol beim Erhitzen mit Natronkalk *Diphenylamin*[1]

$$C_6H_5NH_2 + Br\cdot C_6H_5 + NaOH = C_6H_5\cdot NH\cdot C_6H_5 + NaBr + H_2O.$$

und aus Dikaliumanilin oder Natriumdiphenylamin mit Brombenzol beim Erhitzen *Triphenylamin*[2]

$$C_6H_5NK_2 + 2BrC_6H_5 = C_6H_5N{<}{}^{C_6H_5}_{C_6H_5} + 2KBr,$$

$${}^{C_6H_5}_{C_6H_5}{>}NNa + BrC_6H_5 = {}^{C_6H_5}_{C_6H_5}{>}N - C_6H_5 + NaBr.$$

Nach dieser Methode entstehen aus den primären, aromatischen Basen natürlich wiederum sekundäre und tertiäre Basen nebeneinander und in dieser Form ist auch diese Methode aus den oben besprochenen Gründen zur Gewinnung der **sekundären Basen** häufig unbequem. Diesem Mangel kann man auch hier auf einem kleinen Umwege leicht abhelfen, indem man in die primäre aromatische Base zunächst einen Säurerest (Acidylgruppe) einführt (s. Säureamide). Man stellt also z. B. zunächst aus Anilin *Acetanilid* dar:

$$C_6H_5NH_2 + CH_3\cdot COOH = C_6H_5NH\cdot CO\cdot CH_3 + H_2O.$$

In diesen Säureaniliden läßt sich das am Stickstoff noch vorhandene Wasserstoffatom durch Natrium ersetzen, wenn man dieselben in einem indifferenten Lösungsmittel (z. B. Toluol) auflöst und die berechnete Menge metallischen Natriums einträgt

$${}^{C_6H_5}_{CH_3\cdot CO}{>}NH + Na = {}^{C_6H_5}_{CH_3\cdot CO}{>}NNa + H.$$

Diese Natriumverbindung reagiert mit beliebigen aliphatischen Halogenalkylen unter Bildung eines alkylierten Anilids

$${}^{C_6H_5}_{CH_3\cdot CO}{>}NNa + JC_2H_5 = {}^{C_6H_5}_{CH_3\cdot CO}{>}N-C_2H_5 + NaJ,$$

welches beim Erhitzen mit Kalilauge den Säurerest wieder abspaltet und so die gewünschte sekundäre Base, im obigen Beispiel *Äthylanilin*[3] liefert

$${}^{C_6H_5}_{CH_3\cdot CO}{>}N\cdot C_2H_5 + KOH = C_6H_5\cdot NH\cdot C_2H_5 + CH_3\cdot COOK.$$

---

[1] Merz, Paschkowezky, J. pr. [2] **48**, 454.

[2] Heydrich, B. **18**, 2156. — Merz, Weith, B. **6**, 1514.

[3] Elsbach, B. **15**, 690.

4. *Aus Alkoholen, Phenolen, Aldehyden u. s. w. durch Wasserabspaltung.* Man kann in Alkoholen und Phenolen die Hydroxylgruppe direkt durch die Amidogruppe ersetzen, wenn man diese Verbindungen längere Zeit mit Chlorzinkammoniak auf etwa 250° erhitzt[1]

$$C_2H_5OH + NH_3 = C_2H_5NH_2 + H_2O.$$

Die Reaktion tritt im allgemeinen bei den Phenolen leichter ein als bei den Alkoholen, noch leichter bei mehrwertigen Phenolen.[2]

Besonders leicht reagieren die Naphtole und Anthranole.[3] Dieselben setzen sich schon beim Erhitzen mit Ammoniak ohne Chlorzink um. Auch die nitrosubstituierten Phenole zeichnen sich durch große Reaktionsfähigkeit aus, jedoch nur die o- und p-Verbindungen.[4]

Auffallend ist die außerordentlich große Reaktionsfähigkeit der Hydroxylgruppe in den sogenannten Cyanhydrinen (α-Oxynitrilen) (s. Oxysäuren). Dieselben reagieren meist schon bei gewöhnlicher Temperatur mit Ammoniak. Es entstehen α-Amidonitrile, die leicht in die entsprechenden Amidosäuren übergeführt werden können; z. B. entsteht aus dem Benzaldehydcyanhydrin (Mandelsäurenitril) das *Nitril der Phenylamidoessigsäure*

$$C_6H_5\cdot CH{<}^{OH}_{CN} + NH_3 = C_6H_5\cdot CH{<}^{NH_2}_{CN} + H_2O\cdot\left[\rightarrow C_6H_5\cdot CH{<}^{NH_2}_{COOH}\right].$$

Phenylamidoessigsäure

Ebenso wie mit Ammoniak reagieren die Hydroxylverbindungen auch weiter mit primären Basen unter Bildung sekundärer Basen, welche infolgedessen stets schon neben den primären Basen bei den vorstehenden Umsetzungen auftreten. So reagiert Anilin, das aus Phenol und Ammoniak entsteht, weiter mit einem zweiten Molekül Phenol unter Bildung von *Diphenylamin*[5]

$$C_6H_5NH_2 + C_6H_5OH = {}^{C_6H_5}_{C_6H_5}{>}NH + H_2O.$$

Auch gegen Amine zeigt sich die gleiche Abstufung in der Reaktionsfähigkeit der verschiedenen Hydroxylverbindungen, wie gegen Ammoniak (s. oben).

Als Darstellungsmethode für gewöhnliche Aminbasen kommen diese Reaktionen kaum in Betracht, da die aliphatischen Amine leichter aus den Halogenverbindungen, die aromatischen besser durch Reduktion der Nitroverbindungen erhalten werden, wohl aber für α-Amidosäuren (s. diese).

---

[1] Merz, Gasiorowski, B. **17**, 623.
[2] Merz, Weith, B. **13**, 1298; s. a. B. **19**, 2901.
[3] Gräbe, B. **13**, 1850.
[4] Vgl. Barr, B. **21**, 1541. — Salkowski, A. **174**, 276.
[5] Merz, Weith, B. **13**, 1298.

Aldehyde, die man ja als Derivate zweiwertiger Alkohole betrachten kann (s. Aldehyde), reagieren dementsprechend mit Aminobasen. Während sie jedoch von Ammoniak zuweilen nur ein Molekül unter Bildung einer additionellen Verbindung (Aldehydammoniak)[1] aufnehmen

$$CH_3 \cdot CH{=}O + NH_3 = CH_3 \cdot CH{<}{}^{OH}_{NH_2},$$

in anderen Fällen aber in etwas komplizierterer Weise reagieren (s. z. B. die Bildung von Hydrobenzamid aus Benzaldehyd),[2] setzen sie sich mit primären und sekundären Basen stets analog den Alkoholen unter Wasseraustritt um. Bei den primären Basen kann diese Reaktion verschieden verlaufen. Reagiert ein Molekül Aldehyd mit zwei Molekülen der Base, so entstehen Alkylidendiamine, z. B. aus Acetaldehyd und Anilin *Äthylidendianilin*

$$CH_3 \cdot CH{=}O + 2\,NH_2 \cdot C_6H_5 = CH_3 \cdot CH{<}{}^{NHC_6H_5}_{NHC_6H_5} + H_2O\,.$$

Die Reaktion erfolgt sehr leicht schon in der Kälte und in wässeriger alkoholischer Lösung. Auch mit Säureamiden reagieren Aldehyde analog, wenn auch etwas schwieriger.

Außerdem kann aber auch ein Molekül Aldehyd mit nur einem Molekül der primären Base reagieren. In diesem Falle entstehen tertiäre Amine, welche eine Doppelbindung zwischen Kohlenstoff und Stickstoff besitzen, die Alkylidenmonamine: z. B. aus Benzaldehyd und Anilin das *Benzylidenanilin*

$$C_6H_5 \cdot CH{=}O + NH_2 \cdot C_6H_5 = C_6H_5 \cdot CH{=}N \cdot C_6H_5 + H_2O\,.$$

Auch diese Reaktion erfolgt häufig schon in der Kälte und in Lösung, sonst beim gelinden Erwärmen.

Welche von diesen beiden Reaktionen eintritt, hängt sowohl von der Beschaffenheit des Aldehyds wie der Base ab. Im allgemeinen scheinen aromatische Aldehyde besondere Neigung zur letztgenannten Reaktion zu haben. Bestimmte Regeln lassen sich darüber nicht aufstellen. Sekundäre Basen sind natürlich nur noch zur erstgenannten Umsetzung befähigt.

Beide Reaktionen verlaufen, wie wohl alle Reaktionen der Aldehyde, offenbar in zwei Phasen, indem auch mit den Aminen zuerst ein Additionsprodukt im Sinne des Aldehydammoniaks entsteht, das dann in zweiter Phase unter Wasseraustritt weiter reagiert. Zuweilen lassen

---

[1] Liebig, A. **14**, 144. [2] Laurent, A. **21**, 130.

sich diese Additionsprodukte auch isolieren, so z. B. aus Önanthol mit verschiedenen Basen.[1]

Ketone und Säuren, obwohl dieselben ebenfalls als Derivate mehrwertiger Alkohole aufgefaßt werden können, reagieren nur selten ebenso wie Aldehyde.[2]

5. *Durch Ammoniakabspaltung.* Nahe verwandt mit der vorigen Methode und speziell zur Gewinnung sekundärer aromatischer Amine aus primären Aminen geeignet ist ein Verfahren, das auch technisch in großem Maßstabe ausgeführt wird. Erhitzt man nämlich eine primäre aromatische Base mit der äquivalenten Menge ihres eigenen Chlorhydrats, so erhält man unter Abspaltung von Salmiak die entsprechende sekundäre Base. Nach dieser Methode wird namentlich *Diphenylamin* und seine Homologen dargestellt

$$C_6H_5NH_2HCl + NH_2 \cdot C_6H_5 = C_6H_5 \cdot NH \cdot C_6H_5 + NH_4Cl.$$

6. *Durch Kohlenstoffverkettung.* Primäre aromatische Basen entstehen durch eine merkwürdige Wanderung von Alkylgruppen aus den isomeren, sekundären, tertiären oder quaternären Basen. Erhitzt man z. B. Methylanilinchlorhydrat auf etwa 350°, so wandert die Methylgruppe vom Stickstoff in den Benzolkern und zwar vorzugsweise in p- (wenn diese besetzt ist in o-)Stellung und es entsteht *p-Toluidinchlorhydrat*, indem intermediär Chlormethyl abgespalten wird, das dann bei höherer Temperatur substituierend auf den Benzolkern wirkt[3]

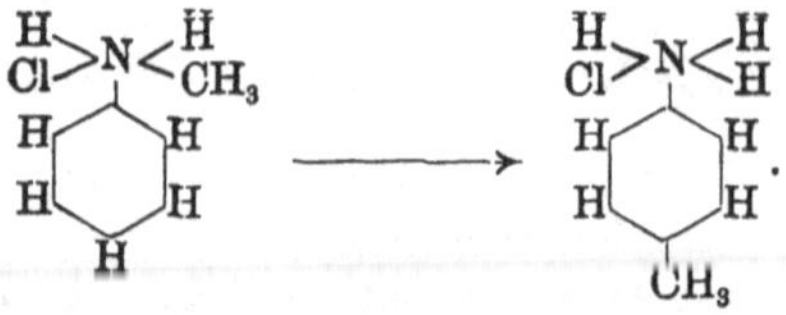

Man kann diese Synthese auch ausführen, indem man Anilin mit Chlormethyl erhitzt und so in einer Operation zunächst die sekundäre Base darstellt und darauf in die primäre umlagert. Anstatt des Alkylchlorids kann man auch sehr oft den betreffenden Alkohol verwenden, so gibt Anilinchlorhydrat mit Isobutylalkohol bei 300° *Isobutylphenylamin* (*Amidoisobutylbenzol*)[4]

$$C_6H_5 \cdot NH_2 + C_4H_9OH = C_4H_9 \cdot C_6H_4 \cdot NH_2 + H_2O$$

[1] Leeds, B. **16**, 287. S. auch Rössing, B. **17**, 2992.
[2] Z. B. Engler, Heine, B. **6**, 642.
[3] Hofmann, B. **5**, 720.
[4] Studer, A. **211**, 237. — Gasiorowsky, Merz, B. **18**, 1009, Anm.

und Benzhydrol mit Anilinchlorhydrat und Chlorzink *p-Amidotriphenylmethan*[1]

$$\begin{matrix}C_6H_5\\C_6H_5\end{matrix}\!\!>CHOH + C_6H_5NH_2 = \begin{matrix}C_6H_5\\C_6H_5\end{matrix}\!\!>C<\begin{matrix}H\\C_6H_4NH_2\end{matrix} + H_2O\,.$$

Diese Methode wird mehrfach in der Technik angewandt.

Ob die Alkylgruppe bei diesem Verfahren zunächst in die Amidogruppe tritt und dann an den Benzolkern wandert, ist nicht sicher. Wahrscheinlich liegt eine einfache Kondensation unter direkter Kohlenstoffverkettung vor, die der Kohlenwasserstoffsynthese aus Alkoholen und Benzolkohlenwasserstoffen entspricht, denn auch tertiäre Basen reagieren ebenso mit Alkoholen, z. B. Dimethylanilin mit Benzhydrol.[2]

Wichtiger als diese Kondensation ist die der Aldehyde mit aromatischen Aminbasen, die zu den Diaminen und Triaminen der Triphenylmethanreihe, den Grundkörpern der wichtigen Rosanilin- und Malachitgrünfarbstoffe, führt. So entsteht aus Benzaldehyd und Dimethylanilin *Tetramethyl-p-diamidotriphenylmethan* (*Leukomalachitgrün*)

$$C_6H_5\cdot CHO + 2\,C_6H_5N(CH_3)_2 = C_6H_5\cdot CH<\begin{matrix}C_6H_4N(CH_3)_2\\C_6H_4N(CH_3)_2\end{matrix} + H_2O\,.$$

Bei Verwendung primärer Basen entstehen auch hier zunächst Benzylidenamine und durch Addition und Umlagerung die Triphenylmethanderivate.[3]

Bei denjenigen Derivaten des Pyrrols und anderer heterocyklischer Stickstoffverbindungen, welche am Stickstoff eine Alkylgruppe haben, tritt ebenfalls beim Erhitzen eine Wanderung dieser Alkylgruppe an ein Kohlenstoffatom des Kerns ein (s. Pyrrol)

Verwandt mit der eben besprochenen Reaktion ist eine andere Umlagerung, die zu Diaminen führt. Erwärmt man nämlich symmetrische aromatische Hydrazoverbindungen mit Mineralsäuren, so findet eine sehr merkwürdige Umwandlung statt und es entsteht durch die sogenannte „Benzidinumlagerung" das entsprechende Diamidodiphenylderivat, so aus Hydrazobenzol das gewöhnliche *p-Diamidodiphenyl* oder *Benzidin*[4]

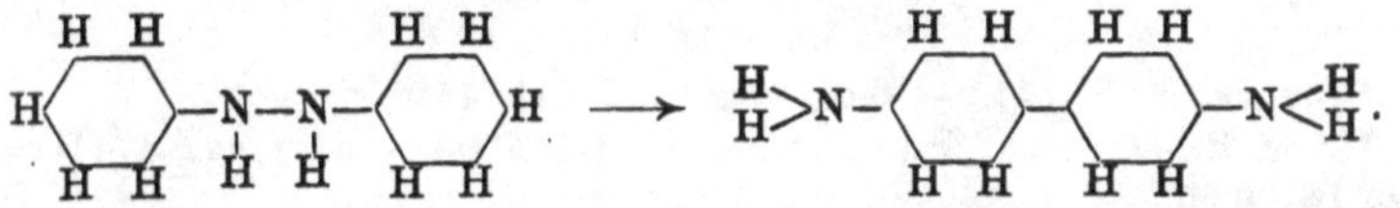

[1] O. Fischer, Roser, A. **206**, 155. [2] O. Fischer, A. **206**, 113.
[3] D. R.-P. 111041; C. **1900** II, 548.
[4] Zinin, J. pr. **36**, 93. — Hofmann, J. 1863, 424.

Als Hauptprodukt entsteht die Di-p-Verbindung, daneben in geringerer Menge die o-p-Verbindung. Ist eine oder beide p-Stellungen besetzt, so findet die Umwandlung gewissermaßen nur zur Hälfte statt, und es entstehen durch die sogenannte „Semidinumlagerung“ Derivate des p- oder o-Amidodiphenylamins, so aus p-Hydrazotoluol: *o-Amidoditolylamin*[1]

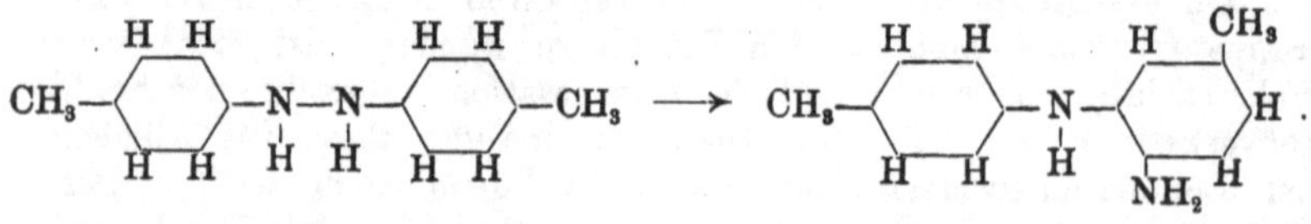

Zuweilen finden Benzidin- und Semidinumlagerung nebeneinander statt.[2]

Da die Benzidinumlagerung bei Gegenwart von Säure außerordentlich leicht vor sich geht, erhält man z. B. bei der Reduktion von Azobenzol (s. weiter unten) mit sauren Reduktionsmitteln häufig gar nicht Hydrazobenzol, sondern sofort Benzidin.[3]

Analog werden auch monosubstituierte Hydrazine beim Erhitzen mit rauchender Salzsäure auf 200° in p-Phenylendiamine umgelagert[4]

$$C_6H_5NH\cdot NH_2 \longrightarrow NH_2\cdot C_6H_4\cdot NH_2 .$$

Eine ähnliche Umlagerung erleiden auch die Methylendianiline (s. S. 85). Sie gehen beim Erhitzen mit konzentrierter Salzsäure in *Diamidodiphenylmethane* über. Als Zwischenprodukte entstehen wahrscheinlich die Amidobenzylaniline[5]

$$\begin{matrix}C_6H_5\cdot NH\\ C_6H_5\cdot NH\end{matrix}\!\!>CH_2 \longrightarrow \left[\begin{matrix}NH_2\cdot C_6H_4\\ C_6H_5\cdot NH\end{matrix}\!\!>CH_2\right] \longrightarrow \begin{matrix}NH_2\cdot C_6H_4\\ NH_2\cdot C_6H_4\end{matrix}\!\!>CH_2 .$$

Hier mögen noch zwei verwandte Umwandlungen erwähnt werden, obwohl dieselben keine Kohlenstoffverkettung darstellen. Die erste derselben ist die Umlagerung der Diazoamidoverbindungen in Amidoazokörper (s. diese). Sie kann, da letztere bei der Reduktion ebenfalls Diamine liefern

$$C_6H_5N{=}N\cdot C_6H_4\cdot NH_2 + 4H = C_6H_5NH_2 + NH_2C_6H_4NH_2$$

zur Darstellung von Diaminen aus Monaminen dienen.

---

[1] Melms, B. **3**, 554. — Goldschmidt, B. **11**, 1626.

[2] S. z. B. Jacobson, Piepenbrink, B. **27**, 2700. — Nölting, A. Meyer, Ch.-Z. **18**, 1095.

[3] Zinin, A. **85**, 328. — Schmidt, Schultz, A. **207**, 330.

[4] Thiele, Wheeler, B. **28**, 1538.

[5] D. R.-P. 87934; C. **1896** II, 952. — J. Meyer, Rohmer, B. **33**, 250. — Eberhardt, Welter, B. **27**, 1810.

Schließlich lagern sich die aromatischen Nitrosamine (s. diese) in kernsubstituierte p-Nitrosoamidoverbindungen um, die bei der Reduktion ebenfalls Diamine geben

$$\begin{matrix}C_6H_5\\CH_3\end{matrix}{>}N\cdot NO \longrightarrow \begin{matrix}NO\cdot C_6H_4\\CH_3\end{matrix}{>}NH \longrightarrow NH_2\cdot C_6H_4\cdot NHCH_3\,.$$

7. *Durch Kohlensäureabspaltung aus Aminosäuren.* Aminosäuren zerfallen bei der Destillation für sich oder mit Kalk oder anderen Hydraten meist ziemlich glatt in Aminbase und Kohlendioxyd. So entsteht sowohl z. B. aus Amidoessigsäure *Methylamin,*[1] als auch z. B. aus Diamidobenzoesäure *Phenylendiamin* u. s. w.[2]

$$NH_2CH_2COOH = NH_2CH_3 + CO_2\,,$$
$$(NH_2)_2C_6H_3COOH = NH_2\cdot C_6H_4\cdot NH_2 + CO_2\,,$$

doch ist diese Reaktion als Darstellungsmethode natürlich ohne wesentliche Bedeutung.

8. *Hofmann'sche Methode durch Kohlenoxydabspaltung und Umlagerung aus Säureamiden.* Säureamide liefern beim Behandeln mit Brom und Kalilauge die um ein Kohlenstoffatom ärmeren Aminbasen. Aus Acetamid erhält man so *Methylamin.*[3] Die Reaktion zerfällt in drei Teile. Zunächst substituiert ein Bromatom ein Wasserstoffatom der Amidogruppe unter Bildung eines „Bromamids"

$$CH_3\cdot CONH_2 + Br_2 + KOH = CH_3\cdot CONHBr + KBr + H_2O\,.$$

Dieses Bromamid liefert infolge einer intramolekularen Umlagerung unter Abspaltung von Bromwasserstoff einen Isocyansäureester

$$CH_3\cdot CO\cdot NHBr + KOH = CH_3\cdot N{=}CO + KBr + H_2O\,,$$

und letzterer zerfällt mit Alkali sofort unter Bildung von Amin, hier *Methylamin,* und Kohlensäure

$$CH_3\cdot N{=}CO + 2KOH = CH_3NH_2 + K_2CO_3\,.$$

Die molekulare Umlagerung bei der Abspaltung des Bromwasserstoffs aus dem Bromamid X·CO·NHBr wird am besten verständlich, wenn man sich vorstellt, daß die zunächst entstehende Gruppierung

$$X\cdot CO\cdot N{=}$$

---

[1] Cahours, A. **109**, 29. [2] Griess, J. pr. [2] **3**, 143.
[3] Hofmann, B. **15**, 765.

infolge ihrer freien Valenzen natürlich nicht existenzfähig ist und sich deshalb in die Konfiguration

$$X \cdot N:CO$$

umlagert.[1]

Man verfährt meist so, daß man das Säureamid zunächst mit der berechneten Menge Brom und dann mit so viel Kalilauge versetzt, daß die braunrote Farbe des Broms verschwindet und die Flüssigkeit hellgelb wird. Das hierbei entstandene Bromamid läßt sich häufig isolieren. Meist gießt man jedoch die Lösung nun sogleich in überschüssige etwa 70° heiße Kalilauge und führt so die weitere Reaktion herbei. Das entstandene Amin wird abdestilliert und je nach seiner Beschaffenheit isoliert.[2] Sehr vorteilhaft kann man an Stelle von Brom und Kalilauge Natriumhypochlorit anwenden.[3]

Diese Reaktion ist einer sehr allgemeinen Anwendung fähig, sie verläuft jedoch nur bei den niedrigeren Amiden bis zu fünf Kohlenstoffen in dieser Form ganz glatt. Bei den höhermolekularen Amiden entstehen infolge weiterer Einwirkung des Broms hauptsächlich Nitrile (s. diese).[4]

Man kann diese Methode aber auch für die höheren Glieder mit Erfolg verwenden, wenn man die Bromamide oder Chloramide zunächst mit Natriummethylat in die entsprechenden Urethane überführt, wobei eine der oben erwähnten ganz ähnliche Umlagerung stattfindet

$$\text{Alk—CONHBr} + NaOCH_3 = \text{Alk—NH} \cdot COOCH_3 + NaBr\,.$$

Die Urethane lassen sich dann durch Erhitzen mit Säuren oder Destillieren mit Kalk leicht verseifen

$$\text{Alk—NH} \cdot COOCH_3 + H_2O = \text{Alk—}NH_2 + CO_2 + CH_3OH\,.$$ [5]

Zur Darstellung aromatischer Amine kommt die Reaktion nur ausnahmsweise in Betracht, weil uns hier in der Reduktion der Nitroverbindungen eine weit bequemere Methode zur Verfügung steht. In den Fällen jedoch, wo die entsprechenden Nitroverbindungen schwierig zugänglich sind, wird auch hier die HOFMANNsche Reaktion angewandt. So stellt man neuerdings die für die Synthese des Indigos wertvolle *o-Amidobenzoesäure* analog aus Phtalimid dar. Das Phtalimid wird hierbei durch das Alkali zunächst in das Monamid der Phtalsäure aufgespalten

$$C_6H_4{<}{CO \atop CO}{>}NH + KOH = C_6H_4{<}{CONH_2 \atop COOK}$$

[1] Über die Theorie dieser Methode s. auch HANTZSCH, B. **35**, 3579.

[2] G. **143**. — HOFMANN, B. **15**, 762; **17**, 1406. 1920.

[3] GRAEBE, ROSTOVZEFF, B. **35**, 2747.

[4] HOFMANN, B. **17**, 1920; **18**, 2734.

[5] JEFFREYS, B. **30**, 898. C. **1899** II, 363.

und dies liefert dann in normaler Reaktion die *o-Amidobenzoesäure* (*Anthranilsäure*)[1]

$$C_6H_4<^{CONH_2}_{COOK} + Br_2 + KOH = C_6H_4<^{CONHBr}_{COOK} + KBr + H_2O\,,$$

$$C_6H_4<^{CONHBr}_{COOK} + 3\,KOH = C_6H_4<^{NH_2}_{COOK} + K_2CO_3 + KBr + H_2O\,.$$

In ähnlicher Weise liefern die Säureazide Aminbasen.[2]

Auch Aminocykloparaffine werden nach dieser Methode erhalten.[3]

Die Ketoxime, wenigstens die der aromatischen Reihe, erleiden unter dem Einfluß verschiedener Reagenzien eine ähnliche Umlagerung, die sogenannte Beckmannsche Umlagerung. Das Oxim des Acetophenons (Methylphenylketons) lagert sich z. B. um in Phenylacetamid, das sich leicht in Anilin und Essigsäure spalten läßt

$$^{C_6H_5}_{CH_3}>C:NOH \longrightarrow ^{C_6H_5-NH}_{CH_3}>CO\,,$$

$$C_6H_5NHCOCH_3 + H_2O = C_6H_5NH_2 + CH_3COOH\,.^{4}$$

Die Aminoverbindungen oder Amine sind sowohl in der aliphatischen wie in der aromatischen Reihe Körper von vielseitiger Anwendbarkeit. Beispielsweise verbinden sich die primären und sekundären Basen mit Säureresten zu Substitutionsprodukten der Säureamide. Die größte Bedeutung besitzen die primären aromatischen Amine durch ihre Überführbarkeit in Diazoverbindungen (s. nächstes Kapitel). Die dadurch bedingte Umwandelbarkeit in die mannigfaltigsten aromatischen Substanzen macht sie zu den wertvollsten Ausgangsprodukten der gesamten organischen Chemie.

IV. Diazoverbindungen und andere stickstoffhaltige Verbindungen der Kohlenwasserstoffe.

1. **Diazoverbindungen** werden fast ausschließlich durch Einwirkung salpetriger Säure auf primäre aromatische Amidoverbindungen unter Kühlung gewonnen. Es entstehen die Diazoniumsalze derjenigen Säure, welche zum Lösen des Amins gedient hat, z. B. aus Anilin in salpetersaurer Lösung *Benzol-*

---

[1] Hoogewerff, Dorp. Rec. **10**, 4. B. **24** R., 966.

[2] Curtius, B. **27**, 779; **29**, 1166.

[3] S. z. B. Freund, Gudeman, B. **21**, 2695.

[4] Beckmann, B. **19**, 988; **20**, 1507. 2580. — Hantzsch, B. **24**, 4018. — V. Meyer, Warrington, B. **20**, 502.

diazoniumnitrat (*Diazobenzolnitrat*), in salzsaurer Lösung *Benzoldiazoniumchlorid* (*Diazobenzolchlorid*)[1]

$$C_6H_5NH_2,\ HNO_3 + ONOH = C_6H_5\cdot \underset{\overset{|||}{N}}{N}\cdot NO_3 + 2H_2O,$$

$$C_6H_5\cdot NH_2,\ HCl + ONOH = C_6H_5\cdot \underset{\overset{|||}{N}}{N}\cdot Cl + 2H_2O.$$

Man kann den Vorgang bei der „Diazotierung" so auffassen, daß in dem Salz der Aminbase die drei am fünfwertigen Stickstoff stehenden Wasserstoffatome unter Wasseraustritt durch das dreiwertige Stickstoffatom der salpetrigen Säure ersetzt werden

$$C_6H_5\cdot \underset{Cl}{N}{\lt}\begin{matrix}H\\H\\H\end{matrix} + \begin{matrix}O\\HO\end{matrix}{\gt}N = C_6H_5\cdot \underset{Cl}{N}{\equiv}N + 2H_2O.$$

Versetzt man die Lösung der Diazoniumsalze mit Alkali, so entstehen zunächst die unbeständigen Hydrate,[2] deren Wasserstoff jedoch bei einem Überschuß von Alkali durch Metall ersetzt wird

$$C_6H_5\cdot N_2\cdot Cl + KOH = C_6H_5\cdot N_2\cdot OH + KCl$$
$$C_6H_5\cdot N_2\cdot OH + KOH = C_6H_5\cdot N_2\cdot OK + H_2O.$$

Diese Diazoalkalisalze von der Konstitution

$$C_6H_5\cdot \underset{\overset{|||}{N}}{N}-OK$$

haben die Eigenschaft, sich mit aromatischen Aminen oder Phenolen zu Azoverbindungen (s. diese) zu verbinden (zu „kuppeln").[3] Sie verlieren diese Eigenschaft jedoch bei längerem Stehen oder beim Erwärmen,[4] indem sie sich in Isodiazosalze von der Konstitution

$$C_6H_5\cdot N{=}N\cdot OK$$

umlagern.

Diese von Bamberger[5] aufgestellte Theorie gibt augenblicklich die beste Erklärung der beobachteten Tatsachen.[6]

Die sogenannte „Diazotierung" läßt sich ganz allgemein[7] bei allen Amidoverbindungen ausführen, deren Amidogruppe an einem aroma-

---

[1] Peter, Griess, A. **137**, 39.

[2] Hantzsch, B. **31**, 340. 1612; **33**, 2147.

[3] Schraube, Schmidt, B. **27**, 514.

[4] Bamberger, B. **29**, 455.

[5] Bamberger, B. **28**, 444. — A. **313**, 97.

[6] S. jedoch Hantzsch, B. **27**, 1702; **28**, 1734. — A. **325**, 250.

[7] Jedoch erschweren Nitrogruppen dieselbe, wenn sie in o-Stellung stehen (Claus, Beysen, A. **266**, 224. — Bülow, B. **29**, 2284). Auch die gleichzeitige Diazotierung zweier Amidogruppen an demselben Benzolkern,

tischen Kern steht, dagegen in der aliphatischen Reihe nur ausnahmsweise, wie z. B. bei den Estern der Amidofettsäuren. Diese aliphatischen Diazoverbindungen sind anders konstituiert als die aromatischen und haben ein weitaus geringeres Interesse als diese.[1]

Will man die Diazosalze selbst in fester Form darstellen, so muß man in alkoholischer Lösung mit einem Alkylnitrit, z. B. Amylnitrit und Säure diazotieren.[2] Da jedoch die festen Diazosalze meist[3] äußerst unbeständige und furchtbar explosive Körper sind, und ihre Darstellung in fester Form auch für ihre Weiterverarbeitung unnötig ist, so bereitet man im allgemeinen nur eine wäßrige Lösung derselben, die dann sofort zur Ausführung der gewünschten Reaktion dient.

Die Diazotierung kann dann so ausgeführt werden, daß man gasförmige salpetrige Säure unter Kühlung in einen Brei des Aminsalzes mit Wasser einleitet.[4] Gewöhnlich ist es jedoch bequemer, die salpetrige Säure in der Lösung selbst zu entwickeln. Man versetzt zu diesem Zweck die Lösung des Salzes mit noch $1^1/_2$ Molekül freier Säure und fügt unter Kühlung allmählich die Lösung von einem Molekül Kalium- oder Natriumnitrit zu. Anstatt der berechneten Menge Nitrit setzt man häufig von einer unbekannten Lösung solange zu, bis sich nach dem Umschütteln freie salpetrige Säure mit Jodkaliumstärkepapier in der Lösung nachweisen läßt.[5]

Die Diazoverbindungen sind als Zwischenprodukte für eine große Anzahl Synthesen in der aromatischen Reihe von außerordentlicher Wichtigkeit, indem man an Stelle der Diazogruppe, und damit auch der Amido- und Nitrogruppe die verschiedenartigsten Elemente und Gruppen einführen kann. Die wichtigsten hieraus resultierenden Verwendungsarten, die sich an den betreffenden Stellen ausführlich besprochen finden, dienen zur Darstellung von Halogenbenzolen, Phenolen und Nitrilen. Die enorme Wichtigkeit der Diazoverbindungen für die Technik beruht namentlich auf der schon erwähnten „Kuppelung“

---

namentlich in o- und p-Stellung, bereitet meist Schwierigkeiten (Ladenburg, B. **9**, 219. — Griess, B. **19**, 317). Außer den Benzolderivaten sind jedoch bisher nur solche des Naphtalins und des Pyridins (Marckwald, B. **27**, 1318) näher untersucht. Die Diazonaphtalinverbindungen verhalten sich den Benzolderivaten ganz analog und sind für die Farbstofftechnik von großer Bedeutung.

[1] Siehe übrigens Curtius, B. **29**, 759. — Traube, B. **29**, 667. — Wolff, A. **325**, 129.

[2] Knoevenagel, B. **23**, 2994; **28**, 2048. — L.-C. 513.

[3] Zur direkten Farbstofferzeugung auf der Gespinstfaser werden neuerdings in der Technik einige haltbare feste Diazosalze dargestellt (B. **28**, 2060. — D. R.-P. 94280. 88949. 85387. 89998. 92237. 94495. 97933 u. a.).

[4] L.-C. 500.

[5] G. 199. — L.-C. 503. — V. Meyer, B. **8**, 1073. — Hirsch, **25**, 1974.

mit Phenolen und tertiären aromatischen Aminen unter Bildung von Azofarbstoffen.

In neutraler oder essigsaurer Lösung bilden die Diazoverbindungen mit primären und sekundären Basen Diazoamidoverbindungen, z. B. *Diazoamidobenzol*[1]

$$C_6H_5N_2Cl + H_2N\cdot C_6H_5 = C_6H_5\cdot N{=}N{-}NH\cdot C_6H_5 + HCl\,.$$

Diese Reaktion ist namentlich in Bezug auf primäre aromatische Basen wichtig. In alkalisch-alkoholischer Lösung entstehen aus ihnen in gleicher Weise Disdiazoamidoverbindungen.[2] Die gleichen Reaktionen treten jedoch auch mit primären und sekundären aliphatischen Aminen ein.[3]

2. **Azoverbindungen** entstehen:

1. Durch mäßige Reduktion aus Azoxyverbindungen (s. weiter unten) und somit auch aus aromatischen Nitroverbindungen; so entsteht aus Azoxybenzol *Azobenzol*

$$C_6H_5\overset{O}{\widehat{N{-}{-}N}}\cdot C_6H_5 + 2H = C_6H_5N{=}NC_6H_5 + H_2O\,.$$

Die Reduktion von Azoxyverbindungen kann ausgeführt werden durch Destillation mit Eisenfeilspänen[4] oder durch Behandeln mit verschiedenen Reduktionsmitteln wie Zinkstaub oder Zinnchlorür in alkalischer Lösung,[5] sowie durch elektrolytische Reduktion.[6]

2. Durch „Kuppelung" von Diazobenzolalkalisalzen oder Benzoldiazoniumsalzen mit tertiären Aminen, m-Diaminen und Phenolen. Es entstehen so Dialkylamido-, Diamido- und Oxy-Azokörper; z. B. gibt Diazobenzolchlorid mit Dimethylanilin *Dimethylamidoazobenzol*[7]

$$C_6H_5N_2Cl + C_6H_5N(CH_3)_2 = C_6H_5N{=}NC_6H_4N(CH_3)_2 + HCl\,.$$

Der Eintritt der Diazogruppe in den zweiten Benzolkern geschieht in p-Stellung zu der schon vorhandenen Gruppe.[8]

---

[1] Griess, A. **121**, 257. — G. 223.

[2] Goldschmidt, Badl, B. **22**, 933.

[3] Baeyer, Jaeger, B. **8**, 148. — Goldschmidt, Badl, B. **22**, 934. — Über weniger wichtige Bildungsweisen der Diazoverbindungen siehe Möhlau, Bamberger, Kunz, B. **16**, 3080; **30**, 512; **31**, 1528. — E. Fischer, A. **190**, 99. — Michaelis, Ruhl, **270**, 116.

[4] G. 190. — Schmidt, Schultz, A. **207**, 329.

[5] Nölting, Stricker, B. **21**, 3139. — Witt, B. **18**, 2912. — Weselsky, Benedikt, A. **196**, 340.

[6] Löb, C. **97**, I. 1200. — Elbs, Kopp, C. **98** II, 775; D. R.-P. 108427.

[7] Griess, B. **10**, 528. — Möhlau, B. **17**, 1491.

[8] Hofmann, Witt, B. **10**, 389. 654.

Die Reaktion findet bei gewöhnlicher Temperatur in wäßriger Lösung bei Gegenwart von überschüssigem Alkali oder Natriumacetat zur Bindung der Mineralsäure statt.[1]

3. Durch Umlagerung aus den Diazoamidoverbindungen (s. unter Diazoverbindungen). Diazoamidobenzol lagert sich um in *p-Amidoazobenzol*[2]

$$C_6H_5N{=}N\cdot NH\cdot C_6H_5 \longrightarrow C_6H_5\cdot N{=}N\cdot C_6H_4\cdot NH_2\,.$$

Auch hier findet der Eintritt der Diazogruppe in den zweiten Benzolkern vorwiegend in p-Stellung, schwieriger, wenn diese besetzt ist, in o-Stellung zur Amidogruppe statt.

Die Reaktion findet schon bei gewöhnlicher Temperatur in alkoholischer Lösung, leichter durch ganz gelindes Erwärmen (40—60°) und bei Gegenwart von etwas Chlorhydrat der Amidobase statt.[3]

4. Durch Oxydation der primären aromatischen Amine. Hiernach entsteht Azobenzol aus Anilin[4]

$$C_6H_5\cdot NH_2 + H_2N\cdot C_6H_5 + 2O = C_6H_5N{=}NC_6H_5 + 2H_2O\,.$$

Zur Oxydation können die verschiedensten Mittel dienen, so Kaliumpermanganat, Ferricyankalium, Chlorkalk, Bleioxyd u. s. w.[5]

Die Azoverbindungen des Benzols, Diphenyls und Naphtalins sind von größter Wichtigkeit für die Technik, weil ihre Derivate und zwar namentlich die Amido- und Oxyazoverbindungen und deren Sulfosäuren wertvolle Farbstoffe (Azofarbstoffe) darstellen. Diese werden hauptsächlich durch die Kuppelung von Diazoverbindungen gewonnen.

3. Azoxyverbindungen entstehen:

1. Durch gemäßigte Reduktion von aromatischen Nitroverbindungen. Zwei Moleküle Nitrobenzol geben so ein Molekül *Azoxybenzol*[6]

$$C_6H_5NO_2 + O_2NC_6H_5 + 6H = C_6H_5\overset{\overbrace{O}}{N{-\!-\!-}N}C_6H_5 + 3H_2O\,.$$

Die Reduktion wird am besten mit Natriummethylat oder Natrium-

[1] G. 218.

[2] KEKULÉ, Z. Chem. **1866**, 689.

[3] G. 225. — STÄDEL, BAUER, B. **19**, 1954.

[4] GLASER, A. **142**, 364.

[5] Siehe z. B. SCHICHUZKY, B. **7**, 1454. — LEEDS, B. **14**, 1383. — SCHMITT, BENNEWITZ, J. pr. [2] **8**, 2. — POSNER, B. **35**, 2352.

[6] ZININ, J. pr. **36**, 93. — KLINGER, B. **15**, 866.

äthylat in alkoholischer Lösung ausgeführt. Das Methylat wird hierbei zu Formiat, das Äthylat zu Acetat oxydiert[1].

$$4C_6H_5NO_2 + 3NaOCH_3 = 2C_6H_5N\overset{O}{\frown}NC_6H_5 + 3HCOONa + 3H_2O.$$

Auch andere Reduktionsmittel wie Natriumamalgam,[2] Zinkstaub und Ammoniak oder arsenige Säure können in alkoholischer Lösung benutzt werden.[3]

2. Durch Oxydation von Amido-, Hydroxylamido- und Azoverbindungen, eine Reaktion, die jedoch nur in einzelnen Fällen als Darstellungsmethode brauchbar ist.[4]

4. Hydrazoverbindungen:

1. Symmetrische Hydrazoverbindungen entstehen durch Reduktion aus Nitro-, Azoxy- oder Azoverbindungen, so liefert Azobenzol *symm. Diphenylhydrazin* (*Hydrazobenzol*)[5]

$$C_6H_5\cdot N{=}N\cdot C_6H_5 + 2H = C_6H_5NH{-}NHC_6H_5.$$

Als Reduktionsmittel können benutzt werden alkoholisches Schwefelammonium oder Zinkstaub und alkoholische Alkalilauge,[6] sowie Elektrolyse in alkalischer Lösung.[7]

2. Asymmetrische Hydrazoverbindungen entstehen durch Reduktion aus Diazoverbindungen und Nitrosaminen, so *Phenylhydrazin* aus Diazobenzolchlorid[8] und *Diphenylhydrazin* aus Diphenylnitrosamin[9]

$$C_6H_5N{:}NCl + 4H = C_6H_5NH\cdot NH_2,\ HCl,$$

$$\frac{C_6H_5}{C_6H_5}{>}N\cdot NO + 4H = \frac{C_6H_5}{C_6H_5}{>}N\cdot NH_2 + H_2O.$$

Nach der letzten Reaktion lassen sich auch aliphatische disubstituierte Hydrazine darstellen.[10] Aliphatische monosubstituierte Hydrazine entstehen analog, wenn man die Nitrosoderivate der substituierten Harnstoffe reduziert und die so er-

---

[1] G. 189.
[2] Moltschanowsky, B. **15**, 1575.
[3] Loesner, J. pr. [2] **50**, 564; B. **28** R., 125.
[4] Siehe Glaser, Z. **1866**, 308. — Petriew, B. **6**, 557. — Limpricht, B. **18**, 1420. — Reissert, B. **29**, 641.
[5] Hofmann, J. **1863**, 424.
[6] Alexejew, Z. **1868**, 497. — G. 190.
[7] Haeussermann, Ch. Z. **17**, 129. 209. — Elbs, Kopp, C. **98** II, 775.
[8] E. Fischer, A. **190**, 67. — V. Meyer, Lecco, B. **16**, 2976.
[9] E. Fischer, A. **190**, 174.
[10] E. Fischer, A. **199**, 308. — Franchimont, Erp, B. **29** R., 424.

haltenen Verbindungen durch Erhitzen mit Alkalien oder Säuren spaltet. So erhält man aus Diäthylharnstoff *Äthylhydrazin*[1]

$$\begin{matrix} C_2H_5NH \\ C_2H_5NH \end{matrix}\!>CO + NOOH = \begin{matrix} C_2H_5NH \\ C_2H_5N{-}NO \end{matrix}\!>CO + H_2O\,,$$

$$\begin{matrix} C_2H_5\cdot NH \\ C_2H_5\cdot N{-}NO \end{matrix}\!>CO + 4H = \begin{matrix} C_2H_5\cdot NH \\ C_2H_5\cdot N{-}NH_2 \end{matrix}\!>CO + H_2O\,,$$

$$\begin{matrix} C_2H_5NH \\ C_2H_5N{-}NH_2 \end{matrix}\!>CO + H_2O = C_2H_5NH\cdot NH_2 + C_2H_5\cdot NH_2 + CO_2\,.$$

Als Reduktionsmittel für Diazoverbindungen wird Natriumbisulfit oder Zinkstaub und Essigsäure oder Zinnchlorür und Salzsäure,[2] für Nitrosamine Zinkstaub und Essigsäure benutzt.[3]

Aliphatische Alkylhydrazine entstehen auch aus den Alkylhaloïden mit Hydrazinhydrat[4] genau ebenso wie die Amine mit Ammoniak (s. S. 78).

3. Hydrazone. Das Hydrazin selbst und diejenigen organischen Hydrazoverbindungen, welche noch eine intakte NH_2-Gruppe enthalten, d. h. die Monoalkyl- und die asymmetrischen Dialkylhydrazine haben die Fähigkeit, unter Wasseraustritt mit allen Aldehyden und Ketonen zu reagieren, unter Bildung der sogenannten Hydrazone

$$\begin{matrix} X \\ Y \end{matrix}\!>C{=}O + H_2N\cdot N\!<\!\begin{matrix} Z \\ U \end{matrix} = \begin{matrix} X \\ Y \end{matrix}\!>C{=}N\cdot N\!<\!\begin{matrix} Z \\ U \end{matrix} + H_2O\,.$$

Diese Hydrazone, und namentlich diejenigen des Phenylhydrazins, zeichnen sich durch außerordentliche Kristallisationsfähigkeit aus, und sind daher vorzügliche Mittel zur Isolierung und Reinigung solcher Aldehydo- oder Ketoverbindungen die in freiem Zustande schwierig zu behandeln sind, sowie zum Nachweis von CO-Gruppen in unbekannten Verbindungen.

Man stellt die Hydrazone und namentlich die Phenylhydrazone so dar, daß man entweder eine Lösung des Hydrazins in verdünnter Essigsäure oder seines salzsauren Salzes mit einer äquivalenten Menge Natriumacetat in Wasser mit dem Aldehyd oder Keton stehen läßt oder kurze Zeit erhitzt.[5]

---

[1] E. Fischer, A. **199**, 287. — Brüning, A. **253**, 7.

[2] G. 212.

[3] Bamberger, V. Meyer, E. Fischer, Hantzsch, B. **30**, 374; **16**, 2976; **17**, 572; **30**, 339.

[4] Harries, Haga, B. **31**, 56. — Busch, Weiss, B. **33**, 2701.

[5] G. 215. — E. Fischer, B. **17**, 574. — L.-C. 254.

Bei den Oxyaldehyden und Oxyketonen können sekundäre Reaktionen eintreten, die bei diesen Körperklassen näher besprochen werden.

Auch andere organische Derivate des Hydrazins können häufig mit Vorteil zum gleichen Zweck verwendet werden, so namentlich das Semicarbazid $H_2N \cdot NH \cdot CO \cdot NH_2$.[1] Das Phenylhydrazin ist besonders für die Chemie der Zuckerarten von weittragendster Bedeutung gewesen. Auch zur Darstellung heterocyklischer Verbindungen (s. Pyrazole) werden die Hydrazine gebraucht.

5. **Hydroxylaminoverbindungen.** Aromatische[2] und aliphatische[3] Alkylhydroxylamine entstehen aus den Nitrokohlenwasserstoffen durch neutrale Reduktionsmittel, wie Aluminiumamalgam oder Zinkstaub und Wasser. Nitrobenzol gibt *Phenylhydroxylamin*[4]

$$C_6H_5NO_2 + 4H = C_6H_5NHOH + H_2O.$$

Aliphatische Hydroxylamine können auch durch Alkylierung des Benzaldoxims mit Halogenalkyl und Natriumalkoholat, wobei die Alkylgruppe unter Umlagerung an den Stickstoff gebunden wird, und Spaltung der entstandenen N-Äther mit Salzsäure dargestellt werden, so *Methylhydroxylamin*[5] aus Benzaldoxim und Jodmethyl

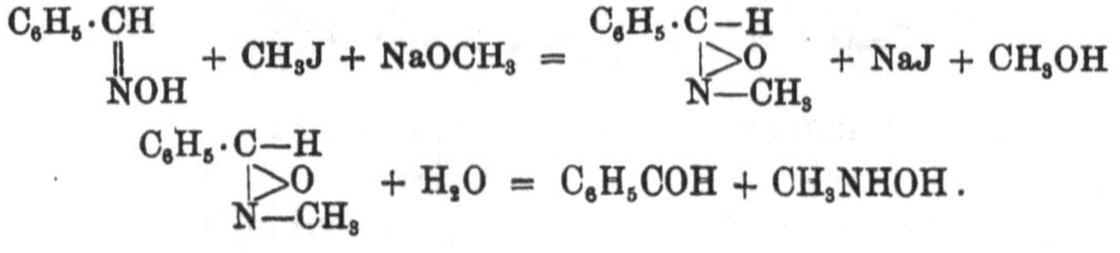

Aliphatische Hydroxylaminoverbindungen entstehen ferner durch Addition von freiem Hydroxylamin an Doppelbindungen.[6]

Oxime. Das Hydroxylamin reagiert, ebenso wie die vorher

[1] Thiele, B. **27**, 1918. — L.-C. 250. Über andere analoge Verbindungen siehe Kerp, Unger, B. **30**, 589. — Einhorn, A. **300**, 136. — Bamberger, Hyde, B. **32**, 1806. 1810.

[2] Bamberger, B. **27**, 1347. 1548; **28**, 245; **29**, 863. — Wohl, B. **27**, 1432. — Wislicenus, B. **29**, 494. — Goldschmidt, B. **29**, 2307.

[3] Hoffmann, V. Meyer, B. **24**, 3531. [4] G. 186.

[5] Dittrich, B. **23**, 3598. — Kjellin, B. **26**, 2377. — Brühl, B. **26**, 2514. — Behrend, Leuchs, A. **257**, 236.

[6] Harries, B. **32**, 1317. — Posner, B. demnächst zu veröffentlichende Arbeiten.

besprochenen Hydrazine, mit allen Aldehyden oder Ketonen unter Austritt von Wasser

$$\genfrac{}{}{0pt}{}{X}{Y}{>}C{:}O + H_2{:}NOH = \genfrac{}{}{0pt}{}{X}{Y}{>}C{=}NOH + H_2O\,.$$

Diese Verbindungen, die Oxime, die je nach ihrer Darstellung als Aldoxime und Ketoxime bezeichnet werden, sind infolge ihrer ausgezeichneten Kristallisationsfähigkeit vorzüglich zum Nachweis und zur Isolierung von Aldehydo- oder Ketoverbindungen geeignet.

Zur Darstellung der Oxime genügt es häufig, die wäßrige Lösung des salzsauren Hydroxylamins zu dem in einer genügenden Menge Alkohol gelösten Aldehyd oder Keton zuzusetzen und in der Kälte stehen zu lassen oder zu erhitzen. Zuweilen ist es praktischer, durch gleichzeitigen Zusatz der berechneten Menge Soda das Hydroxylamin in Freiheit zu setzen, oder auch einen großen Überschuß von freiem Alkali anzuwenden. Im letzteren Falle bleibt das Oxim als Kaliumsalz XYC=NOK in Lösung und muß durch Zusatz einer Säure in Freiheit gesetzt werden.[1]

Die Oxime, namentlich in der aromatischen Reihe, kommen häufig in zwei isomeren Formen vor, deren Isomerie aus der räumlichen Anordnung der Gruppen am Stickstoffatom (Stereoisomerie) erklärt werden muß.[2]

6. **Nitrosoverbindungen**, welche die Nitrosogruppe an einen aromatischen Kern oder an ein tertiäres aliphatisches Kohlenstoffatom gebunden enthalten, können durch Oxydation der aromatischen Alkylhydroxylamine (s. vorher) mit Kaliumbichromat und Schwefelsäure dargestellt werden[3]

$$C_6H_5NHOH + O = C_6H_5NO + H_2O\,.$$

Nitrosoverbindungen, in welchen die Nitrosogruppe in p-Stellung zu einer alkylierten Amidogruppe steht, bilden sich durch direkte Einwirkung von salpetriger Säure auf tertiäre aromatische Basen, z. B. *Nitrosodimethylanilin* aus Dimethylanilin[4]

$$C_6H_5N(CH_3)_2 + NOOH = NO\cdot C_6H_4\cdot N(CH_3)_2 + H_2O$$

oder durch Umlagerung der Nitrosamine[5] (vgl. S. 89)

---

[1] L.-C. 248. — G. 275. — V. Meyer, Janny, B. **15**, 1324.

[2] Hantzsch, Werner, B. **23**, 11.

[3] Bamberger, B. **33**, 113. 271; **36**, 685. — G. 187.

[4] Baeyer, Caro, B. 7, 809. 963. Siehe auch Stoermer, B. **31**, 2527 u. Haeussermann, Bauer, B. **31**, 2987; **32**, 1912.

[5] O. Fischer, Hepp, B. **19**, 2991.

$$\genfrac{}{}{0pt}{}{C_6H_5}{CH_3}{>}N\cdot NO \longrightarrow NO\cdot C_6H_4\cdot NH\cdot CH_3,$$

sowie aus den Nitrosophenolen.[1]

Nitrosophenole entstehen durch direkte Einwirkung von salpetriger Säure auf Phenole. Die Nitrosogruppe tritt in die p-Stellung[2]

$$C_6H_5OH + NOOH = NO\cdot C_6H_4\cdot OH + H_2O.$$

Sie bilden sich auch beim Kochen der ebenerwähnten p-Nitrosoamidoverbindungen mit Alkalilauge[3], *Nitrosophenol* z. B. aus Nitrosodimethylanilin

$$NO\cdot C_6H_4\cdot N(CH_3)_2 + H_2O = NO\cdot C_6H_4\cdot OH + HN(CH_3)_2,$$

und da sie identisch sind mit den Monoximen der Chinone (s. diese), aus letzteren mit salzsaurem Hydroxylamin[4]

$$O{=}C_6H_4{=}O + H_2NOH = O{:}C_6H_4{:}NOH\ [\text{id. mit } HO.C_6H_4.NO] + H_2O.$$

7. **Nitrosamine** entstehen aus allen sekundären aliphatischen oder aromatischen Aminen durch Einwirkung von salpetriger Säure auf die Basen oder von Natriumnitrit auf ihre Salze. Dimethylamin gibt *Dimethylnitrosamin*[5]

$$(CH_3)_2NH + NOOH = (CH_3)_2N\cdot NO + H_2O.$$

V. Sulfosäuren.

1. *Durch direkte Sulfurierung.* Die Darstellung von Sulfosäuren, d. h. Verbindungen, welche sich von den Kohlenwasserstoffen durch Ersatz eines oder mehrerer Wasserstoffatome durch die Sulfogruppe $-SO_3H$ ableiten, kann durch direkte „Sulfurierung" oder „Sulfonierung", d. i. Einwirkung von konzentrierter oder rauchender Schwefelsäure auf die Kohlenwasserstoffe geschehen. Aus Benzol entsteht *Benzolsulfosäure*[6]

$$C_6H_6 + OHSO_2OH = C_6H_5SO_2OH + H_2O.$$

Die direkte Einführung der Sulfosäuregruppe an Stelle von Wasserstoff gelingt leicht und glatt in allen aromatischen Kernen und ist hier eine sehr wichtige Reaktion. In der ali-

[1] O. Fischer, Hepp, B. **20**, 2475; B. **21**, 684.

[2] Baeyer, Caro, B. **7**, 967; **8**, 614; siehe auch Goldschmidt, B. **17**, 803.

[3] Baeyer, Caro, B. **7**, 811.

[4] Goldschmidt, B. **17**, 213.

[5] Renouf, B. **13**, 2170.

[6] Mitscherlich, Poggendorfs Ann. **31** (1834), 283. 634. — Michael, Adair, B. **10**, 585.

phatischen Reihe sind Sulfosäurederivate nur ganz ausnahmsweise auf diesem Wege aus einigen Alkoholen, Säuren, Äthern u. s. w., nicht aber aus Kohlenwasserstoffen erhalten worden.

Zur Ausführung der Sulfurierung genügt es meist, den Kohlenwasserstoff mit überschüssiger konzentrierter Schwefelsäure zu erhitzen. Eine große Verbesserung der Ausbeuten erzielt man häufig durch Zusatz von ausgeglühter Infusorienerde oder Tierkohle[1]. In manchen Fällen läßt sich die Sulfosäure direkt mit Wasser ausfällen und durch Kristallisation reinigen, sonst muß sie in Form ihres wasserlöslichen Baryum-, Calcium-, Kalium- oder Natriumsalzes oder auch des Amids von der überschüssigen Schwefelsäure befreit werden.[2] Bei den kondensierten Kernen sind natürlich mehrere stellungsisomere Monosulfosäuren möglich, so von Naphtalin:

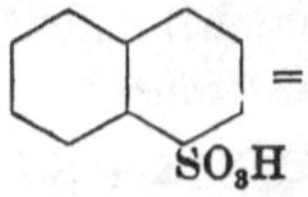 = α-Naphtalinsulfosäure

und 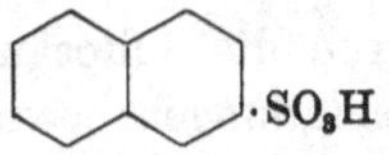 = β-Naphtalinsulfosäure,

die bei der direkten Sulfurierung des Naphtalins nebeneinander entstehen und zwar je nach der Temperatur in wechselndem Verhältnis. Sie lassen sich meist durch die verschiedene Löslichkeit ihrer Salze, z. B. der Kalksalze voneinander trennen.[3] Höher sulfurierte Verbindungen erhält man durch Anwendung höherer Temperaturen oder rauchender Schwefelsäure. Ebenso wie bei der Nitrierung lassen sich nicht mehr als drei Sulfosäuregruppen in den Benzolkern einführen.

Oft kann man sehr vorteilhaft mit Natriumbisulfat oder mit Polysulfaten sulfonieren.[4]

Die Sulfurierung kann auch mit Chlorsulfonsäure bewirkt werden, doch entsteht dabei zunächst hauptsächlich das Sulfochlorid und als Nebenprodukt Sulfone.[5]

Aromatische Verbindungen, welche neben der SO_3H-Gruppe noch andere Gruppen enthalten, können natürlich sowohl durch Sulfurierung der betreffenden Chlor-, Nitro- u. s. w. Derivate, als auch durch Chlorierung, Nitrierung u. s. w. aus den Sulfosäuren gewonnen werden (s. die Substitutionsregeln S. 69). Bei der Sulfurierung von Halogen-

---

[1] D. R.-P. 71556. 74639. — L.-C. 1079.

[2] Stenhouse, A. **140**, 284. — Gattermann, B. **24**, 2121. — G. 238. — L.-C. 1098.

[3] Merz, Weith, B. **3**, 196. 710. — G. 247. S. auch Japp, Soc. **37**, 83; Lincke, J. pr. [2] 11. 223. — L.-C. 1102.

[4] D. R.-P. 113784. — L.-C. 1096.

[5] Claesson, Wallin, B. **12**, 1848. — Carrara, Gaz. **19**, 499.

derivaten muß langes und starkes Erhitzen vermieden werden, da sonst weitergehende Umwandlungen eintreten. Die Sulfurierung von Nitroverbindungen gelingt nur mit rauchender Säure, dagegen sind Amidoverbindungen sehr leicht sulfurierbar.[1] Hier genügt es, die sauren Sulfate für sich auf ca. 200° zu erhitzen.[2] Phenole geben bei der Sulfurierung je nach der Temperatur verschiedene Isomere.

In der aliphatischen Reihe wird die Sulfurierung mit rauchender Schwefelsäure[3] ausgeführt, doch ist die Methode hier von geringer Bedeutung. Das Gleiche gilt, wie immer, auch für die Seitenketten aromatischer Verbindungen.

2. *Durch Substitution für Halogen.* Sulfosäuren können durch Austausch von Halogenatomen gegen die SO_3H-Gruppe dargestellt werden, indem man die Halogenverbindungen oder Schwefelsäureester mit Alkalisulfiten behandelt. So gibt Jodmethyl das Kaliumsalz der *Methansulfosäure*[4]

$$CH_3J + KSO_2OK = CH_3SO_3K + KJ.$$

Der Ersatz von Halogen durch die Sulfosäuregruppe gelingt leicht in allen aliphatischen Verbindungen, sowie in den Seitenketten aromatischer Körper. Am aromatischen Kern stehende Halogenatome sind nur ganz ausnahmsweise austauschbar, so z. B. im Trichlorphenol.

Die Umsetzung geht in wäßriger Lösung meist schon bei gewöhnlicher Temperatur vor sich, muß aber durch Erhitzen zu Ende geführt werden. Da zuweilen die Fortschaffung der Kalisalze Schwierigkeit macht, ist es häufig vorteilhafter, Ammoniumsulfit zu verwenden. Nach Beendigung der Reaktion wird alles Ammoniak durch Kochen mit Bleioxyd und schließlich das Blei durch Ausfällen mit Schwefelwasserstoff entfernt.

Disulfosäuren können zuweilen aus Dihalogenverbindungen erhalten werden, so *Äthandisulfosäure* aus Äthylenbromid

$$\begin{matrix} CH_2Br \\ | \\ CH_2Br \end{matrix} + 2KSO_2OK = \begin{matrix} CH_2 \cdot SO_3K \\ | \\ CH_2 \cdot SO_3K \end{matrix} + 2KBr.$$

[1] G. 198.

[2] Sehr merkwürdig ist die Bildung von Amidosulfosäuren beim Erhitzen von Nitro- oder Nitrosoverbindungen mit Ammoniumsulfit, wobei also gleichzeitig Reduktion der Nitrogruppe und Sulfurierung eintritt. Nitronaphtalin gibt so Naphtionsäure. D. R.-P. 71368. 76438. Ch.-Z. **1894**, 1357. — L.-C. 1113.

[3] Worstall, Am. **20**, 664.

[4] Graebe, A. **146**, 37. — Collmann, A. **148**, 105. — Strecker, A. **148**, 90. — Mayer, B. **23**, 909. D. R.-P. 55007. — L.-C. 1114.

Aus Alkyljodiden und Silbersulfit entstehen die Ester der aliphatischen Sulfosäuren

$$O_2S{<}^{OAg}_{Ag} + 2\,J\cdot Alk = O_2S{<}^{OAlk}_{Alk} + 2\,AgJ\,.$$

Bei der Verseifung dieser Ester wird nur die am Sauerstoff stehende Alkylgruppe abgespalten und es entstehen ebenfalls die freien Sulfosäuren.

3. *Durch Oxydation anderer Schwefelverbindungen.* Schließlich entstehen Sulfosäuren, und zwar sowohl aliphatische, als auch aromatische, durch Oxydation aus anderen schwefelhaltigen Verbindungen und zwar hauptsächlich aus den Merkaptanen (Thioalkoholen und Thiophenolen)

$$C_xH_ySH + 3\,O = C_xH_ySO_3H\,.$$

Von großer praktischer Bedeutung ist diese Methode nicht.

Aromatische Merkaptane lassen sich weniger leicht uud glatt oxydieren als aliphatische. Auch ist die Methode hier schon deshalb ohne Bedeutung, weil die Thiophenole meist umgekehrt aus den leicht zugänglichen Sulfosäuren gewonnen werden.

Die Oxydation geschieht durch Erhitzen mit Salpetersäure verschiedener Konzentration. Bei den aromatischen Verbindungen können als Nebenprodukte sowohl andere Oxydationsprodukte als auch Nitroverbindungen auftreten.[1]

Sulfonsäuren entstehen auch durch Oxydation aus den Sulfinsäuren. Diese Oxydation findet meist schon freiwillig auf Kosten des Luftsauerstoffs oder auch durch Sauerstoffentziehung aus einem zweiten Molekül statt.

Aliphatische Sulfosäuren entstehen schließlich noch durch Kochen der Alkylester der normalen Sulfocyanwasserstoffsäure mit Salpetersäure.[2]

Die Sulfosäuren sind namentlich in der aromatischen Reihe als Ausgangsprodukte für die Darstellung der Phenole von großer Wichtigkeit.

Anhang.

Andere schwefel- und sauerstoffhaltige Verbindungen.

1. **Sulfinsäuren,** d. h. Verbindungen von der Formel $Alk\cdot SO_2H$ entstehen allgemein durch Reduktion der Sulfochloride mit Zinkstaub in alkalischer Lösung[3]

$$Alk\cdot SO_2Cl + 2\,H = Alk\cdot SO_2H + HCl\,.$$

[1] Grabowsky, A. **175**, 344. — Erdmann, Gerathewohl, J. pr. [1] **34**, 447.

[2] Medlock, A. **69**, 224.

[3] Schiller, Otto, B. **9**, 1585. — Autenrieth, A. **259**, 363. — G. 244.

Aliphatische Sulfinsäuren entstehen auch bei der Oxydation der Natriummerkaptide durch den Sauerstoff der Luft

$$Alk\cdot S\cdot Na + O_2 = Alk\cdot SO_2Na,$$

doch ist letztere Methode ohne praktische Bedeutung. Von einiger Wichtigkeit ist noch eine Methode, die jedoch nur zu aromatischen Sulfinsäuren führt: die Zersetzung mit schwefliger Säure gesättigter Diazoniumsalzlösungen durch Kupferpulver oder Kupferoxydul[1], z. B. *Benzolsulfinsäure* aus Diazobenzolsalzen

$$C_6H_5N_2Cl + SO_2 + 2H = C_6H_5SO_2H + N_2 + HCl.$$

2. **Sulfone**, d. h. Verbindungen von der Formel $Alk\cdot SO_2\cdot Alk$ werden sowohl in der aliphatischen wie in der aromatischen Reihe durch Oxydation der Sulfide oder Thioäther (s. d.) mit starker Salpetersäure oder Permanganat oder Chlor erhalten[2]

$$Alk\cdot S\cdot Alk + 2O = Alk\cdot SO_2\cdot Alk.$$

Als Zwischenprodukte entstehen Sulfoxyde[3].

$$Alk\cdot S\cdot Alk + O = Alk\cdot SO\cdot Alk.$$

Von besonderem Interesse ist die Oxydation der Merkaptale und Merkaptole (s. diese) zu Disulfonen, d. h. Verbindungen, welche die Gruppe $-SO_2Alk$ zweimal, und zwar der Konstitution der Merkaptale und Merkaptole entsprechend, an demselben Kohlenstoffatom enthalten. So entsteht aus Acetonäthylmerkaptol das *Acetondiäthylsulfon*[4] (*Sulfonal, Diäthylsulfonpropan*)[5]

$$\begin{matrix}CH_3\\CH_3\end{matrix}\!\!>C(SC_2H_5)_2 + 4O = \begin{matrix}CH_3\\CH_3\end{matrix}\!\!>C(SO_2C_2H_5)_2.$$

Diese Oxydation wird stets durch andauerndes Schütteln mit kalter gesättigter Lösung von Kaliumpermanganat, mit oder ohne Zusatz von Schwefelsäure bewirkt. Dann wird zweckmäßig der Permanganatüberschuß, sowie der ausgeschiedene Braunstein durch Einleiten von schwefliger Säure entfernt und das Disulfon eventuell durch Ausäthern isoliert.[6] Nicht alle Merkaptole lassen sich zu Disulfonen oxydieren. Bei den Derivaten der Diketone, β-Ketosäureester und unge-

[1] Gattermann, B. **32**, 1136. D. R.-P. 95830. 100702. — L.-C. 1109.

[2] Saytzew, A. **144**, 148. — Stenhouse, A. **140**, 290.

[3] Saytzew, A. **144**, 148. — Grabowsky, A. **175**, 349. — Beckmann, J. pr. [2] **17**, 439.

[4] Die Disulfone werden meist nach denjenigen Aldehyden oder Ketonen benannt, mit denen sie durch die Merkaptole genetisch zusammenhängen.

[5] Baumann, B. **19**, 2808.

[6] Baumann, B. **18**, 883; **19**, 2806. — Posner, B. **34**, 1395.

sättigter Ketone, findet häufig völlige oder partielle Rückbildung der Ketogruppe statt.[1] Merkaptole von α-Ketosäuren spalten bei Oxydation CO_2 ab und liefern die entsprechenden Aldehyddisulfone, z. B. geben die Merkaptole der Brenztraubensäure die Disulfone des Acetaldehyds[2]

$$\begin{matrix}CH_3\\HOOC\end{matrix}\!\!>C(SAlk)_2 + 4O = CH_3\cdot CH(SO_2Alk)_2 + CO_2\,.$$

Dieselbe CO_2-Abspaltung tritt auch ein, wenn man die Disulfone der α-Ketosäureester verseift. Auch Disulfone von β-Ketosäuren lassen sich im allgemeinen nicht darstellen. Bei der Verseifung der Ester findet hier eine Abspaltung von Alkylsulfinsäure unter Bildung ungesättigter Monosulfonsäure statt. So entsteht aus dem Disulfon des Acetessigesters *Alkylsulfonisocrotonsäure*[3]

$$\begin{aligned}&CH_3\cdot C(SO_2Alk)_2\cdot CH_2\cdot COOC_2H_5 + H_2O\\&\quad = CH_3\cdot C(SO_2Alk){=}CH\cdot COOH + AlkSO_2H + C_2H_5OH\,.\end{aligned}$$

Aromatische Monosulfone entstehen aus den Sulfosäuren oder Sulfochloriden und einem aromatischen Kohlenwasserstoff durch Abspaltung von Wasser oder Salzsäure, und daher als Nebenprodukte bei der Darstellung der Sulfonsäuren[4]

$$\begin{aligned}C_6H_5\cdot SO_2OH + C_6H_6 &= C_6H_5\cdot SO_2\cdot C_6H_5 + H_2O\,,\\ C_6H_5\cdot SO_2Cl + C_6H_6 &= C_6H_5\cdot SO_2\cdot C_6H_5 + HCl\,.\end{aligned}$$

Aliphatische Monosulfone erhält man durch Einwirkung von Jodalkylen auf die Alkalisalze der Sulfinsäuren, z. B. *Propylphenylsulfon*[5]

$$C_6H_5\cdot SO_2K + C_3H_7J = C_6H_5\cdot SO_2\cdot C_3H_7 + KJ\,.$$

Unter Benutzung von Dihalogenverbindungen kann man nach dieser Methode auch Disulfone gewinnen, jedoch nur solche, bei denen die beiden Alkylsulfongruppen an verschiedenen Kohlenstoffatomen stehen (s. o.)[6]

$$2\,C_2H_5SO_2K + \begin{matrix}JCH_2\\|\\JCH_2\end{matrix} = \begin{matrix}CH_2\cdot SO_2\cdot C_2H_5\\|\\CH_2\cdot SO_2\cdot C_2H_5\end{matrix} + 2KJ\,.$$

Disulfone von Ketonen (s. o.) lassen sich auch noch dadurch darstellen, daß in den Aldehyddisulfonen der an dem sulfonierten

[1] Posner, B. **34**, 1396. 2645.

[2] Baumann, B. **19**, 2814. — Posner, B. **32**, 2802.

[3] Autenrieth, A. **259**, 351. — Posner, B. **34**, 2646.

[4] Berthelot, B. **9**, 349. — Mitscherlich, A. **12**, 308. — Knapp, Z. **1869**, 41.

[5] R. Otto, B. **13**, 1274. — R. u. W. Otto, B. **21**, 998.

[6] Otto, B. **13**, 1279; **21**, 657. S. jedoch Otto, J. pr. [2] **53**, 10. — Posner, B. **35**, 507.

Kohlenstoffatom noch vorhandene Wasserstoff durch Natrium ersetzbar ist. Diese Natriumverbindungen tauschen beim Kochen mit Halogenalkylen das Natrium wiederum gegen beliebige Alkylgruppen aus. Die praktische Ausführung solcher Reaktionen wird später bei der Acetessigestersynthese ausführlich erörtert werden. So erhält man die Disulfone des Acetons aus denjenigen des Aldehyds durch Behandlung mit Natriumäthylat und Jodmethyl[1]

$$\text{I. } CH_3\cdot C{<}^{(SO_2Alk)_2}_{H} + NaOC_2H_5 = CH_3\cdot C{<}^{(SO_2Alk)_2}_{Na} + C_2H_5OH\,,$$

$$\text{II. } CH_3\cdot C{<}^{(SO_2Alk)_2}_{Na} + CH_3J = CH_3\cdot C{<}^{(SO_2Alk)_2}_{CH_3} + NaJ\,.$$

VI. Alkohole.

Als Alkohole bezeichnet man Hydroxylverbindungen aliphatischer[2] Reste, insbesondere diejenigen aliphatischer Kohlenwasserstoffreste. Je nach der Anzahl der vorhandenen Hydroxylgruppen in einem Molekül unterscheidet man ein-, zwei- und mehrwertige Alkohole. Man kann sich Alkohole dadurch entstanden denken, daß ein (oder mehrere) Wasserstoffatome des Kohlenwasserstoffs durch Oxydation zur Hydroxylgruppe geworden sind

$$\underset{\text{Methan}}{\begin{matrix} H \\ HCH \\ H \end{matrix}} \longrightarrow \underset{\text{Methylalkohol}}{\begin{matrix} H \\ HC{-}OH\,. \\ H \end{matrix}}$$

Je nach der Anzahl der mit der Hydroxylgruppe am gleichen Kohlenstoff vorhandenen Wasserstoffatome wird die Alkoholgruppe

[1] Fromm, A. **253**, 147. — Posner, B. **36**, 303.

[2] Unter aliphatischen Resten in diesem Sinne versteht man nicht nur diejenigen rein aliphatischer Kohlenwasserstoffe, sondern auch diejenigen, welche aromatische Kerne enthalten, wenn nur die charakterisierende Gruppe (hier die Hydroxylgruppe) an ein aliphatisches Kohlenstoffatom gebunden ist, d. h. an ein solches, welches nicht direkt an der Bildung des aromatischen Ringes beteiligt ist. So ist die Benzylgruppe ein aliphatischer Rest, die o-Tolylgruppe dagegen ein aromatischer, und die entsprechende Hydroxylverbindung im ersten Falle ein Alkohol, im letzteren dagegen ein Phenol

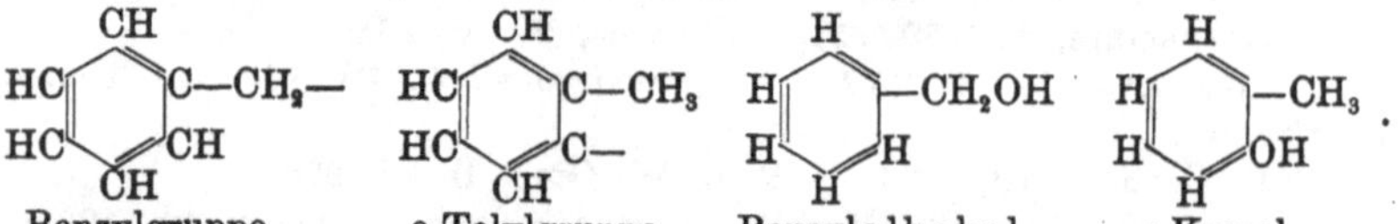

Benzylgruppe — o-Tolylgruppe — Benzylalkohol, Phenylmethylalkohol — o-Kresol, o-Methylphenol

weiterer Oxydation zugänglich sein. Man unterscheidet von diesem Gesichtspunkte aus verschiedene Klassen von Alkoholen. Da nach der Definition der Alkohole die Hydroxylgruppe an einem aliphatischen Kohlenstoffatom stehen muß, so kann man sich sämtliche Alkohole dadurch vom Methylalkohol (Carbinol) abgeleitet denken, daß dessen Wasserstoffe durch organische Gruppen ersetzt worden sind. Ist nur ein Wasserstoffatom des Carbinols durch einen organischen Rest ersetzt, so nennt man den Alkohol primär

$CH_3 \cdot CH_2 \cdot CH_2 \cdot \boxed{CH_2OH}$, primärer Butylalkohol, Propylcarbinol.

Das hydroxylierte Kohlenstoffatom der primären Alkohole ist also nur mit einer Affinität an ein anderes Kohlenstoffatom, mit den beiden anderen aber an (weiter oxydierbare) Wasserstoffatome gebunden, es steht an einem Ende der gesamten Kohlenstoffkette. Entsprechend sind sekundäre Alkohole solche, die sich vom Carbinol durch Ersatz zweier Wasserstoffe durch Kohlenstoffkomplexe ableiten

$\begin{matrix} CH_3 \\ CH_3 \cdot CH_2 \end{matrix}\!>\boxed{CHOH}$, sekundärer Butylalkohol, Methyläthylcarbinol.

Die sekundäre Alkoholgruppe enthält also nur noch ein (weiter oxydierbares) Wasserstoffatom, während sie mit zwei Bindungen an andere Kohlenstoffatome gebunden ist, sie steht also inmitten der gesamten Kohlenstoffkette. Da bei den tertiären Alkoholen alle drei Wasserstoffatome durch organische Radikale ersetzt sind

$\begin{matrix} CH_3 \\ CH_3 \\ CH_3 \end{matrix}\!\!-\!\boxed{COH}$, tertiärer Butylalkohol, Trimethylcarbinol,

ist die Carbinolgruppe selbst nicht weiter oxydierbar. Hierauf beruhen die charakteristischen Unterschiede der verschiedenen Alkohole, sowie ein Teil ihrer Bildungsweisen.

1. *Durch Addition von Wasser an Olefine.* Man kann Alkohol scheinbar durch direkte Addition von Wasser an Olefine erhalten, wenn man letztere mit verdünnter Schwefelsäure behandelt. Da in Wirklichkeit jedoch hierbei nicht Wasser, sondern zunächst Schwefelsäure addiert wird unter Bildung eines Schwefelsäureesters, durch dessen Verseifung erst der Alkohol entsteht, so ist diese Methode als Esterverseifung (4b) besprochen.

Ebenso wie Schwefelsäure addiert sich auch Essigsäure an Olefine.[1]

[1] Béhal, Desgrez, C. r. **114**, 676.

Ebenfalls eine Wasseraddition an Olefine unter Alkoholbildung findet bei der Oxydation der Olefine zu zweiwertigen Alkoholen statt und ist bei der Oxydation der Kohlenwasserstoffe (2) behandelt.

2. *Durch Oxydation von Kohlenwasserstoffen.* Die Darstellung von Alkoholen durch direkte Oxydation von Kohlenwasserstoffen besitzt nur eine ganz untergeordnete Bedeutung.

Durch direkte Oxydation gesättigter Kohlenwasserstoffe sind nur tertiäre Alkohole darstellbar, d. h. an Kohlenstoff gebundene Wasserstoffatome sind nur dann leicht und ohne weitergehende Reaktion zu Hydroxyl oxydierbar, wenn an demselben Kohlenstoffatom keine anderen Wasserstoffatome mehr stehen. So läßt sich Triphenylmethan direkt zu *Triphenylmethylalkohol* (*Triphenylcarbinol*)[1] oxydieren

$$(C_6H_5)_3CH + O = (C_6H_5)_3COH\,.$$

Die Oxydation läßt sich bei aromatischen Verbindungen mit Chromsäureanhydrid in Eisessig, bei rein aliphatischen Verbindungen besser mit Kaliumpermanganat in alkalischer Lösung ausführen.

Olefine liefern bei der Oxydation mit verdünnter alkoholischer Kaliumpermanganatlösung unter gleichzeitiger Wasseranlagerung Glykole, z. B. gibt Äthylen das einfachste *Glykol*[2]

$$\begin{matrix} CH_2 \\ \| \\ CH_2 \end{matrix} + H_2O + O = \begin{matrix} CH_2OH \\ | \\ CH_2OH \end{matrix}\,.$$

Ganz analog lassen sich ungesättigte Alkohole mit Kaliumpermanganat zu dreisäurigen Alkoholen oxydieren. So entsteht *Glycerin* aus Allylalkohol[3]

$$\begin{matrix} CH_2OH \\ | \\ CH \\ \| \\ CH_2 \end{matrix} + H_2O + O = \begin{matrix} CH_2OH \\ | \\ CHOH \\ | \\ CH_2OH \end{matrix}\,.$$

Doch tritt in allen derartigen Fällen leicht eine Spaltung des Moleküls an der Stelle der Doppelbindung ein.

3. *Durch Reduktion höherer Oxydationsprodukte.* Man kann Alkohole durch Reduktion ihrer Oxydationsprodukte, nämlich der Aldehyde, Ketone und Säuren darstellen.

a) Aus Aldehyden, sowie Säurechloriden und Säureanhydriden entstehen durch Reduktion mit naszierendem Wasserstoff, sowohl aliphatische wie aromatische primäre Alkohole. So

---

[1] Hemilian, B. **7**, 1206. — Boedtker, Bl. [3] **25**, 843.
[2] Wagner, B. **21**, 1230. 3359.
[3] Wagner, B. **21**, 3351 u. Fournier, Bl. [3] **13**, 121.

entsteht *Äthylalkohol* sowohl aus Acetaldehyd,[1] als auch aus Essigsäureanhydrid oder Acetylchlorid[2]

$$CH_3COH \quad + 2H = CH_3CH_2OH,$$

$$\left.\begin{matrix} CH_3CO \\ CH_3CO \end{matrix}\right> O + 4H = CH_3CH_2OH + CH_3COOH,$$

$$CH_3COCl \quad + 4H = CH_3CH_2OH + HCl.$$

Die Reduktion der Aldehyde wird meist am bequemsten mit Natriumamalgam ausgeführt und geht bei gewöhnlicher Temperatur vor sich. Je nach den Löslichkeitsverhältnissen der Aldehyde reduziert man in schwefelsaurer wäßriger, alkoholischer oder stark essigsaurer Lösung. Schwerlösliche Aldehyde kann man auch mit Eisessig und Zinkstaub oder Eisenfeile reduzieren.[3]

Bei der Reduktion der Aldehyde sind die erwarteten primären Alkohole nicht immer die einzigen Produkte. Daneben entstehen zuweilen, und zwar hauptsächlich aus aromatischen Aldehyden, durch Aneinanderlagerung zweier Moleküle Aldehyd und darauffolgende Reduktion die sogenannten Pinakone, zweisäurige disekundäre Alkohole (Glykole) von entsprechender Konstitution, von denen später noch die Rede sein wird (s. mehrwertige Alkohole). So entsteht aus Benzaldehyd neben Benzylalkohol nach folgender Reaktion *Diphenylglykol* (Hydrobenzoïn)[4]

$$\begin{matrix} C_6H_5\cdot C\!\left<\begin{matrix}H\\O\end{matrix}\right. \\ C_6H_5\cdot C\!\left<\begin{matrix}H\\O\end{matrix}\right. \end{matrix} + 2H = \left[\begin{matrix} C_6H_5\cdot C\!\left<\begin{matrix}H\\OH\end{matrix}\right. \\ | \\ C_6H_5\cdot CO \end{matrix} + 2H\right] = \begin{matrix} C_6H_5\cdot C\!\left<\begin{matrix}H\\OH\end{matrix}\right. \\ | \\ C_6H_5\cdot C\!\left<\begin{matrix}H\\OH\end{matrix}\right. \end{matrix}.$$

Die Pinakone sieden stets viel höher als die zugleich entstehenden einwertigen Alkohole und lassen sich daher von diesen leicht durch Destillation trennen.

Auch substituierte Aldehyde lassen sich reduzieren. So entstehen natürlich aus Oxyaldehyden je nach ihrer Konstitution zwei- oder mehrsäurige Alkohole (Glykole) oder Phenolalkohole, z. B. *Butylenglykol* aus Aldol (s. Oxyaldehyde)[5]

$$CH_3\cdot CH(OH)\cdot CH_2\cdot CHO + 2H = CH_3\cdot CH(OH)\cdot CH_2\cdot CH_2OH,$$

oder aus Salicylaldehyd: *Saligenin* (*o-Oxybenzylalkohol*)[6]

$$OH\cdot C_6H_4\cdot CHO + 2H = OH\cdot C_6H_4\cdot CH_2OH.$$

---

[1] Würtz, A. **123**, 140. [2] Linnemann, A. **148**, 249.

[3] S. z. B. Baumann, Fränkel, Z. physiol. Ch. **20**, 220. — Tiemann, B. **8**, 1125; **9**, 415; **19**, 355.

[4] Fittig, Ammann, A. **168**, 67. [5] Würtz, Bl. [1] **41**, 362.

[6] Beilstein, Reineke, A. **128**, 179.

Eine spezielle Bildungsweise der aromatischen Alkohole kann ebenfalls als Reduktion eines Aldehyds zu einem Alkohol aufgefaßt werden. Läßt man nämlich auf einem aromatischen Aldehyd wäßrige oder alkoholische Kalilauge bei gewöhnlicher Temperatur einwirken, so entstehen nebeneinander je ein Molekül des zugehörigen Alkohols und der zugehörigen Säure, z. B. aus Benzaldehyd: *Benzylalkohol* und *Benzoesäure*[1]

$$C_6H_5CHO + C_6H_5CHO + KOH = C_6H_5CH_2OH + C_6H_5COOK.$$

Man kann diese Reaktion als eine einfache Reduktion eines Aldehydmoleküls auffassen, die sich nur dadurch von anderen analogen Reaktionen unterscheidet, daß sie auf Kosten eines zweiten Aldehydmoleküls stattfindet, d. h., daß ein Teil des Aldehyds vermöge seiner leichten Oxydierbarkeit als Reduktionsmittel für andere Aldehydmoleküle dient. In Wirklichkeit findet die Reaktion aber wahrscheinlich so statt, daß zunächst durch Addition zweier Aldehydmoleküle Benzoesäurebenzylester entsteht

$$C_6H_5\cdot C\begin{matrix}\diagup H\\ \diagdown O\end{matrix} + \begin{matrix}H\diagdown\\ O\diagup\end{matrix}C\cdot C_6H_5 = C_6H_5\cdot C\begin{matrix}\diagup H\\ -O\cdot C\begin{matrix}\diagup O\\ \diagdown C_6H_5\end{matrix}\\ \diagdown H\end{matrix},$$

der dann durch einfache Verseifung *Benzylalkohol* und *Benzoesäure* liefert[2]

$$C_6H_5CH_2\cdot OCO\cdot C_6H_5 + KOH = C_6H_5CH_2OH + C_6H_5COOK.$$

Aliphatische Aldehyde geben diese Umsetzung im allgemeinen nicht, weil sie bei Gegenwart von Alkali meist in undefinierbarer Weise verharzen, doch gibt Isovalerianaldehyd mit Kalk Valeriansäure und *Amylalkohol.*[3] Auch Isobutyraldehyd liefert Isobuttersäure und ein Reduktionsprodukt, letzteres ist aber nicht Isobutylalkohol, sondern das durch „Pinakonbildung" (s. oben) entstandene *Diisopropylglykol*[4]

$$3(CH_3)_2\cdot CH_2\cdot CHO + KOH = (CH_3)_2\cdot CH_2\cdot COOK + \begin{matrix}(CH_3)_2\cdot CH_2\cdot CHOH\\ |\\ (CH_3)_2\cdot CH_2\cdot CHOH\end{matrix}.$$

Schließlich findet eine analoge Reaktion, jedoch intramolekular, auch beim Glyoxal statt, das mit Alkalien *Glykolsäure* liefert[5]

$$\begin{matrix}CHO\\ |\\ CHO\end{matrix} + KOH = \begin{matrix}CH_2OH\\ |\\ COOK\end{matrix}.$$

Die Reduktion der Säureanhydride und -chloride führt zuerst zur Bildung von Aldehyden, die dann weiter reduziert werden.

Auch die Reduktion der Säurechloride und Säureanhydride wird meist mit Natriumamalgam, jedoch unter Ausschluß von Wasser aus-

---

[1] R. Meyer, B. **14**, 2394. Siehe Raikow, Raschtanow, C. **1902** I, 1212. — G. 259.

[2] Kohn, Trantom, C. **99** II, 1111.

[3] Fittig, A. **114**, 66.

[4] Fossek, M. **4**, 664.

[5] Forcrand, Bl. [1] **41**, 244.

geführt. Man hat z. B. Benzylalkohol dargestellt, indem man flüssiges Amalgam mit Benzoylchlorid übergoß und Salzsäuregas einleitete.[1]

Die Reduktion der Säurechloride ist wichtig, weil sie den synthetischen Aufbau der Alkohole aus niedrigeren Alkoholen vermittelt, der auf folgenden beiden Wegen vor sich gehen kann (s. auch S. 75)

$$XOH \longrightarrow XJ \longrightarrow X{\cdot}CN \longrightarrow \begin{cases} X{\cdot}CH_2{\cdot}NH_2 \longrightarrow X{\cdot}CH_2OH \\ X{\cdot}COOH \longrightarrow X{\cdot}COCl \longrightarrow X{\cdot}CH_2OH \end{cases} .$$

Von besonderer Wichtigkeit ist die Reduktion der Laktone, d. h. der inneren Anhydride von Oxysäuren, die aber natürlich zu mehrwertigen Alkoholen führt und daher bei diesen besprochen wird.

Die Säuren selbst lassen sich im allgemeinen nicht direkt zu Alkoholen reduzieren. Dagegen kann man aus ihren Kalksalzen meist durch Destillation mit ameisensaurem Kalk die Aldehyde erhalten (s. diese) und diese dann natürlich weiter in Alkohole überführen.

Einige aromatische Alkohole kann man durch Reduktion der Säureamide mit Natriumamalgam gewinnen.[2]

b) Aus Ketonen entstehen durch Reduktion mit Wasserstoff in statu nascendi ganz allgemein sekundäre Alkohole, z. B. *Isopropylalkohol* aus Aceton[3]

$$\begin{matrix} CH_3 \\ | \\ CO \\ | \\ CH_3 \end{matrix} + 2H = \begin{matrix} CH_3 \\ | \\ CHOH \\ | \\ CH_3 \end{matrix} .$$

Die Reduktion der Ketone läßt sich ebenso wie die der Aldehyde sehr bequem in wäßriger oder verdünnter alkoholischer Lösung mit Natriumamalgam ausführen, doch ist es hier vorteilhafter, die Lösung nicht anzusäuern (s. weiter unten). Man kann auch das Keton in Äther oder Benzol lösen und diese Lösung über Wasser allmählich mit Natriumstückchen versetzen. Zinkstaub reduziert die Ketone in alkalischer Lösung zu Alkoholen.

Ketogruppen, welche in einem geschlossenen Ring stehen, lassen sich ebenfalls zu sekundären Alkoholen reduzieren, so die Ketocykloparaffine (s. S. 51); z. B. entsteht aus dem Cyklopentanon (Ketopentamethylen, Adipinketon) *Cyklopentanol*

$$\begin{matrix} CH_2-CH_2 \\ | \\ CH_2-CH_2 \end{matrix}\!>\!CO + H_2 = \begin{matrix} CH_2-CH_2 \\ | \\ CH_2-CH_2 \end{matrix}\!>\!CHOH .$$

Eine teilweise analoge Reaktion ist die Reduktion der Chinone zu den Hydrochinonen (s. mehrwertige Phenole).

[1] Lippmann, Z. **1865**, 700. — Saytzeff, A. **171**, 261.

[2] Hutchinson, B. **24**, 173. [3] Friedel, A. **124**, 324.

Auch substituierte Ketone lassen sich reduzieren, so erhält man aus Ketosäuren *Oxysäuren* u. s. w.

Bei der Reduktion der Ketone, und zwar sowohl der aromatischen wie der aliphatischen, findet in noch viel stärkerem Maße die schon vorher (S. 109) erwähnte Bildung von „Pinakonen“, zweisäurigen Alkoholen, statt, die hier fast stets als Nebenprodukte auftreten. Natürlich sind die aus Ketonen entstehenden Pinakone ditertiäre Glykole. Aus Aceton entsteht so neben Isopropylalkohol das gewöhnliche *Pinakon* (*Tetramethylglykol*)

$$2\,CH_3\cdot CO\cdot CH_3 + 2\,H = \begin{array}{l}(CH_3)_2\cdot COH\\ (CH_3)_2\cdot COH\end{array}.$$

Die Bildung der Pinakone scheint durch Reduktion in saurer Lösung begünstigt zu werden, und ist hier häufig die Hauptreaktion (s. mehrwertige Alkohole).

Zuweilen erhält man durch eine kompliziertere Reaktion (s. Ketone) bei der Reduktion der Ketone höhere Ketoverbindungen, die β-Pinakoline.

c) Auch durch Reduktion mehrwertiger Alkohole lassen sich indirekt einwertige Alkohole darstellen. Durch Erhitzen mehrsäuriger Alkohole mit Jodwasserstoffsäure entstehen durch gleichzeitige Esterifizierung und partielle Reduktion vorwiegend sekundäre β-Monojodparaffine, die als Jodwasserstoffsäureester einwertiger sekundärer Alkohole durch Silberhydroxyd in letztere übergeführt werden können (s. auch S. 63 und 114). So erhält man aus Glycerin *Isopropylalkohol* [1] aus Mannit *sekundären β-Hexylalkohol* u. s. w. [2]

$$\begin{array}{l}CH_2OH\\ CHOH\\ CH_2OH\end{array} + 5\,HJ = \begin{array}{l}CH_3\\ CHJ\\ CH_3\end{array} + 3\,H_2O + 2\,J_2 \quad \left[\xrightarrow{AgOH} \begin{array}{l}CH_3\\ CHOH\\ CH_3\end{array}\right],$$

$$\begin{array}{l}CH_2OH\\ CHOH\\ CHOH\\ CHOH\\ CHOH\\ CH_2OH\end{array} + 11\,HJ = \begin{array}{l}CH_3\\ CH_2\\ CH_2\\ CH_2\\ CHJ\\ CH_3\end{array} + 6\,H_2O + 5\,J_2 \quad \left[\xrightarrow{AgOH} \begin{array}{l}CH_3\\ CH_2\\ CH_2\\ CH_2\\ CHOH\\ CH_3\end{array}\right].$$

Die Chlorhydrine mehrwertiger Alkohole lassen sich ebenfalls zu

[1] Markownikow, A. **138**, 364.

[2] Domac, M. **2**, 310. — Erlenmeyer, Wanklyn, A. **135**, 130. S. a. Hecht, A. **165**, 148.

einwertigen Alkoholen reduzieren, so gibt Glykolmonochlorhydrin: *Äthylalkohol*

$$\begin{matrix} CH_2Cl \\ | \\ CH_2OH \end{matrix} + 2H = \begin{matrix} CH_3 \\ | \\ CH_2OH \end{matrix} + HCl\,.$$

Die Reduktion mehrwertiger Alkohole wird durch Erhitzen mit Jodwasserstoffsäure bewirkt, wie dies schon früher (S. 29) beschrieben worden ist, während die Chlorhydrine besser durch Natriumamalgam oder Zinkstaub und Ammoniak reduziert werden.

4. *Durch Verseifung von Estern.* Die für die praktische Darstellung der Alkohole im Laboratorium wichtigste Methode ist die sogenannte Verseifung der Ester, d. i. Spaltung in Alkohol und Säure oder irgend ein Salz der letzteren, die unter Aufnahme eines Moleküls Wasser oder Metallhydroxyd vor sich geht.

a) *Aus Estern der Halogenwasserstoffsäuren.* Wie schon vorher erwähnt (S. 62) sind die Halogensubstitutionsprodukte der Kohlenwasserstoffe identisch mit den Alkylestern der Halogenwasserstoffsäuren. Da aus diesen, wie aus allen Estern, die zugehörigen Alkohole leicht gewonnen werden können, ermöglicht diese Verseifung den theoretisch außerordentlich wichtigen Übergang von den Kohlenwasserstoffen zu den Alkoholen. Die Verseifung der Halogenalkyle, die übrigens auch als Austausch der Halogenatome gegen Hydroxylgruppen aufgefaßt werden kann, geht am einfachsten vor sich, wenn man die Alkyljodide mit feuchtem Silberoxyd, das wie Silberhydroxyd wirkt, zusammenbringt. Aus Äthyljodid (Jodäthan) entsteht so *Äthylalkohol*

$$C_2H_5J + AgOH = C_2H_5OH + AgJ\,.$$

Nach dieser, wie nach den übrigen Darstellungsmethoden der Alkohole, sofern bei denselben nicht das Gegenteil erwähnt wird, kann man nur wahre Alkohole erhalten, d. h. solche Hydroxylverbindungen, in denen die Hydroxylgruppe an einen aliphatischen Kohlenwasserstoffrest oder in der Seitenkette eines aromatischen Kohlenwasserstoffs, nicht aber direkt an einem aromatischen Kern steht (s. Phenole S. 124).

Zur praktischen Darstellung von einfachen Alkoholen wird diese Methode natürlich nur in denjenigen Fällen verwendet, wo die Halogenverbindungen leichter zugänglich sind als die Alkohole selbst. Meist ist das Umgekehrte der Fall, d. h. man gewinnt die Halogenverbindungen erst aus den Alkoholen. Dagegen stellt man gewisse sekundäre Alkohole, z. B. Isopropylalkohol,[1] sek. n-Butylalkohol, sek. n-Hexyl-

[1] Flawitzky, A. **175**, 380.

alkohol[1] wirklich nach dieser Methode dar, weil ihre Jodide leicht zugänglich sind (vgl. S. 64). Ebenso ist die Methode wertvoll zur Gewinnung zweiwertiger Alkohole (Glykole), deren Hydroxylgruppen an benachbarten Kohlenstoffen stehen, weil solche Dihalogenverbindungen ebenfalls besonders leicht darstellbar sind (s. S. 55).

Die verschiedenen Halogenalkyle tauschen ihr Halogen mit sehr verschiedener Leichtigkeit gegen Hydroxylgruppen aus. Am leichtesten reagieren im allgemeinen tertiäre Halogenverbindungen, d. h. solche, bei denen neben dem Halogen am selben Kohlenstoffatom kein Wasserstoff steht. Von den Verbindungen der verschiedenen Halogene sind die Jodverbindungen die geeignetsten für diese Reaktion.

Das sicherste Mittel zum Austausch von Halogen gegen Hydroxyl ist feuchtes Silberoxyd, da dies stets schon bei gewöhnlicher Temperatur reagiert, und dadurch Nebenreaktionen am sichersten vermieden werden, doch ist es hierfür nötig, das Silberoxyd in frisch gefälltem, d. h. feinst verteiltem Zustande anzuwenden. Bei manchen leicht reagierenden Halogenverbindungen läßt sich die gewünschte Umsetzung sehr vorteilhaft durch Wasser allein bewirken. So geht z. B. tertiäres Butyljodid und andere tertiäre Jodide schon beim Schütteln mit kaltem Wasser quantitativ in *tertiären Butylalkohol* über[2]

$$\begin{matrix}CH_3\\CH_3\\CH_3\end{matrix}\!\!>CJ + H_2O = \begin{matrix}CH_3\\CH_3\\CH_3\end{matrix}\!\!>COH + HJ\ ,$$

während man bei anderen, wie beim Isobutyljodid, mit viel Wasser längere Zeit und unter Druck erhitzen muß. Häufig kann man die Zeit des Erhitzens abkürzen und das Arbeiten unter Druck vermeiden, wenn man dem Wasser hydrolysierend wirkende Substanzen zusetzt, wie Bleioxyd, Baryumhydrat oder Alkalikarbonat. Dagegen ist das Erhitzen mit Kalium- oder Natriumhydrat zu vermeiden, da diese Agentien Abspaltung von Halogenwasserstoff und Bildung von Olefinen (s. S. 10) bewirken. Tertiäre Jodide tauschen auch beim Erhitzen mit Methylalkohol auf 100° ihr Halogen gegen Hydroxyl aus.

Je nach der Stellung des Halogens im Molekül entstehen natürlich primäre, sekundäre oder tertiäre Alkohole (s. S. 107), doch kommen zuweilen auch Umlagerungen vor, so entsteht aus Isobutyljodid nicht nur der entsprechende *Isobutylalkohol*, sondern daneben auch *tertiärer Butylalkohol (Trimethylcarbinol)*[3]

$$\begin{matrix}CH_3\\CH_3\end{matrix}\!\!>CH\cdot CH_2J \begin{array}{l}\nearrow \begin{matrix}CH_3\\CH_3\end{matrix}\!\!>CH\cdot CH_2OH\\ \searrow \begin{matrix}CH_3\\CH_3\end{matrix}\!\!>COH-CH_3\end{array}\ .$$

[1] Erlenmeyer, Wanklyn, A. **135**, 138.

[2] Dobbin, Soc. **37**, 238. — Niederist, A. **186**, 390.

[3] Butlerow, A. **168**, 143.

In völlig analoger Weise erhält man aus Halogenverbindungen, welche mehrere Halogenatome im Molekül enthalten, zwei- und mehrwertige Alkohole, so aus Äthylenbromid: *Glykol*, aus Trichlorhydrin (Trichlorpropan): *Glycerin* u. s. w.

$$Br\cdot CH_2\cdot CH_2Br + 2H_2O = OH\cdot CH_2\cdot CH_2\cdot OH + 2HBr.$$

$$\begin{array}{l} CH_2Cl \\ | \\ CHCl \\ | \\ CH_2Cl \end{array} + 3H_2O = \begin{array}{l} CH_2OH \\ | \\ CHOH \\ | \\ CH_2OH \end{array}.$$

Auch hier ist natürlich Kochen mit freien Alkalien nicht anwendbar, weil hierbei unter Abspaltung mehrerer Moleküle Halogenwasserstoff Acetylene entstehen können (s. S. 8).

Die Verseifung mehrwertiger Verbindungen erfordert meist sehr langes Kochen mit einer Lösung der berechneten Menge Pottasche in sehr viel Wasser. Natürlich entstehen mehrwertige Alkohole nur, wenn die Halogenatome an verschiedenen Kohlenstoffatomen stehen. Stehen zwei oder drei Halogenatome an einem Kohlenstoff, so entstehen bei der Verseifung *Aldehyde, Ketone oder Säuren* (s. diese).

Die Chlorhydrine (Chloralkylalkohole, Glykolmonochlorwasserstoffsäureester (s. S. 58), die durch Schütteln von Olefinen mit wäßriger unterchloriger Säure leicht entstehen, geben beim Verseifen mit feuchtem Silberoxyd Glykole, so das aus Äthylen und unterchloriger Säure entstehende Glykolmonochlorhydrin: *Glykol*

$$\begin{array}{l} CH_2 \\ \| \\ CH_2 \end{array} + \begin{array}{l} OH \\ | \\ Cl \end{array} = \begin{array}{l} CH_2OH \\ | \\ CH_2Cl \end{array} \quad \begin{array}{l} CH_2OH \\ | \\ CH_2Cl \end{array} + AgOH = \begin{array}{l} CH_2OH \\ | \\ CH_2OH \end{array} + AgCl.$$

Ganz analog entstehen natürlich dreiwertige Alkohole aus den Bromadditionsprodukten der ungesättigten Alkohole (s. S. 56), so aus dem des Allylalkohols *Glycerin*

$$\begin{array}{l} CH_2OH \\ | \\ CHBr \\ | \\ CH_2Br \end{array} + 2AgOH = \begin{array}{l} CH_2OH \\ | \\ CHOH \\ | \\ CH_2OH \end{array}.$$

Halogenatome, die in Seitenketten aromatischer Verbindungen stehen, verhalten sich genau wie solche in rein aliphatischen Molekülen. So entsteht Benzylalkohol aus *Benzylchlorid* nach allen hier angeführten Arbeitsweisen[1]

$$C_6H_5CH_2Cl + H_2O = C_6H_5CH_2OH + HCl.$$

Am aromatischen Kern stehende Halogenatome lassen sich, wie schon erwähnt, im allgemeinen nicht gegen Hydroxylgruppen austauschen, doch gelingt der Austausch zuweilen in solchen Fällen, wo neben dem Halogenatom noch ein zweites solches oder Gruppen negativen Charakters

[1] Niederist, A. **196**, 353. — Lauth, Grimaux, A. **143**, 81.

wie Hydroxyl, Nitro oder Carboxyl am selben Kern stehen, beim Schmelzen mit festen Alkalien und wenig Wasser; allerdings kommen bei dieser Reaktion häufig Umlagerungen vor.

In vielen Fällen ist es vorteilhaft, die Halogenverbindungen erst mit Silber- oder Kaliumacetat in Ester (s. diese) der Essigsäure überzuführen. Diese Ester lassen sich durch Kochen mit verdünnten Säuren oder Alkalien glatt in Alkohol und Säure spalten. Auch auf diese Weise können natürlich sowohl einwertige als auch mehrwertige Alkohole gewonnen werden, z. B. *Glykol*, indem man Äthylenbromid zunächst in Glykoldiacetat überführt und dieses dann verseift[1]

$$\begin{matrix} CH_2Br \\ | \\ CH_2Br \end{matrix} + 2\,CH_3\cdot COOK = \begin{matrix} CH_2OCOCH_3 \\ | \\ CH_2OCOCH_3 \end{matrix} + 2\,KBr\,,$$

$$\begin{matrix} CH_2OCOCH_3 \\ | \\ CH_2OCOCH_3 \end{matrix} + 2\,H_2O = \begin{matrix} CH_2OH \\ | \\ CH_2OH \end{matrix} + CH_3COOH\,.$$

Aus der wäßrigen neutralen oder alkalischen Flüssigkeit wird der Alkohol je nach seiner Beschaffenheit durch Aussalzen, Ausschütteln mit Äther oder Destillation isoliert.

b) *Aus anderen Estern.* In gleicher Weise, wie aus den eben besprochenen Estern der Essigsäure, lassen sich die Alkohole auch aus allen anderen Estern gewinnen, doch kommt diese Methode für die Synthese der Alkohole nur selten in Betracht, weil man vielmehr meist umgekehrt die Ester aus den Alkoholen und Säuren darstellen muß. Nur die Monoalkylester der Schwefelsäure, die sogenannten Ätherschwefelsäuren oder Alkylschwefelsäuren sind für die Synthese der Alkohole noch von Wichtigkeit, weil diese Ester durch Anlagerung von Schwefelsäure an die Olefine entstehen, und somit die Darstellung gesättigter Alkohole aus den Olefinen der gleichen Kohlenstoffreihe ermöglichen. Durch Anlagerung von Schwefelsäure an Isobutylen entsteht z. B. Butylschwefelsäure, die bei der Verseifung den *tertiären Butylalkohol* liefert[2]

$$\begin{matrix} CH_2 \\ \| \\ (CH_3)_2C \end{matrix} + \begin{matrix} H \\ | \\ OSO_2OH \end{matrix} = \begin{matrix} CH_3 \\ | \\ (CH_3)_2COSO_2OH \end{matrix},$$

$$\begin{matrix} CH_3 \\ | \\ (CH_3)_2COSO_3H \end{matrix} + H_2O = \begin{matrix} CH_3 \\ | \\ (CH_3)_2COH \end{matrix} + H_2SO_4\,.$$

Zur Ausführung dieser Synthese verfährt man so, daß man das Olefin von sehr gut gekühlter, mäßig verdünnter Schwefelsäure (2—3 Vol. Säure + 1 Vol. Wasser) allmählich auflösen oder absor-

[1] G. 163. Siehe Henry, C. **99** I, 968. [2] Butlerow, A. **180**, 246.

bieren[1] läßt. Die Verseifung geht sehr leicht vor sich, wenn man die Reaktionsflüssigkeit in Wasser eintropfen läßt oder auch mit Natronlauge neutralisiert.

In gleicher Weise wie Schwefelsäure addiert sich auch Essigsäure an Olefine.[2]

Manche Olefine addieren beim Stehen in stark verdünnter Salpetersäure Wasser und bilden so direkt Alkohole. Auch so gibt Isobutylen *tertiären Butylalkohol.*[3]

5. *Durch Substitution für die Amidogruppe.* Läßt man auf primäre Amine (vgl. S. 73) salpetrige Säure einwirken, so entstehen unter Stickstoffentwicklung Alkohole, z. B. *Methylalkohol* aus Methylamin

$$CH_3 \cdot NH_2 + NOOH = CH_3OH + N_2 + H_2O\,.$$

Diese Reaktion läßt sich als Substitution der Amidogruppe durch die Hydroxylgruppe auffassen, es können also je nach der Stellung der Amidogruppe im Kohlenwasserstoffrest primäre, sekundäre oder tertiäre Alkohole (vgl. S. 107) entstehen. In ganz analoger Weise liefern natürlich Diamine Glykole u. s. w.

Diese Methode ist die einzige, die sich auch ganz allgemein auf die aromatische Reihe übertragen läßt, d. h. auch Amidogruppen, welche direkt an aromatischen Kernen stehen, lassen sich gegen die Hydroxylgruppe austauschen (s. Phenole S. 126). Im letzteren Falle entstehen jedoch wohlcharakterisierte, isolierbare Zwischenprodukte, die sogenannten Diazoverbindungen (s. S. 91). Solche Zwischenprodukte entstehen möglicherweise intermediär auch bei der Darstellung der wahren Alkohole, doch sind sie so unbeständig, daß ihre Isolierung noch nie gelungen ist:

$$CH_3NH_2 + NOOH = \left[\begin{matrix} CH_3 \cdot N \cdot OH \\ \quad\ \ \| \\ \quad\ \ N \end{matrix} + H_2O\right] = CH_3OH + N_2 + H_2O\,.$$

Da primäre Amine durch verschiedene einfache Aufbaumethoden gut zugänglich sind, z. B. durch Reduktion der Nitrile, so stellt diese Reaktion eine theoretisch sehr wichtige synthetische Methode dar (s. auch S. 75).

Zur Ausführung der Reaktion kann man einfach salpetrige Säure in die wäßrige Lösung des Amins oder seines Chlorhydrats einleiten. Die Umsetzung geht bei gewöhnlicher Temperatur vor sich. Zuweilen ist es jedoch vorteilhafter, durch Zusatz von Silbernitrit zu einer wäßrigen Lösung des Chlorhydrats und Filtration von dem ausgeschiedenen Chlorsilber eine wäßrige Lösung des Aminnitrits herzustellen. Erhitzt man diese, so zersetzt sich das Nitrit

$$CH_3NH_2HNO_2 = CH_3OH + N_2 + H_2O$$

und der Alkohol destilliert mit den Wasserdämpfen über.

---

[1] Einen zur Absorption von schwerlöslichen Gasen geeigneten Apparat beschreibt Butlerow, Z. Chem. **1870**, 238.

[2] Béhal, Desgrez, C. r. **114**, 676. [3] Butlerow, A. **180**, 245.

Auch bei dieser Methode kommen häufig Umlagerungen vor, d. h. es entstehen Alkohole, deren Hydroxylgruppe nicht an der Stelle der ursprünglichen Amidogruppe stehen. So liefern normales Propylamin nebeneinander *n-Propylalkohol* und *Isopropylalkohol* und Isobutylamin liefert sogar nur *tertiären Butylalkohol.*[1]

6. *Durch Kohlenstoffverkettung.* Alkohole lassen sich auch nach verschiedenen Methoden durch wirkliche Synthese im Kohlenstoffkern (Verkettung von Kohlenstoffatomen, welche bis dahin noch nicht verbunden gewesen sind) darstellen. Als eine solche Methode ist auch die schon vorher (S. 109 u. 112) als Nebenreaktion beschriebene Pinakonbildung aufzufassen.

Die einfachste Alkoholbildung durch wahre Synthese ist die erst neuerdings gefundene direkte Verkettung zweier niedrigerer Alkohole unter Wasseraustritt, die den direkten Synthesen höherer Amine (s. S. 86) analog ist. So entsteht aus zwei Molekülen Propylalkohol *β-Methyl-n-Amylalkohol*[2]

$$\genfrac{}{}{0pt}{}{CH_3}{OH\cdot CH_2}{>}CH_2 + OH\cdot CH_2\cdot CH_2\cdot CH_3 =$$

$$\genfrac{}{}{0pt}{}{CH_3}{OH\cdot CH_2}{>}CH\cdot CH_2\cdot CH_2\cdot CH_3 + H_2O\,.$$

Die Verkettung tritt ein bei der Einwirkung der Alkohole auf Natriumalkoholat und scheint zur Darstellung höherer primärer Alkohole sehr brauchbar zu sein. Nur Methylalkohol reagiert nicht in gewünschter Weise.

Außerdem entstehen Alkohole kernsynthetisch durch Einwirkung von metallorganischen Verbindungen auf Aldehyde, Ketone, Säurechloride und Säureester nach folgenden Methoden:

a) Durch Einwirkung von Organometallen auf Aldehyde entstehen sekundäre Alkohole.[3] Die Reaktion zerfällt in zwei Teile. Zunächst addiert der Aldehyd ein Molekül der metallorganischen Verbindung. So findet zwischen Acetaldehyd und Zinkmethyl folgende Addition statt

$$\text{I.}\quad CH_3\cdot CH{:}O + Zn(CH_3)_2 = CH_3\cdot CH{<}\genfrac{}{}{0pt}{}{O\cdot ZnCH_3}{CH_3}\,.$$

Dieses Additionsprodukt zersetzt sich mit Wasser unter Bildung eines sekundären Alkohols, der in diesem Beispiel *Isopropylalkohol* ist

$$\text{II.}\quad CH_3\cdot CH{<}\genfrac{}{}{0pt}{}{OZnCH_3}{CH_3} + 2H_2O = CH_3\cdot CH(OH)\cdot CH_3 + Zn(OH)_2 + CH_4\,.$$

[1] LINNEMANN, A. **161**, 43; s. auch FRENTZEL, B. **16**, 744.

[2] GUERBET, Bl. [3] **27**, 578—584. 1034; A. ch. [7] **27**, 67; C. **1902** II, 886.

[3] Formaldehyd liefert natürlich in analoger Reaktion primäre Alkohole.

Diese Methode ist besonders unter Benutzung der nachstehend erwähnten neuen Modifikation zur Darstellung der verschiedensten sekundären Alkohole außerordentlich brauchbar und einer großen Verallgemeinerung fähig, indem die Reaktion ganz allgemein mit allen Aldehyden durchführbar ist.[1] Dagegen lassen sich von den Zinkalkylen nur Zinkmethyl und Zinkäthyl gut verwenden, während die höheren Zinkalkyle oft direkt reduzierend auf die Aldehyde einwirken.[2]

Die Reaktion geht bei gewöhnlicher Temperatur vor sich und muß durch sorgfältiges Kühlen gemäßigt werden. Da sich die Zinkalkyle an der Luft entzünden, muß der Reaktionskolben vor der Beschickung mit trockener Kohlensäure gefüllt werden, wie denn überhaupt alle Manipulationen mit Metallalkylen nur in einer Atmosphäre von trockener Kohlensäure ausgeführt werden dürfen. Man läßt den Aldehyd aus einem Tropftrichter zu der im Kolben befindlichen äquimolekularen Menge Zinkalkyl unter Kühlen und Umschwenken langsam zutropfen. Der Kolben ist mit einem Rückflußkühler versehen und trägt außerdem noch eine Röhre, durch die langsam Kohlensäure durchgeleitet werden kann. Das Gemisch bleibt erst einige Tage unter Kühlung, dann längere Zeit bei gewöhnlicher Temperatur stehen und wird schließlich in viel kaltes Wasser gegossen.

Für diese wie die folgenden Synthesen verwendet man neuerdings an Stelle der Zinkalkyle mit Vorteil Organomagnesiumverbindungen von der allgemeinen Zusammensetzung Alk·Mg·J oder Alk·Mg·Br. Dieselben sind bequemer darzustellen und zu handhaben, geben bessere Ausbeuten und lassen außerdem eine noch allgemeinere Anwendung der Synthese zu, indem hier auch die Verbindungen höherer Alkyle in gleicher Weise reagieren.[3]

Auch hier entstehen genau wie bei den Zinkalkylen zuerst additionelle Verbindungen, die dann mit Wasser unter Bildung des Alkohols zerfallen.

$$CH_3 \cdot CH{=}O + Mg{<}^{J}_{CH_3} = CH_3 \cdot CH{<}^{OMgJ}_{CH_3}$$

$$CH_3 \cdot CH{<}^{OMgJ}_{CH_3} + H_2O = CH_3 \cdot CH{<}^{OH}_{CH_3} + Mg{<}^{OH}_{J} .$$

Nach dieser neuen Methode gestaltet sich die Arbeitsweise außerordentlich bequem. Man löst metallisches Magnesium in einer trockenen ätherischen Lösung von Jodalkyl (Bildung des Magnesiumjodalkyls), setzt den Aldehyd in ebenfalls trockener ätherischer Lösung allmählich zu und schüttelt schließlich die ganze Masse mit Wasser aus, wobei man den Alkohol in der ätherischen Schicht behält.

Durch Verwendung von Organometallverbindungen mit ungesättig-

---

[1] Wagner, A. **181**, 261. [2] Wagner, B. **17** R., 318.

[3] Grignard, A. ch. [7] **24**, 433; C. **1900** II, 33; **1901** I, 1322. II, 622. — Zelinsky, B. **34**, 2877. — Klages, B. **35**, 2245 u. 2632—2652.

ten Alkylradikalen kann man analog auch zu ungesättigten Alkoholen gelangen.

b) Aus Organometallverbindungen und Ketonen erhält man tertiäre Alkohole. Die Reaktion verläuft genau ebenso wie bei den Aldehyden.

So entsteht aus Äthylpropylketon mit Zinkmethyl *tertiärer Heptylalkohol* (*Methyläthylpropylcarbinol*)[1]

$$\begin{matrix}C_2H_5\\C_3H_7\end{matrix}>CO + Zn(CH_3)_2 = \begin{matrix}C_2H_5\\C_3H_7\end{matrix}>C<\begin{matrix}OZnCH_3\\CH_3\end{matrix},$$

$$\begin{matrix}C_2H_5\\C_3H_7\end{matrix}>C<\begin{matrix}OZnCH_3\\CH_3\end{matrix} + 2\,H_2O = \begin{matrix}C_2H_5\\C_3H_7\end{matrix}>C<\begin{matrix}OH\\CH_3\end{matrix} + Zn(OH)_2 + CH_4.$$

Diese Methode ist jedoch in dieser Form nicht so allgemeiner Anwendung fähig wie die vorige. Mit den gewöhnlichen Zinkalkylen reagieren nur diejenigen Ketone, welche direkt an der Ketogruppe keine intakte CH_3-Gruppe besitzen, z. B. Diäthyl- oder Dipropylketon.

Nur Zinkallyl scheint auf alle Ketone einzuwirken. Dagegen wird die Ausführung dadurch weit bequemer, daß man hier an Stelle der fertigen Zinkalkyle ein Gemisch von Halogenalkyl und feingekörntem Zink verwenden kann. Auch diese Methode gestaltet sich bei Anwendung von Organomagnesiumverbindungen (s. vorher) zu einer viel allgemeiner verwendbaren, indem mit diesen alle Ketone zu reagieren scheinen.[2]

c) Auch durch Einwirkung von Organometallen auf Säurechloride und Säureester entstehen tertiäre Alkohole.[3] Die Reaktion verläuft hier in drei deutlich getrennten Phasen. Zunächst addiert das Chlorid oder der Ester ein Molekül Organometall. Acetylchlorid oder Essigester reagieren also beispielsweise mit Zinkmethyl folgendermaßen:

$$\text{I.}\left\{\begin{array}{l}\text{a)}\ CH_3\cdot C\begin{matrix}{=}O\\{-}Cl\end{matrix} + Zn(CH_3)_2 = CH_3\cdot C\begin{matrix}{-}OZnCH_3\\{-}CH_3\\{-}Cl\end{matrix},\\[2ex] \text{b)}\ CH_3\cdot C\begin{matrix}{=}O\\{-}OC_2H_5\end{matrix} + Zn(CH_3)_2 = CH_3\cdot C\begin{matrix}{-}OZnCH_3\\{-}CH_3\\{-}OC_2H_5\end{matrix}.\end{array}\right.$$

Dies Additionsprodukt[4] reagiert mit einem zweiten Molekül

[1] Sokolow, J. pr. [2] **39**, 431.

[2] S. vorige Seite Anm. 3.

[3] Nur Ameisensäureester liefert naturgemäß sekundäre Alkohole.

[4] Über die direkte Zersetzung dieses Additionsproduktes mit Wasser unter Bildung von Ketonen siehe letztere.

Organometall, indem es das Halogen bezw. die Oxalkylgruppe gegen Alkyl austauscht

$$\text{II.}\left\{\begin{array}{l} \text{a)}\ CH_3\cdot C\left\langle\begin{matrix}OZnCH_3\\CH_3\\Cl\end{matrix}\right. + Zn(CH_3)_2 = CH_3\cdot C\left\langle\begin{matrix}OZnCH_3\\CH_3\\CH_3\end{matrix}\right. + Zn\left\langle\begin{matrix}Cl\\CH_3\end{matrix}\right., \\ \text{b)}\ CH_3\cdot C\left\langle\begin{matrix}OZnCH_3\\CH_3\\OC_2H_5\end{matrix}\right. + Zn(CH_3)_2 = CH_3\cdot C\left\langle\begin{matrix}OZnCH_3\\CH_3\\CH_3\end{matrix}\right. + Zn\left\langle\begin{matrix}OC_2H_5\\CH_3\end{matrix}\right., \end{array}\right.$$

und die so entstandene Verbindung zersetzt sich mit Wasser unter Bildung eines tertiären Alkohols, hier des *Trimethylcarbinols*[1]

$$\text{III.}\ CH_3\cdot C\left\langle\begin{matrix}OZnCH_3\\CH_3\\CH_3\end{matrix}\right. + 2H_2O = CH_3\cdot C\left\langle\begin{matrix}OH\\CH_3\\CH_3\end{matrix}\right. + Zn(OH)_2 + CH_4.$$

Die Methode gibt in verschiedenen Fällen sehr verschieden gute Resultate, ist aber trotzdem für die Gewinnung mancher tertiärer Alkohole die einzig brauchbare. Bei Verwendung von Zinkalkylen scheint sie nur mit Zinkmethyl und Zinkäthyl normal zu verlaufen, während bei höheren Zinkalkylen die letzte Phase in anderem Sinne vor sich geht und ungesättigte sowie gesättigte Kohlenwasserstoffe neben sekundären Alkoholen liefert:

$$CH_3\cdot C\left\langle\begin{matrix}OZnC_3H_7\\C_3H_7\\C_3H_7\end{matrix}\right. + 2H_2O = CH_3\cdot C\left\langle\begin{matrix}OH\\H\\C_3H_7\end{matrix}\right. + C_3H_6 + C_3H_8 + Zn(OH)_2.$$

Im allgemeinen reagieren die Chloride besser und schneller als die Ester, doch bieten die letzteren den großen Vorteil, daß man bei ihnen an Stelle der fertigen Zinkalkyle ein Gemisch von Jodalkyl mit fein gekörntem Zink anwenden kann.

Da die einzelnen Phasen der Reaktion deutlich voneinander getrennt sind und die erste sehr rasch, die zweite aber sehr langsam verläuft, kann man nacheinander zwei verschiedene Zinkalkyle einwirken lassen und so die Methode noch weiter variieren.

Die Ausführung dieser Synthese ist die gleiche, wie bei der Benutzung der Aldehyde als Ausgangsmaterial (s. S. 119), nur sind hier für ein Molekül Chlorid oder Ester zwei Moleküle Zinkalkyl erforderlich. Bei der Benutzung von Säureestern ist keine Kühlung, sondern vielmehr Erwärmung notwendig.

Auch hier können, wie vorher, mit Vorteil an Stelle der Zinkalkyle Alkylmagnesiumhalogenide verwendet werden.[2]

Anhang. *Ungesättigte Alkohole.*

Über allgemeine Methoden zur Darstellung ungesättigter Alkohole läßt sich noch nicht sehr viel sagen, da solche Alkohole

[1] Butlerow, Z. Ch. **1864**, 385; **1865**, 614.

[2] S. S. 119 Anm. 3 sowie Masson, C. r. **132**, 483; **135**, 533.

bisher nur in verhältnismäßig geringer Anzahl bekannt geworden sind.

Die einzige Methode, die zur Darstellung primärer ungesättigter Alkohole in Betracht kommt, ist die Reduktion ungesättigter Aldehyde, die synthetisch ziemlich leicht zugänglich sind. So läßt sich Akroleïn zu *Allylalkohol*[1]

$$CH_2{=}CH\cdot CHO + H_2 = CH_2{=}CH{-}CH_2OH$$

und Crotonaldehyd zu *Crotonylalkohol*[2] reduzieren

$$CH_3\cdot CH{=}CH\cdot CHO + H_2 = CH_3\cdot CH{=}CH\cdot CH_2OH\,,$$

doch geht die Reaktion nur in den seltensten Fällen in gewünschter Weise vor sich, da meist gleichzeitig mit der Carbonylgruppe auch die Doppelbindung reduziert wird (vgl. S. 151). Am besten scheint die Reduktion mit Eisenfeilspänen und Essigsäure bei gewöhnlicher Temperatur zu verlaufen.[3]

Sekundäre ungesättigte Alkohole lassen sich durch Reduktion der ungesättigten Ketone nur zuweilen erhalten,[4] da gerade bei den am leichtesten zugänglichen ungesättigten Ketonen, in denen die Doppelbindung der Ketogruppe benachbart steht, die Doppelbindung leichter reduziert wird, als die Ketogruppe[5] (vgl. S. 162).

Dagegen sind höhere sekundäre und tertiäre ungesättigte Alkohole in größerer Anzahl durch Metallalkylsynthese erhalten worden (s. o.), d. h. durch Einwirkung von Zinkalkylen auf ungesättigte Aldehyde[6], (Ketone) und Säurechloride[7] oder viel besser durch Einwirkung ungesättigter Metallalkyle (z. B. Zinkallyl oder Allyljodid und Zink) auf Aldehyde und Ketone. So entsteht aus Acetaldehyd mit Allyljodid und Zink *Methylallylcarbinol*[8] und ebenso aus Aceton *Dimethylallylcarbinol*[9]

$$CH_3\cdot CH{:}O + zn\cdot CH{=}CH\cdot CH_3 + H_2O = CH_3\cdot CH{<}{}^{OH}_{CH=CH\cdot CH_3} + znOH\,,$$ [10]

$${}^{CH_3}_{CH_3}{>}CO + zn\cdot CH{=}CH\cdot CH_3 + H_2O = {}^{CH_3}_{CH_3}{>}C{<}{}^{OH}_{CH=CH\cdot CH_3} + znOH\,.$$

---

[1] Linnemann, A. Spl. 3, 260. [2] Lieben, Zeisel, M. 1, 825.

[3] Lieben, Zeisel, M. 1, 825. — Perkin, B. **15**, 2808. — Charon, A. ch. [7] **17**, 223.

[4] Crow, A. **201**, 42. — Wallach, A. **275**, 169.

[5] Siehe z. B. Harries, Busse, B. **28**, 501.

[6] Wagner, B. **17** R., 316. [7] Pawlowski, J. **1872**, 349.

[8] Wagner, Kuwschinow, B. **21**, 3350; **27**, 2434.

[9] M. u. A. Saytzew, A. **185**, 151. 175. [10] Siehe S. 15 Anm. 2.

Auch hier lassen sich mit großem Vorteil Alkylmagnesiumhaloïde verwenden.[1]

Der Vollständigkeit wegen möge auch noch die gebräuchlichste Darstellungsweise des gewöhnlichsten ungesättigten Alkohols, des Allylalkohols, erwähnt werden, obwohl dieselbe keine allgemein brauchbare Methode darstellt: Erhitzt man Glycerin mit Ameisensäure (oder Oxalsäure), so entsteht zunächst ein Monoameisensäureester des Glycerins, das sogenannte *Monoformin*

$$\begin{array}{l} CH_2OH \\ | \\ CHOH \\ | \\ CH_2OH \end{array} + HCOOH = \begin{array}{l} CH_2\cdot O\cdot CHO \\ | \\ CHOH \\ | \\ CH_2OH \end{array} + H_2O\ ,$$

das bei der Destillation in *Allylalkohol*, Kohlendioxyd und Wasser zerfällt[2]

$$\begin{array}{l} CH_2O\cdot CHO \\ | \\ CHOH \\ | \\ CH_2OH \end{array} = \begin{array}{l} CH_2 \\ \| \\ CH \\ | \\ CH_2OH \end{array} + CO_2 + H_2O\ .$$

Schließlich sei noch erwähnt, daß ungesättigte Alkohole, in denen die Hydroxylgruppe an einem der doppelt gebundenen Kohlenstoffe steht, in der Regel unbeständig sind. Die Atomgruppierung $-\overset{|}{C}=\underset{OH}{\overset{|}{C}}$ („Enolform") hat das Bestreben, sich in die beständigere $-\underset{H}{\overset{|}{C}}-\underset{O}{\overset{|}{C}}$ („Ketoform") umzulagern, d. h. die ungesättigten Alkohole dieser Konstitution, sowie ihre Derivate gehen im Entstehungsmoment in Aldehydo- bezw. Ketoverbindungen über. So erhält man an Stelle des einfachsten ungesättigten Alkohols, des Vinylalkohols, stets den isomeren Acetaldehyd

Ein vollkommenes Analogon hierzu bildet die Darstellung des Acetessigesters (siehe β-Ketosäureester), der an Stelle des zu erwartenden Esters der β-Oxyäthylidenessigsäure entsteht

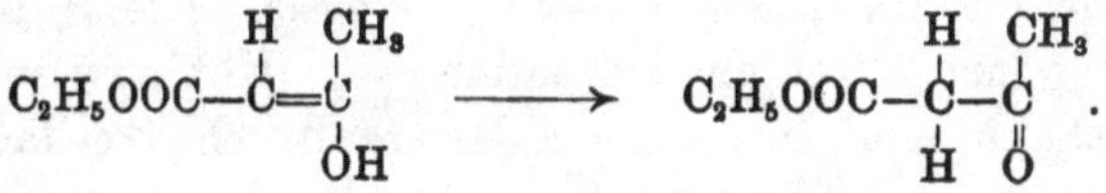

[1] GRIGNARD, C. **1901** II, 622. — SAND, SINGER, B. **35**, 3185.

[2] MÜNDER, TOLLENS, A. **167**, 222 Anm.

Eine Ausnahme von dieser Regel bilden die durch Kondensation von Ameisensäureester mit Paraffincarbonsäureestern entstehenden Formylfettsäureester, die in der „Enolform" existenzfähig sind.

Einige Acetylenalkohole erhält man durch Addition von Formaldehyd an Acetylene.[1]

Die Alkohole sind Körper von der größten Bedeutung für die organische Chemie. Abgesehen davon, daß sie durch direkte Oxydation in die wichtigen Aldehyde, Ketone und Säuren übergehen, und daß sie die wichtigsten Ausgangsmaterialien für die Darstellung der Olefine, Äther und Ester sind, liegt ihr Hauptwert in ihrer leichten Überführbarkeit in die Halogenverbindungen, welche ja bei fast allen Synthesen der aliphatischen Reihe eine große Rolle spielen.

VII. Phenole.

Unter Phenolen versteht man Hydroxylverbindungen aromatischer Kohlenstoffkerne (vgl. S. 17). Daraus, daß die Hydroxylgruppe der Phenole an einem bei der Bildung des aromatischen Kernes direkt beteiligten Kohlenstoffatom steht, welches kein Wasserstoffatom mehr besitzt, geht hervor, daß die Phenole im allgemeinen den Charakter tertiärer Alkohole besitzen.

Trotzdem entstehen zweiwertige Phenole durch Reduktion ketonartiger Verbindungen, der Chinone (s. dieselben). Doch liegt hierin nur eine scheinbare Ausnahme von der Regel, daß tertiäre Alkoholgruppen nicht weiter oxydierbar seien, also auch nicht durch Reduktion höherer Oxydationsstufen entstehen können, weil bei der Reduktion der Chinone zu Phenolen, und umgekehrt bei der Oxydation der Diphenole zu Chinonen die Kohlenstoffbindungen nicht unverändert bleiben.

Wie schon bei der Synthese der Alkohole erwähnt wurde, lassen sich Phenole meist nicht nach denselben Methoden darstellen wie die ersteren. So sitzen z. B. direkt am Benzolkern haftende Halogenatome so fest, daß sie sich bis auf einige Ausnahmen (s. S. 115) nicht gegen Hydroxyl austauschen lassen.

1. *Durch Oxydation von Kohlenwasserstoffen.* Die Bildung von Phenolen bei der direkten Oxydation von Kohlenwasserstoffen (z. B. entsteht Phenol in geringer Menge durch Oxydation von Benzol durch Ozon, Wasserstoffsuperoxyd oder Luftsauerstoff[2])

[1] Moureu, Desmots, C. r. **132**, 1223.

[2] Nencki, B. **14**, 1144.

ist für die Darstellung der einwertigen Phenole ganz ohne Bedeutung. Nur die Oxydation einwertiger Phenole zu zweiwertigen und die zweiwertiger zu dreiwertigen auf Kosten des Luftsauerstoffs beim Schmelzen mit Alkalien ist von einiger Wichtigkeit. So entsteht Brenzkatechin aus Phenol, Phloroglucin aus Resorcin, Alizarin aus m-Oxyanthrachinon u. a. m. (s. mehrwertige Phenole).

2. *Aus den Sulfosäuren.* Von sehr großer Wichtigkeit, insbesondere für die Darstellung der Phenole im großen, ist der Ersatz der Sulfosäuregruppe durch Hydroxyl. Derselbe wird durch Schmelzen der Sulfosäuren (s. S. 100) mit Kaliumhydrat oder Natriumhydrat bewirkt. So liefert Toluolsulfosäure: *Kresol,*[1] Naphtalinsulfosäure: *Naphtol*[2] u. s. w.

$$CH_3 \cdot C_6H_4SO_3K + KOH = CH_3 \cdot C_6H_4OH + K_2SO_3 .$$

Da man die Sulfosäuren als Ester der asymmetrischen schwefligen Säure ansehen kann, so stellt diese Methode gewissermaßen eine Modifizierung der allgemeinen Alkoholdarstellungsweise aus Estern (S. 113) dar.

Man verfährt so, daß man die Sulfosäure oder ihr Alkalisalz unter gutem Umrühren in einen Nickeltiegel (in der Technik Eisentiegel) einträgt, in welchem sich unter Zusatz von wenig Wasser geschmolzenes festes Ätzkali von bestimmter Temperatur befindet. Je nach der Reaktionsfähigkeit der Sulfosäure wird das Gemisch dann einige Minuten bis mehrere Stunden auf Temperaturen zwischen etwa 150 und 300° erhitzt.[3] Zur Erzielung guter Ausbeuten ist häufig genaue Innehaltung der vorteilhaftesten Temperatur sowie der richtigen Dauer des Erhitzens von großem Wert. Auch die Verwendung ziemlich großer Mengen von Kalihydrat ist vorteilhaft. Phenol entsteht z. B. in bester Ausbeute, wenn man benzolsulfosaures Kali mit 6 Molekülen Kaliumhydrat etwa eine Stunde auf 252° erhitzt.[4] Ätznatron wirkt schwächer als Ätzkali, so daß bei seiner Verwendung höhere Temperatur und längere Erhitzungsdauer notwendig sind. Durch die Schmelze entsteht zunächst das Alkalisalz des Phenols, das in Wasser gelöst und mit Säure zersetzt wird. Das Phenol wird gewöhnlich aus der sauren Lösung durch Ausschütteln mit Äther isoliert.

Aus Disulfosäuren entstehen ganz analog zweiwertige Phenole, doch gelingt es auch durch Mäßigung der Temperatur nur eine von zwei Sulfosäuregruppen zu ersetzen. Zuweilen tritt dabei Wanderung einer Hydroxylgruppe an ein anderes Kohlenstoffatom des Kerns ein, z. B. gibt Benzol-p-Disulfosäure *m-Phenolsulfosäure.* Am Kern stehende Methylgruppen werden bei der Kalischmelze manchmal zu Carboxyl oxydiert.

---

[1] Engelhardt, Latschinow, Z. **1869**, 618. — Würtz, **144**, 122; **156**, 258.
[2] Eller, A. **152**, 275. — Schäffer, A. **152**, 282.
[3] G. 249. — L.-C. 262. [4] Degener, J. pr. [2] **17**, 394; **20**, 300.

Wird die Kalischmelze bei hoher Temperatur vorgenommen, so gehen neben dem Ersatz der Sulfosäuregruppe gewöhnlich noch Oxydations- und Reduktionswirkungen her, indem Wasser in Sauerstoff und Wasserstoff zerlegt wird. Besonders der Sauerstoff bewirkt ziemlich häufig Oxydation, so liefert Anthrachinonmonosulfosäure bei der Kalischmelze *Dioxyanthrachinon*. Soll diese Oxydation vermieden werden, so kann man der Schmelze Eisenfeilspäne zusetzen. Andererseits kann der auftretende Wasserstoff, namentlich bei den kondensierten Ringen (Naphtalin, Anthracen u. s. w.) eine Hydrierung bewirken, die man, namentlich wenn man die Oxydationswirkung gleichzeitig unterstützen will, durch Zusatz von Oxydationsmitteln, wie Kaliumchlorat, verhindern kann. Bei den Benzolderivaten erweist sich jedoch im allgemeinen ein solcher Zusatz als unnötig.

Trotzdem am Benzolkern stehende Halogenatome im allgemeinen sehr schwer beweglich sind, entstehen aus halogensubstituierten Sulfosäuren oder Phenolen beim Schmelzen mit Kaliumhydrat unter Ersatz des Halogens durch Hydroxyl mehrwertige Phenole. Auch bei Gegenwart von Nitrogruppen und Carboxylgruppen (s. S. 115) sind Halogenatome durch Hydroxyl ersetzbar. Es gelten hier dieselben Regeln, die schon beim Austausch von aromatisch gebundenen Halogen gegen die Amidogruppe erwähnt wurden (s. S. 78).

3. *Aus primären Aminen durch Diazotierung.* Die Einwirkung salpetriger Säure auf Aminbasen ist die einzige Alkoholsynthese, die sich auch ganz allgemein zur Darstellung von Phenolen verwerten läßt. Der Verlauf der Reaktion ist jedoch insofern ein anderer, wie in der aliphatischen Reihe (s. S. 117), als hier isolierbare, wohl charakterisierte Zwischenprodukte, die Diazoverbindungen, auftreten. Da diese Verbindungen bereits an anderer Stelle (S. 91) besprochen worden sind, erübrigt hier nur noch die Darstellung der Phenole aus den Diazoverbindungen.

Der Ersatz der Diazogruppe durch Hydroxyl findet sehr leicht beim Kochen der Diazoniumsalze mit Wasser statt, so liefern Diazobenzolsalze und somit Anilin das gewöhnliche *Phenol*[1]

$$\underset{\overset{|||}{N}}{C_6H_5NSO_4H} + H_2O = C_6H_5OH + N_2 + H_2SO_4\,.$$

Zur Darstellung der Phenole ist es, wie gewöhnlich, nicht nötig, die Diazoverbindungen zu isolieren. Man erhitzt die durch Diazotieren der Aminbase erhaltene Lösung (s. S. 93) zum Sieden und setzt das Erhitzen bis zur Beendigung der Stickstoffentwicklung fort. Das Phenol wird dann durch Wasserdampfdestillation oder durch Aus-

---

[1] Hunt, J. **1859**, 391.

schütteln mit Äther isoliert und durch Lösen in Alkali von harzigen Beimengungen befreit.[1]

Am geeignetsten für die Darstellung der Phenole sind die Diazosulfate, d. h. man diazotiere möglichst in schwefelsaurer Lösung Auch die Diazochloride liefern zuweilen gute Resultate, während die Nitrate, wegen der nitrierenden Wirkung der Salpetersäure, unzweckmäßig sind. Zuweilen kann man die beiden Operationen der „Diazotierung" und „Verkochung" sehr gut zu einer einzigen vereinigen, indem man gleich die Lösung des Amins in verdünnter Schwefelsäure zum Sieden erhitzt und dann eine Lösung von Natriumnitrit einfließen läßt.

Wenn auch die meisten einfachen Phenole rationeller aus der Teerdestillation oder durch die vorhergehende Methode (Kalischmelze der Sulfosäuren) darstellbar sind, so ist doch diese Methode von sehr großer Wichtigkeit, weil sie gestattet, auch diejenigen substituierten Phenole darzustellen, deren Substituenten die Kalischmelze nicht zulassen. Außerdem ist für die Darstellung im kleinen für Laboratoriumszwecke die Diazotierungsmethode bequemer als die Kalischmelze, z. B. benutzt man zur Reindarstellung der Kresole (Methylphenole) zweckmäßig die Diazotierung der Toluidine, da die im Steinkohlenteer vorkommenden Kresolgemische sich nicht gut durch Fraktionieren trennen lassen.[2]

Der Ersatz der Amidogruppe durch Hydroxyl geht bei allen aromatischen Verbindungen ganz glatt und kann in unveränderter Weise für alle Phenolderivate benutzt werden, welche neben der Hydroxylgruppe noch andere Gruppen enthalten, also Nitrophenole, Phenolcarbonsäuren u. s. w.

Nur kann man bei den Diaminen meist nicht beide Amidogruppen gleichzeitig diazotieren[3] und durch Hydroxyl ersetzen, sondern man muß zuerst die eine Amidogruppe durch Acetylierung schützen, dann die zweite diazotieren und durch Hydroxyl ersetzen und nun erst nach Abspaltung der Acetylgruppe mit der zweiten Amidogruppe in gleicher Weise verfahren.

Einige Bromamidoverbindungen ergeben beim Kochen der Diazoverbindungen mit Wasser die entsprechenden Brombenzole, indem hier die Diazogruppe durch Wasserstoff ersetzt wird. Aus Diazoniumnitraten entstehen zuweilen Nitrophenole als Nebenprodukte (s. oben).

In symmetrischen Triamidobenzolen lassen sich die Amidogruppen ohne den Umweg über die Diazoverbindungen beim Kochen mit Salzsäure direkt durch Hydroxylgruppen ersetzen, so entsteht *Phloroglucin* aus symmetrischem Triamidobenzol[4]

---

[1] G. 205. — SCHMITT, A. **253**, 282.

[2] TIEMANN, SCHOTTEN, B. **11**, 768. — IHLE, J. pr. [2] **14**, 451.

[3] Vgl. S. 92, Anm. 7. [4] HEPP, A. **215**, 349. — FLESCH, M. **18**, 757.

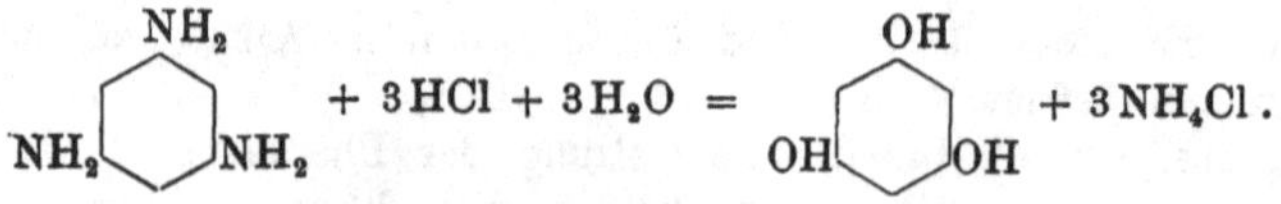

Diese Darstellungsmethode ist für symmetrische dreiwertige Phenole die beste. Es ist hierfür nicht nötig, die Amidoverbindung zu isolieren, vielmehr wird die aus der Trinitroverbindung mit Zinn und Salzsäure erhaltene Reduktionsflüssigkeit ohne weiteres gekocht.

Ähnlich kann man Amidogruppen durch Behandlung mit Ätzkali direkt gegen Hydroxylgruppen austauschen, wenn dieselben in o- oder p-Stellung zu einer Nitrogruppe stehen; indem man die Nitroamidoverbindungen bis zum Aufhören der Ammoniakentwicklung mit Kalilauge kocht. So entsteht z. B. aus p-Nitroanilin direkt *p-Nitrophenol*[1]

$$NO_2 \cdot C_6H_4 \cdot NH_2 + KOH = NO_2 \cdot C_6H_4 \cdot OK + NH_3 .$$

m-Nitroamidoverbindungen scheinen die gleiche Reaktion nicht zu geben.[2]

4. *Durch Kohlenstoffverkettung.* Höhere Homologe der Phenole lassen sich aus diesen selbst durch Einführung von Alkylgruppen in den Benzolkern darstellen. Für diese Synthese eignen sich besonders die höheren Alkohole, deren Alkyl beim Erhitzen mit Phenolen bei Gegenwart wasserentziehender Mittel unter Wasseraustritt in den Benzolkern der Phenole eintritt. Aus Isobutylalkohol und Phenol entsteht so *p-Isobutylphenol*[3]

$$C_4H_9OH + C_6H_5OH = C_4H_9 \cdot C_6H_4OH + H_2O$$

und ebenso aus Benzylalkohol und Phenol *p-Oxydiphenylmethan.*[4]

Die Wasserabspaltung wird durch Erhitzen mit Chlorzink im Rohr auf 200° erreicht, tritt aber zuweilen auch schon bei niedrigerer Temperatur oder auch beim Erhitzen mit Schwefelsäure und Eisessig ein. Auch Alkalibisulfat[5] und Magnesiumchlorid[6] werden als Kondensationsmittel benutzt. Als Nebenprodukte entstehen durch andersartige Wasserabspaltung Phenoläther und bei Verwendung von Methylalkohol sind dies sogar die einzigen Produkte. Aldehyde kondensieren sich in gleicher Weise wie Alkohole mit Phenolen unter Bildung von Di- und Triphenylmethanderivaten (s. mehrwertige Phenole).

Zuweilen lassen sich höhere Phenole nach der Friedel-Craftschen Synthese (vgl. S. 33) darstellen,[7] doch verläuft diese Reaktion bei den Phenolen nur sehr selten in befriedigender Weise. Auch durch Einwirkung von Äther und Aluminium-

[1] Wagner, B. 7, 77. [2] Lellmann, B. 17, 2719.

[3] Liebmann, B. 14, 1842; 15, 150. D. R.-P. 17311. — Dobrzycki, J. pr. [2] 36, 390.

[4] Paternò, Fileti, Gaz. 5, 382. [5] D. R.-P. 23775, B. 16, 2541.

[6] Mazzara, Gaz. 12, 505; B. 16, 792. [7] Gurewitsch, B. 32, 2424.

chlorid[1] läßt sich die Äthylgruppe und durch Addition von Phenolen an Olefine auch einige andere Alkylgruppen[2] in Phenole einführen.

5. *Durch Kohlensäureabspaltung.* Viele Phenolcarbonsäuren sowie ihre Salze spalten bei der Destillation für sich oder mit Kalk Kohlendioxyd ab und liefern Phenole. So kann man das gewöhnliche *Phenol* aus Salicylsäure darstellen

$$C_6H_4<{OH \atop COOH} = C_6H_5OH + CO_2 .$$

Häufig, besonders bei o- und p-Phenolcarbonsäuren geht die Kohlensäureabspaltung schon beim Erhitzen mit Salzsäure auf 200° und bei Phloroglucincarbonsäure sogar schon beim Kochen mit Wasser vor sich.

Als Darstellungsweise hat diese Reaktion natürlich nur theoretisches Interesse.

Aus den Phenolen lassen sich mit besonderer Leichtigkeit Halogen- und Nitrosubstitutionsprodukte darstellen. Sie bilden sowohl äther- als esterartige Verbindungen, wie die Alkohole, von denen sie sich durch ihren Säurecharakter unterscheiden. Außerdem dienen die Phenole zur Synthese von Phenolaldehyden und Phenolcarbonsäuren sowie vermöge ihrer Fähigkeit, sich mit Diazoverbindungen zu „kuppeln", zur Darstellung von Oxyazokörpern (Azofarbstoffen).

VIII. Äther.

Es war schon früher einmal kurz erwähnt worden (s. S. 62), daß in der organischen Chemie die Alkylgruppen gewissermaßen dieselbe Rolle spielen, wie die Metalle in der anorganischen Chemie, indem sie mit Halogenen zusammentreten und so Verbindungen bilden, die identisch sind mit den (salzartigen) Estern der Alkohole (oder Phenole) mit den Halogenwasserstoffsäuren. Von diesem Gesichtspunkt aus wären die Alkohole und Phenole mit den Metallhydroxyden der anorganischen Chemie zu vergleichen

$$K + Br = KBr \qquad [CH_3 + Br] = CH_3Br ,$$

$$KOH + HBr = KBr + H_2O \qquad CH_3OH + HBr = CH_3Br + H_2O .$$

Diese Parallelität zeigt sich weiter darin, daß die organischen

[1] Jannasch, Rathjen, B. **32**, 2391.

[2] Königs, Carl, Mai, B. **23**, 3144; **24**, 179. 3889; **25**, 2649.

Hydroxylverbindungen, die Alkohole, unter Wasseraustritt Oxyde der Alkylgruppen bilden, die den Metalloxyden vergleichbar sind

$$2KOH = \genfrac{}{}{0pt}{}{K}{K}{>}O + H_2O \qquad 2CH_3OH = \genfrac{}{}{0pt}{}{CH_3}{CH_3}{>}O + H_2O.$$

Diese Oxyde aliphatischer oder aromatischer Alkylreste sind die Äther. Sind die beiden durch Sauerstoff verbundenen Alkylreste gleich, so bezeichnet man das Oxyd als einfachen, anderenfalls als gemischten Äther

$$CH_3{-}O{-}CH_3 \qquad CH_3{-}O{-}C_2H_5.$$

1. *Durch Wasseraustritt aus Alkoholen oder Phenolen.* Als Anhydride der Alkohole oder Phenole entstehen die Äther durch Einwirkung wasserentziehender Mittel auf diese. So entsteht aus Phenol beim Erhitzen mit Chlorzink oder Aluminiumchlorid auf 350° *Phenyläther*[1]

$$2C_6H_5OH = C_6H_5\cdot O\cdot C_6H_5 + H_2O.$$

Als einfache Wasserabspaltung ist die Ätherbildung jedoch nur bei den Phenolen und einigen aromatischen Alkoholen aufzufassen.

Die Wasserabspaltung geht bei den verschiedenen Verbindungen mit sehr verschiedener Leichtigkeit vor sich. Während Phenol erst bei 350° mit Chlorzink und auch da nur in sehr schlechter Ausbeute Phenyläther liefert, ätherifiziert sich Resorcin schon mit rauchender Salzsäure bei 180°,[2] die Naphtole schon beim Einleiten von Salzsäure in die siedenden Verbindungen,[3] Diphenylmethylalkohol schon beim Sieden ohne wasserentziehendes Mittel[4] und Fluorenalkohol sogar schon beim Schmelzen.[5]

Bei den meisten Alkoholen verläuft die Anhydridbildung, die meist durch Schwefelsäure bewirkt wird, in zwei getrennten Phasen. Die Alkohole bilden mit der Schwefelsäure zunächst die Monoalkylester der letzteren, die sogenannten Alkylschwefelsäuren (vgl. S. 12)

$$C_2H_5OH + OHSO_2OH = C_2H_5O\cdot SO_2\cdot OH + H_2O,$$

die dann beim Erhitzen mit weiterem Alkohol unter Rückbildung der Schwefelsäure Äther liefern.

$$C_2H_5OSO_3H + C_2H_5OH = C_2H_5OC_2H_5 + H_2SO_4.$$

Da die erste Phase der Reaktion getrennt von der zweiten schon bei bedeutend niedrigerer Temperatur verläuft, kann man durch An-

[1] Merz, Weith, B. **14**, 189. [2] Barth, Weitel, B. **10**, 1464.
[3] Gräbe, B. **13**, 1850; A. **209**, 148. [4] Linnemann, A. **133**, 13.
[5] Barbier, A. ch. [5] **7**, 504.

wendung zweier verschiedener Alkohole auch gemischte Äther darstellen. Man verfährt dann so, daß man zunächst die Schwefelsäure mit einem Molekül Alkohol auf 130—140° erhitzt und dann das zweite Molekül Alkohol zutropfen läßt, während man zur Darstellung einfacher Äther auch gleich ein Gemisch von einem Molekül Alkohol mit zwei Molekülen Schwefelsäure erhitzen kann.[1]

Für diesen Ätherbildungsprozeß eignen sich nur primäre Alkohole. da sekundäre und tertiäre zu leicht Olefine bilden (s. S. 12).[2]

Da die Schwefelsäure bei der Reaktion zurückgebildet wird, reicht dieselbe Menge Säure zur Ätherifizierung von weit mehr als zwei Molekülen Alkohol aus, doch geht ihre Wirkung nicht, wie man erwarten könnte, unbegrenzt weiter, da die Säure sowohl teilweise infolge von Nebenreaktionen reduziert, als auch durch das bei der Reaktion auftretende Wasser allmählich verdünnt wird.

Die Theorie des Ätherbildungsprozesses beschäftigte die Chemiker lange Zeit hindurch und ist eines der interessantesten Kapitel der Geschichte der Chemie. Erst 1850 wurde die endgültige Deutung dieser Reaktion von Williamson und Chancel[3] gegeben.

Ebenso wie Schwefelsäure wirken Phosphorsäure, Arsensäure und Borsäure. Auch mit Salzsäure verläuft bei 170° die Reaktion analog unter intermediärer Bildung von Chloräthyl (siehe folgende Synthese). Neuerdings wird mit Vorteil Benzolsulfosäure bei 145° verwandt.[4] Auch Alkylphenyläther lassen sich so darstellen.[5]

Als Darstellungsmethode ist diese Wasserabspaltung nur für aliphatische Äther von Bedeutung.

2. *Aus Halogenalkylen und Natriumalkoholaten oder -phenolaten.* Äther können auch durch Einwirkung von Halogenalkylen auf Natriumalkoholate und Natriumphenolate gewonnen werden. Auch hier können durch Verkettung zweier verschiedener Radikale gemischte Äther dargestellt werden, z. B. entsteht aus Jodäthyl und Phenolnatrium: *Äthylphenyläther* (*Phenetol*)[6]

$$C_6H_5ONa + JC_2H_5 = C_6H_5 \cdot O \cdot C_2H_5 + NaJ.$$

Diese Methode ist besonders für die Darstellung der gemischten aliphatisch-aromatischen Äther und die Äther sekundärer und tertiärer Alkohole bequem.

[1] Peter, B. **32**, 1418. — Mamontow, C. **1897** II, 408. — Erlenmeyer, Kriechbaumer, B. **7**, 699. — Norton, Prescott, Am. **6**, 243.
[2] Norton, Prescott, Am. **6**, 244; s. jedoch Mamontow, C. **1897** II, 408.
[3] A. **77**, 37; **81**, 73. [4] Krafft, B. **26**, 2829. D. R.-P. 69115.
[5] Krafft, Roos, D. R.-P. 76574; B. **27** R., 955.
[6] Cahours, A. **78**, 226.

Die Natriumverbindungen der Alkohole und der Phenole reagieren gleich, doch muß die Halogenverbindung aliphatischer Natur sein, da auch für diese Reaktion das direkt am aromatischen Kern sitzende Halogen zu schwer beweglich ist. Die Versuchsbedingungen gestalten sich verschieden, je nachdem man Alkohole oder Phenole anwendet. Für aliphatische Verbindungen wird meist eine bestimmte Menge metallischen Natriums in einem großen Überschuß des betreffenden Alkohols gelöst und zu dieser alkoholischen Lösung die für das Natrium berechnete Menge Halogenalkyl zugesetzt und gelinde erhitzt.[1] Die Isolierung des Natriumalkoholats ist nur selten nötig. Zuweilen braucht man nur ein Gemisch von Alkohol und Jodalkyl mit gepulvertem Kaliumhydrat zu kochen. Als Nebenprodukte entstehen auch hier häufig Olefine. Zur Darstellung von Phenoläthern genügt es meist, das Gemisch von Phenol und Jodalkyl mit alkoholischer Kalilauge zu erhitzen. Soll das Phenolnatrium in fester Form verwandt werden, so löst man das Phenol in Natronlauge und verdampft zur Trocknis. Bei höherer Temperatur reagieren auch häufig die freien Alkohole und Phenole mit den Halogenalkylen.

In mehrwertigen Alkoholen oder Phenolen kann die Ätherbildung an einer oder auch an mehreren, bezw. allen Hydroxylgruppen stattfinden, so bildet z. B. Resorcin einen *Monomethyläther* und einen (neutralen) *Dimethyläther*

$$C_6H_4{<}{}^{ONa}_{OH} + CH_3J = C_6H_4{<}{}^{O\cdot CH_3}_{OH} + NaJ\,.$$

$$C_6H_4{<}{}^{ONa}_{ONa} + 2\,CH_3J = C_6H_4{<}{}^{OCH_3}_{OCH_3} + 2\,NaJ\,,$$

Die Beschränkung der Reaktion auf einen Teil der vorhandenen Hydroxylgruppen wird durch Anwendung beschränkter Mengen von Jodalkyl erreicht. Andrerseits können auch mehrere Halogenatome in einem und demselben Kohlenwasserstoffrest unter Ätherbildung reagieren. So liefert Äthylenbromid mit Kaliumphenolat *Äthylendiphenyläther*

$$\begin{matrix} CH_2\cdot Br \\ | \\ CH_2\cdot Br \end{matrix} + 2\,C_6H_5OK = \begin{matrix} CH_2\cdot O\cdot C_6H_5 \\ | \\ CH_2\cdot O\cdot C_6H_5 \end{matrix} + 2\,KBr\,.$$

Während der Austausch mehrerer Halogenatome in einem Molekül gegen Hydroxylgruppen im allgemeinen nur möglich ist, wenn die Halogenatome an verschiedenen Kohlenstoffatomen stehen (s. S. 115), kann die Ätherbildung auch an einem und demselben Kohlenstoffatom mehrmals stattfinden. Aus Chloroform und Natriummethylat entsteht z. B. der sogenannte *Orthoameisensäureäther* (s. weiter unten)[2]

$$CHCl_3 + 3\,NaOCH_3 = CH(OCH_3)_3 + 3\,NaCl\,.$$

---

[1] Würtz, A. ch. [3] **42**, 153. — Lippert, A. **276**, 197.
[2] Deutsch, B. **12**, 117.

Bei Polyhalogenverbindungen kann auch zuweilen Ätherbildung und Halogenwasserstoffabspaltung in einem Molekül nebeneinander hergehen, so liefert z. B. Tribromhydrin: *Methylpropargyläther*, indem ein Brom durch Methoxyl ersetzt, die beiden anderen aber als Bromwasserstoff unter Acetylenbildung abgespalten werden [1]

$$\begin{array}{l} CH_2Br \\ | \\ CHBr \\ | \\ CH_2Br \end{array} + 3\,CH_3OK = \begin{array}{l} CH \\ ||| \\ C \\ | \\ CH_2OCH_3 \end{array} + 3\,KBr + 2\,CH_3OH\,.$$

An Stelle der Halogenalkyle kann man auch Salze der Alkylschwefelsäure oder Benzolsulfosäurealkylester [2] auf die Alkoholate oder Phenolate einwirken lassen. Die Reaktion unterscheidet sich dann nicht wesentlich von der zweiten Phase des vorher erwähnten gewöhnlichsten Ätherbildungsprozesses. [3]

Zur Ätherbildung befähigt sind alle Alkoholate und Phenolate, sowie andrerseits alle aliphatisch gebundenen Halogenatome (s. S. 106 Anm.), also z. B. halogensubstituierte Alkohole, Säuren u. s. w.,

Am aromatischen Kern stehende Halogenatome reagieren nur ausnahmsweise, und zwar unter den gleichen Vorbedingungen wie in analogen Fällen, also z. B. bei gleichzeitiger Anwesenheit von Nitrogruppen im Kern.

3. *Aus Halogenalkylen und Silberoxyd.* Verwandt mit der vorigen Reaktion ist die Einwirkung von trockenem Silberoxyd auf aliphatische Halogenalkyle, indem hier in erster Phase vielleicht ein Silberalkoholat entsteht,

$$C_2H_5J + Ag_2O = C_2H_5OAg + AgJ\,,$$

das sich dann mit einem zweiten Molekül Halogenalkyl normal unter Ätherbildung umsetzt [4]

$$C_2H_5OAg + JC_2H_5 = C_2H_5OC_2H_5 + AgJ\,.$$

(Über die Einwirkung von feuchtem Silberoxyd s. S. 114.)

Auch andere Metalloxyde sind verwendbar.

4. *Aus Phenolen und Diazomethan.* Eine spezielle Darstellungsweise für die Methyläther der verschiedenen Phenole ist die

---

[1] LIEBERMANN, A. **135**, 283.

[2] Auch hier zeigt sich, daß die am Benzolkern haftende Sulfosäuregruppe bedeutend leichter austauschbar ist, als analog gebundene Halogenatome (vgl. die Darstellung der Phenole).

[3] WILLGERODT, FERKO, J. pr. [2] **33**, 152. — KRAFFT, ROOS, B. **27**, R. 955. — KOLBE, J. pr. [2] **27**, 424.

[4] LINNEMANN, A. **161**, 37. — ERLENMEYER, A. **126**, 306.

Reaktion der letzteren mit Diazomethan, die schon bei gewöhnlicher Temperatur verläuft[1]

$$C_6H_5OH + N_2CH_2 = C_6H_5OCH_3 + N_2 .$$

5. *Aus Diazoverbindungen und Alkoholen oder Phenolen.* Verwandt hiermit ist die als Nebenreaktion verlaufende Bildung von Alkyläthern der Phenole bei der Einwirkung von Alkoholen auf aromatische Diazoniumsalze

$$C_6H_5\cdot\underset{\overset{\vdots}{N}}{N}Cl + C_2H_5OH = C_6H_5\cdot O\cdot C_2H_5 + N_2 + HCl .$$

Die Hauptprodukte dieser Reaktion sind, wie früher (S. 38) erwähnt, meist die Benzolkohlenwasserstoffe, beim Zersetzen der trockenen Diazosalze mit Alkohol jedoch vorwiegend Phenoläther.[2]

In ganz analog verlaufender Reaktion, aber mit weit besseren Ausbeuten, kann man nach einem neueren Patent an Stelle der Alkohole auch Phenole auf Diazosalze einwirken lassen und so rein aromatische Äther erhalten, z. B. aus Anilin und Phenol *Phenyläther.*

Man schüttelt hiernach die Diazolösung mit überschüssigem Phenol aus. Hierbei löst sich das Diazosalz wahrscheinlich unter Bildung der losen Verbindung $C_6H_5\cdot N_2\cdot O\cdot C_6H_5$ im Phenol auf und wenn man letzteres erwärmt und schließlich destilliert, so erhält man in guter Ausbeute den Phenyläther $C_6H_5\cdot O\cdot C_6H_5$.[3] Analog entstehen auch homologe Phenoläther, Naphtoläther u. s. w.

6. *Durch direkte Kohlenstoffverkettung.* Die Äther höherer homologer Phenole kann man aus den einfachen Phenoläthern häufig sehr gut durch direkte Kohlenstoffsynthese nach der Friedel-Craftsschen Methode erhalten, die gerade für Phenoläther mit besonders gutem Erfolg zu gebrauchen ist. So entsteht aus Anisol und Isobutylbromid durch Einwirkung von Aluminiumchlorid *p-Isobutylanisol* (*p-Isobutylphenolmethyläther*)[4]

$$CH_3OC_6H_5 + BrC_4H_9 = CH_3OC_6H_4\cdot C_4H_9 + HBr .$$

Die Arbeitsweise entspricht vollkommen derjenigen bei der analogen Synthese von Kohlenwasserstoffen (s. S. 33).

Aliphatische und aromatische Aldehyde kondensieren sich ebenfalls mit Phenoläthern unter Bildung von Phenoläthern des Di- und Triphenyl-

[1] Pechmann, B. **28**, 857.
[2] Remsen, B. **21**, R. 99; **22**, R. 657; **26**, R. 547; **18**, 65.
[3] Hirsch, D. R.-P. 58001. — L.-C. 499.
[4] Baur, B. **27**, 1618. 1623.

methans, ganz ebenso, wie sie sich mit Phenolen zu mehrwertigen Phenolen (s. diese und S. 128) der gleichen Reihe kondensieren.[1]

7. *Durch Kohlensäureabspaltung.* Auch durch Erhitzen von Carboxylderivaten der Phenoläther mit Kalk oder Baryt entstehen unter Kohlensäureabspaltung die Phenoläther selbst. So liefert Anissäure: *Anisol* (*Methylphenyläther*)[2]

$$C_6H_4<^{OCH_3}_{COOH} + CaO = C_6H_5OCH_3 + CaCO_3.$$

Die Äther sind außerordentlich indifferente Körper und daher zur Ausführung weiterer Synthesen wenig geeignet, dagegen ist der Äthyläther gerade wegen seiner chemischen Indifferenz ein sehr wertvolles Lösungsmittel für die Ausführung der verschiedensten Reaktionen.

Anhang.

1. Acetale und andere Orthoäther. Wie später näher ausgeführt werden wird, hat man die Aldehyde und Ketone als Anhydride zweiwertiger Alkohole aufzufassen, deren beide Hydroxylgruppen am selben Kohlenstoffatom stehen. Solche zweiwertigen Alkohole von der Formel $^{x}_{y}>C<^{OH}_{OH}$ sind nicht (oder doch nur ganz ausnahmsweise) beständig, sondern gehen im Entstehungsmoment in intramolekulare Anhydride $^{x}_{y}>C{=}O$, eben die Aldehyde oder Ketone, über, wohl aber kennt man Äther dieser zweiwertigen Alkohole, der Orthoaldehyde und Orthoketone $^{x}_{y}>C<^{OAlk}_{OAlk}$, die sogenannten Acetale.

Die aliphatischen Acetale entstehen entsprechend den Bildungsweisen der gewöhnlichen Äther:

Durch Wasserabspaltung aus einem Gemisch des Aldehyds und des Alkohols. Wahrscheinlich addiert der Aldehyd zunächst ein Molekül Alkohol unter Bildung eines Monoäthers

$$\text{I.}\quad CH_3\cdot CH{:}O + C_2H_5OH = CH_3\cdot CH<^{OH}_{OC_2H_5},$$

der dann mit einem zweiten Molekül Alkohol unter Wasserabspaltung reagiert[3]

---

[1] Feuerstein, Lipp, B. **35**, 3252. — Baeyer, B. **5**, 26. — Claus, Trainer, B. **19**, 3009.

[2] Cahours, A. **41**, 69; **48**, 65; **52**, 327; **74**, 298.

[3] Geuther, A. **126**, 63.

$$\text{II.}\quad CH_3\cdot CH\!<\!\begin{smallmatrix}OH\\ OC_2H_5\end{smallmatrix} + OH\cdot C_2H_5 = CH_3\cdot CH\!<\!\begin{smallmatrix}OC_2H_5\\ OC_2H_5\end{smallmatrix} + H_2O\,.$$

Acetal, Acetaldehyddiäthyläther

Diese Wasserabspaltung findet schon beim Erhitzen eines Aldehyd-Alkoholgemisches auf 100° statt, wird aber besser unter Benutzung wasserentziehender Mittel bewirkt. Als solche dienen Eisenchlorid,[1] Phosphorsäure,[2] oder am besten Salzsäure, in Form einer einprozentigen alkoholischen Lösung, wobei zunächst ein Chlorhydrin entsteht.[3] Orthoketonäther scheinen so nicht darstellbar zu sein.

Ebenso wie die gewöhnlichen Äther kann man die Acetale aber auch durch Einwirkung der Natriumalkoholate auf entsprechende Halogenverbindungen, welche zwei Halogenatome am gleichen Kohlenstoff haben, darstellen, und zwar werden hiernach besonders die aromatischen Acetale gewonnen. So entsteht aus Methylenjodid und Natriummethylat das *Methylal* oder *Formal*, der Dimethyläther des Formaldehyds,[4] und aus Benzalchlorid der *Methyläther des Benzaldehyds*[5]

$$CH_2J_2 + 2\,NaOCH_3 = CH_2\!<\!\begin{smallmatrix}OCH_3\\ OCH_3\end{smallmatrix} + 2\,NaJ\,.$$

Außerdem entstehen Acetale dadurch, daß die Aldehyde und Ketone größere Tendenz zur Bildung von Orthoäthern haben als die Säuren (s. weiter unten). Wenn man also Aldehyde oder Ketone mit Orthoameisensäureäther (oder Formidoäther und Alkohol) (s. weiter unten) zusammenbringt, so findet ein Austausch statt und man erhält die Orthoäther der Aldehyde oder Ketone und gewöhnlichen Ameisensäureester, z. B. aus Aceton den *Orthoacetonäthyläther*[6]

$$\begin{smallmatrix}CH_3\\ CH_3\end{smallmatrix}\!>\!CO + H\cdot C\!\begin{smallmatrix}OC_2H_5\\ OC_2H_5\\ OC_2H_5\end{smallmatrix} = \begin{smallmatrix}CH_3\\ CH_3\end{smallmatrix}\!>\!C\!<\!\begin{smallmatrix}OC_2H_5\\ OC_2H_5\end{smallmatrix} + H\cdot C\!\begin{smallmatrix}\!/\!\!/O\\ \diagdown OC_2H_5\end{smallmatrix}\,.$$

Auch Ketosäureester bilden auf diese Weise Orthoketonäther. Schließlich möge noch erwähnt werden, daß man in den Acetalen höhere Alkylgruppen durch niedrigere ersetzen kann, wenn man sie mit den entsprechenden Alkoholen erhitzt.[7]

Ebenso wie die Aldehyde und Ketone als Anhydride zweiwertiger, sind die Säuren als Anhydride dreiwertiger, in

[1] Trillat, Cambier, B. **27** R., 506.
[2] Verley, C. **1899** I, 919.
[3] E. Fischer, Giebe, B. **30**, 3053.
[4] Arnhold, A. **240**, 198.
[5] Wicke, A. **102**, 363.
[6] Claisen, B. **31**, 1010.
[7] Rübencamp, A. **225**, 267.

freier Form nicht beständiger Alkohole, der sogenannten „Orthosäuren" aufzufassen (s. unter Säuren). Auch von diesen dreiwertigen Alkoholen sind, wenn auch nur in beschränktem Maße, Äther bekannt.

Diese *Orthosäureäther* entstehen analog den Acetalen durch Einwirkung von Natriumalkoholaten auf die entsprechenden Trichlorverbindungen, so der *Orthoameisensäuremethyläther* aus Chloroform und Natriummethylat,[1] ebenso der *Orthobenzoesäureäther* u. a. m.

$$HCCl_3 + 3\,NaOCH_3 = H\cdot C{\begin{smallmatrix} OCH_3 \\ OCH_3 \\ OCH_3 \end{smallmatrix}} + 3\,NaCl\,.$$

Auch aus den Imidoäthern (s. dieselben) entstehen sie durch Einwirkung von Alkoholen[2]

$$HC{\begin{smallmatrix} NH,\ HCl \\ OC_2H_5 \end{smallmatrix}} + 2\,C_2H_5OH = HC{\begin{smallmatrix} OC_2H_5 \\ OC_2H_5 \\ OC_2H_5 \end{smallmatrix}} + NH_3,\ HCl\,.$$

Orthokohlensäureäther, d. h. Äther des analogen vierwertigen Alkohols, sind ebenfalls bekannt. Sie entstehen jedoch nicht aus Tetrachlorkohlenstoff, wohl aber aus Trichlormononitromethan mit Natriumalkoholaten[3]

$$C{\begin{smallmatrix} Cl_3 \\ NO_2 \end{smallmatrix}} + 4\,NaOC_2H_5 = C\equiv(OC_2H_5)_4 + 3\,NaCl + NaNO_2\,.$$

2. Cyklische Äther der Glykole (Alkylenoxyde), die sich von den zweiwertigen Alkoholen durch intramolekulare Ätherbildung ableiten, entstehen je nach der gegenseitigen Stellung der Hydroxylgruppen nach verschiedenen Methoden.

α- und β-Alkylenoxyde entstehen am besten aus den Chlorhydrinen und Bromhydrinen oder deren Essigsäureestern durch Einwirkung von Kalilauge. So gibt Glykolmonochlorhydrin *Äthylenoxyd*[4]

$$\begin{matrix} CH_2OH \\ | \\ CH_2Cl \end{matrix} + KOH = \begin{matrix} CH_2 \\ | \\ CH_2 \end{matrix}{>}O + KCl + H_2O\,.$$

(S. auch S. 11.)

Die Entziehung der Halogenwasserstoffsäure wird durch Erhitzen mit wäßriger oder alkoholischer Kalilauge, zuweilen auch mit festem Kaliumhydrat bewirkt.

---

[1] Williamson, Kay, A. **92**, 346. [2] Pinner, B. **16**, 1645.
[3] Bassett, A. **132**, 54. Vgl. Röse, A. **205**, 254.
[4] Würtz, A. **110**, 125. — Demole, A. **173**, 125.

γ- und *δ*-Alkylenoxyde werden dagegen besser durch direkte Wasserabspaltung aus den Glykolen dargestellt, z. B. *Pentamethylenoxyd* aus Pentamethylenglykol[1]

$$CH_2<\begin{matrix}CH_2\cdot CH_2\cdot OH\\ CH_2\cdot CH_2\cdot OH\end{matrix} = CH_2<\begin{matrix}CH_2\cdot CH_2\\ CH_2\cdot CH_2\end{matrix}>O + H_2O\,.$$

Die Wasserabspaltung wird durch Erhitzen mit Schwefelsäure bewirkt.[2] Aus den *α*-Glykolen entstehen durch die gleiche Behandlung meist entweder ungesättigte Verbindungen (s. S. 12) oder auch Ketone (s. dieselben). Nur einige aromatische *α*-Glykole liefern zunächst Äthylenoxyde, die sogenannten *α*-Pinakoline. So gibt Tetraphenylglykol (Benzpinakon) *Tetraphenyläthylenoxyd* (*α-Benzpinakolin*)[3]

$$\begin{matrix}(C_6H_5)_2\cdot COH\\ |\\ (C_6H_5)_2\cdot COH\end{matrix} = \begin{matrix}(C_6H_5)_2\cdot C\\ |\\ (C_6H_5)_2\cdot C\end{matrix}>O\,.$$

Diese Äthylenoxyde lagern sich aber außerordentlich leicht in Ketoverbindungen, die sogenannten *β*-Pinakoline (s. Ketone), um, so daß man meist nur die letzteren erhält. In der aliphatischen Reihe scheinen die *α*-Pinakoline überhaupt nicht beständig zu sein.

IX. Merkaptane (Thioalkohole und Thiophenole).

1. *Durch Reduktion der Sulfochloride.* Die Chloride der aliphatischen und aromatischen Sulfosäuren geben bei der Reduktion Merkaptane, so entsteht aus Benzolsulfochlorid *Thiophenol*[4]

$$C_6H_5SO_2Cl + 6H = C_6H_5SH + HCl + 2H_2O\,.$$

Die Reduktion wird mit Zinkstaub und verdünnter Schwefelsäure oder Zinn und Salzsäure ausgeführt und geht meist schon bei gewöhnlicher Temperatur so energisch vor sich, daß Kühlung notwendig ist. Als Zwischenprodukte der Reaktion entstehen Sulfinsäuren (s. diese). Man kann die Merkaptane also auch durch Reduktion der letzteren darstellen, doch kommt dies nur selten in Betracht. Häufig treten auch bei der Reduktion der Sulfochloride als Nebenprodukte Disulfide auf, die am besten durch nachträglichen Zusatz von überschüssigem Zinkstaub weiter reduziert werden.[5]

Die Reduktion der Sulfochloride ist die beste Methode zur Darstellung aromatischer Merkaptane.

---

[1] Demjanow, B. **27**, R. 198.
[2] Lipp, B. **18**, 3275; **19**, 2843.
[3] Thörner, Zincke, B. **10**, 1475. — Paal, B. **17**, 911.
[4] Vogt, A. **119**, 142. — Bourgeois, Rec. **18**, 426. — G. 245.
[5] Otto, B. **10**, 940.

2. *Aus Halogenalkylen.* Ebenso wie die Alkohole aus den Halogenalkylen mit Metallhydroxyden (s. S. 113), entstehen die Thioalkohole aus den Halogenalkylen mit Kaliumhydrosulfid, so erhält man aus Chloräthyl und Kaliumsulfhydrat *Äthylmerkaptan*[1]

$$C_2H_5Cl + KSH = C_2H_5SH + KCl .$$

Von dieser Darstellungsweise gilt genau das Gleiche wie für die analoge Synthese der Alkohole, d. h. es lassen sich im allgemeinen nur aliphatisch gebundene Halogenatome gegen die Sulfhydrylgruppe austauschen und nur ausnahmsweise (s. S. 115) gelingt es, auch Thiophenole nach dieser Methode darzustellen.

Die Umsetzung geht leicht beim Erhitzen in wäßriger oder alkoholischer Lösung vor sich.

Aus Dihalogenverbindungen entstehen zweiwertige Merkaptane (Thioglykole) und gilt auch hier das bei den Alkoholen Gesagte. Ebenso kann man durch Ersatz von Halogen die Sulfhydrylgruppe in beliebige andere aliphatische Moleküle einführen, so entsteht aus Chloressigsäure: *Thioglykolsäure* u. s. w.

$$Cl \cdot CH_2 \cdot COOH \longrightarrow HS \cdot CH_2 \cdot COOH .$$

An Stelle der Halogenalkyle können wiederum, namentlich für die Darstellung im großen, die Salze der Ätherschwefelsäuren verwendet werden[2]

$$C_2H_5OSO_3K + KSH = C_2H_5SH + K_2SO_4 .$$

Diese Methode ist die am häufigsten gebrauchte zur Darstellung aliphatischer Merkaptane.

3. *Durch Austausch der Sulfosäuregruppe.* Im Gegensatz zu Halogenatomen, die, wenn sie am aromatischen Kern stehen, zu schwer beweglich sind, läßt sich, wie gewöhnlich, die Sulfosäuregruppe (s. auch S. 125) auch unter diesen Bedingungen gegen die Sulfhydrylgruppe austauschen, so daß auf diese Weise aromatische Merkaptane (Thiophenole) darstellbar sind. So entsteht *Phenylmerkaptan* aus Benzolsulfosäure[3]

$$C_6H_5SO_3K + KSH = C_6H_5SH + K_2SO_3 .$$

Die Methode ist von geringer praktischer Bedeutung, da man die Merkaptane aus den Sulfosäuren meist bequemer durch Reduktion der Chloride darstellt.

4. *Aus Diazoverbindungen.* Eine andere Methode, die natur-

---

[1] Regnault, A. **34**, 25.

[2] Klason, B. **20**, 3411. [3] Stadler, B. **17**, 2080.

gemäß ebenfalls nur zur Darstellung von Thiophenolen dient, ist die Umsetzung der Diazoniumsalze, also die Einführung der Sulfhydrylgruppe an Stelle einer Amidogruppe.

Der direkte Ersatz der Diazogruppe durch die Sulfhydrylgruppe, d. h. das der Phenoldarstellung analoge Verfahren scheint nur in einzelnen Fällen gute Resultate zu liefern. So gibt z. B. diazotierte Sulfanilsäure (Diazobenzol-p-sulfosäureanhydrid) mit alkoholischer Lösung von Kaliumsulfid das Kaliumsalz der *Thiophenol-p-sulfosäure*[1]

$$C_6H_4{<}{}^{N:N}_{SO_2}{>}O + K_2S = C_6H_4{<}{}^{SK}_{SO_3K} + N_2.$$

Hauptsächlich entstehen gewöhnlich nach dieser Methode Sulfide (siehe dieselben).

Zur Darstellung der einfachen Thiophenole scheint dagegen der Austausch der Diazogruppe auf einem Umwege weit besser zum Ziel zu führen. Setzt man nämlich das Diazoniumsalz mit einem xanthogensauren Salz um, so entsteht ein aromatischer Ester der Xanthogensäure, so aus Benzoldiazoniumchlorid und äthylxanthogensaurem Kalium der *Äthylxanthogensäurephenylester*

$$C_6H_5\cdot\overset{\displaystyle N\cdot Cl}{\underset{\displaystyle N}{\vert\vert\vert}} + KS\cdot CS\cdot OC_2H_5 = C_6H_5S\cdot CS\cdot OC_2H_5 + KCl + N_2.$$

Letzterer liefert bei der Verseifung glatt *Thiophenol*.[2]

$$C_6H_5S\cdot CS\cdot OC_2H_5 + 2H_2O = C_6H_5SH + CO_2 + H_2S + C_2H_5OH.$$

Diese Methode scheint ganz allgemein anwendbar zu sein.

5. *Durch Substitution von Schwefel für Sauerstoff.* Alkohole und Phenole tauschen beim Erhitzen mit Phosphorpentasulfid ihren Sauerstoff direkt gegen Schwefel aus, so entsteht aus Äthylalkohol *Äthylmerkaptan*[3]

$$5C_2H_5OH + P_2S_5 = 5C_2H_5SH + P_2O_5.$$

Bei den Phenolen verläuft die Reaktion weniger einfach. Hierbei entstehen als Nebenprodukte Phosphorsäureester. Wahrscheinlich gestaltet sich die Reaktion folgendermaßen:

$$8C_6H_5OH + P_2S_5 = 2PO_4(C_6H_5)_3 + 3H_2S + 2C_6H_5SH.$$

Phosphortrisulfid wirkt nicht ebenso wie Phosphorpentasulfid, sondern bewirkt teilweise Reduktion zu Kohlenwasserstoffen.[4]

Diese Methode gibt nur sehr geringe Ausbeuten und ist als Darstellungsweise nicht geeignet.

---

[1] Klason, B. **20**, 349.

[2] Leuckart, J. pr. [2] **41**, 184. — Gattermann, Haussknecht, B. **23**, 738. — Bourgeois, Rec. **18**, 426.

[3] Kekulé, A. **90**, 311. [4] Geuther, A. **221**, 55.

X. Thioäther (Alkylsulfide).

Die Synthesen der Thioäther schließen sich im allgemeinen denjenigen der gewöhnlichen Äther an.

1. *Aus Halogenalkylen und Natriummerkaptiden.* Ebenso wie bei der Einwirkung von Halogenalkylen auf Natriumalkoholate Sauerstoffäther, entstehen aus Halogenalkylen mit Natriummerkaptiden (Natriumthioalkoholaten) Thioäther z. B. *Methylisopropylsulfid*[1]

$$CH_3J + C_3H_7SNa = CH_3 \cdot S \cdot C_3H_7 + NaJ.$$

Diese Methode ist namentlich zur Darstellung gemischter Sulfide sehr bequem.

Für diese Synthese gilt im allgemeinen genau dasselbe, was bei der analogen Darstellungsweise der Äther (s. S. 131) erwähnt worden ist. Läßt man auf ein Merkaptid die Halogenverbindung eines anderen Kohlenwasserstoffradikals einwirken, so kann man gemischte Thioäther erhalten, z. B. aus Natriumphenylmerkaptid und Jodäthyl: *Äthylphenylsulfid*[2]

$$C_6H_5SNa + JCH_3 = C_6H_5 \cdot S \cdot CH_3 + NaJ.$$

Auch hier reagieren die Natriumverbindungen aliphatischer und aromatischer Merkaptane gleich, während von den Halogenverbindungen nur diejenigen reagieren, deren Halogen an einem aliphatischen Rest steht.

Die Umsetzung geht in alkoholischer Lösung schon bei gewöhnlicher Temperatur vor sich. Meist genügt es, das Natrium in absolutem Alkohol zu lösen und Merkaptan und Halogenalkyl zuzusetzen. In anderen Fällen verdünnt man das Merkaptan mit Äther oder Benzol, löst das Natrium in dieser Lösung und fügt das Halogenalkyl zu.

Die Ätherbildung kann sowohl bei mehrwertigen Merkaptanen mit Halogenalkyl, als auch bei Polyhalogenverbindungen mit Merkaptiden in einem Molekül mehrmals vor sich gehen, so gibt Thioresorcinnatrium zweiwertige Thioäther, und andererseits Äthylenbromid z. B. mit Natriumphenylmerkaptid den *Diphenyläther des Thioglykols* (*Äthylendiphenylsulfid*)[3]

$$\begin{array}{l} CH_2Br \\ | \\ CH_2Br \end{array} + 2\,NaS \cdot C_6H_5 = \begin{array}{l} CH_2 \cdot S \cdot C_6H_5 \\ | \\ CH_2 \cdot S \cdot C_6H_5 \end{array} + 2\,NaBr.$$

Im Tetrachlorkohlenstoff kann man sogar alle vier Halogenatome mit Merkaptiden umsetzen[4]

$$CCl_4 + 4\,NaSC_2H_5 = C(SC_2H_5)_4 + 4\,NaCl.$$

---

[1] Obermeyer, B. **20**, 2923. [2] Beckmann, J. pr. [2] **17**, 457.

[3] Ewerlöf, B. **4**, 717.

[4] Claesson, J. pr. [2] **15**, 212. S. auch Gabriel, B. **10**, 186.

Ebenso wie bei der gewöhnlichen Ätherbildung kann man an Stelle der Halogenalkyle die Salze der Ätherschwefelsäuren anwenden. Die Bleiverbindungen aromatischer Merkaptane reagieren beim Erhitzen auch mit rein aromatischen Halogenverbindungen. So erhält man aus Brombenzol und Bleithiophenolat Phenylsulfid und analog dessen Homologen.[1]

2. *Aus Halogenalkylen und Kaliumsulfid.* Ähnlich wie Sauerstoffäther auch aus Halogenalkylen mit Silberoxyd entstehen (s. S. 133), kann man Thioäther darstellen, indem man Halogenalkyle auf Kaliumsulfid einwirken läßt. Als erste Phase der Reaktion entstehen wohl auch hier Merkaptide, die dann in normaler Weise weiter mit Halogenalkyl reagieren[2]

$$1)\quad K_2S + C_2H_5J = C_2H_5SK + KJ\,,$$

$$2)\quad C_2H_5SK + C_2H_5J = C_2H_5\cdot S\cdot C_2H_5 + KJ\,.$$

Die Reaktion geht leicht in alkoholischer Lösung bei gelindem Erwärmen vor sich und kann in unveränderter Weise auch mit ätherschwefelsauren Salzen ausgeführt werden. Halogenatome, die direkt an aromatischen Kernen stehen, reagieren auch hier nur unter bestimmten Verhältnissen (vgl. S. 115). Bei Verwendung von tertiären Jodverbindungen kann das Kaliumsulfid ähnlich wirken wie freies Alkali und zur Bildung von Olefinen führen.

Für die Darstellung einfacher aliphatischer Sulfide ist diese Methode sehr bequem.

Die Quecksilber- und Bleiverbindungen der Merkaptane zersetzen sich beim Erhitzen für sich unter Bildung von Thioäthern, so Bleiäthylmerkaptid in Schwefelblei und *Äthylsulfid*[3]

$$(C_2H_5S)_2Pb = (C_2H_5)_2S + PbS\,.$$

3. *Aus Diazosalzen und Merkaptanen.* Sehr gut lassen sich aromatische Sulfide aus den Diazosalzen und damit aus den entsprechenden primären Aminen gewinnen. So erhält man aus Diazobenzolchlorid und Thiophenolnatrium *Phenylsulfid.*[4]

Analog entstehen gemischte Sulfide, z. B. aus Diazobenzolchlorid und Äthylmerkaptan *Äthylphenylsulfid*[5]

$$C_6H_5\cdot\underset{\overset{|||}{N}}{N}\cdot Cl + NaS\cdot C_6H_5 = C_6H_5\cdot S\cdot C_6H_5 + NaCl + N_2\,,$$

$$C_6H_5\cdot\underset{\overset{|||}{N}}{N}\cdot Cl + NaS\cdot C_2H_5 = C_6H_5\cdot S\cdot C_2H_5 + NaCl + N_2\,.$$

[1] BOURGEOIS, B. **28**, 2322.
[2] REGNAULT, A. **34**, 24.
[3] KEKULÉ, Z. **1867**, 195.
[4] ZIEGLER, B. **23**, 2471.
[5] STADLER, B. **17**, 2078.

Wie gewöhnlich braucht man auch hier die Diazoverbindung nicht zu isolieren, sondern man tropft die diazotierte Lösung des Amins in eine 60—70° warme Lösung des Natriummerkaptids ein.

Einfache aromatische Sulfide erhält man auch aus Diazoverbindungen und Schwefelammonium. Versetzt man z. B. eine eiskalte Diazobenzolchloridlösung mit Schwefelammonium, so scheidet sich zunächst anscheinend das entsprechende Diazosulfid ab

$$2\,C_6H_5\cdot\underset{\overset{|||}{N}}{N}\cdot Cl + (NH_4)_2S = C_6H_5\cdot\underset{\overset{|||}{N}}{N}\cdot S\cdot\underset{\overset{|||}{N}}{N}\cdot C_6H_5 + 2\,NH_4Cl\,,$$

das sich dann beim Erwärmen in Stickstoff und *Phenylsulfid* zersetzt[1]

$$C_6H_5\cdot\underset{\overset{|||}{N}}{N}\cdot S\cdot\underset{\overset{|||}{N}}{N}\cdot C_6H_5 = C_6H_5\cdot S\cdot C_6H_5 + 2\,N_2\,.$$

Neben den Sulfiden entstehen nach dieser Modifikation Thiophenole (s. S. 140).

4. *Durch Substitution von Schwefel für Sauerstoff.* In gewöhnlichen Äthern wird der Sauerstoff durch Schwefel ersetzt, wenn man dieselben mit Phosphorpentasulfid erhitzt

$$5(C_2H_5)_2O + P_2S_5 = 5(C_2H_5)_2S + P_2O_5\,.$$

Auch hier ist diese Methode ohne praktisches Interesse.

5. *Durch Addition von Merkaptan an Doppelbindungen.* Schließlich entstehen Thioäther durch Anlagerung von Merkaptan an Doppelbindungen der verschiedensten Olefinderivate, eine Reaktion, deren Verallgemeinerungsfähigkeit sehr groß zu sein scheint. Bis jetzt ist die Anlagerung der verschiedenen Merkaptane an ungesättigte Ketone (vgl. weiter unten), ungesättigte Säuren, sowie an zahlreiche ungesättigte Kohlenwasserstoffe gelungen.[2] Als Beispiel diene die Anlagerung von Äthylmerkaptan an Zimtsäure, wobei eine *Phenylthioäthylpropionsäure* entsteht

$$\begin{array}{r} C_6H_5\cdot CH \\ \| \\ HOOC-CH \end{array} + HSC_2H_5 = \begin{array}{r} C_6H_5\cdot CH\cdot SC_2H_5 \\ | \\ HOOC-CH_2 \end{array}\,.$$

Anhang. 1. Orthothioäther (Merkaptale und Merkaptole).

Ebensowenig wie zwei- und mehrwertige Alkohole, deren Hydroxylgruppen am selben Kohlenstoffatom stehen (vgl. S. 115), kennt man analog konstituierte mehrwertige Merkaptane, wohl aber existieren auch hier, und zwar in sehr großer Anzahl, Thioäther dieser hypothetischen Orthoverbindungen, die sich von

[1] Graebe, Mann, B. **15**, 1683. — Purgotti, Gaz. **20**, 30.

[2] Posner, B. **35**, 799, sowie noch unveröffentlichte Arbeiten.

den Acetalen theoretisch durch Austausch der Sauerstoffatome gegen Schwefel ableiten, genau wie die Merkaptane von den Alkoholen und die Thioäther von den gewöhnlichen Äthern. Von größerem Interesse sind diese Verbindungen dadurch, daß sie bei der Oxydation Disulfone (s. S. 104) liefern, Körper, von denen einige wichtige Verwendung finden.

Die Orthothioäther entstehen aus den entsprechenden Halogenverbindungen mit den Natriummerkaptiden analog der Acetalbildung, ungleich wichtiger aber ist ihre direkte Bildung aus den Aldehyden oder Ketonen[1] und den Merkaptanen unter Austritt von Wasser. So entsteht aus Aceton und Äthylsulfhydrat das *Acetonäthylmerkaptol* (*Orthoacetonthioäther*, *Acetonthioacetal*)[2]

$$\begin{matrix}CH_3\\CH_3\end{matrix}\!\!>CO + 2HSC_2H_5 = \begin{matrix}CH_3\\CH_3\end{matrix}\!\!>C<\!\!\begin{matrix}SC_2H_5\\SC_2H_5\end{matrix} + H_2O\,.$$

In Wirklichkeit geht auch diese Reaktion, wie wohl alle Aldehyd- und Ketonreaktionen in zwei Phasen vor sich. Zunächst wird an die Doppelbindung der Carbonylgruppe ein Molekül Merkaptan addiert

$$CH_3\cdot CH{=}O + C_2H_5SH = CH_3CH<\!\!\begin{matrix}OH\\SC_2H_5\end{matrix}$$

und diese Additionsprodukte, die sich übrigens in einigen Fällen auch isolieren lassen[3], reagieren dann mit einem zweiten Merkaptanmolekül unter Wasserabspaltung.

$$CH_3\cdot CH<\!\!\begin{matrix}OH\\SC_2H_5\end{matrix} + C_2H_5SH = CH_3\cdot CH<\!\!\begin{matrix}SC_2H_5\\SC_2H_5\end{matrix} + H_2O\,.$$

Zur Ausführung der Reaktion mischt man die für zwei Moleküle berechnete Menge Merkaptan mit dem betreffenden Aldehyd oder Keton, bezw. bei festen Körpern mit deren Lösung in Eisessig. Hierbei findet bei den Aldehyden die Bildung des Additionsproduktes, in einigen Fällen sogar schon die Kondensation ohne weiteres statt. Dann sättigt man die Flüssigkeit unter Abkühlung mit Salzsäuregas, läßt eventuell noch einige Stunden über Chlorzink stehen und gießt sie in kaltes Wasser.[4]

Die Orthothioäther entstehen aus allen einfachen Monoaldehyden und Monoketonen, und zwar sowohl aus aliphatischen wie aus aromatischen.[5] Dagegen hängt die Reaktionsfähigkeit substituierter Aldehyde

---

[1] Diesen engen Zusammenhang mit den Aldehyden und Ketonen bezeichnet die übliche Benennung der Aldehydderivate als Merkaptale und der Ketonderivate als Merkaptole.

[2] Baumann, B. **18**, 887.

[3] Baumann, B. **18**, 258. — Posner, B. **36**, 296.

[4] Baumann, B. **18**, 887. [5] Posner, B. **33**, 3165.

und Ketone ganz von der Natur und Stellung der substituierenden Gruppe ab. So reagieren Ketosäuren, Nitrosoketone u. a. meist normal, Amidoketone gar nicht u. s. w.[1] In Diketonen reagiert nach gewissen Regelmäßigkeiten häufig nur eine der beiden Ketogruppen[2], ebenso in ungesättigten Ketonen zuweilen nur die Kohlenstoffdoppelbindung (s. oben).[3]

Dadurch, daß bei den Aldehyden schon ohne Kondensationsmittel die Anlagerung eines Merkaptanmoleküls stattfindet, kann man hier auch gemischte Merkaptale darstellen, d. h. solche, welche zwei verschiedene Merkaptanreste enthalten.[4]

Von Orthosäurethioäthern ist bisher nur der aus Chloroform und Natriummerkaptid entstehende Orthothioameisensäureäther und der analog aus Tetrachlorkohlenstoff sich bildende Orthothiokohlensäureäther bekannt (vgl. S. 137).

2. Disulfide entstehen aus den Halogenalkylen oder alkylschwefelsauren Salzen und Kaliumdisulfid, analog der Bildung der Thioäther aus Kaliumsulfid[5] z. B. *Äthyldisulfid*

$$2C_2H_5J + K_2S_2 = C_2H_5\cdot S{-}S\cdot C_2H_5 + 2KJ.$$

Ferner entstehen sie aus den Natriummerkaptiden durch Einwirkung von freiem Halogen[6]

$$2C_2H_5SNa + 2J = C_2H_5\cdot S{-}S\cdot C_2H_5 + 2NaJ.$$

Nach dieser Methode lassen sich auch gemischte Disulfide gewinnen.[7]

Die Merkaptane gehen schon durch den Sauerstoff der Luft oder andere Oxydationsmittel in Disulfide über, so gibt Thiophenol *Phenyldisulfid*[8]

$$2C_6H_5SH + O = C_6H_5\cdot S{-}S\cdot C_6H_5 + H_2O.$$

XI. Organometalle (Metallalkyle).

Ähnlich wie in den Thioäthern zwei Alkylgruppen durch ein Schwefelatom verbunden sind, gibt es Körper, bei denen die

[1] Gabriel, Posner, B. **27**, 1041; **32**, 1240. 2801; **34**, 2643.
[2] Posner, B. **33**, 2983; **35**, 493.
[3] Posner, B. **35**, 799.
[4] Posner, B. **36**, 296.
[5] Zeise, A. **11**, 1. — Morin, A. **32**, 267. — Kopp, A. **35**, 345. — Cahours, A. **61**, 98.
[6] Kekulé, Linnemann, A. **123**, 279.
[7] Otto, Rössing, B. **19**, 3132.
[8] Vogt, A. **119**, 148. — Otto, A. **143**, 213. — Stenhouse, A. **149**, 250.

Affinitäten eines Atoms irgend eines anderen Elementes durch Alkylgruppen abgesättigt sind. So sind Alkylselenide und Alkyltelluride Verbindungen, die den Thioäthern völlig analog darstellbar sind. Auch Phosphor-, Arsen-, Zinn-, Antimon-, Wismut-, Bor-, Siliciumverbindungen sind bekannt, und in ganz gleicher Weise verbinden sich Metallatome mit Alkylgruppen. Fast alle diese Verbindungen sind jedoch von sehr geringer Wichtigkeit. Nur eine kleine Gruppe, nämlich die Alkylverbindungen des Zinks und Magnesiums haben durch ihre außerordentlich vielseitige Verwendbarkeit für die organische Synthese eine große Bedeutung gewonnen.

Zinkalkyle entstehen durch Einwirkung von metallischem Zink auf die Jodalkyle. Die Reaktion verläuft in zwei Phasen. Bei gewöhnlicher Temperatur entsteht zuerst durch einfache Addition ein Alkylzinkjodid

$$Zn + CH_3J = J{-}Zn{-}CH_3 .$$

Beim Erhitzen liefert dann dieses Anlagerungsprodukt *Zinkalkyl*

$$2\,J{-}Zn{-}CH_3 = Zn(CH_3)_2 + ZnJ_2 .$$

Man übergießt Zinkspäne mit Jodalkyl und zersetzt dann das primäre Additionsprodukt durch Erhitzen, wobei man zugleich das gebildete Zinkalkyl abdestilliert. Da die Zinkalkyle sich mit Wasser zersetzen und an der Luft leicht entzünden, muß der ganze Apparat mit trockenem Kohlensäuregas angefüllt sein, von dem man einen langsamen Strom durch den Apparat streichen läßt. Gewöhnliche Zinkspäne werden meist nur sehr schwierig vom Jodalkyl angegriffen, man ätzt dieselben daher zweckmäßig vorher an, oder verwendet statt ihrer Zinknatrium oder Zinkkupfer. Sehr vorteilhaft ist es auch, vor Beginn der Reaktion etwas fertiges Zinkalkyl zuzusetzen, sowie den ganzen Apparat unter geringem Überdruck zu halten, was man durch Einschaltung einer Quecksilbersäule von einigen Zentimetern erreicht.[1]

Die Alkylmagnesiumverbindungen werden ganz analog dargestellt. Für viele Synthesen kann man sehr vorteilhaft statt der schwierig zu handhabenden Zinkalkyle oder Magnesiumalkyle die bei der Darstellung der letzteren in erster Phase entstehenden Alkylmagnesiumjodide benutzen (s. S. 119 ff.), die man durch einfaches Auflösen von Magnesiumspänen in einer ätherischen Lösung des Jodalkyls leicht erhält, wenn man nur sorgfältig jede

[1] Rathke, A. **152**, 220. — Fileti, Contalupo, Gaz. **22**, 2. 387. — Lachmann, C. **1897** II, 25. — Simonowitsch, C. **1899** I, 1066. — Worobjeff, ibid. 1067. — Gladstone, Tribe, Soc. **35**, 569.

Feuchtigkeit ausschließt.[1] Nach diesen Methoden lassen sich im allgemeinen nur aliphatische Metallverbindungen herstellen. In der aromatischen Reihe sind besonders die Quecksilberalkyle bequem erhältlich. Sie entstehen aus den Halogenverbindungen mit Natriumamalgam, z. B. *Quecksilberphenyl* $C_6H_5 \cdot Hg \cdot C_6H_5$ aus Brombenzol.[2]

XII. Aldehyde.

Aldehyde sind die ersten Oxydationsprodukte primärer Alkohole. So erhält man aus Äthylalkohol durch mäßige Oxydation *Acetaldehyd*

$$CH_3 \cdot CH_2OH + O = CH_3 \cdot CH:O + H_2O\,.$$

Ebenso, wie die Alkohole dadurch entstehen, daß ein Wasserstoffatom der Kohlenwasserstoffe zur Hydroxylgruppe oxydiert wird, verläuft die weitere Oxydation der Alkohole so, daß ein zweites Wasserstoffatom am selben Kohlenstoff ebenfalls zur Hydroxylgruppe oxydiert wird. Es entstehen also als erste Produkte der Oxydation primärer Alkohole zweiwertige Alkohole, deren beide Hydroxylgruppen an einem Kohlenstoff stehen, die sogenannten „Orthoaldehyde“

$$CH_3 \cdot CH_2OH + O = CH_3 \cdot CH{<}^{OH}_{OH}\,.$$

Derartige zweiwertige Alkohole sind aber nur in ganz vereinzelten Fällen beständig.[3] In der Regel zerfallen sie im Moment des Entstehens in Wasser und Anhydride, die eigentlichen Aldehyde

$$CH_3 \cdot CH{<}^{OH}_{OH} = CH_3 \cdot CH{=}O + H_2O\,.$$

Die Aldehyde sind also dadurch charakterisiert, daß sie ebenso wie die Ketone (s. diese), die sogenannte Carbonylgruppe $=C=O$ besitzen. Das Vorhandensein dieser Gruppe, welche vermöge ihrer Doppelbindung zwischen Kohlenstoff und Sauerstoff die verschiedensten Komplexe addieren kann, bedingt in erster Linie die außerordentliche Reaktionsfähigkeit dieser beiden Körperklassen. Das spezielle Charakteristikum der Aldehyde (im Gegensatz zu den Ketonen) liegt darin, daß diese Karbonylgruppe aus einem endständigen Kohlenstoffatom ent-

[1] Grignard, C. r. **123**, 558. C. 1901 I, 820; II, 622.

[2] Otto, Dreher, A. **154**, 93. — Aronheim, A. **194**, 148.

[3] Wohl aber existieren Derivate der Orthoaldehyde (s. S. 135).

standen ist, und mit ihren beiden freien Affinitäten infolgedessen nur einerseits an ein anderes Kohlenstoffatom, andererseits aber an Wasserstoff gebunden ist

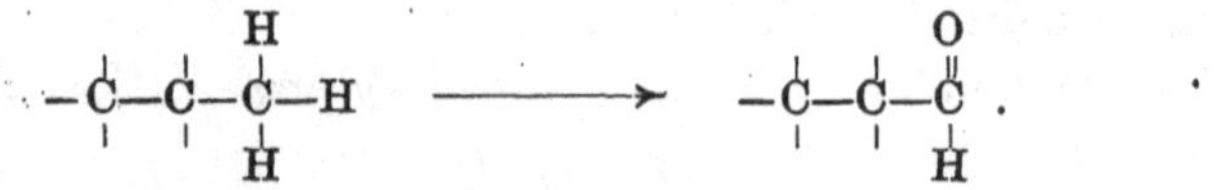

Sie ist somit auch weiterer Oxydation zugänglich und kann dementsprechend nur durch Oxydation primärer Alkohole entstehen.

1. *Durch Oxydation primärer Alkohole.* Die Oxydation der Alkohole ist nur für die niedrigeren Aldehyde der aliphatischen Reihe eine praktische Darstellungsweise, während die höheren aliphatischen, sowie die aromatischen Aldehyde besser nach einer der folgenden Methoden erhältlich sind, weil die Oxydation meist nicht bei den Aldehyden stehen bleibt, sondern zu Säuren führt (s. diese). Als Oxydationsmittel dienen der Sauerstoff der Luft, sowie Kaliumdichromat oder Mangansuperoxyd und verdünnte Schwefelsäure.

So stellt man *Acetaldehyd* so dar, daß man in heiße verdünnte Schwefelsäure eine Mischung von Alkohol und wäßriger Kalium- (oder zweckmäßiger Natrium-)bichromatlösung einfließen läßt[1] oder daß man eine Mischung von Alkohol, Schwefelsäure und Braunstein destilliert.[2]

Auch Chlor und Brom lassen sich als Oxydationsmittel verwenden.[3] In bestimmten Fällen leisten Chromate organischer Basen gute Dienste als Oxydationsmittel.[4]

Der Luftsauerstoff wird hauptsächlich zur Erzeugung von *Formaldehyd* benutzt und durch Sauerstoffüberträger wie glühendes Platin oder Kupfer wirksam gemacht.[5]

Ausnahmsweise können auch durch Oxydation sekundärer Alkohole aliphatische und aromatische Aldehyde entstehen, nämlich aus aromatischen und aliphatischen α-Oxysäuren, deren Alkoholgruppe sekundär ist (vgl. S. 163), indem hier zugleich mit der Oxydation Abspaltung von Kohlendioxyd stattfindet. So liefert Milchsäure (α-Oxypropionsäure): *Acetaldehyd*[6]

$$CH_3 \cdot CHOH \cdot COOH + O = CH_3 \cdot CHO + H_2O + CO_2 .$$

[1] Städeler, J. **1859**, 329. — G. 136. [2] Liebig, A. **14**, 133.

[3] Lobry de Bruin, B. **26**, 271. — Brochet, C. r. **121**, 1156.

[4] Walter, D. R.-P. 118567. — L.-C. 834.

[5] Löw, J. pr. [2] **33**, 324. — Tollens, B. **16**, 917; **19**, 2135; s. auch Trillat, C. r. **132**, 1227.

[6] Engelhardt, A. **70**, 241. — Städeler, A. **69**, 333.

Wahrscheinlich verlaufen jedoch beide Teile der Reaktion nacheinander, indem erst eine Ketonsäure entsteht

$$CH_3\cdot CHOH\cdot COOH + O = CH_3\cdot CO\cdot COOH + H_2O\ ,$$

die dann in Aldehyd und Kohlendioxyd zerfällt

$$CH_3\cdot CO\cdot COOH = CH_3\cdot C\lessgtr^{O}_{H} + CO_2\ .$$

Als Darstellungsmethode kommt diese Methode natürlich nicht in Betracht.

Genau wie aus einwertigen primären Alkoholen Monoaldehyde, entstehen durch Oxydation von diprimären Glykolen Dialdehyde, so aus dem einfachsten Glykol das *Glyoxal.* Als Oxydationsmittel dient hier Salpetersäure [1]

$$\begin{array}{l}CH_2OH\\ |\\ CH_2OH\end{array} + O_2 = \begin{array}{l}CH:O\\ |\\ CH:O\end{array} + 2H_2O\ .$$

2. *Durch Oxydation der Kohlenwasserstoffe.* In aromatischen Kohlenwasserstoffen lassen sich Methylgruppen der Seitenketten direkt zu Aldehyden oxydieren. Als Oxydationsmittel dient hier das Chromylchlorid CrO_2Cl_2. Die Umsetzung, die man gewöhnlich als Étardsche Reaktion bezeichnet, zerfällt in zwei Phasen. Zunächst bilden die Kohlenwasserstoffe mit je zwei Molekülen Chromylchlorid additionelle Verbindungen, so Toluol $C_6H_5CH_3$ das Additionsprodukt $C_6H_5CH_3(CrO_2Cl_2)_2$, das mit Wasser unter Bildung von *Benzaldehyd* zerfällt. [2]

$$3\,C_6H_5CH_3(CrO_2Cl_2)_2 + 3\,H_2O = 3\,C_6H_5CHO + 2\,Cr_2Cl_6 + 2\,CrO_3 + 6\,H_2O\ .$$

Leider versagt diese theoretisch außerordentlich interessante Reaktion in der Praxis sehr oft und gibt auch meist schlechte Ausbeuten, so daß ihre Anwendung sehr beschränkt ist.

Man versetzt eine Lösung des zu oxydierenden Kohlenwasserstoffs in Chloroform oder Schwefelkohlenstoff vorsichtig mit einer ebensolchen Lösung der nötigen Menge Chromylchlorid. Der Niederschlag wird gesammelt und nach dem Trocknen in Wasser eingetragen. Die dabei entstehende Chromsäure wird durch Einleiten von schwefliger Säure reduziert, da sonst weitere Oxydation des Aldehyds eintritt. [3]

Sind mehrere Seitenketten vorhanden, so wird die längste zuerst angegriffen. Längere Seitenketten werden jedoch nicht, wie bei anderen Oxydationen, gesprengt, sondern es wird meist die endständige Methyl-

[1] Ljubawin, B. **14**, 2685. — Forcrand, Bl. [2] **41**, 240.

[2] Étard, A. ch. [5] **22**, 218. — Bornemanns, B. **17**, 1464.

[3] Bornemanns, B. **17**, 1464. — L.-C. 837. S. auch Weiler, B. **32**, 1050.

gruppe der Seitenkette zur Aldehydgruppe oxydiert. So gibt Diäthylbenzol: *Äthylphenylacetaldehyd*[1]

$$C_6H_4<\begin{matrix}CH_2\cdot CH_3\\CH_2\cdot CH_3\end{matrix} \longrightarrow C_6H_4<\begin{matrix}CH_2\cdot CHO\\CH_2\cdot CH_3\end{matrix} .$$

Zuweilen entstehen jedoch auch Ketone.[2]

Chromsäure wirkt, besonders bei Gegenwart von Essigsäureanhydrid, manchmal im gleichen Sinne oxydierend. So entstehen z. B. aus den drei Xylolen die entsprechenden *Dialdehyde der Phtalsäuren*[3]

$$C_6H_4(CH_3)_2 + 4O = C_6H_4(CHO)_2 + 2H_2O .$$

Die besten Resultate bei der Oxydation von Methylgruppen zu Aldehydogruppen scheint Braunstein zu geben. Man wendet denselben entweder bei Gegenwart von mäßig konzentrierter Schwefelsäure[4] oder auch für sich allein in der Hitze an.[5]

Zuweilen entstehen Aldehyde auch bei der Oxydation anderer Kohlenstoffverbindungen, jedoch unter Zerfall des Moleküls (s. S. 192), und zwar hauptsächlich bei der Oxydation von ungesättigten Verbindungen. Als Darstellungsmethode für Aldehyde kommt diese Reaktion nur in der aromatischen Reihe in Betracht. So erhält man z. B. *o-Nitrobenzaldehyd* aus o-Nitrozimtsäure

$$NO_2\cdot C_6H_4\cdot CH{=}CH\cdot COOH + O_3 = NO_2\cdot C_6H_4\cdot CHO + COOH\cdot COOH .$$

Der Aldehyd muß durch besondere Vorsichtsmaßregeln geschützt werden, weil er sonst zur Säure weiter oxydiert wird. Man erreicht dies dadurch, daß man während der Reaktion mit einem indifferenten Lösungsmittel wie Benzol überschichtet, das den entstehenden Aldehyd sofort aufnimmt und dem Oxydationsmittel entzieht. Als Oxydationsmittel dient meist eine verdünnte Lösung von Kaliumpermanganat. Aliphatische ungesättigte Verbindungen liefern bei der Oxydation zunächst zwar auch Aldehyde, diese lassen sich aber nicht festhalten, sondern werden sofort zu Säuren (s. diese) weiter oxydiert.[6]

---

[1] Etard, A. ch. [5] **22**, 255.
[2] S. z. B. Miller, Rohde, B. **23**, 1074.
[3] D. R.-P. 121 788.
[4] D. R.-P. 101 221. 107 722.
[5] Franz. Pat. 294 490. — L.-C. 813. — Fournier, C. r. **133**, 634.
[6] Will, B. **16**, 2117. 1088. — Einhorn, B. **17**, 121. — Schnell, B. **17**, 1387. 2019.

3. *Durch Reduktion von Säuren (und ungesättigten Aldehyden).* Wie man Aldehyde aus der nächst niedrigeren Oxydationsstufe, den Alkoholen, durch Oxydation erhält, so kann man zu ihrer Darstellung auch die nächst höhere Oxydationsstufe, die Säuren, reduzieren. So entsteht z. B. aus Benzoesäure *Benzaldehyd*[1]

$$C_6H_5COOH + H_2 = C_6H_5CHO + H_2O\,.$$

Die direkte Reduktion der Säuren zu Aldehyden wird durch Natriumamalgam in schwach saurer Lösung erreicht. Sie läßt sich aber nur bei wenigen Säuren einigermaßen glatt durchführen und liefert überhaupt wenig zufriedenstellende Resultate.[2]

Chloride und Anhydride, insbesondere aliphatischer Säuren, lassen sich ebenfalls zu Aldehyden reduzieren, doch kommt auch diese Reaktion als Darstellungsweise kaum in Betracht, weil die Reduktion leicht weiter geht und zu Alkoholen führt (s. S. 108). In einzelnen Fällen führt die Reduktion mit Natrium in feuchter ätherischer Lösung (oder auch mit Natriumamalgam) zum gewünschten Ziel.[3] So läßt sich sowohl Acetylchlorid, wie Essigsäureanhydrid oder Acetamid zu Acetaldehyd reduzieren[4]

$$CH_3\cdot COCl + 2H = CH_3\cdot CHO + HCl\,,$$

$$(CH_3CO)O + 4H = 2CH_3CHO + H_2O\,.$$

In ähnlicher Weise lassen sich Imidoäther mit Natriumamalgam zu Aldehyden reduzieren.[5]

Aus demselben Grunde, nämlich weil die Aldehydgruppe außerordentlich leicht durch Reduktionsmittel angegriffen wird, gelingt es auch nur in ganz vereinzelten Fällen, ungesättigte Aldehyde zu Paraffinaldehyden zu reduzieren.[6] (Vgl. S. 122.)

Von großer Wichtigkeit und allgemeinster Anwendbarkeit ist dagegen die folgende Methode, die ebenfalls als eine Reduktion aufgefaßt werden kann.

4. *Aus den Kalksalzen der Säuren.* Mischt man das Kalksalz einer Carbonsäure mit ameisensaurem Kalk und unterwirft das Gemenge der trockenen Destillation, so destilliert der durch

[1] Kolbe, A. **118**, 122. — Baeyer, A. **140**, 296.
[2] Tiemann, Will, B. **14**, 969. — Kolbe, A. **118**, 122.
[3] Perkin, Sudborough, B. **29** R., 662.
[4] S. z. B. Wislicenus, B. **16**, 353.
[5] Henle, B. **35**, 3040.
[6] Lieben, Zeisel, M. **1**, 823; **4**, 22. — Perkin, B. **15**; 2808.

Reduktion der Säure entstehende Aldehyd über. So liefert buttersaurer Kalk *Butyraldehyd*, benzoesaurer Kalk *Benzaldehyd* u. s. w.[1]

$$C_3H_7\cdot COOca + HCOOca = C_3H_7\cdot CHO + CaCO_3{}^{2},$$
$$C_6H_5\cdot COOca + HCOOca = C_6H_5\cdot CHO + CaCO_3\ .$$

Diese Darstellungsweise ist sowohl für aromatische wie für aliphatische Aldehyde ganz allgemein anwendbar. Um sekundären Zersetzungen des entstehenden Aldehyds vorzubeugen, ist es bei schwerflüchtigen Aldehyden vorteilhaft, die ganze Operation im luftverdünnten Raum vorzunehmen. Als Nebenprodukte entstehen durch weitergehende Reduktion Alkohol, sowie durch Zersetzung jedes der beiden Bestandteile Formaldehyd und das der angewandten Säure entsprechende Keton (siehe Darstellung der Ketone). Für das gute Gelingen der Reaktion ist es wesentlich, daß die beiden Bestandteile des Gemischs innig miteinander vermischt sind. Zu diesem Zweck ist es am vorteilhaftesten, beide Salze in Lösung zu vereinigen und die gemeinschaftliche Lösung einzudampfen. Ferner muß das Gemisch vollkommen trocken sein. An Stelle der Calciumsalze kann man mit gleichem Erfolg die Baryumsalze verwenden.

Zur Isolierung des Aldehyds schüttelt man das Destillat mit einer konzentrierten wäßrigen Lösung von saurem schwefligsaurem Natron. Hierbei fällt eine kristallinische Doppelverbindung von einem Molekül Aldehyd mit einem Molekül des Salzes aus, die abfiltriert und aus der der Aldehyd mit Säure oder Alkali wieder freigemacht wird.

Wie schon erwähnt, kann man diese Aldehydsynthese als eine einfache Reduktion analog der vorigen Methode auffassen, wenn man annimmt, daß die Ameisensäure als Reduktionsmittel wirkt, indem sie bei Gegenwart von Kalk in Calciumcarbonat und Wasserstoff zerfällt

$$H\cdot COOH + CaO = CaCO_3 + 2H$$

und letzterer auf das Calciumsalz der anderen Säure reduzierend wirkt

$$\begin{matrix} X\cdot COO \\ X\cdot COO \end{matrix}{>}Ca + 4H = 2X\cdot CHO + Ca{<}\begin{matrix} OH \\ OH \end{matrix}\ .$$

Näherliegend ist es jedoch offenbar, diese Reaktion als Abart einer später zu besprechenden wichtigen Ketonsynthese aufzufassen. Nach dieser spaltet sich beim Erhitzen eines Gemisches von Kalksalzen zweier beliebiger Carbonsäuren Calciumcarbonat ab, indem sich die übrig bleibenden Reste vereinigen

$$X\cdot CO\boxed{Oca + caOOC}Y = X\cdot CO\cdot Y + Ca\cdot CO_3\ .$$

[1] LINNEMANN, A. **161**, 186; s. auch LIPP, A. **211**, 355. — LIEBEN, ROSSI, A. **159**, 70. — PIRIA, A. **100**, 105.

[2] S. S. 15 Anm. 2.

Hier würde dann der Spezialfall vorliegen, daß einer der beiden Reste X oder Y durch Wasserstoff ersetzt ist, was ja tatsächlich der Auffassung der Ameisensäure H·COOH als einfachstes Glied der Reihe der Fettsäuren X·COOH entspricht.

5. *Aus Halogenverbindungen.* Teilweise verwandt mit der Oxydation der Alkohole ist eine andere Methode, die besonders für die Darstellung aromatischer Aldehyde außerordentlich brauchbar ist. Kocht man aromatische Monohalogenverbindungen, deren Halogen in der Seitenkette steht, mit einer wäßrigen Lösung von Kupfernitrat oder Bleinitrat, so entstehen die entsprechenden Aldehyde, so aus Benzylchlorid *Benzaldehyd.*[1]

Da viele Aldehyde außerordentlich leicht oxydierbare Körper sind, nimmt man die ganze Operation zweckmäßig in einer Kohlensäureatmosphäre vor. Man kann den Vorgang so auffassen, daß zunächst durch das Kochen mit Wasser das Chlor ganz normal durch Hydroxyl ersetzt wird

$$C_6H_5 \cdot CH_2 \cdot Cl + H_2O = C_6H_5 \cdot CH_2OH + HCl .$$

Die freiwerdende Salzsäure gibt dann mit Bleinitrat Chlorblei und freie Salpetersäure und letztere bewirkt die Oxydation des primär entstandenen Benzylalkohols zu Benzaldehyd

$$C_6H_5 \cdot CH_2OH + HNO_3 = C_6H_5 \cdot CHO + HNO_2 + H_2O .$$

Vielleicht entsteht auch zuerst durch einfache Umsetzung der Salpetersäureester des Benzylalkohols

$$C_6H_5 \cdot CH_2 \cdot Cl + pbNO_3{}^{2} = C_6H_5 \cdot CH_2 \cdot ONO_2 + pbCl$$

und dieser Ester wird dann in Benzylalkohol und Salpetersäure gespalten oder zerfällt direkt in Benzaldehyd und salpetrige Säure

$$C_6H_5CH_2ONO_2 = C_6H_5CHO + HNO_2 .$$

Natürlich entstehen Aldehyde auch, wenn man Dihalogenverbindungen, welche beide Halogene an ein und demselben Kohlenstoff enthalten, mit verseifenden Mitteln behandelt, also mit Wasser, eventuell unter Zusatz von Alkalicarbonaten oder Metalloxyden, besonders Bleioxyd, erhitzt. So gibt Benzalchlorid: *Benzaldehyd*[3]

$$C_6H_5 \cdot CHCl_2 + H_2O = C_6H_5CHO + 2HCl .$$

Diese Methode ist der Darstellung der Alkohole aus den Halogen-

[1] LAUTH, GRIMAUX, Bl. **7**, 106. [2] S. S. 15 Anm. 2.

[3] CAHOURS, A. Spl. **2**, 253. — LIMPRICHT, A. **139**, 319. — ANSCHÜTZ, A. **226**, 18.

verbindungen (S. 113) völlig analog, besitzt aber keine praktische Bedeutung.

Die Dihalogenverbindungen von der Konstitution des Benzalchlorids sind demnach als Halogenwasserstoffsäureester entsprechender zweiwertiger Alkohole, d. h. der „Orthoaldehyde“ (s. S. 147) aufzufassen.

Auch hier kann man, wie bei der Alkoholdarstellung, die Halogenverbindungen mit Silbersalzen zunächst in die Ester anderer Säuren überführen und diese dann verseifen. Aus Äthylidenbromid kann man z. B. zunächst mit Silberacetat Äthylidendiacetat darstellen

$$CH_3\cdot CHBr_2 + 2\,AgOCO\cdot CH_3 = CH_3\cdot CH(OCOCH_3)_2 + 2\,AgBr$$

und letzteres in normaler Weise verseifen.

Im Gegensatz zu anderen Alkyläthern lassen sich auch die ätherartigen Derivate der Aldehyde, die Acetale (s. S. 135) verseifen und auch hierbei entstehen natürlich nicht die zu grunde liegenden zweiwertigen Alkohole, sondern unter gleichzeitiger Wasserabspaltung die Aldehyde. Das gewöhnliche Acetal liefert so *Acetaldehyd*

$$CH_3\cdot CH{<}^{OC_2H_5}_{OC_2H_5} + 2\,H_2O = CH_3\cdot CHO + 2\,C_2H_5OH + H_2O\,.$$

6. *Synthesen von Gattermann und Koch.* Auch durch eine wahre Kohlenstoffsynthese lassen sich aromatische Aldehyde darstellen. Läßt man Kohlenoxyd und Salzsäure bei Gegenwart von Aluminiumchlorid und Kupferchlorür auf aromatische Kohlenwasserstoffe einwirken, so findet scheinbar einfache Addition des Kohlenoxyds an den Kohlenwasserstoff unter Bildung von Aldehyd statt. So entsteht z. B. aus Toluol *p-Tolylaldehyd*[1]

$$CH_3\cdot C_6H_5 + CO = CH_3\cdot C_6H_4\cdot CHO\,.$$

Die Reaktion wird so ausgeführt, daß man in ein einem mit einem geeigneten Stopfen versehenen Gefäß unter Kühlung den Grundkörper allmählich mit Aluminiumchlorid und etwas Kupferchlorür zusammenbringt und dann, während man dies Gemisch durch ein Rührwerk in fortwährender Bewegung hält, einen gleichzeitigen Gasstrom von Kohlenoxyd und Chlorwasserstoff einleitet. Die Temperatur wird auf 20—30° gebracht. Die dickflüssig gewordene Reaktionsmasse wird schließlich mit Eis versetzt und der Aldehyd mit Wasserdampf überdestilliert.[2]

[1] Gattermann, Koch, B. 30, 1622; 31, 1149. [2] G. 284.

In Wirklichkeit findet die Reaktion wohl nicht so statt, daß eine einfache Addition des Kohlenoxyds stattfindet, vielmehr scheint die Reaktion eine Abart der FRIEDEL und CRAFTSschen Synthese zu sein (s. S. 33). Wie weiter unten näher ausgeführt werden wird, kann man nach dieser Synthese auch Ketone darstellen, wenn man Säurechloride auf aromatische Kohlenwasserstoffe bei Gegenwart von Aluminiumchlorid einwirken läßt. Ein Spezialfall dieser Reaktion wäre die Einwirkung von Ameisensäurechlorid auf Kohlenwasserstoff, die naturgemäß *Aldehyde* liefern muß

$$C_6H_6 + Cl \cdot CH:O = C_6H_5 \cdot CH:O + HCl .$$

Das an sich unbeständige Ameisensäurechlorid scheint nun bei dieser Reaktion durch Addition von Chlorwasserstoff an Kohlenoxyd bei Gegenwart von Kupferchlorür intermediär zu entstehen

$$CO + HCl = Cl \cdot CHO .$$

Ebenso wie die eigentliche FRIEDEL-CRAFTSsche Synthese ist auch diese auf die aromatische Reihe beschränkt, hier jedoch ziemlich allgemein anwendbar. Der Eintritt der CHO-Gruppe erfolgt stets in p-Stellung zu schon vorhandenen Seitenketten. Zuweilen sind jedoch bei dieser Synthese Wanderungen von Seitenketten beobachtet worden.[1]

Während die eigentliche FRIEDEL-CRAFTSsche Synthese mit besonders gutem Erfolge auf Phenoläther ausgedehnt werden kann, verläuft die vorliegende Aldehydsynthese bei diesen Körpern nicht befriedigend. Dagegen läßt sich eine Abart dieser Methode besonders auf Phenoläther und freie Phenole anwenden.

Verwendet man nämlich an Stelle des Kohlenoxyds Cyanwasserstoff und läßt denselben gemeinschaftlich mit Chlorwasserstoff bei Gegenwart von Aluminiumchlorid reagieren, so erhält man ebenfalls ziemlich glatt Aldehyde.

Auch hier findet vielleicht in erster Phase eine Addition von Chlorwasserstoff und Blausäure zu Imidoameisensäurechlorid statt

$$H \cdot C:N + HCl = H \cdot C \lessdot^{Cl}_{NH} .$$

Letzteres reagiert dann im Sinne der FRIEDEL-CRAFTSschen Synthese und bildet zunächst ein (zuweilen isolierbares) *Aldehydimid* (*Aldimin*)

$$CH_3 \cdot O \cdot C_6H_5 + Cl \cdot C \lessdot^{H}_{NH} = CH_3 \cdot O \cdot C_6H_4 \cdot C \lessdot^{H}_{NH} + HCl ,$$

das aber sofort in Aldehyd und Ammoniak übergeht[2]

$$CH_3OC_6H_4 \cdot C \lessdot^{H}_{NH} + H_2O = CH_3O \cdot C_6H_4 \cdot CHO + NH_3 .$$

---

[1] FRANCESCONI, MUNDICI, Gaz. **32**, 467.

[2] GATTERMANN, B. **31**, 1149. 1765.

Auch hier tritt die Aldehydgruppe in die p-Stellung zur Hydroxyl- oder Oxalkylgruppe. Alles Nähere über die Anwendung dieser Synthese soll später (s. Oxyaldehyde) besprochen werden.

Ähnlich verläuft die Bildung von Benzaldoxim aus Benzol und Knallquecksilber bei Gegenwart von Aluminiumchlorid.[1]

Diese Aldehydsynthese läßt sich bei den aromatischen Kohlenwasserstoffen und Phenolen durchführen.

Sehr nahe verwandt mit diesen Synthesen ist eine andere, bei der zunächst durch Einwirkung von Äthyloxalylchlorid auf aromatische Kohlenwasserstoffe bei Gegenwart von Aluminiumchlorid α-Ketosäureester dargestellt werden, die sich dann unter Bildung von Aldehyden zersetzen lassen[2] (vgl. nächste Seite).

Eine andere wichtige Kernsynthese läßt sich nur bei Phenolen durchführen und wird daher bei den Oxyaldehyden behandelt werden.

7. *Durch Umlagerung aus den Alkylenoxyden (und α-Glykolen).* Aldehyde entstehen auch durch Umlagerungen von Körpern vom Typus des Äthylenoxyds. So gibt Phenyläthylenoxyd beim Kochen mit verdünnter Schwefelsäure oder mit Acetylchlorid *Phenylacetaldehyd*[3]

$$C_6H_5\cdot \underbrace{CH{-}CH_2}_{O} = C_6H_5\cdot CH_2{-}CHO\,.$$

Bei rein aliphatischen Äthylenoxyden scheint die Umlagerung direkt nicht zu gehen, doch ist die Bildung von Aldehyden aus Dichloriden oder Dibromiden vom Typus des Äthylenbromids durch Erhitzen mit Wasser auf 150° wahrscheinlich darauf zurückzuführen, daß erst durch normale Verseifung Glykole, dann deren Anhydride und schließlich durch eine analoge Umlagerung *Aldehyde* entstehen[4]

$$\begin{array}{l}CH_2Br\\ |\\ CH_2Br\end{array} \longrightarrow \begin{array}{l}CH_2OH\\ |\\ CH_2OH\end{array} \longrightarrow \begin{array}{l}CH_2\\ |\\ CH_2\end{array}\!\!>O \longrightarrow \begin{array}{l}CHO\\ |\\ CH_3\end{array}\,.$$

8. *Aus Nitromethanderivaten.* Von geringer praktischer Bedeutung ist die Bildung von Aldoximen durch vorsichtige Reduktion von Nitromethanen. Die Aldoxime lassen sich leicht in die Aldehyde und Hydroxylamin spalten. Phenylnitromethan liefert so *Benzaldoxim*

$$C_6H_5\cdot CH_2\cdot NO_2 + 2H = C_6H_5\cdot CH:NOH + H_2O\,.$$

---

[1] Scholl, B. **32**, 3492. — Scholl, Bertsch, B. **34**, 1441.

[2] Bouveault, Bl. [3] **15**, 1014. [3] Zincke, A. **216**, 298.

[4] Carius, A. **131**, 172. — Thörner, Zincke, B. **11**, 1402. — Breuer, Zincke, A. **198**, 178. 182. — Linnemann, A. **161**, 64; **162**, 35. S. auch Krassuski, C. **1902** II, 1095.

Diese Synthese läßt sich sowohl bei rein aliphatischen wie bei aromatisch substituierten Nitromethanen anwenden.[1] Die Bildung der Aldoxime geschieht anscheinend nicht aus den eigentlichen Nitroverbindungen, sondern aus den ihnen beigemischten Isonitrokohlenwasserstoffen. Über die Verallgemeinerungsfähigkeit dieser Synthese läßt sich noch nichts Bestimmtes aussagen.

9. *Aus α-Oxysäuren und α-Ketosäuren.* Von geringer praktischer Wichtigkeit ist auch eine andere Reaktion, die ebenfalls zu Aldehyden führt. Behandelt man nämlich α-Monooxycarbonsäuren mit Schwefelsäure, so spalten sie sich in Aldehyde und Ameisensäure, welche letztere gleich weiter in Kohlenoxyd und Wasser zerfällt. So liefert Milchsäure *Acetaldehyd*, Mandelsäure *Benzaldehyd* u. a.[2]

$$CH_3 \cdot CHOH \cdot COOH = CH_3 \cdot CHO + HCOOH,$$

$$C_6H_5 \cdot CHOH \cdot COOH = C_6H_5 \cdot CHO + HCOOH.$$

Aldehyde lassen sich auch aus α-Ketosäuren oder deren Estern gewinnen, indem letztere mit Anilin Alkylidenaniline liefern, die sich mit verdünnter Schwefelsäure unter Bildung von Aldehyden zersetzen.[3]

Um aus den Reaktionsgemischen, die bei den verschiedenen Darstellungsweisen resultieren, die Aldehyde in reinem Zustande zu isolieren, stellt man aus denselben meist zunächst die Additionsprodukte von Ammoniak oder Natriumbisulfit

$$X \cdot CH{<}^{OH}_{NH_2} \qquad X \cdot CH{<}^{OH}_{SO_3Na},$$

oder Kondensationsprodukte mit Hydroxylamin (Aldoxime) oder Phenylhydrazin (Phenylhydrazone) dar (vgl. S. 97 u. 98)

$$X \cdot CH{=}NOH \qquad X \cdot CH{:}N \cdot NHC_6H_5,$$

die sich durch große Kristallisationsfähigkeit auszeichnen und aus denen man die Aldehyde leicht durch Hydrolyse zurückgewinnen kann.

Die Aldehyde gehören zu den reaktionsfähigsten Verbindungen der organischen Chemie. Ihre außerordentliche Reaktionsfähigkeit beruht hauptsächlich auf dem Vorhandensein der Gruppe C=O, die unter Lösung der Doppelbindung, ähnlich den Olefinen,

[1] Bouveault, Wahl, C. r. **134**, 1145. 1226. — Hantzsch, Schultze, B. **29**, 2252.

[2] Erlenmeyer, Z. **1868**, 343; B. **13**, 304. — Liebig, A. **18**, 321.

[3] Bouveault, Bl. [3] **15**, 1014.

die verschiedensten Verbindungen anzulagern vermag. Diese Anlagerung stellt wohl für alle charakteristischen Reaktionen der Aldehyde die erste Phase dar. Außer den schon früher besprochenen Reaktionen der Aldehyde mit Metallalkylen (Bildung sekundärer Alkohole) beruhen hierauf die im folgenden besprochene Perkinsche Synthese ungesättigter Aldehyde, sowie die analoge Darstellung ungesättigter Ketone und Säuren, und die später behandelte Synthese von α-Oxysäuren (Addition von Blausäure). Die genannten Reaktionen stellen wichtige wahre Synthesen (Kohlenstoffverkettungen) dar. Auch die Bildung der charakteristischen Aldehydderivate, der Acetale, Merkaptale, Oxime, Hydrazone u. s. w. verläuft in ganz ähnlicher Weise.

Alle diese Additionen kann man sich so erklären, daß die Doppelbindung des Aldehyds gelöst wird und zunächst intermediär die Konfiguration $X\cdot C\begin{matrix} \diagup O- \\ \diagdown H \end{matrix}$ entsteht. Diese lagert vermöge ihrer beiden freien Valenzen die andere Verbindung (Y·H) so an, daß deren bewegliches Wasserstoffatom unter Bildung einer Hydroxylgruppe an die Sauerstoffaffinität, der übrig bleibende Rest Y aber an die Kohlenstoffaffinität geht

$$X\cdot C\begin{matrix} \diagup O- \\ - \\ \diagdown H \end{matrix} + H\cdot Y = X\cdot C\begin{matrix} \diagup OH \\ -Y \\ \diagdown H \end{matrix}.$$

Enthält die Gruppe Y noch ein Wasserstoffatom (Y = ZH), so kann dieses als zweite Phase der Reaktion mit der Hydroxylgruppe als Wasser unter Schaffung einer neuen Doppelbindung abgespalten werden (Kondensation)

$$X\cdot C\begin{matrix} \diagup OH \\ -Z-H \\ \diagdown H \end{matrix} = X\cdot \underset{\underset{H}{|}}{C}{=}Z.$$

Anhang.

1. Ungesättigte Aldehyde (*Perkinsche Synthese*). Die bei weitem wichtigste Darstellungsweise ungesättigter Aldehyde ist eine wahre Synthese, die je nach ihrem Verlauf zuweilen zunächst zu Oxyaldehyden (Aldehydalkoholen), viel häufiger aber direkt zu ungesättigten Aldehyden führt. Diese Reaktion beruht, wie schon erwähnt, auf der Fähigkeit der Aldehyde, Methyl- oder Methylengruppen, die ein leicht bewegliches Wasserstoffatom besitzen, an-

zulagern. Die hierdurch zunächst entstehenden Oxyverbindungen spalten gewöhnlich sofort Wasser ab und gehen so in ungesättigte Verbindungen über. Ihre Hauptverwendung findet diese, gewöhnlich als PERKINsche Synthese bezeichnete, Reaktion zur Darstellung ungesättigter Säuren (s. diese) und wird deshalb auch an dieser Stelle noch näher besprochen werden. Ist der angelagerte Komplex ebenfalls ein Aldehyd, so entstehen ganz analog Oxyaldehyde und aus diesen ungesättigte Aldehyde.

Die primäre Addition, die von WÜRTZ entdeckte sogenannte Aldolbildung, findet wie stets so statt, daß der Sauerstoff des zu grunde liegenden Aldehyds unter Anlagerung eines Wasserstoffs der Methyl- oder Methylengruppen des anderen Aldehyds zur Hydroxylgruppe wird, während an die hierdurch freiwerdende Kohlenstoffaffinität der übrige Rest des addierten Aldehydmoleküls gebunden wird. So entsteht durch Zusammenlagerung zweier Acetaldehydmoleküle das einfachste *Aldol* (*Oxybutyraldehyd*)[1]

$$CH_3\cdot C\langle^{O}_{H} + H\diagdown CH_2\cdot C\langle^{O}_{H} = CH_3\cdot C\langle^{OH}_{H} - CH_2\cdot C\langle^{O}_{H}\,.$$

Diese Aldole spalten außerordentlich leicht Wasser ab, so daß das Produkt der Reaktion fast stets direkt der entsprechende ungesättigte Aldehyd ist, zumal da die Reaktion meist bei Gegenwart wasserentziehender Mittel vor sich geht. Das einfachste Aldol liefert hierbei: *Crotonaldehyd*[2]

$$CH_3\cdot \overset{OH}{C}H\cdot CH_2\cdot C\langle^{O}_{H} = CH_3\cdot CH{=}CH\cdot C\langle^{O}_{H}\,.$$

Die Reaktion tritt im allgemeinen nur bei Gegenwart von Kondensationsmitteln ein. Als solche dienen entweder Salzsäure[3] oder Alkalien,[4] in einzelnen Fällen auch andere wasserentziehende Agentien.[5] In den meisten Fällen gelingt es nicht, das primäre Additionsprodukt festzuhalten, vielmehr erhält man meist direkt den ungesättigten Aldehyd.

Die Kondensation kann sowohl zwischen zwei aliphatischen, als auch zwischen einem aliphatischen und einem aromatischen Aldehyd stattfinden, so liefert Acetaldehyd mit Benzaldehyd: *Zimtaldehyd*[6]

$$C_6H_5\cdot CHO + CH_3\cdot CHO = C_6H_5\cdot CH{=}CH\cdot CHO\,.$$

Überhaupt ist die Reaktion einer außerordentlich vielseitigen An-

[1] WÜRTZ, J. **1878**, 612. [2] LIEBEN, A. Spl. **1**, 117; M. **13**, 519.
[3] WÜRTZ, J. **1872**, 449. — CHIOZZA, A. **97**, 350.
[4] SCHMIDT, B. **13**, 2342. [5] MÜLLER, Bl. [3] **6**, 796.
[6] PEINE, B. **17**, 2117. — CHIOZZA, A. **97**, 350.

wendung fähig, doch sind nur solche Methyl- oder Methylengruppen, welche mit einer Carbonylgruppe direkt verbunden sind, befähigt, mit anderen Carbonylgruppen zu reagieren, da durch die Nachbarschaft der CO-Gruppe erst der Wasserstoff einer Alkylgruppe die nötige Beweglichkeit erhält (vgl. S. 20).

Hieraus folgt als ganz allgemeine Regel für die Bildung derartiger ungesättigter Verbindungen, daß die CO-Gruppe des einen Moleküls stets mit derjenigen CH_3- oder CH_2-Gruppe des anderen Moleküls reagiert, welche hier der CO-Gruppe direkt benachbart steht, so gibt z. B. Önanthol bei der Kondensation mit alkoholischer Kalilauge *α-Amyl-β-hexylakroleïn*[1]

$$C_6H_{13}\cdot CH{=}O + \begin{array}{l}CH_2\cdot CH{:}O\\ |\\ C_5H_{11}\end{array} = \begin{array}{l}C_6H_{13}\cdot CH{=}C\cdot CH{:}O\\ \qquad\qquad\;|\\ \qquad\qquad C_5H_{11}\end{array} + H_2O\,.$$

Sind solche Methyl- oder Methylengruppen nicht vorhanden, so kann eine Addition in anderem Sinne (zu Ketoalkoholen) stattfinden, wie bei der Benzoïnbildung (s. diese) aus zwei Molekülen Benzaldehyd.

Eine weitere allgemeine Methode zur Synthese ungesättigter Aldehyde ist nicht bekannt. Der Vollständigkeit halber möge nur noch erwähnt werden, daß der einfachste ungesättigte Aldehyd, das *Akroleïn*, bei der Destillation von Glycerin mit Kaliumbisulfat (oder Borsäure) entsteht[2]

$$C_3H_8O_3 = C_3H_4O + 2H_2O\,.$$

Wahrscheinlich beruht diese Reaktion darauf, daß aus dem Glycerin zunächst durch doppelte Wasserabspaltung ein ungesättigtes Alkylenoxyd entsteht, das sich dann in den Aldehyd umlagert (s. S. 156)

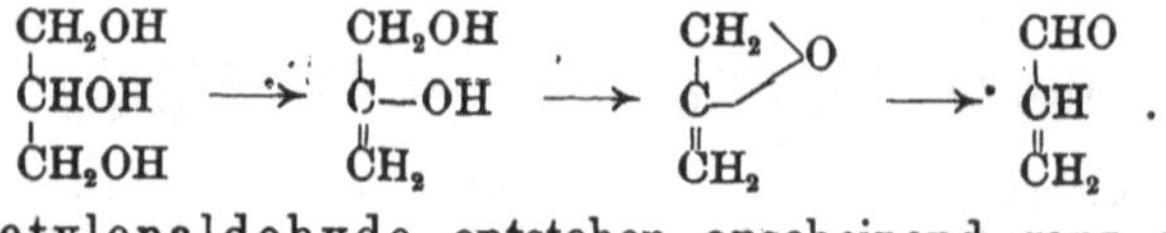

Acetylenaldehyde entstehen anscheinend ganz allgemein bei der Einwirkung von Ameisensäureester auf die Natriumverbindungen der Acetylenkohlenwasserstoffe. Als primäres Produkt bildet sich eine komplexe Natriumverbindung, die mit Wasser unter Aldehydbildung zersetzt wird. So entsteht aus Phenylacetylen *Phenylpropiolaldehyd*[3]

$$C_6H_5\cdot C{\equiv}CNa + H\cdot COOC_2H_5 = C_6H_5\cdot C{\equiv}C{-}CH(ONa)(OC_2H_5)\,,$$

$$C_6H_5\cdot C{\equiv}C{-}CH(ONa)(OC_2H_5) + H_2O$$
$$= C_6H_5\cdot C{\equiv}C\cdot CH{:}O + NaOH + C_2H_5OH\,.$$

---

[1] Perkin, B. **15**, 2804; Soc. **43**, 81.

[2] Romburgh, Bl. [2] **36**, 550. — E. Fischer, Tafel, B. **20**, 3388. — Wohl, Neuberg, B. **32**, 1352.

[3] Moureu, Delange, C. r. **133**, 105.

2. Thioaldehyde. Die gewöhnlichen Aldehyde der aliphatischen wie der aromatischen Reihe tauschen bei der Behandlung mit Schwefelwasserstoff und Salzsäuregas ihren Sauerstoff gegen Schwefel aus, doch sind die entstehenden Thioaldehyde als solche unbeständig und polymerisieren sich außerordentlich leicht zu trimolekularen Verbindungen[1]

$$\underset{\text{Acetaldehyd}}{CH_3\cdot CH{=}O} + H_2S = \underset{\text{Thiacetaldehyd}}{CH_3\cdot CH{=}S} + H_2O\,.$$

Vielleicht entstehen diese Trithioaldehyde auch direkt aus dem primären Anlagerungsprodukt von Schwefelwasserstoff an die Aldehyde, z. B.

$$CH_3\cdot CH{=}O + H_2S = CH_3\cdot CH\!<\!\begin{smallmatrix}OH\\SH\end{smallmatrix}\,,$$

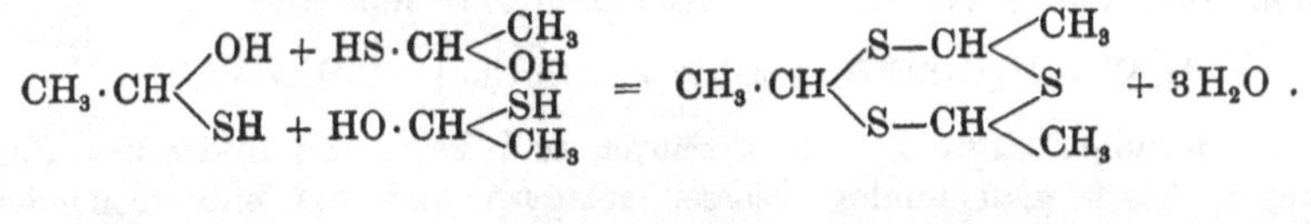

XIII. Ketone.

Ketone sind ebenso wie die Aldehyde durch die sogenannte Carbonylgruppe $=C=O$ charakterisiert. Sie sind also ebenso wie die Aldehyde (s. S. 147) als Anhydride zweiwertiger Alkohole, der sogenannten „Orthoketone" aufzufassen, die in dieser Form nicht beständig sind[2], weil die beiden Hydroxylgruppen an einem und demselben Kohlenstoffatom stehen. Die Ketone unterscheiden sich von den Aldehyden dadurch, daß die Carbonylgruppe nicht wie bei diesen am Ende, sondern in der Mitte der Kohlenstoffkette steht, also kein Wasserstoffatom mehr trägt, sondern beiderseitig an Kohlenstoff gebunden ist; sie sind demnach die Oxydationsprodukte sekundärer Alkohole.

1. *Durch Addition von Wasser an Acetylene oder von Wasserstoff an ungesättigte Ketone.* Die Verbindungen der Acetylenreihe lagern die Elemente des Wassers an. Da der Sauerstoff immer vorzugsweise an dasjenige Kohlenstoffatom geht, welches kein Wasserstoff trägt[3], so entsteht nur aus dem niedrigsten Glied der Reihe,

[1] Pinner, B. 4, 258. — Klinger, B. 9, 1893; 11, 1024. — Crafts, A. 124, 114. — Baumann, Fromm, B. 22, 2602. — Marckwald, B. 19, 1830.

[2] Doch kennt man auch hier Orthoderivate (s. S. 135).

[3] Desgrez, A. ch. [7] 3, 244. Sind zwei solche Kohlenstoffe vorhanden, so entstehen aus unsymmetrischen Acetylenen zwei isomere Ketone nebeneinander.

dem Acetylen selbst, ein Aldehyd, während alle Homologen des Acetylens *Ketone* liefern. So liefert Allylen gewöhnliches *Aceton*

$$CH_3\cdot C{\equiv}CH + H_2O = CH_3\cdot CO\cdot CH_3 .$$

Diese Synthese, die übrigens nur von geringer Bedeutung ist, wird ausgeführt, indem man die ungesättigten Verbindungen in konzentrierter oder wenig verdünnter Schwefelsäure auflöst und dann das gebildete Keton durch weiteren Wasserzusatz und wenn nötig Ausschütteln mit Äther oder durch Destillation isoliert.[1] Auch durch Behandeln mit Wasser bei Gegenwart von Quecksilberchlorid läßt sich die Anlagerung ausführen.[2] In der Kälte bildet sich zuerst eine Quecksilberverbindung, z. B. aus Allylen nach folgender Gleichung

$$6\,HgCl_2 + 3\,H_2O + 2\,C_3H_4 = 3\,HgCl_2\cdot 3\,HgO\cdot 2\,C_3H_4 + 6\,HCl .$$

Diese Verbindung zerfällt dann beim Erhitzen[3] auf etwa 95°

$$3\,HgCl_2\cdot 3\,HgO\cdot 2\,C_3H_4 + 6\,HCl = 6\,HgCl_2 + 2\,C_3H_6O + H_2O .$$

Auch an ungesättigte Alkohole, Säuren und Ester mit dreifachen Bindungen kann man analog Wasser anlagern und die entsprechenden Ketoderivate darstellen; z. B. entsteht auf oben angegebene Weise aus Phenylpropiolsäureester *Benzoylessigester*[4]

$$\begin{matrix} C_6H_5\cdot C \\ \| \! | \\ C\cdot COOC_2H_5 \end{matrix} + H_2O = \begin{matrix} C_6H_5\cdot CO \\ | \\ CH_2\cdot COOC_2H_5 \end{matrix} .$$

Die Darstellung von gesättigten Ketonen durch **Wasserstoffanlagerung an ungesättigte Ketone** gelingt häufig deshalb nicht, weil die Ketogruppe leichter reduziert wird als die Doppelbindung. Wenn jedoch die Doppelbindung benachbart zur Ketogruppe steht, also in $\alpha\beta$-ungesättigten Ketonen, ist das erste Produkt der Reduktion zuweilen das gesättigte Keton[5], z. B. *Benzylaceton* bei der Reduktion von Benzylidenaceton

$$C_6H_5CH{=}CH\cdot CO\cdot CH_3 + 2\,H = C_6H_5\cdot CH_2{-}CH_2\cdot CO\cdot CH_3 .$$

In vielen Fällen verläuft die Reduktion aber auch komplizierter.

2. *Durch Oxydation sekundärer Alkohole.* Entsprechend ihrer Konstitution entstehen Ketone durch Oxydation sekundärer Alkohole. Die Oxydation verläuft genau so, wie die der primären Alkohole zu Aldehyden. Das primäre Produkt ist ein zweiwertiger Alkohol (Orthoketon), der sofort unter Wasserab-

---

[1] Schrohe, B. **8**, 367. [2] Kutscherow, B. **17**, 15.
[3] Kutscherow, B. **17**, 15. S. auch Béhal, Desgrez, C. r. **114**, 1074.
[4] Baeyer, B. **15**, 2705.
[5] Harries, Eschenbach, Hübner, B. **29**, 380; A. **296**, 295.

spaltung in das Keton übergeht. So liefert Methylpropylcarbinol das *Methylpropylketon*[1]

$$\begin{array}{l} C_3H_7 \\ | \\ CHOH \\ | \\ CH_3 \end{array} + O = \left[\begin{array}{l} C_3H_7 \\ | \\ C\!<\!\begin{smallmatrix} OH \\ OH \end{smallmatrix} \\ | \\ CH_3 \end{array}\right] = \begin{array}{l} C_3H_7 \\ | \\ CO \\ | \\ CH_3 \end{array} + H_2O\,.$$

Die Oxydation läßt sich sowohl bei aliphatischen wie bei aromatischen sekundären Alkoholen ausführen, ist aber auch hier, ebenso wie bei den Aldehyden nur von verhältnismäßig geringem praktischen Wert, weil es sich in vielen Fällen nicht vermeiden läßt, daß das Oxydationsmittel auf die entstandenen Ketone weiter einwirkt und dieselben unter Spaltung des Moleküls zu Säuren oxydiert.

Fehlt die Möglichkeit der weiteren Oxydation, so lassen sich die sekundären Alkohole ganz glatt zu den Ketonen oxydieren, z. B. Benzhydrol zu *Benzophenon*, doch ist auch hier die Methode schon deshalb ohne Bedeutung, weil man die sekundären Alkohole größtenteils umgekehrt aus den Ketonen darstellt.

Als Oxydationsmittel benutzt man für diesen Zweck Kaliumpermanganat, Salpetersäure oder Chromsäure.[2]

Auch sekundäre Alkohole, welche noch andere Substituenten enthalten, lassen sich zuweilen durch Oxydation in die entsprechenden Ketoverbindungen überführen. So erhält man aus Oxyketonen Diketone, z. B. *Benzil* aus Benzoïn[3]

$$\begin{array}{l} C_6H_5\cdot CHOH \\ C_6H_5\cdot CO \end{array} + O = \begin{array}{l} C_6H_5\cdot CO \\ C_6H_5\cdot CO \end{array} + H_2O\,,$$

oder Ketosäuren aus Oxysäuren, z. B. *Benzoylameisensäure* aus Mandelsäure[4]

$$C_6H_5CHOH\cdot COOH + O = C_6H_5\cdot CO\cdot COOH + H_2O\,.$$

3. *Durch Oxydation unter Sprengung des Moleküls.* Auch durch Oxydation unter Zerfall des Moleküls entstehen häufig Ketone verschiedenster Art. Die Regelmäßigkeiten, die man über den Verlauf derartiger Oxydationen kennt, werden an anderer Stelle besprochen werden (S. 191). Hier mögen nur die hierher gehörenden Einzelheiten erwähnt werden.

α-Oxysäuren, welche eine tertiäre Alkoholgruppe enthalten, liefern bei der Oxydation unter Abspaltung von Kohlendioxyd

---

[1] Würtz, A. **148**, 133. — Schorlemmer, A. **161**, 269. — Wagner, Saytzew, A. **179**, 322.

[2] Siehe Lieben, A. **150**, 115.

[3] Zinin, A. **34**, 188. [4] Zincke, Hunäus, B. **10**, 1488.

Ketoverbindungen (vgl. S. 148). So entsteht aus α-Oxyisobuttersäure (Acetonsäure) bei der Oxydation *Aceton*

$$\begin{matrix}CH_3\\CH_3\end{matrix}\!\!>C(OH)\cdot COOH + O = CH_3\cdot CO\cdot CH_3 + CO_2 + H_2O$$

und ganz analog entsteht aus Citronensäure *Acetondicarbonsäure*

$$\begin{matrix}CH_2\cdot COOH\\ |\\ C(OH)COOH\\ |\\ CH_2\cdot COOH\end{matrix} + O = \begin{matrix}CH_2\cdot COOH\\ |\\ CO\\ |\\ CH_2\cdot COOH\end{matrix} + CO_2 + H_2O\,.$$

Auch einfache tertiäre Alkohole können bei der Oxydation Ketone liefern, z. B. entsteht *Aceton* auch aus tertiärem Butylalkohol (Trimethylcarbinol), indem eine Methylgruppe unter Oxydation zu CO_2 abgespalten wird

$$(CH_3)_3\cdot COH + 4O = CH_3\cdot CO\cdot CH_3 + CO_2 + 2H_2O\,.$$

Ketoverbindungen entstehen ferner bei der Oxydation ungesättigter Verbindungen, in denen eines der doppelt gebundenen Kohlenstoffe keinen Wasserstoff mehr enthält, z. B. *Brenztraubensäure* und Oxalsäure aus Mesaconsäure[1]

$$\begin{matrix}CH_3\cdot C\cdot COOH\\ \|\\ CH\cdot COOH\end{matrix} + 3O = CH_3\cdot CO\cdot COOH + HOOC\cdot COOH\,.$$

4. *Durch Oxydation von Kohlenwasserstoffen.* Man kann Kohlenwasserstoffe direkt zu Ketonen oxydieren. So gibt Diphenylmethan bei der Oxydation mit Chromsäure *Diphenylketon* (*Benzophenon*)[2]

$$C_6H_5\cdot CH_2\cdot C_6H_5 + 2O = C_6H_5\cdot CO\cdot C_6H_5 + H_2O\,.$$

Ketone lassen sich aus den vorher erörterten Gründen nach dieser Methode nur aus solchen Kohlenwasserstoffen darstellen, in welchen die zu oxydierende Methylengruppe ($=CH_2$) mit zwei aromatischen Resten verbunden ist, geht aber bei diesen meist sehr gut.

Die Oxydation geht meist am glattesten vor sich, wenn man den Kohlenwasserstoff in Eisessig löst und zu der siedenden Lösung allmählich eine ebensolche Lösung von Chromsäureanhydrid hinzufügt. Auch Kaliumbichromat und Schwefelsäure, sowie Salpetersäure lassen sich als Oxydationsmittel verwenden.

Enthält der Kohlenwasserstoff noch Methylgruppen, so können auch diese oxydiert werden und an Stelle der einfachen Ketone Ketosäuren entstehen, doch läßt sich bei geeigneter Arbeitsweise die Oxydation meist auf die Methylengruppe beschränken, da diese leichter oxydiert wird als die Methylgruppe.[3]

---

[1] Fittig, A. **305**, 47. [2] Zincke, A. **159**, 377.
[3] Zincke, A. **161**, 108.

5. *Aus Halogenverbindungen.* Ketone erhält man auch aus Halogenverbindungen, welche zwei Halogene an einem mittelständigen Kohlenstoffatom enthalten, durch Erhitzen mit Wasser, eventuell unter Zusatz von Metalloxyden oder Carbonaten, analog der Aldehydbildung aus den Benzalchloriden. So entsteht *Benzophenon* aus Diphenyldibrommethan (Benzophenonbromid)[1]

$$\begin{matrix}C_6H_5\\C_6H_5\end{matrix}\!>\!CBr_2 + H_2O = \begin{matrix}C_6H_5\\C_6H_5\end{matrix}\!>\!CO + 2\,HBr\,,$$

doch ist die Methode auch hier ohne praktische Bedeutung, weil die meisten Halogenverbindungen von dieser Konstitution umgekehrt aus den Ketonen dargestellt werden müssen.

Analog entstehen auch andere Ketoverbindungen, z. B. Ketosäuren (s. diese), so *Brenztraubensäure* aus α-Dichlorpropionsäure[2]

$$CH_3\cdot CCl_2\cdot COOH + H_2O = CH_3\cdot CO\cdot COOH + 2\,HCl\,,$$

und *Mesoxalsäure* aus Dibrommalonsäure[3]

$$CBr_2\!<\!\begin{matrix}COOH\\COOH\end{matrix} + H_2O = CO\!<\!\begin{matrix}COOH\\COOH\end{matrix} + 2\,HBr \quad \text{u. a. m.}$$

6. *Aus den Kalksalzen von Carbonsäuren.* Eine wichtige und allgemeine Methode zur Darstellung von Ketonen ist die Destillation der Kalk- oder Barytsalze organischer Säure. Die Reaktion verläuft so, daß aus je einem Molekül des Kalksalzes ein Molekül Calciumcarbonat abgespalten wird (vgl. S. 51). So liefert essigsaurer Kalk *Aceton,*[4] benzoësaurer Kalk *Benzophenon*[5] u. s. w.

$$\begin{matrix}CH_3\cdot COO\\CH_3\cdot COO\end{matrix}\!>\!Ca = CO_3Ca + \begin{matrix}CH_3\\CH_3\end{matrix}\!>\!CO\,.$$

$$\begin{matrix}C_6H_5\cdot COO\\C_6H_5\cdot COO\end{matrix}\!>\!Ca = CO_3Ca + \begin{matrix}C_6H_5\\C_6H_5\end{matrix}\!>\!CO\,.$$

Diese Reaktion stellt eine wahre Synthese dar, da man durch dieselbe aus Säuren mit n-Kohlenstoffatomen Ketone mit (2n — 1) direkt miteinander verbundenen Kohlenstoffatomen erhält. Sie läßt sich sehr weit verallgemeinern, denn einerseits liefern fast alle aliphatischen und zahlreiche aromatischen Säuren bei der Destillation ihrer Kalksalze die entsprechenden einfachen Ketone, d. h. solche, bei denen die CO-Gruppe mit zwei gleichen Alkylen verbunden ist, und andererseits sind auch gemischte Ketone, d. h. solche, in denen die Carbonylgruppe zwei verschiedene Radikale verkettet, analog darstellbar. Unter-

---

[1] Friedel, Balsohn, Bl. [2] **33**, 339.
[2] Beckurts, Otto, B. **10**, 264; **18**, 228.
[3] Petriew, B. **7**, 400; **11**, 415. [4] Liebig, A. **1**, 225.
[5] Peligot, A. **12**, 41. — Chancel, A. **72**, 279.

wirft man nämlich ein Gemisch der Kalksalze zweier verschiedener Säuren der Destillation, so entsteht als Hauptprodukt das gemischte Keton, also aus den Säuren X·COOH und Y·COOH das Keton X·CO·Y, allerdings neben den beiden möglichen einfachen Ketonen X·CO·X und Y·CO·Y. Aus einem Gemisch von essigsaurem und buttersaurem Kalk entsteht hauptsächlich *Methylpropylketon*[1]

$$CH_3\cdot COOca^{2} + CH_3\cdot CH_2\cdot CH_2\cdot COOca = CH_3\cdot CO\cdot CH_2\cdot CH_2\cdot CH_3 + CaCO_3$$

neben Dimethylketon und Dipropylketon.

Auch aromatische Radikale lassen sich so untereinander und mit aliphatischen unter Ketonbildung vereinigen, z. B. entsteht aus einem Gemisch von essigsaurem und benzoesaurem Kalk *Acetophenon*[3]

$$CH_3\cdot COOca + C_6H_5COOca = CH_3\cdot CO\cdot C_6H_5 + CaCO_3\,.$$

Ein Spezialfall dieser Reaktion ist die früher (S. 151) besprochene Darstellungsweise der Aldehyde durch Destillation verschiedener Kalksalze mit ameisensaurem Kalk.

Die Ausführung dieser Synthese schließt sich vollständig der genannten Aldehyddarstellung an. Die zur Anwendung kommenden Salze müssen scharf getrocknet und zur Darstellung gemischter Ketone innigst miteinander vermischt sein. Sie werden unter Zusatz von etwas Calciumcarbonat in einem Rohr im Verbrennungsofen oder in einer Retorte erhitzt. An Stelle der Calciumsalze können auch die Baryumsalze verwandt werden, die ihrer leichteren Zersetzlichkeit wegen meist sogar bessere Resultate liefern. Zur Darstellung höher siedender Ketone ist es zweckmäßig, die Destillation im luftverdünnten Raum vorzunehmen.[4]

Bei einigen hochmolekularen Fettsäuren ist es nicht nötig, erst die Kalksalze darzustellen, sondern es entstehen hier bei der trockenen Destillation der Säuren selbst, besonders bei Gegenwart wasserentziehender Mittel, die entsprechenden Ketone, so *Dihexylketon* (*Önanthon*) aus Heptylsäure (Önanthsäure)[5]

$$2\,C_6H_{13}\cdot COOH = (C_6H_{13})_2CO + H_2O + CO_2\,.$$

Einfache und gemischte Ketone entstehen auch aus den Natriumsalzen der Säuren beim Erhitzen mit den entsprechenden Säureanhydriden auf 190°.[6] So liefert Natriumacetat mit Buttersäureanhydrid *Methylpropylketon*

$$CH_3\cdot COONa + \begin{matrix}C_3H_7\cdot CO\\ C_3H_7\cdot CO\end{matrix}\!\!>\!O = CH_3\cdot CO\cdot C_3H_7 + CO_2 + C_3H_7COONa\,.$$

---

[1] Friedel, A. **108**, 124. — Grimm, A. **157**, 251.
[2] S. S. 15 Anm. 2. [3] Friedel, J. **1857**, 270.
[4] Apparat: Siehe Young, Soc. **59**, 623.
[5] Kipping, Soc. **57**, 533.
[6] Perkin, Soc. **49**, 322. — Fittig, B. **30**, 2150.

Aus den Kalksalzen der höheren zweibasischen Säuren entstehen durch eine völlig analoge, jedoch intramolekulare Kohlensäureabspaltung cyklische Ketone (s. S. 51). So liefert die Adipinsäure *Ketopentamethylen* (*Adipinketon, Cyklopentanon*)

$$\begin{matrix} CH_2\cdot CH_2\cdot COO \\ | \\ CH_2\cdot CH_2\cdot COO \end{matrix} > Ca = \begin{matrix} CH_2-CH_2 \\ | \\ CH_2-CH_2 \end{matrix} > CO + CaCO_3,$$

Pimelinsäure *Ketohexamethylen* und die Korksäure *Ketoheptamethylen* (*Suberon*)[1]

Diese Ketonsynthese war schon im 18. Jahrhundert bekannt und ist als die älteste aller synthetischen Methoden anzusehen. Sie war früher von größter Wichtigkeit, trotzdem namentlich bei der Darstellung gemischter Ketone die Isolierung der gesuchten Ketone von den Nebenprodukten eine ziemlich mühevolle Arbeit ist. Sie ist jetzt teilweise von den im folgenden besprochenen Synthesen (Friedel-Craftssche Synthesen und Acetessigestersynthesen) verdrängt worden, die eine große Anzahl von Ketonen weit bequemer zugänglich gemacht haben.

7. *Friedel-Craftssche Synthese.* Von besonders großer Brauchbarkeit zur Darstellung von Ketonen, welche aromatische Kerne enthalten, ist die Einwirkung fetter oder aromatischer Säurechloride auf aromatische Kohlenwasserstoffe. Bei Gegenwart von Aluminiumchlorid vereinigt sich unter Abspaltung von Chlorwasserstoff der Acidylrest mit dem Rest des Kohlenwasserstoffs. So entsteht aus Benzol und Acetylchlorid *Acetophenon*[2]

$$C_6H_6 + Cl\cdot CO\cdot CH_3 = C_6H_5\cdot CO\cdot CH_3 + HCl.$$

Diese Darstellungsweise ist eine besondere Anwendungsform der Friedel und Craftsschen Synthese, deren Benutzung zur Kohlenwasserstoffsynthese bereits früher (S. 33) ausführlich besprochen worden ist.

Über Ausführung dieser Reaktion sowie über ihre Anwendbarkeit gilt genau dasselbe, was bei der Darstellung der Kohlenwasserstoffe (S. 35) gesagt worden ist. Der Verlauf der Reaktion ist meist ein weit glatterer als bei der Kohlenwasserstoffsynthese, weil das Chlor der Säurechloride viel weniger fest gebunden ist und daher leichter reagiert als das der Halogenalkyle. Man kann infolgedessen hier das dort oft schädliche höhere Erhitzen vermeiden und arbeitet stets in

---

[1] Wislicenus, A. **275**, 309.

[2] Friedel, Crafts, A. ch. [6] 1, 507; **14**, 433; B. **17** R., 376. — Elbs, J. pr. **33**, 181; **35**, 465. — S. auch V. Meyer, Baum, B. **28**, 3212.

einem niedrig siedenden Verdünnungsmittel, wie Schwefelkohlenstoff.[1] Enthält der Kohlenwasserstoff Seitenketten, so tritt die Acidylgruppe fast ausschließlich in die p-Stellung, ist diese besetzt, in o-Stellung.

Der Vorgang bei der Aluminiumchloridsynthese verläuft so, daß das Metallchlorid mit dem Säurechlorid zunächst eine additionelle Verbindung liefert, z. B. $(RCOCl)_2Al_2Cl_6$, die dann mit dem Kohlenwasserstoff weiter reagiert.[2]

Ketone mit zwei aromatischen Kernen entstehen auch aus Phosgen (dem Chlorid der Kohlensäure) und aromatischen Kohlenwasserstoffen. So entsteht *Benzophenon* entweder aus Benzoylchlorid und Benzol oder aus Phosgen und Benzol[3]

$$C_6H_5CO\cdot Cl + C_6H_6 = C_6H_5\cdot CO\cdot C_6H_5 + HCl,$$

$$CO{<}^{Cl}_{Cl} + 2\,C_6H_6 = CO{<}^{C_6H_5}_{C_6H_5} + 2\,HCl.$$

Als Zwischenprodukt entsteht hier sehr wahrscheinlich ebenfalls erst Benzoylchlorid (s. Säurechloride). Bei der Verwendung von Phosgen ist es vorteilhaft in Autoklaven zu arbeiten.

In einzelnen Fällen kann man an Stelle des Aluminiumchlorids Zink verwenden. Statt der Säurechloride lassen sich manchmal die Säureanhydride verwenden, wenn auch mit geringerem Erfolge.[4]

Auch freie Säuren bilden beim Erhitzen mit aromatischen Kohlenwasserstoffen und Phosphorpentoxyd Ketone, so Benzoësäure mit Benzol: *Benzophenon*[5]

$$C_6H_5COOH + C_6H_6 = C_6H_5\cdot CO\cdot C_6H_5 + H_2O,$$

doch hat diese Methode keine praktische Bedeutung, da sie in jedem Falle vorteilhafter durch die Friedel-Craftssche Synthese ersetzt werden kann.

Die angeführten Reaktionen lassen sich durch Verwendung von Phenolen oder Aminen an Stelle der Kohlenwasserstoffe zur Darstellung von Oxy- oder Aminoketonen benutzen (vgl. diese).

Ebenso entstehen Ketosäuren aus Säurechloriden mit aromatischen Säuren, oder aus zweibasischen Säuren (bezw. deren Chloriden oder Anhydriden) mit Kohlenwasserstoffen z. B. *m-Benzoylbenzoesäure* aus Benzoylchlorid und Benzoësäure[6] oder aus Isophtalsäurechlorid und Benzol[7]

---

[1] G. 274. [2] Perrier, B. **33**, 815.
[3] Friedel-Crafts, A. ch. [6] **1**, 510 u. 518.
[4] Siehe z. B. Michaelis, B. **15**, 185.
[5] Kollarits, Merz, B. **6**, 538. [6] Senff, A. **220**, 250.
[7] Ador, B. **13**, 320. — S. auch Friedel-Crafts, A. ch. [6] **14**, 446. — Pechmann, B. **13**, 1612.

$$C_6H_5\cdot CO\cdot Cl + C_6H_5\cdot COOH = C_6H_5\cdot CO\cdot C_6H_4\cdot COOH + HCl,$$

$$C_6H_4<\begin{matrix}CO-Cl\\CO-Cl\end{matrix} + C_6H_6 + H_2O = C_6H_4<\begin{matrix}CO-C_6H_5\\COOH\end{matrix} + 2HCl.$$

Analog erhält man *Benzoylpropionsäure* aus Bernsteinsäureanhydrid und Benzol bei Gegenwart von Aluminiumchlorid[1]

$$\begin{matrix}CH_2-CO\\|\\CH_2-CO\end{matrix}>O + C_6H_6 = \begin{matrix}CH_2-CO-C_6H_5\\|\\CH_2-COOH\end{matrix} \quad \text{u. s. w.}$$

8. *Aus Säurechloriden und Metallalkylen.* Von geringer praktischer, aber bedeutender theoretischer Wichtigkeit ist die Bildung von Ketonen bei der Einwirkung von Säurechloriden auf Zinkalkyle.[2] So liefert Propionylchlorid mit Zinkäthyl: *Diäthylketon*

$$C_2H_5\cdot COCl + znC_2H_5 = C_2H_5\cdot CO\cdot C_2H_5 + znCl^3.$$

In Wirklichkeit ist der Vorgang bei dieser Synthese so, daß das Säurechlorid mit dem Zinkalkyl ein Additionsprodukt bildet[4]

$$C_2H_5C\begin{matrix}\nearrow O\\ \searrow Cl\end{matrix} + Zn(C_2H_5)_2 = C_2H_5\cdot C\begin{matrix}\nearrow OZnC_2H_5\\ -C_2H_5\\ \searrow Cl\end{matrix},$$

das mit Wasser unter Bildung von Keton zerfällt

$$C_2H_5-C\begin{matrix}\nearrow OZnC_2H_5\\ -C_2H_5\\ \searrow Cl\end{matrix} + 2H_2O = C_2H_5\cdot CO\cdot C_2H_5 + Zn(OH)_2 + HCl + C_2H_6,$$

oder auch mit einem zweiten Molekül Säurechlorid unter Bildung des Ketons reagiert[5]

$$C_2H_5\cdot C\begin{matrix}\nearrow O-ZnC_2H_5\\ -C_2H_5\\ \searrow Cl\end{matrix} + C_2H_5\cdot COCl = 2C_2H_5\cdot CO\cdot C_2H_5 + ZnCl_2.$$

Aus den Estermonochloriden zweibasischer Säuren entstehen so natürlich Ketosäuren, z. B. *Lävulinsäureester* aus Bernsteinsäureesterchlorid und Zinkmethyl[6]

$$\begin{matrix}CH_2\cdot COCl\\|\\CH_2\cdot COOC_2H_2\end{matrix} + znCH_3 = \begin{matrix}CH_2\cdot CO\cdot CH_3\\|\\CH_2\cdot COOC_2H_5\end{matrix} + znCl,$$

und *Benzoylameisensäure* aus Oxalesterchlorid und Quecksilberphenyl.[7]

Zur praktischen Ausführung (vgl. S. 119) der Reaktion mischt man Säurechlorid und Zinkalkyl unter starker Kühlung und eventuell

---

[1] Burker, A. ch. [5] **26**, 435; B. **14**, 365. — Pechmann, B. **15**, 889. — Limpricht, A. **312**, 110.

[2] Freund, A. **118**, 1. [3] S. S. 15 Anm. 2.

[4] Wagner, Saytzeff, A. **175**, 361. — Pawlow, A. **188**, 104.

[5] Pawlow, A. **188**, 138. [6] Blaise, Bl. [3] **21**, 647.

[7] Claisen, Morley, B. **11**, 1597.

unter Benutzung eines indifferenten Verdünnungsmittels, wie Äther, und zersetzt durch Zusatz einer reichlichen Menge Wasser. Hierbei muß man einen Überschuß von Säurechlorid anwenden, oder, besonders wenn Zinkalkyl im Überschuß vorhanden ist, das Gemisch sofort mit Wasser zersetzen, da sonst an Stelle der Ketone unter Einwirkung eines zweiten Moleküls Zinkalkyl tertiäre Alkohole entstehen (s. S. 120). Meist nimmt man auf ein Molekül Zinkalkyl zwei Moleküle Säurechlorid, weil auf diese Weise das Zinkalkyl völlig ausgenutzt wird. In manchen Fällen, z. B. bei der Darstellung von Pinakolinen, ist es jedoch vorteilhafter, die Reaktion schon nach der Anlagerung eines Moleküls Säurechlorid durch Zersetzung mit Wasser zu unterbrechen, obwohl auf diese Weise aus der gleichen Menge Zinkalkyl natürlich nur die halbe Menge Keton entsteht.

Die vorliegende Synthese scheint einer sehr allgemeinen Anwendung fähig zu sein. An Stelle der nicht bekannten aromatischen Zinkalkyle kann man die ebenso reagierenden Quecksilberverbindungen benutzen, nur muß dann das Gemisch meist im Einschlußrohr erhitzt werden.[1]

Da Säurechloride (s. dieselben) auch bei der Einwirkung von Kohlenoxychlorid auf Zinkalkyle entstehen, so kann man aus diesen beiden Substanzen ebenfalls direkt Ketone erhalten, z. B. *Aceton* aus Kohlenoxychlorid und Zinkmethyl

$$Zn(CH_3)_2 + COCl_2 = CH_3 \cdot CO \cdot CH_3 + Zn \cdot Cl_2 .$$

Außer den Säurechloriden liefern auch die Säureanhydride[2] und Säurenitrile[3] mit metallorganischen Verbindungen Ketone.

9. *Durch Alkylierung niedrigerer Ketone.* Alle Ketone, in denen eine CH_2-Gruppe entweder zwischen zwei Ketogruppen oder zwischen einer Ketogruppe und einem aromatischen Kern steht, die also eine der beiden folgenden Atomkonfigurationen

$—CO—CH_2—CO—$ oder $—CO—CH_2—$ 

enthalten, teilen mit dem Acetessigester (s. weiter unten) die Eigenschaft, daß ein Wasserstoffatom dieser CH_2-Gruppe durch Natrium und bei darauffolgender Behandlung mit Halogenalkylen durch eine Alkylgruppe ersetzbar ist. Man kann daher aus derartigen Ketonen durch Einführung von Alkylgruppen höhere Homologe darstellen. Alles Nähere über diese nur beschränkter Anwendung fähige Synthese ergibt sich aus der folgenden „Acetessigestersynthese". Vom Acetessigester unterscheiden sich derartige Ketone dadurch, daß bei ihnen nach erfolgter Al-

[1] Otto, B. **3**, 197. [2] Granichstädten, Werner, M. **22**, 315.
[3] Blaise, C. r. **133**, 1217.

kylierung das zweite Wasserstoffatom der CH_2-Gruppe nicht mehr durch Natrium oder Alkyl ersetzbar ist. Auf diese Weise hat man z. B. in das Desoxybenzoin die verschiedensten Alkylgruppen eingeführt und u. a. *Äthyldesoxybenzoïn*[1] erhalten

$$C_6H_5\cdot CH_2\cdot CO\cdot C_6H_5 + C_2H_5J + Na$$
$$= C_6H_5\cdot CH(C_2H_5)\cdot CO\cdot C_6H_5 + NaJ + H\,.$$

Die praktische Ausführung dieser Reaktion deckt sich vollkommen mit der im folgenden beschriebenen Alkylierung des Acetessigesters.

10. *Acetessigestersynthese.* Während Ketone mit aromatischen Kernen bei weitem am bequemsten nach der FRIEDEL-CRAFTSschen Synthese dargestellt werden, ist die gleiche Methode für die Darstellung rein aliphatischer Ketone aus den vorher angeführten Gründen nicht anwendbar. Für diesen Zweck liefert jedoch eine indirekte Synthese, die zu den wichtigsten Arbeitsmethoden der gesamten organischen Chemie gehört, meist recht gute Resultate.

Die Grundlage dieser indirekten Synthese ist die Tatsache, daß alle β-Ketosäuren, d. h. solche Ketosäuren, bei denen Carboxylgruppe und Carbonylgruppe an dasselbe Kohlenstoffatom gebunden sind, die also die Atomgruppierung

$$-CO-\overset{|}{\underset{|}{C}}-COOH$$

enthalten, sehr leicht Kohlendioxyd abspalten und so Ketone liefern. Die Zersetzlichkeit der β-Ketosäuren ist so groß, daß diese selbst sich nur unter ganz gewissen Vorsichtsmaßregeln in freiem Zustande gewinnen lassen. Wenn man daher die Ester der β-Ketosäuren unter den gewöhnlichen Umständen, d. h. durch Erhitzen mit Alkalien oder Mineralsäuren, verseift, so erhält man an Stelle der zu erwartenden Ketosäure das um CO_2 ärmere Keton. So zerfällt bei der Verseifung des einfachsten β-Ketosäureesters, der zugleich das bei weitem wichtigste Glied dieser Reihe bildet, des Acetessigesters, die momentan wohl entstehende Acetessigsäure sofort in *Aceton* und Kohlensäure

$$CH_3\cdot CO\cdot CH_2\cdot COOC_2H_5 + H_2O = [CH_3\cdot CO\cdot CH_2\cdot COOH + C_2H_5OH]$$
$$= CH_3\cdot CO\cdot CH_3 + CO_2 + C_2H_5OH\,.$$

Dieser Vorgang kann zur Darstellung der mannigfaltigsten Ketone dienen, weil es sehr leicht möglich ist, vom Acetessigester wie von anderen β-Ketosäureestern höhere Homologe darzustellen.

[1] V. MEYER, OELKERS, B. **21**, 1297. — PETRENKO-KRITSCHENKO, B. **25**, 2239. — BUDDEBERG, B. **23**, 2066.

Dieser außerordentlich wichtigen synthetischen Methode liegt die schon öfters (s. S. 20, 23 u. a. a. O.) erwähnte Beobachtung zu grunde, daß die Wasserstoffatome einer CH_3-, CH_2- oder auch CH-Gruppe eine außergewöhnlich große Beweglichkeit und Reaktionsfähigkeit erhalten, wenn benachbart zu dieser Gruppe eine Carboxylgruppe oder Ketogruppe steht.[1] Besonders stark zeigt sich diese Wirkung natürlich, wenn eine CH_2- oder CH-Gruppe zwischen zwei Carboxyl- oder Ketogruppen oder zwischen einer Carboxylgruppe und einer Ketogruppe steht, wie dies bei den β-Ketosäureestern der Fall ist. Hier ist die Beweglichkeit der Wasserstoffatome so groß, daß sich dieselben direkt durch Metall ersetzen lassen, was sonst im allgemeinen bei Wasserstoffen, welche an Kohlenstoff gebunden sind, nicht der Fall ist.

Behandelt man nämlich die β-Ketosäureester mit metallischem Natrium, so wird zunächst ein Wasserstoffatom der zwischen Ketogruppe und Carboxylgruppe stehenden Methylengruppe durch Natrium ersetzt, so entsteht aus Acetessigester der sogenannte *Natracetessigester*

$$CH_3\cdot CO\cdot CH_2\cdot COOC_2H_5 + Na = CH_3\cdot CO\cdot CHNa\cdot COOC_2H_5 + H\,.$$

Diese Natriumverbindungen liefern beim Kochen mit irgend welchen Halogenalkylen die entsprechenden alkylierten höheren β-Ketosäureester, indem unter Bildung von Halogennatrium das Alkyl an Stelle des Natriums an den Kohlenstoff der Methylengruppe tritt. So entsteht z. B. aus Natracetessigester mit Propyljodid *Propylacetessigester*[2]

$$\begin{matrix}CH_3\cdot CO \\ C_2H_5OCO\end{matrix}\!\!>C<\!\!\begin{matrix}H \\ Na\end{matrix} + C_3H_7J = \begin{matrix}CH_3-CO \\ C_2H_5OCO\end{matrix}\!\!>C<\!\!\begin{matrix}H \\ C_3H_7\end{matrix} + NaJ\,.$$

Da sich nun die alkylierten Acetessigester genau so verhalten, wie der Acetessigester selbst, so erhält man bei ihrer Verseifung unter Kohlensäureabspaltung die entsprechenden höheren Ketone, aus dem hier als Beispiel gewählten Propylacetessigester also *Propylaceton* (*Methylbutylketon*)

$$\begin{aligned}&CH_3\cdot CO\cdot CH(C_3H_7)\cdot COOC_2H_5 + H_2O \\ &\qquad = CH_3\cdot CO\cdot CH_2\cdot C_3H_7 + CO_2 + C_2H_5OH\,.\end{aligned}$$

Es ist leicht verständlich, daß man schon auf diese Weise

[1] Eine ähnliche Wirkung wie die Carboxyl- und Ketogruppen üben auch Aldehydgruppen und Cyangruppen sowie Phenylreste (s. S. 170) auf benachbarte Kohlenwasserstoffgruppen aus.

[2] Jones, A. **226**, 287.

unter Benutzung verschiedener Halogenalkyle die mannigfaltigsten Methylalkylketone darstellen kann, aber die Synthese kann noch auf eine Weise weiter verallgemeinert werden, die besonders für die Synthese von Ketonen mit verzweigten Kohlenstoffketten wichtig ist. Es zeigt sich nämlich, nachdem auf die vorher erwähnte Weise ein Wasserstoff des Acetessigesters durch eine Alkylgruppe ersetzt worden ist, daß nun auch das zweite Wasserstoffatom, das noch an dem zwischen Ketogruppe und Carboxyl stehenden Kohlenstoff vorhanden ist, durch Natrium und darauf durch Alkyl ersetzbar geworden ist. So liefert der Propylacetessigester, wenn man ihn von neuem mit Natrium behandelt, *Natriumpropylacetessigester*

$$\begin{matrix}CH_3\cdot CO\\ C_2H_5OCO\end{matrix}\!\!>C<\!\!\begin{matrix}H\\ C_3H_7\end{matrix} + Na = \begin{matrix}CH_3\cdot CO\\ C_2H_5OCO\end{matrix}\!\!>C<\!\!\begin{matrix}Na\\ C_3H_7\end{matrix} + H\,,$$

und dieser beispielsweise mit Jodäthyl *Äthylpropylacetessigester*

$$\begin{matrix}CH_3\cdot CO\\ C_2H_5OCO\end{matrix}\!\!>C<\!\!\begin{matrix}Na\\ C_3H_7\end{matrix} + C_2H_5J = \begin{matrix}CH_3\cdot CO\\ C_2H_5OCO\end{matrix}\!\!>C<\!\!\begin{matrix}C_2H_5\\ C_3H_7\end{matrix} + NaJ\,.$$

Dieser Ester gibt bei der Verseifung ein *Methylisohexylketon*, dessen Konstitution als *Äthylpropylaceton* aus seiner Synthese genau bekannt ist[1]

$$\begin{matrix}CH_3\cdot CO\\ C_2H_5OCO\end{matrix}\!\!>C<\!\!\begin{matrix}C_2H_5\\ C_3H_7\end{matrix} + H_2O = CH_3\cdot CO\cdot CH<\!\!\begin{matrix}C_2H_5\\ C_3H_7\end{matrix} + CO_2 + C_2H_5OH\,.$$

Da man die in den Acetessigester einzuführenden Alkylgruppen ganz beliebig variieren kann, sofern nur das Halogen aliphatisch gebunden ist (vgl. S. 106 Anm. 2), und genau ebenso wie der Acetessigester auch andere β-Ketosäureester, z. B. Benzoylessigester $C_6H_5CO\cdot CH_2\cdot COOC_2H_5$ reagieren, so kann man nach dieser Methode eine große Anzahl von Ketonen darstellen. Namentlich zur Gewinnung gemischter aliphatischer Ketone mit verzweigten Kohlenstoffketten ist dieselbe allen anderen Methoden weit überlegen.

Ebenso wie die gewöhnlichen Halogenalkyle reagieren, wie gleich hier erwähnt werden soll, auch andere aliphatische Halogenverbindungen. So kann man auf die Natriumverbindungen der β-Ketosäureester auch Säurechloride und halogensubstituierte Ketone einwirken lassen und durch Verseifung der so entstehenden Ester Diketone erhalten. Mit Benzoylchlorid entsteht z. B. aus Natracetessigester *Benzoylacetessigester*[2]

[1] Wislicenus, A. **219**, 308. — Frankland, Duppa, A. **145**, 82 u. a.

[2] James, A. **226**, 220. — E. Fischer, Bülow, B. **18**, 2131. — Bouveault, Bongert, Bl. [3] **27**, 1038 ff. 1083—1106.

$$CH_3\cdot CO\cdot CHNa\cdot COOC_2H_5 + C_6H_5COCl = CH_3\cdot CO\cdot \overset{CO\cdot C_6H_5}{\overset{|}{C}}H\cdot COOC_2H_5 + NaCl,$$

der bei der „Ketonspaltung“[1] in CO_2 und *Benzoylaceton*[2] zerfällt

$$\begin{matrix}C_6H_5\cdot CO\\ CH_3\cdot CO\end{matrix}\!\!>\!CH\cdot COOC_2H_5 + H_2O = C_6H_5\cdot CO\cdot CH_2\cdot CO\cdot CH_3 + CO_2 + C_2H_5OH.$$

Bei Verwendung von Chloraceton entsteht analog *Acetonylacetessigester*[3] und bei der Verseifung *Acetonylaceton*[4]

$$CH_3\cdot CO\cdot CHNa\cdot COOC_2H_5 + Cl\cdot CH_2\cdot CO\cdot CH_3$$
$$= CH_3\cdot CO\cdot \overset{CH_3\cdot CO\cdot CH_2}{\overset{|}{C}}H\cdot COOC_2H_5 + NaCl\,,$$

$$CH_3\cdot CO\cdot \overset{CH_3\cdot CO\cdot CH_2}{\overset{|}{C}}H\cdot COOC_2H_5 + H_2O$$
$$= CH_3\cdot CO\cdot CH_2\cdot CH_2\cdot CO\cdot CH_3 + CO_2 + C_2H_5OH\,.$$

Übrigens kann man auch alle anderen aliphatischen Halogenverbindungen mit Natriumketosäureestern reagieren lassen und so zahlreiche andere Synthesen ausführen, von denen noch an anderen Stellen die Rede sein wird.

Die Darstellung des Acetessigesters wie der übrigen β-Ketosäureester wird an anderer Stelle (s. Ketosäuren) ausführlich besprochen werden. Obwohl dorthin auch die Darstellung höherer Homologen der Ketosäureester, d. h. die Einführung von Alkylgruppen in letztere gehört, soll diese Reaktion mit Rücksicht auf die Praxis schon hier behandelt werden, weil man bei der Darstellung höherer Ketone fast stets vom Acetessigester oder Benzoylessigester selbst ausgeht.

Wie schon vorher erwähnt, zerfällt die Ketonsynthese in drei Teile. Das Produkt der ersten Phase, die Natriumverbindung des Acetessigesters, stellt man am praktischsten so dar, daß man die für ein Atomgewicht berechnete Menge metallischen Natriums in circa 95 $^0/_0$igem Alkohol auflöst und diese Lösung von Natriumäthylat nach dem Abkühlen mit einem Molekulargewicht Acetessigester versetzt

$$C_2H_5OH + Na = C_2H_5ONa + H\,,$$

$$CH_3\cdot CO\cdot CH_2\cdot COOC_2H_5 + C_2H_5ONa$$
$$= CH_3\cdot CO\cdot CHNa\cdot COOC_2H_5 + C_2H_5OH\,.$$

[1] Bei der „Säurespaltung“ zerfallen die Acidylacetessigester dagegen auch unter Bildung von Monoketonen nach der Gleichung

$$CH_3\cdot CO\cdot CH(COR)\cdot COOC_2H_5 + H_2O$$
$$= CH_3\cdot COOH + CH_3CO\cdot R + CO_2 + C_2H_5\,.$$

Dieser Weg zur Gewinnung von einfachen Ketonen scheint häufig sehr vorteilhaft zu sein (Bouveault, Bongert, Bl. [3] **27**, 1038 ff. 1083—1106).

[2] E. Fischer, Kuzel, B. **16**, 2239. [3] Weltner, B. **17**, 67.

[4] Paal, B. **18**, 59.

Die Umsetzung verläuft auf diese Weise meist viel glatter, als wenn man, wie es früher üblich war, das Natrium direkt auf den mit einem indifferenten Lösungsmittel verdünnten Acetessigester einwirken läßt. Von den beiden Wasserstoffatomen der reagierenden Methylengruppe ist nur eins direkt durch Natrium ersetzbar.

Zur Ausführung der zweiten Phase der Reaktion, nämlich des Ersatzes des Natriums durch eine Alkylgruppe, ist es nicht nötig, die Natriumverbindung zu isolieren, vielmehr wird die nach vorstehender Angabe entstehende alkoholische Lösung ohne weiteres mit dem Halogenalkyl versetzt. Dieser Zusatz muß allmählich und unter Umschütteln erfolgen, da die Reaktion zuweilen ziemlich heftig verläuft, auch ist es praktisch, einen kleinen Überschuß des Halogenalkyls zu verwenden. Meist geht die Reaktion bei gewöhnlicher Temperatur zu Ende, andernfalls wird kurze Zeit am Rückflußkühler erhitzt. Das Ende der Reaktion wird daran erkannt, daß die vorher stark alkalische Lösung neutral geworden ist. Zum Ersatz des Natriums im Natracetessigester sind alle Halogenverbindungen geeignet, deren Halogen aliphatisch gebunden ist, während Halogenatome in aromatischer Bindung nur ausnahmsweise reagieren (s. S. 115).

So reagiert wohl Benzylchlorid $C_6H_5CH_2Cl$, nicht aber Chlorbenzol C_6H_5Cl in gewünschter Weise.

Ist das Natrium auf diese Weise durch Alkyl ersetzt worden, so kann man in völlig gleicher Weise, wie vorher das erste, nun auch das zweite Wasserstoffatom der Methylengruppe im Acetessigester durch Natrium und darauf durch eine beliebige Alkylgruppe ersetzen. Der mono- oder dialkylierte Acetessigester wird aus der Reaktionsmasse nach dem Abdestillieren des Alkohols durch Versetzen mit Wasser und Ausäthern gewonnen und kann zur Weiterverarbeitung meist ohne weitere Reinigung benutzt werden.[1] An Stelle des Natriumäthylats läßt sich zuweilen auch festes Ätznatron verwenden.[2]

In einzelnen Fällen läßt sich das Natrium auch durch gekörntes amalgamiertes Zink ersetzen, doch ist der Gang der Umsetzung hierbei noch wenig aufgeklärt.[3]

Der Zerfall des Acetessigesters und seiner Homologen bei der Verseifung findet nach zwei Richtungen statt. Entweder zerfällt die in Freiheit gesetzte β-Ketosäure, wie schon vorher erwähnt, in Kohlendioxyd und Keton (*Ketonspaltung*) oder unter Aufnahme von einem Molekül Wasser in zwei Moleküle Essigsäure bezw. in ein Molekül Essigsäure und ein Molekül einer homologen Säure (*Säurespaltung*)

$$\text{a)}\quad CH_3\cdot CO\cdot C(X)(Y)\cdot COOH = CH_3\cdot CO\cdot CH{<}^{X}_{Y} + CO_2 \text{ (Ketonspaltung)},$$

$$\text{b)}\quad CH_3\cdot CO\cdot C(X)(Y)\cdot COOH + H_2O = CH_3\cdot COOH + {}^{X}_{Y}{>}CH\cdot COOH \text{ (Säurespaltung)}.$$

[1] Wislicenus, A. **186**, 216—220. — Conrad, Limpach, A. **192**, 153.
[2] V. Meyer, A. **250**, 123. [3] Hofmann, A. **201**, 77.

Diese beiden Reaktionen gehen stets gleichzeitig nebeneinander vor sich, und zwar sowohl beim Kochen mit Laugen als auch mit Säuren. Durch Einhaltung bestimmter Versuchsbedingungen kann man es jedoch erreichen, daß beliebig eine der beiden Spaltungen überwiegt. Hierüber läßt sich im allgemeinen folgendes sagen. Bei Anwendung von sehr konzentrierter wäßriger oder alkoholischer Kalilauge fällt der Hauptteil des Esters der Säurespaltung anheim. Dagegen tritt bei Anwendung von verdünnter Kalilauge, von Barytwasser oder von verdünnten Mineralsäuren die Ketonspaltung in den Vordergrund; eines dieser letzteren Verseifungsmittel wird also im vorliegenden Falle genommen werden müssen. Die angeführte Regel ist jedoch nicht streng gültig, sondern erleidet manche Ausnahmen.[1] Am vorteilhaftesten zur Darstellung von Ketonen scheint im allgemeinen Kochen mit verdünnter Schwefelsäure oder Salzsäure (1 Teil Säure mit 2 Teilen Wasser) zu sein.

Ganz ebenso wie der Acetessigester und seine Alkylderivate verhält sich der Benzoylessigester und seine Homologen. Es ist also auf diese Weise auch möglich, gemischte aliphatisch-aromatische Ketone darzustellen. Alle anderen β-Ketosäureester spalten ebensfalls leicht Kohlendioxyd ab und liefern Ketone, sind aber für die praktische Synthese nur von untergeordneter Bedeutung.

Auch für manche Substitutionsprodukte der Ketone bietet diese Methode eine wichtige Darstellungsweise. So entsteht völlig analog *Dichloraceton* aus Dichloracetessigester, *Nitrosoaceton* und seine Homologen aus den Nitrosoacetessigestern, *Cyanacetophenon* aus Benzoylcyanessigester u. a. m.

11. *Durch Umlagerung von Alkylenoxyden.* Von geringer praktischer Bedeutung, aber von theoretischem Interesse ist die Umlagerung von Körpern vom Typus des Äthylenoxyds. Diese Umlagerung ist vollkommen analog der schon bei den Aldehyden besprochenen (s. S. 156). Genau wie sich Phenyläthylenoxyd zu Phenylacetaldehyd umlagert, entsteht aus Tetraphenyläthylenoxyd (α-Benzpinakolin) *Triphenylacetophenon* (*β-Benzpinakolin*)[2]

Die Umwandlung[3] wird auch hier durch mäßiges Erwärmen mit Säurechloriden oder durch Erhitzen mit verdünnten Mineralsäuren (Salzsäure) auf 150° herbeigeführt. Da die Umlagerung der α-Pinakoline in β-Pinakoline bei der Berührung mit warmen Säuren sehr leicht vor sich geht, so erhält man meist gleich die letzteren, wenn man versucht,

[1] Wislicenus, A. **190**, 257; **206**, 308.

[2] Thörner, Zincke, B. **11**, 68. 1396.

[3] Über die Theorie der Pinakolinbildung siehe Klinger, Lonnes, B. **29**, 2160 u. Zelinsky, Zelikow, B. **34**, 3249.

aus den entsprechenden Glykolen, den Pinakonen (s. S. 109 u. 112) die Äthylenoxyde darzustellen.[1] Unter Umständen erhält man sogar bei der Reduktion von Ketonen an Stelle der zu erwartenden Pinakone direkt die entsprechenden höheren Ketone. So entsteht *Triphenylacetophenon* direkt, wenn man Benzophenon in alkoholischer Lösung mit Zink und Salzsäure reduziert.[2]

In der aliphatischen Reihe scheinen die α-Pinakoline nicht zu existieren. Hier entstehen beim Erwärmen der Pinakone stets direkt die Ketoverbindungen, so aus dem gewöhnlichen Pinakon das einfachste Pinakolin[3]

$$\begin{array}{l}(CH_3)_2\cdot COH\\ (CH_3)_2\cdot \overset{|}{C}OH\end{array} = \begin{array}{l}(CH_3)_3\cdot C\\ CH_3\cdot \overset{|}{C}O\end{array} + H_2O\ .$$

Auf einer analogen Umsetzung beruht wahrscheinlich die Bildung von Ketonen, ebenso wie die von Aldehyden, aus Olefindibromiden, z. B. *Methylisopropylketon* aus Amylenbromid (Trimethyläthylenbromid), in dem hier wahrscheinlich als Zwischenprodukt Amylenglykol auftritt[4]

$$\begin{array}{l}(CH_3)_2\cdot CBr\\ CH_3\cdot \overset{|}{C}HBr\end{array} \longrightarrow \left[\begin{array}{l}(CH_3)_2 : COH\\ CH_3\cdot \overset{|}{C}HOH\end{array}\right] \longrightarrow \begin{array}{l}(CH_3)_2\cdot CH\\ CH_3\cdot \overset{|}{C}O\end{array}\ .$$

Hierher gehört auch die Bildung von *Brenztraubensäure* aus Glycerinsäure[5]

$$\begin{array}{l}CH_2OH\\ \overset{|}{C}HOH\\ \overset{|}{C}OOH\end{array} = \begin{array}{l}CH_3\\ \overset{|}{C}O\\ \overset{|}{C}OOH\end{array} + H_2O\ ,$$

oder durch Destillation von Weinsäure[6]

$$\begin{array}{l}COOH\\ \overset{|}{C}HOH\\ \overset{|}{C}HOH\\ \overset{|}{C}OOH\end{array} = \left[\begin{array}{l}CH_2OH\\ \overset{|}{C}HOH + CO_2\\ \overset{|}{C}OOH\end{array}\right. = \left|\begin{array}{l}CH_3\\ \overset{|}{C}O\\ \overset{|}{C}OOH\end{array}\right. + H_2O + CO_2\ .$$

Ebenso wie die Aldehyde isoliert man auch die Ketone häufig aus komplizierteren Gemischen dadurch, daß man sie zunächst in Oxime (Ketoxime) oder Hydrazone, insbesondere Phenylhydrazone (s. S. 97 u. 98) überführt, diese durch Kristallisation reinigt und dann durch Hydrolyse wieder spaltet. Dagegen entstehen Natriumbisulfitverbindungen nur aus solchen Ketonen, welche direkt an der Ketogruppe eine Methylgruppe enthalten.[7]

---

[1] LINNEMANN, A. **133**, 28. [2] ZINCKE, THÖRNER, B. **11**, 1396.

[3] FITTIG, A. **114**, 56. [4] NIEDERIST, A. **196**, 360.

[5] MOLDENHAUER, A. **131**, 338.

[6] BERZELIUS, Pogg, A. **36**, 1. — DÖBNER, A. **242**, 269. — ERLENMEYER, B. **14**, 321.

[7] GRIMM, A. **157**, 262.

Auch sonst gilt von den Ketonen im allgemeinen dasselbe, was von den Aldehyden (S. 157) gesagt worden ist, nur ist die CO-Gruppe der Ketone von etwas geringerer Reaktionsfähigkeit, so daß hier manche Einzelreaktionen versagen, die dort glatt verlaufen.

Außerdem folgt aus der Konstitution der Ketone, daß eine Oxydation der CO-Gruppe zu COOH nicht mehr möglich ist, und daß die Reduktion im Gegensatz zu der der Aldehyde **sekundäre** Alkohole liefert, für deren Darstellung die Ketone häufig die einzige Möglichkeit darbieten.

Anhang.

1. **Ungesättigte Ketone** (*Perkinsche Synthese*). Die einzige allgemeine Bildungsweise für ungesättigte Ketone, die aber auch hier von großer Wichtigkeit ist, ist die schon bei den Aldehyden (S. 158) erwähnte Perkinsche Synthese. Sie ist ganz in der dort beschriebenen Weise auch für Ketonsynthesen anwendbar, und führt meist wie dort unter Wasserabspaltung direkt zu ungesättigten Ketonen, seltener zunächst zu den als „Aldole" bezeichneten Additionsprodukten. Natürlich können ungesättigte Ketone durch Kondensation zwischen einem Aldehydmolekül und einem Ketonmolekül oder zwischen mehreren Ketonmolekülen entstehen.

So liefern z. B. Benzaldehyd und Aceton *Benzylidenaceton* [1]

$$C_6H_5 \cdot CHO + CH_3 \cdot CO \cdot CH_3 = C_6H_5 \cdot CH{=}CH \cdot CO \cdot CH_3 .$$

Auch aliphatische Aldehyde reagieren mit Ketonen und hierbei gelingt es häufiger, das Aldol zu isolieren. So entsteht aus Acetaldehyd und Aceton zunächst durch Addition *Hydracetylaceton* [2]

$$CH_3 \cdot CHO + CH_3 \cdot CO \cdot CH_3 = CH_3 \cdot CH \lt {OH \atop CH_2 \cdot CO \cdot CH_3} ,$$

das dann unter Wasserabspaltung in *Äthylidenaceton* übergeht. Ganz analog kondensieren sich zwei Acetonmoleküle untereinander zu *Mesityloxyd* [3]

$$ {CH_3 \atop CH_3} \gt CO + CH_3 \cdot CO \cdot CH_3 = {CH_3 \atop CH_3} \gt C{=}CH \cdot CO \cdot CH_3 + H_2O .$$

Zur Reaktion mit der Carbonylgruppe eines anderen Aldehyds oder Ketons sind auch hier nur solche Methyl- oder Methylen-

---

[1] Claisen, Ponder, A. **223**, 139. — Schmidt, B. **14**, 1461. — Vorländer, **30**, 2261.

[2] Claisen, B. **25**, 3166; A. **306**, 324. — S. auch Pauly, Berg, B. **34**, 2092 Anm.

[3] Claisen, A. **180**, 4.

gruppen befähigt, welche im Molekül einer Carbonylgruppe benachbart stehen. Ist eine solche CH_2- oder CH_3-Gruppe aber vorhanden, so ist die Reaktion ganz allgemein. So kondensieren sich auch kompliziertere oder ringförmige Ketone, wenn sie nur dieser Vorbedingung genügen, wie Kampher, Ketopentamethylen u. a. m. mit Aldehyden. Sind mehrere solche reaktionsfähige Methyl- oder Methylengruppen vorhanden, so können mehrere isomere ungesättigte Ketone nebeneinander entstehen.[1] Außerdem kann das Keton sich auch mit mehreren Aldehyd- oder Ketonmolekülen kondensieren und es entstehen mehrfach ungesättigte Ketone, so aus Aceton und zwei Molekülen Benzaldehyd *Dibenzylidenaceton*[2]

$$C_6H_5\cdot CHO + CH_3\cdot CO\cdot CH_3 + OHC\cdot C_6H_5 \\ = C_6H_5\cdot CH{=}CH\cdot CO\cdot CH{=}CH\cdot C_6H_5 + 2\,H_2O,$$

und durch Kondensation dreier Acetonmoleküle *Phoron*[3]

$$\begin{matrix}CH_3\\CH_3\end{matrix}\!\!>CO + CH_3\cdot CO\cdot CH_3 + CO\!<\!\!\begin{matrix}CH_3\\CH_3\end{matrix} \\ = \begin{matrix}CH_3\\CH_3\end{matrix}\!\!>C{=}CH\cdot CO\cdot CH{=}C\!<\!\!\begin{matrix}CH_3\\CH_3\end{matrix} + 2\,H_2O.$$

Die Kondensation wird auch hier meist durch Sättigen mit Salzsäuregas in der Kälte und Stehenlassen, oder durch Stehenlassen mit verdünntem Alkali bewirkt (s. S. 159, vgl. auch Acetessigestersynthese S. 208).

2. Thioketone. Die Ketone tauschen ebenso wie die Aldehyde beim Behandeln mit Schwefelwasserstoff (oder Phosphorpentasulfid) ihren Sauerstoff gegen Schwefel aus[4], doch polymerisieren sich auch die Thioketone außerordentlich leicht zu trimolekularen (oder bimolekularen) Verbindungen.

Thiobenzophenon und Derivate desselben kann man auch nach der Friedel-Craftsschen Ketonsynthese aus Thiophosgen und Benzol (oder Phenoläthern) bei Gegenwart von Aluminiumchlorid[5] sowie aus Benzophenonchlorid mit alkoholischer Schwefelkaliumlösung darstellen.[6]

---

[1] Harries, Müller, B. **35**, 966; s. a. Goldschmiedt, Kroemar, M. **22**, 659. 749.

[2] Claisen, Claparède, B. **14**, 2461. — Claisen, Ponder, A. **223**, 141.

[3] Claisen, A. **180**, 4.

[4] Autenrieth, B. **20**, 375. — Fromm, Baumann, B. **22**, 1037. — Wislicenus, Z. **1869**, 324. — Gattermann, B. **28**, 2877.

[5] Bergreen, B. **21**, 343. — Gattermann, B. **28**, 2869; s. a. V. Meyer, B. **21**, 353.

[6] Engler, B. **11**, 923. — Gattermann, Schulze, B. **29**, 2944.

XIV. Carbonsäuren.

Unter Carbonsäuren versteht man Verbindungen, welche die Gruppe $-C\!\begin{smallmatrix}\diagup O\\ \diagdown OH\end{smallmatrix}$, die sogenannte Carboxylgruppe, enthalten. Diese Gruppe ist in der Regel an irgend ein anderes Kohlenstoffatom gebunden, kann an ihre freie Valenz aber auch ein Wasserstoffatom oder andere Elemente oder Gruppen gebunden haben. In ihren Eigenschaften gleichen die Carbonsäuren im allgemeinen den anorganischen Säuren, indem das Wasserstoffatom der OH-Gruppe durch Metalle und Alkylgruppen ersetzbar ist. Die organischen Säuren sind im allgemeinen schwächer ionisiert als die Mineralsäuren und werden daher durch letztere aus ihren Salzen in Freiheit gesetzt. Die Basizität einer Säure hängt davon ab, wie viele direkt an eine C=O-Gruppe gebundene Hydroxylgruppen sie enthält. Durch Verkettung der Carboxylgruppe mit der homologen Reihe der aliphatischen Alkylradikale entstehen die sogenannten Fettsäuren. Als das einfachste Glied dieser Reihe wird im allgemeinen die Ameisensäure angesehen, in der die Carboxylgruppe an Wasserstoff gebunden ist, doch nimmt diese Säure in mancher Beziehung eine Sonderstellung ein, die schon aus dem Aldehydcharakter derselben hervorgeht, der durch die Gegenwart der Atomgruppierung $-C\!\begin{smallmatrix}\diagup O\\ \diagdown H\end{smallmatrix}$ bedingt ist (vgl. S. 148).

Ebenso wie die Aldehyde und Ketone als Anhydride nicht beständiger zweiwertiger Alkohole aufzufassen sind, so repräsentieren die Carbonsäuren Anhydride analoger dreiwertiger Alkohole, deren drei Hydroxylgruppen an ein und demselben Kohlenstoffatom stehen. Diese dreiwertigen Alkohole, die sogenannten „Orthosäuren“, sind nur in Derivaten (Äthern u. s. w. s. S. 137) bekannt, bei allen Reaktionen jedoch, bei denen sie in freiem Zustande auftreten sollten, entsteht durch Wasserabspaltung eine Carboxylgruppe

$$X\cdot C\!\begin{smallmatrix}\diagup OH\\ -OH\\ \diagdown OH\end{smallmatrix} = X\cdot C\!\begin{smallmatrix}\diagup O\\ \diagdown OH\end{smallmatrix} + H_2O\,.$$

Hier mag gleich noch erwähnt werden, daß mehrbasische Carbonsäuren, in denen zwei Carboxylgruppen an einem Kohlenstoffatom stehen

$$\begin{smallmatrix}X\\ Y\end{smallmatrix}\!>C<\!\begin{smallmatrix}COOH\\ COOH\end{smallmatrix},$$

stets eine dieser beiden Gruppen beim Erhitzen leicht abspalten

$$\genfrac{}{}{0pt}{}{X}{Y}{>}C{<}\genfrac{}{}{0pt}{}{COOH}{COOH} = \genfrac{}{}{0pt}{}{X}{Y}{>}CH\cdot COOH + CO_2 .$$

1. *Durch Reduktion ungesättigter Säuren.* Da die Carboxylgruppe eine sehr hohe Beständigkeit besitzt, kann man zu den Paraffincarbonsäuren durch Reduktion ungesättigter Säuren gelangen, während bei den ungesättigten Aldehyden und Ketonen nur in ganz bestimmten Fällen die Doppelbindung allein reduzierbar ist (s. S. 151 u. 162). Diese Bildungsweise ist namentlich in denjenigen Fällen wichtig, wo die entsprechenden ungesättigten Säuren durch die PERKINsche Synthese (s. später) leicht zugänglich sind. So entsteht aus Akrylsäure *Propionsäure*

$$CH_2{=}CH\cdot COOH + H_2 = CH_3\cdot CH_2\cdot COOH ,$$

und ebenso werden aromatische Säuren, z. B. *Phenylpropionsäure* (*Hydrozimtsäure*) aus Zimtsäure[1]

$$C_6H_5\cdot CH{=}CH\cdot COOH + H_2 = C_6H_5\cdot CH_2\cdot CH_2\cdot COOH ,$$

sowie zweibasische Säuren, wie *Bernsteinsäure* aus Fumar- (oder Maleïn-)säure[2] erhalten

$$\begin{matrix} CH\cdot COOH \\ \| \\ CH\cdot COOH \end{matrix} + H_2 = \begin{matrix} CH_2-COOH \\ | \\ CH_2-COOH \end{matrix} .$$

Die Reduktion läßt sich meist am besten mit Natriumamalgam in alkalischer Lösung durch einfaches Schütteln bei gewöhnlicher Temperatur erreichen.[3] Erweist sich dies Reduktionsmittel als zu schwach, was namentlich bei den Crotonsäuren der Fall ist, so kocht man mit starker Jodwasserstoffsäure oder erhitzt auch mit derselben und amorphem Phosphor im zugeschmolzenen Rohr auf etwa 180°. Die Reduktion mit Jodwasserstoffsäure verläuft in zwei getrennten Phasen. Zuerst wird bei niedrigerer Temperatur Jodwasserstoff an die Doppelbindung angelagert und dann bei höherer Temperatur die entstandene Jodverbindung reduziert (s. S. 57 u. 29).

$$CH_2{:}CH\cdot COOH + HJ = CH_3\cdot CHJ\cdot COOH ,$$

$$CH_3\cdot CHJ\cdot COOH + HJ = CH_3\cdot CH_2\cdot COOH + 2J .$$

Halogensubstituierte ungesättigte Säuren und ungesättigte Oxysäuren lassen sich ohne Veränderung oder Eliminierung des Substituenten anscheinend nur dann reduzieren, wenn der Substituent an einem aromatischen Kern steht. Ungesättigte Oxysäuren werden am besten mit Natriumamalgam, halogensubstituierte Säuren dagegen besser mit Jodwasserstoff reduziert.

---

[1] ALEXEJEW, ERLENMEYER, A. **121**, 375.
[2] KEKULÉ, A. Spl. **1**, 133.
[3] G. 271.

2. *Durch Reduktion substituierter Säuren.* Da, wie schon im vorigen Abschnitt erwähnt wurde, die Carboxylgruppe sehr beständig gegen reduzierende Agentien ist, kann man auch Oxysäuren, Aldehydsäuren und Ketosäuren zu einfachen Carbonsäuren reduzieren, sowie in halogensubstituierten Säuren das Halogen gegen Wasserstoff austauschen. Diese Reaktion entspricht vollkommen der Darstellung der Kohlenwasserstoffe durch Reduktion der Alkohole, Aldehyde, Ketone und Halogenverbindungen (s. S. 28 u. ff.). Sie ist namentlich dann wichtig, wenn die entsprechenden Oxysäuren durch die Cyanhydrinreaktion (s. Oxysäuren) sehr leicht zugänglich sind.

Oxysäuren lassen sich meist am bequemsten durch Erhitzen mit Jodwasserstoffsäure auf höhere Temperaturen reduzieren. So liefert Milchsäure: *Propionsäure*

$$CH_3\cdot CHOH\cdot COOH + H_2 = CH_3\cdot CH_2\cdot COOH + H_2O\,.$$

Aromatische Oxysäuren lassen sich auch mit Natriumamalgam oder Zinkstaub und Natronlauge reduzieren, z. B. Triphenylcarbinolcarbonsäure zu *Triphenylmethancarbonsäure*[1]

$$\begin{matrix}(C_6H_5)_2\!\!\!\searrow & & \\ & COH & \\ C_6H_4\!\!\!\swarrow & & \\ \searrow & COOH & \end{matrix} + H_2 = \begin{matrix}(C_6H_5)_2\!\!\!\searrow & & \\ & CH & \\ C_6H_4\!\!\!\swarrow & & \\ \searrow & COOH & \end{matrix} + H_2O\,,$$

oder Mandelsäure zu *Phenylessigsäure*[2]

$$C_6H_5\cdot CHOH\cdot COOH + H_2 = C_6H_5\cdot CH_2\cdot COOH + H_2O.$$

Doch gelingt die Reduktion anscheinend nur, wenn die Hydroxylgruppe aliphatisch gebunden ist, während am aromatischen Kern stehende Hydroxylgruppen nur schwierig reduzierbar sind.

Bei der Reduktion dieser Verbindungen mit Jodwassersäure wird zunächst die Hydroxylgruppe durch Jod ersetzt und dann das Jodid weiter reduziert.

Ebenso wie die Oxysäuren selbst, lassen sich auch die inneren Anhydride der γ-Oxysäuren, die Laktone, zu Carbonsäuren reduzieren, z. B. Valerolakton zu *Valeriansäure*[3]

$$CH_3\cdot\overbrace{CH\cdot CH_2\cdot CH_2\cdot CO}^{O} + H_2 = CH_3\cdot CH_2\cdot CH_2\cdot CH_2\cdot COOH\,.$$

Man reduziert in der Regel diese Substanzen mit Jodwasserstoffsäure und rotem Phosphor bei höherer Temperatur. Auch Natriumamalgam wirkt ein, jedoch nur in saurer Lösung. Es handelt sich

---

[1] Baeyer, A. **202**, 52. [2] Crum Brown, Z. **1865**, 443.
[3] Fittig, Rühlmann, A. **226**, 346.

hierbei offenbar um eine direkte Reduktion des Laktons und nicht um eine Aufspaltung des Anhydrids und darauffolgende Reduktion der Oxysäure, denn die γ-Oxyvaleriansäure selbst ist nur außerordentlich schwer reduzierbar. Eine solche vorhergehende Aufspaltung findet dagegen bei Verwendung von Natriumamalgam in alkalischer Lösung statt, die infolgedessen nur bei den Laktonen der leichter reduzierbaren aromatischen Oxysäuren, z. B. bei den Phtaleïnen zum Ziel führt. So wird z. B. Diphenylphtalid durch das Alkali in Triphenylcarbinol-o-carbonsäure verwandelt, von deren Reduktion schon oben die Rede war

$$C_6H_4\left\langle\begin{matrix} C(C_6H_5)_2 \\ >O \\ CO \end{matrix}\right. + NaOH = C_6H_4\left\langle\begin{matrix} COH(C_6H_5)_2 \\ COONa \end{matrix}\right. .$$

Ganz analog lassen sich Ketosäuren mit Jodwasserstoffsäure reduzieren, z. B. Benzophenoncarbonsäure zu *Diphenylmethancarbonsäure*[1]

$$C_6H_5\cdot CO\cdot C_6H_4\cdot COOH + 2H_2 = C_6H_5\cdot CH_2\cdot C_6H_4\cdot COOH + H_2O .$$

Die Anwendbarkeit dieser Reaktion scheint nicht, wie die entsprechende Darstellung der Kohlenwasserstoffe aus Ketonen (S. 29) auf aromatische Verbindungen beschränkt zu sein, denn Lävulinsäure liefert z. B. unter den gleichen Bedingungen auch *n-Valeriansäure*[2]

$$CH_3\cdot CO\cdot CH_2\cdot CH_2\cdot COOH + 2H_2 = CH_3\cdot CH_2\cdot CH_2\cdot CH_2\cdot COOH + H_2O .$$

Natriumamalgam reduziert gewöhnlich nur bis zu den Alkoholsäuren. Nur in seltenen Fällen, wie z. B. bei der Benzophenon-p-carbonsäure, entstehen durch dieses Reagens direkt die zu grunde liegenden Carbonsäuren.

Sehr leicht lassen sich im allgemeinen halogensubstituierte Säuren durch naszierenden Wasserstoff reduzieren, so geht z. B. Chloressigsäure ebenso wie Dichlor- und Trichloressigsäure leicht in *Essigsäure* über. Das gewöhnlichste Reduktionsmittel ist hier Natriumamalgam, doch läßt sich ebensogut irgend ein anderes wasserstofflieferndes Mittel, d. h. irgend ein Metall und eine Säure verwenden und auch Erhitzen mit Jodwasserstoff führt zum Ziel. Steht das Halogen an einem aromatischen Kern, so wirkt meist nur Natriumamalgam in der gewünschten Weise. Auch brom- und jodsubstituierte Säuren lassen sich in gleicher Weise reduzieren, doch ist bei der Verwendung von Natriumamalgam als Reduktionsmittel daran zu erinnern, daß das entstehende Alkali halogenwasserstoffentziehend wirken und zur Bildung ungesättigter Verbindungen Anlaß geben kann.

3. *Durch Verseifung von Estern, Chloriden und Amiden der Säuren.* Die Säureester, d. h. die salzartigen Verbindungen, in denen der Hydroxylwasserstoff der Säuren durch einen Alkylrest ersetzt ist, lassen sich ganz allgemein unter Aufnahme von einem

[1] Gräbe, B. **8**, 1054. [2] Kehrer, Tollens, A. **206**, 236.

Molekül Wasser in die betreffende Säure und den Alkohol des Alkylrestes spalten. Dieser Vorgang wird als Verseifung bezeichnet, weil er bei der Darstellung der Seifen (Alkalisalzen höherer Fettsäuren) aus den Fetten (Glycerinestern derselben Säuren) seine Hauptanwendung erfährt.

Die Verseifung der Ester kann durch einfaches Erhitzen mit Wasser geschehen, doch erfordert dies meist längeres Erhitzen auf hohe Temperaturen. So zerfällt Essigsäureäthylester in *Essigsäure* und *Äthylalkohol*

$$CH_3 \cdot COOC_2H_5 + H_2O = CH_3 \cdot COOH + C_2H_5OH.$$

Viel schneller und bequemer kommt man zum Ziel, wenn man den Ester mit Säuren oder wäßrigen bezw. alkoholischen Lösungen der Alkalihydrate verschiedener Konzentration kocht. Im letzteren Falle, wie z. B. bei der Herstellung der eigentlichen Seifen, entsteht natürlich zunächst das Alkalisalz der Säure, aus dem diese selbst erst in Freiheit gesetzt werden muß

$$CH_3 \cdot COOC_2H_5 + KOH = CH_3 \cdot COOK + C_2H_5OH.$$

Die Verseifung der verschiedenen Ester erfolgt mit sehr verschiedener Leichtigkeit und hängt davon die Wahl des Verseifungsmittels, sowie die Dauer des Erhitzens ab.[1]

Bei einigen der wichtigsten Synthesen höherer Säuren erhält man zunächst deren Ester, doch stehen Ester und Säuren in so engem Zusammenhange, daß diese Synthesen in diesem Kapitel und nicht in dem der Säureester behandelt werden.

Aus den Säurechloriden, -bromiden und -jodiden sowohl der aliphatischen wie der aromatischen Reihe entstehen mit größter Leichtigkeit die Säuren durch einfaches Zusammenbringen mit Wasser

$$CH_3 \cdot COCl + H_2O = CH_3 \cdot COOH + HCl.$$

In der aliphatischen Reihe geht die Reaktion schon mit kaltem Wasser mit großer Heftigkeit vor sich; in der aromatischen Reihe dagegen etwas langsamer und nur in der Wärme schnell. Praktisch ist diese Methode ohne großes Interesse, weil die Säurechloride meist umgekehrt aus den Säuren dargestellt werden müssen (s. jedoch S. 220).

Auch Säureamide lassen sich ganz allgemein in die zugehörigen Säuren überführen, doch verläuft die Reaktion weit träger, als die Umsetzung der Säurechloride

$$C_6H_5 \cdot CONH_2 + H_2O = C_6H_5 \cdot COOH + NH_3.$$

Meist ist es hier nötig, die Amide längere Zeit mit verdünnten

[1] Warder, B. **14**, 1361. — Reicher, A. **228**, 257; **232**, 103. — Ostwald, J. pr. [2] **28**, 449. — Trey, J. pr. [2] **34**, 353. L.-C. 1149 ff.

Alkalilaugen bis zum Aufhören der Ammoniakentwicklung zu kochen. Selbstverständlich erhält man hierbei zunächst das Alkalisalz der Säure und muß letztere erst in Freiheit setzen. An Stelle der Alkalien kann man zur Verseifung der Amide auch Säuren verwenden. Die verschiedenen Säuren wirken hierbei verschieden schnell.[1] Wasser selbst wirkt nur außerordentlich langsam ein. Merkwürdigerweise ist die Amidogruppe der Säureamide gegen salpetrige Säure ziemlich beständig, doch führt auch diese Reaktion, die der entsprechenden Darstellungsweise der Alkohole aus den Aminen völlig analog ist (s. S. 117), oft zum Ziel.

Man löst zu diesem Zweck das Amid in konzentrierter Schwefelsäure und versetzt unter Kühlung mit Natriumnitrit,[2] oder man erwärmt in verdünnter schwefelsaurer Lösung mit Natriumnitrit.

Praktisch ist auch die Darstellung der Säuren aus den Amiden von nur geringem Interesse, denn einerseits stellt man die Säureamide häufiger aus den Säuren dar als umgekehrt (s. jedoch S. 227), und andererseits kann man die Nitrile, deren partielle Verseifung ebenfalls Säureamide liefert, auch direkt zu Säuren verseifen, ohne dann die Amide erst zu isolieren, wie im folgenden Abschnitt noch näher ausgeführt werden wird.

Ganz ebenso wie die Säureamide lassen sich auch die alkylierten Säureamide, z. B. Säureanilide durch Alkalien und Säuren in Säure und Aminbase spalten, z. B. Benzanilid in *Benzoesäure* und *Anilin*

$$C_6H_5 \cdot CO \cdot NHC_6H_5 + H_2O = C_6H_5COOH + NH_2 \cdot C_6H_5 \,,$$

doch ist diese Reaktion ebensowenig eine Darstellungsweise für Säuren.

4. *Durch Verseifung der Nitrile.* Eine ganz allgemeine Methode zur Gewinnung der Carbonsäuren bietet die Verseifung der Nitrile. Da die Nitrile einerseits ohne Ausnahme leicht zu den zugehörigen Säuren verseifbar sind und andererseits Nitrile von verschiedenster Konstitution durch wahre Synthesen in großer Anzahl zugänglich sind, stellt diese Methode wohl die wichtigste synthetische Darstellungsmethode für Carbonsäuren vor.

Die Nitrile — und zwar sowohl die der aliphatischen wie die der aromatischen Reihe — zerfallen unter Aufnahme von zwei Molekülen Wasser glatt in die zugehörige Säure von gleicher

---

[1] Siehe Ostwald, J. pr. [2] **27**, 1.

[2] Bouveault, Bl. [3] **9**, 368. — Sudborough, Soc. **67**, 601. — Gattermann, B. **32**, 1118.

Kohlenstoffanzahl und Ammoniak, d. h. sie liefern zunächst das Ammoniumsalz der Säure, aus dem letztere durch Mineralsäuren in Freiheit gesetzt wird

$$X \cdot CN + 2H_2O = X \cdot COOH + NH_3 \ (= X \cdot COONH_4).$$

Offenbar verläuft diese Reaktion in zwei Phasen, indem aus dem Nitril zunächst unter Aufnahme eines Moleküls Wasser das Amid der Säure entsteht

$$X \cdot CN + H_2O = X \cdot CONH_2$$

und dann dieses durch das zweite Molekül Wasser in die Säure und Ammoniak gespalten wird (s. den vorhergehenden Abschnitt)

$$X \cdot CO \cdot NH_2 + H_2O = X \cdot COOH + NH_3.$$

Wie bei der Synthese der Säureamide noch erwähnt werden wird lassen sich diese beiden Phasen auch praktisch voneinander trennen, doch ist dies in den meisten Fällen, wenn nur die Darstellung der Säuren bezweckt wird, unnötig. Nur bei der Darstellung einiger leicht zersetzlicher Säuren, z. B. der Ketosäuren, empfiehlt es sich, zunächst das Amid zu isolieren.

Dagegen ist es zuweilen praktisch, das Amid zunächst in Lösung darzustellen und darauf nach einer besonderen, bei der vorigen Methode schon erwähnten Arbeitsweise weiter zu verseifen. Man verfährt dann so, daß man das Nitril zuerst durch Erwärmen mit 85 %iger Schwefelsäure in das Amid und dieses sofort durch Zusatz von Natriumnitrit unter Kühlung in die Säure verwandelt. Oft ist es besser, die Lösung des Amids in verdünnter Schwefelsäure in der Wärme durch Natriumnitrit zu zersetzen.

Im allgemeinen verseift man die Nitrile direkt zu Säuren durch mehr oder weniger energisches Erhitzen mit verdünnten Alkalien oder Säuren.[1] Im ersteren Falle erhält man natürlich auch hier zunächst das Alkalisalz der Carbonsäure, aus dem letztere erst in Freiheit gesetzt werden muß. In manchen Fällen empfiehlt sich die Anwendung von alkoholischem Kali, und einige sehr beständige Nitrile müssen unter Druck auf höhere Temperaturen erhitzt oder sogar mit Alkali geschmolzen werden.

Mußte zur Verseifung des Nitrils Alkali verwandt werden und ist die Säure nicht selbst schwer löslich in Wasser, oder mit Wasserdämpfen flüssig, so muß man zur Trennung der Säure von den Alkalisalzen dieselbe häufig zuerst in Form irgend eines schwerlöslichen Salzes, z. B. Blei-, Silber-, Kupfer- oder Baryumsalzes ausfällen und dieses durch Schwefelwasserstoff oder Schwefelsäure zerlegen. Von den Säuren ist im allgemeinen starke oder auch mäßig verdünnte Salzsäure am geeignetsten zur Verseifung der Nitrile, doch ist es meist

[1] G. 264. 288. — L.-C. 1173 ff.

zur völligen Umsetzung nötig, das Reaktionsgemisch unter Druck auf 100—130° zu erhitzen. Häufig wirkt mit Chlorwasserstoffgas gesättigter Eisessig sehr gut. Auch Schwefelsäure leistet oft sehr gute Dienste.[1] Aromatische Nitrile sind schwieriger verseifbar als aliphatische. Selbstverständlich kann man auch durch Verseifung von Dinitrilen zu Dicarbonsäuren, z. B. von Äthylencyanid zu *Bernsteinsäure*

$$\begin{array}{l} CH_2\cdot CN \\ | \\ CH_2\cdot CN \end{array} + 4\,H_2O = \begin{array}{l} CH_2\cdot COOH \\ | \\ CH_2\cdot COOH \end{array} + 2\,NH_3$$

und durch Verseifung von substituierten Nitrilen zu substituierten Säuren gelangen, was namentlich für die Darstellung von Oxysäuren wichtig ist. So erhält man aus α-Oxyäthylcyanid (Acetaldehydcyanhydrin) *α-Oxypropionsäure* (*α-Milchsäure*)

$$CH_3\cdot CHOH{-}CN + 2\,H_2O = CH_3\cdot CHOH\cdot COOH + NH_3\,.$$

5. *Durch Oxydation von primären Alkoholen und Aldehyden.* Als Anhydride dreiwertiger Alkohole, deren drei Hydroxylgruppen an demselben Kohlenstoffatom stehen, entstehen die Säuren durch weitere Oxydation aus denjenigen einwertigen Alkoholen, welche an dem hydroxylierten Kohlenstoffatom noch zwei Wasserstoffatome besitzen, d. h. den primären Alkoholen, oder aus deren ersten Oxydationsprodukten, den Aldehyden. So entsteht aus Methylalkohol *Ameisensäure*,[2] aus Äthylalkohol *Essigsäure* u. s. w. Die Aldehyde entstehen dabei vermutlich stets als Zwischenprodukte

$$H_3COH + O = H_2C{<}^{OH}_{OH} = H_2C{=}O + H_2O\,,$$

$$H_2C{=}O + O = HC{\lessdot}^{O}_{OH}\,,$$

$$CH_3\cdot CH_2OH + 2\,O = CH_3\cdot C{\begin{array}{l} /OH \\ -OH \\ \backslash OH \end{array}} = CH_3\cdot C{\lessdot}^{O}_{OH} + H_2O\,.$$

Als Oxydationsmittel für die Oxydation der primären Alkohole zu Carbonsäuren wendet man meist entweder Chromsäuregemisch oder Chromsäureanhydrid in wäßriger oder stark essigsaurer Lösung an. Zuweilen kann man auch den Sauerstoff der Luft direkt als Oxydationsmittel benutzen, wie dies bei der sog. Schnellessigfabrikation aus Äthylalkohol geschieht. Die hochmolekularen normalen primären Alkohole der Fettreihe lassen sich durch Erhitzen mit Natronkalk in Säuren umwandeln, z. B. Cetylalkohol in *Palmitinsäure*[3]

$$C_{15}H_{31}CH_2OH + NaOH = C_{15}H_{31}COONa + 2\,H_2\,.$$

---

[1] Beckurts, Otto, B. **10**, 262. — Städel, B. **19**, 1950.

[2] Dumas, Peligot, A. **15**, 7. [3] Dumas, Stass, A. **35**, 139.

In ganz gleicher Weise entstehen natürlich bei energischer Oxydation aus zweiwertigen diprimären Alkoholen zweibasische Säuren, so aus Glykol *Oxalsäure*

$$\begin{matrix} CH_2OH \\ | \\ CH_2OH \end{matrix} + 4O = \begin{matrix} COOH \\ | \\ COOH \end{matrix} + 2H_2O\,.$$

Durch Anwendung milder wirkender Oxydationsmittel — meist dient zu diesem Zweck kalte Salpetersäure — kann man jedoch die Oxydation zuweilen auf eine der beiden Carbinolgruppen beschränken, und erhält so z. B. aus Glykol *Glykolsäure*

$$\begin{matrix} CH_2OH \\ | \\ CH_2OH \end{matrix} + 2O = \begin{matrix} CH_2OH \\ | \\ COOH \end{matrix} + H_2O\,.$$

Auch substituierte Alkohole lassen sich zu den entsprechenden substituierten Säuren oxydieren. Dagegen gelingt es nicht, ungesättigte Alkohole zu den entsprechenden ungesättigten Säuren zu oxydieren, da die Kohlenstoffkette an der Stelle der Doppelbindung außerordentlich leicht durch Oxydationsmittel gespalten wird (s. S. 192).

Die Oxydation primärer Alkohole zu Carbonsäuren, die sich übrigens sowohl bei aliphatischen wie bei aromatischen Alkoholen ausführen läßt, liefert meist Nebenprodukte. Entweder liefert die Säure mit noch nicht oxydiertem Alkohol *Ester* oder aus dem Alkohol und dem als Zwischenprodukte entstehenden Aldehyd entstehen *Acetale*.

Die Oxydation der Aldehyde zu Säuren geht stets sehr viel leichter vor sich und wird sehr häufig schon durch den Sauerstoff der Luft herbeigeführt. Als Oxydationsmittel benutzt man ferner Chromsäuregemisch, Chromsäureanhydrid, Salpetersäure oder auch Kaliumpermanganat. Auch schmelzendes Kaliumhydrat kann als Oxydationsmittel dienen. Bei leicht zersetzlichen Aldehyden wendet man von dem Oxydationsmittel nur die theoretisch berechnete Menge an. Bei den besonders leicht spaltbaren ungesättigten Aldehyden ist meist Silberoxyd gut anwendbar. Manche Aldehyde oxydieren sich so leicht, daß sie den dazu notwendigen Sauerstoff einem anderen Aldehydmolekül entreißen, das dabei zu Alkohol reduziert wird. Diese Reaktion ist bereits als Darstellungsweise für Alkohole (S. 110) besprochen worden.

Eine Kombination dieser Methode mit einer späteren, d. h. gleichzeitige Oxydation und Ersatz von Halogen durch Hydroxyl bietet die praktisch viel verwertete Darstellung von *Benzoesäure* aus Benzylchlorid durch Kochen mit verdünnter Salpetersäure[1]

$$C_6H_5\cdot CH_2Cl\,[+ H_2O] + 2O = C_6H_5\cdot COOH\,[+ H_2O] + HCl\,.$$

6. *Durch Oxydation von Kohlenwasserstoffen.* Da die Alkohole und Aldehyde, die ja bei der Oxydation Carbonsäuren liefern,

[1] Lunge, B. **10**, 1275.

ihrerseits als Oxydationsprodukte der Kohlenwasserstoffe aufzufassen sind, sollten sich die Säuren auch durch direkte Oxydation der Kohlenwasserstoffe erhalten lassen. In der aliphatischen Reihe ist dies jedoch nicht der Fall, weil die Oxydation hier meist eine Spaltung des Moleküls bewirkt. Dagegen lassen sich die Seitenketten aromatischer Verbindungen gut zu Carbonsäuren oxydieren. So entsteht aus Toluol durch Oxydation *Benzoesäure*

$$C_6H_5 \cdot CH_3 + 3\,O = C_6H_5 \cdot COOH + H_2O\,.$$

Stehen mehrere Methylgruppen am Benzolkern, so können je nach der Leitung der Oxydation entweder alle oder nur ein Teil zur Carboxylgruppe oxydiert werden. So kann die Oxydation von Xylol entweder *Toluylsäure* (I) oder *Phtalsäure* (II) liefern (siehe weiter unten)

$$\text{I.}\quad C_6H_4{<}\begin{smallmatrix}CH_3\\ CH_3\end{smallmatrix} + 3\,O = C_2H_4{<}\begin{smallmatrix}CH_3\\ COOH\end{smallmatrix} + H_2O\,,$$

$$\text{II.}\quad C_6H_4{<}\begin{smallmatrix}CH_3\\ CH_3\end{smallmatrix} + 6\,O = C_6H_4{<}\begin{smallmatrix}COOH\\ COOH\end{smallmatrix} + 2\,H_2O\,.$$

Häufig treten natürlich in solchen Fällen beide Reaktionen nebeneinander ein. Längere Seitenketten werden meist unter Bildung einer direkt am Kern stehenden Carboxylgruppe vollständig oxydiert, so daß alle Homologen des Benzols mit nur einer Seitenkette *Benzoesäure* liefern. Sind gleichzeitig Methylgruppen und längere Seitenketten vorhanden, so werden gewöhnlich zuerst die längeren Seitenketten oxydiert, wobei zuweilen Ketone als Zwischenverbindungen auftreten. Verzweigte Seitenketten werden leichter oxydiert als normale.[1]

Bei gleichzeitiger Anwesenheit zweier Seitenketten ist auch die gegenseitige Stellung derselben zueinander von Einfluß auf den Verlauf der Oxydation. So werden Seitenketten, die in Parastellung zueinander stehen, leichter oxydiert als die Metaisomeren, und während man beide Arten von Verbindungen mit Chromsäure zu Carbonsäuren oxydieren kann, werden die Orthoisomeren von diesem Oxydationsmittel entweder gar nicht angegriffen oder aber vollständig zerstört. Mit Kaliumpermanganat gelingt dagegen auch die Oxydation der Orthoderivate. Durch Salpetersäure werden alle Arten von Seitenketten oxydiert, doch tritt nebenher oft Nitrierung ein.

Durch Oxydation substituierter Benzolhomologen werden die entsprechenden substituierten Carbonsäuren erhalten, aber auch hier ist die Stellung des Substituenten von Einfluß. So verhindert z. B. eine in Orthostellung stehende negative Gruppe die Oxydierbarkeit mit Chromsäure. Andererseits werden orthonitrierte Verbindungen leicht von

[1] S. z. B. R. Meyer, B. **11**, 1283.

Ferricyankalium oxydiert, während dies bei m-Nitroverbindungen nicht der Fall ist.[1]

Über die Wahl des Oxydationsmittels ist schon in den vorstehenden Zeilen das Wesentlichste gesagt. Man oxydiert entweder mit Chromsäureanhydrid in Eisessiglösung oder mit dem sogenannten Chromsäuregemisch (Kaliumbichromat und Schwefelsäure), oder mit Salpetersäure, die zur möglichsten Vermeidung der nitrierenden Wirkung mit etwa der dreifachen Menge Wasser verdünnt sein muß, in der Siedehitze, während Kaliumpermanganat schon bei gewöhnlicher Temperatur einwirkt.

Auch aromatische Seitenketten, sowie andere mit dem ersten Kern kondensierte Kerne können zu Carboxylgruppen oxydiert werden. So gibt Diphenyl *Benzoesäure*[2]

$$C_6H_5 \cdot C_6H_5 + 14\,O = C_6H_5 \cdot COOH + 5\,CO_2 + 2\,H_2O\,.$$

Naphtalin liefert *Phtalsäure*[3]

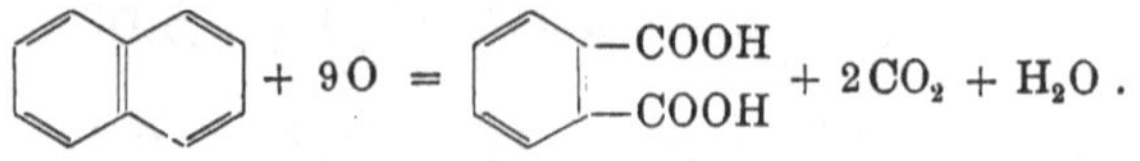

Sind gleichzeitig homocyklische und heterocyklische Kerne vorhanden, so werden die ersteren aboxydiert; so liefert Phenylpyridin *Pyridincarbonsäure* (nicht Benzoesäure)[4]

$$C_6H_5 \cdot C_5H_4N + 14\,O = C_5H_4N \cdot COOH + 5\,CO_2 + 2\,H_2O\,,$$

und ebenso entsteht bei der Oxydation von Chinolin kein Benzolderivat, sondern *Pyridindicarbonsäure*[5]

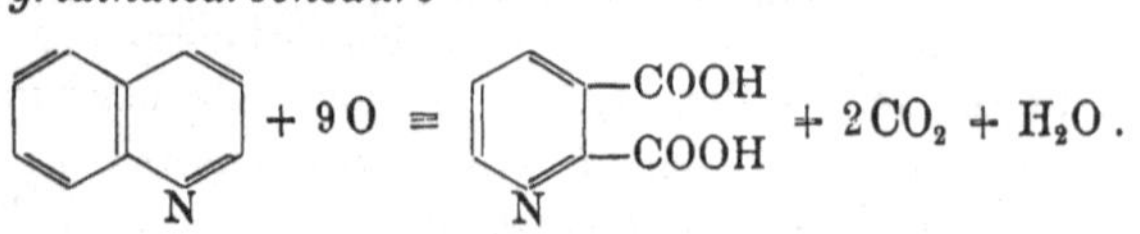

Als Darstellungsweise kommt diese Methode nur ausnahmsweise in Betracht, wenn das Ausgangsmaterial besonders leicht zugänglich ist, wie für die Darstellung der Phtalsäure aus Naphtalin. Dagegen hat die Oxydation der Seitenketten großen Wert für die Aufklärung der Konstitution der verschiedensten Derivate homologer und kondensierter Ringverbindungen.

7. *Durch Oxydation verschiedener Verbindungen unter Zerfall des*

---

[1] Wroblewsky, B. **15**, 1021. — Noyes, Wiley, Am. **11**, 161.
[2] Schultz, A. **174**, 206.
[3] Laurent, A. **19**, 38. — Beilstein, Kurbatow, A. **202**, 215.
[4] Skraup, Cobenzl, M. **4**, 477.
[5] Hoogewerff, Dorp, R. **1**, 107.

Moleküls. Schon oben war gesagt worden, daß man aliphatische Kohlenwasserstoffe nicht ohne Zerfall des Moleküls zu den zugehörigen Carbonsäuren oxydieren kann. Trotzdem entstehen bei der Oxydation zahlreicher aliphatischer Verbindungen Carbonsäuren, nur von niedrigerem Kohlenstoffgehalt als die Ausgangssubstanz. Hierher gehört auch die schon bei der vorigen Methode besprochene Oxydation längerer Seitenketten in aromatischen Kohlenwasserstoffen.

Im allgemeinen verlaufen derartige Oxydationsvorgänge, die eine gewaltsame Zersprengung des Moleküls herbeiführen, sehr kompliziert. Es entstehen häufig die verschiedensten schwer trennbaren Produkte nebeneinander, so daß man nur in gewissen Fällen einen Vorgang mit Sicherheit als Hauptreaktion bezeichnen und theoretisch verfolgen kann. Die wenigen Gesetzmäßigkeiten, die sich in dieser Hinsicht bisher mit Bestimmtheit verfolgen lassen, sind etwa die folgenden.

Ketone zerfallen bei der Oxydation mit Chromsäuremischung in zwei Moleküle niedrigerer Carbonsäuren, indem das ursprüngliche Ketonmolekül an der CO-Gruppe gespalten wird. Bei der Oxydation von Diäthylketon entsteht so je ein Molekül *Propionsäure* und *Essigsäure*

$$CH_3 \cdot CH_2 \cdot CO \cdot CH_2 \cdot CH_3 + 3O = CH_3 \cdot CH_2 \cdot COOH + COOH \cdot CH_3 .$$

Bei gemischten Ketonen kann die Oxydation nach zwei verschiedenen Richtungen verlaufen, je nachdem die Ketogruppe bei der einen oder anderen der beiden Alkylgruppen bleibt. So kann Äthylpropylketon entweder in *Essigsäure* und *Buttersäure* oder in zwei Moleküle *Propionsäure* zerfallen

$$CH_3 \cdot CH_2 \cdot CO \cdot CH_2 \cdot CH_2 \cdot CH_3 \begin{cases} CH_3 \cdot COOH + COOH \cdot CH_2 \cdot CH_2 \cdot CH_3 \\ CH_3 \cdot CH_2 \cdot COOH + COOH \cdot CH_2 \cdot CH_3 \end{cases} .$$

Diese beiden Reaktionen gehen gleichzeitig nebeneinander her, während man früher annahm, daß die Ketogruppe stets bei dem kleineren Alkyl bliebe. Gewöhnlich tritt je nach der Wahl der Reaktionstemperatur oder auch des Oxydationsmittels die eine der beiden möglichen Spaltungsarten in den Vordergrund. Sekundäre Radikale werden zunächst als Ketone aboxydiert und dann weiter gespalten. Ist ein tertiäres Radikal vorhanden, so bleibt die CO-Gruppe stets an diesem. Steht ein aromatischer Rest direkt an der Ketogruppe, so bleiben beide zusammen. Aus Propylphenylketon entsteht also *Benzoesäure* und *Propionsäure*

$$C_6H_5\cdot CO\cdot CH_2\cdot CH_2\cdot CH_3 + 3O = C_6H_5\cdot COOH + COOH\cdot CH_2\cdot CH_3\,.$$

Steht die Carbonylgruppe nicht direkt am Benzolkern, so bleibt sie bei der Oxydation am aliphatischen Rest. Der übrigbleibende Rest wird entsprechend den bei der vorigen Synthese besprochenen Tatsachen gewöhnlich direkt zu Benzoesäure oxydiert

$$CH_3\cdot CO\cdot CH_2\cdot CH_2\cdot C_6H_5 + 6O = CH_3\cdot COOH + CO_2 + COOH\cdot C_6H_5 + H_2O\,.$$

Aus ungesättigten Verbindungen, namentlich der aliphatischen Reihe, erhält man ebenfalls durch Oxydation unter Zerfall des Moleküls Säuren. Die Spaltung des Moleküls findet hierbei stets an der Stelle der doppelten Bindung statt. Bei sehr gelinder Oxydation ungesättigter Verbindungen entstehen vor Eintritt der Spaltung als erste Produkte zweiwertige Alkohole bezw. Dioxyverbindungen, welche als Additionsprodukt zweier Hydroxylgruppen an die Doppelbindung aufgefaßt werden können (vgl. S. 108). Die primären Produkte der Spaltung durch Oxydation sind Aldehyde (s. S. 150), die jedoch meist sofort zu Säuren weiter oxydiert werden. So gibt Propylen wohl zuerst *Formaldehyd* und *Acetaldehyd*

$$CH_2{=}CH\cdot CH_3 + 2O = CH_2O + OCH\cdot CH_3\,,$$

während als wirkliche Oxydationsprodukte *Ameisensäure* und *Essigsäure* auftreten

$$CH_2{=}CH\cdot CH_3 + 4O = H\cdot COOH + CH_3COOH\,.$$

Ebenso gibt z. B. Crotonsäure *Essigsäure* und *Oxalsäure*

$$CH_3\cdot CH{=}CH\cdot COOH + 4O = CH_3\cdot COOH + COOH\cdot COOH\,.$$

In der aromatischen Reihe lassen sich die ersten Spaltungsprodukte, die Aldehyde, zuweilen isolieren und können natürlich durch weitere Oxydation in Säuren übergeführt werden (s. S. 187).

Ist eines der doppeltgebundenen Kohlenstoffatome nicht mehr mit Wasserstoff verbunden, so kann aus ihm bei der Oxydation naturgemäß keine Carboxylgruppe mehr entstehen, vielmehr wird es zu einer Ketogruppe oxydiert. So entsteht z. B. bei der Oxydation der Mesaconsäure *Brenztraubensäure* und *Oxalsäure* (vgl. S. 164)

$$\begin{matrix} CH_3\cdot C-COOH \\ \| \\ CH\cdot COOH \end{matrix} + 3O = CH_3\cdot CO\cdot COOH + HOOC\cdot COOH\,.$$

Der Verlauf der Oxydation ungesättigter Verbindungen stellt sich also folgendermaßen dar.

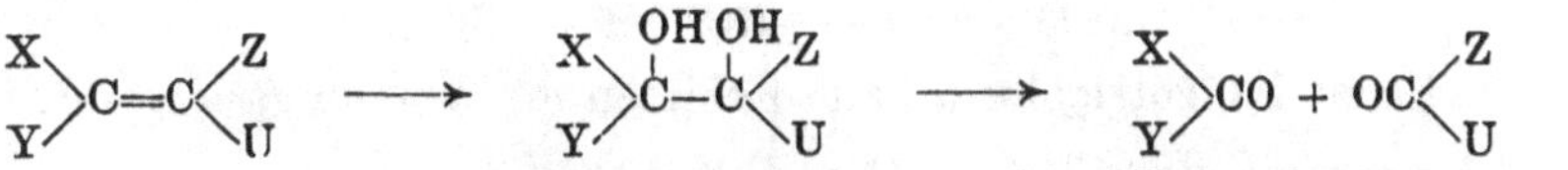

Dioxyverbindung — Ketoverbindungen oder, wenn Y oder U Wasserstoffatome, Aldehydoverbindungen

$$\longrightarrow X\cdot COOH + Z\cdot COOH$$

Carbonsäuren, wenn Y und U Wasserstoffatome waren.

Hier möge auch nochmals erwähnt werden, daß *α*-Oxysäuren, deren Alkoholgruppe tertiär ist, bei der Oxydation sehr leicht unter Zerfall des Moleküls Ketone liefern, z. B. gibt *α*-Oxyisobuttersäure *Aceton* und *Kohlendioxyd* (vgl. S. 163)

$$\begin{matrix}CH_3\\CH_3\end{matrix}\!>\!C(OH)\cdot COOH + O = \begin{matrix}CH_3\\CH_3\end{matrix}\!>\!CO + CO_2 + H_2O\,.$$

Als Oxydationsmittel dient Chromsäure oder Kaliumpermanganat. In etwas anderer Weise können ungesättigte Säuren durch Schmelzen mit Kaliumhydroxyd gespalten werden. So entstehen aus dem Kalisalz der Angelikasäure diejenigen der *Essigsäure* und *Propionsäure*

$$CH_3\cdot CH{=}C(CH_3)\cdot COOK + KOH + H_2O$$
$$= CH_3\cdot COOK + CH_2(CH_3)\cdot COOK + H_2\,.$$

Von den Oxydationsprodukten anderer organischer Verbindungen läßt sich häufig nur Oxalsäure $\begin{array}{c}COOH\\|\\COOH\end{array}$, oder zuweilen auch andere zweibasische Säuren erhalten (s. diese). Bei energischerer Oxydation von Kohlenstoffverbindungen verbrennen dieselben unter völligem Zerfall zu dem höchsten Oxydationsprodukt des Kohlenstoffs: dem Kohlensäureanhydrid CO_2.

Da der Vorgang bei derartigen Oxydationen meist sehr kompliziert ist und Gemische der verschiedensten Produkte liefert, kommt diese Methode als Darstellungsweise für Säuren nur dann in Betracht, wenn die Ausgangsmaterialien besonders leicht zugänglich sind, so werden z. B. Essigsäure und Oxalsäure durch derartige komplizierte Zersetzung von höheren Kohlehydraten (Cellulose, Holzstoff) im großen dargestellt.

8. *Aus Halogenverbindungen.* Entsprechend der Konstitution der Carboxylgruppe als Anhydrid eines dreiwertigen Alkohols, entstehen Säuren nach der korrespondierenden Alkoholsynthese (S. 113) aus Halogenverbindungen, welche drei Halogenatome an

einem Kohlenstoffatom enthalten. So liefert Chloroform beim Kochen mit alkoholischer Kalilauge *Ameisensäure*[1]

$$CHCl_3 + 2H_2O = HCOOH + 3HCl,$$

und ebenso Benzotrichlorid beim Erhitzen mit Wasser *Benzoesäure*[2]

$$C_6H_5 \cdot CCl_3 + 2H_2O = C_6H_5 \cdot COOH + 3HCl.$$

Als Darstellungsmethode ist diese Umsetzung jedoch ohne Bedeutung, weil in denjenigen Fällen, wo geeignete Halogenverbindungen zu Gebote stehen, andere Wege bequemer zum Ziel führen.

9. *Durch Addition von Kohlenoxyd oder Kohlendioxyd.* Natriumalkoholate haben die Eigenschaft, bei 160—200° Kohlenoxydgas unter Bildung von fettsaurem Alkali zu addieren[3]

$$C_2H_5 \cdot ONa + CO = C_2H_5 \cdot COONa.$$

Der einfachste Fall dieser Reaktion ist die Addition von Kohlenoxyd an Natriumhydroxyd unter Bildung von *ameisensaurem* Natrium.[4] Außerdem verläuft die Reaktion aber nur bei Natriummethylat und Natriumäthylat einfach.[5]

Analog verläuft die Addition von Kohlendioxyd an Natriumalkyl

$$C_2H_5Na + CO_2 = C_2H_5 \cdot COONa,$$

doch gelingt auch diese Reaktion nur mit Natriummethyl und Natriumäthyl.[6] Den einfachsten Fall dieser Umsetzung zeigt die Bildung von ameisensaurem Kali durch Addition von Kohlendioxyd an Kaliumwasserstoff[7] oder Kalium, das infolge vorhandener Feuchtigkeit wie Kaliumwasserstoff reagiert

$$KH + CO_2 = HCOOK.$$

Hierher gehört auch wohl die von Kekulé aufgefundene Bildung von *Benzoesäure* aus Brombenzol, Natrium und Kohlensäure

$$C_6H_5Br + 2Na + CO_2 = C_6H_5 \cdot COONa + NaBr.$$

Andere metallorganische Verbindungen addieren ebenfalls Kohlendioxyd, und zwar besonders die Alkylmagnesiumhalogenide.[8]

---

[1] Dumas, Berzelius' Jahresb. **15**, 371.
[2] Jacobsen, J. **1881**, 1272.
[3] Geuther, Frölich, A. **202**, 294.
[4] Berthelot, A. **97**, 125; C. r. **41**, 955.
[5] Geuther, Frölich, A. **202**, 294.
[6] Wanklyn, A. **111**, 234.
[7] Moissan, C. r. **134**, 261.
[8] Zelinsky, B. **35**, 2687. 2692. — Houben, Kesselkaul, B. **35**, 2519.

Auch die Natriumverbindungen der Alkylacetylene addieren Kohlendioxyd, natürlich unter Bildung von Acetylencarbonsäuren (s. S. 204).[1]

Von weit größerer Wichtigkeit, aber lediglich zu aromatischen Oxysäuren führend, ist die Addition von Kohlendioxyd an die Alkalisalze der Phenole, die bei den Oxysäuren näher behandelt werden wird.

10. *Durch Alkylierung niedrigerer Säuren.* Wie bei der Synthese der Kohlenwasserstoffe (s. S. 30) genauer ausgeführt worden ist, kann man zwei Alkylgruppen miteinander verketten, wenn man einem Gemisch der betreffenden Halogenalkyle das Halogen durch Metalle entzieht. Diese synthetische Methode läßt sich auch zur Darstellung von Säuren verwenden, wenn man ein Gemisch von Halogenalkyl und halogensubstituierter Fettsäure oder deren Ester anwendet. So entsteht aus Jodpropionsäure und Jodäthyl *Valeriansäure.*[2]

$$C_2H_5J + J \cdot CH_2 \cdot CH_2 \cdot COOH + Ag_2 = C_2H_5 \cdot CH_2 \cdot CH_2 \cdot COOH + 2\,AgJ.$$

Die Reaktion verläuft genau ebenso wie bei der genannten Kohlenwasserstoffsynthese, nur ersetzt man das Natrium vorteilhaft durch feinverteiltes Silber. Auch zweibasische Säuren entstehen in analoger Weise aus zwei Molekülen Halogenfettsäure, z. B. *Adipinsäure* aus Jodpropionsäure[3]

$$COOH \cdot CH_2 \cdot CH_2J + JCH_2 \cdot CH_2 \cdot COOH + Ag_2 = COOH \cdot CH_2 \cdot CH_2 \cdot CH_2 \cdot CH_2 \cdot COOH + 2\,AgJ.$$

Infolgedessen bildet sich bei der vorher angeführten Synthese der Valeriansäure stets Adipinsäure als Nebenprodukt. Auch aromatische Halogenalkyle sind für diese Reaktion brauchbar, so gibt Brombenzol mit Chloressigsäureester (und Kupfer) den Ester der *Phenylessigsäure*[4]

$$C_6H_5Br + Cl \cdot CH_2COOC_2H_5 + Cu_2 = C_6H_5 \cdot CH_2 \cdot COOC_2H_5 + CuCl + CuBr.$$

Die Anwendung des sogenannten molekularen Silbers und damit speziell die Anwendbarkeit der WÜRTZschen Methode zur Synthese von Säuren wurde von WISLICENUS eingeführt.[5] Die Reaktion verläuft jedoch, wie schon erwähnt, wenig glatt und gibt nur wenig befriedigende Ausbeuten; sie besitzt daher für die Darstellung einbasischer Säuren nur geringe Bedeutung,

[1] KOLBE, SCHMIDT, A **119**, 251. — MOUREU, DELANGE, C. r. **136**, 552. — LAGERMARK, B. **12**, 854. — GLASER, A. **154**, 162. — FAWORSKY, J. pr. [2] **37**, 419.

[2] SCHNEIDER, J. **1869**, 528.

[3] WISLICENUS, A. **149**, 221.

[4] ZINCKE, B. **2**, 738.

[5] WISLICENUS, A. **149**, 220.

weil wir für diese über weit bequemere, weiter unten behandelte Methoden verfügen. Von großem Wert ist sie dagegen für die Synthese zweibasischer Säuren (s. diese).

Häufiger wird diese Reaktion in der aromatischen Reihe zur direkten Einführung einer Carboxylgruppe in den Kern oder, was dasselbe ist, eines aromatischen Restes in die Ameisensäure benutzt, indem man auf den bromierten Kohlenwasserstoff Natrium und Chlorkohlensäureester einwirken läßt

$$C_6H_5Br + Cl\cdot COOC_2H_5 + 2\,Na = C_6H_5\cdot COOC_2H_5 + NaCl + NaBr\,.$$

Auch diese Methode gibt nur schlechte Ausbeuten. Sie ist für die praktische Darstellung von Carbonsäuren kaum in Anwendung, wohl aber ist sie zur Aufklärung von Konstitutionsfragen von Bedeutung, da sie die Synthese von Carbonsäuren von bekannter Stellung der Carboxylgruppe ermöglicht.

Das Natrium wird für diese Reaktion am besten in Form von Amalgam und im Überschuß angewendet. Gewöhnlich ist langes, aber nicht zu hohes Erhitzen vorteilhaft für den Verlauf der Reaktion.[1]

Acetylennatriumverbindungen reagieren mit Chlorkohlensäureester unter Bildung von Acetylencarbonsäureestern.[2]

Die Einführung der Carboxylgruppe in den aromatischen Kern läßt sich auch noch durch eine andere, mit dieser verwandte Reaktion erreichen, nämlich durch Zusammenschmelzen von sulfosauren Salzen, z. B. von benzolsulfosaurem Kali mit ameisensaurem Natron[3]

$$C_6H_5\cdot SO_3K + H\cdot COONa = C_6H_5\cdot COONa + HKSO_3\,.$$

Durch eine eigentümliche Reaktion, die eine gewisse Verwandtschaft mit der Synthese des Acetessigesters hat, entstehen aus den Fettsäureestern von Phenylcarbinolen, z. B. des Benzylalkohols, bei der Einwirkung von Natrium die Ester von Phenylfettsäuren. So entsteht aus zwei Molekülen Benzylacetat unter Abspaltung von einem Molekül Essigsäure *Phenylbuttersäurebenzylester*[4]

$$C_6H_5\cdot CH_2\cdot OOC\cdot CH_2\,\boxed{H + CH_3\cdot COO}\,CH_2\cdot C_6H_5 + Na$$
$$= C_6H_5\cdot CH_2\cdot OOC\cdot CH_2\cdot CH_2\cdot C_6H_5 + CH_3\cdot COONa + H\,.$$

11. *Durch Spaltung substituierter Acetessigester.* Bei Gelegenheit der Darstellungsmethoden der Ketone (S. 171 ff.) ist bereits

[1] Würtz, A. Suppl. **7**, 125. [2] Moureu, Delange, C. r. **136**, 552.
[3] V. Meyer, A. **156**, 273.
[4] Conrad, Hodkinson, A. **193**, 321; **201**, 166. — Conrad, Bischoff, A. **204**, 200.

erwähnt worden, mit welcher Leichtigkeit und in welcher Mannigfaltigkeit sich β-Ketocarbonsäureester durch Substitutionsvorgänge im Acetessigester synthetisch darstellen lassen. An derselben Stelle ist auch schon gesagt worden (s. S. 175), daß der Zerfall des Acetessigesters und seiner Homologen bei der Verseifung nach zwei Richtungen stattfindet, d. h. daß neben der dort benutzten Zersetzung der β-Ketocarbonsäuren in Ketone und Kohlensäure (Ketonspaltung) der Zerfall in Essigsäure und eine höhere homologe Säure (Säurespaltung) einhergeht

a) $CH_3 \cdot CO \cdot C(X)(Y) \cdot COOC_2H_5 + H_2O$

$$= CH_3 \cdot CO \cdot CH{<}{}^{X}_{Y} + CO_2 + C_2H_5OH \quad \text{(Ketonspaltung)},$$

b) $CH_3 \cdot CO \cdot C(X)(Y) \cdot COOC_2H_5 + 2\,H_2O$

$$= CH_3 \cdot COOH + H \cdot C(X)(Y) \cdot COOH + C_2H_5OH \quad \text{(Säurespaltung)}.$$

Durch Innehaltung geeigneter Versuchsbedingungen, nämlich Anwendung sehr konzentrierter wäßriger oder alkoholischer Kalilauge zur Verseifung kann man bewirken, daß die Säurespaltung zur Hauptreaktion wird. In Bezug auf ihre außerordentliche Ausdehnbarkeit und durch die genaue Kenntnis der Konstitution der entstehenden Verbindungen gehört diese Methode zu den allerwichtigsten synthetischen Methoden der organischen Chemie, obwohl sie infolge der häufig recht schlechten Ausbeuten der folgenden Synthese in Bezug auf praktische Brauchbarkeit nachsteht.

Unter die praktische Ausführung dieser Synthese ist dem bei der Ketonsynthese Gesagten nichts Neues hinzuzufügen. Zunächs wird genau wie dort durch Einführung einer oder mehrerer Alkylgruppen in den Acetessigester der gewünschte substituierte Acetessigester dargestellt und dieser, wie schon erwähnt, mit möglichst konzentrierter wäßriger oder alkoholischer Kalilauge verseift.[1] Natürlich erhält man die Säure zunächst in Form ihres Kalisalzes und muß sie durch Zusatz von Schwefelsäure in Freiheit setzen. Da die Synthese nur zur Darstellung höherer Säuren benutzt wird, macht die Trennung der letzteren von der zugleich entstehenden Essigsäure keine Schwierigkeiten.

Wie schon bei der Ketonsynthese ausgeführt worden ist, kann man an Stelle gewöhnlicher Alkylgruppen auch andere Reste einführen. Diese Modifikation der Synthese in Verbindung mit der Säurespaltung kann natürlich die verschiedensten Ketosäuren, sowie besonders höhere mehrbasische Säuren liefern. So gibt der aus Chloressigsäureester und

---

[1] Wislicenus, A. **190**, 276; **206**, 308.

Natracetessigester entstehende substituierte Ester bei der Säurespaltung *Bernsteinsäure*

$$CH_3\cdot CO\cdot CHNa\cdot COOC_2H_5 + Cl\cdot CH_2\cdot COOC_2H_5 = \begin{matrix} CH_3\cdot CO\cdot CH\cdot COOC_2H_5 \\ | \\ CH_2\cdot COOC_2H_5 \end{matrix} + NaCl\,,$$

$$\begin{matrix} CH_3\cdot CO\cdot CH\cdot COOC_2H_5 \\ | \\ CH_2\cdot COOC_2H_5 \end{matrix} + 3\,H_2O = CH_3\cdot COOH + \begin{matrix} CH_2\cdot COOH \\ | \\ CH_2\cdot COOH \end{matrix} + 2\,C_2H_5OH\,.$$

Hiervon wird später ausführlich die Rede sein.

12. *Durch Kohlensäureabspaltung aus substituierten Malonsäuren.* Diejenigen mehrbasischen Säuren, welche zwei Carboxylgruppen an einem Kohlenstoffatom haben, spalten beim Erhitzen eine derselben in Form von Kohlensäure leicht ab. Derartige zweibasische Säuren liefern also bei der Destillation einbasische Säuren. Die einfachste dieser Säuren, die Malonsäure, zerfällt dementsprechend in *Essigsäure* und *Kohlendioxyd*

$$CH_2{<}^{COOH}_{COOH} = CH_3\cdot COOH + CO_2\,.$$

Diese Reaktion ist deshalb von außerordentlicher Wichtigkeit, weil im Malonsäureester, ebenso wie im Acetessigester (s. die vorhergehende Methode) die Wasserstoffatome der CH_2-Gruppe sehr leicht durch Natrium und weiterhin beim Behandeln der Natriumverbindungen mit beliebigen Jodalkylen durch die mannigfaltigsten Gruppen ersetzt werden können. Alle die so entstehenden höheren Säuren vom Typus der Malonsäure (vgl. mehrbasische Säuren), kann man durch Erhitzen leicht in die entsprechenden um CO_2 ärmeren einbasischen Säuren überführen

$$^{X}_{Y}{>}C{<}^{COOH}_{COOH} = {}^{X}_{Y}{>}CH\cdot COOH + CO_2\,.$$

Diese Methode ist der gleichen Verallgemeinerung fähig, wie die Acetessigestersynthese und erlaubt sogar viele hochmolekulare Carbonsäuren noch bequemer darzustellen als durch Acetessigesterspaltung. Gemeinsam mit der Acetessigestersynthese hat sie den Vorteil, daß die Konstitution der entstehenden höheren Fettsäuren ohne weiteres eindeutig bekannt ist. Im Gegensatz zur Acetessigestersynthese erhält man hier bei der Verseifung gewöhnlich zunächst die substituierte Malonsäure in freier Form und bewirkt die Kohlensäureabspaltung in einer gesonderten Operation durch Erhitzen auf eine höhere Temperatur. Infolgedessen ist diese Methode natürlich auch als Synthese für alle höheren zweibasischen Säuren vom Typus der Malonsäure anzusehen. Vor der Acetessigestersynthese hat sie den Vorteil, daß die Spaltung der substituierten Malonsäuren nur in einem Sinne verläuft. Auf diese Weise ist beispielsweise durch Einwirkung von Cetyljodid auf Natriummalonsäureester und Verseifung zunächst die Cetylmalonsäure

$$CH_2{<}{}^{COOC_2H_5}_{COOC_2H_5} + NaOC_2H_5 = CHNa{<}{}^{COOC_2H_5}_{COOC_2H_5} + C_2H_5OH\ ,$$

$$CHNa{<}{}^{COOC_2H_5}_{COOC_2H_5} + C_{16}H_{33}J = C_{16}H_{33}\cdot CH{<}{}^{COOC_2H_5}_{COOC_2H_5} + NaJ\ ,$$

$$C_{16}H_{33}\cdot CH{<}{}^{COOC_2H_5}_{COOC_2H_5} + 2\,H_2O = C_{16}H_{33}\cdot CH{<}{}^{COOH}_{COOH} + 2\,C_2H_5OH$$

und dann durch Erhitzen der letzteren die *Stearinsäure* synthetisch dargestellt und als *Cetylessigsäure* nachgewiesen worden[1]

$$C_{16}H_{33}\cdot CH{<}{}^{COOH}_{COOH} = C_{16}H_{33}\cdot CH_2\cdot COOH + CO_2\,.$$

Bezüglich der Anwendbarkeit der vorliegenden Methode gilt vollkommen das schon früher (S. 173 ff.) bei Gelegenheit der Acetessigestersynthese Gesagte. Fast alle Verbindungen, welche ein Halogen in aliphatischer Bindung enthalten, also Halogenalkyle, Säurechloride, Halogenfettsäuren u. s. w. reagieren in gewünschter Weise mit Natriummalonsäureester. Verbindungen, welche Halogen im aromatischen Kern enthalten, reagieren nur, wenn sie zugleich Nitrogruppen enthalten. Wie beim Acetessigester, ist es meist nicht nötig, den Natriummalonester in reinem Zustande zu isolieren, sondern es genügt, die berechnete Menge von Natrium in Alkohol zu lösen, den Malonester hinzuzufügen, diese Lösung mit dem Alkyljodid zu versetzen und nötigenfalls kurze Zeit zu kochen. Die Umsetzung geht hier meist noch viel glatter vor sich als beim Acetessigester.[2] Ist die eine Gruppe eingeführt, so kann man nunmehr auch das zweite Wasserstoffatom der CH_2-Gruppe in ganz gleicher Weise erst durch Natrium und dann durch einen beliebigen anderen Alkylrest ersetzen. Sollen zwei gleiche Alkylgruppen in den Malonester eingeführt werden, so kann man denselben auch von vornherein mit zwei Molekülen Natriumäthylat und zwei Molekülen Jodalkyl behandeln und so den Ersatz beider Wasserstoffatome in einer Operation ausführen.[3]

An Stelle des Natriums kann man zuweilen gekörntes amalgamiertes Zink anwenden, doch ist der Mechanismus dieser Reaktion noch nicht ganz aufgeklärt.[4]

---

[1] Krafft, B. **17**, 1630. [2] G. 154.

[3] Conrad, A. **204**, 129. — Conrad, Bischoff, A. **204**, 143—178.

[4] Daimler, B. **20**, 203 u. a.

Die Verseifung der substituierten Malonester geschieht in gewohnter Weise, doch sind namentlich die dialkylierten Ester nur schwierig verseifbar. Zuweilen findet schon bei der Verseifung Abspaltung von CO_2 statt, gewöhnlich jedoch werden die substituierten Malonsäuren zunächst isoliert und dann durch Erhitzen auf 150—180° gespalten.[1] Die Ausbeuten sind hier gewöhnlich weit besser, als bei den Acetessigestersynthesen.

Infolge der gleichzeitigen Ersetzbarkeit beider Wasserstoffatome kann man auch durch Einwirkung von Dibromiden und Natriumäthylat auf Malonester zunächst Cykloparaffindicarbonsäureester und schließlich Cykloparaffinmonocarbonsäuren darstellen. So gibt Äthylenbromid *Trimethylendicarbonsäureester* (*Cyklopropandicarbonsäureester*)

$$\begin{array}{l}CH_2Br\\ |\\ CH_2Br\end{array} + CH_2\Big<\begin{array}{l}COOC_2H_5\\ COOC_2H_5\end{array} + 2\,NaOC_2H_5$$

$$= \begin{array}{l}CH_2\\ |\\ CH_2\end{array}\Big>C\Big<\begin{array}{l}COOC_2H_5\\ COOC_2H_5\end{array} + 2\,NaBr + 2\,C_2H_5OH\,.$$

und analog entstehen auch die Derivate der höheren Cykloparaffine (s. S. 44).

Auch Polycarbonsäuren und ihre Ester kann man durch verschiedene Modifikationen der Malonestersynthese darstellen. Man erhält solche zunächst, wenn man Polyhalogenverbindungen mit je einem Molekül Natriummalonester für jedes Halogenatom umsetzt. So erhält man aus Äthylenbromid und zwei Molekülen Natriummalonester einen *Butantetracarbonsäureester* (vgl. S. 45)

$$\begin{array}{l}CH_2Br\\ |\\ CH_2Br\end{array} + 2\,NaHC\Big<\begin{array}{l}COOC_2H_5\\ COOC_2H_5\end{array} = \begin{array}{l}CH_2-CH\Big<\begin{array}{l}COOC_2H_5\\ COOC_2H_5\end{array}\\ |\\ CH_2-CH\Big<\begin{array}{l}COOC_2H_5\\ COOC_2H_5\end{array}\end{array} + 2\,NaBr\,.$$

Ebenso kann man den Ester einer halogensubstituierten Säure auf Natriummalonester einwirken lassen und erhält so z. B. aus Chloressigsäureester und Natriummalonsäureester einen *Äthantricarbonsäureester*

$$Cl\cdot CH_2\cdot COOC_2H_5 + NaHC\Big<\begin{array}{l}COOC_2H_5\\ COOC_2H_5\end{array} = \begin{array}{l}CH\Big<\begin{array}{l}COOC_2H_5\\ COOC_2H_5\end{array}\\ |\\ CH_2-COOC_2H_5\end{array} + NaCl\,.$$

Schließlich kann man auch zwei Moleküle einfacher oder monosubstituierter Malonester miteinander verketten, indem man auf deren Natriumverbindung Jod einwirken läßt

$$2\,NaHC\Big<\begin{array}{l}COOC_2H_5\\ COOC_2H_5\end{array} + J_2 = \begin{array}{l}CH\Big<\begin{array}{l}COOC_2H_5\\ COOC_2H_5\end{array}\\ |\\ CH\Big<\begin{array}{l}COOC_2H_5\\ COOC_2H_5\end{array}\end{array} + 2\,NaJ\,.$$

[1] G. 154.

Alle diese Anwendungen sollen später bei den mehrbasischen Säuren ausführlich behandelt werden.

Zu den hier aufgeführten Säuresynthesen kommen noch einige weniger wichtige Reaktionen, die zunächst zur Bildung von Säurechloriden oder Säureamiden führen, und bei diesen Körperklassen behandelt werden. Bei der leichten Überführbarkeit dieser Verbindungen in Säuren können sie natürlich auch zur Darstellung von Säuren benutzt werden.

Die Säuren finden in der organischen Synthese eine ausgedehnte Verwendung, so namentlich zur Darstellung der Aldehyde und Ketone. Von großer Wichtigkeit ist, daß in allen Säuren, welche benachbart zur Carboxylgruppe eine CH_3-, CH_2- oder CH-Gruppe enthalten, diese sich durch besondere Reaktionsfähigkeit auszeichnet, was zur Synthese zahlreicher höherer ungesättigter und gesättigter Säuren führt.

Anhang.

I. Ungesättigte Säuren. Ungesättigte Säuren sind Verbindungen, welche die Carboxylgruppe an einem Olefin- (oder Acetylen-)rest enthalten und dementsprechend neben den Säureeigenschaften die Eigenschaften (namentlich die Additionsfähigkeit) der ungesättigten Verbindungen zeigen. Die relative Stellung der Doppelbindung zur Carboxylgruppe drückt man durch die Bezeichnungen (griechischen Buchstaben) der beiden Kohlenstoffatome aus, zwischen denen die Doppelbindung steht. Die Allylessigsäure

$$\underset{\delta}{CH_2}{=}\underset{\gamma}{CH}\cdot \underset{\beta}{CH_2}\cdot \underset{\alpha}{CH_2}\cdot COOH$$

würde demnach als eine $\gamma\delta$-Olefincarbonsäure ($\gamma\delta$-Pentensäure) zu bezeichnen sein.

Die ungesättigten Säuren existieren zum Teil in je zwei stereoisomeren Formen, deren Verschiedenheiten man aus der Anordnung der Atome im Raum erklärt. So kennt man von der Säure $C_3H_5\cdot COOH$ zwei anscheinend strukturgleiche Formen, deren Stereoisomerie man durch folgende Formeln ausdrückt[1]

Crotonsäure	Isocrotonsäure
H·C—COOH ‖ HC—CH_3	H·C—COOH ‖ CH_3—CH

[1] Wislicenus, A. **248**, 281.

Im gleichen Verhältnis zueinander stehen wahrscheinlich Angelikasäure und Tiglinsäure, Ölsäure und Elaidinsäure sowie Erukasäure und Brassidinsäure. Übrigens sind diese Isomerieverhältnisse noch nicht mit völliger Sicherheit aufgeklärt.

Wichtig ist noch, daß sich $\beta\gamma$-ungesättigte Säuren beim Kochen mit Kalilauge unter Verschiebung der Doppelbindung in $\alpha\beta$-ungesättigte Säuren umlagern. So liefert die sogenannte Hydrosorbinsäure: *Butylidenessigsäure*[1]

$$CH_3 \cdot CH_2 \cdot CH = CH \cdot CH_2 \cdot COOH \rightarrow CH_3 \cdot CH_2 \cdot CH_2 \cdot CH = CH \cdot COOH .$$

1. *Aus halogensubstituierten Fettsäuren.* Genau ebenso wie die Olefine aus den Halogenparaffinen (Halogenalkylen) (s. S. 10) entstehen aus den Halogenfettsäuren unter Abspaltung von Halogenwasserstoff Olefincarbonsäuren, so entsteht aus der β-Jodpropionsäure beim Kochen mit Kaliumalkoholat glatt *Akrylsäure*[2]

$$CH_2J \cdot CH_2 \cdot COOH + KOC_2H_5 = CH_2{=}CH \cdot COOH + KJ + C_2H_5OH .$$

Die Abspaltung von Halogenwasserstoff wird am besten durch Erhitzen mit alkoholischer Kalilauge oder auch mit tertiären organischen Basen, wie Diäthylanilin oder Chinolin, bewirkt.[3] Der Verlauf der Umsetzung hängt jedoch von der Stellung des Halogenatoms zur Carboxylgruppe ab. Eine glatte Abspaltung von Halogenwasserstoff findet nur bei den β-Halogencarbonsäuren statt. Bei den α-substituierten Säuren ist die Bildung von ungesättigten Säuren oft nur Nebenreaktion, Hauptreaktion dagegen der einfache Ersatz des Halogenatoms durch Hydroxyl, und bei γ-Halogenfettsäuren findet nur letztere Reaktion sowie Laktonbildung (s. Oxysäuren) statt. Im allgemeinen geht die Abspaltung von Bromwasserstoff leichter und glatter vor sich, als die von Chlorwasserstoff.

Auch aus $\alpha\beta$-dihalogensubstituierten Säuren erhält man durch Entfernung der beiden Halogenatome mit naszierendem Wasserstoff ungesättigte Säuren, z. B. *Akrylsäure* aus $\alpha\beta$-Dibrompropionsäure[4]

$$CH_2Br \cdot CHBr \cdot COOH + 2H = CH_2{=}CH \cdot COOH + 2HBr .$$

Da hierbei die Reduktion leicht weiter zu gesättigten Säuren geht (s. S. 181), so ist es besser, die Chlor- oder Bromverbindungen durch Erhitzen mit Jodkaliumlösung in die Dijodderivate überzuführen, die

---

[1] Fittig, A. **283**, 47. 117. 129. 279. 297. 308; B. **28** R., 140.
[2] Schneider, Erlenmeyer, B. **3**, 339.
[3] Crossley, Le Sueur, Soc. **75**, 161; s. a. Rupe, Ronus, Lotz, B. **35**, 4265.
[4] Caspary, Tollens, A. **167**, 241.

sich in derselben Operation sofort in ungesättigte Säuren und freies Jod spalten. Nach dieser Methode erhält man auch, wie schon früher (s. S. 14) erwähnt wurde, aus den Dihalogensubstitutionsprodukten der Cykloparaffincarbonsäuren *Cykloolefincarbonsäuren.*

Zuweilen kann man aus dihalogensubstituierten Olefincarbonsäuren Acetylencarbonsäuren erhalten, z. B. *Tetrolsäure* aus Dichlorcrotonsäure.[1]

2. *Aus Oxyfettsäuren.* Ebenfalls völlig analog der entsprechenden Olefinsynthese (s. S. 12) verläuft die Bildung ungesättigter Säuren durch Wasserabspaltung aus Oxysäuren. Auch hier sind es besonders die β-substituierten Säuren, die sehr leicht, schon beim Destillieren oder Erhitzen, in Wasser und Olefincarbonsäuren zerfallen, so die β-Oxypropionsäure (Äthylenmilchsäure), die *Akrylsäure* liefert

$$CH_2OH \cdot CH_2 \cdot COOH = CH_2{=}CH \cdot COOH + H_2O\,.$$

Viel weniger geeignet sind die α-Oxysäuren. Dieselben spalten gewöhnlich nur zwischen Hydroxylgruppe und Carboxylgruppe Wasser ab und zwar intramolekular, d. h. unter Bildung cyklischer Doppelester, der sog. Laktide. Nur wenn die in α-Stellung stehende Hydroxylgruppe tertiär gebunden ist (vgl. S. 12), scheint unter Einwirkung wasserentziehender Mittel glatte Olefinbildung stattfinden zu können. Vorteilhaft bewirkt man hier die Wasserabspaltung nicht in der freien α-Oxysäure, sondern in deren Estern oder Nitrilen und führt dann die so entstehenden ungesättigten Ester oder Nitrile erst in die zugehörigen Säuren über. Als wasserentziehendes Mittel benutzt man im ersteren Fall Phosphortrichlorid[2], im letzteren Phosphorpentoxyd.[3] So entsteht aus α-Oxyisobuttersäureester mit Phosphortrichlorid der Ester der *Methakrylsäure*[4]

$$\begin{matrix}CH_3\\CH_3\end{matrix}{>}COH \cdot COOC_2H_5 = \begin{matrix}CH_2\\CH_3\end{matrix}{\gg}C \cdot COOC_2H_5 + H_2O\,.$$

Bei γ- und δ-Oxysäuren findet stets nur Bildung eines inneren Anhydrids (Laktons) statt.

Dagegen geben diejenigen Laktone von γ- und δ-Oxysäuren, welche in β- bezw. γ-Stellung noch eine Carboxylgruppe enthalten, beim Destillieren unter Abspaltung von CO_2 $\beta\gamma$- bezw. $\gamma\delta$-un-

[1] Kahlbaum, B. **12**, 2337. — Szenic, Taggesell, B. **28**, 2671.
[2] Frankland, Duppa, A. **136**, 12. [3] Henry, C. **98** II, 662.
[4] Frankland, Duppa, A. **136**, 12.

gesättigte Säuren. So liefert Methylparakonsäure (s. Oxysäuren) *β-Äthylidenpropionsäure*[1]

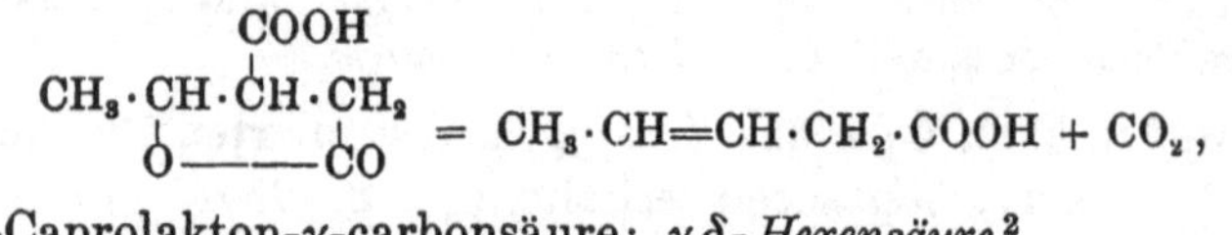

und δ-Caprolakton-γ-carbonsäure: *γδ-Hexensäure*[2]

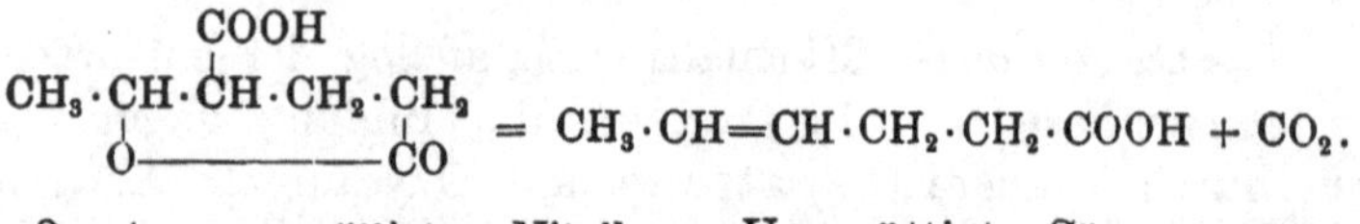

3. *Aus ungesättigten Nitrilen.* Ungesättigte Säuren entstehen natürlich durch Verseifung der dazugehörigen Nitrile genau ebenso wie die gesättigten Säuren (s. S. 185). Solche ungesättigte Nitrile entstehen außer nach der kurz vorher erwähnten Methode auch noch kernsynthetisch, wenn man in ungesättigten Halogenalkylen die Halogenatome durch die Cyangruppe ersetzt, analog der entsprechenden Synthese gesättigter Nitrile (s. dieselben).

Bezüglich der allgemeinen Angaben über diese Methode möge auf das dort Gesagte verwiesen werden. Hier soll nur erwähnt werden, daß die Anwendung dieser Methode auf ungesättigte Verbindungen nur wenig erfreuliche Resultate ergibt. Einmal scheinen nur solche Halogenatome ersetzbar zu sein, welche an einem endständigen Kohlenstoffatom stehen, so reagiert wohl Allyljodid $CH_2{=}CH{\cdot}CH_2J$, nicht aber β-Chlorpropylen $CH_2{=}CCl{\cdot}CH_3$ in gewünschter Weise. Außerdem findet zuweilen eine Verschiebung der Doppelbindung statt, so entsteht aus Allyljodid das Nitril der *Crotonsäure*

$$CH_2{=}CH{\cdot}CH_2J + KCN = CH_3{\cdot}CH{=}CH{\cdot}CN + KJ\,.$$

Auch andere Komplikationen, wie Anlagerung von Cyanwasserstoff an die Doppelbindung, finden leicht statt, so daß die Methode lediglich theoretisches Interesse besitzt.[3]

4. *Aus ungesättigten Alkoholen und Aldehyden.* Auch diese Reaktion, die der Bildung der gesättigten Säuren durch Oxydation ihrer Alkohole und Aldehyde (S. 187) völlig entspricht, beansprucht nur ein geringes praktisches Interesse, weil die ungesättigten Alkohole und Aldehyde schwierig zugänglich sind.

5. *Durch Addition von Kohlendioxyd (Acetylencarbonsäuren).* Ebenso wie gewöhnliche Natriumalkyle (s. S. 195) addieren auch die Natriumverbindungen der Alkylacetylene Kohlendioxyd unter

---

[1] Fittig, Fränkel, A. **255**, 24.
[2] Fichter, B. **29**, 2367. [3] Claus, A. **131**, 59; **191**, 33.

Bildung von Acetylencarbonsäuren. Aus Methylacetylennatrium entsteht so die *Tetrolsäure* und ebenso die höheren Homologen[1]

$$CH_3 \cdot C \equiv CNa + CO_2 = CH_3 \cdot C \equiv C \cdot COONa .$$

Andere Methoden zur Darstellung von Acetylencarbonsäureestern sind schon vorher (S. 96 u. 203) erwähnt worden.

6. *Perkinsche Synthese ungesättigter Säuren.* Zu den wichtigsten synthetischen Methoden der organischen Chemie gehört die sogenannte PERKINsche Reaktion, die in ihrer Hauptanwendung zu ungesättigten Säuren führt. Vermöge der schon erwähnten leichten Reduzierbarkeit der letzteren zu gesättigten Säuren ist sie aber auch für diese unter Umständen eine äußerst wertvolle Darstellungsweise.

Die PERKINsche Reaktion ist sowohl bei den Aldehyden (S. 158) als auch bei den Ketonen (S. 178) schon ziemlich ausführlich erwähnt worden und verläuft hier völlig analog. Sie beruht auf der Fähigkeit aller Aldehyde, andere organische Verbindungen, im vorliegenden Falle fette oder fettaromatische Säuren, zu addieren, wobei die Säuren am besten in Form ihrer Natriumsalze angewendet werden. So addiert Benzaldehyd essigsaures Natron unter Bildung des Natriumsalzes der *β-Phenyl-β-milchsäure*

$$C_6H_5 \cdot C\begin{matrix} \diagup O \\ \diagdown H \end{matrix} + HCH_2 \cdot COONa = C_6H_5 \cdot C\begin{matrix} \diagup OH \\ - CH_2 \cdot COONa \\ \diagdown H \end{matrix} .$$

Da diese Addition meist nur bei höherer Temperatur und bei Gegenwart kondensierender Mittel eintritt und, namentlich unter diesen Bedingungen, die entstehenden β-Oxysäuren außerordentlich leicht ihre Hydroxylgruppe mit einem Wasserstoffatom der benachbarten (α-)CH_2-Gruppe als Wasser abspalten, so erhält man als Reaktionsprodukt fast nie die Oxysäure, sondern die durch Wasserabspaltung aus ihr entstehende ungesättigte Säure, so an Stelle der primär gebildeten Phenylmilchsäure die *Zimtsäure*[2]

$$C_6H_5 \cdot \overset{\diagup OH}{C}H - CH_2 \cdot COONa = C_6H_5CH{=}CH \cdot COONa + H_2O .$$

Infolgedessen stellt sich die gesamte Reaktion gewöhnlich als

[1] LAGERMARK, B. **12**, 853. — FAWORSKY, J. pr. [2] **37**, 417. — JOCICZ, C. **1897** I, 1012. — S. auch S. 195 Anm. 1.

[2] PERKIN, Soc. **31**, 389. — FITTIG, B. **16**, 1436. — FITTIG, SLOCUM, A. **227**, 53.

eine einfache Kondensation unter Wasserabspaltung zwischen dem Aldehyd und der Säure dar

$$C_6H_5\cdot CH{=}O + H_2\cdot CH\cdot COONa = C_6H_5\cdot CH{=}CH\cdot COONa + H_2O\,.$$

Diese Wasserabspaltung greift aus den schon mehrfach besprochenen Gründen stets in die der Carboxylgruppe benachbarte CH_2- oder CH_3-Gruppe ein (vgl. S. 20 u. 172). So liefert Benzaldehyd mit buttersaurem Natron das Salz der *α-Äthylzimtsäure* (*Phenylangelikasäure*)[1]

$$C_6H_5\cdot CH{=}O + CH_3\cdot CH_2\cdot CH_2\cdot COONa = C_6H_5\cdot CH{=}C{<}{}^{CH_2-CH_3}_{COONa} + H_2O\,.$$

Existiert eine solche Gruppe nicht, so kann auch keine ungesättigte Säure entstehen. So ist das Endprodukt der Einwirkung von Benzaldehyd auf isobuttersaures Natron die entsprechende Oxysäure, die *Phenyloxypivalinsäure*, da diese nicht unter Wasserabspaltung in eine ungesättigte Säure übergehen kann[2]

$$C_6H_5\cdot CH{=}O + \underset{CH_3}{\overset{CH_3}{CH}}{-}COONa = C_6H_5\overset{OH}{CH}{-\!-}\underset{CH_3}{\overset{CH_3}{C}}{-}COONa\,.$$

Aliphatische Aldehyde reagieren ebenso[3] wie aromatische, doch findet bei ihnen die Umsetzung schwieriger statt, und hat die Methode dementsprechend geringere Bedeutung. Wendet man ungesättigte Aldehyde an, so entstehen natürlich Diolefincarbonsäuren, so die *Cinnamenylakrylsäure* aus Zimtaldehyd und Natriumacetat[4]

$$C_6H_5\cdot CH{=}CH\cdot CHO + CH_3\cdot COONa$$
$$= C_6H_5\cdot CH{=}CH\cdot CH{=}CH\cdot COONa + H_2O\,.$$

Auch mit zweibasischen Säuren reagieren die Aldehyde leicht, so gibt Benzaldehyd mit Malonsäure *Benzylidenmalonsäure*[5]

$$C_6H_5\cdot CH{:}O + CH_2{<}{}^{COONa}_{COONa} = C_6H_5CH{=}C{<}{}^{COONa}_{COONa} + H_2O\,.$$

Doch treten hier häufig verschiedene Nebenreaktionen, wie Abspaltung von Kohlensäure u. s. w. auf.[6] So erhält man aus Benzaldehyd und Bernsteinsäure gar keine Benzylidenbernsteinsäure, sondern bei höherer Temperatur (180°) *Isophenylcrotonsäure* und Kohlendioxyd, bei niedrigerer

[1] Perkin, Soc. **31**, 393. — Fittig, Slocum, A. **227**, 53. — Claisen, B. **23**, 978.

[2] Fittig, Jayne, A. **216**, 118. — Fittig, Ott, A. **227**, 61.

[3] Fittig, Schneegans, A. **227**, 79. — Kietreiber, M. **19**, 727. — Massot, B. **27**, 1574. — Homolka, B. **18**, 987.

[4] Perkin, Soc. **31**, 403. [5] Claisen, Crismer, A. **218**, 130.

[6] Vgl. Fittig, B. **16**, 1436. — Fittig, Mackenzie, A. **283**, 100.

Temperatur (100°), aber das Lakton der primär entstehenden Oxysäure[1] (vgl. dieselben)

$$C_6H_5\cdot CH{:}O + \begin{matrix} CH_2-COOH \\ | \\ CH_2-COOH \end{matrix} = \left[C_2H_5\cdot CH{<}\begin{matrix} OH \\ CH-COOH \\ | \\ CH_2-COOH \end{matrix} \right]$$

$$\left[CH{<}\begin{matrix} OH \\ CH\cdot COOH \\ | \\ CH_2\cdot COOH \end{matrix} \right] \xrightarrow[-H_2O]{100^0} \begin{matrix} C_6H_5\cdot CH - CH-COOH \\ | \qquad\quad | \\ O-CO-CH_2 \end{matrix}$$

Oxysäure → Lakton (Phenylparakonsäure)

$$\left[CH{<}\begin{matrix} OH \\ CH\cdot COOH \\ | \\ CH_2\cdot COOH \end{matrix} \right] \xrightarrow[-H_2O]{180^0} \left[\begin{matrix} C_6H_5\cdot CH{=}C-COOH \\ | \\ CH_2-COOH \end{matrix} \right] = \begin{matrix} C_6H_5\cdot CH{=}CH \\ | \\ CH_2\cdot COOH \end{matrix} + CO_2.$$

Oxysäure → Benzylidenbernsteinsäure = Phenylisocrotonsäure

Ebenso wie die Aldehydgruppe reagiert die eine CO-Gruppe des Phtalsäureanhydrids und anderer Anhydride zweibasischer Säuren. Phtalsäureanhydrid liefert z. B. mit Essigsäure *Phtalylessigsäure*[2]

$$C_6H_5{<}\begin{matrix} CO \\ CO \end{matrix}{>}O + CH_3\cdot COOH = C_6H_5{<}\begin{matrix} C{=}CH\cdot COOH \\ CO \end{matrix}{>}O + H_2O.$$

Ketone reagieren dagegen meist nicht wie Aldehyde[3], wohl aber die leicht Kohlensäure abspaltenden α-Ketosäuren.[4] So entsteht aus Brenztraubensäure und Essigsäure die *α-Crotonsäure*

$$\begin{matrix} CH_3\cdot CO \\ | \\ COOH \end{matrix} + CH_3\cdot COOH = CH_3\cdot CH{=}CH-COOH + CO_2 + H_2O.$$

Die Reaktion wird gewöhnlich ausgeführt, indem man das völlig trockene Natriumsalz der Säure mit dem Aldehyd bei Gegenwart eines wasserentziehenden Mittels mehrere Stunden lang kocht oder auch im Rohr erhitzt. Als wasserentziehendes Mittel wendet man zweckmäßig Essigsäureanhydrid oder das Anhydrid einer anderen Fettsäure an. Das Säureanhydrid beteiligt sich jedoch, wie das nähere Studium der Reaktion gezeigt hat, nicht an der Synthese, sondern wirkt nur als Kondensationsmittel. Es ist also für den Verlauf der Reaktion gleichgültig, welches Säureanhydrid man anwendet. Trotzdem wählt man möglichst das Anhydrid der an der Reaktion teilnehmenden Säure als Kondensationsmittel, weil sonst namentlich bei höheren Temperaturen leicht sekundäre Reaktionen zwischen dem Anhydrid und dem Natriumsalz eintreten. Nach Beendigung der Reaktion gießt man das Reaktionsprodukt in Wasser, macht alkalisch, entfernt den überschüssigen Aldehyd durch Ausäthern oder Abblasen und setzt dann die Säure durch Salzsäure in Freiheit.[5]

---

[1] Fittig, Jayne, A. **216**, 99.
[2] Gabriel, Michael, Neumann, B. **10**, 391. 1551; **17**, 2521; **26**, 952.
[3] S. jedoch Massot, B. **27**, 1574. [4] Homolka, B. **18**, 987.
[5] G. 268.

Diese Synthese wurde von PERKIN[1] und FITTIG[2] zuerst aufgeklärt[3], jedoch schon längere Zeit vorher von BERTAGNINI[4] entdeckt.

7. *Claisensche Synthese.* Ähnlich der PERKINschen Synthese verläuft eine zweite von CLAISEN[5] aufgefundene Darstellungsweise für ungesättigte Säuren, nämlich die Kondensation aromatischer Aldehyde mit Fettsäureestern, die jedoch bisher noch keine ausgedehntere Anwendung gefunden hat. Diese Reaktion, die natürlich zunächst zu den Estern der Phenylolefincarbonsäuren führt, geht bei Gegenwart von Natriumäthylat oder metallischem Natrium vor sich. Benzaldehyd und Essigester liefern so *Zimtsäureester*

$$C_6H_5 \cdot CH{=}O + CH_3 \cdot COOC_2H_5 = C_6H_5 \cdot CH{=}CHCOOC_2H_5 + H_2O.$$

Zur Ausführung dieser Synthese trägt man in eiskalten reinen Essigester Natrium in feinen Scheiben oder besser in Drahtform ein und läßt allmählich die berechnete Menge Aldehyd zufließen. Nach einiger Zeit wird mit Essigsäure angesäuert.[5]

Der theoretische Verlauf dieser Synthese entspricht wohl derjenigen des Acetessigesters (s. diesen).

8. *Aus substituierten Acetessigestern.* Einer beschränkten Anwendung fähig ist die Einführung ungesättigter Alkylreste in Acetessigester und Spaltung der entstehenden substituierten Acetessigester. So erhält man unter Verwendung von Allyljodid *Allylessigsäure.* Über die Ausführung gilt genau das bei der analogen Darstellungsweise für gesättigte Säuren (S. 196) Gesagte[6], doch fehlt es an geeigneten Halogenverbindungen ungesättigter Alkyle.

Bei der Einwirkung von Aldehyden auf Acetessigester entstehen zwar entsprechend der PERKINschen Synthese ungesättigte (Alkyliden-) Ketosäureester, doch liefern diese bei der Verseifung nicht die entsprechenden ungesättigten Säuren, sondern zerfallen vorher wieder in Aldehyd und Acetessigester.[7]

9. *Aus mehrbasischen ungesättigten Säuren.* Diejenigen ungesättigten zweibasischen Säuren, bei welchen beide Carboxyl-

---

[1] Soc. **31**, 389 ff. [2] B. **16**, 1436; A. **227**, 48—52.

[3] S. auch TIEMANN und HERZFELD, B. **10**, 68. — MICHAEL, B. **34**, 918. — NEF, A. **298**, 309.

[4] A. **100**, 126. [5] CLAISEN, B. **23**, 976.

[6] JAMES, A. **226**, 207. — WOLFF, A. **201**, 46. — ZEIDLER, A. **187**, 39.

[7] CLAISEN, MATTHEWS, A. **218**, 170.

gruppen an einem Kohlenstoffatom sitzen, spalten ebenso wie die entsprechenden gesättigten Säuren (s. S. 180) leicht Kohlendioxyd ab. Solche Säuren entstehen hauptsächlich durch die PERKINsche Synthese aus Aldehyden und Malonsäure (s. S. 206), oder durch Einführung ungesättigter Alkylreste in den Malonester (vgl. S. 198). So liefert Äthylidenmalonsäure: *Crotonsäure*[1]

$$CH_3 \cdot CH : C<\begin{matrix}COOH\\COOH\end{matrix} = CH_3 \cdot CH{=}CH \cdot COOH + CO_2 ,$$

und Allylmalonsäure *Allylessigsäure*

$$CH_2{=}CH \cdot CH_2 \cdot CH<\begin{matrix}COOH\\COOH\end{matrix} = CH_2{=}CH \cdot CH_2 \cdot CH_2 \cdot COOH + CO_2 .$$

II. Thiosäuren. Die beiden Sauerstoffatome der Carboxylgruppe können durch Schwefel ersetzt werden. In der aliphatischen Reihe kennt man nur solche, in denen der Hydroxylsauerstoff gegen Schwefel ausgetauscht ist, sogenannte Thiolsäuren, die aus den Säuren durch Einwirkung von Phosphorpentasulfid oder aus den Säurechloriden mit Kaliumsulfhydrat entstehen[2]

$$5\,CH_3 \cdot COOH + P_2S_5 = 5\,CH_3 \cdot COSH + P_2O_5 ,$$

$$CH_3 \cdot CO \cdot Cl + KSH = CH_3 \cdot COSH + KCl .$$

In der aromatischen Reihe sind außer den Thiolsäuren auch noch solche Säuren bekannt, in denen der Carbonylsauerstoff (Thionsäuren) oder beide Sauerstoffe (Thionthiolsäuren) durch Schwefel ersetzt sind. Sie entstehen aus den entsprechenden Halogenverbindungen mit Kaliumsulfhydrat.[3]

XV. Ester.

Die Ester organischer Säuren oder, wie sie auch genannt werden, zusammengesetzten Äther, sind ebenso wie die eigentlichen Äther Oxyde organischer Gruppen

$$CH_3{-}O{-}C_2H_5 \qquad CH_3{-}O{-}COCH_3 ,$$

unterscheiden sich aber von diesen dadurch, daß der Sauerstoff bei ihnen nicht zwei Alkylgruppen, sondern eine Alkyl- und eine Acidylgruppe miteinander verbindet. Die Ester sind den Salzen analoge Verbindungen, bei deren Entstehung die Alkohole, d. i. organische Hydroxylverbindungen die Rolle der Basen, d. i. anorganischer Hydroxylverbindungen vertreten (vgl. S. 129).

[1] KOMNENOS, A. **218**, 149. [2] KEKULÉ, A. **90**, 309.

[3] FLEISCHER, A. **140**, 236. 240. — KLINGER, B. **15**, 862; s. a. SCHENCK, A. **290**, 184.

Ebenso wie sich die Metallhydroxyde unter Wasseraustritt mit Säuren zu Salzen verbinden

$$CH_3\cdot COOH + KOH = CH_3\cdot COOK + H_2O,$$

so verbinden sich Alkohole mit Säuren zu Estern

$$CH_3\cdot COOH + C_2H_5OH = CH_3\cdot COOC_2H_5 + H_2O,$$

und zwar findet Esterbildung ebenso wie Salzbildung sowohl mit anorganischen wie mit organischen Säuren statt

$$C_2H_5OH + HO{-}NO_2 = C_2H_5{-}O{-}NO_2 + H_2O.$$

$$C_2H_5OH + HO\cdot COCH_3 = C_2H_5{-}O{-}COCH_3 + H_2O.$$

Man kann die Ester also auch auffassen als Säuren, in denen der durch Metall ersetzbare Wasserstoff durch eine Alkylgruppe ersetzt ist. In mehrbasischen Säuren können entweder alle oder nur ein Teil der ersetzbaren Wasserstoffatome durch Alkoholradikale ersetzt sein; im ersteren Falle nennt man die Verbindungen **neutrale Ester**, im letzteren Falle **saure Ester** oder **Estersäuren**.

$$SO_2{<}{}^{OC_2H_5}_{OC_2H_5} \qquad SO_2{<}{}^{OC_2H_5}_{OH}\,.$$

Schwefelsäureäthylester — Äthylschwefelsäure

Die Ester unterscheiden sich von den Salzen darin, daß sie meist schon beim Erhitzen mit Wasser, noch leichter mit verdünnten Alkalilaugen oder Säuren, wieder in Alkohol und Säure zerfallen

$$C_2H_5OCO\cdot CH_3 + H_2O = C_2H_5OH + HOCO\cdot CH_3.$$

Man nennt diesen Vorgang Verseifung (vgl. S. 183). Es sollen hier nur diejenigen Bildungsweisen der Ester besprochen werden, bei denen dieselben durch Zusammentritt des fertigen Säure- und Alkoholrestes entstehen, während diejenigen Synthesen, bei denen der zugehörige Säurerest erst neu geschaffen wird, als Säuresynthesen schon früher besprochen worden sind, auch wenn das Reaktionsprodukt ein Ester ist (s. S. 195 ff.).

1. *Aus Alkoholen und Säuren.* Alkohole und Säuren vereinigen sich direkt unter Wasseraustritt zu Estern

$$CH_3\cdot COOH + C_2H_5OH = CH_3\cdot COOC_2H_5 + H_2O.$$

Diese direkte Esterbildung ist eine Reaktion, die nur sehr träge verläuft und auch beim Erhitzen des Gemisches nie vollständig zu Ende geht. Der Grund hierfür liegt darin, daß alle Ester, wie schon erwähnt, beim Erhitzen mit Wasser bereits wieder in Alkohol und Säure gespalten werden. Die Reaktion der Esterbildung ist infolgedessen eine umkehrbare, d. h. das bei der Esterbildung entstehende Wasser wirkt wieder esterspaltend und die Reaktion findet bei einem gewissen Gleichgewichtszustand zwischen Säure, Alkohol, Ester und Wasser ein Ende. Um daher gute Ausbeuten an Ester zu erhalten, muß man bestimmte Arbeitsmethoden anwenden. So kann man eine vollständigere Ausnutzung des Alkohols erreichen, wenn man die Säure im Überschuß zusetzt, und umgekehrt die Säure vollständiger ersterifizieren, wenn man für einen Überschuß von Alkohol sorgt. Noch praktischer ist es, den gebildeten Ester durch Abdestillieren der zersetzenden Wirkung des Wassers zu entziehen oder letzteres unschädlich zu machen, indem man es an ein wasserentziehendes Mittel wie Schwefelsäure oder Salzsäure bindet.[1] Man destilliert oder erhitzt also entweder das Gemisch von Alkohol und Säure oder deren Salz mit Schwefelsäure, oder man leitet in das Gemisch von Alkohol und Säure unter Erwärmen Salzsäuregas ein. Je nachdem mehr Wert auf die Ausnutzung des Alkohols oder der Säure gelegt wird, setzt man von der anderen Verbindung einen Überschuß zu.[2]

Für eine bestimmte Art der Ester, nämlich die der Halogenwasserstoffsäuren, die ja mit den Halogensubstitutionsprodukten der Kohlenwasserstoffe identisch sind, ist diese Darstellungsweise schon früher (S. 62) ausführlich besprochen worden.

Über die Esterbildung existieren zahlreiche theoretische Arbeiten. So wurden von BERTHELOT und von VAN'T HOFF[3] Formeln für die Reaktionsgeschwindigkeit aufgestellt.[4] Die Reaktionsgeschwindigkeit bei der Esterbildung ist abhängig von der Konstitution sowohl der Alkohole als auch der Säure. Zum Beispiel nimmt die Reaktionsgeschwindigkeit von den primären Alkoholen zu den sekundären und weiter zu den tertiären ab. Die verschiedenen primären normalen Alkohole haben untereinander das gleiche Esterifizierungsvermögen, nur der Methylalkohol wird schneller verestert. Bei den Fettsäuren nimmt die Reaktionsfähigkeit mit steigender Molekulargröße ab. Auch die Stellung der Carboxylgruppe im Molekül ist von Einfluß auf das Esterbildungsvermögen.[5] Besonders auffallend ist der Einfluß der Konstitution auf die Esterifizierbarkeit bei den aromatischen Säuren. So werden orthosubstituierte Säuren langsamer esterificiert als die m- und p-Isomeren.[6] Säuren, in denen beide Orthostellungen zur Carboxylgruppe durch Substituenten besetzt sind, lassen sich mit gewissen Ausnahmen[7] überhaupt nicht direkt esterifizieren.[8] Nach den weiter unten

[1] Siehe HENRY, B. **10**, 2041.

[2] E. FISCHER, SPEIER, B. **28**, 3252. — G. 131.

[3] VAN'T HOFF, B. **10**, 669 u. THOMSEN, ibid. 1023.

[4] S. auch URECH, B. **17**, 2177 u. **19**, 1700.

[5] MENSCHUTKIN, A. **195**, 334; **197**, 193; B. **15**, 1445. 1572; Z. physik. Ch. **1**, 611.

[6] KELLAS, Z. physik. Ch. **24**, 221. — V. MEYER, B. **28**, 1265. 3197.

[7] Siehe GRAEBE, B. **33**, 2026.

[8] V. MEYER, B. **28**, 1254; **29**, 1399. — WEGSCHEIDER, B. **28**, 1468.

zu behandelnden Methoden lassen sich dagegen auch die Ester dieser Säuren darstellen.

Will man *Phenolester* der Säure darstellen, so benutzt man als wasserentziehendes Mittel meist Phosphoroxychlorid, wenn man nicht eine der weiter unten beschriebenen anderen Methoden anwendet.

Nur die Monophenolester der Schwefelsäure, die Phenylschwefelsäuren, Kresylschwefelsäuren u. s. w. bilden sich leicht. Man erhält sie schon durch Erhitzen der Phenolkaliumsalze mit Kaliumpyrosulfat in wäßriger Lösung.[1]

2. *Aus Estern anderer Säuren.* Ester organischer Säuren entstehen aus deren Salzen durch doppelte Umsetzung mit Estern von Mineralsäuren. So entsteht z. B. *Essigsäureäthylester* aus essigsaurem Silber und dem Äthylester der Jodwasserstoffsäure (Jodäthyl)

$$CH_3\cdot COOAg + JC_2H_5 = CH_3\cdot COOC_2H_5 + AgJ\,,$$

also allgemein Ester aus den Silbersalzen der betreffenden Säuren mit den Halogenwasserstoffsäureestern der Alkohole (Halogenalkylen).[2]

Ganz ebenso reagieren Halogenverbindungen, welche mehrere Halogenatome enthalten. Aus Äthylenbromid (dem Bromwasserstoffester des Glykols) entsteht mit Silberacetat oder Kaliumacetat in analoger Reaktion der *Diessigsäureester des Glykols* (*Glykoldiacetat*)

$$\begin{matrix} CH_2\cdot Br \\ | \\ CH_2\cdot Br \end{matrix} + 2KOOC\cdot CH_3 = \begin{matrix} CH_2\cdot OOC\cdot CH_3 \\ | \\ CH_2\cdot OOC\cdot CH_3 \end{matrix} + 2KBr\,.$$

Von denjenigen Halogenverbindungen, welche mehrere Halogenatome an einem Kohlenstoffatom besitzen, den Halogenwasserstoffestern der „Orthoaldehyde, -ketone- und -säuren“ (vgl. S. 65), scheinen nur die Derivate der Aldehyde ihr Halogen gegen andere Säureester austauschen zu können. Methylenjodid gibt z. B. mit essigsaurem Silber *Methylendiacetat* (*den Essigsäureester des Orthoformaldehyds*)

$$CH_2J_2 + 2AgOOC\cdot CH_3 = CH_2{<}\begin{matrix} OOCCH_3 \\ OOCCH_3 \end{matrix} + 2AgJ\,.$$

Praktisch geschieht der Austausch des Halogens gegen den Säurerest durch Kochen der Silbersalze mit den Jodverbindungen bei Gegenwart einer kleinen Menge derselben Säure, deren Ester dargestellt werden soll, am Rückflußkühler, entweder ohne weiteres Lösungsmittel oder in ätherischer Lösung. Chlor und Brom lassen sich meist leichter

[1] Baumann, B. 9, 1715.

[2] Es möge hier erwähnt werden, daß Ester der Cyansäure nicht existieren, sondern sich bei ihrer Darstellung nach dieser Methode im Entstehungsmoment in Ester der Isocyansäure umlagern (vgl. S. 230)

$$Alk{-}O{-}C{\equiv}N \longrightarrow Alk{-}N{=}C{=}O\,.$$

vermittelst des Alkalisalzes der betreffenden Säure austauschen. Auch hier wird bei Gegenwart der freien Säuren am Rückflußkühler gekocht.[1] Am schwersten reagieren die Chlorverbindungen, am leichtesten die Jodverbindungen.

Mit den Salzen der Thiosäuren (s. S. 209) reagieren die Halogenalkyle ganz analog unter Bildung von Thioestern

$$CH_3\cdot COSK + JC_2H_5 = CH_3\cdot COS\cdot C_2H_5 + KJ\,.$$

So geben auch die Salze der Thiocyansäure (Rhodanwasserstoffsäure) mit Halogenalkylen die entsprechenden Thiocyansäureester[2]

$$N{\equiv}C{-}SK + JC_2H_5 = N{\equiv}C{-}SC_2H_5 + KJ\,.$$

Die Ester der Cyanwasserstoffsäure, die Nitrile, die ebenfalls nach dieser Methode entstehen, nehmen dadurch, daß in ihnen die Alkylgruppe direkt an Kohlenstoff gebunden ist, eine Sonderstellung ein und werden aus verschiedenen Gründen als besondere Körperklasse später behandelt.

Mit dem gleichen Erfolge kann man die Kaliumsalze der Säuren mit den Salzen der entsprechenden Alkylschwefelsäure, also zum obigen Zweck essigsaures Kali mit dem Kalisalz der Äthylschwefelsäure umsetzen

$$CH_3\cdot COOK + KO\cdot SO_2\cdot OC_2H_5 = CH_3\cdot COOC_2H_5 + KO\cdot SO_2\cdot OK\,.$$

3. *Aus Säureanhydriden.* Säureanhydride reagieren leicht mit Alkoholen, wobei sich gleiche Moleküle von Ester und freier Säure bilden. So entsteht *Essigester* neben Essigsäure aus dem Anhydrid der letzteren und Äthylalkohol

$$CH_3\cdot CO\cdot O\cdot CO\cdot CH_3 + C_2H_5OH = CH_3\cdot COOC_2H_5 + OHCO\cdot CH_3\,.$$

Diese Methode, d. h. Kochen von Hydroxylverbindungen mit Säureanhydriden und zwar speziell mit Essigsäureanhydrid, eventuell unter Zusatz von wasserfreiem Natriumacetat, zur „Acetylierung" (d. i. Veresterung mit Essigsäure) von irgend welchen Hydroxylgruppen, wird außerordentlich häufig angewandt.[3] Sie ermöglicht den qualitativen und quantitativen Nachweis von Hydroxylgruppen. Die Acetylierung dient außerdem zum „Schutz" von Hydroxylgruppen für die verschiedensten Reaktionen, bei denen freie Hydroxylgruppen hinderlich sind, und erleichtert die Reindarstellung zahlreicher Verbindungen, indem die Acetate größtenteils weit

[1] G. 163.

[2] Die Thiocyansäureester lagern sich leicht in die Isothiocyansäureester, die sogenannten Senföle (vgl. S. 230) um. (S. z. B. Wheeler, C. **1901** II, 1115.)

$$N{\equiv}C{-}S{-}Alk \longrightarrow Alk{-}N{=}C{=}S\,.$$

[3] L.-C. 228.

besser kristallisieren als die freien Alkohole, kurz sie ist für die verschiedensten Zwecke von Wichtigkeit, indem sie erlaubt, alle Hydroxylverbindungen in ziemlich indifferente Körper überzuführen, aus denen sie nachträglich mühelos zurückgewonnen werden können.

Genau ebenso wie einwertige Alkohole reagieren mehrwertige Alkohole. Die Aldehyde, die ja als Anhydride mehrwertiger Alkohole aufzufassen sind (vgl. S. 147), addieren dementsprechend ein Molekül Säureanhydrid und bilden so Ester der hypothetischen Orthoaldehyde, z. B. entsteht aus Essigsäureanhydrid und Acetaldehyd *Äthylidendiacetat*, der Essigsäureester des Orthoacetaldehyds[1]

$$CH_3\cdot CH{=}O + O\begin{matrix}\diagup CO\cdot CH_3\\ \diagdown CO\cdot CH_3\end{matrix} = CH_3\cdot CH\begin{matrix}\diagup OCO\cdot CH_3\\ \diagdown OCO\cdot CH_3\end{matrix}.$$

In gleicher Weise reagieren sowohl alle Aldehyde als auch alle Säureanhydride der aliphatischen und aromatischen Reihe, nicht aber trotz ihrer analogen Konstitution die Ketone (oder Säuren).[2]

Bei der Behandlung von Oxyaldehyden mit Säureanhydriden werden natürlich gleichzeitig die Hydroxylgruppen verestert.

Hierher gehört auch die Addition von Kohlendioxyd (Kohlensäureanhydrid) an die Natrium- oder Kaliumsalze der Phenole bei niedriger Temperatur, welche *Phenolestersalze*[3] *der Kohlensäure* (*Phenylkohlensäuresalze*) liefert

$$O{=}C{=}O + NaOC_6H_5 = O{=}C\begin{matrix}\diagup ONa\\ \diagdown OC_6H_5\end{matrix}.$$

Diese Reaktion bildet eine Zwischenstufe der wichtigen Synthese aromatischer Oxysäuren (s. diese).

4. *Aus Säurechloriden.* Säurechloride reagieren mit den Natriumverbindungen der Alkohole, den Alkoholaten, unter Bildung von Estern. Während man nach den ersten beiden Methoden hauptsächlich die Ester aliphatischer Alkohole mit beliebigen Säuren darstellt, ist diese und die vorhergehende Methode besonders geeignet, Phenolester darzustellen.

Meist genügt es, den Phenol in wäßrigem Alkali aufzulösen und die Lösung mit dem Chlorid der Säure zu schütteln, eine Reaktion, die unter Benutzung des Benzoylchlorids ähnlich der vorstehend

---

[1] Geuther, A. **106**, 249. — Perkin, A. **146**, 371.

[2] Vgl. jedoch Couturier, B. **26** R., 14.

[3] $O{=}C\begin{matrix}\diagup OH\\ \diagdown OH\end{matrix}$ $O{=}C\begin{matrix}\diagup OH\\ \diagdown OC_6H_5\end{matrix}.$

Hypothetische Kohlensäure: Monophenolester derselben oder Phenylkohlensäure

erwähnten Acetylierung außerordentlich häufig zur Charakterisierung von Phenolen und höheren Alkoholen benutzt wird.[1] Man nennt diese Ausführungsform allgemein die „SCHOTTEN-BAUMANNsche Reaktion“ (vgl. S. 225). Auch eine Lösung des Alkohols oder Phenols in Pyridin läßt sich häufig besonders gut mit dem Säurechlorid umsetzen.[2]

Mit den Merkaptanen und ihren Natriumverbindungen reagieren die Säurechloride völlig analog unter Bildung von Estern der Thiosäuren (vgl. S. 213)

$$CH_3 \cdot COCl + NaSC_2H_5 = CH_3 \cdot COSC_2H_5 + KCl.$$

Aldehyde addieren Säurechloride unter Bildung von Chlorhydrinestern der „Orthoaldehyde“ (vgl. S. 214). So entsteht aus Acetaldehyd und Acetylchlorid *Äthylidenchlorhydrinacetat* (*Essigsäurechloräthylester*)

$$CH_3 \cdot CH{=}O + Cl \cdot CO \cdot CH_3 = CH_3 \cdot CH\Big<{}^{OCOCH_3}_{Cl}.$$

Diese Chlorverbindungen lassen ihr Chlor nach der oben beschriebenen Methode (S. 212) durch Behandeln mit Silbersalzen ebenfalls gegen Säurereste austauschen. Man kann so gemischte Ester der Orthoaldehyde darstellen, aus obiger Verbindung z. B. das *Äthylidenacetatpropionat*[3]

$$CH_3 \cdot CH\Big<{}^{OCOCH_3}_{Cl} + AgOCO \cdot CH_2 \cdot CH_3$$
$$= CH_3 \cdot CH\Big<{}^{OCOCH_3}_{OCO \cdot CH_2 \cdot CH_3} + AgCl.$$

5. *Aus Säurenitrilen.* Man kann die Nitrile der Säuren direkt in Ester überführen, wenn man sie in Alkohol löst und Salzsäuregas einleitet oder mit etwas Schwefelsäure oder Salzsäure erhitzt.[4]

Die Ester der Halogenwasserstoffsäuren sind, wie schon erwähnt worden ist, identisch mit den Halogensubstitutionsprodukten der Kohlenwasserstoffe. Die hieraus folgenden speziellen Bildungsweisen der Halogenwasserstoffester sind an anderer Stelle (s. S. 62) behandelt worden. Ebenso sind die Ester der Cyanwasserstoffsäure identisch mit den Nitrilen (vgl. S. 213) und werden ihre speziellen Bildungsweisen später noch ausführlich beschrieben werden.

---

[1] BAUMANN, B. **19**, 3218.

[2] G. 273. — L.-C. 222 u. 234ff. — EINHORN, HOLLANDT, A. **301**, 95. — CLAISEN, B. **27**, 3182. — SCHOTTEN, B. **17**, 2545. — BAUMANN, B. **19**, 3218 **21**, 2744; HINSBERG, B. **23**, 2962.

[3] Vgl. GEUTHER, RÜBENCAMP, A. **225**, 281.

[4] BECKURTS, OTTO, B. **9**, 1590; s. a. VENABLE, CLAISEN, A. **218**, 131. — G. 153.

Die Darstellung der Ester aus den Säuren erweist sich für viele synthetische Verwendungen der Säuren als wichtig, weil der Eintritt der Alkylgruppe in die Carboxylgruppe diese schützt, indem er ihre Reaktionsfähigkeit vermindert, die häufig zu störenden Nebenreaktionen Anlaß gibt. So verwendet man zur Einführung von Alkylgruppen in die Malonsäure nicht diese selbst, sondern ihren Ester u. s. w. Außerdem sind in Form ihrer Ester manche Säuren verwendbar, die in freier Form unbeständig sind, so die β-Ketosäuren zu den wichtigen Acetessigestersynthesen.

XVI. Säureanhydride.

Die Säureanhydride sind, ebenso wie die Äther und Ester, Oxyde organischer Gruppen. Wie die Äther Oxyde zweier Alkoholradikale und die Ester gemischte Oxyde je eines Alkohol- und eines Säureradikals sind, so sind die Säureanhydride die Oxyde zweier Säureradikale oder Acidylgruppen

$$\underset{\text{Äther}}{C_2H_5{-}O{-}C_2H_5}, \quad \underset{\text{Ester}}{CH_3CO{-}O{-}C_2H_5}, \quad \underset{\text{Anhydrid}}{CH_3CO{-}O{-}COCH_3}.$$

1. *Aus Säuren durch Wasserabspaltung.* Die Säureanhydride entstehen ebenso wie die anderen Oxyde (vgl. S. 130 u. 210) durch Wasserentziehung aus den entsprechenden Hydroxylverbindungen, d. h. aus den Säuren

$$2\,CH_3COOH = CH_3\cdot CO\cdot O\cdot CO\cdot CH_3 + H_2O\,.$$

Diese Reaktion läßt sich mit gutem Erfolg nur bei den höheren aliphatischen Säuren gebrauchen. Als wasserentziehende Mittel verwendet man entweder Acetylchlorid[1] oder Essigsäureanhydrid[2] und erhitzt mit diesem gewöhnlich im Einschlußrohr auf etwa 150°. Dieselben wasserentziehenden Mittel dienen auch zur Anhydridbildung zweibasischer Säuren, z. B. der *Bernsteinsäure*, und liegt hierin die hauptsächlichste Anwendung dieser Methode[3]

$$\begin{matrix} CH_2{-}COOH \\ | \\ CH_2{-}COOH \end{matrix} + CH_3COCl = \begin{matrix} CH_2{-}CO \\ | \\ CH_2{-}CO \end{matrix}\!\!>\!O + CH_3COOH + HCl\,.$$

Hier geht die Anhydridbildung leichter von statten. Manche zweibasischen Säuren spalten mit Acetylchlorid schon bei gewöhnlicher Temperatur Wasser ab, und bei anderen geht die Anhydridbildung sogar ohne jedes wasserentziehende Mittel durch einfaches Erhitzen oder durch Destillation vor sich. Von den zweibasischen Säuren bilden

---

[1] Anschütz, B. **10**, 1881.

[2] Anschütz, A. **226**, 12 — Albitzky, C. **1899** I, 1070.

[3] Anschütz, A. **226**, 1.

nur diejenigen Anhydride, bei denen die Carboxylgruppen durch mindestens zwei Kohlenstoffe voneinander getrennt sind, die niedrigsten Glieder, Oxalsäure und die Säuren vom Typus der Malonsäure (vgl. S. 180) liefern dagegen keine Anhydride. Von aromatischen Säuren lassen sich nur diejenigen in Anhydride überführen, deren Carboxylgruppen in o-Stellung zueinander stehen. Von der aus dem zugesetzten Anhydrisierungsmittel stammenden Essigsäure wird das Reaktionsprodukt meist durch einfaches Abdunstenlassen im Natronkalk-Exsiccator befreit. Auch Phosphorsäureanhydrid, Phosphorpentachlorid oder Phosphoroxychlorid können als wasserentziehende Mittel dienen.[1]

Hierbei mag noch erwähnt werden, daß die einfachen Anhydride, d. h. diejenigen, welche zwei gleiche Radikale enthalten, und die Anhydride der zweibasischen Säuren durch Destillation gereinigt werden können, da sie — die niedrigeren Glieder bei gewöhnlichem Druck, die höheren im Vakuum — unzersetzt sieden, während die gemischten Anhydride[2] hierbei in zwei einfache Anhydride zerfallen, so das Essigsäure-Propionsäure-anhydrid in Essigsäureanhydrid und Propionsäureanhydrid

$$2\,\begin{matrix}CH_3\cdot CO\\ CH_3\cdot CH_2\cdot CO\end{matrix}\!>\!O = \begin{matrix}CH_3\cdot CO\\ CH_3\cdot CO\end{matrix}\!>\!O + \begin{matrix}CH_3\cdot CH_2\cdot CO\\ CH_3\cdot CH_2\cdot CO\end{matrix}\!>\!O\,.$$

2. *Aus Säurechloriden und Salzen.* Wie schon erwähnt, ist die Methode der direkten Wasserabspaltung aus Säuren in ihrer Anwendbarkeit ziemlich beschränkt. Eine Methode von ganz allgemeiner Anwendbarkeit für einfache Säureanhydride haben wir in der Einwirkung der Säurechloride auf das trockene Natriumsalz der gleichen oder einer anderen Säure. So entsteht aus Acetylchlorid und essigsaurem Natrium *Essigsäureanhydrid*[3]

$$CH_3\cdot CO\cdot Cl + NaOCO\cdot CH_3 = CH_3\cdot CO{-}O{-}CO\cdot CH_3 + NaCl\,.$$

Gemischte Säureanhydride scheinen jedenfalls nach dieser Methode nicht zu entstehen.[2]

Das trockne, wasserfreie Natriumsalz wird fein pulverisiert mit dem Säurechlorid zusammengebracht. Meist geht die Reaktion schon bei gewöhnlicher Temperatur vor sich, sonst genügt gelindes Erwärmen. Gewöhnlich destilliert man dann das Anhydrid von dem Natriumchlorid ab.[4]

Da eine allgemeine Darstellungsweise für die Säurechloride (s. S. 220) in der Einwirkung von Phosphoroxychlorid auf die Natriumsalze besteht, so braucht man zur Gewinnung der Anhydride die Säurechloride gar nicht erst zu isolieren, sondern kann sie

[1] Walden, B. **28**, 1289. — Volhard, A. **242**, 150.

[2] Wenn dieselben überhaupt existieren, was neuerdings wieder ziemlich fraglich geworden ist (s. Rousset, Bl. [3] **13**, 330).

[3] Gerhardt, A. **87**, 149. [4] G. 121.

gleich im Entstehungsmoment auf ein weiteres Molekül des Natriumsalzes einwirken lassen. Diese Reaktion, die sich also im ganzen als Einwirkung eines Moleküls Phosphoroxychlorid auf vier Moleküle irgend eines Natriumsalzes darstellt, z. B.:

$$4\,CH_3\cdot COONa + POCl_3 + 2\,\frac{CH_3\cdot CO}{CH_3\cdot CO}{>}O + NaPO_3 + 3\,NaCl\,,$$

zerfällt in Wirklichkeit in zwei Phasen, deren erste die Bildung des Säurechlorids ist, während die zweite sich mit der eben besprochenen Darstellungsweise für Anhydride deckt

$$\text{I.}\quad 2\,CH_3\cdot COONa + POCl_3 = 2\,CH_3\cdot COCl + NaPO_3 + NaCl\,,$$

$$\text{II.}\quad 2\,CH_3\cdot COCl + 2\,CH_3\cdot COONa = 2\,CH_3\cdot CO{-}O{-}CO\cdot CH_3 + 2\,NaCl\,.$$

Auch durch Erwärmen der freien Säuren mit Säurechloriden lassen sich Säureanhydride häufig sehr zweckmäßig darstellen.[1]

3. *Aus Säurechloriden mit Oxalsäure oder tertiären Basen.* Schließlich kann man die Säurechloride durch die Einwirkung wasserfreier Oxalsäure direkt in Säureanhydride umwandeln

$$2\,CH_3\cdot COCl + 2\,COOH\cdot COOH$$
$$= CH_3\cdot CO{-}O{-}CO\cdot CH_3 + 2\,HCl + CO_2 + CO\,.$$

Auch Anhydride zweibasischer Säuren lassen sich so darstellen.[2] Bei der Einwirkung von tertiären Basen, wie Pyridin oder Chinolin, auf Säurechloride entstehen ebenfalls in guter Ausbeute Säureanhydride.[3] Der Mechanismus dieser Reaktion ist noch nicht völlig aufgeklärt.

XVII. Säurehaloïde.

Säurehaloïde nennt man die Halogenverbindungen der Säureradikale; sie leiten sich also von den Säuren durch Ersatz der Hydroxylgruppe durch Halogen ab. Sie können als gemischte Anhydride der organischen Säuren und der Halogenwasserstoffsäuren betrachtet und dementsprechend dargestellt werden.

1. *Aus Säuren (oder Salzen) und Halogenphosphorverbindungen.* Die bei weitem wichtigste und ganz allgemeine Darstellungsweise für Säurechloride und -bromide ist die Einwirkung der Halogen-

[1] Linnemann, A. **161**, 179. — Anschütz, A. **226**, 1. — Kannonikow, Saytzew, A. **185**, 192.

[2] Anschütz, A. **226**, 14ff.

[3] Wedekind, B. **34**, 2070. — D.R.P. 117267.

phosphorverbindungen auf die Säuren. Diese Reaktion, die auf einem Austausch von Hydroxylgruppen[1] gegen Halogen beruht, ist vollkommen einer schon früher (S. 64) besprochenen Darstellungsweise für Halogenalkyle aus den Alkoholen analog. Zur Darstellung von Säurechloriden, die weitaus wichtiger sind als die Verbindungen der anderen Halogene, benutzt man entweder Phosphortrichlorid oder Phosphorpentachlorid, seltener Phosphoroxychlorid.

Welches Phosphorchlorid man am praktischsten anwendet, hängt wesentlich von der Reaktionsfähigkeit der Säure ab. Bei den niedrigeren aliphatischen Säuren, die bereits mit Phosphortrichlorid leicht reagieren, wählt man stets diese Verbindung, z. B. entsteht *Acetylchlorid* leicht aus Essigsäure und Phosphortrichlorid[2]

$$3\,CH_3COOH + 2\,PCl_3 = 3\,CH_3\cdot COCl + P_2O_3 + 3\,HCl\,.$$ [3]

Meist geht die Reaktion schon bei gewöhnlicher Temperatur leicht und ziemlich heftig vor sich, so daß man namentlich im Anfang der Reaktion kühlen muß. Ist die Reaktion durch mäßiges Erwärmen zu Ende geführt, so wird das Säurechlorid von der phosphorigen Säure abdestilliert. Ein Lösungsmittel wendet man auch bei festen Säuren meist nicht an.[4]

Reagiert die Säure nur träge mit Phosphortrichlorid, wie dies bei allen aromatischen Säuren und bei hochmolekularen Fettsäuren der Fall ist, so wendet man Phosphorpentachlorid an, obwohl bei diesem nur ein Fünftel des Chlors zur Chloridbildung verwertet wird. Aus Benzoe-

---

[1] Die Chloride der zweibasischen Säuren sind vielleicht asymmetrisch konstituiert, z. B. Phtalylchlorid $C_6H_4\!<\!\begin{smallmatrix}CCl_2\\CO\end{smallmatrix}\!>\!O$ und nicht $C_6H_4\!<\!\begin{smallmatrix}COCl\\COCl\end{smallmatrix}$, bezw. Succinylchlorid nicht $\begin{smallmatrix}CH_2-COCl\\|\\CH_2-COCl\end{smallmatrix}$ sondern $\begin{smallmatrix}CH_2-CCl_2\\|\\CH_2-CO\end{smallmatrix}\!>\!O$, oder stellen Gemische beider Formen dar (Auger, Bl. [2] **49**, 347; A. ch. [6] **22**, 295; s. jedoch Vorländer, B. **30**, 2268 Anm. u. A. **280**, 183).

[2] Gerhardt, A. **87**, 63.

[3] Früher wurde für die Umsetzung zwischen Säuren und Phosphortrichlorid meist die Gleichung

$$3\,CH_3\cdot COOH + PCl_3 = 3\,CH_3\cdot COCl + H_3PO_3$$

angenommen und findet man diese Gleichung noch in den meisten Lehrbüchern. Die Arbeiten von Thorpe (Soc. **37**, 186) und Delacre (C. **1902** I, 1197) beweisen jedoch die Richtigkeit obiger Auffassung, obwohl der Mechanismus der Reaktion noch nicht völlig aufgeklärt ist.

[4] G. 115.

säure und Phosphorpentachlorid entsteht *Benzoylchlorid* neben Phosphoroxychlorid[1]

$$C_6H_5COOH + PCl_5 = C_6H_5COCl + POCl_3 + HCl.$$

Auch hier genügt es, die beiden Substanzen miteinander zu mischen und, wenn nötig, durch gelindes Anwärmen die Reaktion einzuleiten und ebenso nach Beendigung der Hauptreaktion zu Ende zu führen. Wenn der Siedepunkt des entstehenden Säurechlorids nahe bei dem des als Nebenprodukt entstehenden Phosphoroxychlorids (110°) liegt, vermeidet man die Anwendung des Pentachlorids, und benutzt Phosphortrichlorid, weil sich die Säurechloride meist nur durch Destillation reinigen lassen.[2]

Phosphoroxychlorid läßt sich mit den Säuren selbst meist nicht gut in Reaktion bringen, wohl aber kann man es vorteilhaft gebrauchen um aus den Natriumsalzen der Säuren Chloride darzustellen

$$2CH_3 \cdot COONa + POCl_3 = 2CH_3 \cdot COCl + NaPO_3 + NaCl.$$

Daß bei Anwesenheit weiterer Mengen des Natriumsalzes Säureanhydride entstehen, ist bereits bei diesen (s. S. 217) ausgeführt worden.

Die Fähigkeit der Natriumsalze mit Phosphoroxychlorid zu reagieren, kann man benutzen, um bei Anwendung von Phosphorpentachlorid das Chlor des letzteren vollkommener auszunutzen

$$3CH_3 \cdot COONa + PCl_5 = 3CH_3 \cdot COCl + NaPO_3 + 2NaCl.$$

In ähnlicher Weise wie die Chloride des Phosphors, reagieren Thionylchlorid, Sulfurylchlorid und Kohlenstoffoxychlorid auf Säuren oder Salze, z. B.:

$$CH_3 \cdot COOH + COCl_2 = CH_3COCl + CO_2 + HCl.$$

Dies Verfahren ist für den Laboratoriumsgebrauch von geringem Interesse, wird aber in der Technik angewandt.[3]

2. *Aus Phosgen und Zinkalkylen.* Man kann aliphatische Säurechloride auch durch wahre Synthese darstellen, nämlich durch Einwirkung von Kohlenoxychlorid auf Zinkalkyle. So entsteht bei Verwendung von Zinkmethyl *Acetylchlorid*

$$Zn(CH_3)_2 + 2COCl_2 = 2CH_3 \cdot COCl + ZnCl_2.$$

Praktisch ist diese Methode ohne Bedeutung. Da die Säurechloride auf die Zinkalkyle weiter unter Bildung von Ketonen (s. S. 169) einwirken, muß man einen Überschuß der Zinkalkyle vermeiden.

3. *Aus Phosgen und Kohlenwasserstoffen.* Aromatische Säurechloride entstehen auch aus Kohlenoxychlorid und aromatischen Kohlenwasserstoffen bei Gegenwart von Aluminiumchlorid[4]

$$COCl_2 + C_6H_6 = C_6H_5 \cdot COCl + HCl.$$

[1] Cahours, A. **70**, 40. — Liebig, Wöhler, A. **3**, 262. [2] G. 272.
[3] Hentschel, B. **17**, 1285. — Otto, B. **21**, 1267. — D.R.P. 63593.
[4] Friedel, Crafts, Ador, A. ch. [6] **1**, 517; B. **10**, 2173.

Diese Methode ist eine Abart der früher behandelten FRIEDEL-CRAFTSschen Synthese (s. S. 167), und ist über die Handhabung derselben hier nichts Neues zu erwähnen. Da, wie dort schon gesagt worden ist, aus Phosgen und Kohlenwasserstoffen, bei Gegenwart zweier Moleküle Kohlenwasserstoff Ketone entstehen, so muß im vorliegenden Fall das Phosgen im Überschuß angewandt und eine allzulange Reaktionsdauer möglichst vermieden werden.

Säurebromide entstehen wie die Chloride, aus den Säuren oder deren Salzen und Phosphorhalogenverbindungen. Letztere brauchen hier jedoch nicht in freiem Zustand dargestellt zu werden, sondern können durch ein Gemisch von amorphem Phosphor und Brom ersetzt werden (s. S. 64).[1]

Säurejodide erhält man aus den Säurechloriden mit Jodcalcium oder direkt aus den Säureanhydriden oder Salzen (nicht aus den Säuren) mit Jodphosphor.[2]

Säurefluoride kann man aus den Chloriden mit wasserfreiem Zink- oder Silberfluorid gewinnen.[3]

Sulfochloride entstehen analog den übrigen Säurechloriden nach der zuerst angegebenen Methode, d. h. aus den Sulfosäuren mit Phosphorpentachlorid oder aus den Alkalisalzen der Sulfosäuren mit Phosphorpentachlorid oder Phosphoroxychlorid.[4]

XVIII. Säureamide.

Die Säureamide leiten sich von den Säuren dadurch ab, daß die Hydroxylgruppe des Carboxyls durch die Amidogruppe ersetzt worden ist

$$X \cdot C \lessdot^{O}_{OH} \longrightarrow X \cdot C \lessdot^{O}_{NH_2}.$$

Andererseits kann man sie als Ammoniakderivate betrachten, indem sie durch Ersatz des Ammoniakwasserstoffs durch Acidylgruppen entstanden gedacht werden können

$$NH_3 \longrightarrow NH_2 \cdot CO \cdot X.$$

Sie sind in dieser Beziehung den Aminen analoge Verbindungen. Wie bei letzteren, kennt man auch hier primäre,

---

1 GAL, A. **129**, 53.

2 CAHOUR, A. **104**, 11. — GUTHRIE, A. **103**, 335. — S. auch SPINDLER, A. **231**, 272.

3 BORODINE, A. **126**, 60. — GUÉNEZ, Bl. [3] **5**, 886.

4 G. 240. — GERHARDT, CHIOZZA, A. **87**, 299.

sekundäre und tertiäre Säureamide, je nach der Anzahl der in das Ammoniakmolekül eingetretenen Säurereste

$$\underset{\text{Acetamid}}{NH_2 \cdot COCH_3} \qquad \underset{\text{Diacetamid}}{NH(COCH_3)_2} \qquad \underset{\text{Triacetamid}}{N(COCH_3)_2}\,.$$

Ebenso sind gemischte Verbindungen bekannt, bei denen ein Teil des Ammoniakwasserstoffs durch Acidylgruppen, ein anderer durch Alkylgruppen ersetzt ist

$$\underset{\text{Phenylacetamid (Acetanilid)}}{NH{<}{}^{C_6H_5}_{COCH_3}} \qquad \underset{\text{Dimethylbenzamid}}{N{<}{}^{(CH_3)_2}_{COC_6H_5}} \quad \text{u. s. w.}$$

1. *Aus den Ammoniumsalzen der Säuren.* Man kann Säureamide ganz allgemein darstellen durch Wasserabspaltung aus dem Ammoniumsalz der Säure, also *Acetamid* aus essigsaurem Ammonium

$$CH_3 \cdot CO \cdot ONH_4 = CH_3 \cdot CONH_2 + H_2O\,.$$

Die Wasserabspaltung findet am einfachsten bei der trockenen Destillation des Ammoniumsalzes statt und wurde zuerst von Dumas beobachtet.

Die Amidbildung ist ähnlich wie die Esterbildung (s. S. 210) eine umkehrbare Reaktion, so daß die Reaktion nicht vollständig zu Ende geht, sondern bei einem gewissen Gleichgewichtszustand stehen bleibt[1], der auch von der Konstitution der Säure abhängig ist.

Zweckmäßiger, als die Wasserabspaltung durch trockene Destillation zu bewirken, ist es, das Ammoniumsalz einige Stunden im zugeschmolzenen Rohr auf 220—230° zu erhitzen. Die Amide werden dann, je nach ihrer Beschaffenheit durch Destillation oder Kristallisation gereinigt.[2] An Stelle des Ammoniumsalzes läßt sich auch ein Gemisch des Natriumsalzes mit Chlorammonium benutzen. Die Ausbeuten sind in der aliphatischen Reihe sehr gut, weniger gut bei aromatischen Säuren.

Ebenso gehen die Ammoniumsalze zweibasischer Säuren in Diamide über, z. B. oxalsaures Ammonium in *Oxamid*[3]

$$\begin{array}{l}COONH_4\\ |\\ COONH_4\end{array} = \begin{array}{l}CONH_2\\ |\\ CONH_2\end{array} + 2H_2O\,.$$

Wendet man anstatt der Ammoniumsalze die Salze der Mono- oder Dialkylamine oder ein Gemisch von Natriumsalz mit dem Chlorhydrat

[1] Menschutkin, J. pr. [2] **29**, 422.
[2] G. 125. — Hofmann, B. **15**, 979.
[3] Dumas, A. ch. [2] **44**, 129; **54**, 240.

eines Amins[1] an, so erhält man gemischte sekundäre oder tertiäre Amine, so aus essigsaurem Methylamin: *Methylacetamid*

$$CH_3\cdot COONH_3CH_3 = CH_3\cdot CO\cdot NHCH_3 + H_2O\,,$$

und aus essigsaurem Äthylphenylamin (Äthylanilin): *Äthylphenylacetamid* (*Äthylacetanilid*)

$$CH_3\cdot COONH_2{<}^{C_2H_5}_{C_6H_5} = CH_3\cdot CO\cdot N{<}^{C_2H_5}_{C_6H_5} + H_2O\,.$$

2. *Aus den Säureestern.* Ebenfalls ganz allgemein entstehen Säureamide bei der Einwirkung von Ammoniak auf die Ester der Säuren, unter Abspaltung von Alkohol; z. B. *Propionamid* aus Propionsäureester[2]

$$C_2H_5\cdot COOC_2H_5 + NH_3 = C_2H_5\cdot CO\cdot NH_2 + C_2H_5OH\,.$$

Die Reaktion findet in den meisten Fällen schon in der Kälte statt, wenn man den Ester unter häufigem Umschütteln mit Ammoniak stehen läßt. In anderen Fällen erhitzt man und wendet an Stelle des wäßrigen, alkoholisches Ammoniak an.

Auch nach dieser Synthese kann man unter Verwendung von primären oder sekundären Basen anstatt des Alkohols gemischte sekundäre und tertiäre Amide darstellen.[3]

Die Ester der Dicarbonsäuren bilden bei Gegenwart eines Überschusses an Ammoniak analog Diamide[4], doch kann man bei Anwendung der berechneten Menge in der Kälte auch nur eine der beiden Estergruppen in Reaktion bringen. Man wendet in diesem Fall alkoholische Lösungen sowohl des Esters, wie des Ammoniaks an. So entsteht aus Oxalsäureester der *Ester der Oxaminsäure*[5]

$$\begin{matrix} COOC_2H_5 \\ | \\ COOC_2H_5 \end{matrix} + NH_3 = \begin{matrix} CONH_2 \\ | \\ COOC_2H_5 \end{matrix} + C_2H_5OH\,.$$

Die Ausbeuten lassen bei dieser Methode, namentlich wenn in der Hitze gearbeitet werden muß, häufig zu wünschen übrig, weil auch diese Reaktion eine umkehrbare ist, indem die Amide mit Alkoholen rückwärts Ester und Ammoniak liefern.

Da Ammoniak ganz allgemein mit aliphatisch gebundenen Halogenatomen reagiert (s. S. 78), so können die Ester halogensubstituierter Säuren direkt die Amide der Aminosäuren liefern, und dies geschieht stets beim Erhitzen. So entsteht aus dem Ester der α-Chlorpropionsäure das *Amid der Aminopropionsäure*

$$CH_3\cdot CHCl\cdot COOC_2H_5 + 3\,NH_3$$
$$= CH_3\cdot CH(NH_2)\cdot CONH_2 + NH_4Cl + C_2H_5OH\,.$$

---

[1] Dunlap, C. **1902** II, 791.
[2] Liebig, A. **9**, 129. — Sestini, Z. **1871**, 34.
[3] Würtz, A. **76**, 334. [4] Liebig, A. **9**, 129.
[5] Weddige, J. pr. [2] **10**, 196; **12**, 434.

Arbeitet man jedoch vorsichtig in der Kälte, so kann man auch Amidbildung ohne Austausch des Halogens erreichen und erhält dann in obigem Beispiel das *Amid der Chlorpropionsäure*[1]

$$CH_3\cdot CHCl\cdot COOC_2H_5 + NH_3 = CH_3\cdot CHClCONH_2 + C_2H_5OH.$$

Bei den Estern der Chlorameisensäure oder Chlorkohlensäure jedoch, die ja gewissermaßen den Charakter von Säurechloriden haben, reagiert das Chlor schon in der Kälte mit Ammoniak und zwar noch leichter als die Oxäthylgruppe. So entstehen aus Chlorkohlensäureestern ebenso wie aus Kohlensäureestern zunächst *Carbaminsäureester* und aus allen dreien schließlich *Harnstoff*, das Diamid der Kohlensäure

$$CO{<}^{Cl}_{OC_2H_5} + 2NH_3 = CO{<}^{NH_2}_{OC_2H_5} + NH_3, HCl,$$

$$CO{<}^{OC_2H_5}_{OC_2H_5} + NH_3 = CO{<}^{NH_2}_{OC_2H_5} + C_2H_5OH,$$

$$CO{<}^{NH_2}_{OC_2H_5} + NH_3 = CO{<}^{NH_2}_{NH_2} + C_2H_5OH.$$

3. *Aus den Säurehaloïden oder -anhydriden.* Auch bei der Einwirkung von Ammoniak auf die Chloride, Bromide oder Anhydride der Säuren entstehen *Säureamide*

$$C_6H_5\cdot COCl + 2NH_3 = C_6H_5\cdot CONH_2 + NH_3, HCl,$$

$$\begin{matrix}CH_3\cdot CO\\CH_3\cdot CO\end{matrix}{>}O + 2NH_3 = CH_3CONH_2 + CH_3\cdot COONH_4.$$

Von praktischer Bedeutung ist namentlich die Einwirkung von Säurechloriden auf Ammoniak oder primäre und sekundäre Aminbasen, welche hier, wie bei den vorigen Methoden, substituierte Amide liefern

$$\underset{\text{Acetylchlorid}}{CH_3\cdot CO\cdot Cl} + \underset{\text{Anilin}}{NH_2\cdot C_6H_5} = \underset{\text{Acetanilid}}{CH_3\cdot CO\cdot NH\cdot C_6H_5} + HCl.$$

Die Säurechloride oder -anhydride reagieren auch mit allen anderen Verbindungen, welche eine Amidogruppe enthalten, unter Einführung der Acidylgruppe in diese, z. B. (bei höherer Temperatur) mit anderen Säureamiden unter Bildung sekundärer Säureamide[2]

$$\underset{\text{Acetylchlorid}}{CH_3\cdot COCl} + \underset{\text{Benzamid}}{C_6H_5CONH_2} = \underset{\text{Acetylbenzamid}}{C_6H_5\cdot CO\cdot NH\cdot CO\cdot CH_3} + HCl,$$

$$\underset{\text{Benzoylchlorid}}{2C_6H_5CO\cdot Cl} + \underset{\text{Harnstoff}}{NH_2\cdot CO\cdot NH_2} = \underset{\text{Dibenzoylharnstoff}}{C_6H_5CO\cdot NH\cdot CO\cdot NH\cdot COC_6H_5} + 2HCl.$$

[1] Beckurts, Otto, B. **9**, 1592. [2] Hentschel, B. **23**, 2394.

Sehr bequem ist diese Methode zur Darstellung aromatischer und hochmolekularer aliphatischer Säureamide zu gebrauchen.[1]

Die Reaktion läßt sich sowohl mit gasförmigem als auch mit wäßrigem Ammoniak, oder auch durch Zusammenreiben mit trockenem Ammoniumkarbonat ausführen und verläuft glatt in der Kälte. Die Ausbeuten sind im allgemeinen bei aromatischen Verbindungen besser als bei aliphatischen.[2]

Ganz besonders leicht und glatt findet die Umsetzung zwischen Säurechlorid und Aminen bei Gegenwart von Kaliumhydrat oder Natriumhydrat in Überschuß statt. Diese Ausführungsform wird unter Benutzung von Benzoylchlorid ganz besonders häufig angewandt, um Amine (ähnlich wie Phenole und höhere Alkohole) in Form der gut kristallisierenden substituierten Benzamide zu charakterisieren. Hierfür genügt es, die wäßrige Lösung des Amins mit Natronlauge stark alkalisch zu machen und nach und nach unter Umschütteln Benzoylchlorid zuzugeben, wobei das Amid kristallinisch ausfällt. Man bezeichnet dies Verfahren als „SCHOTTEN-BAUMANNsche Reaktion“ (vgl. S. 215).

Enthält ein Säurechlorid noch ein zweites Halogenatom, das sich in gewöhnlicher aliphatischer Bindung befindet, so reagiert in der Kälte meist nur das an der Carbonylgruppe stehende Chlor, in der Hitze dagegen auch das zweite Atom, so im Chloracetylchlorid

$$Cl \cdot CH_2 \cdot COCl + 2NH_3 = Cl \cdot CH_2 \cdot CONH_2 + NH_4Cl \quad \text{(in der Kälte)},$$
$$Cl \cdot CH_2 \cdot COCl + 4NH_3 = NH_2 \cdot CH_2 \cdot CONH_2 + 2NH_4Cl \quad \text{(in der Hitze)}.$$

Bei dem Chlorid der Chlorameisensäure oder der Kohlensäure, dem Chlorkohlenoxyd oder Phosgen, reagieren aber natürlich beide Chloratome gleich, da sie beide an der Carbonylgruppe haften, unter Bildung von *Harnstoff* oder seiner symmetrischen Substitutionsprodukte

$$\underset{\text{Phosgen}}{Cl \cdot CO \cdot Cl} + 4NH_3 = \underset{\textit{Harnstoff}}{NH_2 \cdot CO \cdot NH_2} + 2NH_4Cl\,.$$

Säureanhydride werden zur Darstellung von Amiden nur bei den niedrigeren aliphatischen Säuren benutzt, weil hier die Säurechloride zu leicht zersetzlich sind, doch ist für diese Reihen die vorliegende Methode überhaupt ohne Bedeutung, da die beiden vorhergehenden Methoden leichter und besser zum Ziel führen.

Hierher gehört auch die Bildung substituierter *Thioharnstoffe*, aus Schwefelkohlenstoff (dem Anhydrid der Trithiokohlensäure) und primären Aminen[3]

$$CS_2 + 2NH_2X = CS{<}^{NHX}_{NHX} + H_2S\,.$$

4. *Durch Wasseranlagerung an Nitrile.* Wie schon früher (S. 186) erwähnt wurde, zerfällt die Verseifung der Nitrile zu Säuren in

---

[1] KRAFFT, STAUFFER, B. 15, 1728. [2] G. 273. [3] G. 195.

zwei Phasen. Das Produkt der ersten Phase, d. h. der Anlagerung eines Moleküls Wasser an das Nitril, ist ein Säureamid

$$X \cdot C \equiv N + H_2O = X \cdot \underset{\underset{O}{\|}}{C} - \underset{\underset{H_2}{\|}}{N} .$$

Um dieses Zwischenprodukt der Verseifung der Nitrile festzuhalten, kann man verschiedene Wege einschlagen. Man erhitzt z. B. das Nitril mit Wasser unter Druck auf 180°. Auch durch Behandeln mit konzentrierter Salzsäure und Eisessig in der Kälte, oder durch Auflösen des Nitrils in konzentrierter Schwefelsäure und Eisessig[1] erhält man Amide. Wasserstoffsuperoxyd hat ebenfalls die Fähigkeit, in alkalischer Lösung die Nitrile unter Sauerstoffentwicklung in Amide überzuführen.[2] Auch Kaliumhydroxyd läßt sich, besonders bei aromatischen Nitrilen, in alkoholischer oder wäßriger Lösung verwenden, nur muß man, wie auch bei den andern Methoden, durch richtige Auswahl der Temperatur, Konzentration u. s. w. eine zu energische Reaktion vermeiden, da sonst die Säuren entstehen.[3]

Praktisch ist diese Bildungsweise von viel geringerem Wert als die vorhergehenden.

Durch Anlagerung von Schwefelwasserstoff an Nitrile entstehen analog Thioamide.

5. *Direkt aus den Säuren.* Die primären aromatischen Amine, Anilin, Toluidin u. s. w. liefern schon beim Kochen mit Fettsäuren die entsprechenden phenylsubstituierten Säureamide, die sogenannten Säureanilide, -toluidide u. s. w.

So entsteht aus Ameisensäure und Anilin *Formanilid*, aus Essigsäure und Anilin *Acetanilid* u. s. w.[4], und ist dies natürlich für derartige Amide die bequemste Darstellungsmethode

$$CH_3 \cdot COOH + NH_2C_6H_5 = CH_3 \cdot CONHC_6H_5 + H_2O .$$

Von geringerer Wichtigkeit ist die Umsetzung der Säuren mit Rhodankalium oder Rhodanammonium, die ebenfalls Säureamide liefert[5]

$$2\,CH_3 \cdot COOH + CN \cdot SK = CH_3 \cdot CONH_2 + CH_3COOK + COS .$$

Man unterwirft das Gemisch der Destillation oder erhitzt besser einige Zeit lang. Zur Darstellung von Acetamid kocht man z. B. Eisessig mehrere Tage mit Rhodanammonium, während Benzamid besser durch Erhitzen von Benzoesäure mit Rhodanammonium auf 170° entsteht.[6]

[1] Pinner; Fuchs, B. **10**, 1061.
[2] Radziszewski, B. **18**, 355.
[3] Rabaut, Bl. [3] **21**, 1075.
[4] Menschutkin, B. **15**, 1615.
[5] Letts, B. **5**, 669. — Kekulé, B. **6**, 112.
[6] Hemilian, A. **176**, 7; Schulze, J. pr. [2] **27**, 514.

Als Nebenprodukte treten in wechselnden Mengen Nitrile auf, und bei den aromatischen Säuren bilden diese sogar die Hauptprodukte der Reaktion.

Analog reagieren auch die Säuren auf Isocyansäureester

$$CH_3\cdot COOH + CO\cdot NC_2H_5 = CH_3\cdot CO\cdot NHC_2H_5 + CO_2 .$$

6. *Aus Harnstoffchlorid.* Lediglich zur Darstellung aromatischer Amide zu verwerten ist die Reaktion der Harnstoffchloride mit aromatischen Kohlenwasserstoffen bei Gegenwart von Aluminiumchlorid[1]

$$C_6H_6 + Cl\cdot CO\cdot NH_2 = C_6H_5\cdot CO\cdot NH_2 + HCl .$$

Diese Methode, die eine wahre Synthese darstellt, ist eine Abart der früher besprochenen FRIEDEL-CRAFTSschen Synthese (s. S. 167) und entspricht der Bildungsweise der Säurechloride aus Phosgen (s. S. 220), doch verläuft die Reaktion hier viel glatter und liefert gute Ausbeuten, so daß diese Methode zuweilen auch als Säuresynthese in Frage kommt.

Ebenso wie Harnstoffchlorid reagiert Cyansäure und deren Ester bei Gegenwart von Salzsäure.[2]

Außerdem entstehen verschiedene Säureamide, insbesondere die Harnstoffe, aus den entsprechenden Thioamiden (vgl. S. 231) durch Entschwefelung vermittelst oxydierender Agentien wie Kaliumpermanganat, Quecksilberoxyd und Silbernitrat.[3]

Diamide zweibasischer Säuren kann man außer nach den schon erwähnten Methoden durch Wiederanlagerung von Ammoniak oder Aminen an die Imide erhalten. So gibt Succinimid beim Erwärmen mit alkoholischem Ammoniak *Succinamid*[4]

$$\begin{matrix} CH_2-CO \\ | \\ CH_2-CO \end{matrix}\!\!>\!NH + NH_3 = \begin{matrix} CH_2\cdot CONH_2 \\ | \\ CH_2\cdot CONH_2 \end{matrix} .$$

Besonders wertvoll ist diese Methode zur Darstellung der einfachen wie der substituierten Diamide der Kohlensäure, der Harnstoffe. So stellt die berühmte WÖHLERsche Harnstoffsynthese eine Addition von Ammoniak an das Imid der Kohlensäure, die Isocyansäure (vgl. S. 230) dar, die beim Erhitzen von isocyansaurem Ammonium stattfindet[5]

$$O=C=NH + NH_3 = O=C<\begin{matrix} NH_2 \\ NH_2 \end{matrix} .$$

[1] GATTERMANN, A. **244**, 50. [2] GATTERMANN, B. **32**, 1116.
[3] HOFMANN, B. **2**, 601. — STRAKOSCH, B. **5**, 696. — DIXON, Soc. **67**, 560.
[4] MENSCHUTKIN, A. **162**, 181. [5] POGG. A. **3**, 177; **12**, 253.

Genau ebenso entstehen bei der Addition von primären Aminen monosubstituierte und bei Addition von sekundären Aminen asymmetrisch disubstituierte Harnstoffe, z. B. *Äthyl- und Diäthylharnstoff*[1]

$$O{=}C{=}NH + NH_2\cdot C_2H_5 = O{=}C{<}^{NH_2}_{NHC_2H_5}$$

$$O{=}C{=}NH + NH(C_2H_5)_2 = O{=}C{<}^{NH_2}_{N(C_2H_5)_2},$$

sowie aus Isothiocyansäure die entsprechenden Thioharnstoffe.[2]

Tertiäre Basen addieren sich nicht an Isocyansäure oder Isothiocyansäure.

Zur Darstellung der Harnstoffe genügt es Kaliumcyanat oder Rhodankalium und ein Salz der Aminbase in Wasser zu lösen und die Lösung einzudampfen.

Aus den Estern der Isocyansäure und Isothiocyansäure lassen sich analog natürlich auch symmetrisch disubstituierte und trisubstituierte Harnstoffe gewinnen, so gibt Isocyansäuremethylester (Methylcarbonimid) mit Dimethylamin *Trimethylharnstoff*[3]

$$O{=}C{=}NCH_3 + NH(CH_3)_2 = O{=}C{<}^{NHCH_3}_{N(CH_3)_2}.$$

Die Amidsäuren, d. h. die Monamide zweibasischer Säuren, erhält man am bequemsten durch Aufspaltung der Imide (s. weiter unten) mit Säure oder Alkali, z. B. *Phtalamidsäure* aus Phtalimid[4]

$$C_6H_4{<}^{CO}_{CO}{>}NH + KOH = C_6H_4{<}^{COOK}_{CONH_2}$$

oder aus den Estern (s. S. 223).

Sekundäre Amide entstehen aus den primären beim Erhitzen mit trockenem Chlorwasserstoffgas, z. B. *Diacetamid* aus Acetamid[5]

$$2\,CH_3\cdot CONH_2 + HCl = (CH_3CO)_2NH + NH_4Cl.$$

Ebenso entstehen sekundäre Amide durch Erhitzen der primären Amide mit den Anhydriden der gleichen Säure, oder der Nitrile mit den Säuren selbst, also *Diacetamid* entweder aus Acet-

[1] Würtz, A. ch. [3] **42**, 43. — Leuckart, J. pr. [2] **21**, 11. — Volhard, A. **119**, 360.
[2] Hofmann, B. **1**, 27. [3] Franchimont, R. **3**, 226.
[4] Aschan, B. **19**, 1402. — Teuchert, A. **134**, 136.
[5] Strecker, A. **103**, 327. — Hentschel, B. **23**, 2394.

amid und Essigsäureanhydrid[1] oder aus Acetonitril und Essigsäure[2]

$$CH_3\cdot CONH_2 + (CH_3\cdot CO)_2O = CH_3\cdot CO\cdot NH\cdot CO\cdot CH_3 + CH_3\cdot COOH\,,$$

$$CH_3\cdot CN + CH_3\cdot COOH = CH_3\cdot CO\cdot NH\cdot CO\cdot CH_3\,.$$

Alkylierte sekundäre Amide erhält man bequem aus den Isocyansäureestern und Säureanhydriden, *Äthyldiacetamid* z. B. aus Isocyansäureäthylester und Essigsäureanhydrid[3]

$$C_2H_5\cdot N{:}CO + (CH_3\cdot CO)_2O = C_2H_5\cdot N(CO\cdot CH_3)_2 + CO_2\,.$$

Imide zweibasischer Säuren. Sekundäre Amide, deren beide Carbonylgruppen einem Molekül einer zweibasischen Säure angehören, die also eine ringförmige Struktur besitzen, werden gewöhnlich als Säureimide bezeichnet. Sie entstehen nach denselben Bildungsweisen wie die übrigen sekundären Amide.

Am leichtesten erhält man sie durch Erhitzen der sauren Ammoniaksalze. So gibt saures phtalsaures Ammonium *Phtalimid*[4]

$$C_6H_4{<}\begin{matrix}COOH\\COONH_4\end{matrix} = C_6H_4{<}\begin{matrix}CO\\CO\end{matrix}{>}NH + 2\,H_2O\,.$$

Einige Imide entstehen durch einfaches Erhitzen der Amide, so *Succinimid* aus dem Amid der Bernsteinsäure[5], also auch beim Erhitzen des normalen Ammoniumsalzes.

$$\begin{matrix}CH_2-COONH_4\\|\\CH_2-COONH_4\end{matrix} \longrightarrow \begin{matrix}CH_2-CO\cdot NH_2\\|\\CH_2-CO\cdot NH_2\end{matrix} \longrightarrow \begin{matrix}CH_2-CO\\|\\CH_2-CO\end{matrix}{>}NH\,.$$

Auch durch Behandeln der Säureanhydride mit Ammoniak entstehen Imide, z. B. *Phtalimid.*[6] Zuweilen muß man auf die Monoamide wasserentziehende Mittel wie Phosphoroxychlorid einwirken lassen, so liefert Oxaminsäure *Oximid*[7]

$$\begin{matrix}COOH\\|\\CONH_2\end{matrix} = \begin{matrix}CO\\|\\CO\end{matrix}{>}NH + H_2O\,.$$

Von den aromatischen Dicarbonsäuren liefern nur die o-Säuren Imide.

In den Säureimiden ist das noch am Stickstoff stehende Wasserstoffatom durch Metalle, und infolgedessen auch besonders leicht durch Alkylreste ersetzbar. Die so entstehenden sub-

[1] HENTSCHEL, B. **23**, 2395.
[2] GAUTIER, Z. **1869**, 127.
[3] WÜRTZ, J. **1854**, 566.
[4] LAURENT, A. **41**, 110.
[5] FEHLING, A. **49**, 196.
[6] KUHARA, Am. **3**, 29.
[7] OST, MENTE, B. **19**, 3229.

stituierten Imide sind ein wichtiges Hilfsmittel zur Darstellung primärer Aminbasen (s. S. 81).

Als Imide der Kohlensäure bezw. der Trithiokohlensäure kann man die *Isocyansäure* und *Isothiocyansäure* auffassen

$O{=}C{<}^{OH}_{OH}$	$O{=}C{=}NH$	$S{=}C{<}^{SH}_{SH}$	$S{=}C{=}NH$
Kohlensäure	Isocyansäure	Trithiokohlensäure	Isothiocyansäure

und ebenso deren Ester als substituierte Imide. Letztere entstehen daher, außer durch Umlagerungsreaktionen (vgl. S. 212 u. 213 Anmerkungen), aus den Alkaliverbindungen der Imide mit Halogenalkylen nach vorstehender Methode.

Außerdem entstehen aber die Ester der Isothiocyansäure, die *Senföle* aus dem Anhydrid der Trithiokohlensäure, dem Schwefelkohlenstoff, mit primären Aminen (allerdings auf einem Umwege)[1]

$$S{=}C{=}S + H_2NAlk = S{=}C{=}NAlk + H_2S\,,$$

sowie aus den substituierten Amiden derselben Säure, den Alkylthioharnstoffen durch Abspaltung eines Moleküls Aminbase[2]

$$S{=}C{<}^{NHAlk}_{NHAlk} = S{=}C{=}NAlk + NH_2Alk\,.$$

Tertiäre Amide stellt man durch Erhitzen der Nitrile mit den Säureanhydriden dar, *Triacetamid* also aus Acetonitril und Essigsäureanhydrid[3]

$$CH_3\cdot CN + (CH_3\cdot CO)_2O = (CH_3\cdot CO)_3\cdot N\,.$$

Anhang. *Andere stickstoffhaltige Derivate der Säuren.*

a) Imidoäther[4] entstehen durch Addition von Alkoholen an Nitrile

$$HCl + CH_3\cdot CN + C_2H_5OH = CH_3\cdot C{<}^{NH,HCl}_{OC_2H_5}\,.$$

Man erhält sie in Form ihrer salzsauren Salze, wenn man trockenen Chlorwasserstoff in eine Lösung des Nitrils in der äquivalenten Menge Alkohol einleitet. Die hierzu verwendeten Substanzen müssen völlig wasserfrei sein, auch werden dieselben zweckmäßig mit trockenem Äther verdünnt und stark gekühlt. Zunächst bildet sich ein Additionsprodukt aus Nitril, Alkohol und zwei Molekülen Salzsäure, das aber ein Molekül

[1] Hofmann, B. **1**, 170; **8**, 108. — Hecht, B. **23**, 282. — Ponzio, Gaz. **26** I, 323.

[2] Hofmann, B. **15**, 986. — G. 195. [3] Wichelhaus, B. **3**, 847.

[4] Ausführliche Angaben über diese Körper finden sich in der Monographie von Pinner: „Die Imidoäther und ihre Derivate". 1892.

Salzsäure wieder abgibt, und zwar bei den aliphatischen Verbindungen sofort und unter heftiger Reaktion, während es sich in der aromatischen Reihe isolieren läßt und die Salzsäure erst beim Stehen über Kali abgibt. Aus dem so entstehenden Chlorhydrat wird der Imidoäther selbst mit Natronlauge in Freiheit gesetzt.[1]

b) Thioamide entstehen durch Addition von Schwefelwasserstoff an die Nitrile, z. B. *Thiobenzamid* aus Benzonitril[2] (s. S. 226)

$$C_6H_5\cdot C{\equiv}N + H_2S = C_6H_5\cdot C{<}^{NH_2}_{S}\ .$$

Man sättigt die alkoholische, zweckmäßig mit etwas Ammoniak versetzte Lösung des Nitrils mehrmals mit Schwefelwasserstoff, und fällt nach einigem Stehen das Thiamid mit Wasser.

Eine analoge Reaktion ist die Bildung des *Thioharnstoffs* aus Cyanamid (dem Nitrilamid der Kohlensäure).[3]

$$NH_2\cdot C{\equiv}N + H_2S = NH_2\cdot C{<}^{NH_2}_{S}\ .$$

Man kann auch das Sauerstoffatom der gewöhnlichen Säureamide gegen Schwefel austauschen, indem man dieselben mit Phosphortrisulfid oder Phosphorpentasulfid erwärmt. Besonders glatt geht diese Umsetzung bei den alkylierten Säureamiden[4] vor sich.

Sehr glatt lassen sich in alkylierten Amidinen die Imidogruppen gegen Schwefel austauschen, wenn man dieselben mit Schwefelkohlenstoff im Rohr erhitzt. Es entstehen so alkylierte Thioamide, z. B. *Thioacetanilid* aus Phenylacetamidin

$$CH_3\cdot C{<}^{NH}_{NHC_6H_5} + CS_2 = CH_3\cdot C{<}^{S}_{NHC_6H_5} + CSNH\ .$$

Die substituierten Thioharnstoffe werden durch Addition von primären oder sekundären Basen an die Isothiocyansäure (Isorhodanwasserstoffsäure) genau ebenso erhalten, wie die entsprechenden Harnstoffe aus der Isocyansäure (s. S. 227), d. h. aus Salzen der Basen und Rhodankalium. Außerdem entstehen sie, wie schon erwähnt, aus Schwefelkohlenstoff und Aminen (s. S. 230).

[1] Pinner, B. **16**, 353. 1654; **23**, 2917. — Glock, B. **21**, 2650.
[2] Gabriel, Heymann, B. **23**, 158. — Bernthsen, A. **192**, 46.
[3] Baumann, B. **6**, 1375.
[4] Bernthsen, A. **192**, 46; **184**, 290. — Hofmann, B. **11**, 340. — Hantzsch, A. **250**, 264. — Michael, Palmer, Am. **6**, 257. — B. **18**. R., 72.

c) Amidine entstehen aus den Imidoäthern[1], sowie aus den Thioamiden (und Imidchloriden s. S. 235)[2] mit Ammoniak oder primären und sekundären Aminen

$$C_6H_5 \cdot C \begin{matrix} \diagup NH \\ \diagdown OC_2H_5 \end{matrix} + NH_3 = C_6H_5 \cdot C \begin{matrix} \diagup NH \\ \diagdown NH_2 \end{matrix} + C_2H_5OH ,$$

$$CH_3 \cdot C \begin{matrix} \diagup S \\ \diagdown NH_2 \end{matrix} + NH_3 = CH_3 \cdot C \begin{matrix} \diagup NH \\ \diagdown NH_2 \end{matrix} + H_2S .$$

Im ersteren Falle läßt man die salzsauren Imidoäther (s. S. 230) mit absolut alkoholischem Ammoniak stehen. Es entsteht hierbei zunächst der freie Imidoäther, der sich dann mit dem Chlorammonium zu Amidinchlorhydrat und Alkohol umsetzt.[3]

Die Thioamide reagieren mit Ammoniak nur bei Gegenwart von Quecksilberchlorid[4]

$$C_6H_5 \cdot CH_2 \cdot C \begin{matrix} \diagup S \\ \diagdown NH_2 \end{matrix} + HgCl_2 + 2\,NH_3$$
$$= C_6H_5 \cdot CH_2 \cdot C \begin{matrix} \diagup NH \\ \diagdown NH_2 \end{matrix} , HCl + HgS + NH_4Cl .$$

Ebenso wie die Thioamide reagieren auch die Imidchloride.

Außerdem entstehen Amidine noch durch Erhitzen von Nitrilen mit Chlorammonium oder Chlorhydraten von Aminbasen im Rohr auf 200° (die freien Basen reagieren nicht)[5]

$$CH_3 \cdot C \vdots N + NH_4Cl = CH_3 \cdot C \begin{matrix} \diagup NH \\ \diagdown NH_2 \end{matrix} \cdot HCl ,$$

und aus Säureamiden mit Salzsäure[6]

$$2\,CH_3 \cdot CO \cdot NH_2 + HCl = CH_3 \cdot C \begin{matrix} \diagup NH \\ \diagdown NH_2 \end{matrix} , HCl + CH_3 \cdot COOH .$$

Dialkylierte Amidine entstehen sehr glatt aus den alkylierten Amiden mit Aminbasen beim Erhitzen mit Phosphortrichlorid, z. B. *Diphenylacetamidin* aus Acetanilid und Anilin[7]

$$CH_3 \cdot C \begin{matrix} \diagup O \\ \diagdown NHC_6H_5 \end{matrix} + NH_2 \cdot C_6H_5 = CH_3 \cdot C \begin{matrix} \diagup NC_6H_5 \\ \diagdown NHC_6H_5 \end{matrix} + H_2O ,$$

oder auch durch einfaches Erhitzen von Säure, Amin und Phosphortrichlorid.

d) Hydroxamsäuren entstehen durch Einwirkung von

---

[1] Pinner, Klein, B. **11**, 6. — Luckenbach, B. **17**, 1423.
[2] Bernthsen, A. **184**, 321. [3] Pinner, B. **16**, 357. 1647; **17**, 179.
[4] Bernthsen, A. **184**, 340. [5] Bernthsen, A. **184**, 321; **192**, 1.
[6] Wallach, B. **15**, 208. — Strecker, A. **103**, 328.
[7] Hofmann, Z. **1866**, 165. — Gerhardt, A. **108**, 219.

Hydroxylamin auf die Amide, Ester oder Chloride der Säuren z. B. *Acethydroxamsäure* aus Acetamid[1]

$$CH_3\cdot C\lessgtr^{O}_{NH_2} + NH_2OH = \left[CH_3\cdot C\begin{matrix}\diagup OH \\ -NHOH \\ \diagdown NH_2\end{matrix}\right] = CH_3\cdot C\lessgtr^{OH}_{NOH} + NH_3\,.$$

Von besonderem Interesse ist die Bildung der Hydroxamsäuren durch Oxydation der primären Amine vom Typus $R\cdot CH_2\cdot NH_2$ mit Sulfomonopersäure

$$R\cdot CH_2\cdot NH_2 + 3O = R\cdot C\lessgtr^{OH}_{NOH} + H_2O\,,$$

weil diese Reaktion für derartige Amine so allgemein ist, daß sie als Konstitutionsbeweis verwendbar ist.[2] Genau ebenso entstehen die Hydroxamsäuren auch durch Oxydation von Aldoximen, die als Zwischenprodukte bei obiger Oxydation angenommen werden müssen[3]

$$R\cdot CH_2\cdot NH_2 \rightarrow (R\cdot CH_2\cdot NHOH) \rightarrow R\cdot CH{=}NOH \rightarrow R\cdot C\lessgtr^{OH}_{NOH}\,.$$

Hydroxamsäuren erhält man auch aus aliphatischen und aromatischen Aldehyden mit Benzolsulfonhydroxamsäure. Letztere zerfällt in alkalischer Lösung in Benzolsulfinsäure und den Rest =NOH, der mit den Aldehyden Hydroxamsäure liefert[4]

$$C_6H_5\cdot SO\lessgtr^{OH}_{NOH} = C_6H_5SO_2H + [{=}NOH]\,,$$

$$C_6H_5\cdot CHO + [{=}NOH] = C_6H_5\cdot C\lessgtr^{OH}_{NOH}\,.$$

e) Amidoxime bilden sich bei der Einwirkung von Hydroxylamin auf Amidine oder Thiamide, so *Acetamidoxim* (*Äthenylamidoxim*) aus Acetamidin oder Thiacetamid[5]

$$CH_3\cdot C\lessgtr^{NH}_{NH_2} + NH_2OH = CH_3\cdot C\lessgtr^{NOH}_{NH_2} + NH_3\,,$$

$$CH_3\cdot C\lessgtr^{S}_{NH_2} + NH_2OH = CH_3\cdot C\lessgtr^{NOH}_{NH_2} + H_2S\,,$$

oder durch einfache Addition von Hydroxylamin an Nitrile[6]

$$CH_3\cdot C{\equiv}N + NH_2OH = CH_3\cdot C\lessgtr^{NOH}_{NH_2}\,.$$

---

[1] Hoffmann, B. **22**, 2854.
[2] Bamberger, B. **36**, 710. — Baeyer, Villiger, B. **34**, 853.
[3] Bamberger, B. **33**, 1781. [4] Rimini, C. **1901** II, 99.
[5] Tiemann, B. **19**, 1668.
[6] Tiemann, Krüger, Nordmann, B. **17**, 126. 1685. 2746.

f) Sulfamide. Genau ebenso wie die Chloride der Carbonsäuren liefern auch diejenigen der Sulfonsäuren (Sulfochloride) mit Ammoniak und Aminbasen Sulfamide. So entsteht aus Benzolsulfochlorid *Benzolsulfamid* [1]

$$C_6H_5 \cdot SO_2Cl + 2NH_3 = C_6H_5 \cdot SO_2NH_2 + NH_4Cl.$$

Die Bildung erfolgt hier jedoch häufig nicht ganz so leicht wie bei den Carbonamiden. Bei den beständigeren Chloriden kann man mit wäßrigem Ammoniak erhitzen, sonst leitet man Ammoniakgas in die ätherische Lösung des Chlorids ein.

XIX. Säurenitrile.

Unter Säurenitrilen versteht man alle organischen Cyanverbindungen, d. h. alle Verbindungen, welche den Rest $-C\equiv N$ an irgend ein organisches Radikal gebunden enthalten. Von den Säuren kann man sie sich so abgeleitet denken, daß in der Carboxylgruppe sowohl das zweifach gebundene Sauerstoffatom als auch die einwertige Hydroxylgruppe gemeinschaftlich durch den dreiwertigen Ammoniakrest $N\equiv$ (das dreiwertige Stickstoffatom) ersetzt sind

$$X \cdot C{<}^{O}_{OH} \qquad X \cdot C\equiv N.$$

Sie erweisen sich als Derivate der Carbonsäuren durch ihre leichte Überführbarkeit in diese, welchen Vorgang man ganz allgemein als Verseifung bezeichnet und von dem schon früher (S. 185) die Rede war. Vermöge dieser Eigenschaft und weil sie selbst durch wahre Kohlenstoffsynthesen allgemein darstellbar sind, gehören die Nitrile zu den wichtigsten organischen Verbindungen und vermitteln den synthetischen Aufbau der verschiedensten Säuren aus Verbindungen mit geringerer Kohlenstoffzahl. Andrerseits kann man die Nitrile als die Alkylester der Blausäure (Cyanwasserstoffsäure) auffassen, wie schon an anderer Stelle (S. 213) erwähnt wurde

$$C_2H_5 \cdot OH + HCN = C_2H_5CN + H_2O.$$

Dieser Umstand ist für das Verständnis der Bildungsweisen der Nitrile von Wichtigkeit.[2]

---

[1] G. 241. — Gerhardt, Chancel, J. **1852**, 434. — Biffi, A. **91**, 107.
[2] S. Kolbe, Frankland, A. **65**, 297. — J. pr. [2] **16**, 30.

1. *Aus den Ammoniumsalzen der Säuren oder den Säureamiden.* Neben den kernsynthetischen Bildungsweisen der Nitrile, die später besprochen werden, haben diejenigen ein besonderes Interesse, die den genetischen Zusammenhang zwischen Nitril und Säure zeigen.

Wie früher (S. 186) gesagt worden ist, gehen die Nitrile bei der sogenannten Verseifung unter Aufnahme von zwei Molekülen Wasser in das Ammoniumsalz der Säure über. Umgekehrt erhält man ein Nitril, wenn man dem Ammoniumsalz der Säure zwei Moleküle Wasser entzieht

$$CH_3 \cdot COONH_4 = CH_3 \cdot CN + 2H_2O.$$

Diese Methode, die von allgemeinster Anwendbarkeit sowohl für aliphatische wie für aromatische Nitrile ist, wird ausgeführt, indem man das Ammoniumsalz mit Phosphorsäureanhydrid oder ähnlichen wasserentziehenden Mitteln destilliert.

Ebenso wie bei der Verseifung der Nitrile, muß auch bei dieser umgekehrten Reaktion als Zwischenprodukt das Amid der betreffenden Säure auftreten. Man kann also auch nach einer der früher (S. 222) erwähnten Methoden zunächst das Säureamid isolieren und dies dann durch weitere Wasserabspaltung in das Nitril überführen. In den meisten Fällen ist diese Trennung der beiden Phasen entschieden vorzuziehen.

Auch aus den Säureamiden erfolgt die Wasserabspaltung durch Destillieren oder Erhitzen desselben mit Phosphorsäureanhydrid. Auch andere wasserentziehende Mittel, z. B. Phosphorpentachlorid, Phosphorpentasulfid oder Chlorzink lassen sich verwenden.[1] Läßt sich das Nitril nicht abdestillieren, so reinigt man es durch Ausschütteln mit Wasser.

Bewirkt man die Wasserabspaltung aus den Säureamiden mit Phosphorpentachlorid, so entstehen mehrere Zwischenprodukte. Zunächst bilden sich durch Ersatz des Sauerstoffs durch zwei Chloratome die sehr unbeständigen Amidchloride

$$CH_3 \cdot C \begin{matrix} \diagup NH_2 \\ \diagdown O \end{matrix} + PCl_5 = CH_3 \cdot C \begin{matrix} \diagup NH_2 \\ - Cl \\ \diagdown Cl \end{matrix} + POCl_3.$$

Diese gehen zunächst unter Abspaltung von einem Molekül Salzsäure in die Imidchloride über

[1] Dumas, A. **64**, 332. — G. 128.

$$CH_3\cdot C\begin{matrix}NH_2\\Cl\\Cl\end{matrix} = CH_3\cdot C\begin{matrix}NH\\Cl\end{matrix} + HCl,$$

und diese liefern durch weitere Salzsäureabspaltung die Nitrile

$$CH_3\cdot C\begin{matrix}NH\\Cl\end{matrix} = CH_3\cdot C\equiv N + HCl.$$

Auch Thionylchlorid ($SOCl_2$) kann mit Vorteil als wasserentziehendes Mittel verwendet werden.[1]

Nitrile entstehen, ähnlich wie die Amide (s. S. 226) zuweilen recht gut direkt aus den Säuren, und zwar namentlich aus den aromatischen, durch Erhitzen mit Rhodankalium oder Rhodanblei.[2]

2. *Aus Aldoximen.* Eine allgemeine aber nur in bestimmten Fällen wichtige Bildungsweise für Nitrile ist die Wasserabspaltung aus den Aldoximen, den Kondensationsprodukten der Aldehyde mit Hydroxylamin, die durch Essigsäureanhydrid oder Thionylchlorid bewirkt werden kann.[3]

Nach dieser Reaktion wurde z. B. aus o-Cyanbenzaldoxim das *Dinitril der Phtalsäure* erhalten,[4] das auf anderem Wege nur sehr schwer zugänglich ist

$$C_6H_4\begin{matrix}CN\\CH{=}NOH\end{matrix} = C_6H_4\begin{matrix}CN\\CN\end{matrix} + H_2O.$$

3. *Aus primären Aminen.* Eine spezielle Darstellungsmethode für aliphatische Nitrile beruht darauf, daß primäre Amine bei der Einwirkung von Brom und Kalilauge vier Atome Wasserstoff abgeben und in Nitrile übergehen, so entsteht z. B. aus Tridekylamin *Tridekanitril*[5]

$$C_{12}H_{25}\cdot CH_2\cdot NH_2 + 2Br_2 + 4KOH = C_{12}H_{25}CN + 4KBr + 4H_2O.$$

In Wirklichkeit verläuft die Reaktion wohl in zwei Phasen, indem zunächst die beiden Wasserstoffe der Amidogruppe durch Brom substituiert

$$C_{12}H_{25}\cdot CH_2\cdot NH_2 + 2Br_2 + 2KOH = C_{12}H_{25}\cdot CH_2\cdot NBr_2 + 2KBr + 2H_2O,$$

und dann zwei Moleküle Bromwasserstoff abgespalten werden

$$C_{12}H_{25}\cdot CH_2\cdot NBr_2 + 2KOH = C_{12}H_{25}CN + 2KBr + 2H_2O.$$

Die Reaktion geht nur bei aliphatischen Aminen (oder solchen aromatischen, welche die Aminogruppe in der Seitenkette enthalten)

[1] Michaelis, Siebert, A. **274**, 312.
[2] Letts, B. **5**, 669. — Krüss, B. **17**, 1766. — Gabriel, B. **25**, 419.
[3] Moureu, Bl. [3] **11**, 1067. [4] Posner, B. **30**, 1698.
[5] Lutz, B. **19**, 1438. S. auch Ehestädt, Diss. Freiburg 1886.

vor sich und auch hier nur bei primären Aminen mit mehr als fünf Kohlenstoffatomen.

Wie schon an anderer Stelle (S. 90) kurz erwähnt wurde, ist der Eintritt dieser Reaktion die Ursache, daß die HOFMANNsche Methode zur Darstellung von Aminen aus den Säureamiden mit Brom und Kalilauge, bei den höheren Gliedern keine befriedigenden Ausbeuten an Amin, sondern an ihrer Stelle vielmehr reichliche Mengen von Nitrilen liefert.

Von Interesse ist diese Methode weniger als praktische Darstellungsweise für Nitrile, als weil sie in Verbindung mit der eben erwähnten HOFMANNschen Amindarstellung den Abbau aliphatischer Säuren, d. h. die Überführung irgend einer Fettsäure in die um ein Kohlenstoffatom ärmere Säure ermöglicht.

4. *Aus Estern. Durch Umsetzung mit Cyankalium.* Mit Rücksicht auf die außerordentliche Brauchbarkeit der Nitrile zur Synthese höherer Kohlenstoffverbindungen aus niedrigeren kommt natürlich das Hauptinteresse denjenigen Darstellungsweisen der Nitrile zu, welche wahre Synthesen (siehe Einleitung) darstellen. Da nun das Wasserstoffatom der Cyanwasserstoffsäure und infolgedessen auch die Alkylgruppen in den Estern der Cyanwasserstoffsäure an Kohlenstoff gebunden sind, so findet eine wahre Synthese statt, wenn man die Ester anderer Säuren in Cyanwasserstoffester überführt.

a) *Aus Halogenalkylen.* Besonders leicht und glatt läßt sich die Umsetzung bei den Estern der Halogenwasserstoffsäuren, den Halogenalkylen, erreichen. Dieselben reagieren mit Cyankalium[1], indem sich das Kaliumsalz der Halogenwasserstoffsäure und der Alkylester der Cyanwasserstoffsäure, das Nitril, bildet. Diese Darstellungsweise deckt sich vollkommen mit der schon früher (S. 212) gegebenen allgemeinen Methode zur Darstellung von Estern. Man kann die Reaktion auch so auffassen, daß in den Halogensubstitutionsprodukten der Kohlenwasserstoffe das Halogenatom gegen die Cyangruppe austauschbar ist. Dieser Austausch ist aber, wie es schon bei vielen ähnlichen Reaktionen der Fall war, nur möglich, wenn das Halogenatom an einem aliphatischen Rest oder in der Seitenkette einer aromatischen Verbindung, nicht aber wenn es an einem Benzolkern haftet. Man erhält so z. B. aus Jodäthyl und Cyankalium das *Propionitril* (*Äthylcyanid*)[2]

$$C_2H_5J + KCN = C_2H_5 \cdot CN + KJ\,.$$

[1] Nicht Cyansilber (vgl. S. 244). [2] ROSSI, A. **159**, 79.

Da das Äthylcyanid bei der Verseifung Propionsäure liefert

$$C_2H_5 \cdot CN + 2H_2O = C_2H_5 \cdot COOH + NH_3,$$

bezeichnet man es als das Nitril der Propionsäure oder Propionitril. Als Nebenprodukte entstehen meist in geringen Mengen Isonitrile (s. S. 244).

Die gewünschte Umsetzung der Halogenalkyle tritt gewöhnlich am besten ein beim Erhitzen mit einer alkoholischen Cyankaliumlösung. Man löst das Halogenalkyl in so viel Alkohol, daß die Lösung beim Zusatze der in wenig Wasser gelösten äquivalenten Cyankaliummenge klar bleibt, und kocht am Rückflußkühler. Die Dauer des Erhitzens schwankt stark, von einigen Stunden bis zu mehreren Tagen. Zuweilen läßt man die Reaktion sich bei gewöhnlicher Temperatur vollziehen, oder erhitzt auch im Einschlußrohr. Muß die Gegenwart von Wasser aus bestimmten Gründen vermieden werden, so setzt man das Cyankalium gepulvert zu der alkoholischen Lösung, wendet aber dann einen großen Überschuß desselben an.[1]

Die Nitrile werden aus dem Reaktionsprodukt durch fraktionierte Destillation isoliert. Die als Nebenprodukte entstehenden Isonitrile werden durch Schütteln des Destillats mit verdünnter Salzsäure zerstört. Die Säure wird dann durch Neutralisieren mit Soda wieder entfernt.

Die Verbindungen der verschiedenen Halogene sind meist gleich gut verwendbar. Tertiäre Halogenverbindungen reagieren unter den genannten Bedingungen nicht in der gewünschten Weise. Man muß bei ihnen sowohl Wasser als auch Alkohol vermeiden, weil mit diesen beiden die tertiären Halogenatome zu leicht reagieren. Man kann derartige Nitrile jedoch erhalten, wenn man die Halogenverbindung ohne jedes Lösungsmittel mit gepulvertem Kaliumquecksilbercyanid erhitzt.[2] So entsteht aus tertiärem Butyljodid: *Trimethylacetonitril*

$$(CH_3)_3 \cdot CJ + KCN = (CH_3)_3 \cdot C \cdot CN + KJ.$$

Auch in anderen aliphatischen Halogenverbindungen läßt sich das Halogen durch Cyan ersetzen. So erhält man aus Chloressigsäure die *Cyanessigsäure*

$$Cl \cdot CH_2 \cdot COOH + KCN = CN \cdot CH_2 \cdot COOH + KCl,$$

die man nach ihrem Übergang durch Verseifung in Malonsäure

$$CN \cdot CH_2 \cdot COOH \longrightarrow COOH \cdot CH_2 \cdot COOH$$

als das Halbnitril oder Mononitril der Malonsäure auffassen kann.

Enthält eine Verbindung mehrere Halogenatome, so entstehen analog Polynitrile, so aus dem Äthylenbromid das *Äthylencyanid* oder *Bernsteinsäurenitril*

---

[1] S. z. B. Wislicenus, A. **128**, 4.

[2] Butlerow, A. **170**, 154.

$$\begin{matrix} CH_2\cdot Br \\ | \\ CH_2\cdot Br \end{matrix} + 2KCN = \begin{matrix} CH_2\cdot CN \\ | \\ CH_2\cdot CN \end{matrix} + 2KBr.$$

Die Reaktion tritt dagegen nicht ein, wenn mehrere Halogenatome an demselben Kohlenstoff stehen[1] (s. mehrbasische Säuren).

Auch ungesättigte Halogenalkyle liefern meist nicht das zu erwartende Nitril, sondern reagieren mit Cyankalium in komplizierterer noch wenig aufgeklärter Weise (vgl. S. 204).

Daß Halogenatome, die an einem aromatischen Kern stehen, nur sehr schwer gegen Cyan austauschbar sind, ist bereits gesagt worden. Die Umsetzung ist hier stets so unvollkommen, daß sie als Darstellungsmethode ungeeignet ist.

Es mag hier gleich erwähnt werden, daß auch die Halogenatome in Säurechloriden und Säurebromiden gegen Cyan ausgetauscht werden können. Aus denselben Gründen wie bei den tertiären Halogenalkylen muß die Gegenwart von Wasser oder Alkohol vermieden werden. Die Umsetzung wird hier so vorgenommen, daß man höher siedende Halogenide über Quecksilbercyanid destilliert, niedrig siedende aber mit Cyansilber im Einschlußrohr erhitzt.[2] Die entstehenden Acidylcyanide sind als Nitrile der α-Ketosäuren aufzufassen. So entsteht aus Acetylchlorid das *Nitril der Brenztraubensäure (α-Ketopropionsäure)*

$$CH_3\cdot CO\cdot Cl + AgCN = AgCl + CH_3\cdot CO\cdot CN \;(\longrightarrow CH_3\cdot CO\cdot COOH).$$

Diese außerordentlich wichtige Synthese vermittelt die Darstellung aliphatischer oder fettaromatischer Säuren verschiedenster Art, indem sie erlaubt, aliphatisch gebundene Wasserstoffatome oder Hydroxylgruppen in beliebigen Komplexen durch die Carboxylgruppe zu ersetzen

$$\begin{matrix} X\cdot H \\ X\cdot OH \end{matrix} \rangle\!\!\rightarrow X\cdot Br \longrightarrow X\cdot CN \longrightarrow X\cdot COOH.$$

Mit ihrer Hilfe kann man z. B. jeden Alkohol in einen Alkohol der nächst höheren Reihe überführen (s. S. 111).

b) *Aus anderen Estern.* Die Monoalkylester der Schwefelsäure, die sogenannten Ätherschwefelsäuren oder deren Alkalisalze, setzen sich gleichfalls mit Cyankalium unter Bildung von Nitrilen um, so das methylschwefelsaure Kalium zu *Acetonitril*[3]

$$CH_3\cdot O\cdot SO_2\cdot OK + KCN = K_2SO_4 + CH_3CN \;(\longrightarrow CH_3COOH).$$

Auch diese Methode ist auf die Darstellung aliphatischer Nitrile beschränkt und nur von geringer praktischer Bedeutung, weil die

[1] Claus, A. **191**, 34. — Franchimont, B. **5**, 1048.
[2] Wöhler, Liebig, A. **3**, 267.
[3] Dumas, A. **64**, 333. — Frankland, Kolbe, A. **65**, 297.

Halogenalkyle meist leichter zu beschaffen sind. Man verfährt so, daß man die Alkalisalze der Ätherschwefelsäuren mit überschüssigem trockenen Cyankalium oder entwässertem Blutlaugensalz mischt und destilliert.

Analog liefern die Ester der Phosphorsäure bei der Destillation mit Cyankalium Nitrile. Diese Methode beansprucht insofern besonderes Interesse, als man nach ihr aromatische Nitrile darstellen kann, wenn man die Phosphorsäureester der bequem zugänglichen Phenole verarbeitet. So entsteht aus Triphenylphosphat *Benzonitril*[1]

$$PO(OC_6H_5)_3 + 3\,KCN = K_3PO_4 + 3\,C_6H_5CN \ (\longrightarrow C_6H_5COOH).$$

Man erhitzt ein Gemisch des Esters mit entwässertem Blutlaugensalz auf eine etwas höhere Temperatur als zum Abdestillieren des entstehenden Nitrils notwendig ist, jedoch nicht so hoch, daß der Phosphorsäureester mit übergeht.

Im Gegensatz zu der vorherigen Methode gibt die vorliegende für aliphatische Nitrile nur schlechte Ausbeuten.

5. *Aus den Sulfosäuren.* Während sich Halogenatome, die direkt an einem aromatischen Kern stehen, nicht gut durch Cyan ersetzen lassen, ist dies bei der Sulfosäuregruppe in ausgezeichneter Weise der Fall, so daß bei der Nitrilbildung ganz analoge Verhältnisse vorliegen, wie sie schon bei der Darstellung der Alkohole und Phenole (S. 113 u. 125) beobachtet worden sind. Diese Methode, die zur Gewinnung aromatischer Nitrile sehr wertvoll ist, kann als eine Abart der ersten Methode angesehen werden, indem man die Sulfosäuren als Ester der asymmetrischen schwefligen Säure auffassen kann

$$\begin{matrix} C_6H_5 \\ HO \end{matrix}\!\!>SO_2\,.$$

Die Reaktion verläuft dann ganz analog wie bei den Äthylschwefelsäuren. Benzolsulfonsaures Kalium liefert mit Cyankalium *Benzonitril* und schwefligsaures Kalium[2]

$$C_6H_5\cdot SO_3K + KCN = K_2SO_3 + C_6H_5CN\,.$$

Man unterwirft ein Gemisch des Kaliumsalzes der Sulfosäure mit Cyankalium der trockenen Destillation, wobei man zweckmäßig nicht höher erhitzt als notwendig ist und außerdem das Abdestillieren des Nitrils dadurch beschleunigt, daß man einen Strom eines indifferenten Gases, z. B. Kohlensäure, durch den Apparat leitet. An Stelle des

---

[1] Scrugham, A. **92**, 318. — Heim, B. **16**, 1764.
[2] Merz u. Mühlhäuser, Z. **1868**, 33; B. **3**, 709.

Cyankaliums verwendet man auch hier häufig mit besonders gutem Erfolge entwässertes gelbes Blutlaugensalz.[1]

Bemerkenswert ist, daß, obwohl direkt am Benzolkern haftende Halogenatome sonst nur sehr schwierig gegen Cyan ausgetauscht werden, in den halogensubstituierten Benzolsulfosäuren das Halogen zugleich mit der Sulfosäuregruppe ersetzt wird. Aus der m- und p-Brombenzolsulfosäure entstehen so die beiden m- und p-Dicyanide, die Nitrile der *Iso- und Terephtalsäure*[2]

$$C_6H_4{<}^{Br}_{SO_3K} + 2KCN = KBr + K_2SO_3 + C_6H_4{<}^{CN}_{CN} \left(\rightarrow C_6H_4{<}^{COOH}_{COOH}\right).$$

6. *Aus den Diazoverbindungen.* Auf die aromatischen Nitrile beschränkt, aber für diese von größter Wichtigkeit, ist die Zersetzung der Diazocyanide unter Bildung von Nitrilen. Das Benzoldiazoniumcyanid verhält sich genau so wie die schon früher betrachteten Halogenverbindungen (s. S. 65), indem es beim Erwärmen in *Cyanbenzol* und *Stickstoff* zerfällt[3]

$$\begin{array}{c}C_6H_5\cdot N\cdot CN\\ \vert\vert\vert\\ N\end{array} = C_6H_5\cdot CN + N_2.$$

Auch die praktische Ausführung der Methode entspricht fast genau der schon früher bei den Halogenverbindungen gegebenen Darstellung der „Sandmeyerschen Reaktion". Man bereitet zunächst durch Diazotieren einer salzsauren Lösung der Amidoverbindung eine Lösung des Diazoniumchlorids. Letzteres wird durch Cyankalium in das Diazoniumcyanid verwandelt und dann gespalten. In dieser einfachsten Form verläuft jedoch die Reaktion sehr stürmisch und unbefriedigend. Sind dagegen gleichzeitig Kupferoxydulsalze vorhanden, so verläuft die Umsetzung, wie Sandmeyer[3] gefunden hat, glatt und mit ziemlich guter Ausbeute. Man läßt zu diesem Zweck die Lösung des Diazoniumchlorids in eine 90° heiße Lösung von Kaliumkupfercyanür einfließen, die durch Mischen einer Kupfersulfatlösung mit überschüssigem Cyankalium erhalten wird. Nach Beendigung der Stickstoffentwicklung wird noch kurze Zeit auf dem Wasserbade erhitzt und das Nitril mit Wasserdampf abgetrieben. Wahrscheinlich entstehen auch hier, wie bei den analogen Halogenverbindungen, zunächst Doppelsalze des Diazoniumcyanids mit Kupfercyanür, die dann beim Erwärmen glatt zerfallen.[4]

In ganz gleicher Weise kann man natürlich auch Cyangruppen in die aromatischen Kerne irgend welcher anderer aromatischer oder fettaromatischer Verbindungen einführen und so z. B. aus Ketonen Nitrile von Ketosäuren erhalten u. s. w.

[1] Witt, B. **6**, 448. [2] Limpricht, A. **180**, 88.
[3] Sandmeyer, B. **17**, 2653. [4] G. 210.

Diese Reaktion, die eine wahre Synthese darstellt, vermittelt die Gewinnung beliebiger aromatischer oder fettaromatischer Carboxylverbindungen, indem sie gestattet, aromatisch gebundene Wasserstoffatome durch die Carboxylgruppe zu ersetzen

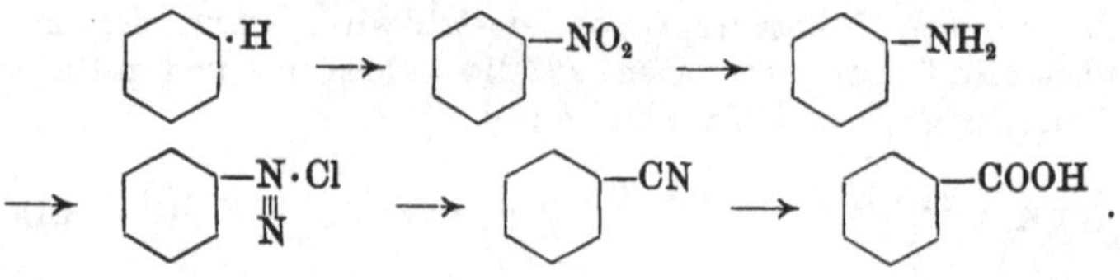

Neben den bis jetzt erwähnten Synthesen der Nitrile sind noch einige Bildungsweisen bekannt, die ebenfalls wahre Synthesen darstellen, die aber von mehr theoretischem als praktischem Interesse sind und als eigentliche Darstellungsmethoden wenig in Betracht kommen. Dieselben mögen daher hier nur kurz erläutert werden.

7. *Alkylierung von Nitrilen.* Einige Nitrile, nämlich diejenigen, welche eine zwischen Cyan und einem aromatischen Kern stehende CH_2-Gruppe besitzen, d. h. das Benzylcyanid

$$C_6H_5—CH_2—CN$$

und seine kernsubstituierten Derivate, teilen mit gewissen Carbonyl- und Carboxylverbindungen analoger Konstitution (s. S. 170, 172 u. 298) die Eigenschaft, bei der Behandlung mit Natriumäthylat ein Wasserstoffatom der CH_2-Gruppe durch Natrium und letzteres weiterhin bei der Behandlung mit beliebigen Halogenalkylen durch Alkylgruppen ersetzen zu lassen. So entsteht aus Benzylcyanid, Natriumäthylat und Benzylchlorid bei 120° im Rohr *Benzylbenzylcyanid (α-Phenylhydrozimtsäurenitril)*[1]

I. $$CN—\overset{\overset{\displaystyle C_6H_5}{|}}{C}H_2 + NaOC_2H_5 = CN—\overset{\overset{\displaystyle C_6H_5}{|}}{C}HNa + C_2H_5OH\,,$$

II. $$CN—\overset{\overset{\displaystyle C_6H_5}{|}}{C}HNa + Cl\cdot CH_2\cdot C_6H_5 = CN—\overset{\overset{\displaystyle C_6H_5}{|}}{C}H—CH_2\cdot C_6H_5 + NaCl.$$

Für die praktische Ausführung der Alkylierung existieren verschiedene Vorschriften.[2] Jedenfalls wird die Natriumverbindung nicht

[1] A. Meyer, B. **21**, 1308. — Janssen, A. **250**, 129.
[2] V. Meyer, B. **21**, 1291. — Eichelbaum, B. **21**, 2680. — Rossolymo, B. **22**, 1238. — Buddeberg, B. **23**, 2070.

isoliert, vielmehr Ersatz durch Natrium und Behandlung mit Halogenalkyl meist in einer Operation ausgeführt.

Unter gewissen Umständen scheint es auch möglich zu sein, beide Wasserstoffatome der CH_2-Gruppe nacheinander durch Alkylgruppen zu ersetzen.[1]

Ob auch andere Cyanide, welche die Gruppierung $C_6H_5CH_2 \cdot CN$ nicht enthalten, alkylierbar sind, läßt sich noch nicht sicher entscheiden. In einzelnen Fällen scheint es der Fall zu sein.[2]

8. *Aus Isonitrilen.* Die weiter unten (S. 244) näher zu behandelnden Isomeren der Nitrile von der allgemeinen Konstitution

$$X \cdot N \equiv C,$$

die sogenannten Isonitrile oder Carbylamine lagern sich bei höherer Temperatur in die wahren Nitrile um, z. B. Phenylcarbylamin in *Benzonitril*

$$C_6H_5 \cdot N \equiv C \longrightarrow C_6H_5 \cdot C \equiv N.$$

Diese Umwandlung geht bei den höher siedenden Isonitrilen schon bei längerem Kochen am Rückflußkühler vor sich. Liegt der Siedepunkt zu niedrig, so erhitzt man im Einschlußrohr auf etwa 200°. Die Umlagerung geht bei aromatischen Verbindungen ziemlich glatt vor sich, und wird deshalb hier auch zuweilen als Darstellungsweise benutzt, wenn die Isonitrile besonders leicht zugänglich sind. In der aliphatischen Reihe sind die Resultate ziemlich unbefriedigend.[3]

9. *Aus den Formaniliden.* Auf derselben Umwandlung, von der soeben die Rede war, beruht die Bildung der Nitrile aus den Formylverbindungen aromatischer Amine, die unter Wasserabspaltung vor sich geht. Offenbar entstehen in der ersten Phase der Reaktion, d. h. bei der Wasserabspaltung zunächst Isonitrile, also z. B. aus Formanilid *Phenylisonitril*

$$C_6H_5 \cdot NH \cdot CHO = C_6H_5 \cdot N \equiv C + H_2O,$$

das sich jedoch unter den Versuchsbedingungen sofort in *Benzonitril* umlagert.

Die Wasserabspaltung geht schon beim Kochen mit starker Salzsäure vor sich, bleibt aber dann sehr unvollständig. Besser werden die Resultate, wenn man die Formanilide in einer Wasserstoff-

---

[1] Rossolymo, B. **22**, 1233.

[2] Rattner, Schneidewind, B. **21**, 1320. 1323. — Knoevenagel, B. **21**, 1344. — Holtzwart, J. pr. [2] **39**, 233.

[3] Weith, B. **6**, 213.

atmosphäre über Zinkstaub destilliert. Der Vorgang ist dann offenbar der folgende

$$C_6H_5\cdot NH\cdot CHO + Zn = ZnO + H_2 + C_6H_5\cdot N\vdots C(\rightarrow C_6H_5\cdot C\vdots N).$$

Das Verfahren scheint nur für aromatische Nitrile durchführbar zu sein.[1]

10. *Aus den Senfölen und Thioharnstoffen.* Den Senfölen, den Estern der Isothiocyansäure, kann man durch Kupfer ihren Schwefel entziehen. Auch bei dieser Reaktion entstehen zunächst Isonitrile, die aber durch Umlagerung sofort in Nitrile übergehen. Aus Phenylsenföl entsteht so *Benzonitril*[2]

$$C_6H_5\cdot N{=}C{=}S + 2\,Cu = Cu_2S + C_6H_5N{\equiv}C(\rightarrow C_6H_5\cdot C{\equiv}N).$$

Man verfährt so, daß man die Senföle mit dem doppelten Gewicht an Kupferpulver in einer Kohlensäureatmosphäre kocht. Das Kupferpulver, das sehr fein verteilt und frei von Kupferoxydul sein muß, soll zweckmäßig nach einer bestimmten Vorschrift hergestellt sein. Die Ausbeuten sind nur mäßige (20—30 $^0/_0$), auch geht die Reaktion nur bei aromatischen Senfölen einigermaßen glatt.[3]

Aus den aromatischen Thioharnstoffen entstehen in ähnlicher Weise Nitrile

$$\begin{matrix}C_6H_5\cdot NH\\C_6H_5\cdot NH\end{matrix}\!\!>CS + 2\,Cu = Cu_2S + C_6H_5NH_2 + C_6H_5N{\equiv}C(\rightarrow C_6H_5\cdot C{\equiv}N),$$

doch sind hier die Ausbeuten meist noch viel schlechter als bei den Senfölen.

Von sehr großer Wichtigkeit ist außerdem noch eine spezielle Nitrilsynthese, nämlich die Addition von Blausäure an Aldehyde und Ketone, die sogenannte Cyanhydrinreaktion. Da diese Synthese aber ausschließlich zu Nitrilen von Oxysäuren führt, wird sie bei diesen Verbindungen besprochen.

Anhang.

Isonitrile (oder *Carbylamine*) sind Verbindungen, die den Nitrilen gleich zusammengesetzt sind, sich von ihnen aber dadurch unterscheiden, daß in ihnen die Alkylgruppen am Stickstoffatom der CN-Gruppe stehen. Ihre Konstitution ist noch nicht ganz sicher aufgeklärt, entspricht aber wahrscheinlich einer der beiden folgenden Formeln:[4]

$$Alk{-}N{=}C \quad \text{oder} \quad Alk{-}N{\equiv}C.$$

Sie entstehen bei der Einwirkung von Halogenalkylen auf

[1] Gasiorowski u. Merz, B. **18**, 1001.
[2] Weith, B. **6**, 213. [3] Weith, B. **7**, 722. — Hofmann, B. **7**, 815.
[4] Nef, A. **270**, 267.

Cyansilber.[1] Hierbei bilden sich zunächst Additionsprodukte von Isonitrilen und Cyansilber

$$AlkJ + 2AgCN = AlkNC, AgCN + AgJ,$$

die bei der Destillation mit Cyankalium zerfallen

$$AlkNC, AgCN + KCN = AlkNC + KCN, AgCN.$$

Auch bei der Bildung der wahren Nitrile aus alkylschwefelsauren Salzen oder Jodalkylen entstehen Isonitrile als Nebenprodukte (vgl. außerdem S. 243).

Schließlich erhält man Isonitrile aus Chloroform und primären Aminen beim Erwärmen mit alkoholischer Kalilauge[2]

$$AlkNH_2 + CCl_3H + 3KOH = AlkNC + 3KCl + 3H_2O.$$

Beim Erhitzen lagern sich die Isonitrile in die wahren Nitrile um (vgl. S. 243).

Dritter Teil.

Mehrwertige Verbindungen.

Unter mehrwertigen Verbindungen sollen hier alle diejenigen verstanden werden, welche sich theoretisch von den Kohlenwasserstoffen durch den Eintritt mehrerer gleicher oder verschiedener Substituenten ableiten. Die meisten für diese Körper gültigen synthetischen Methoden ergeben sich durch selbstverständliche Verallgemeinerung der bis hierher schon besprochenen Methoden. So entstehen Dinitro- und Trinitroverbindungen ebenso durch Nitrierung von Kohlenwasserstoffen wie Mononitroverbindungen, Chlorfettsäuren genau ebenso durch Chlorierung von Fettsäuren wie die Chloralkyle durch Chlorierung von Kohlenwasserstoffen. Da die Verallgemeinerungsfähigkeit der einzelnen Methoden in diesem Sinne schon bei jeder Synthese besprochen worden ist, brauchen diese Verbindungen, die durch direkte Substitution von Wasserstoff entstehen, hier nicht mehr behandelt zu werden. Aber auch bei den anderen Verbindungen wird für

[1] Vgl. S. 237. Gautier, A. **151**, 239.
[2] Hofmann, A. **146**, 107.

die meisten Reaktionen ein kurzer Hinweis auf die früheren Angaben genügen. Nur diejenigen Reaktionen, die etwas prinzipiell Neues darbieten, sollen ausführlich behandelt werden.

Da theoretisch stets die Kohlenwasserstoffe das Ausgangsmaterial für alle anderen Verbindungen darstellen, so werden mehrwertige Verbindungen, deren charakteristische Gruppen untereinander verschieden sind, meist so entstehen, daß eine Gruppe nach der andern in den Kohlenwasserstoffkomplex eingeführt wird, d. h. durch eine Kombination mehrerer früher schon besprochener Reaktionen. Bei der Auswahl der geeigneten Umsetzungen wird man vor allen Dingen darauf Rücksicht nehmen müssen, daß die zuerst eingeführten Gruppen nicht durch spätere Reaktionen in unerwünschter Weise wieder verändert werden, ferner aber darauf, durch welche der zu Gebote stehenden Reaktionen die einzuführenden Gruppen an die gewünschte Stelle im Molekül gelangen. So wird man bei der Darstellung von Amidoessigsäure aus Methan, in letzteres erst durch Chlorieren, Behandeln mit Cyankalium und Verseifen die Carboxylgruppe und dann durch weiteres Chlorieren und Behandlung mit Ammoniak die Amidogruppe einführen

$$CH_4 \rightarrow CH_3Cl \rightarrow CH_3\cdot CN \rightarrow CH_3\cdot COOH$$
$$\rightarrow Cl\cdot CH_2\cdot COOH \rightarrow NH_2\cdot CH_2\cdot COOH,$$

nicht aber umgekehrt, weil wohl die Carboxylgruppe, nicht aber die Amidogruppe die weitere Behandlung mit freiem Chlor verträgt.

I. Mehrwertige Alkohole.

Unter mehrwertigen Alkoholen versteht man Verbindungen, welche mehrere Hydroxylgruppen in einem Molekül enthalten. Die zweiwertigen Alkohole bezeichnet man meist als Glykole. Mehrwertige Alkohole, welche mehrere Hydroxylgruppen an ein und demselben Kohlenstoff haben, sind in der Regel nicht existenzfähig, sondern zerfallen, wie schon mehrfach erwähnt wurde, je nach ihrer Konstitution in Aldehyde, Ketone oder Säuren (s. S. 147, 161 u. 180). Im übrigen unterscheidet man die Glykole wie alle zweiwertigen aliphatischen Verbindungen, je nach der Stellung der Hydroxylgruppe an benachbarten oder durch andere Kohlenstoffe getrennten Kohlenstoffatomen, als α-, β-, γ-, δ- u. s. w. Glykole und je nach dem Charakter der Hydroxylgruppen als diprimäre, primär-sekundäre, sekundär-tertiäre u. s. w. Glykole (vgl. S. 107).

Über die allgemeinen Bildungsweisen ist nur wenig Neues nachzutragen. Dieselben sind denen der einfachen Alkohole meist völlig analog und unterscheiden sich von diesen nur dadurch, daß dieselbe Reaktion, die dort zur Einführung einer Hydroxylgruppe führt, hier an mehreren Stellen im Molekül gleichzeitig oder nacheinander stattfindet. Bei denjenigen Alkoholsynthesen, welche auch zur Darstellung mehrwertiger Alkohole geeignet sind, ist dies bereits erwähnt worden (s. S. 108, 109, 112, 115, 116 u. 117).

Die für den vorliegenden Zweck wichtigsten Methoden sind kurz zusammengefaßt die folgenden.

1. *Durch Oxydation ungesättigter Verbindungen.* Prinzipiell neu ist eine Methode zur Darstellung mehrwertiger Alkohole, die, obwohl praktisch wenig verwendbar, theoretisch ein ziemlich bedeutendes Interesse beansprucht. Während ungesättigte Verbindungen bei energischer Oxydation an der Stelle der doppelten Bindung gespalten werden (s. S. 150 u. 192), lassen sie sich mit verdünnter Kaliumpermanganatlösung (oder auch durch Wasserstoffsuperoxyd) ohne Zerfall des Moleküls unter gleichzeitiger Wasseranlagerung oxydieren. Sie liefern hierbei, indem sie zwei Hydroxylgruppen aufnehmen, mehrwertige Alkohole. So entsteht aus Äthylen das gewöhnliche *Glykol*

$$\begin{matrix} CH_2 \\ \| \\ CH_2 \end{matrix} + H_2O + O = \begin{matrix} CH_2OH \\ | \\ CH_2OH \end{matrix} .$$

Die Oxydation wird mit sehr verdünnter Kaliumpermanganatlösung und bei Gegenwart von Alkali ausgeführt.[1] Aus ungesättigten Alkoholen entstehen in gleicher Weise dreiwertige Alkohole. So entsteht *Glycerin* aus Allylalkohol[2]

$$\begin{matrix} CH_2OH \\ | \\ CH \\ \| \\ CH_2 \end{matrix} + H_2O + O = \begin{matrix} CH_2OH \\ | \\ CHOH \\ | \\ CH_2OH \end{matrix} .$$

2. *Durch Reduktion von Oxyaldehyden und Oxyketonen.* Natürlich kann man mehrwertige Alkohole durch einfache Reduktion von Oxyaldehyden und Oxyketonen erhalten, genau wie einwertige

---

[1] Wagner, B. **21**, 1230. 3359.
[2] Fournier, Bl. [3] **13**, 121.

Alkohole aus einfachen Aldehyden und Ketonen dargestellt werden (S. 108—112). So läßt sich Aldol zu *β-Butylenglykol*[1]

$$CH_3\cdot CH(OH)\cdot CH_2\cdot CH{=}O + H_2 = CH_3\cdot CH(OH)\cdot CH_2\cdot CH_2OH,$$

γ-Acetobutylalkohol zu *δ-Hexylenglykol*[2] reduzieren u. a. m.

$$CH_3\cdot CO\cdot CH_2\cdot CH_2\cdot CH_2\cdot CH_2OH + H_2 = CH_3\cdot CHOH\cdot CH_2\cdot CH_2\cdot CH_2\cdot CH_2OH.$$

Diese Reaktion ist insbesondere für die Erkenntnis der Chemie der Zuckergruppe sowie für den künstlichen Aufbau der Zuckerarten von großer Wichtigkeit geworden. Man kann nämlich sowohl die Aldosen (Polyoxyaldehyde) als auch die Ketosen (Polyoxyketone) durch Reduktion in die zugehörigen mehrwertigen Alkohole überführen und hierdurch häufig Aufschluß über ihre Konfiguration erhalten. So liefert der Aldehydzucker d-Mannose bei der Reduktion den zu grunde liegenden sechswertigen Alkohol *d-Mannit*[3]

$$\begin{array}{c} CH{=}O \\ | \\ CHOH \\ | \\ CHOH \\ | \\ CHOH \\ | \\ CHOH \\ | \\ CH_2OH \\ \text{Mannose} \end{array} + H_2 = \begin{array}{c} CH_2OH \\ | \\ CHOH \\ | \\ CHOH \\ | \\ CHOH \\ | \\ CHOH \\ | \\ CH_2OH \\ \text{Mannit} \end{array}.$$

Ebenso gibt die mit der d-Mannose stereoisomere d-Glukose (Traubenzucker) den mit dem d-Mannit stereoisomeren sechswertigen Alkohol *d-Sorbit.*[4] Derselbe *d-Sorbit* entsteht aber auch durch Reduktion eines anderen Aldehydzuckers der d-Gulose.[5] Hieraus folgt, daß die Konfiguration der vier mittelständigen Kohlenstoffatome bei der d-Glukose und der d-Gulose identisch sein muß, und daß beide sich vom d-Sorbit so ableiten, daß einmal dessen eine, das andere Mal dessen andere primäre Alkoholgruppe zum Aldehyd oxydiert ist. Gleichzeitig folgt daraus, daß bei allen drei Verbindungen die räumliche Anordnung der vier mittelständigen Gruppen unsymmetrisch sein muß, da nur in

---

[1] Würtz, B. **6**, 676; Bl. [2] **41**, 362.

[2] Lipp, B. **18**, 3282. — Perkin, Soc. **51**, 722.

[3] Siehe die Tafel auf S. 265. — Dafert, B. **17**, 227. — E. Fischer, Hirschberger, B. **21**, 1806; **23**, 375.

[4] Siehe die Tafel auf S. 265. — Meunier, C. r. **111**, 49.

[5] E. Fischer, Stahel, B. **24**, 2144.

diesem Falle zwei stereoisomere Aldehyde ein und demselben Alkohol entsprechen können (vgl. Oxyaldehyde). Ganz analog werden auch die Ketozucker, z. B. die d-Fructose (Fruchtzucker) zu sechswertigen Alkoholen reduziert

$$\begin{array}{lcl} CH_2OH & & CH_2OH \\ C{=}O & & (^*)CHOH \\ CHOH & & CHOH \\ CHOH & + H_2 = & CHOH \\ CHOH & & CHOH \\ CH_2OH & & CH_2OH \\ \text{Fructose} & & \text{Mannit und Sorbit.} \end{array}$$

Da jedoch die Reduktion der Ketogruppe ein neues asymmetrisches Kohlenstoffatom (in der Formel mit * bezeichnet) geschaffen hat, so entstehen hier nebeneinander zwei untereinander stereoisomere sechswertige Alkohole *d-Mannit* und *d-Sorbit*,[1] deren Isomerie andrerseits, wie hieraus folgt, nur auf der räumlichen Anordnung der Atome oder Gruppen an diesem neugeschaffenen asymmetrischen Kohlenstoffatom beruhen kann. Diese kurze Andeutung möge genügen, um die große Bedeutung dieser Methode für die Erkenntnis der genetischen Beziehungen zwischen den verschiedenen Zuckerarten zu zeigen. Für den künstlichen Aufbau der Zuckerarten hat die Methode dadurch Wert, daß man die durch Reduktion von Ketosen gewonnenen Polyalkohole durch Oxydation in Aldosen überführen kann. So kann man aus der direkt synthetisch zugänglichen d-Fructose durch Reduktion und darauffolgende Oxydation *d-Mannose* darstellen, wodurch die vollkommene Synthese letzterer erreicht ist[2]

$$\begin{array}{lclcl} CH_2OH & & CH_2OH & & CH{=}O \\ CO & & CHOH & & CHOH \\ CHOH & \xrightarrow{\text{red.}} & CHOH & \xrightarrow{\text{oxyd.}} & CHOH \\ CHOH & & CHOH & & CHOH \\ CHOH & & CHOH & & CHOH \\ CH_2OH & & CH_2OH & & CH_2OH \\ \text{d-Fructose} & & \text{d-Mannit} & & \text{d-Mannose} \end{array}$$

3. *Aus Halogenverbindungen.* Direkter oder indirekter[3] Austausch von Halogenatomen gegen Hydroxylgruppen (vgl.

[1] Siehe die Tafel auf S. 265. — E. FISCHER, B. **23**, 3684.
[2] E. FISCHER, HIRSCHBERGER, B. **21**, 1806. [3] G. 163.

S. 113—116). Geeignete mehrwertige Halogenverbindungen entstehen hauptsächlich durch Anlagerung von Halogenen an ungesättigte Kohlenwasserstoffe (zur Darstellung zweiwertiger Alkohole) oder an ungesättigte Halogenverbindungen und Alkohole (zur Darstellung dreiwertiger Alkohole) (s. S. 54) oder auch durch Addition von Halogenwasserstoff und unterchloriger oder unterbromiger Säure an die gleichen ungesättigten Verbindungen.

4. *Aus Aminen.* Aus mehrwertigen Aminen (oder Oxalkylaminen) mittels salpetriger Säure (vgl. S. 117). Geeignete mehrwertige Amine kann man aus den oben erwähnten Halogenverbindungen erhalten (s. S. 78—83), doch ist dies praktisch ohne Bedeutung, da für diesen Fall der direkte Austausch von Halogen gegen Hydroxyl einfacher ist. Wichtig ist dagegen die Bildung mehrwertiger Amine durch Reduktion mehrwertiger Nitrile (s. S. 74).

5. *Durch Reduktion aus Aldehyden und Ketonen (Pinakonbildung).* Bei der Reduktion von Aldehyden und Ketonen entstehen als Nebenprodukte zweiwertige Alkohole, die sogenannten Pinakone. Diese Pinakonbildung ist als Nebenreaktion bei der Reduktion einiger Aldehyde (S. 109) und der meisten Ketone (S. 112) theoretisch bereits so ausführlich besprochen worden, daß es hier genügt, auf die dortigen Angaben hinzuweisen.

Dagegen sollen über die praktische Ausführung der Reduktion zum Zweck der Pinakondarstellung hier noch einige Worte gesagt werden.

Während bei der Reduktion der Aldehyde nur in vereinzelten Fällen bei höheren aliphatischen Aldehyden und in der aromatischen Reihe Pinakonbildung auftritt, ist dieselbe bei der Reduktion von Ketonen ganz allgemein.

Bei aliphatischen Aldehyden scheint die Pinakonbildung am besten durch alkoholisches Kali bewirkt zu werden und die Reduktion auf Kosten eines Teiles des Aldehyds stattzufinden (vgl. S. 110).[1]

Reduziert man Gemische zweier verschiedener Aldehyde, so entstehen zuweilen durch Zusammentritt der beiden verschiedenen Moleküle gemischte Pinakone, so aus Acetaldehyd und Isobutyraldehyd: *Methylisopropylglykol*[2]

$$CH_3CHO + (CH_3)_2\cdot CH\cdot CHO + 2H = \begin{array}{l} CH_3\cdot CHOH \\ (CH_3)_2CH\cdot CHOH \end{array}.$$

Aus aromatischen Aldehyden sind Pinakone hauptsächlich bei der Reduktion mit Zink und alkoholischer Salzsäure[3] und mit Natrium-

[1] Fossek, M. **4**, 664. [2] Fossek, Swoboda, M. **11**, 389.
[3] Zinin, A. **123**, 125.

amalgam in möglichst wasserfreier Lösung[1] erhalten worden. Daneben entstehen Isomere (Isohydrobenzoïne), deren Konstitution noch nicht sicher bekannt ist.

Für die Verarbeitung von Ketonen läßt sich nur sagen, daß im allgemeinen die Reduktion in saurer Lösung der Pinakonbildung günstig zu sein scheint, doch sind die verschiedensten Reduktionsmittel und Arbeitsweisen schon mit Erfolg benutzt worden. So stellt man das einfachste *Pinakon* aus Aceton dar, indem man letzteres über eine Pottaschelösung schichtet und durch Eintragen von erbsengrossen Natriumstücken bei gewöhnlicher Temperatur reduziert[2], und auf gleiche Weise sind homologe Pinakone erhalten worden.[3] Andrerseits erhält man *Benzpinakon* (*Tetraphenylglykol*) aus Benzophenon in bester Ausbeute, wenn man letzteres in ziemlich stark essigsaurer Lösung mit Zinkstreifen kocht.[4] Auch Natriumamalgam, sowie Zinkstaub in saurer oder alkalischer Lösung sind unter Umständen verwendbar.[5]

Da die Pinakone ziemlich leicht zersetzliche Substanzen sind, ist ihre Reindarstellung nicht leicht (vgl. S. 177). Sie liefern leicht durch Wasserabspaltung Alkylenoxyde, die sogenannten α-Pinakoline, und durch darauf folgende Umlagerung Aldehyde oder Ketone, die β-Pinakoline.

Durch eine eigentümliche Addition unter gleichzeitiger Reduktion entstehen mehrwertige Alkohole durch Einwirkung von Formaldehyd auf Aldehyde und Ketone.[6] Hierbei werden so viele Formaldehydmoleküle an das Aldehyd- oder Ketonmolekül angelagert, als in letzterem leicht bewegliche Wasserstoffatome vorhanden sind, d. h. Wasserstoffatome, welche an dem der CO-Gruppe benachbarten Kohlenstoffatom (vgl. S. 160) stehen), bezw. es werden an diesem benachbarten Kohlenstoffatom sämtliche Wasserstoffatome durch CH_2OH-Gruppen ersetzt. So lagert Propionaldehyd, welcher der CO-Gruppe benachbart eine CH_2-Gruppe besitzt, zwei Moleküle Formaldhyd an und liefert unter gleichzeitiger Reduktion der Aldehydogruppe zur Alkoholgruppe ein *Pentantriol*

$$CH_3 \cdot CH_2 \cdot CHO + 2CH_2O + H_2 = CH_3 \cdot C(CH_2OH)_2 \cdot CH_2OH .$$

Schließlich kann man natürlich durch Metallalkylsynthese mehrwertige Alkohole erhalten, z. B. bei der Einwirkung von Organo-

[1] Fittig, Amann, A. **168**, 67. [2] Friedel, A. **124**, 329.
[3] Lawrinowitsch, A. **185**, 124. — Kurtz, A. **161**, 212. — Rohn, A. **190**, 309 u. a. m.
[4] Zagoumeny, J. **1881**, 516.
[5] v. Pechmann, B. **21**, 1421. — Zincke u. Thörner, B. **13**, 643 u. a. m.
[6] Tollens, A. **276**, 82.

magnesiumverbindungen auf Ketosäureester (vgl. S. 120), doch reagieren hierbei β-Ketosäureester anormal.[1]

Anhang. Polyamine und Aminoalkohole.

a) Polyamine. Die Darstellungsweisen der Polyamine, von denen nur die Diamine eine größere Bedeutung haben, verstehen sich aus denen der Monamine von selbst, auch sind dieselben dort bereits erwähnt worden. Die wichtigsten Methoden sind kurz zusammengefaßt die folgenden. Für *aliphatische Diamine*:

1. *Aus Halogenverbindungen.* Aus den Polyhalogenverbindungen, vor allem aus den Alkylenbromiden durch Erhitzen mit alkoholischem Ammoniak oder besser mit Phtalimidkalium und Spaltung der entstehenden Diphtalimidoverbindungen. Nach dem ersten Verfahren[2] entstehen auch hier primäre, sekundäre und tertiäre Amine nebeneinander, die sich hier aber meist durch fraktionierte Destillation voneinander trennen lassen (vgl. S. 79). Zur Gewinnung primärer Diamine ist die Phtalimidkaliummethode die bequemste (s. S. 81).[3]

2. *Aus den Nitrilen mehrbasischer Säuren* durch Reduktion, die meist mit Natrium und absolutem Alkohol ausgeführt wird[4] (s. S. 74). Auch die Oxime[5] oder Hydrazone[6] von Dialdehyden oder Diketonen lassen sich zu Diaminen reduzieren (s. S. 77. Vgl. jedoch die Reduktion von Glukosazon S. 294).

3. *Aus den Amiden der Dicarbonsäuren* mit Brom und Kalilauge (s. S. 89).[7]

Für *aromatische Diamine und Triamine* kommt als allgemeine Methode hauptsächlich die Reduktion der entsprechenden Nitroverbindungen in Betracht (s. S. 75). Außerdem entstehen gewisse Diamidoverbindungen durch die sogenannte Benzidin- und Semidinumlagerung aus Hydrazobenzolen. Auch diese Reaktion ist bereits früher (S. 87) besprochen worden.

Durch Kohlenstoffverkettung. Für die Amidoverbindungen der Diphenylmethan- und Triphenylmethanreihe, die als Grund-

[1] Grignard, C. r. **134**, 849; **135**, 627.
[2] Kraut, A. **212**, 254. — Hofmann, B. **6**, 308.
[3] Gabriel, Weiner, B. **21**, 2670.
[4] Ladenburg, B. **18**, 2957; **19**, 780.
[5] Ciamician, Zanetti, B. **22**, 1968. 3178. — Angeli, B. **23**, 1358.
[6] Tafel, Neugebauer, Günter, B. **22**, 1858; **23**, 1545; **28**, 382.
[7] Breukeleveen, Rec. **13**, 34.

körper wichtiger Farbstoffe (Bittermandelölgrün, Fuchsin u. s. w.) von besonderem Interesse sind, ist noch folgende spezielle Bildungsweise wertvoll. Halogenverbindungen mit aliphatisch gebundenem Halogen sowie aromatische Aldehyde und Ketone kondensieren sich leicht mit aromatischen Monaminen und deren Substitutionsprodukten. So liefert Methylenjodid oder Formaldehyd mit Dimethylanilin *Tetramethyldiamidodiphenylmethan*[1]

$$CH_2O \text{ (oder } CH_2J_2) + 2\,C_6H_5N(CH_3)_2 = CH_2{<}\begin{matrix}C_6H_4N(CH_3)_2\\ C_6H_4N(CH_3)_2\end{matrix} + H_2O \text{ (oder } 2\,HJ)$$

und ebenso Benzaldehyd (oder Benzalchlorid) mit Dimethylanilin *Tetramethyldiamidotriphenylmethan* (*Leukomalachitgrün*)[2]

$$C_6H_5\cdot CHO + 2\,C_6H_5N(CH_3)_2 = C_6H_5\cdot CH{<}\begin{matrix}C_6H_4N(CH_3)_2\\ C_6H_4N(CH_3)_2\end{matrix} + H_2O\,.$$

Die Kondensation geht häufig schon beim einfachen Erhitzen, sonst unter Zusatz von Zinkstaub (für Halogenverbindungen)[3] oder wasserentziehenden Mitteln (für Aldehyde und Ketone) wie Schwefelsäure, Chlorzink, Oxalsäure u. s. w. vor sich.[4]

Die Kondensation greift stets in die p-Stellung zur Amidogruppe ein.

b) Aminoalkohole. 1. *Aus Alkylenoxyden.* Die Alkylenoxyde addieren beim Behandeln mit wäßrigem Ammoniak NH_3 und liefern so Oxalkylamine, z. B. gibt Äthylenoxyd *Oxäthylamin*[5]

$$\begin{matrix}CH_2\\ |\\ CH_2\end{matrix}{>}O + NH_3 = \begin{matrix}CH_2OH\\ |\\ CH_2NH_2\end{matrix}\,.$$

Auch hier entstehen primäre, sekundäre und tertiäre Basen nebeneinander, die durch Destillation unter vermindertem Druck getrennt werden müssen.[6]

Aus Glycid entsteht nach dieser Reaktion das *1-Amino-2.3-Dioxypropan*[7]

$$\begin{matrix}CH_2OH\\ |\\ CH\\ |\\ CH_2\end{matrix}\!\!{>}O + NH_3 = \begin{matrix}CH_2OH\\ |\\ CHOH\\ |\\ CH_2\cdot NH_2\end{matrix}\,.$$

---

1 Cohn, Chem. Ztg. **24**, 564. — Pinnow. B. **27**, 3165. — Biehringer, J. pr. [2] **54**, 240.

2 O. Fischer, A. **206**, 122. B. **15**, 676. — G. 301.

3 Boettinger, B. **12**, 975.

4 Nencki, M. **9**, 1148. — Fischer, B. **15**, 676. — G. 301.

5 Knorr, B. **32**, 729. — Würtz, A. **121**, 228.

6 Knorr, B. **30**, 909. 7 Knorr, B. **32**, 752.

Ein Analogon zu dieser Umsetzung bietet die Addition von Ammoniak an Aldehyde, die ja ebenfalls als Anhydride zweiwertiger Alkohole aufzufassen sind (s. S. 147). Hiernach entstehen natürlich Aminoalkohole, in denen Amino- und Hydroxylgruppe am gleichen Kohlenstoffatom stehen, die sogenannten Aldehydammoniake

$$CH_3\cdot CH{=}O + NH_3 = CH_3\cdot CH{<}^{OH}_{NH_2} .$$

Zu bemerken ist, daß die Ketone (und Säuren), trotzdem sie ebenfalls Anhydride mehrwertiger Alkohole darstellen, keine Ammoniakadditionsprodukte liefern.

Die Addition von Ammoniak an die Aldehyde erfolgt außerordentlich leicht bei gewöhnlicher Temperatur. Man arbeitet am besten in absolut ätherischer Lösung, weil dann die Aldehydammoniake sofort kristallinisch abgeschieden werden.[1]

2. *Aus halogensubstituierten Alkoholen* erhält man ganz analog Aminoalkohole, z. B. aus den Halogenhydrinen (s. S. 58 u. 63) durch Behandeln mit Ammoniak, wobei primäre, sekundäre und tertiäre Basen nebeneinander entstehen (vgl. S. 78).[2]

3. *Aus Dihalogenverbindungen.* Am bequemsten erhält man die primären Oxalkylamine nach einer Modifikation der Phtalimidkaliummethode (vgl. S. 81), indem man Dihalogenverbindungen (Alkylenbromide), z. B. Trimethylenbromid, mit der nur zum Ersatz eines Halogenatoms genügenden Menge Phtalimidkalium umsetzt

$$Br\cdot CH_2CH_2CH_2\cdot Br + KN{<}^{CO}_{CO}{>}C_6H_4$$
$$= Br\cdot CH_2CH_2CH_2\cdot N{<}^{CO}_{CO}{>}C_6H_4 + KBr .$$

Erhitzt man die so entstehende Verbindung mit Schwefelsäure auf 200—230°, so wird gleichzeitig Phtalsäure abgespalten und das Halogen durch Hydroxyl ersetzt. So entsteht *γ-Aminopropylalkohol*[3]

$$Br\cdot CH_2CH_2CH_2\cdot N{<}^{CO}_{CO}{>}C_6H_4 + 3\,H_2O$$
$$= OH\cdot CH_2CH_2CH_2\cdot NH_2 + HBr + C_6H_4{<}^{COOH}_{COOH} .$$

4. *Aus den Oximen und Hydrazonen der Oxyketone und Oxaldehyde* kann man Aminoalkohole durch Reduktion erhalten,

[1] G. 138. [2] Würtz, A. **121**, 228. — Claus, A. **168**, 36.
[3] Gabriel, Weiner, B. **21**, 2672.
[4] Piloty, Ruff, B. **30**, 1665. 2061.

z. B. das *2-Amino-1.3-Dioxypropan* aus dem Oxim des Dioxyacetons[4]

$$\begin{array}{l}CH_2OH\\ |\\ C{=}NOH\\ |\\ CH_2OH\end{array} + 2H_2 = \begin{array}{l}CH_2OH\\ |\\ CH\cdot NH_2\\ |\\ CH_2OH\end{array} + H_2O\,.$$

Besonders zu bemerken ist hierbei, daß gewisse Dihydrazone von Polyoxyketoaldehyden, die sogenannten Osazone (s. S. 294) bei der Reduktion Monaminopolyoxyketone liefern, indem nur das Aldehydhydrazon reduziert wird, das Ketohydrazon dagegen einfach Phenylhydrazin abspaltet und die Ketogruppe regeneriert. So entsteht aus dem Glukosazon das *Isoglukosamin*

$$\begin{array}{l}CH{=}N\cdot NHC_6H_5\\ |\\ C{=}N\cdot NHC_6H_5\\ |\\ CHOH\\ |\\ CHOH\\ |\\ CHOH\\ |\\ CH_2OH\end{array} + H_2O + 2H_2 = \begin{array}{l}CH_2\cdot NH_2\\ |\\ C{=}O\\ |\\ CHOH\\ |\\ CHOH\\ |\\ CHOH\\ |\\ CH_2OH\end{array} + NH_2\cdot C_6H_5 + NH_2\cdot NHC_6H_5\,.$$

5. *Durch Reduktion der Nitrophenylalkohole* entstehen Aminoalkohole mit aromatisch gebundener Amidogruppe.

Auch hier sind die Derivate des Triphenylmethans, d. h. die Aminotriphenylcarbinole für die Chemie der Farbstoffe von ganz besonderer Wichtigkeit. Ihre Bildung verläuft ganz analog der oben besprochenen für die Aminotriphenylmethane (s. S. 252).

So entsteht aus Benzotrichlorid und Dimethylanilin *Tetramethyldiaminotriphenylcarbinol*, die Base des Malachitgrüns.[1] Da sich nämlich nach den gewöhnlichen Methoden nicht gleichzeitig alle vier Affinitäten eines Kohlenstoffatoms durch Phenylgruppen ersetzen lassen (s. S. 34), werden im Benzotrichlorid nur zwei Chloratome gegen Phenylreste, das dritte aber durch einfache Verseifung gegen eine Hydroxylgruppe ausgetauscht

$$C_6H_5\cdot CCl_3 + 2C_6H_5N(CH_3)_2 + H_2O$$
$$= \left[C_6H_5\cdot CCl{<}{\begin{array}{l}C_6H_4N(CH_3)_2\\ C_6H_4N(CH_3)_2\end{array}} + 2HCl + H_2O =\right]$$
$$C_6H_5\cdot C(OH){<}{\begin{array}{l}C_6H_4N(CH_3)_2\\ C_6H_4N(CH_3)_2\end{array}} + 3HCl\,.$$

Ähnlich entsteht aus Tetramethyldiaminobenzophenon und Dimethylanilin *Hexamethyltriaminotriphenylcarbinol*, die Base des Kristallvioletts[2]

$$\begin{array}{l}(CH_3)_2N\cdot C_6H_4\\ (CH_3)_2N\cdot C_6H_4\end{array}{>}CO + H\cdot C_6H_4\cdot N(CH_3)_2 = \begin{array}{l}(CH_3)_2N\cdot C_6H_4\\ (CH_3)_2N\cdot C_6H_4\end{array}{>}C{<}\begin{array}{l}OH\\ C_6H_4N(CH_3)_2\end{array}\,.$$

[1] DÖBNER, A. **217**, 250. [2] G. 309.

Gewöhnlich stellt man jedoch erst die Derivate des Triphenylmethans (die Leukobasen) selbst dar (s. S. 252) und oxydiert diese zum Carbinol. Bei der technischen Darstellung der Rosanilinfarbstoffe wird sogar in einer Operation zuerst ein Toluolderivat zum Benzaldehyd oxydiert, dann mit anderen Aminen zum Triphenylmethanderivat kondensiert und schließlich zum Carbinol oxydiert. Die Oxydation des Triphenylmethanderivats zum Carbinol läßt sich meist sehr leicht in kalter wäßriger Lösung durch verschiedene Oxydationsmittel, wie Bleisuperoxyd u. a. bewirken.[1]

Es möge hier auch erwähnt werden, daß bei der Salzbildung dieser Triphenylcarbinolaminbasen gleichzeitig eine Wasserabspaltung eintritt und daß man diesen Salzen, den eigentlichen Farbstoffen, eine chinonartige („chinoïde") Struktur zuerteilt.[2]

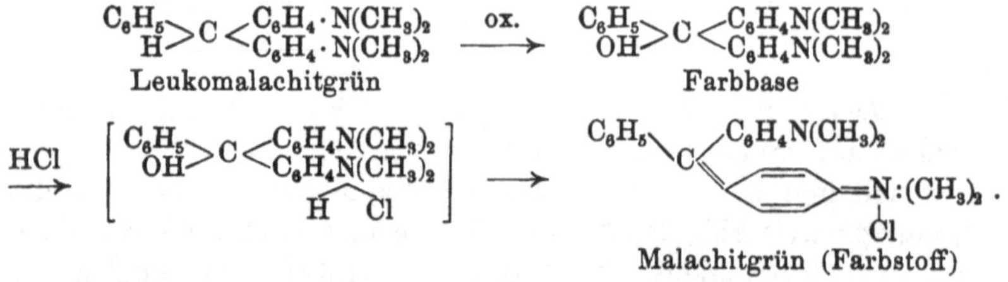

II. Mehrwertige Phenole.

Auch für die mehrwertigen Phenole gelten im allgemeinen dieselben Bildungsweisen, die für die einwertigen angegeben worden sind.

1. *Aus Aminoverbindungen.* Namentlich werden mehrwertige Phenole dargestellt aus den Aminophenolen[3] über die Diazoverbindungen (s. S. 126).

Diese Reaktion scheint jedoch nur dann glatt zu verlaufen, wenn Amido- und Hydroxylgruppe in m-Stellung zueinander stehen.[4] In den anderen Fällen verwendet man besser die Äther der Aminophenole und spaltet die entstehenden Phenoläther nachher durch Erhitzen mit Salzsäure auf 160°. Der gleichzeitige Austausch mehrerer Amidogruppen am selben Kern durch Diazotierung

[1] G. 301. [2] Hantzsch, Osswald, B. **33**, 278.
[3] Bantlin, B. **11**, 2101. — Wallach, B. **15**, 2835.
[4] Knecht, A. **215**, 92.

macht meist Schwierigkeiten (s. S. 127). Dagegen entstehen Di- und Triphenole aus derartigen mehrwertigen Aminen, wenn auch teilweise nur in schlechter Ausbeute, durch einfaches Erhitzen mit Salzsäure[1] (vgl. S. 127). Die Diamino- und Triaminodiphenylmethane und -triphenylmethane lassen sich durch Diazotierung glatt in die entsprechenden Oxyverbindungen (Leukobenzeïne und Leukaurine oder Leukorosolsäuren) überführen.[2]

2. *Aus Sulfosäuren.* Mehrwertige Phenole entstehen ferner aus den entsprechenden mehrwertigen Benzolsulfosäuren[3] oder auch Phenolsulfosäuren[4] (s. S. 125). Wie an der angegebenen Stelle bereits erwähnt wurde, kann man, entgegen dem allgemeinen Verhalten aromatischer Halogenverbindungen, in den Halogenphenolen und Halogenbenzolsulfosäuren[5] durch Schmelzen mit Kalihydrat auch die Halogenatome durch Hydroxylgruppen ersetzen.[6] Zu erwähnen ist noch, daß bei der Kalischmelze zuweilen Umlagerungen vorkommen. So entsteht z. B. das *m-Diphenol (Resorcin)* auf diesem Wege nicht nur aus m-, sondern auch aus o- und p-Verbindungen.[7] Die Konstitution analoger Verbindungen läßt sich also aus einer derartigen Bildungsweise allein nicht mit Sicherheit folgern. Die gleichfalls schon früher erwähnte Oxydationswirkung der Alkalischmelzen kann auch zur Darstellung von mehrwertigen Phenolen dienen. So entsteht *Oxyhydrochinon* (*1.2.4-Trioxybenzol*) am besten durch Schmelzen von Hydrochinon (1.4-Dioxybenzol) mit Natron[8]

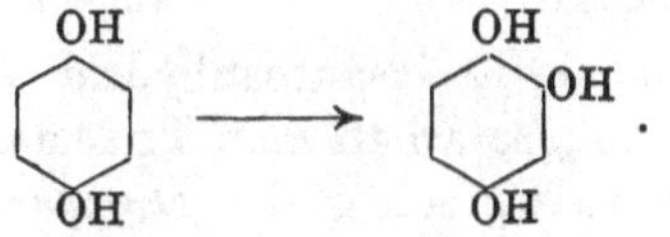

Aus Polyoxybenzolcarbonsäuren kann man durch Kohlensäureabspaltung die zu Grunde liegenden mehrwertigen Phenole[9] erhalten (s. S. 129).

3. *Durch Reduktion der Chinone.* Der Reduktion der Ketone zu sekundären Alkoholen entspricht in der aromatischen Reihe

[1] Hepp, A. **215**, 349. — Flesch, M. **18**, 757. — J. Meyer, B. **30**, 2568.
[2] O. Fischer, A. **206**, 153. [3] Degener, J. pr. [2] **20**, 313.
[4] Erdmann, A. **247**, 356. [5] Petersen, Baehr, A. **157**, 136.
[6] Degener, J. pr. [2] **20**, 310. D. R. P. 76597.
[7] Fittig, Mager, B. **7**, 1175; **8**, 365. — Barth, Senhofer, B. **8**, 1483.
[8] Barth, Schreder, M. **5**, 590; B. **12**, 417. 503.
[9] Strecker, A. **118**, 285.

scheinbar die Reduktion der Chinone, doch ist diese hier naturgemäß nur für zweiwertige Phenole als Darstellungsweise anwendbar und nur für p-Diphenole von größerer Wichtigkeit. p-Benzochinon, Naphtochinon, Anthrachinon und ähnliche Verbindungen lassen sich gut zu den entsprechenden *Hydrochinonen* reduzieren[1]

$$O{=}C_6H_4{=}O + 2H = OH \cdot C_6H_4 \cdot OH .$$

Die Reduktion der Chinone läßt sich durch schweflige Säure oder auch durch Zinkstaub und Alkali bewirken. Zur Darstellung des Hydrochinons isoliert man gewöhnlich nicht erst das Chinon, sondern reduziert die rohe chinonhaltige Oxydationsflüssigkeit.[2]

Zu beachten ist, daß bei der Reduktion der Chinone zu Diphenolen Änderungen der Kohlenstoffbindungen im Ring stattfinden, wodurch sich der scheinbare Widerspruch erklärt, daß hier durch Reduktion ketonartiger Verbindungen nicht sekundäre (vgl. S. 124), sondern tertiäre Hydroxylgruppen entstehen. Während sich das p-Diphenol von einem intakten Benzolring ableitet, ist das Chinon ein Derivat des Dihydrobenzols

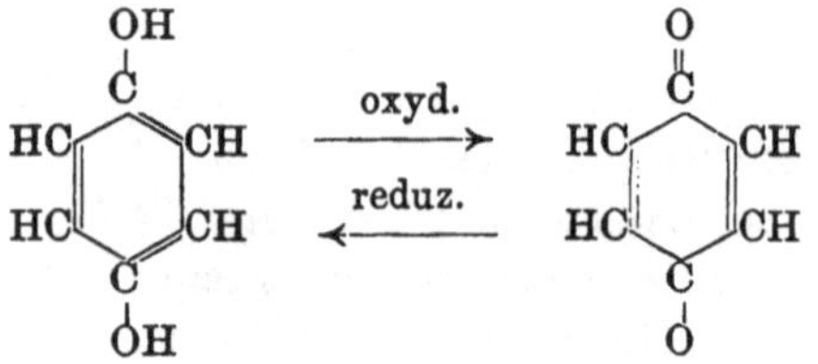

p-Diphenol Chinon

Läßt man auf Chinone Essigsäureanhydrid bei Gegenwart von Schwefelsäure einwirken, so erhält man Triacetate von Triphenolen, aus dem gewöhnlichen Chinon z. B. *Oxyhydrochinontriacetat* und aus diesem durch Verseifung *Oxyhydrochinon*[3]

4. *Durch Kohlenstoffverkettung.* Die Phenolderivate des Diphenylmethans und Triphenylmethans entstehen ganz ebenso wie die entsprechenden Aminoderivate (s. S. 253) durch Kondensation von Halogenverbindungen, Aldehyden oder Ketonen mit Monophenolen. So entsteht aus Benzaldehyd und Phenol *Dioxytriphenylmethan* (*Leukobenzeïn*)[4]

$$C_6H_5 \cdot CHO + 2C_6H_5OH = C_6H_5 \cdot CH{<}{}^{C_6H_4OH}_{C_6H_4OH} + H_2O .$$

[1] Nietzki, A. **215**, 127; B. **19**, 1468.
[2] Nietzki, A. **215**, 127. — G. 230.
[3] Thiele, B. **31**, 1247. — D. R. P. 101607.
[4] Russanow, B. **22**, 1944.

Anhang.

a) **Phenolalkohole.** Auch die Bildungsweisen von Phenolalkoholen, d. h. von Verbindungen, welche gleichzeitig am aromatischen Kern und in einer aliphatischen Seitenkette Hydroxylgruppen enthalten, verstehen sich aus den bei den Phenolen einerseits und Alkoholen andrerseits gemachten Angaben größtenteils von selbst. Als besonders häufig anwendbar kommen hier in Betracht: die Reduktion aromatischer Oxyaldehyde, Oxysäuren und Oxyketone[1] und die Diazotierung von Amidosubstitutionsprodukten aromatischer Alkohole.

Durch Kohlenstoffverkettung. Zu diesen Verallgemeinerungen früher besprochener Darstellungsweisen kommt noch eine Reaktion, die speziell zu Phenolalkoholen führt und für Oxybenzylalkohole eine ziemlich allgemein verwertbare wahre Synthese darstellt.

Läßt man auf Phenole Formaldehyd bei Gegenwart von Natronlauge oder anderer Kondensationsmittel einwirken, so tritt die Carbinolgruppe in o- oder p-Stellung zum Hydroxyl in den aromatischen Kern ein, z. B. liefert Phenol nebeneinander *o-Oxybenzylalkohol* (*Saligenin*, *Salicylalkohol*) und *p-Oxybenzylalkohol*

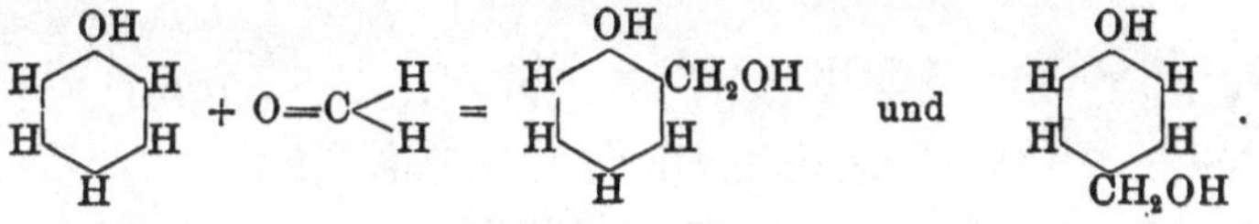

Man kann auch annehmen, daß der Formaldehyd in der alkalischen Lösung als Hydrat oder Orthoaldehyd $CH_2<{OH \atop OH}$ reagiert. Die Umsetzung stellt dann eine einfache Kondensation dar[2]

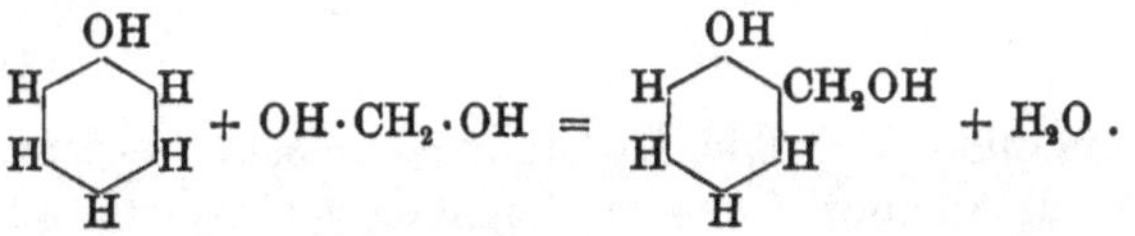

Man löst das Phenol in etwas mehr als einem Molekül verdünnter Natronlauge und läßt mit einem Molekül 40%iger Form-

[1] Biedermann, B. **19**, 2374. — Beilstein, Reineke, A. **128**, 179. — Tiemann, B. **8**, 1125; **9**, 415; **19**, 359. — Schotten, B. **11**, 784. — Belden, J. pr. [2] **15**, 165. — Hutchinson, B. **24**, 173.

[2] Manasse, B. **27**, 2411; **35**, 3844. — Lederer, J. pr. [2] **50**, 225.

aldehydlösung stehen, bis der Formaldehydgeruch verschwunden ist. Dann wird mit Essigsäure angesäuert und das Reaktionsprodukt durch Ausäthern isoliert.

Auch Methylenchlorid CH_2Cl_2 liefert mit Phenol und Natronlauge o-Oxybenzylalkohol.[1] Diese Synthese von Oxybenzylalkoholen wäre das vollkommene Analogon zu den wichtigen Synthesen der Oxyaldehyde und Oxysäuren von Reimer, doch ist über ihre weitere Anwendbarkeit nichts bekannt.[2]

Ebenso gibt Chlormethylalkohol (Formaldehyd bei Gegenwart konzentrierter Salzsäure) mit den verschiedensten Phenolderivaten p-Oxyphenylalkohole.[3]

Die Phenolderivate des Diphenylcarbinols und Triphenylcarbinols, die Benzeïne und Aurine oder Rosolsäuren entstehen durch Kondensation von Halogenverbindungen mit Monophenolen, genau ebenso wie die entsprechenden Amidoverbindungen (s. S. 255). So entsteht aus Benzotrichlorid und Phenol *p-Dioxytriphenylcarbinol*[4]

$$C_6H_5\cdot CCl_3 + 2\,C_6H_5OH + H_2O = C_6H_5\cdot C(OH)<{C_6H_4OH \atop C_6H_4OH} + 3\,HCl$$

und aus p-Dioxybenzophenonchlorid und Phenol *p-Trioxytriphenylcarbinol*[5]

$${OH\cdot C_6H_4 \atop OH\cdot C_6H_4}>CCl_2 + C_6H_5OH + H_2O = \left[{OH\cdot C_6H_4 \atop OH\cdot C_6H_4}>C<{OH \atop C_6H_4OH}\right] + 3\,HCl\,.$$

Die Trioxytriphenylcarbinole sind nur in Form ihrer Salze bekannt. Setzt man sie aus den Salzen in Freiheit, so spalten sie, ähnlich wie die analogen Aminoverbindungen bei der Salzbildung, Wasser ab und gehen in „chinoïde" Verbindungen, die *Aurine* oder *Rosolsäuren*, über (vgl. S. 256)

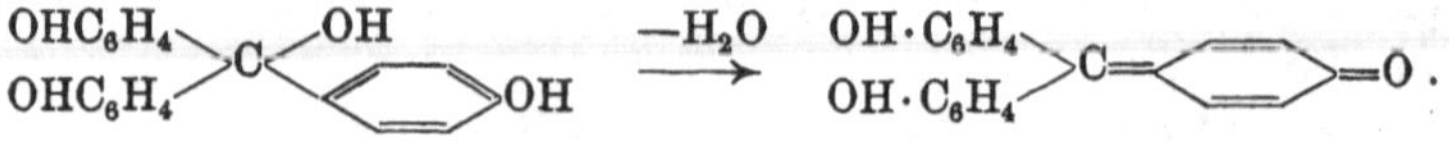

Aurin (Pararosolsäure)

b) **Amidophenole.** Die Darstellungsweisen für Amidophenole verstehen sich aus den früheren Angaben von selbst. Je nachdem die Amidogruppe aromatisch oder aliphatisch gebunden ist, entsteht sie entweder durch Reduktion einer Nitrogruppe oder durch Austausch eines Halogens u. s. w.

---

[1] Greene, C. r. **90**, 40. [2] Siehe Liebmann, B. **14**, 1842.
[3] Eichengrün, C. **1902** II, 894. [4] Döbner, A. **217**, 223.
[5] Caro, Graebe, B. **11**, 1350.

III. Mehrwertige Aldehyde.

Mehrwertige Aldehyde sind bisher nur in verhältnismäßig geringer Anzahl bekannt. Sie entstehen in der aliphatischen Reihe durch vorsichtige Oxydation der entsprechenden mehrwertigen Alkohole (s. S. 149) oder auch anderer organischer Verbindungen, doch kann man von einer allgemeinen Darstellungsweise kaum sprechen. Aromatische mehrwertige Aldehyde entstehen entweder durch Oxydation der entsprechenden Methylderivate des Benzols (s. S. 150) oder aus den entsprechenden Chloriden (s. S. 153).

So erhält man die drei *Phtalaldehyde* aus den drei Xylolen entweder direkt, indem man diese in konzentrierter Schwefelsäure und Essigsäureanhydrid löst und mit Chromsäure oxydiert oder indem man sie zunächst chloriert und dann die entstandenen Xylylentetrachloride mit Wasser erhitzt[1]

$$\text{I.}\quad C_6H_4{<}{\substack{CH_3\\CH_3}} + 4\,O = C_6H_4{<}{\substack{CHO\\CHO}} + 2\,H_2O\,,$$

$$\text{II.}\quad C_6H_4{<}{\substack{CH_3\\CH_3}} + 8\,Cl = C_6H_4{<}{\substack{CHCl_2\\CHCl_2}} + 4\,HCl\,,$$

$$C_6H_4{<}{\substack{CHCl_2\\CHCl_2}} + 2\,H_2O = C_6H_4{<}{\substack{CHO\\CHO}} + 4\,HCl\,.$$

IV. Aldehydalkohole, Oxyaldehyde.

Da die Oxyaldehyde zugleich Alkohol- und Aldehydcharakter haben, gehen die meisten ihrer Bildungsweisen insofern aus den früher besprochenen allgemeinen Methoden hervor, als man entweder in das Molekül eines Aldehyds eine Hydroxylgruppe einführt oder umgekehrt von einem Alkohol ausgeht und hier die Bildung einer Aldehydgruppe nach irgend einer der hierfür brauchbaren Arbeitsweisen bewirkt.

1. *Aus Halogenverbindungen.* Oxyaldehyde mit aliphatischer Hydroxylgruppe können aus Halogensubstitutionsprodukten der einfachen Aldehyde durch Austausch des Halogens gegen die Hydroxylgruppe nach der gewöhnlichen Darstellungsweise für Alkohole (s. S. 113 ff.) erhalten werden. So entsteht aus Brom-

[1] Thiele, Winter, A. **311**, 361. — D. R. P. 121788. — Westenberger, B. **16**, 2995. — Colson, Gautier, A. ch. [6] **11**, 26; Bl. **45**, 508.

acetaldehyd der sogenannte *Glykolylaldehyd* beim Behandeln mit kaltem Barytwasser

$$\begin{array}{l}CH_2Br\\|\\CHO\end{array} + baOH = \begin{array}{l}CH_2OH\\|\\CHO\end{array} + baBr\,.$$

Von größerer Bedeutung ist die Methode schon deshalb nicht, weil die nötigen Halogenverbindungen nicht leicht genug zugänglich sind.

2. *Aus mehrwertigen Alkoholen durch Oxydation.* Ebenso wie man einfache Aldehyde durch Oxydation primärer Alkohole erhält (s. S. 148), kann man Oxyaldehyde darstellen, indem man in mehrwertigen Alkoholen die primären Alkoholgruppen oxydiert. Hier jedoch wie dort besitzt die Methode eine nur sehr beschränkte Anwendbarkeit, weil die Oxydation sehr leicht weiter geht. Dazu kommt hier noch, daß etwa vorhandene sekundäre Alkoholgruppen ebenfalls der Oxydation zu Ketogruppen anheimfallen können, so daß gewöhnlich nebeneinander Oxyaldehyde und Oxyketone entstehen. So ist die bei der Oxydation von Glycerin mit Salpetersäure oder Brom entstehende sogenannte Glycerose ein Gemisch von *Dioxypropionaldehyd* (*Glycerinaldehyd*) und *Dioxyaceton*[1]

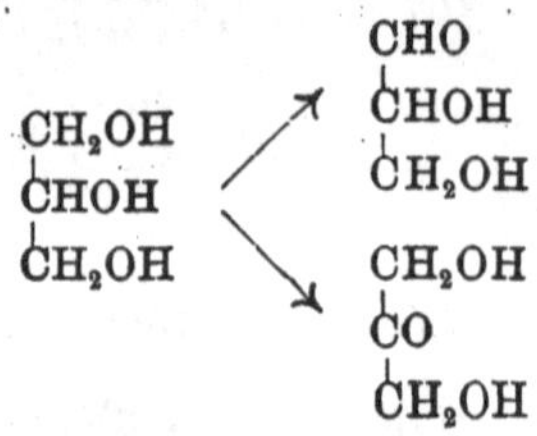

Ebenso entstehen aus Mannit durch gemäßigte Oxydation mit Salpetersäure nebeneinander *Mannose* und *Fructose*[2]

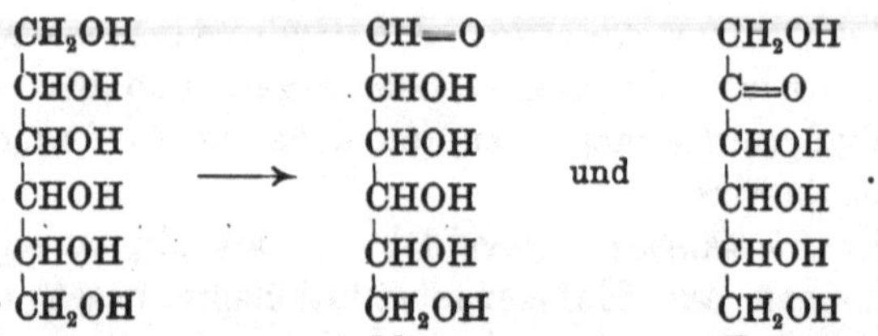

Mannose Fructose

(S. die Tafel S. 265.)

Außerdem können auch durch einfache Oxydation einer pri-

[1] E. Fischer, Tafel, B. **22**, 106. — E. Fischer, B. **23**, 387.

[2] E. Fischer, B. **20**, 831. — E. Fischer, Hirschberger, B. **21**, 1805. B. **22**, 365.

mären Alkoholgruppe zur Aldehydgruppe aus ein und demselben mehrwertigen Alkohol zwei verschiedene Polyoxyaldehyde nebeneinander entstehen. Wenn nämlich z. B. bei einem sechswertigen Alkohol die sterische Konfiguration der vier mittelständigen sekundären Alkoholgruppen unsymmetrisch ist, so ist es nicht gleichgültig, welche der beiden endständigen primären Alkoholgruppen oxydiert wird, und es können hierdurch zwei stereoisomere Polyoxyaldehyde entstehen. So entsprechen dem d-Sorbit zwei Aldehydzucker, nämlich die *d-Glukose* und die *d-Gulose* (vgl. S. 248)

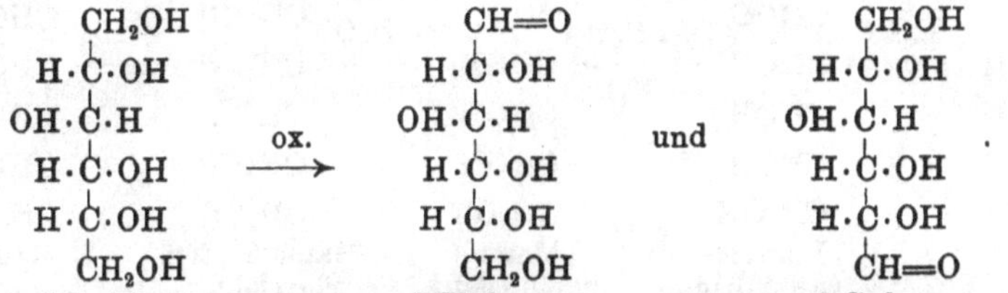

d-Sorbit d-Glukose d-Gulose

Natürlich wird die Gewinnung einer einheitlichen Substanz durch die Verschiedenheit der entstehenden Produkte häufig sehr erschwert, wenn nicht unmöglich gemacht.

Trotzdem war diese Methode für den künstlichen Aufbau der Zuckerarten von Bedeutung, weil sie, wie schon früher (S. 249) erwähnt, den Übergang von dem synthetisch zugänglichen Fruchtzucker (Fructose) zu den Aldehydzuckern, z. B. zur *Mannose* vermittelt, der allerdings bequemer nach der folgenden Methode gelingt.

Als Oxydationsmittel für derartige gemäßigte Oxydationen dient, wie schon erwähnt, meist kalte verdünnte Salpetersäure oder Brom und Sodalösung[1] oder auch Wasserstoffsuperoxyd bei Gegenwart von etwas Ferrosulfat.[2]

3. *Fischersche Synthese von Aldosen (Aldehydzuckern).* Ungleich wichtiger als die bisher erwähnten Methoden ist die von Emil Fischer aufgefundene Methode zur Darstellung von Polyoxyaldehyden durch Reduktion der Laktone von Polyoxycarbonsäuren gleicher Kohlenstoffzahl, die für den Aufbau und die Erkenntnis der Zuckerarten von weitgehender Bedeutung wurde. Da man aus jedem Aldehydzucker (Polyoxyaldehyd), wie

[1] E. Fischer, B. **27**, 2486. — E. Fischer, Hirschberger, B. **22**, 365.
[2] Fenton, Jackson, C. **98** II, 1011.

noch an anderer Stelle (s. S. 347) besprochen werden wird, durch Addition von Cyanwasserstoff und darauf folgende Verseifung leicht zu der um ein Kohlenstoffatom reicheren Polyoxycarbonsäure und deren Lakton gelangen kann, so ermöglicht diese Methode ganz allgemein kohlenstoffreichere Aldehydzucker Schritt für Schritt aus einfacheren aufzubauen. So erhält man z. B. aus der Mannose $C_6H_{12}O_6$ die *Mannoheptose* $C_7H_{14}O_7$

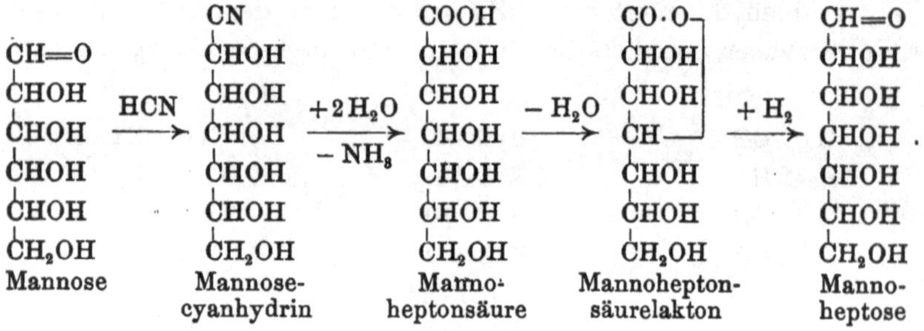

Durch Wiederholung derselben Reihe von Reaktionen gelangt man dann von der Mannoheptose $C_7H_{14}O_7$ schrittweise weiter zur *Mannooktose* $C_8H_{16}O_8$, *Mannononose* $C_9H_{18}O_9$ u. s. w.[1]

An dieser Stelle ist nur der letzte Vorgang dieser Umwandlungsreihe, nämlich die Reduktion des Polyoxycarbonsäurelaktons zum Polyoxyaldehyd, zu besprechen. Die Reduktion beruht auf einer Addition von zwei Atomen Wasserstoff unter gleichzeitiger Sprengung des Laktonringes. So entsteht aus dem Lakton der Glukonsäure die *Glukose* und in analoger Weise die übrigen Aldehydzucker

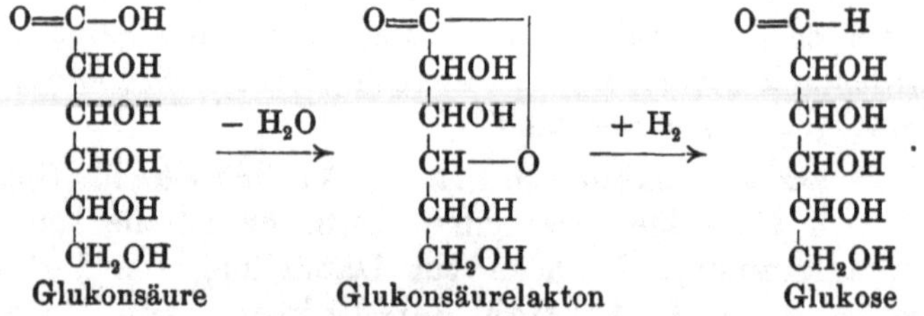

Diese Reaktion ist von ganz besonders großem Interesse, weil sie den Schlußstein bildet für den vollkommenen Aufbau einer der wichtigsten natürlich vorkommenden Verbindungen, des Traubenzuckers (vgl. die Tafel S. 265).

[1] E. Fischer, A. **270**, 64; **288**, 139. — Smith, A. **272**, 182.

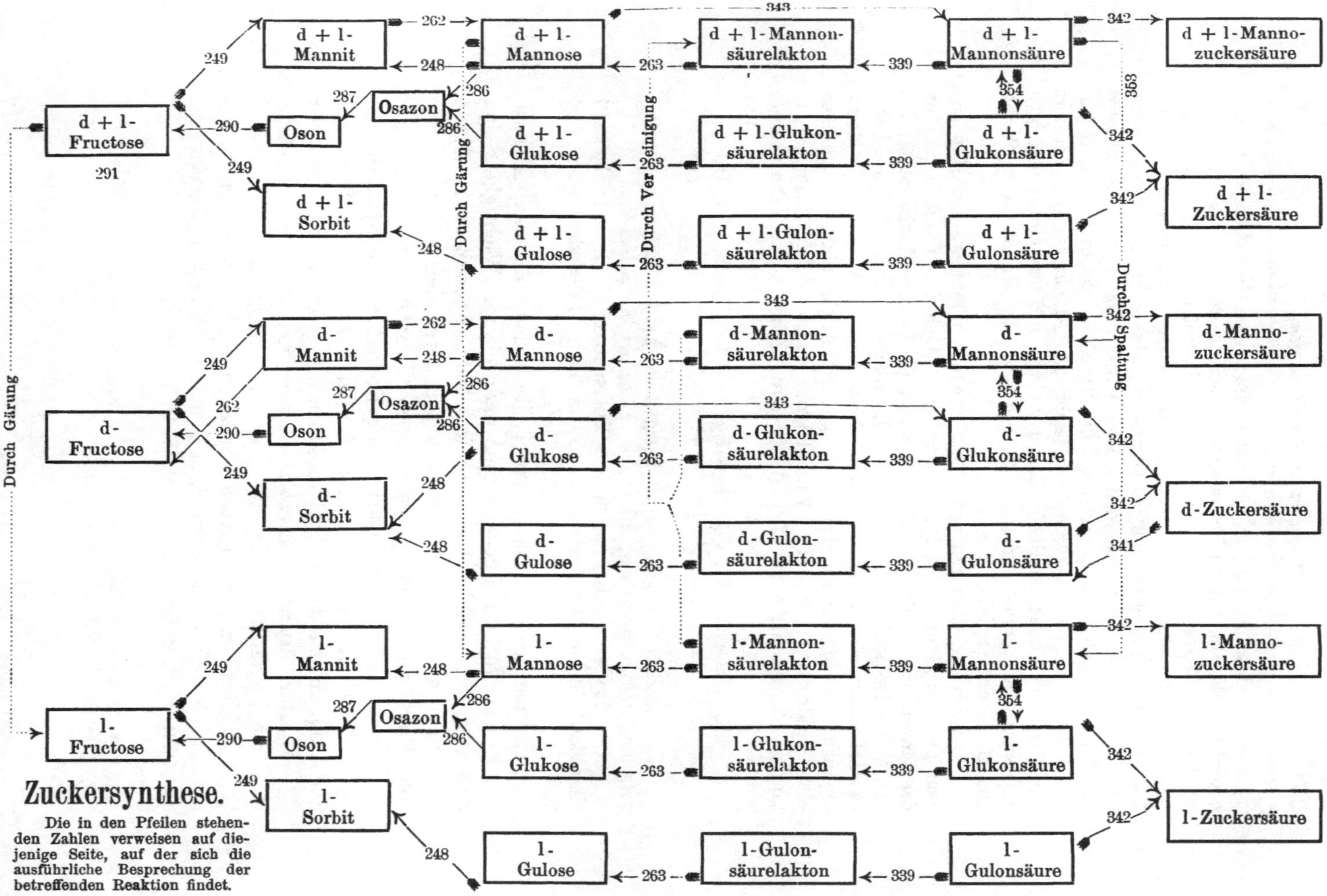

Zuckersynthese.

Die in den Pfeilen stehenden Zahlen verweisen auf diejenige Seite, auf der sich die ausführliche Besprechung der betreffenden Reaktion findet.

Die Reduktion wird durch Natriumamalgam in wäßriger Lösung bewirkt. Es ist notwendig, während der ganzen Operation durch wiederholten Zusatz kleiner Mengen von Schwefelsäure die Flüssigkeit schwach sauer zu halten, da sonst das entstehende freie Alkali das Lakton zur Polyoxysäure aufspaltet und letztere nicht in gleicher Weise wie das Lakton reduziert wird. Bei Anwendung eines Überschusses von Natriumamalgam geht außerdem die Reduktion leicht weiter, indem die Aldehydgruppe außerordentlich leicht zur Alkoholgruppe reduziert wird und man dann an Stelle der gesuchten Aldosen die zugehörigen mehrwertigen Alkohole erhält (s. S. 248), so aus Glukonsäure *Sorbit*, aus Mannonsäure *Mannit* u. s. w.[1]

Bei den einfachen Aldehyden war schon erwähnt worden, daß aus dem gleichen Grunde die Darstellung von Aldehyden durch Reduktion der Säuren nur in wenigen Fällen gelingt (S. 151). Überhaupt scheint die Anwendbarkeit der Methode auf die Zuckergruppe, d. h. auf Polyoxycarbonsäuren beschränkt zu sein, denn auch die Laktone von Monooxycarbonsäuren werden durch das gleiche Mittel nicht im gleichen Sinne reduziert. So wird Valerolakton durch Natriumamalgam in saurer Lösung nicht zu Oxyvaleraldehyd, sondern zu Valeriansäure reduziert

$$\underbrace{CH_3\cdot CH{-}CH_2\cdot CH_2\cdot CO}_{O} \quad + H_2 \longrightarrow \quad CH_3\cdot CH_2\cdot CH_2\cdot CH_2\cdot CO\cdot OH .$$

In alkalischer Lösung wird dagegen das Lakton einfach zur γ-Oxyvaleriansäure aufgespalten, diese aber nicht weiter reduziert.

Die Isolierung der in freiem Zustande nur schwierig kristallisierenden Zuckerarten erfolgt in Form ihrer Phenylhydrazone (vgl. S. 97).

Hierher gehören noch zwei Methoden, die als Abbaumethoden für die Zuckergruppe dadurch von Wichtigkeit sind, daß sie erlauben, Aldohexosen in Aldopentosen überzuführen, d. h. niedrigere Polyoxyaldehyde aus höheren darzustellen. Diese von Wohl und Ruff aufgefundenen Umsetzungen haben nicht nur für die Konstitutionsaufklärung Bedeutung, sondern sie vermitteln auch in Verbindung mit den E. Fischerschen Synthesen der Aldohexosen den indirekten künstlichen Aufbau der Pentosen.

4. *Aus Oxynitrilen durch Abspaltung von Blausäure.* Erwärmt man die Pentacetylnitrile, die aus den Oximen der Aldohexosen beim Erhitzen mit Essigsäureanhydrid und Natriumacetat (durch normale Nitrilbildung nach S. 263 und gleichzeitige Veresterung der fünf Hydroxylgruppen nach S. 213) entstehen[2]

[1] E. Fischer, B. **22**, 2204; **23**, 371. 804. 932. — L.-C. 993.

[2] Wohl, B. **26**, 730; **32**, 3666.

$$\begin{array}{l} \mathrm{CH{=}NOH} \\ | \\ \mathrm{CHOH} \\ | \\ \mathrm{CHOH} \\ | \\ \mathrm{CHOH} \\ | \\ \mathrm{CHOH} \\ | \\ \mathrm{CH_2OH} \\ \text{Glukoseoxim} \end{array} + 6\,\begin{array}{l} \mathrm{CH_3 \cdot CO} \\ \mathrm{CH_3 \cdot CO} \end{array}\!\!>\mathrm{O} = \begin{array}{l} \mathrm{CN} \\ | \\ \mathrm{CHOCOCH_3} \\ | \\ \mathrm{CHOCOCH_3} \\ | \\ \mathrm{CHOCOCH_3} \\ | \\ \mathrm{CHOCOCH_3} \\ | \\ \mathrm{CH_2OCOCH_3} \\ \text{Pentacetylglukon-} \\ \text{säurenitril} \end{array} + 7\,\mathrm{CH_3COOH}\,,$$

erst mit Alkali und dann mit Salzsäure, so wird erst Blausäure und dann die Acetylgruppen abgespalten und es entsteht eine Aldopentose, d. h. ein Polyoxyaldehyd, der ein Kohlenstoffatom weniger enthält, als der dem angewandten Oxim zu grunde liegende Polyoxyaldehyd. So entsteht aus Pentacetylglukonsäurenitril (und damit aus d-Glukose) *d-Arabinose*

$$\begin{array}{l} \mathrm{CN} \\ | \\ \mathrm{CHOCOCH_3} \\ | \\ \mathrm{CHOCOCH_3} \\ | \\ \mathrm{CHOCOCH_3} \\ | \\ \mathrm{CHOCOCH_3} \\ | \\ \mathrm{CH_2OCOCH_3} \end{array} + 5\,\mathrm{H_2O} = \begin{array}{l} \mathrm{CH{=}O} \\ | \\ \mathrm{CHOH} \\ | \\ \mathrm{CHOH} \\ | \\ \mathrm{CHOH} \\ | \\ \mathrm{CH_2OH} \end{array} + \mathrm{HCN} + 5\,\mathrm{CH_3 \cdot COOH}\,.$$

5. *Aus Oxysäuren durch Oxydation unter Kohlensäureabspaltung.* Zum gleichen Zwecke kann man auch die Polyoxysäuren, die aus den Aldohexosen durch Oxydation entstehen (s. S. 342), durch weitere Oxydation mit Wasserstoffsuperoxyd und Ferriacetat in Kohlensäure und die entsprechenden Aldopentosen spalten. So entsteht aus d-Glukonsäure (und damit gleichfalls aus d-Glukose) ebenfalls *d-Arabinose*[1]

$$\begin{array}{l} \mathrm{COOH} \\ | \\ \mathrm{CHOH} \\ | \\ \mathrm{CHOH} \\ | \\ \mathrm{CHOH} \\ | \\ \mathrm{CHOH} \\ | \\ \mathrm{CH_2OH} \end{array} + \mathrm{O} = \begin{array}{l} \mathrm{CH{=}O} \\ | \\ \mathrm{CHOH} \\ | \\ \mathrm{CHOH} \\ | \\ \mathrm{CHOH} \\ | \\ \mathrm{CH_2OH} \end{array} + \mathrm{CO_2} + \mathrm{H_2O}\,.$$

Diese Umwandlung entspricht der Bildung einfacher Aldehyde durch Oxydation von α-Oxysäuren (vgl. S. 148).

6. *Durch Aldolkondensation.* Eine direkte wahre Synthese für Aldehydalkohole beruht auf der sogenannten Aldolkondensation

[1] Ruff, B. **31**, 1573; **32**, 550. 3672.

der Aldehyde. Diese Reaktion ist bereits bei den einfachen Aldehyden (S. 159) ausführlich behandelt worden.

Dort wurde auch bereits erwähnt, daß die entstehenden β-Oxyaldehyde so leicht unter Wasserabspaltung in ungesättigte Aldehyde übergehen, daß es nur in Ausnahmefällen gelingt, die Methode wirklich zur Synthese von Oxyaldehyden zu verwerten.[1]

7. *Reimer-Tiemannsche Synthese.* Aromatische Aldehydalkohole sind kaum bekannt, wohl aber Phenolaldehyde. Dieselben können durch Oxydation der entsprechenden Phenolalkohole erhalten werden, wichtiger jedoch ist eine allgemeine kernsynthetische Methode, die von REIMER aufgefunden worden ist.

Läßt man Chloroform und Kalilauge auf Phenole einwirken, so greift das Chloroform unter Salzsäureabspaltung in den Benzolkern ein, indem sein Rest gleichzeitig in die Aldehydgruppe verwandelt wird. So entstehen aus Phenol *Salicylaldehyd* (*o-Oxybenzaldehyd*) und *p-Oxybenzaldehyd* nebeneinander.

$$C_6H_5OH + CHCl_3 + 3\,KOH = C_6H_4{<}^{OH}_{CHO} + 3\,KCl + 2\,H_2O\ .$$

Leichter verständlich wird die Umsetzung, wenn man sich dieselbe in zwei Phasen zerlegt denkt. Hiernach reagiert zunächst das Chloroform, indem eines seiner Chloratome mit einem Wasserstoff des Benzolkerns austritt und Oxybenzalchlorid entsteht

$$C_6H_5OH + CHCl_3 + KOH = C_6H_4{<}^{OH}_{CHCl_2} + KCl + H_2O\ .$$

Letzteres reagiert dann mit der überschüssigen Kalilauge in üblicher Weise, indem es die beiden Chloratome gegen Sauerstoff austauscht (vgl. S. 153)

$$C_6H_4{<}^{OH}_{CHCl_2} + 2\,KOH = C_6H_4{<}^{OH}_{CHO} + 2\,KCl + H_2O\ .$$

Der Eingriff des Chloroforms in den Benzolkern findet in o- oder p-Stellung zur vorhandenen Hydroxylgruppe statt, wie bei der ähnlichen Synthese von Phenolalkoholen (s. S. 259—260), so daß gewöhnlich o- und p-Oxyaldehyde nebeneinander entstehen[2], wenn nicht eine dieser beiden Stellungen anderweitig besetzt ist. So liefern sowohl o- als auch m-Kresol je zwei *Methyloxybenzaldehyde* (*Oxytolylaldehyde*), p-Kresol aber nur den *Methyl-p-Oxybenzaldehyd* (*p-Oxytolylaldehyd*)[3]

[1] WÜRTZ, C. r. **92**, 1438. — NEWBURY, ORNDORFF, M. **13**, 516. — BRAUCHBAR, FRANKE, M. **17**, 643. 672.

[2] REIMER, TIEMANN, B. **9**, 423. 824.

[3] TIEMANN, SCHOTTEN, B. **11**, 767.

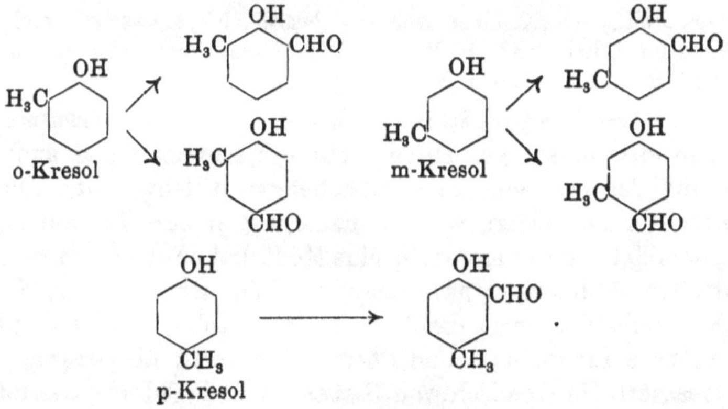

Die Synthese ist sehr allgemein verwendbar, liefert jedoch meist nur schlechte Ausbeute, weil verschiedene Nebenreaktionen störend wirken.[1] Trotzdem stellt sie eine wichtige Synthese dar, weil die Phenole ein sehr leicht in beliebiger Menge zu beschaffendes Ausgangsmaterial sind. Die Synthese läßt sich mit allen einwertigen und mehrwertigen Phenolen und Oxysäuren, sowie mit den Substitutionsprodukten dieser Verbindungen ausführen, jedoch, wie aus dem oben Gesagten schon hervorgeht, nur mit denjenigen, in denen eine o- oder p-Stellung zu einem Hydroxyl unbesetzt ist. Sowohl einwertige wie mehrwertige Phenole reagieren in angegebener Weise.[2] Auch in Oxyaldehyde kann man noch eine zweite Aldehydgruppe hineinbringen.[3] Da diese Reaktion besonders leicht eintritt, entstehen gewöhnlich schon bei der Einwirkung von Chloroform auf Phenole als Nebenprodukt Oxydialdehyde. Ja, sogar in Oxysäuren kann nach dieser Methode eine Aldehydgruppe eingeführt werden.[4] Mehr als zwei Aldehydgruppen scheinen jedoch nach diesem Verfahren nicht in den Kern einführbar zu sein.

Man arbeitet meist am besten so, daß man in eine etwa 60° heiße, ziemlich verdünnte Lösung des Phenols, welche etwa dreimal soviel Alkali enthält als nach der Berechnung notwendig wäre, allmählich einen ebenso großen Überschuß von Chloroform einträgt und schließlich bis zum Verschwinden des Chloroforms am Rückflußkühler kocht. Die erkaltete Flüssigkeit wird stark mit Schwefelsäure angesäuert und das Aldehydgemisch durch Ausäthern oder Abblasen isoliert und durch Überführung in die Natriumbisulfitverbindung gereinigt.

[1] Besonders bei solchen Phenolen, welche in o- oder p-Stellung methyliert sind, entstehen — zuweilen als Hauptprodukte — chlorhaltige Verbindungen, die sich als Chlorderivate cyklischer Ketone erwiesen (Auwers, B. **29**, 1109. — Auwers, Keil u. Winternitz, B. **35**, 465. 4207).

[2] Tiemann, Lewy, Parrisius, Müller, B. **10**, 2211; **13**, 2366; **14**, 1986 u. s. w.

[3] Voswinckel, B. **15**, 2022.

[4] Reimer, Tiemann, B. **9**, 1268; **10**, 1562 u. a.

Die gleichzeitig entstandenen Isomeren lassen sich entweder durch ihre verschiedene Löslichkeit in Wasser oder Chloroform oder durch ihre verschiedene Flüchtigkeit mit Wasserdämpfen trennen.[1]

8. *Gattermannsche Synthese.* Da die nach der REIMERschen Methode erhaltenen Ausbeuten recht schlecht sind und auch die Trennung der nebeneinander entstehenden Aldehyde und Dialdehyde recht mühevoll ist, wird in neuerer Zeit zur Gewinnung von p-Phenolaldehyden immer mehr eine Modifikation der GATTERMANN-KOCHschen Aldehydsynthese benutzt. Wie schon früher (S. 155) erwähnt, läßt sich zwar die Addition von Kohlenoxyd an aromatische Kerne auf Phenole und Phenoläther nicht übertragen, wohl aber reagiert ein Gemisch von Blausäure und Chlorwasserstoff in gewünschter Weise. Der theoretische Verlauf dieser interessanten und wichtigen Synthese ist an der angegebenen Stelle bereits besprochen worden. Es bleibt hier also nur noch übrig, die praktische Seite derselben zu betrachten. Vorausgeschickt möge werden, daß die Ausbeuten nach dieser Methode recht gute sind, und daß die Arbeit dadurch außerordentlich vereinfacht wird, daß meist nicht mehrere Produkte nebeneinander entstehen. Man erhält fast ausschließlich die p-Verbindungen, die auf diese Weise sehr gut zu gewinnen sind.[2]

Zur praktischen Ausführung der Synthese löst man gleiche Mengen des Phenols (oder Phenoläthers) und wasserfreier Blausäure in Benzol und trägt unter starker Kühlung die etwa anderthalbfache Menge feingepulverten Aluminiumchlorids ein. Dann leitet man durch die am Rückflußkühler auf etwa 40° erwärmte Masse mehrere Stunden lang einen Strom von Salzsäuregas. Schließlich gießt man dieselbe auf Eis, bläst Benzol und unverändertes Ausgangsmaterial mit Wasserdampf ab und isoliert aus dem Rückstand den Aldehyd in üblicher Weise.[3] Vielfach, namentlich bei mehrwertigen Phenolen kann man die Arbeitsweise sehr vereinfachen, indem man an Stelle des Aluminiumchlorids Chlorzink und an Stelle des Benzols Äther anwendet. Zuweilen ist auch gar kein Kondensationsmittel außer der Salzsäure notwendig.[4]

Die Methode ist vielfacher Anwendung fähig. Sie liefert mit allen ein- und mehrwertigen Phenolen und Naphtolen die entsprechenden Oxyaldehyde, z. B. entstehen aus den drei Triphenolen: Pyrogallol,

[1] G. 293.

[2] Über die Bildung von o-Verbindungen nach dieser Methode siehe ANSELMINO, B. **35**, 4099.

[3] GATTERMANN, BERCHELMANN, B. **31**, 1766.

[4] GATTERMANN, KÖBNER, B. **32**, 278. Über die geeignetste Arbeitsweise siehe daselbst S. 284.

Phloroglucin und Oxyhydrochinon die Trioxybenzaldehyde: *Pyrogallolaldehyd, Phloroglucinaldehyd* und *Oxyhydrochinonaldehyd.*

In ähnlicher Weise entstehen aromatische Oxyaldehyde (Aldoxime) aus Phenolen und Knallquecksilber (s. S. 156)[1], sowie durch Einwirkung von Formanilid auf mehrwertige Phenole bei Gegenwart von Phosphoroxychlorid.[2]

Anhang.

Aminoaldehyde. Aliphatische Aminoaldehyde sind bisher nur in sehr geringer Anzahl bekannt geworden. Die einzige Methode, die als allgemein anwendbar in Betracht kommt, ist der Ersatz von Halogen durch die Amidogruppe. Da jedoch die Aldehydgruppe selbst mit Ammoniak reagiert, setzt man nicht den Chloraldehyd selbst, sondern zunächst dessen Orthoäthyläther, das Chloracetal, mit Ammoniak um und spaltet das erhaltene Aminoacetal mit kalter konzentrierter Salzsäure. So wurde der *Aminoacetaldehyd* aus Chloracetal erhalten[3]

$$\underset{\text{Chloracetal}}{Cl\cdot CH_2\cdot CH{<}^{OC_2H_5}_{OC_2H_5}} + NH_3 = \underset{\text{Aminoacetal}}{NH_2\cdot CH_2\cdot CH{<}^{OC_2H_5}_{OC_2H_5}} + HCl\,,$$

$$NH_2\cdot CH_2\cdot CH{<}^{OC_2H_5}_{OC_2H_5} + H_2O = NH_2\cdot CH_2\cdot CH{=}O + 2\,C_2H_5OH\,.$$

Aromatische Aminoaldehyde entstehen durch Reduktion der Nitroaldehyde[4] oder aus ihren Oximen.[5]

V. Mehrwertige Ketone.

Die zur Darstellung einwertiger Ketone führenden Reaktionen lassen sich nur in einzelnen Fällen zur Gewinnung mehrwertiger Ketone verwenden. So wird die Oxydierbarkeit sekundärer Alkohole zu Ketonen wohl zuweilen benutzt, wenn die betreffende Hydroxylverbindung leicht zugänglich ist. Beispielsweise wird das aromatische Diketon *Benzil* aus dem Ketonalkohol Benzoïn am bequemsten erhalten[6]

$$C_6H_5\cdot CHOH\cdot CO\cdot C_6H_5 + O = C_6H_5CO\cdot CO\cdot C_6H_5 + H_2O\,.$$

---

[1] Scholl, Bertsch, B. **34**, 1441; **36**, 648. 650.

[2] Dimroth, Zoeppritz, B. **35**, 993.

[3] Marckwald, B. **25**, 2355; **27**, 3093.

[4] Friedländer, Göhring, B. **17**, 456. — Tiemann, Ludwig, B. **15**, 2044.

[5] Gabriel, B. **15**, 2004. — Gabriel, Herzberg, B. **16**, 1998. 2000.

[6] G. 262. — Zinin, A. **34**, 188. — Ponzio, Gaz. **31** I, 456.

Außerdem lassen sich Monoketone von der Konstitution $CH_3 \cdot CO \cdot CH_2 \cdot R$ zu *Diketonen* $CH_3 \cdot CO \cdot CO \cdot R$ oxydieren. Da diese Reaktion keine eigentliche Oxydation zu sein, sondern auf der intermediären Bildung von Isonitrosoketonen zu beruhen scheint, wird sie an anderer Stelle erwähnt (s. S. 276). Auch die sonst zur Ketongewinnung so wertvolle FRIEDEL-CRAFTSsche Synthese (s. S. 167) läßt sich nur in ganz vereinzelten Fällen[1], wenn der verwendete Kohlenwasserstoff mehrere Methylgruppen in m-Stellung enthält, zur Herstellung von mehrwertigen Ketonen verwenden.

1. *Acetessigestersynthese.* Die einzige, schon früher erwähnte Synthese, die ganz allgemein auch zu mehrwertigen Ketonen führt, ist die Acetessigestersynthese. Die Grundlagen dieser Synthese sind bei den einfachen Ketonen (S. 171) ausführlich erörtert worden. Dort (S. 173) wurde schon erwähnt, daß man in den Acetessigester sowohl Acidylgruppen (I) (vgl. S. 328) als auch die Reste der verschiedensten Ketone (II) einführen kann und daß man durch Ketonspaltung derartig substituierter Acetessigester im ersten Fall β-Diketone, im zweiten Fall γ-Diketone oder Diketone mit noch weiter auseinanderstehenden Ketogruppen erhalten kann. So entsteht aus Natracetessigester und Benzoylchlorid zunächst Benzoylacetessigester und bei der Spaltung *Benzoylaceton*[2]

$$\text{I. a)}\ CH_3 \cdot CO \cdot CHNaCOOC_2H_5 + C_6H_5COCl = CH_3 \cdot CO \cdot CH(CO \cdot C_6H_5) \cdot COOC_2H_5 + NaCl,$$

$$\text{b)}\ CH_3 \cdot CO \cdot CH(CO \cdot C_6H_5) \cdot COOC_2H_5 + H_2O = CH_3 \cdot CO \cdot CH_2 \cdot CO \cdot C_6H_5 + CO_2 + C_2H_5OH,$$

und aus Natracetessigester und Chloraceton Acetonylacetessigester und in zweiter Phase *Acetonylaceton*[3]

$$\text{II. a)}\ CH_3 \cdot CO \cdot CHNa \cdot COOC_2H_5 + ClCH_2 \cdot CO \cdot CH_3 = CH_3 \cdot CO \cdot CH(CH_2 \cdot CO \cdot CH_3) \cdot COOC_2H_5 + NaCl,$$

$$\text{b)}\ CH_3 \cdot CO \cdot CH(CH_2 \cdot CO \cdot CH_3) \cdot COOC_2H_5 + H_2O = CH_3 \cdot CO \cdot CH \cdot CH_2 \cdot CO \cdot CH_3 + CO_2 + C_2H_5OH.$$

Über die praktische Ausführung der Synthese gelten im allgemeinen völlig die Vorschriften, die schon bei der Darstellung einfacher Ketone besprochen worden sind. Nur bei der Einführung von Acidylgruppen

[1] V. MEYER, BAUM, PAVIA, B. **28**, 3213; **29**, 1413. 2564. — Siehe auch BÉHAL, AUGER, Bl. [3] **9**, 362. 697.

[2] E. FISCHER, KUZEL, BÜLOW, B. **16**, 2239; **18**, 2132. — CLAISEN, A. **291**, 65.

[3] PAAL, B. **18**, 59.

in den Acetessigester zur Gewinnung von β-Diketonen gelten besondere Regeln. Hier darf man der leichten Zersetzlichkeit der verwendeten Säurechloride wegen nicht ein Gemisch von Ester und Natriumäthylat anwenden, sondern muß den Natracetessigester erst als solchen isolieren, indem man metallisches Natrium auf eine Lösung des Acetessigesters in trockenem Äther, Ligroïn oder Benzol einwirken läßt.[1] In einigen Fällen ist sogar die Anwendung der Kupferverbindung des Acetessigesters erforderlich.[2]

Die Einführung zweier Acidylgruppen (vgl. S. 328) in die CH_2-Gruppe des Acetessigesters gelingt jedoch nicht ebenso wie diejenige zweier Alkylreste, vielmehr tritt die zweite Acidylgruppe an den Sauerstoff, d. h. das Natriumsalz des einmal acidylierten Acetessigesters reagiert nach der Enolform[3]

$$\underset{\displaystyleONa\ COC_6H_5}{CH_3\cdot C{=}C{-}COOC_2H_5} + Cl\cdot CO\cdot C_6H_5 = \underset{\displaystyleOCO\cdot C_6H_5\ COC_6H_5}{CH_3\cdot C{=\!=}C{-}COOC_2H_5}.$$

Die Vorschriften zur Verseifung des erhaltenen substituierten Acetessigesters sind für die verschiedenen Fälle so verschieden, daß sich über dieselben nichts Allgemeines sagen läßt.[4]

Genau ebenso wie die einfachen β-Ketosäureester verhalten sich die β-Diketodicarbonsäureester. Dieselben entstehen durch eine Abart der Acetessigestersynthese, die an anderer Stelle (s. S. 309) behandelt werden wird. Sie zerfallen bei normaler „Ketonspaltung" in γ-Diketone und Kohlendioxyd. So liefert der Diacetbernsteinsäureester beim Stehen mit 3%iger Natronlauge bei gewöhnlicher Temperatur in guter Ausbeute *Acetonylaceton*[5]

$$\begin{matrix} CH_3\cdot CO\cdot CH\cdot COOC_2H_5 \\ CH_3\cdot CO\cdot CH\cdot COOC_2H_5 \end{matrix} + 2H_2O = \begin{matrix} CH_3\cdot CO\cdot CH_2 \\ CH_3\cdot CO\cdot CH_2 \end{matrix} + 2CO_2 + 2C_2H_5OH.$$

Außer der Acetessigestersynthese kommen für die verschiedenen Arten von mehrwertigen Ketonen noch folgende Synthesen in Betracht.

2. *Synthese von α-Diketonen.* α-Diketone lassen sich naturgemäß durch die einfache Acetessigestersynthese nicht gewinnen. Sie entstehen jedoch allgemein auf folgende Weise. Läßt man

---

[1] Wislicenus, A. **186**, 216; **242**, 24. — S. auch Bouveault, Bongert, Bl. [3] **27**, 1038—1055.

[2] Conrad, Guthzeit, B. **19**, 20.

[3] Claisen, A. **277**, 205. 206; **291**, 47. 65. 110; B. **33**, 1244.

[4] Fischer, Bülow, B. **18**, 2132. — Fischer, Kuzel, B. **16**, 2239. — Gevekoht, B. **15**, 2085. — Baeyer, Perkin, B. **16**, 2134. — Paal, B. **18**, 59; B. **16**, 2867. — Kapf, Paal, B. **21**, 3053. — Knorr, B. **22**, 168.

[5] Knorr, B. **22**, 168. 2100.

salpetrige Säure auf Monoketone, welche der CO-Gruppe benachbart eine CH_3- oder CH_2-Gruppe enthalten, einwirken, so tritt in letztere eine Isonitrosogruppe ein. Aceton liefert *Isonitrosoaceton*[1], Diäthylketon: *Isonitrosodiäthylketon* u. s. w.[2]

$$\text{I.}\quad CH_3\cdot CO\cdot CH_3 + O{:}NOH = CH_3\cdot CO\cdot CH{=}NOH + H_2O\,,$$

$$\text{II.}\quad CH_3\cdot CH_2\cdot CO\cdot CH_2\cdot CH_3 + O{:}NOH = CH_3\cdot CH_2\cdot CO\cdot C({=}NOH)\cdot CH_3 + H_2O\,.$$

Nun erweisen sich die Isonitrosoverbindungen als identisch mit den Oximidoverbindungen oder Oximen, deren naher Zusammenhang mit den Aldehyden und Ketonen schon früher (S. 98 u. 157) erwähnt wurde, und zwar sind die hier entstandenen Isonitrosoketone, je nachdem die NOH-Gruppe in eine endständige (I) oder mittelständige (II) Gruppe eingetreten ist, identisch mit den Monoximen von Aldehydketonen oder von Diketonen. Von ersteren wird weiter unten die Rede sein. Letztere werden durch verdünnte Säuren leicht unter Bildung von α-Diketonen und Hydroxylamin gespalten, indem die Isonitrosogruppe durch Sauerstoff ersetzt wird. Das vorher als Beispiel benutzte Isonitrosodiäthylketon liefert dabei *Acetylpropionyl*[3]

$$CH_3\cdot CH_2\cdot CO\cdot C({=}NOH)\cdot CH_3 + H_2O = CH_3\cdot CH_2\cdot CO\cdot CO\cdot CH_3 + NH_2OH\,.$$

Die Isonitrosoketone von der gewünschten Konstitution können sowohl durch die direkte Einwirkung von Stickstofftrioxyd auf die Ketone[4], als auch aus den Ketonen mit Amylnitrit bei Gegenwart eines Kondensationsmittels dargestellt werden

$$CH_3\cdot CH_2\cdot CO\cdot CH_2\cdot CH_3 + C_5H_{11}O\cdot N{=}O = CH_3\cdot CH_2\cdot CO\cdot C({=}NOH)\cdot CH_3 + C_5H_{11}OH\,.$$

Als Kondensationsmittel hat sich für letztere Reaktion in einigen Fällen Salzsäure[5], in anderen Natriumäthylat als wirksam erwiesen.[6] Am praktischsten arbeitet man gewöhnlich in absolut ätherischer Lösung. Ist die CO-Gruppe des ursprünglichen Ketons einerseits mit einer CH_3-Gruppe, andrerseits mit einer CH_2-Gruppe verbunden, wie z. B. im Methyläthylketon und überhaupt den Ketonen von der allgemeinen Formel $CH_3\cdot CO\cdot CH_2\cdot R$, so tritt die Isonitrosogruppe in die CH_2-, nicht in die CH_3-Gruppe.[7] Es entsteht also das Monoxim des

[1] Claisen, B. **20**, 252. [2] Claisen, Manasse, B. **22**, 528.
[3] Manasse, B. **21**, 2177.
[4] Sandmeyer, B. **20**, 639. — Claisen, ibid. 252.
[5] Claisen, Manasse, B. **22**, 528.
[6] Claisen, Manasse, B. **20**, 2194. — Oddo, B. **28**, 1915.
[7] Fileti, Ponzio, Gaz. **24** II, 290. — Kalischer, B. **28**, 1513.

Diketons, nicht des Ketoaldehyds. In diesen Fällen, sowie bei allen symmetrischen Ketonen erhält man nur eine Isonitrosoverbindung, die sich leicht isolieren läßt. Komplizierter gestalten sich die Verhältnisse dagegen bei asymmetrischen Ketonen, in denen die CO-Gruppe zwischen zwei CH_2-Gruppen steht, weil hier stets die beiden möglichen Isonitrosoketone nebeneinander entstehen und nur schwierig voneinander getrennt werden können, so aus Äthylpropylketon die Monoxime des *Acetylbutyryls* und des *Dipropionyls*

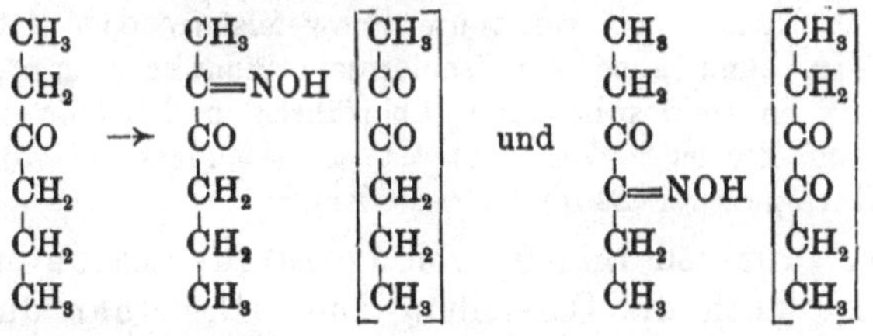

In vielen Fällen stellt man daher die Isonitrosoketone praktischer auf folgende Weise dar:

Läßt man auf die monoalkylierten Acetessigester salpetrige Säure einwirken, so entstehen Isonitrosoketone, indem gleichzeitig in einer Reaktion der Acetessigester nitrosiert, verseift, in CO_2- und Nitrosoketon gespalten und letzteres in die Isonitrosoverbindung umgelagert wird

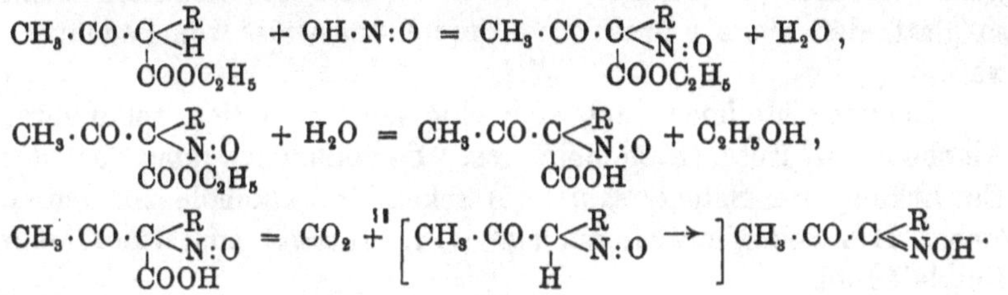

So entsteht aus Propylacetessigester wiederum das Monoxim des *Acetylbutyryls* [1]

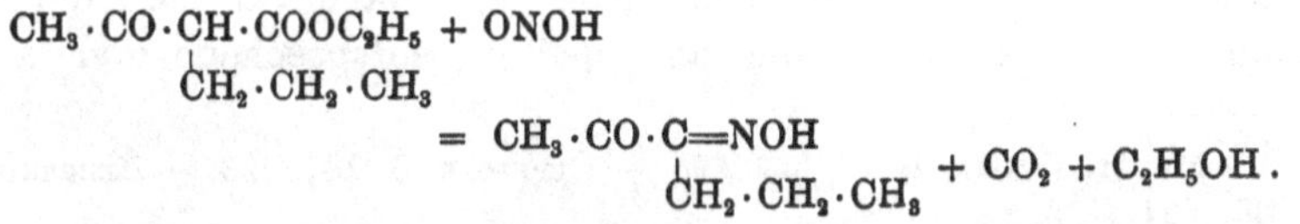

Man verfährt bei dieser Darstellung der Isonitrosoketone so, daß man den zu verarbeitenden alkylierten Acetessigester mit einem Molekül Kaliumhydrat in Wasser löst, ein Molekül Natriumnitrit zusetzt und

[1] Treadwell, B. 14, 2159.

durch Ansäuern mit Schwefelsäure unter Kühlung allmählich die salpetrige Säure freimacht. Dann macht man wieder alkalisch, entfernt den unverändert gebliebenen Acetessigester durch Ausschütteln mit Äther, säuert schließlich wiederum an und isoliert nun das Isonitrosoketon durch abermaliges Ausäthern.[1] Dialkylierte Acetessigester reagieren nicht mit salpetriger Säure.[2]

Die Isonitrosoketone oder Monoxime der Diketone werden leicht unter Bildung der letzteren gespalten. Die Spaltung wird am einfachsten durch Kochen mit verdünnter Schwefelsäure oder Natronlauge bewirkt.[3] Man kann auch die Isonitrosoverbindungen zunächst mit Natriumbisulfit in Imidosulfosäuren überführen und letztere mit verdünnten Säuren kochen.[4] Zuweilen ist es besonders vorteilhaft, die Spaltung mit salpetriger Säure zu bewirken.[5]

Auf der primären Bildung von Isonitrosoketonen beruht wahrscheinlich auch die Darstellung von Diketonen durch Behandlung der Monoketone mit Salpetersäure, d. h. scheinbar durch direkte Oxydation z. B. von *Acetylpropionyl* aus Diäthylketon

$$CH_3 \cdot CH_2 \cdot CO \cdot CH_2 \cdot CH_3 + O_2 = CH_3 \cdot CO \cdot CO \cdot CH_2 \cdot CH_3 + H_2O,$$

denn es finden hier ganz die gleichen Verhältnisse statt, die schon bei der Darstellung der Isonitrosoketone aus den verschiedenen symmetrischen und asymmetrischen Monoketonen erwähnt wurden (s. S. 274). Übrigens verläuft die Reaktion nicht so glatt, daß sie als praktische Darstellungsweise von Bedeutung wäre.[6]

Letztere Methode läßt sich mit der Oxydation sekundärer Alkohole zu Ketonen kombinieren. So entstehen auch bei der Einwirkung von Salpetersäure auf sekundäre Alkohole α-Diketone (neben Dinitrokohlenwasserstoffen), z. B. *Diacetyl* aus sekundärem Butylalkohol.[7]

α-Diketone kann man ferner anscheinend ganz allgemein aus $\alpha\beta$-ungesättigten Ketonen darstellen, die ja nach der PERKINschen Synthese ganz leicht zugänglich sind. Man lagert an die Doppelbindung zwei Atome Brom an, spaltet, entsprechend der all-

[1] MEYER, ZÜBLIN, B. **11**, 323. 695. — CERESOLE, B. **15**, 1326. — BERGREEN, B. **20**, 531.
[2] V. MEYER, CERESOLE, B. **15**, 3069.
[3] PECHMANN, B. **20**, 3213; **21**, 1411; **22**, 2119; **24**, 3954.
[4] PECHMANN, B. **20**, 3162.
[5] CLAISEN, MANASSE, B. **21**, 2177; **22**, 532.
[6] FILETI u. PONZIO, Gaz. **27**, I, 255; **28** II, 262.
[7] PONZIO, Gaz. **31** I, 401.

gemeinen Olefinbildung, mit alkoholischer Kalilauge ein Molekül Bromwasserstoff ab, substituiert das übrigbleibende Bromatom durch Behandeln mit Kaliumacetat durch den Rest der Essigsäure und verseift das entstandene Acetat mit zehnprozentiger Schwefelsäure. Der freiwerdende ungesättigte Ketonalkohol (Enolketon) lagert sich sofort in das α-Diketon um (s. S. 123). So entsteht z. B. aus Mesityloxyd *Acetylisobutyril* und aus Äthylidenaceton *Acetylpropionyl*[1]

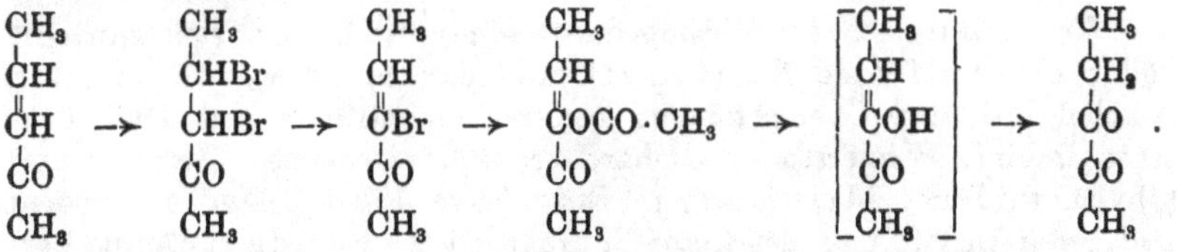

3. *Synthese von β-Diketonen.* β-Diketone bilden sich allgemein bei der Einwirkung von Estern aliphatischer oder aromatischer Säuren auf Monoketone, welche der CO-Gruppe benachbart eine CH_3- oder CH_2-Gruppe enthalten, und zwar bei Gegenwart von Natriumalkoholat. Scheinbar verläuft diese Reaktion als eine einfache Alkoholabspaltung z. B. aus Benzoesäureäthylester und Aceton (oder Essigsäureester und Acetophenon) zu *Benzoylaceton*[2]

$$C_6H_5\cdot CO\cdot OC_2H_5 + CH_3\cdot CO\cdot CH_3 = C_6H_5\cdot CO\cdot CH_2\cdot CO\cdot CH_3 + C_2H_5OH\,.$$

In Wirklichkeit verläuft die Reaktion jedoch nicht ganz so einfach. Es sind zur Erklärung derselben verschiedene Theorien aufgestellt worden, von denen die folgende von Claisen angegebene jetzt allgemein als die wahrscheinlichste angenommen ist. Hiernach addiert der Säureester zunächst ein Molekül Natriumäthylat und bildet ein Estersalz der hypothetischen Orthosäure (s. S. 137)

$$C_6H_5\cdot C\Big\langle\begin{array}{l}O\\OC_2H_5\end{array} + NaOC_2H_5 = C_6H_5\cdot C\begin{array}{l}\diagup ONa\\ - OC_2H_5\\ \diagdown OC_2H_5\end{array}.$$

Diese Natriumverbindung reagiert dann mit dem Keton unter Austritt zweier Moleküle Alkohol. Es bildet sich hierbei die Natriumverbindung eines ungesättigten Oxyketons

$$C_6H_5\cdot C\begin{array}{l}\diagup ONa\\ - OC_2H_5\\ \diagdown OC_2H_5\end{array} + CH_3\cdot CO\cdot CH_3 = C_6H_5\cdot C\Big\langle\begin{array}{l}ONa\\CH\cdot CO\cdot CH_3\end{array} + 2\,C_2H_5OH\,,$$

[1] Pauly, Lieck, Berg, B. **33**, 500; **34**, 2092.

[2] Claisen, Beyer, B. **20**, 655. 2180.

welche Konstitution wahrscheinlich dem Natriumbenzoylaceton wirklich zukommt, obwohl manche Reaktionen desselben dagegen sprechen (s. weiter unten S. 279 Anm.). Setzt man nun eine Säure zu, so wird intermediär das ungesättigte Oxyketon in Freiheit gesetzt, dasselbe lagert sich aber sofort in das isomere gesättigte β-Diketon um (vgl. S. 123)

$$C_6H_5\cdot C{<}^{OH}_{CH\cdot CO\cdot CH_3} \longrightarrow C_6H_5\cdot CO{-}CH_2{-}CO{-}CH_3\,.$$

Zur praktischen Ausführung der Synthese stellt man sich zunächst völlig alkoholfreies Natriumäthylat dar, indem man Natrium in Alkohol löst, den Überschuß des letzteren abdestilliert und den Rückstand in einer Wasserstoffatmosphäre bei 200° trocknet. Das Natriumäthylat wird mit überschüssigem Ester (etwa $1^1/_2$—2 Mol) übergossen und unter Eiskühlung das Keton hinzugegeben. Es tritt zunächst Verflüssigung ein, sehr bald erstarrt aber die ganze Masse zu einem Brei von der Natriumverbindung des Diketons. Man saugt dieselbe ab, wäscht sie mit Äther aus, löst in möglichst wenig Wasser und setzt durch Essigsäure das Diketon in Freiheit.[1]

Die Ausbeuten sind meist recht gut, wenigstens bei den Estern aliphatischer Säuren. So entsteht z. B. *Benzoylaceton* viel besser aus Essigester und Acetophenon, als aus Benzoesäureester und Aceton. Die Reaktion scheint einer ziemlich weiten Verallgemeinerung fähig zu sein, jedoch immer nur unter der schon oben erwähnten Bedingung, daß nämlich das verarbeitete Keton eine CH_3- oder CH_2-Gruppe benachbart der Ketogruppe enthält (vgl. S. 178). Andrerseits kann man z. B. unter Anwendung von Estern zweibasischer Säuren auch Tetraketone darstellen, z. B. aus Oxalsäureester und Aceton das sogenannte *Oxalyldiaceton*[2]

$$\begin{array}{l}COOC_2H_5\\ |\\ COOC_2H_5\end{array} + 2\,CH_3\cdot CO\cdot CH_3 + \begin{array}{l}CO\cdot CH_2\cdot CO\cdot CH_3\\ |\\ CO\cdot CH_2\cdot CO\cdot CH_3\end{array} + 2\,C_2H_5OH\,.$$

4. *Alkylierung von β-Diketonen.* Höhere β-Diketone gewisser Art lassen sich noch dadurch erhalten, daß man in die niedrigeren β-Diketone Alkylgruppen einführen kann. Schon früher (S. 170) war erwähnt worden, daß in denjenigen Verbindungen, welche die Atomgruppierung —CO—CH_2—CO— enthalten, d. i. in den β-Diketonen, in der zwischen den CO-Gruppen stehenden CH_2-Gruppe ein Wasserstoffatom durch Natrium und dieses weiterhin beim Behandeln mit Alkyljodiden durch aliphatische Alkylgruppen er-

[1] Claisen, Beyer, B. **20**, 2180.
[2] Claisen, Stylos, B. **21**, 1142.

setzt werden kann. So entsteht aus dem Acetylaceton zunächst dessen Natriumverbindung[1]

$$CH_3\cdot CO\cdot CH_2\cdot CO\cdot CH_3 + Na = CH_3\cdot CO\cdot CHNa\cdot CO\cdot CH_3$$

und aus dieser z. B. mit Jodäthyl *Äthylacetylaceton*[2]

$$CH_3\cdot CO\cdot CHNa\cdot CO\cdot CH_3 + JC_2H_5 = CH_3\cdot CO\cdot \underset{\displaystyle C_2H_5}{\underset{|}{CH}}\cdot CO\cdot CH_3 .$$

Theoretisch und praktisch gleicht diese Reaktion der früher besprochenen Alkylierung des Acetessigesters (s. S. 172). Auch hier läßt sich nach Einführung der ersten Alkylgruppe das zweite Wasserstoffatom in gleicher Weise durch einen beliebigen anderen Alkylrest ersetzen.[3] Naturgemäß kann man nach dieser Synthese nur solche höheren Diketone erhalten, welche in der zwischen den CO-Gruppen stehenden CH_2-Gruppe alkyliert sind.

Mit gutem Erfolge läßt sich übrigens nur das Acetylaceton alkylieren, dies aber mit den verschiedensten Jodalkylen. Benzoylaceton ist zwar auch alkylierbar, aber mit wesentlich schlechteren Ausbeuten.[4]

Verwendet man an Stelle der gewöhnlichen Halogenalkyle halogensubstituierte Ketone oder Säurechloride, so kann man die Synthese noch weiter variieren, doch sind für diese Modifikation noch nicht viele Beispiele bekannt. Es entstehen so:

a) *Diketone* aus Monoketonen der Konstitution $X\cdot CO\cdot CH_2$—  (vgl. S. 170) mit (Säurechloriden? oder) Halogenketonen und Natriumäthylat, z. B. *Bidesyl* aus Desoxybenzoïn und Desylbromid[5]

---

[1] Bei der Synthese der β-Diketone war erwähnt worden, daß man nach der bei dieser stattfindenden Reaktion für die Natriumverbindungen der β-Diketone eine andere Konstitution, nämlich für Acetylaceton z. B. $CH_3\cdot C(ONa){=}CH\cdot CO\cdot CH_3$ annimmt. Die hier besprochene Reaktion, bei der zweifellos die Alkylgruppe an den Kohlenstoff der CH_2-Gruppe tritt, macht die Konstitution $CH_3\cdot CO\cdot CHNa\cdot CO\cdot CH_3$ wahrscheinlicher. Diesen Widerspruch versucht man dadurch zu lösen, daß man eine außerordentlich leichte Umwandelbarkeit der einen in die andere Form oder einen anderen Verlauf der Alkylierung annimmt. (Siehe S. 327.)

[2] Combes, A. ch. [6] **12**, 247. [3] Combes, Bl. [3] **7**, 783.

[4] Combes, C. r. **104**, 920; **105**, 870. — Claisen, Lowman, B. **21**, 1151.

[5] Knoevenagel, B. **21**, 1357. — S. auch Knoevenagel, Chalanay, B. **25**, 289.

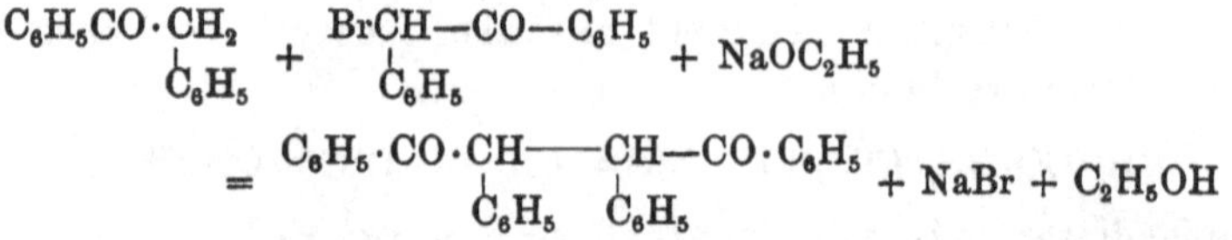

Dieselben Ketone liefern bei der Kondensation mit Aldehyden 1.5-Diketone. So entsteht aus Benzaldehyd und Desoxybenzoïn *Benzamaron* (*Benzalbisdesoxybenzoïn*)[1]

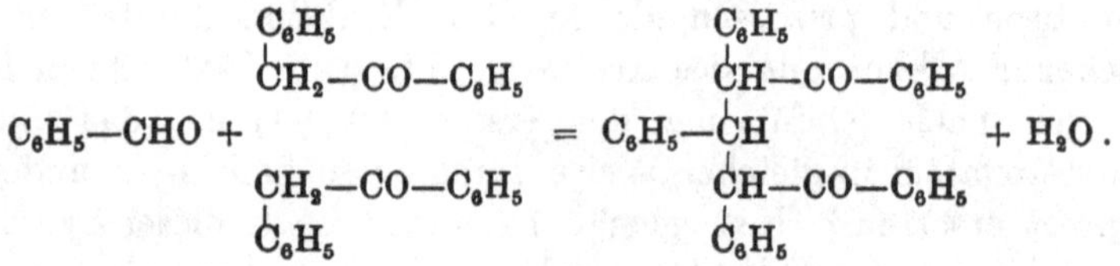

Diese Reaktion zerfällt wahrscheinlich stets in zwei Phasen. Zuerst liefert Benzaldehyd mit Desoxybenzoïn *Benzaldesoxybenzoïn* (vgl. S. 178)

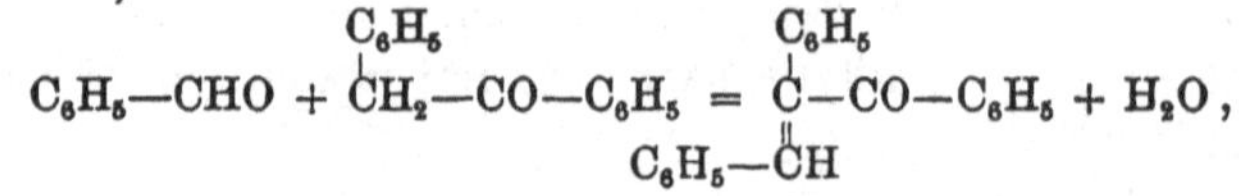

und an die Doppelbindung dieses Körpers addiert sich dann bei Gegenwart von Natriumäthylat oder von tertiären Aminen ein zweites Molekül Keton

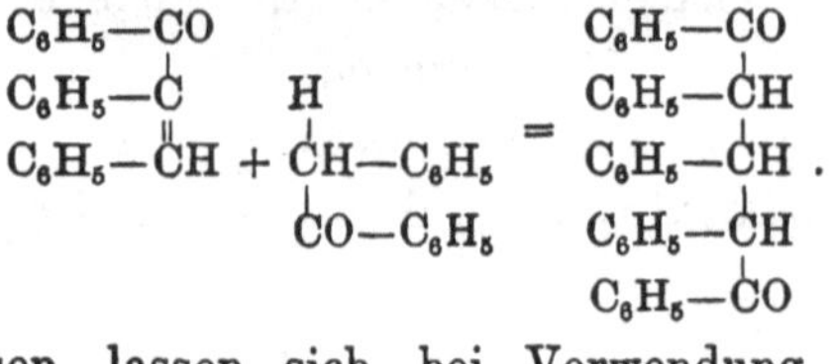

Infolgedessen lassen sich bei Verwendung eines anderen Ketone in der zweiten Phase auch unsymmetrische 1.5-Diketone erhalten.[2]

Offenbar ist diese Synthese ein Analogon zu einigen später (s. S. 307 Anm. 2 u. 330) ausführlicher behandelten, sowie zu der untenstehenden Synthese von Tetraketonen. Über ihre Verallgemeinerungsfähigkeit für den vorliegenden Fall ist noch wenig bekannt.

b) *Triketone* aus β-Diketonen mit Säurechloriden oder Halogen-

[1] Knoevenagel, Weissgerber, B. **26**, 444. — Kostanecki, Rossbach, B. **29**, 1493. — Wislicenus, Carpenter, A. **302**, 223.

[2] Knoevenagel, A. **281**, 30. 32. 53. 81. 88.

ketonen und Natriumäthylat, z. B. *Dibenzoylaceton* aus Benzoylaceton und Benzoylchlorid[1] (vgl. S. 272)

$$\begin{array}{l} C_6H_5\cdot CO\cdot CH_2 \\ \quad | \\ \quad CO \\ \quad | \\ \quad CH_3 \end{array} + Cl\cdot CO\cdot C_6H_5 + NaOC_2H_5 = \begin{array}{l} C_6H_5\cdot CO\cdot CH\cdot CO\cdot C_6H_5 \\ \qquad\qquad\quad | \\ \qquad\qquad\quad CO \\ \qquad\qquad\quad | \\ \qquad\qquad\quad CH_3 \end{array} + NaCl + C_2H_5OH\,.$$

c) *Tetraketone* erhält man, indem man zwei Moleküle eines β-Diketons durch Kondensation mit einem Aldehyd bei Gegenwart organischer Basen als Kondensationsmittel miteinander verkettet. So reagiert Formaldehyd mit Acetylaceton bei Gegenwart von Diäthylamin oder Piperidin unter Bildung von *Tetracetylpropan*[2]

$$CH_2O + 2\,CH_2\!\left\langle\begin{array}{l} CO\cdot CH_3 \\ CO\cdot CH_3 \end{array}\right. = CH_2\!\left\langle\begin{array}{l} CH\!\left\langle\begin{array}{l} CO\cdot CH_3 \\ CO\cdot CH_3 \end{array}\right. \\ CH\!\left\langle\begin{array}{l} CO\cdot CH_3 \\ CO\cdot CH_3 \end{array}\right. \end{array}\right. + H_2O\,.$$

Ebenso wie Formaldehyd reagieren auch alle anderen Aldehyde und ebenso wie Acetylaceton auch andere β-Diketone (und β-Ketosäureester).[3]

Alles Nähere über diese Synthese findet sich bei den Ketosäuren (s. S. 330), für die die Reaktion von besonderer Wichtigkeit ist.

Die entstehenden Ketoverbindungen lassen sich zu Derivaten des Tetrahydrobenzols kondensieren (s. S. 24).

Man kann auch zwei Moleküle von β-Diketonen zu Tetraketonen verketten, indem man ihre Natriumverbindungen mit Jod behandelt. Diese noch wenig untersuchte Synthese verläuft analog einer später zu besprechenden Modifikation der Malonestersynthese (vgl. S. 308).[4]

Anhang.

Chinone. In mancher Beziehung verwandt mit den γ-Diketonen sind die Chinone. Obwohl die Konstitution dieser Ver-

[1] Fischer, Bülow, B. **18**, 2133. S. auch Baeyer, Perkin, B. **16**, 2135. — Claisen, A. **291**, 56. 62. — March, A. ch. **26**, 295.

[2] Scholtz, B. **30**, 2296. — S. auch Knoevenagel, B. **31**, 1025 Anm. 5.

[3] Knoevenagel, B. **31**, 1028. — S. übrigens auch Kostanecki, Rossbach, B. **29**, 1493.

[4] Knoevenagel, B. **21**, 1358. — S. auch Zanetti, Gaz. **23** II, 305.

bindungen noch nicht mit Sicherheit festgestellt ist, ist es doch wahrscheinlich, daß dieselben Diketone darstellen, die insofern eine Sonderstellung einnehmen, als die beiden Ketogruppen selbst Glieder eines aromatischen Kernes sind. Von Wichtigkeit sind nur diejenigen Chinone, bei denen diese beiden Gruppen in p-Stellung zueinander stehen. Nach dieser Auffassung ist das gewöhnliche Chinon, der einfachste Repräsentant dieser Körperklasse, als p-Diketodihydrobenzol anzusehen und hat die Konstitution

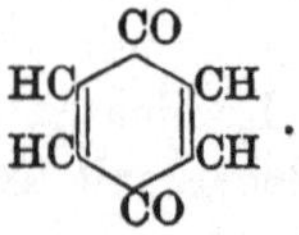

Die Chinone entstehen am einfachsten durch Oxydation der p-Diphenole, mit Eisenchlorid oder Kaliumbichromat, so das *Chinon* selbst aus Hydrochinon[1]

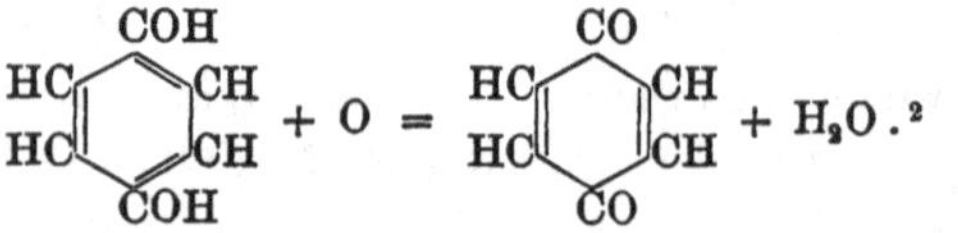

Außerdem entstehen aber Chinone auch bei der Oxydation der verschiedensten anderen p-Disubstitutionsprodukte des Benzols, die meist mit Kaliumdichromat und Schwefelsäure bewerkstelligt wird, so aus Diaminen, Disulfosäuren u. a. Der Verlauf dieser Reaktion ist wohl ziemlich kompliziert. Auch durch Oxydation der einfachen primären Monamine entstehen Chinone, so wird das Chinon selbst fast stets durch Oxydation von Anilin mit Natriumbichromat und Schwefelsäure dargestellt.[3] Auch diese Reaktion läßt sich nicht durch eine einfache Gleichung wiedergeben. Wie groß die Tendenz zur Chinonbildung bei den verschiedenen aromatischen Aminen ist, geht daraus hervor, daß selbst solche Amine, in denen die p-Stellung durch eine Alkylgruppe besetzt ist, unter Abspaltung der letzteren Chinon liefern, so das Pseudocumidin: *p-Xylochinon*

[1] Wegen des scheinbaren Widerspruchs, daß durch Oxydation tertiärer Alkoholgruppen Ketone entstehen können vgl. S. 258. In Wirklichkeit gehört dieser Vorgang zur Rubrik „Oxydation unter Sprengung von Kohlenstoffbindungen".

[2] NIETZKI, B. **19**, 1468; A. **215**, 127.

[3] NIETZKI, B. **19**, 1468; A. **215**, 127. — SCHNITER, B. **20**, 2283. — G. 226.

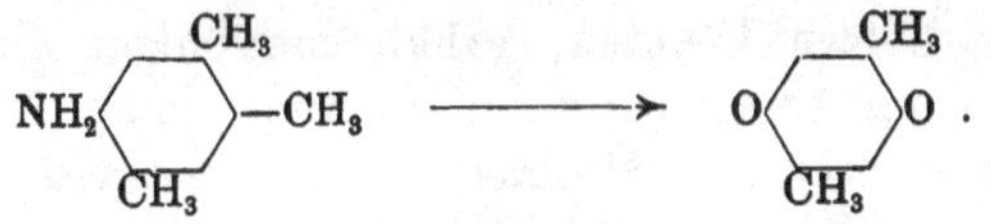

Die Oxydation von Monaminen, z. B. von Anilin zu Chinon, läßt sich am ungezwungensten auf folgende Weise erklären. Das Anilin wird zunächst zu Phenylhydroxylamin oxydiert (I). Dies lagert sich in p-Aminophenol um (II), indem die Hydroxylgruppe vom Stickstoff in den Kern wandert.[1] Das p-Aminophenol geht nun durch Oxydation sehr leicht in eine Verbindung C_6H_5ON (vielleicht Chinonmonimid?) über (III)[2], in welchem die Imidogruppe gegen Sauerstoff ausgetauscht wird (IV)

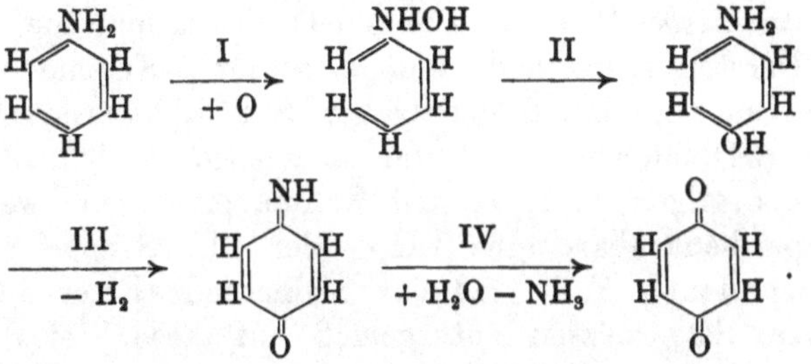

VI. Ketoaldehyde.

Für die einfachen Ketoaldehyde sind allgemeine Bildungsweisen bisher kaum bekannt. Auch die Bildung von Isonitrosoketonen bei der Einwirkung von salpetriger Säure auf Ketone, die kurz vorher ausführlich (s. S. 274) besprochen wurde und bei der auch erwähnt wurde, daß sie unter bestimmten Verhältnissen zur Synthese von Ketoaldoximen und damit auch von Ketoaldehyden führt, ist keiner allgemeinen Anwendung fähig. Zwar ist das Isonitrosoaceton, das man aus Aceton oder aus Acetessigester mit salpetriger Säure erhält, das Aldoxim des einfachsten Ketoaldehyds, des *Methylglyoxals* und kann zur Herstellung letzterer Verbindung dienen

$$CH_3 \cdot CO \cdot CH_3 + ONOH = CH_3 \cdot CO \cdot CH:NOH + H_2O\,,$$
$$CH_3 \cdot CO \cdot CH:NOH + H_2O = CH_3 \cdot CO \cdot CH{=}O + NH_2OH\,,$$

aus den höheren Homologen des Acetons jedoch, die noch eine der CO-Gruppe benachbarte CH_3-Gruppe haben und demnach

[1] Bamberger, Tschirner, B. **31**, 1524; **27**, 1349. 1552.

[2] Bandrowski, M. **10**, 127.

Ketoaldoxime liefern könnten, erhält man nicht diese, sondern die Monoxime der entsprechenden Diketone, indem die salpetrige Säure bei gleichzeitiger Nachbarschaft einer CH_3- und einer CH_2-Gruppe zur Ketogruppe stets in letztere eingreift. So entsteht aus Methyläthylketon das Monoxim des Diacetyls, nicht das ebenfalls zu erwartende des Äthylglyoxals

$$\begin{array}{l} CH_3 \\ | \\ CO \\ | \\ CH_2 \\ | \\ CH_3 \end{array} + ONOH = \left[\text{nicht} \begin{array}{l} CH{=}NOH \\ | \\ CO \\ | \\ CH_2 \\ | \\ CH_3 \end{array} \quad \text{sondern} \right| \begin{array}{l} CH_3 \\ | \\ CO \\ | \\ C{=}NOH \\ | \\ CH_3 \end{array} \Bigg] + H_2O\,.$$

1. *Claisensche Methode.* Die einzige Reaktion, die eine allgemeine Darstellungsmethode wenigstens für β-Ketoaldehyde darbietet, ist ein Spezialfall der früher (S. 277) besprochenen Synthese von β-Diketonen. Dort war angegeben worden, in welcher Weise ganz allgemein Ester auf Ketone einwirken, welche der CO-Gruppe benachbart eine CH_2- oder CH_3-Gruppe enthalten. In dem speziellen Fall, daß der reagierende Ester Ameisensäureester ist, müssen naturgemäß auf diese Weise β-Ketoaldehyde entstehen. So gibt Ameisensäureester mit Acetophenon *Benzoylacetaldehyd* [1]

$$H\cdot COOC_2H_5 + CH_3\cdot CO\cdot C_6H_5 = HCO\cdot CH_2\cdot CO\cdot C_6H_5 + C_2H_5OH\,.$$

Zuweilen lassen sich jedoch die entstehenden Ketoaldehyde nicht in freiem Zustande, sondern nur in Form des Natriumsalzes isolieren. [2]

Der theoretische Verlauf der Reaktion ist genau analog der Diketonbildung, doch ist es zur praktischen Ausführung nicht notwendig, Natriumalkoholat in trockenem Zustande darzustellen. Vielmehr löst man Natrium in absolutem Alkohol, setzt zu dieser Lösung unter Einkühlung das Keton und Ameisensäureester und läßt mehrere Tage stehen. Das abgesaugte Natriumsalz wird dann in wenig Wasser gelöst und mit Essigsäure zersetzt.

Übrigens sind die nach dieser Methode dargestellten Formylketone aller Wahrscheinlichkeit nach keine wahren Aldehydoketone, sondern entsprechen in bezug auf die Aldehydogruppe der tautomeren Enolform, so daß z. B. die früher als Formyl-

[1] Claisen, L. Fischer, B. **21**, 1135. — S. auch Claisen, Meyerowitz, u. Bishop, B. **22**, 533. 3273.

[2] Claisen, Stylos, B. **21**, 1144.

aceton (Acetessigsäurealdehyd) bezeichnete Verbindung als Oxymethylenaceton angesehen werden muß[1]

$$\underset{\text{Formylaceton}}{O{=}CH\cdot CH_2\cdot CO\cdot CH_3} \longrightarrow \underset{\text{Oxymethylenaceton}}{OH\cdot CH{=}CH\cdot CO\cdot CH_3}\,.$$

Wenn man aus der zunächst erhaltenen Natriumverbindung (s. S. 277), für welche man die Enolkonstitution annehmen muß, die zu grunde liegende Verbindung in Freiheit setzt, so findet hier also ausnahmsweise (vgl. auch S. 337) nicht die sonst anzunehmende Umlagerung der Oxyolefingruppe in die Carbonylmethylgruppe statt

$$OH\cdot\underset{|}{C}{=}\underset{|}{C}H \longrightarrow O{=}\underset{|}{C}{-}\underset{|}{C}H_2\,.$$

2. *Osonbildung.* Ein bestimmte Gruppe von Ketoaldehyden, die zugleich noch mehrere Hydroxylgruppen enthalten, also Polyoxyketoaldehyde, entstehen in einer merkwürdigen, für den künstlichen Aufbau der Zuckerarten sehr wichtigen Reaktion aus den Polyoxyaldehyden und Polyoxyketonen, d. h. aus den einfachen Zuckerarten. Diese Zuckerarten (Aldosen und Ketosen), z. B. Glukose und Fructose bilden ihrem Aldehyd- bezw. Ketoncharakter entsprechend mit einem Molekül Phenylhydrazin die normalen Phenylhydrazone (vgl. S. 97)

$$C_6H_{12}O_6 + H_2\cdot N{-}NHC_6H_5 = C_6H_{12}O_5{=}N\cdot NHC_6H_5 + H_2O\,,$$

$$\underset{\text{Glukose}}{\begin{array}{l} CH{=}O \\ \vert \\ CHOH \\ \vert \\ CHOH \\ \vert \\ CHOH \\ \vert \\ CHOH \\ \vert \\ CH_2OH \end{array}} + NH_2\cdot NHC_6H_5 = \underset{\text{Glukosephenylhydrazon}}{\begin{array}{l} CH{=}N\cdot NHC_6H_5 \\ \vert \\ CHOH \\ \vert \\ CHOH \\ \vert \\ CHOH \\ \vert \\ CHOH \\ \vert \\ CH_2OH \end{array}} + H_2O \quad \text{und}$$

$$\underset{\text{Fructose}}{\begin{array}{l} CH_2OH \\ \vert \\ C{=}O \\ \vert \\ CHOH \\ \vert \\ CHOH \\ \vert \\ CHOH \\ \vert \\ CH_2OH \end{array}} + NH_2\cdot NHC_6H_5 = \underset{\text{Fructosephenylhydrazon}}{\begin{array}{l} CH_2OH \\ \vert \\ C{=}N\cdot NHC_6H_5 \\ \vert \\ CHOH \\ \vert \\ CHOH \\ \vert \\ CHOH \\ \vert \\ CH_2OH \end{array}} + H_2O\,.$$

Wirkt nun auf die Phenylhydrazone überschüssiges Phenyl-

[1] CLAISEN, B. **22**, 3280; **25**, 1776.

hydrazin in der Wärme ein, so tritt noch ein zweites Molekül des letzteren in Reaktion, indem gleichzeitig eine merkwürdige Oxydation des Zuckermoleküls stattfindet

$$C_6H_{12}O_6 + 2\,H_2N\cdot NHC_6H_5 = C_6H_{10}O_4({=}N\cdot NHC_6H_5)_2 + H_2 + 2\,H_2O\,.$$

Das zweite Phenylhydrazinmolekül tritt hierbei stets an ein der ursprünglichen Keton- oder Aldehydgruppe benachbartes Kohlenstoffatom und zwar bei den Ketozuckern an das endständige.

Für die beiden vorher als Beispiel gewählten Zucker stellt sich demnach die Reaktion folgendermaßen dar:

$$\begin{array}{lcll}
CH{=}O & & CH{=}N\cdot NH\cdot C_6H_5 & \\
|\;CHOH & & |\;C{=}N{-}NH\cdot C_6H_5 & \\
|\;CHOH & + 2\,H_2N{-}NHC_6H_5 = & |\;CHOH & + 2\,H_2O + H_2\,, \\
|\;CHOH & & |\;CHOH & \\
|\;CHOH & & |\;CHOH & \\
|\;CH_2OH & & |\;CH_2OH & \\
\text{Glukose} & & \text{Glukosazon} &
\end{array}$$

$$\begin{array}{lcll}
CH_2OH & & CH{=}N\cdot NHC_6H_5 & \\
|\;C{=}O & & |\;C{=}N\cdot NHC_6H_5 & \\
|\;CHOH & + 2\,H_2N\cdot NHC_6H_5 = & |\;CHOH & + 2\,H_2O + H_2\,. \\
|\;CHOH & & |\;CHOH & \\
|\;CHOH & & |\;CHOH & \\
|\;CH_2OH & & |\;CH_2OH & \\
\text{Fructose} & & \text{(Fructosazon) = Glukosazon} &
\end{array}$$

Der freiwerdende Wasserstoff reduziert dann weiter noch im Überschuß vorhandenes Phenylhydrazin zu Anilin und Ammoniak

$$C_6H_5NH{-}NH_2 + H_2 = C_6H_5NH_2 + NH_3\,,$$

d. h. ein Teil des Phenylhydrazins wirkt als Oxydationsmittel. Verständlicher wird die Reaktion, wenn man annimmt, daß auf das mit einem Molekül Phenylhydrazin entstandene Phenylhydrazon, zunächst ein zweites Molekül Phenylhydrazin lediglich oxydierend wirkt und eine der Phenylhydrazongruppe benachbarte Alkoholgruppe je nach ihrem Charakter in die Keto- oder Aldehydgruppe umwandelt

$$\begin{array}{lcll}
CH{=}N\cdot NH\cdot C_6H_5 & & CH{=}N\cdot NH\cdot C_6H_5 & \\
|\;CHOH & & |\;C{=}O & \\
|\;CHOH & + H_2N\cdot NHC_6H_5 = & |\;CHOH & + H_3N + NH_2C_6H_5\,, \\
|\;CHOH & & |\;CHOH & \\
|\;CHOH & & |\;CHOH & \\
|\;CH_2OH & & |\;CH_2OH &
\end{array}$$

$$\begin{array}{l} CH_2OH \\ | \\ C{=}N\cdot NHC_6H_5 \\ | \\ CHOH \\ | \\ CHOH \\ | \\ CHOH \\ | \\ CH_2OH \end{array} + H_2N\cdot NHC_6H_5 = \begin{array}{l} CH{=}O \\ | \\ C{=}N\cdot NHC_6H_5 \\ | \\ CHOH \\ | \\ CHOH \\ | \\ CHOH \\ | \\ CH_2OH \end{array} + H_3N + NH_2C_6H_5.$$

Letztere bildet nun in ganz normaler Weise mit einem dritten Molekül Phenylhydrazin ein Hydrazon.

Die so entstehenden Verbindungen werden als Osazone bezeichnet und sind als Diphenylhydrazone von Ketoaldehyden aufzufassen. Sie werden in ganz normaler Weise beim Erwärmen mit konzentrierter Salzsäure in zwei Moleküle Phenylhydrazin und die freien Ketoaldehyde, die sogenannten Osone, die übrigens in freiem Zustande unbeständig sind, gespalten. So entsteht aus dem Glukosazon das *Glukoson*

$$\begin{array}{l} CH{=}N\cdot NHC_6H_5 \\ | \\ C{=}N\cdot NHC_6H_5 \\ | \\ CHOH \\ | \\ CHOH \\ | \\ CHOH \\ | \\ CH_2OH \end{array} + 2H_2O + 2HCl = \begin{array}{l} CH{=}O \\ | \\ CO \\ | \\ CHOH \\ | \\ CHOH \\ | \\ CHOH \\ | \\ CH_2OH \end{array} + 2HCl,\ H_2N\cdot NHC_6H_5.$$

In letzter Linie stellt die Gesamtheit dieser Reaktionen also die Oxydation eines Oxyaldehyds oder Oxyketons zu einem Ketoaldehyd dar.

Besonders bemerkenswert ist bei dieser Reaktion, daß bei sonst gleicher Konfiguration der Moleküle aus der Aldose dasselbe Osazon und Oson entsteht wie aus der Ketose d. h. im obengewählten Beispiel aus d-Glukose und d-Fructose ein und dasselbe Glukosazon und Glukoson.[1] Hierin liegt der Hauptwert der Reaktion. Da bei der Reduktion der Ketoaldehyde (Osone) stets zunächst die Aldehydgruppe zum Alkohol reduziert wird, während die Ketogruppe intakt bleibt, aus dem Oson also der Ketozucker (Ketose) zurückgebildet wird, kann man auf diese

[1] Noch eine dritte Zuckerart, die d-Mannose, liefert dasselbe Glukosazon und Glukoson. Da diese ebenfalls ein Aldehydzucker und ihrer Konstitution nach der Glukose gleich ist, bei der Umwandlung in das Osazon aber von den sechs vorhandenen Kohlenstoffgruppen nur zwei, d. h. die Aldehydgruppe und die benachbarte Alkoholgruppe, verändert werden, so muß die Verschiedenheit von d-Glukose und d-Mannose auf einer Stereoisomerie der der Aldehydgruppe benachbarten Alkoholgruppe beruhen (vgl. die Tafel S. 265).

Weise jede Aldose in eine korrespondierende Ketose überführen, so z. B. aus Traubenzucker (Glukose) synthetisch Fruchtzucker (Fructose) erhalten. Von dieser Umwandlung wird bei den Oxyketonen noch die Rede sein (S. 290) (vgl. die Tafel S. 265)

Glukose ⟶ Glukosazon ⟶ Glukoson ⟶ Fructose.

Diese für die Erkenntnis der Chemie der Zuckerarten außerordentlich wichtige Reaktion wurde von Emil Fischer entdeckt.

Praktisch wird die Reaktion ausgeführt, indem man einen Teil der Zuckerart mit zwei Teilen Phenylhydrazin und ebensoviel 50prozentiger Essigsäure in etwa zwanzig Teilen Wasser auflöst und etwa eine Stunde auf dem Wasserbade erhitzt. Meist scheidet sich das Osazon hierbei kristallinisch ab.[1]

Die Spaltung der Osazone in Phenylhydrazin und die Osone läßt sich leicht durch Erwärmen mit konzentrierter Salzsäure bewirken. Die Osone sind leicht löslich in Wasser. Sie lassen sich nicht in freiem Zustande aus der Lösung abscheiden, werden vielmehr in der Lösung weiter verarbeitet.[2]

VII. Ketonalkohole, Oxyketone.

Entsprechend ihrem gleichzeitigen Charakter als Ketone und Alkohole kann man die Oxyketone zunächst dadurch erhalten, daß man entweder in ein Keton nach einer der gewöhnlichen Methoden Hydroxylgruppen einführt, oder indem man in dem Molekül eines Alkohols ebenfalls nach den gebräuchlichen Verfahren, eine Ketogruppe sich bilden läßt. Hieraus folgen die ersten Methoden, die in den meisten Beziehungen den früher für die Oxyaldehyde gegebenen (S. 261) analog sind.

1. *Aus Halogenverbindungen.* In halogensubstituierten Ketonen lassen sich aliphatisch gebundene Halogenatome in üblicher Weise (s. S. 113) durch Hydroxylgruppen ersetzen. So liefert Chloraceton beim Behandeln mit Wasser und Bariumcarbonat *Oxyaceton* (*Acetylcarbinol*)[3]

$$CH_3\cdot CO\cdot CH_2Cl + H_2O = CH_3\cdot CO\cdot CH_2OH + HCl.$$

Zuweilen ist es praktischer, das Halogen erst gegen eine Acetylgruppe auszutauschen und dann durch Verseifung für diese eine Hydroxylgruppe einzuführen (vgl. S. 116). So wird aus dem

[1] E. Fischer, B. **17**, 579; **20**, 821; **23**, 2117.
[2] E. Fischer, B. **22**, 88; **23**, 2120.
[3] Perkin, Tingle, B. **24** R., 726.

ω-Chloracetophenon das *Benzoylcarbinol* $C_6H_5 \cdot CO \cdot CH_2OH$ erhalten.[1] Von Bedeutung ist diese Methode nicht.

2. *Aus Aminoketonen.* Die Amidogruppen der Aminoketone lassen sich in ganz normaler Weise durch Hydroxylgruppen ersetzen, wie dies früher (S. 117) ausführlich behandelt worden ist; so entsteht *Dioxyaceton* aus Diaminoaceton.[2]

Natürlich gilt dies auch für Aminooxyketone, eine Reaktion, die als Umwandlung des Isoglukosamins (S. 294) in Fructose und damit der Glukose in Fructose für die Chemie der Zuckergruppe von Bedeutung ist.[3]

3. *Aus mehrwertigen Alkoholen durch Oxydation.* Enthalten mehrwertige Alkohole sekundäre Alkoholgruppen, so kann man durch Oxydation letzterer zu Oxyketoverbindungen gelangen. So läßt sich aus Glycerin durch gemäßigte Oxydation mit Brom oder Salpetersäure *Dioxyaceton* darstellen[4]

$$\begin{array}{l} CH_2OH \\ | \\ CHOH \\ | \\ CH_2OH \end{array} + O = \begin{array}{l} CH_2OH \\ | \\ CO \\ | \\ CH_2OH \end{array} + H_2O\,.$$

Die praktische Anwendbarkeit der Methode wird jedoch sehr dadurch verringert, daß man die Oxydation nicht auf die sekundären Alkoholgruppen beschränken kann und daß infolgedessen bei gleichzeitiger Anwesenheit primärer Alkoholgruppen durch Oxydation dieser zugleich Oxyaldehyde entstehen. Ausführlicher wurden diese Verhältnisse bereits bei der analogen Darstellungsweise für Oxyaldehyde (S. 262) besprochen.

4. *Aus Ketoaldehyden und Diketonen durch Reduktion.* Wenn man eine Verbindung, welche zugleich eine Keto- und eine Aldehydogruppe enthält, einer gemäßigten Reduktion unterwirft, so wird stets zunächst die Aldehydogruppe zum primären Alkohol reduziert, bevor die Ketogruppe angegriffen wird. Obgleich auch diese Methode als allgemeine Darstellungsweise keiner großen Verallgemeinerung fähig ist, so ist sie doch insbesondere für die Chemie der Zuckergruppe von großer theoretischer Bedeutung dadurch geworden, daß man hier von den Aldosen (Polyoxy-

---

[1] Plöchl, Blümlein, B. **16**, 1290. — Graebe, B. **4**, 35. S. auch Hunäus, B. **10**, 2010. — O. Fischer, Busch, **24**, 2680.

[2] Kalischer, B. **28**, 1521. — Heintz, A. **178**, 342.

[3] E. Fischer, Tafel, B. **20**, 2569.

[4] Fischer, Tafel, B. **20**, 1088. 3384; **21**, 2634. — Piloty, B. **30**, 3163.

aldehyden) aus leicht zu den sogenannten Osonen (Polyoxyketoaldehyden) gelangen kann (s. S. 285), die bei ihrer Reduktion Ketosen (Polyoxyketone) liefern. Vermöge dieser Reaktionen kann man jeden Aldehydzucker in einen analogen Ketozucker umwandeln, und so den genetischen Zusammenhang der verschiedenen Zuckerarten aufklären, z. B. erhält man aus dem d-Glukoson (und dadurch auch aus d-Glukose oder d-Mannose) die *d-Fructose* (s. die Tafel S. 265)

$$\begin{array}{c} CH{=}O \\ | \\ C{=}O \\ | \\ CHOH \\ | \\ CHOH \\ | \\ CHOH \\ | \\ CH_2OH \\ \text{Glukoson} \end{array} + H_2 = \begin{array}{c} CH_2OH \\ | \\ C{=}O \\ | \\ CHOH \\ | \\ CHOH \\ | \\ CHOH \\ | \\ CH_2OH \\ \text{Fructose} \end{array} .$$

Die Reduktion wird so ausgeführt, daß man die wäßrige Lösung der Osone (die in freiem Zustande noch nicht isoliert worden sind), wie sie aus der Spaltung der Osazone resultiert (s. S. 288), mit Zinkstaub und Essigsäure erwärmt.[1]

Auch in α-Diketonen kann man eine der beiden Ketogruppen reduzieren und so die entsprechenden α-Oxyketone erhalten, z. B. *Acetylmethylcarbinol* aus Diacetyl

$$CH_3 \cdot CO \cdot CO \cdot CH_3 + H_2 = CH_3 \cdot CO \cdot CHOH \cdot CH_3 .$$

Die Reduktion wird mit Zink und Schwefelsäure ausgeführt.[2]

Einige höhere α-Oxyketone entstehen durch Verseifung aus denjenigen Verbindungen, die aus Säurechloriden mit Natrium erhalten werden, die aber nicht, wie man zuerst glaubte, α-Diketone sind, sondern Ester von ungesättigten Glykolen darstellen.[3] Die aus diesen Körpern bei der Verseifung zu erwartenden ungesättigten Glykole $X \cdot COH{=}COH \cdot X$ lagern sich sofort in α-Oxyketone $X \cdot CHOH \cdot CO \cdot X$ um.[4]

5. *Durch Aldolkondensation.* Ebenso wie sich zwei Moleküle eines Aldehyds zu einem Oxyaldehyd (Aldol) addieren (vgl. S. 159 u. 267), so können durch Addition eines Ketons an einen Aldehyd Oxyketone entstehen. So läßt sich der gewöhnliche Acetaldehyd mit

[1] E. Fischer, B. **22**, 94; **23**, 2121.
[2] Pechmann, B. **22**, 2214. — Pechmann, Dahl, B. **23**, 2421.
[3] Klinger, Schmitz, B. **24**, 1271. — Anderlini, Gaz. **25** II, 46.
[4] Basse, Klinger, B. **31**, 1217.

dem einfachsten Keton, dem Aceton, zu einem *Oxypropylmethylketon* (*Hydracetylaceton*) kondensieren

$$CH_3\cdot CH{=}O + CH_3\cdot CO\cdot CH_3 = CH_3\cdot CH{<}^{OH}_{CH_2\cdot CO\cdot CH_3}\,.$$

Wie schon früher (S. 178 u. 158) erwähnt, bleibt jedoch die Reaktion nur in den seltensten Fällen bei der einfachen Addition stehen, vielmehr läßt es sich in den weitaus meisten Fällen nicht vermeiden, daß das entstandene Oxyketon sofort Wasser abspaltet und ein ungesättigtes Keton liefert, so daß die Methode für Oxyketone keiner allgemeineren Anwendung fähig ist.

Von ganz besonderer Bedeutung ist ein spezieller Fall einer derartigen Aldolkondensation geworden. Bei Gegenwart von Natriumhydroxyd addiert sich nämlich Glycerinketon und Glycerinaldehyd (welche beide gleichzeitig bei der Oxydation von Glycerin entstehen s. S. 262) zu einem Polyoxyketon, der α-Akrose, deren Identität mit der (d + l)-Fructose Emil Fischer nachwies und die damit zum Ausgangsmaterial für seine bahnbrechenden Untersuchungen über die Konfiguration und den künstlichen Aufbau der Zuckerarten wurde (vgl. S. 249 sowie die Tafel S. 265).[1]

6. *Durch Benzoïnbildung.* Schon früher (S. 160) ist gesagt worden, daß die sogenannte Aldolbildung zwischen zwei Aldehydmolekülen oder zwischen einem Aldehyd und einem Keton nur dann stattfindet, wenn die reagierende C=O-Gruppe des einen Moleküls eine CH_3- oder CH_2-Gruppe im anderen Molekül vorfindet, welche dort einer CO-Gruppe direkt benachbart steht. Ist dies nicht der Fall, so kann trotzdem zwischen zwei Aldehydmolekülen eine Addition stattfinden, die aber anders verläuft und zu α-Oxyketonen, den sogenannten Benzoïnen, führt. So kann man die Bildung des *Benzoïns* selbst zunächst als eine einfache Addition zweier Moleküle Benzaldehyd auffassen

$$C_6H_5\cdot CH{=}O + H{-}CO\cdot C_6H_5 = C_6H_5\cdot CH{<}^{OH}_{CO\cdot C_6H_5}\,.$$

Die Benzoïnbildung, die analog wie beim Benzaldehyd auch bei anderen aromatischen Aldehyden verläuft, tritt ein, wenn man den Aldehyd in wäßrig-alkoholischer 50%iger Lösung bei Gegenwart von Cyankalium kocht.[2] Da man mit kleinen Mengen Cyankalium große Mengen Benzaldehyd zu Benzoïn kondensieren kann, liegt es nahe, die Wirkung des Cyankaliums nur als Kontaktwirkung aufzufassen. Dies

[1] E. Fischer u. Tafel, B. **20**, 3386; **23**, 386. 2128.
[2] G. 260. — Zincke, A. **198**, 150 Anm.

wird jedoch dadurch unwahrscheinlich, daß Benzaldehyd, wie nachgewiesen ist, mit Cyankalium in Reaktion tritt. Hiernach findet die Reaktion wahrscheinlich in mehreren Phasen statt, in deren Verlauf das Cyankalium zurückgebildet wird und nun mit neuen Benzaldehydmengen zu reagieren vermag. Diese Auffassung liegt folgender Erklärung zu grunde, nach der die Reaktion in drei Phasen zerfällt: 1. Der Benzaldehyd bildet eine Kaliumverbindung und setzt gleichzeitig Blausäure in Freiheit

$$1.\quad C_6H_5\cdot C\lt_{H}^{O} + KCN = C_6H_5\cdot C\lt_{K}^{O} + HCN\,.$$

2. Diese Blausäure addiert sich an ein weiteres Benzaldehydmolekül zu Mandelsäurenitril (s. S. 345)

$$2.\quad C_6H_5\cdot C\lt_{H}^{O} + HCN = C_6H_5\cdot C\begin{matrix}\diagup OH\\ -CN\\ \diagdown H\end{matrix}\,.$$

3. Das Mandelsäurenitril reagiert mit dem Benzaldehydkalium unter Abspaltung von Cyankalium und Bildung von Benzoïn[1]

$$3.\quad C_6H_5\cdot\overset{H}{\underset{OH}{C}}\cdot CN + K\cdot\overset{O}{\ddot{C}}\cdot C_6H_5 = C_6H_5\cdot\overset{H}{\underset{OH}{C}}\cdot\overset{O}{\ddot{C}}\cdot C_6H_5 + KCN\,.$$

Die Reaktion, die sehr glatt verläuft und gute Ausbeute liefert, tritt in gleicher Weise bei allen aromatischen Aldehyden vom Typus des Benzaldehyds ein. Sie stellt eine wahre Kohlenstoffsynthese dar und ist wichtig als Ausgangspunkt zur Darstellung aller Derivate des zu grunde liegenden Kohlenwasserstoffs Dibenzyl $C_6H_5\cdot CH_2\cdot CH_2\cdot C_6H_5$.

7. *Durch Acetessigestersynthese.* Einige Oxyketone sind nach einer Methode dargestellt worden, über deren Verallgemeinerungsfähigkeit sich noch nichts Bestimmtes sagen läßt. Modifiziert man die Acetessigestersynthese (s. S. 45 u. 329) so, daß man Dibromverbindungen (Alkylenbromide) mit der nur einem Brom entsprechenden Menge Natriumacetessigester reagieren läßt, so entstehen Bromalkylacetessigester, z. B. *Bromäthylacetessigester* aus Äthylenbromid und *Brompropylacetessigester* aus Trimethylenbromid

$$Br\cdot CH_2\cdot CH_2\cdot Br + CH_3\cdot CO\cdot CHNa\cdot COOC_2H_5$$
$$= CH_3\cdot CO\cdot \underset{BrCH_2-CH_2}{\underset{|}{CH}}\cdot COOC_2H_5 + NaBr\,,$$

und diese geben beim Kochen mit Salzsäure, indem zugleich Ketonspaltung und Ersatz des Broms durch Hydroxyl stattfindet,

[1] KNOEVENAGEL, CHALANAY, B. **25**, 293. — SMITH, B. **26**, 60.

Acetopropylalkohol bezw. *Acetobutylalkohol* (*ω-Oxypropylmethylketon* bezw. *ω-Oxybutylmethylketon*)[1]

$$\begin{array}{c} CH_3\cdot CO\cdot CH\cdot COOC_2H_5 \\ BrCH_2-CH_2 \end{array} + 2H_2O = \begin{array}{c} CH_3\cdot CO\cdot CH_2 \\ OH\cdot CH_2\cdot CH_2 \end{array} + CO_2 + C_2H_5OH + HBr.$$

8. *Darstellung von Ketophenolen.* Oxyketone, deren Hydroxylgruppen an einen aromatischen Kern gebunden sind, entstehen entweder in bekannter Weise aus Aminoketonen mit salpetriger Säure (vgl. S. 117) oder nach den kernsynthetischen Methoden zur Darstellung von einfachen aromatischen Ketonen z. B. nach der Friedel-Craftsschen Synthese (s. S. 167), von der schon erwähnt wurde, daß sie sich auf diese Weise verallgemeinern läßt, indem man an Stelle der Kohlenwasserstoffe Phenole verwendet.

Die Reaktionsbedingungen sind dieselben, wie sie schon früher (S. 33 u. 167) für die Ausführung der Friedel-Craftsschen Synthese angegeben wurden. Häufig wirkt die Hydroxylgruppe durch ihre eigene Reaktionsfähigkeit gegen Aluminiumchlorid sehr hinderlich. Dagegen verläuft die Reaktion besonders glatt, wenn man die Hydroxylgruppe vorher ätherifiziert.[2]

Auch aus Fettsäuren und Phenolen entstehen unter Wasserabspaltung vermittelst verschiedener Kondensationsmittel Phenolketone, so aus Eisessig und Resorcin beim Erhitzen mit Chlorzink *2.4-Dioxyacetophenon* (*Resacetophenon*)[3]

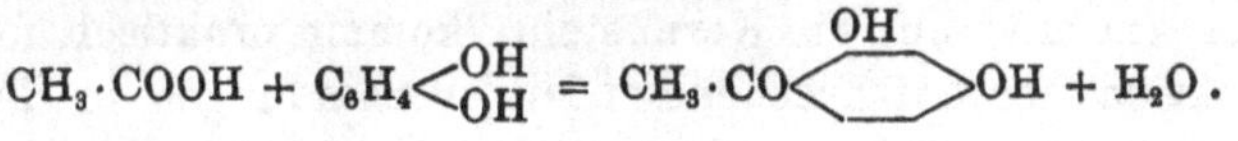

Als Kondensationsmittel werden Chlorzink, Phosphoroxychlorid u. a. verwandt.[4] Meist genügt es, das Reaktionsgemisch im offenen Gefäß auf etwa 150° zu erhitzen, doch sind die Ausbeuten meist wenig befriedigend, so daß die Reaktion als Darstellungsweise nur selten gebraucht wird.

Zu erwähnen ist noch, daß hier, wie in vielen anderen Fällen, die Ameisensäure ein von den übrigen Fettsäuren abweichendes Verhalten zeigt, indem sie sowohl als Säure als auch gleichzeitig als Aldehyd, d. h. mit drei Molekülen Phenol unter Bildung eines *Trioxytriphenylmethans* (*Leukaurins*) reagiert (vgl. S. 258)

$$HC\begin{cases} OH \\ O \end{cases} + 3C_6H_5OH = HC\begin{cases} C_6H_4OH \\ C_6H_4OH \\ C_6H_4OH \end{cases} + 2H_2O.$$

[1] Lipp, B. **18**, 3280; **22**, 1197.

[2] Krafft, B. **21**, 2269. — Gattermann, Ehrhardt, Maisch, B. **22**, 1129. B. **23**, 1199. — Ullmann, Goldberg, B. **35**, 2811. — D.R.P. 95901.

[3] Nencki, Sieber, J. pr. [2] **23**, 147. 537.

[4] Nencki, Sieber, J. pr. [2] **23**, 147. 537. — Goldzweig, Kaiser, J. pr. [2] **43**, 86. — Crépieux, Bl. [3] **6**, 151. — D. R. P. 49149.

Anhang.

Aminoketone. Aminoketone mit aliphatisch gebundener Amidogruppe entstehen aus den Isonitrosoketonen durch Reduktion mit Zinnchlorür und Salzsäure[1]

$$CH_3\cdot CO\cdot CH{=}NOH + 2\,H_2 = CH_3\cdot CO\cdot CH_2\cdot NH_2 + H_2O\,,$$

sowie aus halogensubstituierten Ketonen nach der Phtalimidkaliummethode (s. S. 81)[2]

Aminooxyketone entstehen aus den Osazonen (s. S. 286) bei der Einwirkung von Reduktionsmitteln, indem der eine Phenylhydrazinrest unter Hinterlassung einer Amidogruppe durch Reduktion gespalten, der andere aber unter Bildung einer Ketogruppe hydrolytisch abgespalten wird. So entsteht aus Glukosazon das sogenannte *Isoglukosamin*[3]

$$\begin{array}{l} CH{=}N\cdot NH\cdot C_6H_5 \\ | \\ C{=}N\cdot NH\cdot C_6H_5 \\ | \\ CHOH \\ | \\ CHOH \\ | \\ CHOH \\ | \\ CH_2OH \end{array} + 4H + H_2O = \begin{array}{l} CH_2\cdot NH_2 \\ | \\ C{=}O \\ | \\ CHOH \\ | \\ CHOH \\ | \\ CHOH \\ | \\ CH_2OH \end{array} + NH_2\cdot C_6H_5 + H_2N\cdot NH\cdot C_6H_5\,.$$

Für die Darstellung von Amidoketonen, deren Amidogruppe an einem aromatischen Kern steht, kommt praktisch fast nur die Reduktion der entsprechenden Nitroverbindungen in Betracht, obwohl auch einige Amidoketone recht glatt durch Kondensation von Säuren mit aromatischen Aminen, analog der Darstellung von Ketophenolen (S. 293), erhalten worden sind.[4]

Isonitrosoketone. Über die Bildungsweisen dieser Verbindungen ist alles Nötige schon an anderer Stelle gesagt worden (s. S. 274).

VIII. Mehrbasische Säuren.

Die Darstellungsweisen für mehrbasische Säuren, d. h. für solche Verbindungen, welche die für organische Säuren charakteristische Gruppe $-C\!\left\langle\begin{matrix}O\\OH\end{matrix}\right.$ mehr als einmal im selben Molekül

---

[1] GABRIEL, PINKUS, B. **26**, 2199. — BEHR-BREGOWSKI, B. **30**, 1515. — JÄNICKE, B. **32**, 1095.

[2] GABRIEL, PINKUS, B. **26**, 2198. [3] E. FISCHER, B. **23**, 2120.

[4] KLINGEL, B. **18**, 2688. — O. FISCHER, B. **10**, 958.

enthalten, decken sich natürlich wiederum im wesentlichen mit denen für einbasische Säuren, indem man nach einer dieser Methoden entweder in einem Molekül mehrere Carboxylgruppen nebeneinander entstehen läßt, oder in eine einbasische Säure weitere Carboxylgruppen einführt.

Nicht ohne Interesse für die Wahl der für die verschiedenen mehrbasischen Säuren geeigneten Versuchsbedingungen ist deren prinzipielles Verhalten je nach ihrer Konstitution. Abgesehen von der allein dastehenden Oxalsäure, der einzigen möglichen α-Dicarbonsäure, welche sich beim Erhitzen in Kohlensäure, Kohlenoxyd und Wasser zersetzt

$$\begin{array}{l} COOH \\ \dot{C}OOH \end{array} = CO_2 + CO + H_2O\,,$$

zeigen die mehrbasischen Säuren in ihrem Verhalten folgende Gesetzmäßigkeiten. Stehen zwei Carboxylgruppen an demselben Kohlenstoffatom, so wird beim Erhitzen der Säuren unter gewöhnlichem Druck stets eine der beiden Carboxylgruppen abgespalten. So entstehen aus den β-Dicarbonsäuren vom Typus der Malonsäure bei der Destillation einbasische Säuren und Kohlendioxyd

$$CH_2{<}\begin{array}{l} COOH \\ COOH \end{array} = CH_3{-}COOH + CO_2\,,$$

aus analog konstituierten Tetracarbonsäuren Dicarbonsäuren

$$\begin{array}{l} CH{<}\begin{array}{l} COOH \\ COOH \end{array} \\ | \\ CH{<}\begin{array}{l} COOH \\ COOH \end{array} \end{array} = \begin{array}{l} CH_2{-}COOH \\ | \\ CH_2{-}COOH \end{array} + 2\,CO_2 \quad \text{u. s. w.}$$

Stehen zwei Carboxylgruppen an zwei benachbarten oder nur durch ein drittes getrennten Kohlenstoffatomen, so spalten sie beim Erhitzen Wasser ab und geben ein inneres Anhydrid, so die γ- und δ-Dicarbonsäuren vom Typus der Bernsteinsäure und der Glutarsäure

$$\begin{array}{l} CH_2{-}COOH \\ \dot{C}H_2{-}COOH \end{array} = \begin{array}{l} CH_2{-}CO \\ \dot{C}H_2{-}CO \end{array}{>}O + H_2O\,,$$

$$\begin{array}{l} CH_2{-}COOH \\ \dot{C}H_2 \\ \dot{C}H_2{-}COOH \end{array} = \begin{array}{l} CH_2{-}CO \\ \dot{C}H_2 \\ \dot{C}H_2{-}CO \end{array}{>}O + H_2O\,.$$

Sind aber Carboxylgruppen durch mehr als drei Kohlenstoffatome voneinander getrennt, so erleiden die Säuren beim Erhitzen keine Umwandlung, sondern destillieren unzersetzt.

1. *Durch Reduktion ungesättigter mehrbasischer Säuren.* Ungesättigte mehrbasische Säuren gehen bei der Einwirkung von naszierendem Wasserstoff leicht in gesättigte Säuren über, genau ebenso wie Olefine in Paraffine. So gibt Fumarsäure (oder Maleïnsäure) *Bernsteinsäure*[1]

$$\begin{array}{l} CH\cdot COOH \\ \| \\ CH\cdot COOH \end{array} + H_2 = \begin{array}{l} CH_2\cdot COOH \\ | \\ CH_2\cdot COOH \end{array}.$$

Aconitsäure: *Tricarballylsäure*[2] u. s. w.

$$\begin{array}{l} CH_2\cdot COOH \\ | \\ C\cdot COOH \\ \| \\ CH\cdot COOH \end{array} + H_2 = \begin{array}{l} CH_2\cdot COOH \\ | \\ CH\cdot COOH \\ | \\ CH_2\cdot COOH \end{array}.$$

Die Reduktion ungesättigter Säuren läßt sich meist am besten mit Natriumamalgam in alkoholischer Lösung ausführen, wie dies schon früher (S. 181) erwähnt wurde. Von praktischer Bedeutung ist die Reaktion kaum, weil die mehrbasischen gesättigten Säuren nach anderen Methoden meist leichter zugänglich sind, als die ungesättigten.

2. *Durch Reduktion substituierter mehrbasischer Säuren.* Mehrbasische Säuren entstehen bei der Reduktion mehrbasischer Oxysäuren oder halogensubstituierter mehrbasischer Säuren. Die Arbeitsweise ist genau die gleiche, wie bei der analogen Darstellung einbasischer Säuren (S. 182). So entsteht *Bernsteinsäure* sowohl durch Reduktion von Äpfelsäure (Monoxybernsteinsäure) und Weinsäure (Dioxybernsteinsäure) mit Jodwasserstoff[3], als auch aus Mono- oder Dibrombernsteinsäure mit Natriumamalgam. Für den künstlichen Aufbau mehrbasischer Säuren ist die Methode natürlich nur soweit von Wert, als mehrbasische Oxysäuren synthetisch zugänglich sind.

3. *Aus Nitrilen durch Verseifung.* Eine außerordentlich wichtige Methode zur Synthese zweibasischer Säuren, die der weitgehendsten Verallgemeinerung fähig ist, ist die Herstellung der zugehörigen Cyanverbindungen (Dinitrile und Nitrilsäuren) und deren Verseifung.

Über die Verseifung der betreffenden Nitrile ist zu den früher (S. 185) gemachten Angaben nichts Neues hinzuzufügen. Genau ebenso wie aus Äthylcyanid Propionsäure, so entsteht aus Äthylencyanid *Bernsteinsäure*[4]

$$\begin{array}{l} CH_2\cdot CN \\ | \\ CH_2\cdot CN \end{array} + 4H_2O = \begin{array}{l} CH_2\cdot COOH \\ | \\ CH_2\cdot COOH \end{array} + 2NH_3.$$

[1] Kekulé, A. Spl. **1**, 133. [2] Dessaignes, A. Spl. **2**, 188.
[3] Schmitt, A. **114**, 106. [4] Simpson, A. **118**, 375.

Die Darstellung der erforderlichen Dinitrile geschieht in der aliphatischen Reihe hauptsächlich durch Ersatz von Halogenatomen durch die Cyangruppe. Über die praktische Ausführung der Methode ist alles Wichtige ebenfalls schon früher (S. 237 ff.) gesagt worden. Hier möge nur nochmals erwähnt werden, daß man auf diesem Wege zu mehrbasischen Säuren sowohl dadurch gelangt, daß man in einer Polyhalogenverbindung mehrere Halogenatome durch Cyan ersetzt und das Polycyanid verseift, als auch dadurch, daß man in einer halogensubstituierten einbasischen Säure durch Einführung und Verseifung von Cyangruppen neben einer schon vorhandenen Carboxylgruppe ebensolche neu entstehen läßt. So erhält man *Bernsteinsäure* sowohl aus Äthylenbromid[1] als auch aus β-Brompropionsäure[2]

$$\begin{matrix} CH_2\cdot Br \\ | \\ CH_2\cdot Br \end{matrix} \xrightarrow{2\,KCN} \begin{matrix} CH_2\cdot CN \\ | \\ CH_2\cdot CN \end{matrix} \longrightarrow \begin{matrix} CH_2\cdot COOH \\ | \\ CH_2\cdot COOH \end{matrix}$$

$$\begin{matrix} CH_2\cdot Br \\ | \\ CH_2\cdot COOH \end{matrix} \xrightarrow{KCN} \begin{matrix} CH_2\cdot CN \\ | \\ CH_2\cdot COOH \end{matrix} \longrightarrow \begin{matrix} CH_2\cdot COOH \\ | \\ CH_2\cdot COOH \end{matrix}.$$

Drei- und mehrbasische Säuren scheinen auf diese Weise noch nicht dargestellt worden zu sein. Der Austausch zweier Halogenatome in Halogenparaffinen gelingt nur dann, wenn dieselben an zwei verschiedenen Kohlenstoffatomen haften. So kann man das Dinitril der Malonsäure nicht nach dieser Methode aus Methylenjodid darstellen.[3] Halogenatome, die direkt an einem aromatischen Kern stehen, reagieren, wie schon erwähnt, nicht mit Cyankalium, dagegen lassen sich Halogenatome, die in den Seitenketten stehen, zur Synthese zweibasischer Säuren verwenden; so reagieren die drei Xylylenbromide ganz normal mit Cyankalium[4]

$$C_6H_4\!<\!\begin{matrix} CH_2Br \\ CH_2Br \end{matrix} \longrightarrow C_6H_4\!<\!\begin{matrix} CH_2-CN \\ CH_2-CN \end{matrix}.$$

Will man in einer halogensubstituierten Säure das Halogen gegen die Cyangruppe austauschen, so verwendet man nicht die freien Säuren, weil diese das Cyankalium unter Blausäureentwicklung zersetzen. Auch die Salze geben häufig keine guten Ergebnisse[5], wohl aber die Ester, doch muß man für diese Umsetzung auf ein Molekül Ester zwei Mole-

---

[1] Simpson, A. **121**, 153; **118**, 375.

[2] Wichelhaus, Z. **1867**, 247. — Zelinsky, B. **21**, 3162.

[3] Claus, A. **191**, 34.

[4] Die p-Verbindung entsteht allerdings nur in schlechter Ausbeute. — Baeyer, Pape, B. **17**, 447. — Kipping, B. **21**, 42.

[5] S. jedoch G. 152.

küle Cyankalium anwenden, da das Cyankalium gewöhnlich zugleich verseifend auf die Estergruppe einwirkt[1]

$$Cl\cdot CH_2\cdot COOC_2H_5 + 2KCN + H_2O = CN\cdot CH_2\cdot COOK + KCl + HCN + C_2H_5OH.$$

Zuweilen treten auch andere Nebenreaktionen auf.[2]

Wichtig für die Gewinnung höherer Mononitrile mehrbasischer Säuren ist es, daß in den α-Cyanfettsäureestern die Wasserstoffatome der zwischen Cyan- und Carboxylgruppe stehenden CH_2-Gruppe genau ebenso wie im Acetessigester und Malonsäureester (s. S. 171, 198 u. 242) durch Alkylgruppen ersetzbar sind. So entsteht aus Cyanessigester, Jodäthyl und Natriumäthylat *Äthylcyanessigester* (das Halbnitril der Äthylmalonsäure)[3]

$$\begin{matrix} CN\cdot CH_2 \\ | \\ COOC_2H_5 \end{matrix} + JC_2H_5 + NaOC_2H_5 = \begin{matrix} CN\cdot CH\cdot C_2H_5 \\ | \\ COOC_2H_5 \end{matrix} + NaJ + C_2H_5OH.$$

Auch Säureesterreste kann man in den Cyanessigester ebenso einführen, wie in den Malonester (s. weiter unten). So erhält man z. B. aus α-Cyanpropionsäureester und α-Brompropionsäureester ganz analog *symm.-Dimethylcyanbernsteinsäureester*[4]

$$\begin{matrix} CH_3 \\ | \\ CN\cdot CH \\ | \\ COOC_2H_5 \end{matrix} + \begin{matrix} CH_3 \\ | \\ Br\cdot CH \\ | \\ COOC_2H_5 \end{matrix} + NaOC_2H_5 = \begin{matrix} CH_3 & & CH_3 \\ | & & | \\ CN\cdot C & \text{———} & CH \\ | & & | \\ COOC_2H_5 & & COOC_2H_5 \end{matrix} + NaBr + C_2H_5OH.$$

Ferner lassen sich durch Einwirkung von Aldehyden auf derartige Cyanfettsäuren nach der PERKINschen Synthese (s. S. 206) ungesättigte Nitrilsäuren darstellen.[5]

Wenn es sich um die Gewinnung der diesen Mononitrilen entsprechenden mehrbasischen Säuren selbst handelt, ist diese Methode ohne größere Bedeutung, da man diese Säuren bequemer durch die Malonestersynthese (s. weiter unten) erhält, mit der sie sich übrigens bezüglich der praktischen Ausführung völlig deckt.

---

[1] KOLBE, A. **131**, 348. — MEVES, A. **143**, 201.

[2] ZELINSKY, B. **21**, 3162.

[3] HENRY, C. r. **104**, 1618.

[4] ZELINSKY, B. **21**, 3165. S. auch HALLER, C. r. **105**, 169; **106**, 1413 sowie BONE, SPRANKLING, C. **1902** I, 110.

[5] FIQUET, Bl. [3] **7**, 402; **25**, 591. — Alle diese Alkylierungsreaktionen sind auch anwendbar für Nitrile, in denen eine CH_2-Gruppe zwischen Cyan und einem aromatischen Kern steht (s. S. 242).

Dinitrile, deren beide Cyangruppen direkt an einem aromatischen Kern stehen, lassen sich nicht nach der für die aromatische Reihe übliche Methode (s S. 241) darstellen, da man nicht gleichzeitig für zwei Amidogruppen zwei Cyangruppen substituieren kann.[1] Wohl aber kann man von zwei Nitrogruppen erst die eine zur Amidogruppe reduzieren, diese durch den Cyanrest ersetzen, und dann mit der zweiten Nitrogruppe genau ebenso verfahren.[2] Ebenso kann man Amidogruppen neben schon vorhandenen Carboxylgruppen mühelos durch Cyanreste ersetzen und so auch zu den betreffenden zweibasischen Säuren gelangen. So entstehen die drei *Cyanbenzoesäuren* (*Phtalmononitrile*) aus den Aminobenzoesäuren.[3]

Durch geeignete Kombination beider Methoden erhält man auch Dinitrile, deren eine Cyangruppe aromatisch, die andere aliphatisch gebunden ist. So kann man in Toluol zunächst in den Kern über die Nitro- und Amidoverbindung nach der SANDMEYERschen Methode eine Cyangruppe einführen, das Cyantoluol dann in der Methylgruppe chlorieren und dieses Chloratom mit Cyankalium gegen Cyan austauschen. So erhält man z. B. *o-Cyanbenzylcyanid*[4]

$$C_6H_5\cdot CH_3 \rightarrow C_6H_4<{CH_3 \atop NO_2} \rightarrow C_6H_4<{CH_3 \atop NH_2} \rightarrow C_6H_4<{CH_3 \atop N(\equiv N)\cdot Cl}$$

$$\rightarrow C_6H_4<{CH_3 \atop N(\equiv N)\cdot CN} \rightarrow C_6H_4<{CH_3 \atop CN} \rightarrow C_6H_4<{CH_2Cl \atop CN} \rightarrow C_6H_4<{CH_2\cdot CN \atop CN}.$$

4. *Durch Oxydation von Alkoholen und Aldehyden.* Genau ebenso wie durch Oxydation einwertiger primärer aliphatischer sowie aromatischer Alkohole oder Aldehyde Monocarbonsäuren entstehen (s. S. 187), erhält man durch Oxydation mehrerer solcher Gruppen mehrbasische Säuren, und zwar kann eine und dieselbe mehrbasische Säure durch Oxydation aus einem mehrwertig-primären Alkohol, aus einem Oxyaldehyd, aus einem mehrwertigen Aldehyd, aus einer Oxysäure und schließlich aus einer Aldehydosäure entstehen

$$\begin{matrix} CH_2OH \\ | \\ CH_2OH \end{matrix} \rightarrow \begin{matrix} CH_2OH \\ | \\ CH{=}O \end{matrix} \rightarrow \begin{matrix} CH{=}O \\ | \\ CH{=}O \end{matrix} \nearrow \begin{matrix} CH_2OH \\ | \\ COOH \end{matrix} \rightarrow \begin{matrix} CH{=}O \\ | \\ COOH \end{matrix} \rightarrow \begin{matrix} COOH \\ | \\ COOH \end{matrix}.$$

Glykol — Glykolaldehyd — Glyoxal — Glykolsäure — Glyoxalsäure — Oxalsäure

[1] GLOCK, B. **21**, 2661. [2] LEUCKART, B. **19**, 175.
[3] SANDMEYER, B. **18**, 1496. [4] GABRIEL, OTTO, B. **20**, 2224.

Für die Anwendung am wichtigsten ist die Oxydation mehrwertig-primärer Alkohole, doch ist die praktische Bedeutung der Methode im ganzen nur sehr gering, da die mehrwertigen Säuren viel bequemer nach anderen Methoden erhalten werden.

5. *Durch Oxydation von Kohlenwasserstoffen.* Für die Darstellung aliphatischer mehrbasischer Säuren ist diese Methode von noch geringerem Wert als die vorhergehende, obwohl durch Oxydation von ungesättigten Kohlenwasserstoffen (Olefinen) einige zweibasische Säuren erhalten worden sind, so *Malonsäure* aus Propylen mit Kaliumpermanganat[1]

$$CH_2{=}CH{-}CH_3 + 5O = COOH\cdot CH_2\cdot COOH + H_2O\,.$$

Dagegen ist die Methode von großer Wichtigkeit für die Darstellung aromatischer mehrbasischer Säuren, indem mehrere gleichzeitig an einem aromatischen Kern stehende Seitenketten bei der Oxydation ebensoviele Carboxylgruppen liefern, doch ist alles Wesentliche über diese Methode bereits bei den einbasischen Säuren (S. 189) besprochen worden.

6. *Durch Oxydation verschiedener Verbindungen unter Zerfall des Moleküls.* Bei der Oxydation zahlreicher organischer Verbindungen treten unter gewissen Bedingungen zweibasische Säuren auf, welche sich von einem niedrigeren Kohlenstoffkomplex ableiten, als das Ausgangsmaterial, aus diesem also durch Spaltung entstanden sind. Obwohl diese Methode praktisch nicht ohne Bedeutung ist, z. B. wird die *Oxalsäure* technisch durch Schmelzen von Cellulose (Sägespänen) mit Ätzkali dargestellt, so läßt sich doch theoretisch über dieselbe nur wenig sagen, da es sich hier stets um sehr komplizierte Umsetzungen handelt, die sich nicht verfolgen lassen, weil meist die mannigfaltigsten, schwer zu isolierenden Produkte neben den gewünschten Säuren auftreten. Die wenigen Gesetzmäßigkeiten, die man bisher über den Verlauf solcher Oxydationen kennt, sind bei den einbasischen Säuren besprochen worden (s. S. 191). Erwähnt möge nur werden, daß bei der Oxydation von Äpfelsäure mit Kaliumbichromat *Malonsäure*[2]

$$COOH\cdot CH_2\cdot CHOH\cdot COOH + 2O = COOH\cdot CH_2\cdot COOH + CO_2 + H_2O$$

und bei der Oxydation mancher Fette mit Salpetersäure *Bernsteinsäure* entsteht.

---

[1] BERTHELOT, A. Spl. **5**, 97.

[2] DESSAIGNES, A. **107**, 251. Vgl. auch KILIANI, SCHÄFER, B. **29**, 1764.

Auch die Oxydation ungesättigter Verbindungen, die sich theoretisch besser verfolgen läßt, als die der gesättigten, kann zu mehrbasischen Säuren führen; so bildet ein völliges Analogon zu der früher (S. 192) besprochenen Oxydation des Propylens zu Ameisensäure und Essigsäure, diejenige der Diallylessigsäure vermittelst Salpetersäure zu *Tricarballylsäure* (und Ameisensäure)[1]

$$\begin{array}{l} CH_2\cdot CH{=}CH_2 \\ \mid \\ CH\cdot COOH \\ \mid \\ CH_2\cdot CH{=}CH_2 \end{array} + 8\,O = \begin{array}{l} CH_2\cdot COOH \\ \mid \\ CH\cdot COOH \\ \mid \\ CH_2\cdot COOH \end{array} + \begin{array}{l} H\cdot COOH \\ \\ H\cdot COOH \end{array}.$$

7. *Würtz-Wislicenussche Synthese.* Schon bei der Anwendung der Würtzschen Synthese zur Darstellung höherer einbasischer Säuren (S. 195) wurde erwähnt, daß man nach dieser Methode auch zwei Moleküle halogensubstituierter einbasischer Säuren zu einer zweibasischen Säure vom doppelten Kohlenstoffkomplex verketten kann. So entsteht aus zwei Molekülen α-Brompropionsäure ein Molekül *Dimethylbernsteinsäure*[2]

$$\begin{array}{l} CH_3\cdot CHBrCOOH \\ CH_3\cdot CHBrCOOH \end{array} + Ag_2 = \begin{array}{l} CH_3\cdot CH\cdot COOH \\ \qquad\ \mid \\ CH_3\cdot CH\cdot COOH \end{array} + 2\,AgBr.$$

Die Ausführung der Umsetzung geschieht meist durch mehrstündiges Erhitzen der Halogenverbindung mit feinverteiltem (sogenanntem molekularen) Silber.[3] Die Anwendung derselben ist auf aliphatische Halogenverbindungen beschränkt. Der leichteren Zugänglichkeit wegen wendet man gewöhnlich die Bromverbindungen an, obwohl die Jodverbindungen leichter mit Silber reagieren. Die Reaktion gelingt meist mit den freien Säuren, besser zuweilen mit deren Estern.

Die Reaktion verläuft jedoch keineswegs glatt, sondern zahlreiche Nebenreaktionen bewirken, daß die Ausbeuten fast immer sehr schlecht sind. Auch die Konstitution der entstehenden Säure ist keineswegs zuverlässig vorauszubestimmen. Diese Nebenreaktionen sind meist darauf zurückzuführen, daß ein Teil der angewandten Halogenfettsäure Halogenwasserstoff abspaltet und Olefincarbonsäure liefert (vgl. S. 202), die dann ihrerseits verschiedenen Umsetzungen unterliegt.[4] So entsteht z. B. bei der Einwirkung von Silber auf α-Bromisobuttersäureester, neben dem nach der normalen Reaktion

$$\begin{array}{l} {CH_3 \atop CH_3}{>}CBr\cdot COOC_2H_5 \\ {CH_3 \atop CH_3}{>}CBr\cdot COOC_2H_5 \end{array} + Ag_2 = \begin{array}{l} {CH_3 \atop CH_3}{>}C{-}COOC_2H_5 \\ \qquad\ \ \mid \\ {CH_3 \atop CH_3}{>}C{-}COOC_2H_5 \end{array} + 2\,AgBr$$

[1] Wolff, A. **201**, 53.

[2] Wislicenus, B. **2**, 720; A. **149**, 215. — Hell, Rothberg, B. **22**, 60.

[3] Wislicenus, A. **149**, 220. [4] Hell, Mayer, B. **22**, 48.

zu erwartendem *s-Tetramethylbernsteinsäureester* in beträchtlicher Menge der Ester der *αα α'-Trimethylglutarsäure.* Dies erklärt sich dadurch, daß ein Teil des α-Bromisobuttersäureesters Bromwasserstoff abspaltet und Methakrylsäureester liefert

$$\genfrac{}{}{0pt}{}{CH_3}{CH_3}{>}CBr\cdot COOC_2H_5 = \genfrac{}{}{0pt}{}{CH_2}{CH_3}{\gg}C\cdot COOC_2H_5 + HBr\,.$$

Ein Teil des letzteren lagert sofort wieder Bromwasserstoff an, jedoch in umgekehrtem Sinne zu β-Bromisobuttersäureester

$$\genfrac{}{}{0pt}{}{CH_2}{CH_3}{\gg}C\cdot COOC_2H_5 + HBr = \genfrac{}{}{0pt}{}{BrCH_2}{CH_3}{>}CH\cdot COOC_2H_5\,,$$

der sich nun mit noch vorhandenem α-Bromisobuttersäureester in normaler Reaktion zu *αα α'-Trimethylglutarsäureester* verketten kann

$$\begin{matrix}\genfrac{}{}{0pt}{}{CH_3}{CH_3}{>}CBr\cdot COOC_2H_5 \\ \quad\genfrac{}{}{0pt}{}{BrCH_2}{CH_3}{>}CH\cdot COOC_2H_5\end{matrix} + Ag_2 = \begin{matrix}\genfrac{}{}{0pt}{}{CH_3}{CH_3}{>}C{-}COOC_2H_5 \\ \mid \\ CH_2 \\ \mid \\ CH_3{-}CH{-}COOC_2H_5\end{matrix} + 2\,AgBr\,.$$ [1]

Trotz der schlechten Ausbeuten ist diese Synthese von großer Wichtigkeit für die Gewinnung höherer zweibasischer aliphatischer Säuren.

8. *Durch Spaltung substituierter Acetessigester.* Schon mehrfach ist die Einführung verschiedener Radikale in den Acetessigester und die Spaltung der so entstehenden Verbindungen (s. S. 171) für die Synthese der verschiedensten Körper benutzt worden. Gleich bei der ersten Erwähnung dieser außerordentlich wichtigen Methode wurde gesagt, daß man in gleicher Weise die verschiedenartigsten organischen Reste, von denen uns Halogenverbindungen zu Gebote stehen, in die reaktionsfähige CH_2-Gruppe des Acetessigesters einführen kann. Wendet man nun **halogensubstituierte Säuren** oder deren Ester an, so gelangt man zunächst zu Ketodicarbonsäureestern, z. B. entsteht mit Chloressigsäureester der *Acetbernsteinsäureester*[2]

$$CH_3\cdot CO\cdot CHNa\cdot COOC_2H_5 + Cl\cdot CH_2\cdot COOC_2H_5$$
$$= \begin{matrix}CH_3\cdot CO\cdot CH\cdot COOC_2H_5 \\ \mid \\ CH_2\cdot COOC_2H_5\end{matrix} + NaCl\,.$$

Diese Ester unterliegen bei geeigneter Verseifung der normalen

[1] Auwers, V. Meyer, B. **23**, 293.

[2] Conrad, **188**, 218. — Rach, A. **234**, 36.

„Säurespaltung“[1] der β-Ketosäureester (s. S. 197) und liefern hierbei neben Essigsäure zweibasische Säuren; der als Beispiel gewählte Ester ergibt so *Bernsteinsäure*[2]

$$\begin{array}{l} CH_3\cdot CO\cdot CH\cdot COOC_2H_5 \\ \qquad\quad | \\ \qquad\quad CH_2\cdot COOC_2H_5 \end{array} + 3\,H_2O = CH_3\cdot COOH + \begin{array}{l} CH_2\cdot COOH \\ | \\ CH_2\cdot COOH \end{array} + 2\,C_2H_5OH.$$

Diese einer sehr allgemeinen Anwendung fähige Methode läßt sich dadurch noch weiter variieren, daß man nach Einführung des einen Säurerestes auch noch das zweite Wasserstoffatom der reaktionsfähigen CH_2-Gruppe sowohl durch eine beliebige Alkylgruppe als auch durch einen zweiten Säurerest ersetzen kann. Aus dem genannten Acetbernsteinsäureester entsteht z. B. mit einem zweiten Molekül Chloressigester *Acettricarballylsäureester*[3]

$$\begin{array}{l} CH_3\cdot CO\cdot CNa\cdot COOC_2H_5 \\ \qquad\quad | \\ \qquad\quad CH_2\cdot COOC_2H_5 \end{array} + Cl\cdot CH_2\cdot COOC_2H_5$$

$$= \begin{array}{l} \qquad\qquad\quad CH_2\cdot COOC_2H_5 \\ \qquad\qquad\quad | \\ CH_3\cdot CO\cdot C\cdot COOC_2H_5 \\ \qquad\qquad\quad | \\ \qquad\qquad\quad CH_2\cdot COOC_2H_5 \end{array} + NaCl$$

und bei der „Säurespaltung“[4] *Tricarballylsäure*

$$\begin{array}{l} CH_2\cdot COOH \\ | \\ CH\cdot COOH \\ | \\ CH_2\cdot COOH \end{array}.[5]$$

---

[1] Die „Ketonspaltung“ dieser Ester, d. h. Abspaltung derjenigen Carboxylgruppe, welche in β-Stellung zur Ketogruppe steht, liefert in normaler Weise Ketosäuren. Aus dem Acetbernsteinsäureester entsteht so *Lävulinsäure* (CONRAD, A. **188**, 223)

$$\begin{array}{l} CH_3\cdot CO\cdot CH\cdot COOC_2H_5 \\ \qquad\quad | \\ \qquad\quad CH_2\cdot COOC_2H_5 \end{array} + 2\,H_2O = \begin{array}{l} CH_3\cdot CO\cdot CH_2 \\ \qquad\qquad | \\ \qquad\qquad CH_2{-}COOH \end{array} + 2\,C_2H_5OH + CO_2\,.$$

[2] CONRAD, A. **188**, 220. [3] EMERY, B. **23**, 3757.

[4] Diese Ketotricarbonsäureester liefern bei der „Ketonspaltung“ in normaler Weise Ketodicarbonsäuren. So entsteht aus dem Acettricarballylsäureester *Acetylglutarsäure* (EMERY, A. **295**, 94)

$$\begin{array}{l} \qquad\qquad\quad CH_2\cdot COOC_2H_5 \\ \qquad\qquad\quad | \\ CH_3\cdot CO\cdot C\cdot COOC_2H_5 \\ \qquad\qquad\quad | \\ \qquad\qquad\quad CH_2\cdot COOC_2H_5 \end{array} + 3\,H_2O = \begin{array}{l} \qquad\qquad\quad CH_2\cdot COOH \\ \qquad\qquad\quad | \\ CH_3\cdot CO\cdot CH \\ \qquad\qquad\quad | \\ \qquad\qquad\quad CH_2\cdot COOH \end{array} + CO_2 + 3\,C_2H_5OH\,.$$

[5] MIEHLE, A. **190**, 322.

Über die praktische Ausführung der Synthese ist kaum etwas Neues zu sagen. Die erste Phase derselben, die Einführung des Säurerestes in den Acetessigester, findet genau ebenso statt wie die früher behandelte Einführung von Alkylgruppen (s. S. 175). Man wendet die Ester der halogensubstituierten Säuren an, die sich ganz wie die Halogenalkyle verhalten. Zur Verwendung scheinen alle derartigen Ester geeignet zu sein, sofern nur das Halogen aliphatisch gebunden ist. Nur das Verhalten des Chlorameisensäureesters bei dieser Reaktion ist noch nicht ganz sicher festgestellt. Über die Spaltung der substituierten Acetessigester ist alles Nötige bereits gesagt worden (s. S. 175 u. 197).

9. *Malonestersynthese.* Zum Zweck der Darstellung einbasischer Säuren ist schon früher (S. 198) die Eigenschaft des Malonsäureesters benutzt worden, die beiden Wasserstoffe seiner mittelständigen CH_2-Gruppe leicht gegen beliebige Alkylreste auszutauschen.[1]

Die praktische Ausführung der Alkylierung ist an der genannten Stelle erläutert worden und erübrigt hier nur noch, den großen Wert dieser Synthese speziell für die Gewinnung mehrbasischer Säuren zu zeigen. In Bezug auf Mannigfaltigkeit der Anwendung wird diese Methode kaum von irgend einer anderen übertroffen. Man verwendet die Malonestersynthese nach folgenden Gesichtspunkten.

Behandelt man Malonester mit der einem Atom Natrium entsprechenden Menge Natriumalkoholat, so wird ein Wasserstoffatom der CH_2-Gruppe durch Natrium ersetzt

$$CH_2<{COOC_2H_5 \atop COOC_2H_5} + C_2H_5ONa = CHNa<{COOC_2H_5 \atop COOC_2H_5} + C_2H_5OH\,.$$

a) Läßt man auf den so entstandenen Natriummalonester ein Molekül irgend eines Halogenalkyls einwirken, so entsteht der betreffende Alkylmalonester, z. B. *Methylmalonester*[2]

$$CHNa<{COOC_2H_5 \atop COOC_2H_5} + CH_3J = CH_3\cdot CH<{COOC_2H_5 \atop COOC_2H_5}$$

und bei der Verseifung die freie Alkylmalonsäure. So entstehen ganz allgemein:

Dicarbonsäuren $X\cdot CH<{COOH \atop COOH}\,.$

---

[1] Eine neuere theoretische Deutung dieses Vorganges siehe S. 327.

[2] Züblin, B. **12**, 1112. — Conrad, B. **12**, 749; A. **204**, 127. 134. — Fürth, M. **9**, 309.

Behandelt man den Alkylmalonester nochmals in gleicher Weise mit Natriumäthylat und Jodalkyl, so kann man auch an Stelle des zweiten Wasserstoffatoms eine beliebige Alkylgruppe einführen.[1] So erhält man:

$$\textit{Dicarbonsäuren}\quad {}^{X}_{Y}\!>C<^{COOH}_{COOH}\,.$$

Sollen die beiden einzuführenden Alkylgruppen die gleichen sein:

$$\textit{Dicarbonsäuren}\quad X_2\cdot C<^{COOH}_{COOH}\,,$$

so kann man auch gleich zwei Moleküle Natriumäthylat und Jodalkyl in einer Operation auf den Malonester einwirken lassen.[2]

Für diese Darstellung homologer Malonsäuren sind alle fetten und fettaromatischen Halogenverbindungen verwendbar, sofern nur das Halogen aliphatisch gebunden ist. Aromatisch gebundenes Halogen reagiert nur bei gleichzeitiger Anwesenheit von Nitrogruppen im Kern (vgl. S. 115). Die praktische Ausführung ist schon früher besprochen worden.[3]

b) Wendet man in sonst unveränderter Weise an Stelle der Halogenalkyle die Ester halogensubstituierter Säuren an (vgl. S. 200), so treten die entsprechenden Reste in das Malonestermolekül ein. So entsteht z. B. aus Natriummalonester und Chloressigsäureester der sogenannte *Äthenyltricarbonsäureester*[4]

$$CHNa<^{COOC_2H_5}_{COOC_2H_5} + Cl\cdot CH_2\cdot COOC_2H_5 = \begin{array}{l} CH_2\cdot COOC_2H_5 \\ | \\ CH<^{COOC_2H_5}_{COOC_2H_5} \end{array}$$

und analog:

$$\textit{Tricarbonsäuren}\quad \begin{array}{l} X-COOH \\ | \\ CH<^{COOH}_{COOH} \end{array}.$$

Alkyliert man diese wiederum wie vorher, so erhält man:

$$\textit{Tricarbonsäuren}^{5}\quad \begin{array}{l} X-COOH \\ | \\ C<^{COOH}_{COOH} \\ | \\ Y \end{array}$$

---

[1] THORNE, Soc. **39**, 543. — CONRAD, BISCHOFF, A. **204**, 146. 138.

[2] Es möge noch erwähnt werden, daß, wenn die einzuführenden Reste stark saure Eigenschaften besitzen, wie z. B. Nitrobenzylgruppen etc., auch bei Anwendung nur eines Moleküls Natriumäthylat und Halogenalkyl, sofort beide Wasserstoffe durch Alkyl ersetzt werden, indem nur die Hälfte des vorhandenen Malonesters in Reaktion tritt (LELLMANN, SCHLEICH, B. **20**, 434) (vgl. S. 326).

[3] CONRAD, A. **204**, 129. — G. 154.

[4] BISCHOFF, A. **214**, 38. [5] WALTZ, A. **214**, 58.

oder, wenn man auch zum zweiten Male einen halogensubstituierten Ester anstatt des Halogenalkyls nimmt:

Tetracarbonsäuren[1] 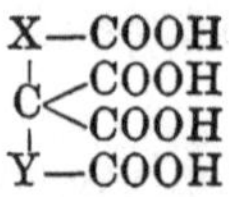 .

Durch Kohlensäureabspaltung beim Erhitzen (s. S. 198) entstehen aus diesen Polycarbonsäuren:

Dicarbonsäuren 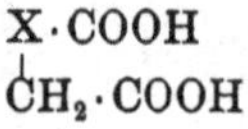 und 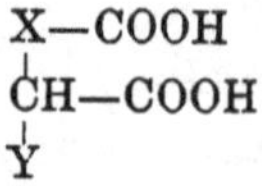

sowie

Tricarbonsäuren 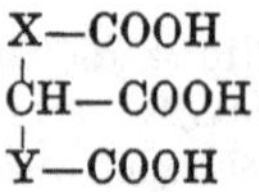 .

c) Damit ist aber die Verallgemeinerungsfähigkeit der Methode noch bei weitem nicht erschöpft. Man kann nämlich im Malonsäureester selbst, sowie in allen daraus synthetisierten höheren Polycarbonsäureestern, sofern sie noch die Gruppe $—CH<^{COOC_2H_5}_{COOC_2H_5}$ enthalten, das am Kohlenstoff stehende reaktionsfähige Wasserstoffatom nicht nur immer wieder durch Natrium, sondern auch durch Chlor ersetzen[2] und die so erhaltenen Chlorpolycarbonsäureester in gleicher Weise mit beliebigen Natriumpolycarbonsäureestern verketten.[3] Durch diese Modifikation oder deren Kombination mit den vorangehenden Modifikationen erhält man, außer dem aus zwei Molekülen Malonester entstehenden *Äthantetracarbonsäureester*

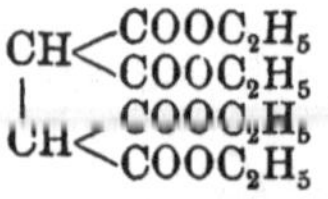 ,

beliebige:

Polycarbonsäuren 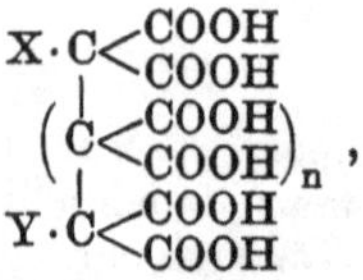 , 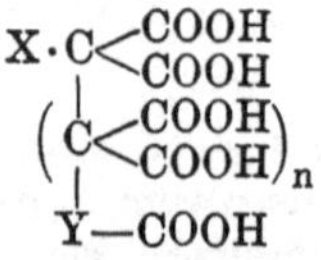 und 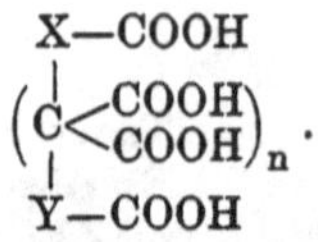 .

Durch schrittweisen Aufbau ist man auf diese Weise schon bis zu einem *Oktoïntesserakaidekacarbonsäureester* $C_{50}H_{74}O_{28}$ von der Konstitution

[1] Bischoff, A. **214**, 61. [2] Vgl. S. 350. — Bischoff, A. **214**, 44.
[3] Conrad, Bischoff, A. **214**, 68.

$$\begin{array}{l} CH_2\cdot COOC_2H_5 \\ \left(\overset{|}{\underset{|}{C}}\!<\!\begin{array}{l}COOC_2H_5\\COOC_2H_5\end{array}\right)_6 , \\ CH_2\cdot COOC_2H_5 \end{array}$$

also dem Ester einer vierzehnbasischen Säure gelangt.[1]

Weiterhin sind durch Kohlensäureabspaltung (s. S. 198) aus diesen Säuren darstellbar die:

Polycarbonsäuren

$$\begin{array}{l} X\cdot CH-COOH \\ (\overset{|}{C}H-COOH)_n , \\ Y\cdot \overset{|}{C}H-COOH \end{array} \quad \begin{array}{l} X\cdot CH-COOH \\ (\overset{|}{C}H-COOH)_n \\ \overset{|}{Y}-COOH \end{array} \text{ und } \begin{array}{l} X-COOH \\ (\overset{|}{C}H-COOH)_n . \\ \overset{|}{Y}-COOH \end{array}$$

d) Läßt man auf Verbindungen, welche mehrere Halogenatome enthalten, ebenso viele Moleküle Natriummalonester einwirken, so kann man einen Alkylenrest mit mehreren Malonestermolekülen verketten. So entsteht z. B. aus Methylenjodid *Methylendimalonsäureester*[2]

$$CH_2J_2 + 2\,NaCH\!\begin{array}{l}\diagup COOC_2H_5\\ \diagdown COOC_2H_5\end{array} = CH_2\!\begin{array}{l}\diagup CH\!<\!\begin{array}{l}COOC_2H_5\\COOC_2H_5\end{array}\\ \diagdown CH\!<\!\begin{array}{l}COOC_2H_5\\COOC_2H_5\end{array}\end{array} + 2\,NaJ ,$$

aus Trimethylenbromid *Pentantetracarbonsäureester*[3]

---

[1] Bischoff, B. **21**, 2116.

[2] Halogenverbindungen mit mehr als zwei Halogenatomen am selben Kohlenstoff, wie Chloroform und Tetrachlorkohlenstoff, reagieren jedoch anormal (vgl. S. 318) (s. Dimroth, B. **35**, 2883). Analoge Verbindungen entstehen zuweilen auch bei der Einwirkung von Aldehyden auf Malonsäure neben den ungesättigten Dicarbonsäuren, welche nach der Perkinschen Synthese (S. 316) zu erwarten sind. So gibt Acetaldehyd mit Malonsäure nicht nur Äthylidenmalonsäure (bezw. deren Zersetzungsprodukte)

$$CH_3\cdot CHO + CH_2\!<\!\begin{array}{l}COOH\\COOH\end{array} = CH_3\cdot CH{=}C\!<\!\begin{array}{l}COOH\\COOH\end{array} + H_2O ,$$

sondern auch *Äthylidendimalonsäure*, deren Bildung vielleicht auf eine sekundäre Addition von Malonester, auf die primär gebildete ungesättigte Säure, zurückzuführen ist (vgl. S. 280 u. 319)

$$CH_3\cdot CHO + 2\,CH_2\!<\!\begin{array}{l}COOH\\COOH\end{array} = CH_3\cdot CH\!\begin{array}{l}\diagup CH\!<\!\begin{array}{l}COOH\\COOH\end{array}\\ \diagdown CH\!<\!\begin{array}{l}COOH\\COOH\end{array}\end{array} + H_2O$$

(Komnenos, A. **218**, 150. 158. — Perkin, B. **19**, 1056). Diese Reaktion, die hauptsächlich bei Benutzung organischer primärer oder sekundärer Basen (Äthylamin, Diäthylamin, Piperidin u. a.) als Kondensationsmittel eintritt, ist besonders zur Darstellung höherer Ketosäuren aus Acetessigester von Wert und wird dort ausführlicher behandelt werden. — Guthzeit, Dressel, B. **21**, 2234; A. **256**, 175. — Perkin, Prentice, Soc. **59**, 992. — Conrad, A. **222**, 253.

[3] Perkin, Prentice, Soc. **51**, 241; **59**, 824; B. **18**, 3248.

$$CH_2<\begin{matrix}CH_2Br\\CH_2Br\end{matrix} + 2\,NaCH<\begin{matrix}COOC_2H_5\\COOC_2H_5\end{matrix} = CH_2<\begin{matrix}CH_2\cdot CH(COOC_2H_5)_2\\CH_2\cdot CH(COOC_2H_5)_2\end{matrix}\ \text{u. s. w.}$$

Hauptsächlich entstehen so:

$$\textit{Tetracarbonsäuren}\quad \begin{matrix}CH<\begin{matrix}COOH\\COOH\end{matrix}\\ |\\ X\\ |\\ CH<\begin{matrix}COOH\\COOH\end{matrix}\end{matrix}$$

und daraus durch Kohlensäureabspaltung:

$$\textit{Dicarbonsäuren}\quad \begin{matrix}CH_2\cdot COOH\\ |\\ X\\ |\\ CH_2\cdot COOH\end{matrix}\ .$$

Neben dieser Reaktion her, und häufig die Hauptreaktion ausmachend, geht stets eine andere, indem der zweiwertige Alkylenrest anstatt in zwei Molekülen Malonester je ein Wasserstoff, in einem Molekül Malonester beide vertretbaren Wasserstoffe ersetzt. Es entstehen so Carbonsäuren carbocyklischer Verbindungen, von denen an anderer Stelle die Rede ist (S. 44). So gibt Äthylenbromid mit Malonester neben Butantetracarbonsäureester *Trimethylendicarbonsäureester*

$$\begin{matrix}CH_2Br\\ |\\ CH_2Br\end{matrix} + CH_2<\begin{matrix}COOC_2H_5\\COOC_2H_5\end{matrix} + 2\,NaOC_2H_5$$

$$= \begin{matrix}CH_2\\ |\\ CH_2\end{matrix}>C<\begin{matrix}COOC_2H_5\\COOC_2H_5\end{matrix} + 2\,NaBr + 2\,C_2H_5OH\ .$$

Analog liefert Trimethylenbromid *Tetramethylendicarbonsäureester* u. s. w.

e) Hier mag gleich eine Abart der Malonestersynthese Erwähnung finden, die ebenfalls zu Poly- und Dicarbonsäuren führt und die man gewissermaßen als eine Umkehrung der Synthese von Würtz-Wislicenus (s. S. 301) betrachten kann. Genau wie man dort zwei Moleküle halogenhaltiger Substanzen verkettet, indem man ihnen das Halogen durch Natrium entzieht, kann man auch zwei Reste von Natriumverbindungen zur Verkettung bringen, indem man ihr Natrium an Halogen bindet. Zu dieser Reaktion befähigt sind diejenigen Verbindungen, in denen an Kohlenstoff gebundene Wasserstoffatome durch Natrium ersetzbar und leicht gegen organische Reste austauschbar sind (s. S. 170. 242. 278. 298 u. a. O.), insbesondere der Malonsäureester und seine Monoalkylderivate. Behandelt man z. B. Natriummalonester mit Jod, so entsteht *Äthantetracarbonsäureester*[1]

[1] Bischoff, Rach, B. **17**, 2781.

$$\begin{array}{l} CHNa<\begin{array}{l}COOC_2H_5\\COOC_2H_5\end{array} \\ CHNa<\begin{array}{l}COOC_2H_5\\COOC_2H_5\end{array}\end{array} + J_2 = \begin{array}{l} CH<\begin{array}{l}COOC_2H_5\\COOC_2H_5\end{array} \\ | \\ CH<\begin{array}{l}COOC_2H_5\\COOC_2H_5\end{array}\end{array} + 2\,NaJ\,.$$

Allgemein entstehen so:

Tetracarbonsäuren $$\begin{array}{l} X\cdot C<\begin{array}{l}COOH\\COOH\end{array} \\ \quad | \\ X\cdot C<\begin{array}{l}COOH\\COOH\end{array}\end{array}$$

und daraus durch Kohlensäureabspaltung:

Dicarbonsäuren $$\begin{array}{l} X\cdot CH\cdot COOH \\ X\cdot \overset{|}{C}H\cdot COOH \end{array}.$$

Doch kann man ähnlich, wie oben beschrieben, auch höhere Polycarbonsäureester miteinander verketten, sofern sie noch die Gruppe $-CH<\begin{array}{l}COOC_2H_5\\COOC_2H_5\end{array}$, d. h. ein durch Natrium vertretbares Wasserstoffatom besitzen.[1]

Wie aus dem vorher Gesagten schon von selbst hervorgeht, kann man auch β-Ketosäureester[2] nach der letztgenannten Methode miteinander verketten, doch scheint diese Reaktion zur Gewinnung von Paraffindicarbonsäuren nicht brauchbar zu sein. Durch die Verkettung entstehen zunächst naturgemäß Diketodicarbonsäureester, aus Natracetessigester z. B. der sogenannte *Diacetbernsteinsäureester*[3]

$$\begin{array}{r} CH_3\cdot CO\cdot CHNa\cdot COOC_2H_5 \\ +\ CH_3\cdot CO\cdot CHNa\cdot COOC_2H_5 \end{array} + J_2 = \begin{array}{l} CH_3\cdot CO\cdot CH\cdot COOC_2H_5 \\ CH_3\cdot CO\cdot \overset{|}{C}H\cdot COOC_2H_5 \end{array} + 2\,NaJ$$

und die „Säurespaltung" (s. S. 197) dieser Verbindungen[4], die eigentlich zu Dicarbonsäuren führen sollte, scheint nicht in normaler Weise zu verlaufen.[5]

Praktisch werden derartige Verkettungen so ausgeführt, daß man entweder die isolierte trockene Natriumverbindung des anzuwendenden Esters mit trockenem Äther fein verreibt, oder die in gewohnter Weise erhaltene alkoholische Lösung derselben bis zur Trübung mit Äther versetzt und nun die ebenfalls in trockenem Äther gelöste berechnete Jodmenge zutropft. Schließlich wird die mit Wasser und etwas Natriumthiosulfatlösung ausgeschüttelte Ätherschicht verdunstet.

Trotzdem diese Reaktion in einzelnen Fällen sehr glatt verläuft, ist sie doch in vielen Fällen sehr unzuverlässig und steht der eigent-

---

[1] Bischoff, B. **17**, 2786.

[2] Auch Ketone und Diketone gewisser Konstitution (s. S. 170 u. 278) kann man analog miteinander verketten.

[3] Harrow, A. **201**, 142. — Baeyer, Perkin, B. **17**, 60.

[4] Über die „Ketonspaltung" s. S. 273.

[5] Harrow, A. **201**, 145.

lichen Malonestersynthese an Wichtigkeit nach. Wertvoller ist sie zur Gewinnung carbocyklischer Carbonsäuren (s. S. 48). Man kann nämlich in den Estern der, wie oben erläutert, aus Dihalogenverbindungen und Natriummalonester erhaltenen Tetracarbonsäure $\begin{matrix}HOOC\\HOOC\end{matrix}\!>\!CH—X—CH\!<\!\begin{matrix}COOH\\COOH\end{matrix}$ die Wasserstoffatome der beiden CH-Gruppen wiederum durch Natrium ersetzen und nun mit Jod eine intramolekulare Verkettung unter Ringschluß bewirken. So entsteht aus der Natriumverbindung des oben als Beispiel benutzten Pentantetracarbonsäureesters der Ester der Pentamethylentetracarbonsäure

$$CH_2\!<\!\begin{matrix}CH_2\cdot CNa\!<\!\begin{matrix}COOC_2H_5\\COOC_2H_5\end{matrix}\\CH_2\cdot CNa\!<\!\begin{matrix}COOC_2H_5\\COOC_2H_6\end{matrix}\end{matrix} + J_2 = CH_2\!<\!\begin{matrix}CH_2—C\!<\!\begin{matrix}COOC_2H_5\\COOC_2H_5\end{matrix}\\ |\\CH_2—C\!<\!\begin{matrix}COOC_2H_5\\COOC_2H_5\end{matrix}\end{matrix}.$$

Auch durch Addition von Malonester an Ester ungesättigter Säuren entstehen Ester von Polycarbonsäuren.[1]

Anhang.

Ungesättigte mehrbasische Säuren. Vor der Besprechung der Synthesen ungesättigter mehrbasischer Säuren mögen einige Worte über die wichtigen und interessanten Isomerieverhältnisse dieser Körperklasse vorangeschickt werden, soweit dieselben zum Verständnis der Bildungsweisen notwendig sind. Ein genaues Eingehen auf dies Gebiet würde zu weit führen und muß in dieser Beziehung auf die allgemeinen Lehrbücher verwiesen werden.

Die ungesättigten Dicarbonsäuren von der allgemeinen Formel $\begin{matrix}X\cdot C\cdot COOH\\ \|\\ Y\cdot C\cdot COOH\end{matrix}$ existieren in zwei stereoisomeren Formen, deren verschiedenes Verhalten, vor allem die Fähigkeit oder Unfähigkeit ein Anhydrid zu bilden, bei gleicher Zusammensetzung und Konstitution man aus der gegenseitigen Stellung der Carboxylgruppen im Raum erklärt. So existiert der einfachste Repräsentant dieser Körperklasse, die der Bernsteinsäure entsprechende Säure HOOC·CH═CH·COOH in zwei verschiedenen Formen. Der einen dieser beiden Säuren und zwar derjenigen, die beim Erhitzen leicht in ein Anhydrid $\begin{matrix}CH—CO\\ \|\\ CH—CO\end{matrix}\!>\!O$ übergeht, der Maleïnsäure, erteilt man die Konfiguration

$$\begin{matrix}H\cdot C\cdot COOH\\ \|\\ H\cdot C\cdot COOH\end{matrix},$$

[1] Michael, J. pr. [2] **35**, 349.

während man für die andere, die Fumarsäure, zu der kein zugehöriges Anhydrid existiert, die Konfiguration

$$\begin{array}{r} H\cdot C\cdot COOH \\ \| \quad\quad \\ HOOC\cdot C\cdot H \end{array}$$

annimmt. In je zwei ganz analogen stereoisomeren Formen existieren auch die höheren Homologen. So unterscheidet man eine anhydrisierbare Methylmaleïnsäure und eine nicht anhydrisierbare Methylfumarsäure. Erstere führt den Namen Citrakonsäure und besitzt die Konfiguration

$$\begin{array}{r} CH_3\cdot C-COOH \\ \| \quad\quad\quad \\ H\cdot C-COOH \end{array},$$

letztere heißt Mesakonsäure und entspricht der Formel

$$\begin{array}{r} CH_3\cdot C\cdot COOH \\ \| \quad\quad \\ HOOC\cdot C\cdot H \end{array}.$$

Nach diesen beiden Repräsentanten benennt man auch die höheren Homologen als Alkylcitrakonsäuren, wenn sie die „maleïnoide Konfiguration“, und als Alkylmesakonsäuren, wenn sie die „fumaroïde Konfiguration“ besitzen. Zur näheren Bezeichnung der eintretenden Alkylgruppen, benennt man die drei Kohlenstoffatome, die gewissermaßen das Skelett aller Homologen bilden, mit den Buchstaben α, β und γ

$$\begin{array}{l} \overset{\gamma}{C}\cdot\overset{\alpha}{C}-COOH \\ \quad\;\; \underset{\beta}{C}-COOH \end{array}.$$

Für die Darstellung der verschiedenen Säuren ist es wichtig, daß beide Formen unter bestimmten Bedingungen wechselseitig ineinander übergehen. Dazu kommt aber, daß unter gewissen anderen Bedingungen auch eine Verschiebung der Doppelbindung stattfindet, so daß zu den beiden stereoisomeren Formen noch eine strukturisomere hinzukommt. Diese Säuren, bei denen die Doppelbindung von der $\alpha{=}\beta$-Stellung nach der $\alpha{=}\gamma$-Stellung gewandert ist, heißen Itakonsäuren nach dem einfachsten Repräsentanten, der *Itakonsäure*

$$\begin{array}{l} CH_2{=}C-COOH \\ \quad\quad\;\; | \\ \quad\quad\; CH_2\cdot COOH \end{array}.$$

Befinden sich an dem γ-Kohlenstoffatom noch eine oder mehrere Alkylgruppen, so kann sogar noch eine weitere Verschiebung der Doppelbindung stattfinden, nämlich von der $\alpha{=}\gamma$-Stellung zu einer $\gamma=\delta$-Stellung. So entsteht aus der Methylitakonsäure

$$\begin{array}{l} CH_3\cdot CH{=}C\cdot COOH \\ \qquad\quad | \\ \qquad\quad CH_2\cdot COOH \end{array}$$

die *Methylatikonsäure*

$$\begin{array}{l} CH_2{=}CH{-}CH{-}COOH \\ \qquad\qquad\quad | \\ \qquad\qquad\quad CH_2{-}COOH \end{array}$$

und analog andere Atikonsäuren.

Diese Säuren, welche sich von den verschiedenen Alkylbernsteinsäuren durch den Eintritt einer Doppelbindung ableiten, können also in vier Isomeren existieren, welche sich unter verschiedenen Bedingungen wechselseitig ineinander umlagern lassen. Diese vier Isomeren entsprechen folgenden allgemeinen Formeln, in denen X, Y und Z Wasserstoffe oder Alkylgruppen sein können

$$\begin{array}{cccc} {}^{X}_{Y}{>}CH\cdot C\cdot COOH & {}^{X}_{Y}{>}CH\cdot C\cdot COOH & {}^{X}_{Y}{>}C{=}C{-}COOH & {}^{X}_{Y}{>}C\cdot CH\cdot COOH \\ \quad\| & \quad\| & | & | \\ Z\cdot C\cdot COOH & HOOC\cdot C\cdot Z & Z{-}CH{-}COOH & Z\cdot CH\cdot COOH \end{array}.$$

Alkylcitrakon-säuren	Alkylmesakon-säuren	Alkylitakon-säuren	Alkylatikon-säuren

Bei denjenigen Homologen, bei denen X und Y Wasserstoff sind, ist natürlich die Existenz der Atikonsäuren unmöglich. Ferner ist zu bemerken, daß alle Säuren vom Typus der Citrakonsäuren, in denen Z eine Alkylgruppe ist, in freier Form unbeständig sind und im Entstehungsmoment sofort in ihr Anhydrid übergehen.

Die wichtigsten Umwandlungsbedingungen für diese vier Typen, deren genaue Kenntnis wir hauptsächlich Fittig[1] verdanken, sind die folgenden.[2] Bei denjenigen Reaktionen, bei denen man die Bildung ungesättigter Säuren von einer dieser Formen erwarten sollte, entstehen häufig zunächst diesen isomere Laktonsäuren, die sogenannten Parakonsäuren, von denen weiter unten (S. 316) ausführlicher die Rede sein wird. 1. Erwärmt man die Ester der Parakonsäuren in alkoholischer Lösung mit Natrium alkoholat, so gehen sie in Estersalze der Itakonsäuren über, aus denen diese selbst durch Verseifen erhalten werden. 2. Destilliert man die freien Parakonsäuren, so lagern sie sich zum Teil in Citrakonsäure, zum Teil in Itakonsäure um, die aber infolge ihrer leichten Anhydrisierbarkeit in Form ihrer Anhydride erhalten werden. 3. Diese Anhydride gehen beim Lösen in Wasser in die freien Säuren über, die dadurch getrennt werden können, daß

[1] Fittig, A. **304**, 117—339; **305**, 1—63.

[2] Der besseren Übersicht wegen sind diese Übergänge in der folgenden Tafel zusammengestellt. Die an den Pfeilen stehenden Zahlen entsprechen den oben folgenden Umwandlungsreaktionen.

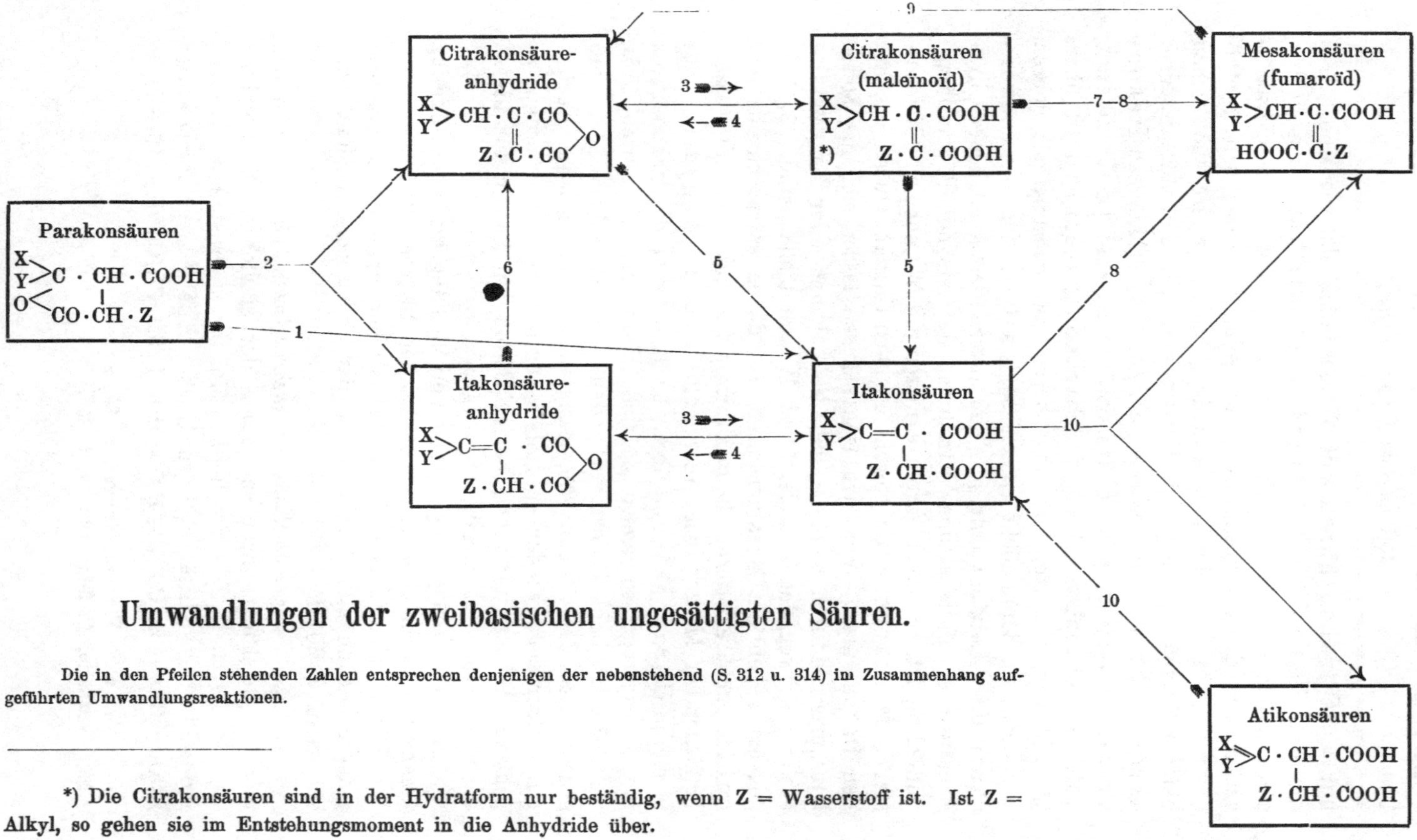

Umwandlungen der zweibasischen ungesättigten Säuren.

Die in den Pfeilen stehenden Zahlen entsprechen denjenigen der nebenstehend (S. 312 u. 314) im Zusammenhang aufgeführten Umwandlungsreaktionen.

---

*) Die Citrakonsäuren sind in der Hydratform nur beständig, wenn Z = Wasserstoff ist. Ist Z = Alkyl, so gehen sie im Entstehungsmoment in die Anhydride über.

nur die Citrakonsäuren mit Wasserdampf flüchtig sind. Daß die β-alkylierten Citrakonsäuren nicht in freiem Zustande isolierbar sind, ist schon oben erwähnt worden. 4. Sowohl die Citrakonsäuren wie die Itakonsäuren gehen beim Erwärmen mit Acetylchlorid in die zugehörigen Anhydride über, erstere auch schon beim Erhitzen für sich. 5. Erhitzt man Citrakonsäureanhydrid (oder Citrakonsäure) mit Wasser auf 150°, so erhält man Itakonsäure, andrerseits geht 6. Itakonsäureanhydrid bei Destillation unter gewöhnlichem Druck in Citrakonsäureanhydrid über. 7. Läßt man Citrakonsäure in Ätherchloroformlösung mit Spuren von Brom im Sonnenlicht stehen, so lagert sie sich in Mesakonsäure um. Letztere läßt sich von unverändert gebliebener Citrakonsäure ebenfalls dadurch trennen, daß sie mit Wasserdampf unflüchtig ist. 8. Auch durch Erhitzen mit Wasser auf 200° entstehen Mesakonsäuren sowohl aus den Citrakonsäuren wie aus den Itakonsäuren. Von den Itakonsäuren lassen sich die Mesakonsäuren dadurch trennen, daß die Calcium- oder Baryumsalze ersterer schwer, letzterer leicht in Wasser löslich sind. 9. Umgekehrt gehen die Mesakonsäuren, zu denen entsprechende Anhydride nicht existieren, beim Erhitzen für sich oder mit wasserentziehenden Mitteln wie Acetylchlorid in die Anhydride der isomeren Citrakonsäuren über. 10. Kocht man die Itakonsäuren mit Natronlauge, so lagern sie sich teils in Mesakonsäuren, teils, wenn die Möglichkeit dazu vorhanden ist (siehe vorher), in Atikonsäuren um. Da jedoch die letzteren umgekehrt beim Kochen mit Natronlauge wieder in Itakonsäuren verwandelt werden, so geht die Umlagerung nach beiden Seiten hin immer nur bis zu einem gewissen Gleichgewichtszustand.

Ähnliche Umlagerungen unter Verschiebung der Doppelbindung kommen auch bei höheren ungesättigten Säuren vor.[1]

Die Bildungsweisen der mehrbasischen ungesättigten Säuren entsprechen im allgemeinen denen der einbasischen Olefincarbonsäuren (s. S. 201 ff.).

1. *Aus halogensubstituierten mehrbasischen Säuren* entstehen ungesättigte Dicarbonsäuren analog der einfachen Olefinbildung (vgl. S. 10 u. 202). So liefert Monobrombernsteinsäure (oder Monochlorbernsteinsäure) beim Kochen mit Wasser *Fumarsäure*[2]

$$HOOC\cdot CHBr{-}CH_2\cdot COOH + H_2O = HOOC\cdot CH{=}CH\cdot COOH + HBr + H_2O\,,$$

[1] Vgl. z. B. Fichter, Eggert, B. **31**, 2000.

[2] Volhard, A. **242**, 158; **268**, 256.

doch besitzt diese Methode für mehrbasische ungesättigte Säuren nur geringe Bedeutung. Dasselbe gilt für die Umsetzung der Dibromderivate durch Kochen mit Jodkaliumlösung (vgl. S. 202).[1]

Auch Acetylendicarbonsäuren sind aus dihalogensubstituierten Dicarbonsäuren nach Art der gewöhnlichen Acetylenbildung (s. S. 9) erhalten worden.[2]

2. *Aus mehrbasischen Oxysäuren.* Über die Wasserabspaltung aus mehrbasischen Oxysäuren gilt im allgemeinen das bei den einbasischen Säuren Gesagte (s. S. 203). So gibt die Äpfelsäure schon beim Erhitzen für sich *Fumarsäure* (und *Maleïnsäureanhydrid*)[3]

$$HOOC\cdot CHOH{-}CH_2\cdot COOH = HOOC\cdot CH{=}CH\cdot COOH + H_2O$$

und analog liefert Citronensäure *Akonitsäure*[4]

$$\begin{matrix} CH_2\cdot COOH \\ | \\ C(OH)\cdot COOH \\ | \\ CH_2\cdot COOH \end{matrix} = \begin{matrix} CH_2\cdot COOH \\ | \\ C{-}COOH \\ \| \\ CH{-}COOH \end{matrix} + H_2O\,.$$

Steht die Hydroxylgruppe in γ- oder δ-Stellung zu einer Carboxylgruppe, so überwiegt die Tendenz zur Laktonbildung (s. Oxysäuren), doch entstehen durch Umlagerung der Laktonsäuren unter gewissen Bedingungen ungesättigte Säuren (vgl. das oben über die Parakonsäuren Gesagte).

Zur Darstellung von ungesättigten Säuren, welche mehrere Carboxylgruppen an einem Kohlenstoffatom haben, kommt diese Methode nicht in Betracht, weil die zur Wasserabspaltung nötige Erhitzung hier auch Kohlensäureabspaltung bewirkt.

3. *Perkinsche Synthese.* Ebenso wie Aldehyde auf einbasische Säuren, die eine der Carboxylgruppe benachbarte CH_2-Gruppe besitzen, im Sinne der PERKINschen Synthese unter Bildung ungesättigter Säuren einwirken (s. S. 205), so reagieren sie auch unter den gleichen Vorbedingungen auf mehrbasische Säuren. Zwischen der Malonsäure und aliphatischen, sowie aromatischen Aldehyden findet diese Kondensation ziemlich glatt statt, so entsteht aus Benzaldehyd und Malonsäure *Benzylidenmalonsäure*[5]

---

[1] SWARTS, Z. **1868**, 259.

[2] LOSSEN, A. **272**, 127. — BURTON, PECHMANN, B. **20**, 148. — BANDROWSKY, B. **10**, 838. — BAEYER, B. **18**, 677. 2269. — GORODETZKY, HELL, B. **21**, 1801.

[3] BAEYER, B. **18**, 676.

[4] HENTSCHEL, J. pr. [2] **35**, 205. — PAWOLLECK, A. **178**, 153.

[5] CLAISEN, CRISMER, A. **218**, 130.

$$C_6H_5\cdot CHO + CH_2\cdot{<}\begin{smallmatrix}COOH\\ COOH\end{smallmatrix} = C_6H_5\cdot CH{=}C{<}\begin{smallmatrix}COOH\\ COOH\end{smallmatrix} + H_2O$$

und aus Acetaldehyd mit Malonsäureester der Ester der *Äthylidenmalonsäure*[1], nur muß man bei der Kondensation ganz bestimmte Bedingungen innehalten, weil die entstehenden ungesättigten Dicarbonsäuren sehr große Neigung haben, unter Abspaltung von CO_2 in die einbasischen Olefincarbonsäuren überzugehen (vgl. auch S. 209).

Am glattesten läßt sich die Kondensation der Aldehyde mit Malonester durch Erhitzen mit Essigsäureanhydrid im Rohr auf 100—150° erreichen. Mit freier Malonsäure verläuft die Umsetzung schlechter. Das beste Kondensationsmittel scheint hier Eisessig bei 100° zu sein. Bei Gegenwart anderer Kondensationsmittel, namentlich organischer primärer oder sekundärer Basen ist auch noch eine völlig andere Kondensation zwischen Aldehyden und Malonester möglich, die aber zu gesättigten Säuren führt und daher an anderer Stelle erwähnt worden ist (s. S. 307 Anm.). Ein Molekül Aldehyd kann sich nämlich auch mit zwei Molekülen Malonester kondensieren, z. B. zu *Äthylidendimalonester*

$$CH_3\cdot CHO + 2\,CH_2{<}\begin{matrix}COOC_2H_5\\ COOC_2H_5\end{matrix} = CH_3\cdot CH{<}\begin{matrix}CH{<}\begin{smallmatrix}COOC_2H_5\\ COOC_2H_5\end{smallmatrix}\\ CH{<}\begin{smallmatrix}COOC_2H_5\\ COOC_2H_5\end{smallmatrix}\end{matrix} + H_2O\,.$$

Mit den zweibasischen Säuren vom Typus der Bernsteinsäure, sofern dieselben benachbart einer COOH-Gruppe eine CH_2-Gruppe besitzen, reagieren aromatische und aliphatische Aldehyde gleichfalls im Sinne der Perkinschen Synthese, doch entstehen meist nicht die zu erwartenden ungesättigten Säuren, sondern mit diesen isomere Laktonsäuren, die sogenannten Parakonsäuren, über deren Überführung in die verschiedenen ungesättigten Säuren weiter oben gesprochen worden ist. Die Bildung dieser Parakonsäuren ist offenbar auf folgenden Umstand zurückzuführen. Die Aldehyde reagieren zunächst mit den Bernsteinsäuren ganz normal im Sinne der Aldolbildung (s. S. 205), d. h. einfach anlagernd.

$$X\cdot CH{=}O + \begin{array}{l}CH_2\cdot COOH\\ |\\ CH_2\cdot COOH\end{array} = \begin{array}{l}X\cdot CH{-}CH\cdot COOH\\ \quad\; OH \quad |\\ \qquad\quad\; CH_2\cdot COOH\end{array}.$$

Die so entstehenden Oxysäuren sind aber in Bezug auf die eine Carboxylgruppe γ-Oxysäuren und neigen als solche außerordentlich viel mehr zur Laktonsäurebildung als zur Olefinbildung

[1] Komnenos, A. **218**, 156.

(vgl. Oxysäuren), gehen also bei Gegenwart wasserentziehender Mittel in die Laktonsäuren, eben die Parakonsäuren über

$$\begin{array}{l} X\cdot CH{-}CH\cdot COOH \\ \;|\qquad\; | \\ OH\quad CH_2\cdot COOH \end{array} = \begin{array}{l} X\cdot CH{-}CH\cdot COOH \\ O\langle\qquad | \\ \quad\backslash CO{-}CH_2 \end{array} + H_2O\,.$$

So entsteht aus Benzaldehyd und Bernsteinsäure *Phenylparakonsäure*[1]

$$C_6H_5\cdot CH{=}O + \begin{array}{l} CH_2{-}COOH \\ | \\ CH_2{-}COOH \end{array} = \begin{array}{l} C_6H_5\cdot CH{-}CH{-}COOH \\ O<\qquad | \\ \quad CO{-}CH_2 \end{array} + H_2O\,.$$

aus Propionaldehyd *Äthylparakonsäure*[2] u. s. w.

Die beste Arbeitsweise zur Darstellung der Parakonsäuren scheint zu sein, das Natriumsalz der einfachen oder alkylierten Bernsteinsäure mit dem Aldehyd und Essigsäureanhydrid etwa 20 Stunden auf 100° zu erhitzen. Bei höheren Temperaturen entstehen durch Kohlensäureabspaltung substituierte Isocrotonsäuren oder mit diesen isomere Laktone[3] (vgl. S. 207).

Bei Verwendung von Natriumäthylat als Kondensationsmittel entstehen übrigens in einzelnen Fällen direkt die erwarteten Itakonsäuren.[4]

Erwähnenswert ist, daß die zweibasischen Säuren, und zwar sowohl die Malonsäure, wie die Bernsteinsäuren, auch mit Ketonen reagieren (vgl. S. 207). So entsteht aus Aceton und Malonsäureester *Isopropylenmalonsäureester*[5]

$$\begin{array}{l} CH_3 \\ CH_3 \end{array}\!\!>CO + CH_2\cdot\!<\!\begin{array}{l} COOC_2H_5 \\ COOC_2H_5 \end{array} = \begin{array}{l} CH_3 \\ CH_3 \end{array}\!\!>C{=}C\!<\!\begin{array}{l} COOC_2H_5 \\ COOC_2H_5 \end{array} + H_2O\,.$$

ebenso aus Aceton und Bernsteinsäureester *γ-Dimethylitakonsäure* (*Terakonsäure*)[6]

Schließlich möge nochmals darauf hingewiesen werden, daß vermöge der Umlagerungsfähigkeit der ungesättigten Säuren durch die PERKINsche Synthese hier nicht nur die zu erwartenden Säuren vom Typus $\begin{array}{l} X\cdot CH{=}C\cdot COOH \\ \qquad\quad | \\ \qquad YHC\cdot COOH \end{array}$, sondern auch die Isomeren, z. B. vom Typus $\begin{array}{l} X\cdot CH_2\cdot C\cdot COOH \\ \qquad\quad \| \\ \qquad\; YC\cdot COOH \end{array}$ erhalten werden können.

Auch Dicarbonsäuren mit längerer normaler Kette, als die der Bernsteinsäure, reagieren mit Aldehyden im Sinne der PERKIN-

[1] FITTIG, JAYNE, A. **216**, 108. [2] FITTIG, DELISLE, A. **255**, 56.
[3] FITTIG, A. **255**, 1.
[4] STOBBE, KLOEPPEL, B. **27**, 2405. — FITTIG, A. **305**, 50.
[5] MEYENBERG, B. **28**, 785. 1122.
[6] STOBBE, B. **26**, 2312. Vgl. FITTIG, PETKOW, A. **304**, 208.

schen Synthese, so ist aus der Glutarsäure eine *Benzylidenglutarsäure* erhalten worden.[1]

4. *Malonestersynthese.* Durch Einführung ungesättigter Alkylreste in das Molekül der Malonsäure können derartige Olefindicarbonsäuren genau ebenso erhalten werden, wie die gewöhnlichen Alkylmalonsäuren (s. S. 198 u. 209), so *Allylmalonsäure* und ihre Homologen, *Diallylmalonsäure* u. a.[2]

Da auch höhere Polycarbonsäureester ebenso wie Malonester alkylierbar sind, wenn sie nur noch die Gruppe $—CH\!<\!\begin{smallmatrix}COOC_2H_5\\ COOC_2H_5\end{smallmatrix}$ enthalten, so kann man auch in diese ungesättigte Reste einführen. So wurde aus Äthenyltricarbonsäureester (s. S. 305) ein *Allyläthenyltricarbonsäureester* erhalten[3]

$$\begin{array}{l}CH_2\cdot COOC_2H_5\\ \overset{|}{C}H\!<\!\begin{smallmatrix}COOC_2H_5\\ COOC_2H_5\end{smallmatrix}\end{array} + CH_2{=}CH\cdot CH_2J + NaOC_2H_5$$

$$= CH_2{=}CH\cdot CH_2\cdot\begin{array}{l}CH_2\cdot COOC_2H_5\\ \overset{|}{C}\!<\!\begin{smallmatrix}COOC_2H_5\\ COOC_2H_5\end{smallmatrix}\end{array} + NaJ + C_2H_5OH$$

und die zu grunde liegende Säure in normaler Weise in CO_2 und *Allylbernsteinsäure* $\begin{array}{l}CH_2{=}CH\cdot CH_2\cdot CH—COOH\\ \qquad\qquad\quad\;\; \overset{|}{C}H_2—COOH\end{array}$ gespalten.

Hier möge gleich erwähnt werden, daß in der Glutakonsäure $HOOC\cdot CH:CH\cdot CH_2\cdot COOH$ die zwischen Carboxylgruppe und einem doppeltgebundenen Kohlenstoff stehende CH_2-Gruppe die gleichen Eigenschaften zeigt, wie die CH_2-Gruppen der Malonsäure und der β-Ketosäureester, daß man also Homologe der Glutakonsäure durch Einführung von Alkylgruppen herstellen kann.[4]

Ungesättigte mehrbasische Säuren entstehen auch noch durch andere Modifikationen der Malonestersynthese. Läßt man z. B. Halogenverbindungen, welche mehr als zwei Halogenatome an einem Kohlenstoff enthalten, auf Natriummalonester (oder Natriumcyanessigester) einwirken, so scheinen doch nie mehr als zwei Moleküle Malonester an ein Kohlenstoffatom gebunden werden zu können, vielmehr werden die übrigen Halogenatome stets unter

---

[1] Fittig, Roedel, A. **282**, 338. — Fichter, Bauer, B. **31**, 2004.
[2] Conrad, Bischoff, A. **204**, 168.
[3] Hjelt, B. **16**, 333. [4] Henrich, B. **32**, 670.

Olefinbildung abgespalten. So gibt Chloroform mit Malonester *Dicarboxylglutakonsäureester*[1]

$$H\cdot C\cdot Cl_3 + 2\,CH_2<{COOC_2H_5 \atop COOC_2H_5} + 3\,NaOC_2H_5$$

$$= CH{\nearrow CH<{COOC_2H_5 \atop COOC_2H_5} \atop \searrow C<{COOC_2H_5 \atop COOC_2H_5}} + 3\,NaCl + 3\,C_2H_5OH$$

und Tetrachlorkohlenstoff vielleicht analog den zweifach ungesättigten *Allentetracarbonsäureester*[2]

$$CCl_4 + 2\,CH_2<{COOC_2H_5 \atop COOC_2H_5} + 4\,NaOC_2H_5$$

$$= C{\nearrow C<{COOC_2H_5 \atop COOC_2H_5} \atop \searrow C<{COOC_2H_5 \atop COOC_2H_5}} + 4\,NaCl + 4\,C_2H_5OH\,.$$

Die Dicarboxylglutakonsäure ist hauptsächlich dadurch von Interesse, daß sie durch Kohlensäureabspaltung (s. S. 198) die den Itakonsäuren, Mesakonsäuren u. s. w. strukturisomere *Glutakonsäure* liefert[3]

$$\begin{array}{lcl} CH<{COOH \atop COOH} & & CH_2\cdot COOH \\ | & & | \\ CH & = & CH \qquad + 2\,CO_2\,. \\ \| & & \| \\ C<{COOH \atop COOH} & & CH\cdot COOH \end{array}$$

Eine weitere Verwendbarkeit des Malonesters[4] zum Aufbau mehrbasischer ungesättigter Säuren ist dadurch gegeben, daß der Natriummalonester und analoge Verbindungen, wie der Natriumäthenyltricarbonsäureester (s. S. 305), sich an Acetylencarbonsäuren zu addieren vermögen. So entsteht z. B. durch Addition von Natriummalonester an Acetylendicarbonsäureester eine Natriumverbindung

$$\begin{array}{l} C_2H_5OOC\cdot C \\ C_2H_5OOC\cdot \overset{\|}{C} \end{array} + NaCH<{COOC_2H_5 \atop COOC_2H_5} = \begin{array}{l} C_2H_5OOC-C-Na \\ C_2H_5OOC-\overset{\|}{C}-CH<{COOC_2H_5 \atop COOC_2H_5} \end{array},$$

---

[1] CONRAD, GUTHZEIT, B. **15**, 2842.

[2] ZELINSKY, DOBROSCHEWSKY, B. **27**, 3374. — Siehe jedoch DIMROTH, B. **35**, 2883.

[3] CONRAD, GUTHZEIT, A. **222**, 254.

[4] Auch β-Ketosäureester, β-Diketone und die ähnlich konstituierten Verbindungen, welche durch Natrium ersetzbare Wasserstoffatome besitzen, addieren sich an Acetylencarbonsäuren, doch entstehen aus diesen Produkten ringförmig konstituierte Verbindungen, Derivate der Pyrone (RUHEMANN, CUNNINGTON, Soc. **75**, 778).

die beim Ansäuern den Ester einer Olefintetracarbonsäure liefert. Verseift man diesen, so spaltet sich schon hierbei die eine Carboxylgruppe des Malonsäurerestes ab und es entsteht die entsprechende Olefintricarbonsäure, die *Akonitsäure*

$$\begin{array}{l} C_2H_5OOC-C-H \\ C_2H_5OOC-\overset{\|}{C}-CH<\begin{array}{l}COOC_2H_5\\COOC_2H_5\end{array} \end{array} \longrightarrow \left[\begin{array}{l} HOOC-C-H \\ HOOC-\overset{\|}{C}-CH<\begin{array}{l}COOH\\COOH\end{array} \end{array}\right]$$

$$\longrightarrow \begin{array}{l} CH-COOH \\ \overset{\|}{C}-COOH \\ \overset{|}{C}H_2-COOH \end{array}.$$

Ganz analog entsteht aus Phenylpropiolsäureester und Natriummalonester die *Phenylglutakonsäure* u. a. m.[1]

Man läßt den Acetylencarbonsäureester mit dem Natriummalonester längere Zeit in ätherischer Lösung stehen, schüttelt dann erst mit verdünnter Schwefelsäure und schließlich mit Sodalösung und verseift den beim Verjagen des Äthers zurückbleibenden Ester mit Barytwasser.

Schließlich ist die S. 308 erwähnte Abart der Malonestersynthese zur Gewinnung einer ungesättigten Tetracarbonsäure benutzt worden.[2]

IX. Ketosäuren.

Bei den Ketosäuren — Verbindungen, welche gleichzeitig die Carboxylgruppe und eine Ketogruppe enthalten — unterscheidet man, wie bei allen mehrwertigen Verbindungen, je nach der gegenseitigen Stellung der beiden Gruppen α-, β-, γ- u. s. w. Ketosäuren. Von diesen sind die α-, γ-, δ- u. s. w. Verbindungen ziemlich beständig, während die β-Ketosäuren nur in Form ihrer Ester beständig sind und in freiem Zustande sehr leicht in verschiedener Weise zerfallen. Von diesem Zerfall, der ein wichtiges Hilfsmittel zur indirekten Synthese zahlreicher Verbindungen darstellt, ist schon mehrfach gesprochen worden (s. S. 175 u. 197).

1. *Aus Nitrilen durch Verseifung.* Die Verseifung von Nitrilen, welche eine Ketogruppe enthalten, verläuft genau ebenso wie die gewöhnlicher Nitrile (S. 185), jedoch lassen sich auf diese Weise nur diejenigen Ketosäuren gewinnen, welche in freiem Zustand beständig sind.

---

[1] Michael, J. pr. **49**, 20. [2] Bischoff, Rach, B. **17**, 2781.

Diese Methode ist für die Darstellung von aromatischen und aliphatischen α-Ketosäuren von Wert, weil hier die entsprechenden Nitrile (Säurecyanide) aus den Säurechloriden und Cyansilber leicht zugänglich sind. So liefert Acetylchlorid das *Nitril der Brenztraubensäure* und durch Verseifung diese selbst[1]

$$CH_3\cdot CO\cdot Cl + AgCN = CH_3\cdot CO\cdot CN + AgCl,$$

$$CH_3\cdot CO\cdot CN + 2H_2O = CH_3\cdot CO\cdot COOH + NH_3.$$

Das Säurechlorid (oder -bromid) wird zu diesem Zweck mit Silber- (oder Quecksilber)cyanid im Destillationskolben erhitzt, wobei das gebildete Nitril überdestilliert. Zuweilen ist Erhitzen im Rohr notwendig.[2] Auch durch Einwirkung von Essigsäureanhydrid oder Acetylchlorid auf Isonitrosoketone entstehen solche Ketonitrile (vgl. S. 236).[3] Die Verseifung der Säurecyanide erfolgt im gewünschten Sinne nur durch konzentrierte Salzsäure. Durch Alkalien und Wasser werden sie leicht in Fettsäure und Cyanwasserstoff gespalten.[4]

Auch aus halogensubstituierten Ketonen erhält man Nitrile von Ketosäuren, z. B. Cyanaceton (Acetessigsäurenitril) aus Chloraceton mit Cyankalium, analog der einfachen Nitrilsynthese aus Halogenalkylen (S. 237).[5]

Speziell zu Mononitrilen zweibasischer Ketosäuren führt eine andere Methode. Es war schon früher (S. 298) erwähnt worden, daß sich die α-Cyanfettsäureester ebenso alkylieren lassen, wie Acetessigester und Malonester. Benutzt man zu diesem Zwecke an Stelle der gewöhnlichen Halogenalkyle Säurechloride (oder halogensubstituierte Ketone?), so erhält man Mononitrilester zweibasischer Ketosäuren. Als Beispiel diene die Bildung des *Acetylcyanessigesters*[6] aus Acetylchlorid und Cyanessigester[7]

$$CH_3\cdot CO\cdot Cl + CH_2{<}^{COOC_2H_5}_{CN} + NaOC_2H_5$$

$$= CH_3\cdot CO\cdot CH{<}^{COOC_2H_5}_{CN} + NaCl + C_2H_5OH.$$

---

[1] Claisen, Shadwell, B. **11**, 620. 1563.

[2] Hübner, A. **120**, 334; **124**, 315; **131**, 68. — Claisen, Moritz, B. **13**, 2121. — S. auch Claisen, B. **31**, 1023.

[3] Claisen, Manasse, B. **20**, 2196. [4] Claisen, B. **11**, 620. 1563.

[5] Matthews, Hodkinson, B. **15**, 2679. — James, A. **231**, 247. — Siehe ferner Otto, Troeger, B. **22**, 1455.

[6] Derselbe entsteht übrigens auch aus Natriumacetessigester und Chlorcyan, analog der Synthese von Ketodicarbonsäuren (s. S. 328). (Haller, Held, A. ch. [6] **17**, 204. C. r. **101**, 1270; **106**, 210.

[7] Haller, Held, A. ch. [6] **17**, 204. C. r. **104**, 1627; **105**, 115; **106**, 1083.

Zur Darstellung der mehrbasischen Ketosäuren selbst besitzt die Methode vor der zu den gleichen Säuren führenden Malonestersynthese (s. S. 331) keinen bemerkenswerten Vorteil. Die praktische Ausführung ist in beiden Fällen die gleiche.

Nitrile aromatischer Ketosäuren anderer Konstitution erhält man natürlich auch, wenn man in den Kern aromatischer oder fettaromatischer Ketone Cyangruppen durch die SANDMEYERsche Reaktion (S. 241) über die Nitro-, Amido- und Diazoverbindungen einführt. So wird z. B. aus Acetophenon *p-Cyanacetophenon*, das Nitril der *Acetylbenzoesäure* erhalten[1]

$$CH_3\cdot CO\cdot C_6H_4\cdot CN + 2H_2O = CH_3\cdot CO\cdot C_6H_4\cdot COOH + NH_3\,.$$

2. *Durch Oxydation niedrigerer Oxydationsstufen.* Die beständigen Ketosäuren entstehen bei der Oxydation von Oxysäuren, deren Alkoholgruppe sekundär ist (s. S. 163). So gibt α-Oxypropionsäure (gewöhnliche Milchsäure) bei der Oxydation mit Kaliumpermanganat *α-Ketopropionsäure* (*Brenztraubensäure*)[2]

$$CH_3\cdot CHOH\cdot COOH + O = CH_3\cdot CO\cdot COOH + H_2O\,.$$

Von allgemeinerer Bedeutung als Darstellungsweise ist diese Methode ebensowenig wie die Oxydation gewöhnlicher sekundärer Alkohole, weil sich meist eine weitergehende Oxydation nicht vermeiden läßt.

Dasselbe gilt, wenigstens in der aliphatischen Reihe, von der Oxydation von Ketonen zu Ketosäuren, die der Darstellung der Säuren aus den Kohlenwasserstoffen entspricht (s. S. 189). Nur in einzelnen Fällen sind aliphatische Ketosäuren auf diese Weise erhalten worden.[3] Besser sind die Resultate häufig bei aromatischen Verbindungen, da deren Kerne der weiteren Oxydation großen Widerstand entgegensetzen. So läßt sich Acetophenon mit Permanganat ganz gut zu *Benzoylameisensäure* oxydieren[4]

$$C_6H_5\cdot CO\cdot CH_3 + 3O = C_6H_5\cdot CO\cdot COOH + H_2O,$$

und noch glatter verläuft die Oxydation der Homologen des Benzophenons, z. B. von Phenyltolylketon zu *Benzophenoncarbonsäure*[5]

$$C_6H_5\cdot CO\cdot C_6H_4\cdot CH_3 + 3O = C_6H_5\cdot CO\cdot C_6H_4\cdot COOH + H_2O\,.$$

[1] AHRENS, B. **20**, 2955. [2] BEILSTEIN, WIEGAND, B. **17**, 840.
[3] GLÜCKSMANN, M. **10**, 770. [4] GLÜCKSMANN, M. **11**, 248.
[5] BEHR, DORP, B. **7**, 17. — SENFF, A. **220**, 236. — ZINCKE, A. **161**, 98. S. auch PLACUDA, ZINCKE, B. **6**, 907.

In einzelnen Fällen lassen sich auch andere sauerstoffarme Verbindungen, Kohlenwasserstoffe, Glykole, Ketonalkohole u. s. w. zu Ketosäuren oxydieren, doch ist keine dieser Reaktionen einer allgemeineren Anwendung fähig.

3. *Acetessigestersynthese.* a) *Bildung des Acetessigesters.* Auf die Darstellung von β-Ketosäureestern beschränkt und auch hier keiner weiten Verallgemeinerung fähig ist eine zuerst von GEUTHER[1] aufgefundene Methode, die trotzdem zu einer der wichtigsten Synthesen der gesamten organischen Chemie geworden ist. Die weitaus wichtigste direkte Anwendung dieser Synthese ist die Darstellung des *Acetessigesters*, des einfachsten möglichen β-Ketosäureesters. Sie ist nahe verwandt mit einer schon früher (S. 277) besprochenen Synthese von β-Diketonen. Allgemein entstehen β-Ketosäureester bei der Einwirkung von Estern beliebiger aliphatischer oder aromatischer Säuren auf Säureester, welche der $COOC_2H_5$-Gruppe benachbart eine CH_3- oder CH_2-Gruppe enthalten, und zwar bei Gegenwart von Natriumäthylat. Dem Endprodukt nach ist die Umsetzung scheinbar eine einfache Alkoholabspaltung, beispielsweise aus zwei Molekülen Essigsäureester unter Bildung von *Acetessigester*

$$CH_3 \cdot COOC_2H_5 + CH_3 \cdot COOC_2H_5 = CH_3 \cdot CO \cdot CH_2 \cdot COOC_2H_5 + C_2H_5OH .$$

Wie schon bei der Synthese der β-Diketone gesagt wurde, verläuft die Reaktion in Wirklichkeit nicht so einfach, sondern wahrscheinlich der von CLAISEN[2] aufgestellten Theorie entsprechend in folgenden verschiedenen Phasen. Der Säureester addiert zunächst ein Molekül Natriumäthylat[3] unter Bildung eines Estersalzes der hypothetischen Orthoessigsäure (vgl. S. 180)

$$CH_3 \cdot C \begin{matrix} \diagup O \\ \diagdown OC_2H_5 \end{matrix} + NaOC_2H_5 = CH_3 \cdot C \begin{matrix} \diagup ONa \\ - OC_2H_5 \\ \diagdown OC_2H_5 \end{matrix} .$$

Dies Estersalz reagiert nun mit einem zweiten Molekül Essig-

[1] J. **1863**, 323. Z. **1866**, 5.

[2] B. **21**, 1154.

[3] Bei der gewöhnlich üblichen Arbeitsweise bildet sich das Natriumäthylat aus dem zugesetzten metallischen Natrium mit den als Verunreinigung des Esters vorhandenen kleinen Mengen Alkohol, die, da sie in der zweiten Phase der Reaktion in verdoppelter Menge zurückgebildet werden, immer wieder in Reaktion treten. Tatsächlich liefert ganz reiner Essigester mit Natrium keinen Acetessigester.

ester (oder einem Molekül eines anderen Esters) unter Abspaltung zweier Moleküle Alkohol

$$CH_3\cdot C\begin{cases}ONa\\ OC_2H_5\\ OC_2H_5\end{cases} + CH_3\cdot COOC_2H_5 = CH_3\cdot\overset{ONa}{C}{=}CH\cdot COOC_2H_5 + 2\,C_2H_5OH\,.$$

Die so entstehende Verbindung ist das Natriumsalz[1] eines ungesättigten β-Oxysäureesters, der „*Enolform*" des Acetessigesters $CH_3\cdot\overset{OH}{C}{=}CH\cdot COOC_2H_5$. In Freiheit gesetzt lagert sich der Oxyolefinsäureester sofort in die „*Ketonform*" $CH_3\cdot CO\cdot CH_2\cdot COOC_2H_5$, d. h. in den Ester einer gesättigten β-Ketosäure um (vgl. S. 123 und 362)

$$CH_3\cdot\overset{ONa}{C}{=}CH\cdot COOC_2H_5 + CH_3\cdot COOH$$
$$= CH_3\cdot COONa + \left[CH_3\cdot\overset{OH}{C}{=}CH\cdot COOC_2H_5 \rightarrow\right] CH_3\cdot CO\cdot CH_2\cdot COOC_2H_5\,.$$

Will man zwei Moleküle des gleichen Esters aufeinander einwirken lassen, wie dies bei der Darstellung des Acetessigesters der Fall ist, so gießt man den reinen Ester auf feingeschnittenes metallisches Natrium. Nach völliger Lösung des Metalls durch Erbitzen am Rückflußkühler säuert man die noch warme Masse mit $50\,^0/_0$iger Essigsäure schwach an. Die durch gesättigte Kochsalzlösung abgeschiedene Ölschicht wird vom Wasser getrennt, getrocknet und im Vakuum fraktioniert.[2]

Ebenso wie Acetessigester entsteht auch aus Propionsäureester der Propionylpropionsäureester, dagegen reagieren die höheren Säuren nicht mehr in gleicher Weise (vgl. S. 351).[3]

Will man dagegen zwei verschiedene Ester aufeinander einwirken lassen, wie bei der Bildung von *Benzoylessigester* aus Benzoesäureester und Essigester

$$C_6H_5\cdot COOC_2H_5 + CH_3\cdot COOC_2H_5 = C_6H_5\cdot CO\cdot CH_2\cdot COOC_2H_5 + C_2H_5OH\,,$$

---

[1] Ob diesem Natriumsalz wirklich die angegebene Konstitution zukommt, ist nicht ganz sicher entschieden, aber sehr wahrscheinlich (s. Nef, A. **276**, 235). Dem Acetessigester in freiem Zustande muß dagegen mit ziemlicher Sicherheit die Ketonformel zugeschrieben werden (Claisen, A. **277**, 162. B. **29**, 1006. — S jedoch Nef, A. **276**, 235. — Schiff, B. **31**, 601. 205. — S. jedoch Schaum, B. **31**, 1964), obwohl sich viele seiner Reaktionen besser aus der Enolform erklären lassen.

[2] Wislicenus, Conrad, A. **186**, 214. — Duisberg, A. **213**, 137 Anm. — G. 148.

[3] Pingel, A. **245**, 84.

so muß man zunächst alkoholfreies Natriumäthylat darstellen. Dasselbe wird zum Benzoesäureester hinzugefügt und mit demselben auf dem Wasserbade erwärmt. Dann wird mit überschüssigem Essigester längere Zeit gekocht. Die weitere Verarbeitung ist dieselbe wie beim Acetessigester.[1]

Bei Estern zweibasischer Säuren kann eine derartige Kondensation innerhalb desselben Moleküls erfolgen und führt zu ringförmig konstituierten Ketosäuren (s. S. 52).

Auch Oxalsäureester reagiert bei Gegenwart von Natriumäthylat mit Essigester, Propionsäureester und n-Buttersäureester unter Bildung von Ketodicarbonsäureestern.[2] Aus Oxalester und Essigester entsteht so *Oxalessigester*[3]

$$\begin{array}{l}COOC_2H_5\\ |\\ COOC_2H_5\end{array} + CH_3\cdot COOC_2H_5 = \begin{array}{l}CO\cdot CH_2\cdot COOC_2H_5\\ |\\ COOC_2H_5\end{array} + C_2H_5OH\,.$$

Noch einige andere Ester zweibasischer Säuren reagieren analog, jedoch unter Bildung ringförmiger Ketosäureester (s. S. 53).

Ebenso wirkt Oxalsäureester auf Ketone ein (vgl. S. 278), welche eine der CO-Gruppe benachbarte CH_2- oder CH_3-Gruppe besitzen. Hierbei entstehen Diketocarbonsäureester, so *Benzoylbrenztraubensäureester* aus Acetophenon und Oxalsäureester[4]

$$\begin{array}{l}COOC_2H_5\\ |\\ COOC_2H_5\end{array} + CH_3\cdot CO\cdot C_6H_5 = \begin{array}{l}CO\cdot CH_2\cdot CO\cdot C_6H_5\\ |\\ COOC_2H_5\end{array} + C_2H_5OH\,.$$

Da der Oxalester zwei Carboxäthylgruppen besitzt, kann er auch mit zwei Molekülen eines Fettsäureesters oder Ketons reagieren. Im ersteren Falle resultieren Diketodicarbonsäureester, so der *Oxaldiessigsäureester* oder *Ketipinsäureester* aus Oxalester und zwei Molekülen Essigester[5]

---

[1] Claisen, Lowman, B. **20**, 651.

[2] Da diese Ketodicarbonsäureester in Bezug auf eine Carboxylgruppe β-Ketosäureester sind, so unterliegen sie bei der Verseifung der normalen Zersetzung dieser Verbindungen (s. S. 171). Sie liefern bei der „Ketonspaltung" α-Ketosäuren; der Oxalessigester gibt so *Brenztraubensäure*

$$\begin{array}{l}CO\cdot CH_2\cdot COOC_2H_5\\ |\\ COOC_2H_5\end{array} + 2H_2O = \begin{array}{l}CO\cdot CH_3\\ |\\ COOH\end{array} + CO_2 + 2C_2H_5OH\,.$$

Bei der „Säurespaltung" liefert derselbe Ester natürlich Oxalsäure und Essigsäure zurück (Wislicenus, A. **246**, 326).

[3] Wislicenus, A. **246**, 317. B. **20**, 3394.

[4] Claisen, Beyer, B. **20**, 2181. — Claisen, Stylos, B. **20**, 2188. — Claisen, Brömme, B. **21**, 1131.

[5] Wislicenus, A. **246**, 328. B. **20**, 591.

$$\begin{array}{l}COOC_2H_5\\|\\COOC_2H_5\end{array} + 2\,CH_3\cdot COOC_2H_5 = \begin{array}{l}CO\cdot CH_2\cdot COOC_2H_5\\|\\CO\cdot CH_2\cdot COOC_2H_5\end{array} + 2\,C_2H_5OH.$$

Im zweiten Falle entstehen natürlich Polyketone (s. S. 278).

Ebenso kann auch ein Keton, das zwei reaktionsfähige, d. h. einer CO-Gruppe benachbarte, CH_2- oder CH_3-Gruppen besitzt, umgekehrt mit zwei Molekülen Oxalsäureester reagieren. Hiernach entsteht aus Aceton und Oxalester ein Triketodicarbonsäureester der *Acetondioxalester* oder *Xanthochelidonsäureester*[1]

$$\begin{array}{l}CH_3\\|\\CO\\|\\CH_3\end{array} + 2\,C_2H_5OOC-COOC_2H_5 = \begin{array}{l}CH_2\cdot CO\cdot COOC_2H_5\\|\\CO\\|\\CH_2\cdot CO\cdot COOC_2H_5\end{array} + 2\,C_2H_5OH.$$

Auch mit zweibasischen Säuren, wie Bernsteinsäure oder Adipinsäure, reagiert der Oxalester.[2]

b) *Alkylierung des Acetessigesters.*[3] Ihre enorme Wichtigkeit erhält diese an sich keiner sehr großen Verallgemeinerung fähige Synthese dadurch, daß man, ausgehend von diesen wenigen direkt erhältlichen β-Ketosäureestern, in außerordentlich bequemer und glatter Weise zu den verschiedenartigsten Derivaten gelangen kann. Wie schon früher mehrfach ausführlich erörtert worden ist, zeichnet sich nämlich die zwischen den beiden CO-Gruppen stehende CH_2-Gruppe der β-Ketosäureester durch die große Beweglichkeit und Reaktionsfähigkeit ihrer Wasserstoffatome aus. Man kann durch aufeinander folgende Behandlung mit Natrium und aliphatischen Halogenverbindungen nacheinander[4] beide Wasserstoffatome durch die verschiedensten organischen Gruppen, wie Alkylgruppen, Säurereste, Ketonreste u. a. m. ersetzen.

Hier möge auch eine andere theoretische Deutung Platz finden, die für die Alkylierung des Acetessigesters (I), Malonesters (II) und analoger Verbindungen neuerdings gegeben worden ist und die vor den früheren Theorien den Vorteil hat, daß sie für die Natriumverbindungen des Acetessigesters u. s. w. die wahrscheinlich richtigen Enolformeln annimmt (vgl. S. 324 Anm. 1).[5] Danach findet zunächst, ebenso wie bei der

[1] Claisen, B. **24**, 116.

[2] Wislicenus, Boeckler, Nassauer, A. **285**, 1. 11. — Wislicenus, B. **22**, 885. — Wislicenus, Schwanhäuser, A. **297**, 110.

[3] Wislicenus, A. **186**, 161.

[4] Besitzen die einzuführenden Reste stark saure Eigenschaften, so erhält man auch bei Anwendung nur eines Moleküls Natriumäthylat und Halogenverbindung Disubstitutionsprodukte. (Vgl. S. 305 Anm. 2. — Lellmann, Schleich, B. **20**, 434. — Reissert, B. **29**, 633. — Romeo, Gaz. **32** II, 355.)

[5] Nef, A. **266**, 52.

Bildung des Acetessigesters selbst (s. oben), eine Addition von Natriumäthylat an die Carbonyl- oder Carboxylgruppe unter Bildung eines Estersalzes des Orthoketons oder der Orthosäure statt.

Ia. 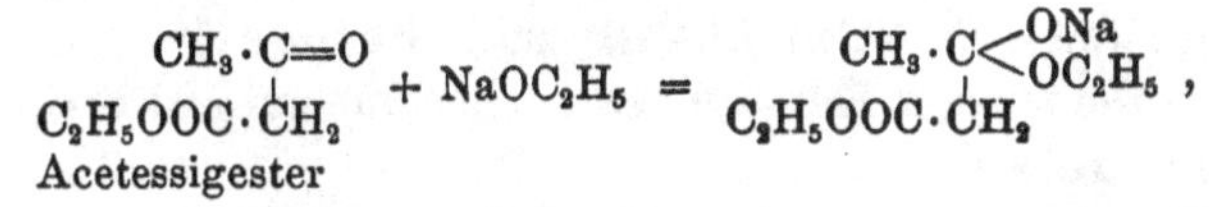

IIa. 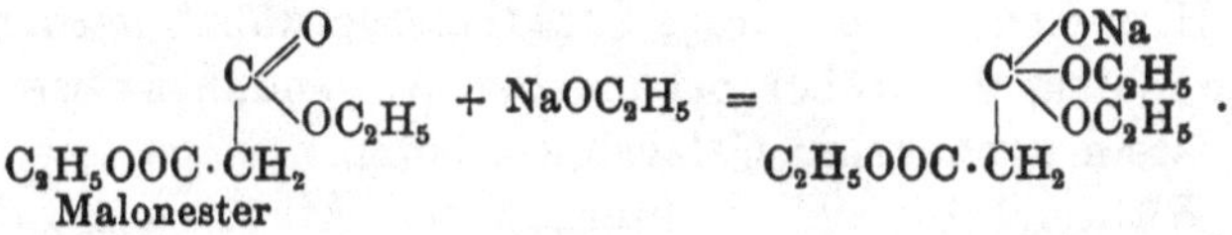

Diese Verbindungen spalten, vermöge der leichten Beweglichkeit der Wasserstoffatome an der benachbarten CH_2-Gruppe, Alkohol ab, unter Entstehung einer Doppelbindung

Ib. 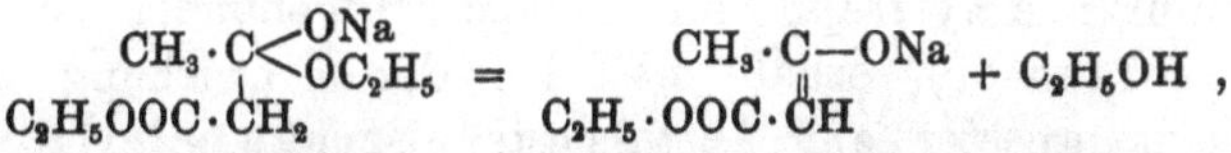

IIb. 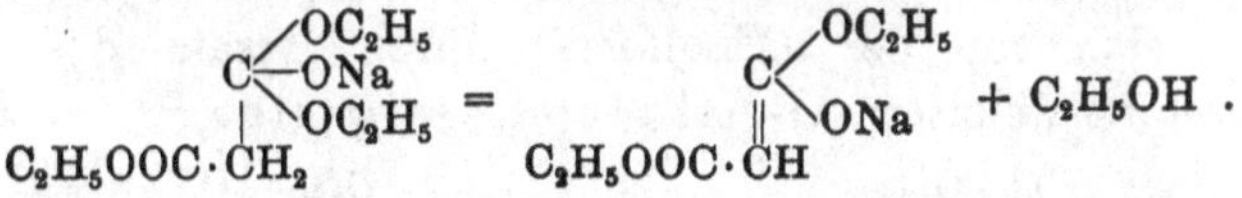

Diese Doppelbindung addiert in dritter Phase das Halogenalkyl z. B. Jodmethyl

Ic. 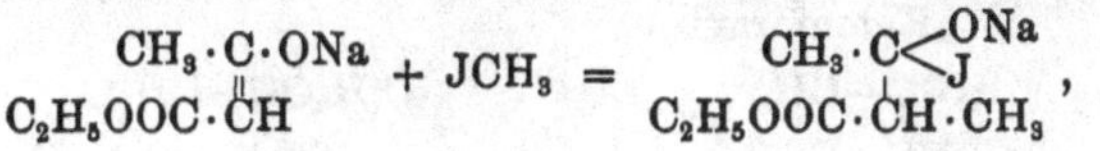

IIc. 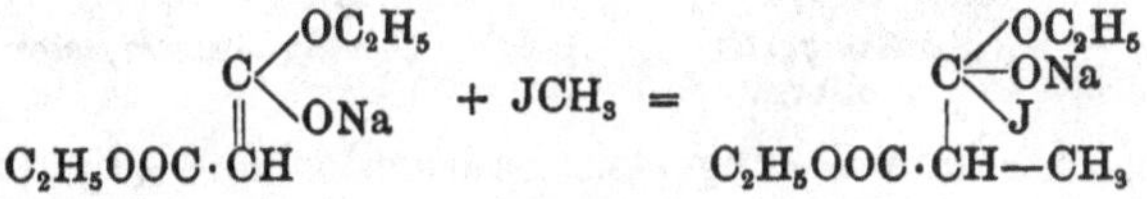

und schließlich spalten diese Verbindungen Jodnatrium ab, unter Regeneration der Carbonyl- oder Carboxäthylgruppe

Id. 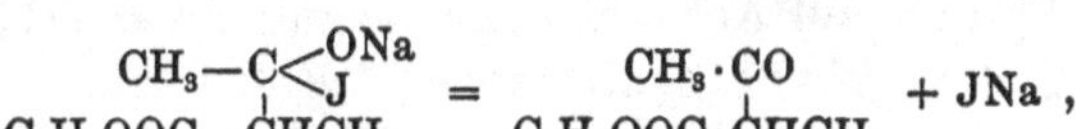

IId. 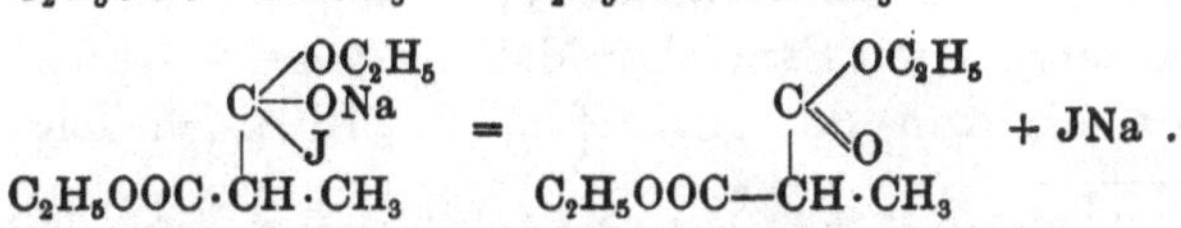

Alles Nähere über die Ausführung dieser Substitution ist bereits bei der ersten Anwendung dieser Synthese (S. 175) gesagt worden. Es soll nur noch wiederholt werden, daß man durch Einführung einer oder mehrerer Alkylgruppen (s. S. 172 u. 173) zu beliebigen höheren Homologen der β-Ketosäureester, durch

Einführung von Säureestern —X·COOAlk zu Estern von Ketodicarbonsäuren und Ketotricarbonsäuren (S. 198 u. 302)[1], durch Einführung von Säureresten —CO·X, (Acidylgruppen) oder Ketonresten —X·CO·Y (S. 272) zu Diketocarbonsäuren, durch Verkettung zweier Ketosäureester (S. 309) zu Diketondicarbonsäuren gelangt.

Hier mögen noch einige Reaktionen erwähnt werden, zu deren Besprechung die früher behandelten Anwendungsweisen des Acetessigesters noch keine Gelegenheit boten.

Während bei der Einführung von Alkylresten in den Acetessigester nach der üblichen Methode — mit Natrium und Halogenalkylen — zweifellos Verbindungen entstehen, welche der „Ketoform“ des Acetessigesters entsprechen und in welchen die neu eingeführte Alkylgruppe an Kohlenstoff gebunden ist (C-Alkylacetessigester), erhält man bei der Einwirkung von Orthoameisensäureester auf Acetessigster isomere Alkylacetessigester, welche sich von der „Enolform“ durch Ersatz des Hydroxylwasserstoffs ableiten (O-Alkylacetessigester)[2]

$CO-CH_3$ $\vert$ $CH_2-COOC_2H_5$ *Acetessigester* „Ketonform“	$CO-CH_3$ $\vert$ $C_2H_5-CH-COOC_2H_5$ *C-Äthylacetessigester*
$HOC-CH_3$ $\Vert$ $HC-COOC_2H_5$ *Acetessigester* „Enolform“	$C_2H_5OC-CH_3$ $\Vert$ $HC-COOC_2H_5$ *O-Äthylacetessigester*

Bei der Einwirkung von Säurechloriden auf Natracetessigester entstehen analog der gewöhnlichen Alkylierung C-Acidylacetessigester.[3] Läßt man dagegen Säurechloride bei Gegenwart von Pyridin auf Acetessigester reagieren, so erhält man die isomeren O-Acidylacetessigester.[4] Führt man die C-Acidylacetessigester in ihre Natriumverbindungen über und behandelt diese wiederum mit Säurechloriden, so geht die zweite Acidylgruppe an den Sauerstoff (s. S. 273).[5] Vielleicht entstehen

[1] Diese Ketodi- und Ketotricarbonsäureester liefern bei der „Ketonspaltung“ in ganz normaler Weise wiederum Ketomono- und Ketodicarbonsäuren (s. S. 303 Anm. 1 u. 4).

[2] Claisen, Haase, B. **33**, 3779. — Claisen, B. **26**, 2729; **29**, 1005.

[3] Bouveault, Bongert, Bl. [3] **27**, 1038—1055.

[4] Claisen, Haase, B. **33**, 1242.

[5] Claisen, A. **277**, 205; **291**, 47. 110.

auch bei der Einwirkung von Säurechloriden auf den einfachen Natracetessigester als primäre Reaktionsprodukte die O-Acidylverbindungen. Da diese sich aber bei Gegenwart von Natracetessigester leicht in die C-Acidylverbindungen umlagern, erhält man als Endprodukte die letzteren.[1]

Versucht man in die Acidylacetessigester nach der gewöhnlichen Methode eine Alkylgruppe einzuführen, so erhält man an Stelle des erwarteten Alkylacidylacetessigesters den entsprechenden Alkylacidylessigester, d. h. die Acetylgruppe wird abgespalten. So entsteht bei der Einwirkung von Jodmethyl auf Butyrylacetessigester nicht Methylbutyrylacetessigester, sondern *Methylbutyrylessigester* und analog *Äthylcaproylessigester* u. s. w. Auch die nichtsubstituierten Acidylacetessigester spalten die Acetylgruppe leicht ab. Nach dieser Methode erhält man ganz allgemein die sonst ziemlich schwierig zugänglichen höheren β-Ketosäureester.[2]

Bezüglich der Verkettung zweier Moleküle von β-Ketosäureestern müssen hier ebenfalls noch einige Reaktionen erwähnt werden, von denen noch nicht ausführlicher die Rede war. Außer durch die S. 309 erwähnte Methode der Einwirkung von Jod auf Natracetessigester kann man z. B. auch zwei Moleküle Natracetessigester und analoger Verbindungen durch Dihalogenverbindungen zusammenfügen, genau so wie man dies mit zwei Molekülen Malonester kann (s. S. 307). So entsteht aus Äthylenbromid und Natracetessigester $\alpha_1\alpha_2$-*Diacetyladipinsäureester* (*Äthylendiacetessigester*)[3]

$$\begin{array}{l} CH_2Br \\ | \\ CH_2Br \end{array} + 2\,NaCH\begin{array}{l} \diagup CO\cdot CH_3 \\ \diagdown COOC_2H_5 \end{array} = \begin{array}{l} CH_2\cdot CH<\begin{array}{l} COCH_3 \\ COOC_2H_5 \end{array} \\ | \\ CH_2\cdot CH<\begin{array}{l} COCH_3 \\ COOC_2H_5 \end{array} \end{array} + 2\,NaBr\,.$$

Diese Reaktion ist bereits bei der Synthese der Cykloparaffine erwähnt worden, teils weil aus denselben Komponenten bei anderem molekularen Verhältnis derselben Cykloparaffinderivate entstehen (S. 47), teils weil auch die hier behandelten Diketodicarbonsäureester für die Gewinnung von Cykloparaffinen wertvoll sind (S. 49).

Wichtiger als diese Reaktion ist die Einwirkung von Aldehyden bei Gegenwart gewisser Kondensationsmittel auf Acetessigester und analoge Verbindungen. Während nämlich bei Gegenwart saurer Kondensationsmittel wie Salzsäure oder Essigsäure-

[1] Claisen, Haase, B. **33**, 3778.

[2] Locquin, C. r. **135**, 108. — S. auch Claisen, A. **291**, 70.

[3] Perkin, Soc. **57**, 215.

anhydrid die Aldehyde auf Acetessigester ebenso einwirken wie auf gewöhnliche Ketone und Säuren, d. h. unter Bildung ungesättigter Verbindungen nach der PERKINschen Synthese (s. S. 205).

$$CH_3\cdot CHO + CH_2<\begin{smallmatrix}CO\cdot CH_3\\COOC_2H_5\end{smallmatrix} = CH_3\cdot CH{=}C<\begin{smallmatrix}COCH_3\\COOC_2H_5\end{smallmatrix} + H_2O\ ,$$

Acetaldehyd Acetessigester Äthylidenacetessigester

bewirken primäre und sekundäre Amine, wie Äthylamin, Diäthylamin, Piperidin u. a. meist eine Kondensation zwischen einem Molekül des Aldehyds und zwei Molekülen des Ketosäureesters unter Bildung gesättigter Diketodicarbonsäureester. So entsteht aus Acetaldehyd und Acetessigester der *Äthylidenbisacetessigester*[1]

$$CH_3\cdot CHO + 2\,CH_2\cdot<\begin{smallmatrix}COCH_3\\COOC_2H_5\end{smallmatrix} = CH_3\cdot CH<\begin{smallmatrix}CH<\begin{smallmatrix}COCH_3\\COOC_2H_5\end{smallmatrix}\\CH<\begin{smallmatrix}COCH_3\\COOC_2H_5\end{smallmatrix}\end{smallmatrix} + H_2O\ .$$

Die Ausführung der Reaktion geschieht, indem man in das auf —10 bis —15° abgekühlte Gemisch von Aldehyd und Acetessigester allmählich Diäthylamin eintropft.[2]

Von der als Kondensationsmittel verwendeten Base braucht man nur eine verhältnismäßig sehr kleine Quantität. Dies beruht wahrscheinlich darauf, daß dieselbe im Laufe der Reaktion immer wieder regeneriert wird und dann auf weitere Mengen kondensierend einwirken kann.[3]

Genau ebenso wie Acetaldehyd reagieren Formaldehyd, Propionaldehyd, Benzaldehyd u. a. m., ebenso wie der Acetessigester andere analoge Verbindungen wie Benzoylessigester, Acetylaceton, Benzoylaceton u. a., so daß die Reaktion sich ziemlich weit verallgemeinern

---

[1] KNOEVENAGEL, A. **281**, 25. 104; **288**, 323—340. Über den Verlauf dieser Synthese vgl. auch S. 280 u. 307 Anm. 2.

[2] G. 167.

[3] Vermutlich reagiert das Amin zunächst mit dem Aldehyd (s. S. 85) unter Wasseraustritt

$$\text{a)}\quad X\cdot CH{:}O + H_2NAlk = X\cdot CH{:}NAlk + H_2O\ ,$$

$$\text{b)}\quad X\cdot CH{:}O + 2\,HNAlk_2 = X\cdot CH<\begin{smallmatrix}NAlk_2\\NAlk_2\end{smallmatrix} + H_2O$$

und diese Anhydroverbindungen reagieren dann mit dem Acetessigester unter Regeneration des Amins (KNOEVENAGEL, B. **31**, 738)

$$\text{a)}\quad X\cdot CH{:}NAlk + 2\,CH_2<\begin{smallmatrix}CO-CH_3\\COOC_2H_5\end{smallmatrix} = X\cdot CH{:}\Big(CH<\begin{smallmatrix}CO-CH_3\\COOC_2H_5\end{smallmatrix}\Big)_2 + H_2NAlk\ ,$$

$$\text{b)}\quad X\cdot CH<\begin{smallmatrix}NAlk_2\\NAlk_2\end{smallmatrix} + 2\,CH_2<\begin{smallmatrix}CO-CH_3\\COOC_2H_5\end{smallmatrix} = X\cdot CH{:}\Big(CH<\begin{smallmatrix}CO-CH_3\\COOC_2H_5\end{smallmatrix}\Big)_2 + 2\,HNAlk_2\ .$$

läßt.[1] Auch kann man zwei verschiedene Ketoverbindungen durch ein Aldehydmolekül zu unsymmetrischen Komplexen verketten (vgl. S. 280).

Von besonderem Interesse wird die Reaktion dadurch, daß die entstehenden Verbindungen, welche zwei Ketogruppen in 1.5-Stellung (δ-Stellung) zueinander enthalten, sich in interessanter Weise zu Derivaten des Tetrahydrobenzols kondensieren lassen (s. S. 24).

Aus dem Acetessigester kann man durch Einführung ungesättigter Reste (S. 208) oder durch die PERKINsche Synthese (S. 205) auch ungesättigte Ketosäureester darstellen.

Bezüglich der vielseitigen Verwendbarkeit der Derivate der β-Ketosäuren zur indirekten Synthese zahlreicher wichtiger Verbindungen möge hier nur nochmals auf die früheren Ausführungen zurückverwiesen werden.

4. *Bildung von α-Ketosäuren aus β-Ketosäuren.* Läßt man auf α-substituierte β-Ketosäureester salpetrige Säure in saurer Lösung (vgl. S. 275) einwirken, so erhält man unter Spaltung Oxime von α-Ketosäureestern, und aus diesen die α-Ketosäuren

$$CH_3\cdot CO\cdot CHR\cdot COOC_2H_5 + NOOH$$
$$= CH_3\cdot COOH + R\cdot \underset{\displaystyle \ddot{N}OH}{C}\cdot COOC_2H_5 \;(\longrightarrow R\cdot CO\cdot COOH).$$

So entsteht z. B. aus Isoamylacetessigester *Isoamylglyoxylsäure* (*Isobutylbrenztraubensäure*).[2]

5. *Malonestersynthese.* Daß man ebenso wie im Acetessigester auch im Malonsäureester die beiden Wasserstoffatome der CH_2-Gruppe durch die verschiedensten organischen (aliphatischen) Reste ersetzen kann (s. S. 304), ist ebenfalls schon zu verschiedenen Synthesen benutzt worden. Nach dieser Methode lassen sich Ketodicarbonsäureester gewinnen, wenn der eingeführte Rest ein Ketonrest —X·CO·Y oder eine Acidylgruppe —CO·X ist.

Ganz der für die Alkylierung des Malonesters gegebenen Vorschrift (S. 199) gemäß, nur unter Verwendung von halogensubstituierten Ketonen an Stelle der gewöhnlichen Halogenalkyle kann man Ketonreste in den Malonester einführen. So entsteht aus Bromacetophenon und Natriummalonester *Phenacylmalonsäureester*[3]

$$C_6H_5\cdot CO\cdot CH_2Br + CHNa{<}^{COOC_2H_5}_{COOC_2H_5}$$
$$= C_6H_5\cdot CO\cdot CH_2\cdot CH{<}^{COOC_2H_5}_{COOC_2H_5} + NaBr\,.$$

[1] KNOEVENAGEL, A. **288**, 321 — SCHIFF, B. **31**, 1388.
[2] BOUVEAULT, LOCQUIN, C. r. **135**, 179.
[3] KUES, PAAL, B. **18**, 3324; **19**, 3144.

Bei der Verwendung von Säurechloriden oder -bromiden gelten dagegen die für die Einführung von Acidylgruppen in den Acetessigester (S. 273) gemachten Angaben. So entsteht aus Acetylchlorid und Natriummalonester *Acetylmalonester*[1]

$$CH_3\cdot CO\cdot Cl + NaCH{<}{}^{COOC_2H_5}_{COOC_2H_5} = CH_3\cdot CO\cdot CH{<}{}^{COOC_2H_5}_{COOC_2H_5} + NaCl\ .$$

In diese Ketosäureester können wie gewöhnlich noch beliebige Alkylgruppen eingeführt werden. Durch zweimalige Einführung von Ketonresten oder Acidylgruppen entstehen natürlich *Diketodicarbonsäureester.*

6. *Aus Ketonen und Diketonen.* Gewissermaßen als eine Umkehrung dieser Synthese, der Einführung eines Ketorestes in ein Säuremolekül, kann man eine analog verlaufende Reaktion ansehen, die die Einführung eines Säurerestes in ein Ketonmolekül bewirkt. Wie schon bei dem Aufbau der Ketone (s. S. 120) besprochen worden ist, sind gewisse Ketone, nämlich diejenigen mit der Atomgruppierung

$$—CO—CH_2—CO— \quad \text{oder} \quad —CO—CH_2—$$ 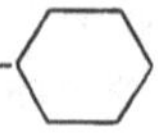

in gleicher Weise alkylierbar wie der Acetessigester und Malonester. Benutzt man an Stelle des gewöhnlichen Halogenalkyls einen halogensubstituierten Säureester, so kann man genau wie dort (s. S. 304) auch hier einen Säurerest einführen. So entsteht z. B. aus Desoxybenzoïn und β-Jodpropionsäureester in sehr guter Ausbeute *β-Desylpropionsäureester*[2]

$$\begin{matrix} C_6H_5\cdot CH_2 \\ | \\ C_6H_5\cdot CO \end{matrix} + JCH_2\cdot CH_2\cdot COOC_2H_5 + NaOC_2H_5$$

$$= \begin{matrix} C_6H_5\cdot CH—CH_2\cdot CH_2\cdot COOC_2H_5 \\ | \\ C_6H_5\cdot CO \end{matrix} + NaJ + C_2H_5OH\ .$$

Über die günstigsten Arbeitsbedingungen läßt sich nichts allgemein Gültiges sagen. Man arbeitet entweder mit trocknem Natriumäthylat in ätherischer Lösung[3] oder unter Isolierung der Natriumverbindung des Ketons oder auch entsprechend der gewöhnlichen Alkylierung des Acetessigesters (s. S. 174).[4] Jedenfalls reagieren die Jodverbindungen am leichtesten, die Chlorverbindungen dagegen am schwierigsten. Er-

---

[1] Lang, B. **20**, 1326. — Michael, J. pr. [2] **37**, 475. — S. auch Bischoff, Rach, B. **17**, 2789 u. 2795. — Bischoff, B. **16**, 1044.

[2] Knoevenagel, B. **21**, 1350. 1351. — V. Meyer, Oelkers, B. **21**, 1305.

[3] Rattner, B. **21**, 1321.

[4] Siehe Meyer, Oelkers, B. **21**, 1305. — Knoevenagel, B. **21**, 1350. — March, A. ch. [7] **26**, 295.

wähnenswert ist, daß bei der Einwirkung von Chlorameisensäureester auf Natriumacetylaceton unter Rückbildung der Hälfte des Acetylacetons sofort das Disubstitutionsprodukt, *Diacetylmalonester* entsteht[1]

$$2\,\begin{matrix}CH_3\cdot CO\cdot CHNa\\ \quad\;|\\ CH_3\cdot CO\end{matrix} + 2\,Cl\cdot COOC_2H_5$$

$$= \begin{matrix}CH_3\cdot CO\cdot C{<}^{COOC_2H_5}_{COOC_2H_5}\\ \quad\;|\\ CH_3\cdot CO\end{matrix} + \begin{matrix}CH_3\cdot CO\cdot CH_2\\ \quad\;|\\ CH_3\cdot CO\end{matrix} + 2\,NaCl\,,$$

obwohl im allgemeinen in den Ketonen nur ein Wasserstoffatom gegen Alkylgruppen austauschbar ist (s. S. 171). Eine solche erhöhte Reaktionsfähigkeit wird bei stark sauren Resten häufiger beobachtet (vgl. S. 326 Anm. 4).

Außer nach diesen allgemeinen Methoden sind einige Ketosäuren auch noch nach anderen, den verschiedenen Ketonsynthesen analogen Reaktionen dargestellt worden. Entsprechend der Darstellung der Ketone vermittelst der Metallalkylsynthese aus Säurechloriden kann man Ketosäureester aus den Esterchloriden zweibasischer Säuren (s. S. 169)[2] erhalten

$$2\,X{<}^{COCl}_{COOC_2H_5} + ZnAlk_2 = 2\,X{<}^{CO-Alk}_{COOC_2H_5} + ZnCl_2\,.$$

Durch Einwirkung von Oxalsäureesterchlorid auf aromatische Kohlenwasserstoffe entstehen nach der FRIEDEL-CRAFTSschen Synthese aromatische α-Ketosäuren (s. S. 156)[3]

$$C_6H_6 + ClCO\cdot COOC_2H_5 = C_6H_5\cdot CO\cdot COOC_2H_5 + HCl\,.$$

Ebenso wie Oxalesterchlorid reagieren die Esterchloride und Chloride anderer zweibasischer Säuren.[4] Natürlich entstehen nach der gleichen Methode aromatische Ketosäuren auch bei der Einwirkung einfacher Säurechloride auf aromatische Säuren[5] (s. S. 168).

Schließlich entstehen Ketosäuren noch durch eine merkwürdige Umlagerung ungesättigter α-Oxysäuren.[6]

Einige andere Bildungsweisen, die noch keine allgemeinere Anwendung erfahren haben, sind früher schon erwähnt worden (s. S. 162, 164, 165, 168, 169 u. 177; s. auch S. 203 Anm. 1 u. 4).

---

[1] CLAISEN, ZEDEL, B. **21**, 3397.

[2] BLAISE, Bl. [3] **21**, 641. — CLAISEN, MORLEY, B. **11**, 1597.

[3] BOUVEAULT, Bl. [3] **15**, 1014.

[4] ADOR, B. **13**, 320. — S. auch FRIEDEL, CRAFTS, A. ch. [6] **14**, 446. — PECHMANN, B. **13**, 1612; **15**, 889. — BURKER, A. ch. [6] **26**, 435. — LIMPRICHT, A. **312**, 110,

[5] SENFF, A. **220**, 250. [6] FITTIG, A. **299**, 1.

Anhang.

Ungesättigte Ketosäuren. 1. *Perkinsche Synthese.* Ganz ebenso wie mit gewöhnlichen Fettsäureestern (s. S. 205) und Ketonen (s. S. 178) reagieren aliphatische und aromatische Aldehyde auch mit Ketosäureestern, die der CO- oder der COOH-Gruppe benachbart eine CH_2- oder CH_3-Gruppe besitzen, unter Abspaltung von Wasser und Bildung ungesättigter Ketosäuren. So reagiert Acetessigester mit den verschiedensten Aldehyden. Mit Acetaldehyd liefert er *Äthylidenacetessigester* u. s. w.[1]

$$CH_3\cdot CHO + \begin{array}{l}CH_2-CO\cdot CH_3\\ |\\ COOC_2H_5\end{array} = \begin{array}{l}CH_3\cdot CH{=}C-CO\cdot CH_3\\ \qquad\qquad\;\, |\\ \qquad\qquad COOC_2H_5\end{array} + H_2O\,.$$

Auch Brenztraubensäure reagiert analog. Sie liefert mit Benzaldehyd z. B. *Cinnamylameisensäure*[2]

$$C_6H_5\cdot CHO + CH_3\cdot CO\cdot COOH = C_6H_5\cdot CH{=}CH\cdot CO\cdot COOH + H_2O\,,$$

und ebenso läßt sich Lävulinsäure mit Aldehyden kondensieren[3] (s. weiter unten).

Die Kondensation wird am besten durch Sättigen mit Chlorwasserstoffgas unter guter Abkühlung und Stehenlassen in der Kälte bewirkt.[4]

Auch Essigsäureanhydrid sowie primäre und sekundäre Amine können als Kondensationsmittel dienen, doch bewirken die organischen Basen meist eine Kondensation in anderem Sinne. Während nämlich bei der vorliegenden Reaktion ein Molekül Aldehyd mit einem Molekül Ketosäureester reagiert, ist auch eine Kondensation zwischen einem Molekül Aldehyd und zwei Molekülen Ketosäureester möglich, wie z. B. bei der Bildung des *Äthylidenbisacetessigesters* aus Acetaldehyd und Acetessigester

$$CH_3\cdot CHO + \begin{array}{l}CH_2{<}\begin{array}{l}CO\cdot CH_3\\ COOC_2H_5\end{array}\\ CH_2{<}\begin{array}{l}COOC_2H_5\\ CO\cdot CH_3\end{array}\end{array} = CH_3\cdot CH{<}\begin{array}{l}CH{<}\begin{array}{l}CO\cdot CH_3\\ COOC_2H_5\end{array}\\ CH{<}\begin{array}{l}COOC_2H_5\\ CO\cdot CH_3\end{array}\end{array} + H_2O\,.$$

Diese Reaktion ist an anderer Stelle (S. 330) behandelt worden.

Bei solchen Ketosäuren, in denen mehrere CH_2- oder CH_3-Gruppen gleichmäßig reaktionsfähig sind, wie bei der Lävulinsäure, kann je nach der Wahl des Kondensationsmittels der Aldehyd an verschiedenen Gruppen angreifen. So entsteht bei der Kondensation von Benzaldehyd und Lävulinsäure in saurer Lösung *β-Benzallävulinsäure*

---

[1] Claisen, Matthews, A. **218**, 172.
[2] Claisen, Claparède, B. **14**, 2472.
[3] Erdmann, B. **18**, 3441. [4] Claisen, Matthews, A. **218**, 172. 177.

$$\begin{array}{l} CH_3\cdot CO\cdot C\cdot CH_2\cdot COOH \\ \qquad\qquad \| \\ \qquad\qquad CH\cdot C_6H_5 \end{array},$$

in alkalischer Lösung dagegen *δ-Benzallävulinsäure*[1]

$$\begin{array}{l} CH\cdot CO\cdot CH_2\cdot CH_2\cdot COOH \\ \| \\ CH\cdot C_6H_5 \end{array}.$$

2. *Acetessigestersynthese.* Daß man durch Einführung ungesättigter Alkylgruppen in den Acetessigester und ähnliche Verbindungen zu ungesättigten Ketosäuren gelangen kann, geht schon aus dem früher Gesagten zur Genüge hervor (S. 208). Durch Einführung zweier ungesättigter Reste kann man auch Ketosäureester mit zwei Doppelbindungen erhalten.

Auch nach einigen anderen Methoden sind ungesättigte Ketosäuren dargestellt worden, doch läßt sich über die Anwendbarkeit dieser Synthesen noch nichts sagen. So entsteht die *Benzoylakrylsäure* $C_6H_5CO\cdot CH{=}CH\cdot COOH$ sowohl aus Maleïnsäureanhydrid und Benzol (nach S. 169)

$$\begin{array}{l} CH-CO \\ \| \\ CH-CO \end{array}\!\!>O + C_6H_6 = \begin{array}{l} CH-CO-C_6H_5 \\ \| \\ CH-COOH \end{array},$$

als auch aus Phenyl-γ-Keto-α-oxybuttersäure durch Wasserabspaltung (nach S. 203)

$$\begin{array}{l} CH_2-CO-C_6H_5 \\ | \\ CHOH-COOH \end{array} = \begin{array}{l} CH-CO-C_6H_5 \\ \| \\ CH-COOH \end{array} + H_2O\,.$$

X. Aldehydosäuren.

Unter Aldehydosäuren versteht man Verbindungen, welche gleichzeitig die Aldehydgruppe $-C\langle{}^{O}_{H}$ und die Carboxylgruppe $-C\langle{}^{O}_{OH}$ ein oder mehrmals enthalten. Als einfachste Aldehydsäure könnte man die Ameisensäure $H\cdot C\langle{}^{OH}_{O}$ auffassen, welche die beiden Gruppen in sich vereinigt enthält und auf deren gleichzeitigen Aldehyd- und Säurecharakter schon mehrfach hingewiesen worden ist (vgl. S. 180). Gewöhnlich wird die Ameisensäure jedoch als einfachster Repräsentant der Fettsäuren angesehen und sind

[1] Erdmann, B. **24**, 3202; A. **254**, 187. — Erlenmeyer, B. **23**, 74.

ihre Bildungsweisen auch dort besprochen worden. Von eigentlichen Aldehydsäuren, welche die beiden charakteristischen Gruppen getrennt enthalten, sind bisher nur so wenige Vertreter bekannt geworden, daß sich über allgemeine Bildungsweisen derselben nicht viel sagen läßt.

Die wichtigsten Reaktionen, nach denen bisher Aldehydsäuren erhalten worden sind, und die möglicherweise allgemein verwertbare Methoden repräsentieren, sind die folgenden:

1. *Aus Halogenverbindungen. Glyoxalsäure* entsteht beim Erhitzen von Dichlor- oder Dibromessigsäure mit Wasser[1]

$$\begin{matrix} CHBr_2 \\ | \\ COOH \end{matrix} + H_2O = \begin{matrix} CHO \\ | \\ COOH \end{matrix} + 2\,HBr$$

und ebenso wurde aus ω-Pentachlorxylol *o-Phtalaldehydsäure* erhalten[2]

$$C_6H_4{<}{}^{CHCl_2}_{CCl_3} + 3\,H_2O = C_6H_4{<}{}^{CHO}_{COOH} + 5\,HCl$$

entsprechend den früheren Synthesen (S. 153 u. 194).

2. *Durch Verseifung eines Nitrils* (s. S. 185) in Verbindung mit der vorhergehenden Methode wurden die drei Phtalaldehydsäuren aus o-, m- oder p-Cyanbenzalchlorid durch Erhitzen mit Salzsäure gewonnen[3]

$$C_6H_4{<}{}^{CHCl_2}_{CN} + 3\,H_2O = C_6H_4{<}{}^{CHO}_{COOH} + 2\,HCl + NH_3\,.$$

3. *Durch Oxydation sauerstoffärmerer Verbindungen.* Durch Oxydation von Äthylalkohol wurde Glyoxalsäure erhalten[4]

$$\begin{matrix} CH_3 \\ | \\ CH_2OH \end{matrix} + 3\,O = \begin{matrix} CHO \\ | \\ COOH \end{matrix} + H_2O\,.$$

Diese Umsetzung ist kaum einer häufigeren Anwendung fähig, da sich die Oxydation wohl nur ausnahmsweise auf den richtigen Grad beschränken lassen wird (S. 148—150).

4. *Durch Malonestersynthese* sind zwei homologe Aldehydsäuren erhalten worden. Durch normale Einwirkung (s. S. 305) von Bromacetal auf Natriummalonester (und Natriummethylmalonester) entstehen *Acetalmalonester* (und *Acetalmethylmalonester*)[5]

[1] Grimaux, Bl. [2] **26**, 483. — Cramer, B. **25**, 714.
[2] Colson, Gautier, Bl. [2] **45**, 509.
[3] Gabriel, Weiss, B. **20**, 3197. — S. auch Reinglass, B. **24**, 2423.
[4] Debus, A. **110**, 316. — Böttinger, B. **27** R., 312.
[5] Perkin, Sprankling, Soc. **75**, 11.

$$Br\cdot CH_2\cdot CH{<}\begin{matrix}OC_2H_5\\OC_2H_5\end{matrix} + NaCH{<}\begin{matrix}COOC_2H_5\\COOC_2H_5\end{matrix}$$

$$= \begin{matrix}C_2H_5O\\C_2H_5O\end{matrix}{>}CH\cdot CH_2\cdot CH{<}\begin{matrix}COOC_2H_5\\COOC_2H_5\end{matrix} + NaCl\,.$$

Diese Verbindungen, Äther-Ester von Aldehydodicarbonsäuren, gehen bei der Verseifung (Erhitzen mit Wasser) in Aldehydomonocarbonsäuren z. B. *β-Aldehydopropionsäure* über

$$\begin{matrix}C_2H_5O\\C_2H_5O\end{matrix}{>}CH\cdot CH_2\cdot CH{<}\begin{matrix}COOC_2H_5\\COOC_2H_5\end{matrix} + 3\,H_2O$$

$$= OCH\cdot CH_2\cdot CH_2\cdot COOH + CO_2 + 4\,C_2H_5OH\,.$$

Als eine allgemeinere Darstellungsmethode für Aldehydocarbonsäureester betrachtete man früher die Einwirkung von Ameisensäureester auf Fettsäureester bei Gegenwart von Natriumäthylat, die analog der Acetessigesterbildung (s. S. 323) verläuft. So entsteht aus Ameisensäureester und Essigester wie dort die Natriumverbindung eines ungesättigten β-Oxysäureesters

$$a)\quad H\cdot C{<}\begin{matrix}O\\OC_2H_5\end{matrix} + C_2H_5ONa = H\cdot C\begin{matrix}{\diagup}ONa\\{-}OC_2H_5\\{\diagdown}OC_2H_5\end{matrix},$$

$$b)\quad H\cdot C\begin{matrix}{\diagup}ONa\\{-}OC_2H_5\\{\diagdown}OC_2H_5\end{matrix} + CH_3\cdot COOC_2H_5 = H\cdot C\overset{\diagup ONa}{=}CH\cdot COOC_2H_5 + 2\,C_2H_5OH\,.$$ [1]

Während man jedoch früher annahm, daß der aus dem Natriumsalz beim Ansäuern in Freiheit gesetzte β-Oxyolefinsäureester (Enolform) $H\overset{\diagup OH}{C}{=}CH\cdot COOC_2H_5$ sich analog dem Acetessigester sofort in einen Aldehydocarbonsäureester (Ketonform) umlagern müßte (vgl. S. 123 u. 324)

$$\left[H\overset{\diagup OH}{C}{=}CH\cdot COOC_2H_5 \longrightarrow HCO\cdot CH_2\cdot COOC_2H_5\right],$$

haben sich die so erhaltenen Verbindungen (Formylessigester) als wahre Oxyolefincarbonsäureester erwiesen (vgl. S. 284).[2] Auch aus zweibasischen Säuren und Ameisensäureester entstehen analoge Verbindungen.[3]

Anhang.

Ungesättigte Aldehydosäuren können aus Dialdehyden nach der PERKINschen Reaktion (s. S. 205) entstehen. Hiernach wurde

[1] WISLICENUS, B. **20**, 2931; **28**, 767. — PECHMANN, B. **25**, 1047.
[2] PECHMANN, B. **25**, 1040.
[3] ANDERLINI, BORISI, Gaz. **22** II, 439.

aus Terephtalaldehyd und Essigsäure die *p-Aldehydozimmtsäure* erhalten[1]

$$C_6H_4\!<\!\begin{matrix}CHO\\ CHO\end{matrix} + CH_3\cdot COOH = C_6H_4\!<\!\begin{matrix}CHO\\ CH{=}CH\cdot COOH\end{matrix} + H_2O\,.$$

XI. Oxysäuren (Alkohol- und Phenolcarbonsäuren).

Oxysäuren, d. h. Verbindungen, welche gleichzeitig die Carboxylgruppe und die Hydroxylgruppe ein- oder mehrmals enthalten, können natürlich je nach der Stellung der letzteren an einer aliphatischen Gruppe oder an einem aromatischen Kern Alkoholsäuren oder Phenolsäuren sein.

Wichtig für die Darstellung der Oxysäuren ist die Kenntnis ihrer mehr oder minder großen Zersetzlichkeit. Während die Phenolcarbonsäuren durchweg ziemlich beständige Körper sind[2], die sich leicht isolieren lassen, hängt die Beständigkeit der Alkoholsäuren in außerordentlich hohem Maße von der relativen Stellung ihrer beiden charakteristischen Gruppen ab. Die α-Oxysäuren sind ziemlich beständige Verbindungen, die sich leicht isolieren lassen. Beim Erhitzen für sich bilden sie durch intermolekulare Wasserabspaltung die sogenannten Laktide, d. h. durch Zusammentritt zweier Moleküle entstandene cyklische Doppelester, aus denen sich jedoch die freien Oxysäuren leicht zurückgewinnen lassen. Z. B. geht die α-Milchsäure in das eigentliche *Laktid* über

$$\begin{array}{l}CH_3{-}CHOH\\ \quad\;\, \vert\\ \quad\;\, COOH\end{array} + \begin{array}{l}HOOC\\ \;\;\vert\\ HOCH{-}CH_3\end{array} = \begin{array}{l}CH_3{-}CH{-}O{-}CO\\ \qquad\;\;\vert\qquad\quad\;\vert\\ \qquad\;\, CO{-}O{-}CH{-}CH_3\end{array} + 2H_2O\,.$$

Eine Wasserabspaltung in anderem Sinne findet nur schwierig statt (vgl. S. 203). Die β-Oxysäuren sind schon unbeständiger. Sie neigen sehr dazu, beim Erhitzen für sich oder mit verdünnter Schwefelsäure Wasser abzuspalten, jedoch im Gegensatz zu den übrigen Oxysäuren unter Bildung von Olefincarbonsäuren (vgl. S. 203), aus denen sie sich nur indirekt oder gar

---

[1] Löw, A. **231**, 375.

[2] Diejenigen o-Oxyphenylcarbonsäuren, bei denen die Hydroxylgruppe in γ- oder δ-Stellung zur Carboxylgruppe steht, bilden zwar auch Laktone, aber erst bei der Destillation, die o-Oxyphenylolefincarbonsäuren sogar nur beim Erhitzen mit Essigsäureanhydrid oder Acetylchlorid.

nicht regenerieren lassen.[1] Die β-Milchsäure geht so in *Akrylsäure* über

$$CH_2OH{-}CH_2{-}COOH = CH_2{=}CH{-}COOH + H_2O\,.$$

Die γ- und δ-Oxysäuren spalten so leicht Wasser ab, daß sie sich in reinem Zustande überhaupt nicht isolieren lassen. Sie existieren nur in wäßriger Lösung, zerfallen aber selbst in dieser Lösung häufig schon bei gewöhnlicher Temperatur unter intramolekularer Wasserabspaltung und liefern die sogenannten Laktone, d. h. monomolekulare cyklische Ester.[2] Die γ-Oxybuttersäure zerfällt z. B. bei ihrer Isolierung sofort in Wasser und *Butyrolakton*

$$\overset{OH}{\overset{|}{C}}H_2{-}CH_2{-}CH_2{-}COOH = \overbrace{CH_2{-}CH_2{-}CH_2{-}CO}^{O} + H_2O\,.$$

Beim Kochen mit Alkalien gehen die Laktone leicht in die Alkalisalze der Oxysäuren über. Zersetzt man die Alkalisalze jedoch mit Mineralsäuren, so zerfallen die in Freiheit gesetzten Oxysäuren meist sofort wieder in Laktone und Wasser. Eine Wasserabspaltung unter Olefinbildung findet bei diesen Säuren nur außerordentlich selten statt (vgl. S. 203).

A. Alkoholsäuren.

1. *Aus ungesättigten Säuren.* Ungesättigte Fettsäuren addieren beim Erhitzen mit wäßriger Kalilauge oder Natronlauge Wasser unter Bildung von Oxysäuren. So entsteht aus Akrylsäure und Natronlauge bei 100^0 nebeneinander α- und *β-Oxypropionsäure*[3]

$$2\,CH_2{=}CH\cdot COOH + 2\,H_2O = CH_2OH\cdot CH_2\cdot COOH + CH_3\cdot CHOH\cdot COOH\,,$$

doch ist diese Bildungsweise ohne praktischen Wert.

Dasselbe gilt von der Bildung von Dioxysäuren durch gelinde Oxydation ungesättigter Verbindungen (vgl. S. 247), nach welcher Reaktion z. B. *Traubensäure* aus Fumarsäure entsteht[4]

---

[1] Die Wasserabspaltung findet stets mit einem Wasserstoff der dem Carboxyl benachbarten Gruppe statt. Infolgedessen erleiden diejenigen β-Oxysäuren, in denen am α-Kohlenstoffatom kein Wasserstoff mehr vorhanden ist, eine anderweitige Zersetzung, nämlich in einen Aldehyd und eine Dialkylessigsäure

$$X\cdot CHOH\cdot C(Alk)_2\cdot COOH = X\cdot CHO + CH(Alk)_2\cdot COOH\,.$$

[2] Vgl. Hjelt, B. **24**, 1237.

[3] Fittig, A. **283**, 50. — Linnemann, B. **8**, 1095.

[4] Kekulé, Anschütz, B. **13**, 2150; A. **226**, 191.

$$\begin{array}{l} COOH \\ \mid \\ CH \\ \parallel \\ CH \\ \mid \\ COOH \end{array} + H_2O + O = \begin{array}{l} COOH \\ \mid \\ CHOH \\ \mid \\ CHOH \\ \mid \\ COOH \end{array}.$$

2. *Durch Reduktion höherer Oxydationsstufen.* Ungleich wichtiger ist für die Gewinnung von Alkoholsäuren die Reduktion von Aldehydosäuren, Ketosäuren und, wenn auch seltener, Dicarbonsäuren. Während zur Darstellung von α-Oxysäuren bequemere Methoden existieren, ist namentlich die Reduktion der leicht zugänglichen β- und γ-Ketosäuren eine sehr wertvolle Methode. So entsteht durch Reduktion von Acetessigester unter gleichzeitiger Verseifung *β-Oxybuttersäure*[1], durch Reduktion von Lävulinsäure *γ-Oxyvaleriansäure* (*Valerolakton*)[2] u. s. w.

$$CH_3\cdot CO\cdot CH_2\cdot COOC_2H_5 + 2H + H_2O$$
$$= CH_3\cdot CHOH\cdot CH_2\cdot COOH + C_2H_5OH,$$

$$CH_3\cdot CO\cdot CH_2\cdot CH_2\cdot COOH + 2H$$
$$= [CH_3\cdot CHOH\cdot CH_2\cdot CH_2\cdot COOH =]\ CH_3\cdot \overline{CH\cdot CH_2\cdot CH_2\cdot COO} + H_2O.$$

Als bestes Reduktionsmittel dient meist Natriumamalgam, seltener Zink und Mineralsäuren.

Auch die Reduktion von Aldehydosäuren ist in gleicher Weise leicht ausführbar, doch fehlt es hier an genügendem Ausgangsmaterial. Die Reduktion von mehrbasischen Säuren oder deren Anhydriden oder Chloriden kommt als allgemeine Darstellungsweise wenig in Betracht, obwohl sie in einzelnen Fällen von Wichtigkeit ist. So wird *γ-Oxybuttersäure* (in Form ihres Laktons, des *Butyrolaktons*) durch Reduktion von Bernsteinsäureanhydrid (oder Chlorid) erhalten[3]

$$\begin{array}{l} CH_2-CO \\ \mid \\ CH_2-CO \end{array}\!\!>O + 4H = \begin{array}{l} CH_2\cdot CH_2 \\ \mid \\ CH_2-CO \end{array}\!\!>O + H_2O$$

und ebenso das *Phtalid,* das *Lakton* der *Benzylalkohol-o-carbonsäure,* aus Phtalsäure (oder deren Anhydrid bezw. Chlorid) gewonnen[4]

$$C_6H_4<\begin{matrix} COOH \\ COOH \end{matrix} + 4H = \left[C_6H_4<\begin{matrix} CH_2OH \\ COOH \end{matrix} + H_2O = \right] C_6H_4<\begin{matrix} CH_2 \\ CO \end{matrix}>O + 2H_2O.$$

Ebenso lassen sich Polyoxydicarbonsäuren (bezw. deren

[1] Wislicenus, A. **149**, 205. [2] Wolff, A. **208**, 104.

[3] Fichter, Herbrand, B. **29**, 1192. — Saytzew, A. **171**, 261; J. pr. [2] **25**, 64.

[4] Hessert, B. **10**, 1445. — Wislicenus, B. **17**, 2178.

Laktone) in einzelnen Fällen zu Polyoxymonocarbonsäuren reduzieren, eine Reaktion, die für die Zuckerchemie von Wichtigkeit geworden ist, weil sie den Aufbau einer neuen Zuckerart, der Gulosen, vermittelte (s. die Tafel S. 265). Bei der Reduktion der aus d-Glukonsäure durch Oxydation erhaltenen d-Zuckersäure (S. 342) entsteht nämlich eine der d-Glukonsäure stereoisomere neue Säure, die *d-Gulonsäure*[1]

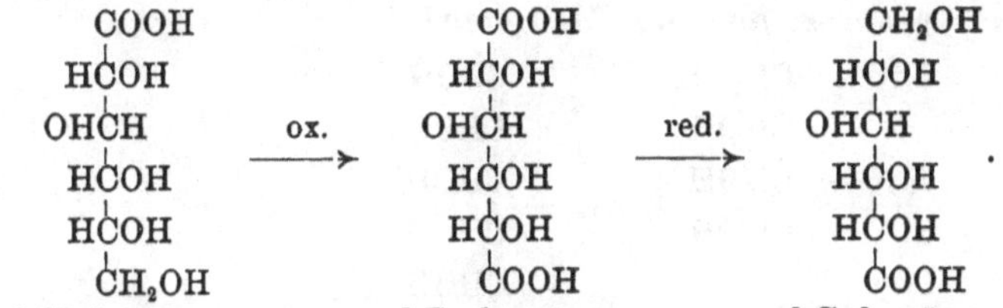

d-Glukonsäure   d-Zuckersäure   d-Gulonsäure

3. *Durch Oxydation sauerstoffärmerer Verbindungen.* Diese Oxydationsreaktionen sind aus den schon mehrfach angegebenen Gründen nur einer sehr beschränkten Anwendung fähig. Noch am besten entstehen Alkoholsäuren durch Bildung einer Carboxylgruppe. Unter geeigneten Umständen liefern alle mehrwertigen Alkohole, die primäre Alkoholgruppen enthalten, Oxysäuren, z. B. liefert Glycerin auf diese Weise *Glycerinsäure*[2]

$$\begin{matrix} CH_2OH\cdot CHOH \\ \phantom{CH_2OH\cdot{}}| \\ \phantom{CH_2OH\cdot{}}CH_2OH \end{matrix} + 2O = \begin{matrix} CH_2OH\cdot CHOH \\ \phantom{CH_2OH\cdot{}}| \\ \phantom{CH_2OH\cdot{}}COOH \end{matrix} + H_2O\,.$$

Aus den bekannten Gründen muß die Oxydation außerordentlich vorsichtig ausgeführt werden. Als Oxydationsmittel dienen unter anderen Salpetersäure, oder der Sauerstoff der Luft unter Anwendung von Sauerstoffüberträgern, wie Platinschwamm.

Sind mehrere primäre Alkoholgruppen vorhanden, so können natürlich je nach dem Grade der Oxydation einbasische oder mehrbasische Oxysäuren entstehen. So entsteht aus Glycerin bei der Oxydation mit Permanganat auch in geringer Menge *Tartronsäure (Oxymalonsäure)*[3]

---

[1] E. Fischer, Piloty, B. **24**, 525.

[2] Für diese Methode, die gerade für Glycerinsäure die beste Darstellungsweise ist, existieren zahlreiche Vorschriften. (Mulder, B. **9**, 1902. — Przybytek, B. **14**, 2071. — Börnstein, B. **18**, 3357. — Zinno, C. **1898** I, 26. — Cazeneuve, C. r. **122**, 1206.

[3] Campani, Bizzari, Gaz. **10**, 489; **12**, 1.

$$\begin{array}{l} CH_2OH \\ | \\ CHOH \\ | \\ CH_2OH \end{array} + 4O = \begin{array}{l} COOH \\ | \\ CHOH \\ | \\ COOH \end{array} + 2H_2O\,.$$

Diese Oxydation geht bei höheren Polyalkoholen glatter als bei den niedrigeren Gliedern. Beispielsweise lassen sich die Hexite, sowie die Pentaoxymonocarbonsäuren relativ glatt zu den entsprechenden Tetraoxydicarbonsäuren oxydieren. So entstehen die *Mannozuckersäuren* aus den Manniten[1]

$$\begin{array}{l} CH_2OH \\ | \\ CHOH \\ | \\ CHOH \\ | \\ CHOH \\ | \\ CHOH \\ | \\ CH_2OH \end{array} + 4O = \begin{array}{l} COOH \\ | \\ CHOH \\ | \\ CHOH \\ | \\ CHOH \\ | \\ CHOH \\ | \\ COOH \end{array} + 2H_2O$$

oder aus den Mannonsäuren[2]

$$\begin{array}{l} COOH \\ | \\ CHOH \\ | \\ CHOH \\ | \\ CHOH \\ | \\ CHOH \\ | \\ CH_2OH \end{array} + 2O = \begin{array}{l} COOH \\ | \\ CHOH \\ | \\ CHOH \\ | \\ CHOH \\ | \\ CHOH \\ | \\ COOH \end{array} + H_2O$$

und genau ebenso die *Zuckersäuren* aus den (Sorbiten und) Glukonsäuren oder Gulonsäuren[3], sowie die *Schleimsäuren* aus den Dulciten und Galaktonsäuren.[4] Besonders die Bildung der Dicarbonsäuren aus den Monocarbonsäuren ist von Wichtigkeit für die Chemie der Zuckergruppe (vgl. S. 341, s. die Tafel S. 265).

Wesentlich besser verläuft die Oxydation von Oxyaldehyden, weil die Aldehydgruppe sehr viel leichter weiter oxydiert wird als die Alkoholgruppe und man infolgedessen unter Bedingungen arbeiten kann, welche die Hydroxylgruppen intakt lassen. Auch diese Bildungsweise ist in Verbindung mit der weiter unten (S. 354) erwähnten Umlagerungsfähigkeit der Polyoxycarbonsäuren von großer Bedeutung für die Zuckerchemie. Nach dieser Reaktion entsteht z. B. die *Mannonsäure* aus Mannose und ganz

[1] Easterfield, Soc. **59**, 309.
[2] Kiliani, B. **20**, 341. — E. Fischer, B. **24**, 539.
[3] E. Fischer, B. **23**, 2621; **24**, 521.
[4] Laurent, A. **76**, 359. — Kent, Tollens, A. **227**, 224.

analog die übrigen Polyoxycarbonsäuren aus den zugehörigen Polyoxyaldehyden (vgl. die Tafel auf S. 265)

$$\begin{matrix} CHO \\ | \\ CHOH \\ | \\ CHOH \\ | \\ CHOH \\ | \\ CHOH \\ | \\ CH_2OH \end{matrix} + O = \begin{matrix} COOH \\ | \\ CHOH \\ | \\ CHOH \\ | \\ CHOH \\ | \\ CHOH \\ | \\ CH_2OH \end{matrix} .$$

Als bestes Oxydationsmittel für diese Fälle wurde Chlor- oder Bromwasser gefunden.[1]

Naturgemäß viel schwieriger ausführbar sind Oxydationen unter Bildung einer Alkoholgruppe, d. h. Oxydationen von Fettsäuren zu Oxyfettsäuren. Nur tertiäre Wasserstoffatome lassen sich zuweilen im Sinne dieser Umwandlung zu Hydroxylgruppen oxydieren, ohne daß die Reaktion weitergeht. Beispielsweise kann man Dimethylessigsäure zu *α-Oxyisobuttersäure* oxydieren[2]

$$\begin{matrix} CH_3 \\ CH_3 \end{matrix}\!\!>CH\cdot COOH + O = \begin{matrix} CH_3 \\ CH_3 \end{matrix}\!\!>C(OH)\cdot COOH .$$

Ebenso entsteht aus Triphenylmethan-o-carbonsäure *Triphenylcarbinolcarbonsäure,* die jedoch als γ-Oxysäure nur in Form ihres Laktons, des *Diphenylphtalids,* existenzfähig ist u. a. m.

$$C_6H_4\!\!<\!\begin{matrix} CH(C_6H_5)_2 \\ COOH \end{matrix} \longrightarrow \left[C_6H_4\!\!<\!\begin{matrix} COH(C_6H_5)_2 \\ COOH \end{matrix}\right] \longrightarrow C_6H_4\!\!<\!\begin{matrix} C(C_6H_5)_2 \\ CO \end{matrix}\!\!>O .$$

Als Oxydationsmittel dienen bei aliphatischen Substanzen Kaliumpermanganat in alkalischer Lösung, bei aromatischen Substanzen, bei denen weitergehende Oxydation nicht zu befürchten ist, Chromsäure in Eisessig oder auch Braunstein und Schwefelsäure.

4. *Aus Halogenverbindungen.* Entsprechend der wichtigsten Alkoholsynthese (S. 113) entstehen Oxysäuren aus halogensubstituierten Carbonsäuren durch Ersatz des Halogens durch Hydroxylgruppen. Dieser Ersatz geht im allgemeinen ganz glatt vor sich, nur aus β-halogensubstituierten Säuren entstehen infolge ihrer Tendenz zur Olefinbildung (s. S. 202) zuweilen ungesättigte Säuren.

---

[1] Kiliani, B. **17**, 1298. — E. Fischer, Hirschberger, B. **22**, 3219. — Ruff, B. **32**, 2274.

[2] R. Meyer, A. **219**, 240; **220**, 56; B. **11**, 1787. — Fittig, Bredt, A. **208**, 60; B. **14**, 1782. — S. auch Wallach, A. **275**, 159.

Nach dieser Methode entsteht z. B. *Äpfelsäure* aus Monobrombernsteinsäure[1], *Weinsäure* aus Dibrombernsteinsäure[2] u. s. w.

$$\begin{matrix}CHBr\cdot COOH\\ |\\ CH_2\cdot COOH\end{matrix} + H_2O = \begin{matrix}CHOH\cdot COOH\\ |\\ CH_2\cdot COOH\end{matrix} + HBr\,.$$

Die praktische Ausführung dieser Reaktion deckt sich im allgemeinen mit den für die Alkoholdarstellung (S. 114) gegebenen Vorschriften. Am besten scheint im allgemeinen längeres Kochen der halogensubstituierten Säuren mit Wasser zu sein. In denjenigen Fällen, wo keine Nebenreaktionen zu befürchten sind, kann man die Umsetzungsdauer durch Zusatz von Alkali abkürzen, während man andrerseits, wenn beim Erhitzen die Bildung ungesättigter Verbindungen zu erwarten ist, feuchtes Silberoxyd anwendet, weil dies Reagens das einzige ist, mit dem der gewünschte Austausch meist schon in der Kälte vollständig vor sich geht.[3] Diejenigen Alkoholsäuren, welche in γ- oder δ-Stellung zu einer Carboxylgruppe eine Hydroxylgruppe enthalten, werden meist in Form ihrer Laktone (s. oben) isoliert. Die γ-Halogenfettsäuren zerfallen schon bei der Destillation für sich in die entsprechenden Laktone und Halogenwasserstoff. Auch bei der Einwirkung von Wasser oder Alkalien entstehen hier unmittelbar Laktone, indem das Halogen mit dem Wasserstoff der Carboxylgruppe abgespalten wird.

Eine besondere Anwendung findet dieser Austausch von Halogen gegen Hydroxyl in der weiter unten behandelten Verbindung mit der Malonestersynthese (S. 350).

5. *Aus Aminosäuren.* Natürlich entstehen Oxysäuren auch — analog der Synthese der Alkohole aus den Aminen — aus Aminosäuren durch Einwirkung von salpetriger Säure (s. S. 117), doch ist diese Methode hier praktisch ohne große Bedeutung (vgl. dagegen die Bildung von Phenolcarbonsäuren S. 357). Als Beispiel möge die Bildung von *Äpfelsäure* aus Asparaginsäure angeführt werden[4]

$$\begin{matrix}CHNH_2-COOH\\ |\\ CH_2-\!\!-COOH\end{matrix} + HNO_2 = \begin{matrix}CHOH-COOH\\ |\\ CH_2-\!\!-COOH\end{matrix} + N_2 + H_2O\,.$$

6. *Durch Verseifung der Nitrile.* Ebenso wie alle übrigen organischen Säuren durch Verseifung ihrer Nitrile (S. 185), entstehen Oxysäuren aus Oxynitrilen, z. B. die *Mandelsäure* aus Benzalaldehydcyanhydrin[5]

$$C_6H_5\cdot CHOH\cdot CN + 2H_2O = C_6H_5\cdot CHOH\cdot COOH + NH_3\,.$$

[1] Kekulé, A. **117**, 126; **130**, 24.
[2] Dessaignes, Pasteur, A. Spl. **2**, 242. — Perkin, Duppa, A. **117**, 130.
[3] Vgl. Beckurts u. Otto, B. **14**, 576; **18**, 223.
[4] Pasteur, A. **82**, 330.
[5] Winckler, A. **18**, 310. — Wallach, A. **193**, 38.

Die Verseifung der Oxynitrile wird in gewohnter Weise durch Erhitzen mit Mineralsäuren oder Alkalien vorgenommen.

Die Cyanhydrine brauchen zur Gewinnung von Oxysäuren nicht rein dargestellt zu werden, sondern man unterwirft das Rohprodukt direkt der Verseifung.

Zuweilen läßt sich die Verseifung mit der im folgenden erwähnten Cyanhydrinbildung in einer Operation ausführen.[1] Im allgemeinen scheint es am vorteilhaftesten zu sein, wenn man das Nitril erst durch Stehenlassen mit Salzsäure bei gewöhnlicher Temperatur bis zum Amid und dann dieses durch Kochen oder Einleiten von Dampf weiter zur Säure verseift.[2] Weniger sicher ist das Erhitzen mit Salzsäure im Einschlußrohr auf höhere Temperaturen, wobei die Hydroxylgruppe zunächst durch Chlor ersetzt wird und nachher regeneriert werden muß. Außerdem treten hierbei zuweilen Umlagerungen ein.[3] Auch mit verdünnter Schwefelsäure läßt sich die Verseifung manchmal gut ausführen.

Bei weitem die wichtigste Darstellungsweise für Oxynitrile ist die sogenannte „Cyanhydrinreaktion", nämlich die Addition von Blausäure an Aldehyde und Ketone. Naturgemäß führt sie nur zu den Nitrilen von α-Oxysäuren. Alle Aldehyde und Ketone der aliphatischen wie der aromatischen Reihe haben die Fähigkeit, je ein Molekül Cyanwasserstoff zu addieren, indem zunächst die Doppelbindung zwischen Kohlenstoff und Sauerstoff gelöst wird, der Sauerstoff dann mit dem Wasserstoffatom der Blausäure eine Hydroxylgruppe bildet und zugleich die Cyangruppe an die freigewordene Kohlenstoffaffinität geht

$$\begin{matrix}X\\Y\end{matrix}\!>\!C{=}O + H\cdot CN = \begin{matrix}X\\Y\end{matrix}\!>\!C\!<\!\begin{matrix}OH\\CN\end{matrix}.$$

Die so entstehenden Verbindungen, die sogenannten Cyanhydrine, sind die Nitrile von α-Oxysäuren, in die sie bei der Verseifung übergehen. So ist das *Acetaldehydcyanhydrin* das Nitril der *α-Oxypropionsäure* (*α-Milchsäure*)[4]

$$CH_3\cdot CHO + HCN = CH_3\cdot CH\!<\!\begin{matrix}OH\\CN\end{matrix} \quad (\longrightarrow \quad CH_3\cdot CHOH\cdot COOH),$$

das *Benzaldehydcyanhydrin* das Nitril der *α-Oxyphenylessigsäure* (*Mandelsäure*)[5]

---

[1] Wallach, A. **193**, 38. [2] G. 264. — Plöchl, B. **14**, 1316.
[3] Siehe Spiegel, B. **14**, 237. — Rügheimer, B. **14**, 448.
[4] Simpson, Gautier, Z. **1867**, 660; A. **146**, 254. — Lipp, A. **205**, 24.
[5] Spiegel, B. **14**, 239.

$$C_6H_5\cdot CHO + HCN = C_6H_5\cdot CH{<}^{OH}_{CN} \quad (\longrightarrow \; C_6H_5\cdot CHOH\cdot COOH),$$

das *Acetoncyanhydrin* das Nitril der *α-Oxyisobuttersäure*[1] u. s. w.

$$\genfrac{}{}{0pt}{}{CH_3}{CH_3}{>}CO + HCN = \genfrac{}{}{0pt}{}{CH_3}{CH_3}{>}C{<}^{OH}_{CN} \quad \left(\longrightarrow \; \genfrac{}{}{0pt}{}{CH_3}{CH_3}{>}COH\cdot COOH\right).$$

Auch kompliziertere Verbindungen, welche die Aldehyd- oder Ketongruppe enthalten, reagieren meist analog, so Ketosäuren, Oxyketone, Oxyaldehyde u. a. m., so daß man z. B. von den Ketosäuren zu den Nitrilen zweibasischer Oxysäuren und zu diesen selbst gelangt[2]

$$\underset{\text{Acetessigester}}{CH_3\cdot CO\cdot CH_2\cdot COOC_2H_5} \longrightarrow \underset{\text{Acetessigestercyanhydrin}}{\underset{OH\;\;CN}{CH_3\cdot C{-}CH_2\cdot COOC_2H_5}}$$

$$\longrightarrow \underset{\text{Methyläpfelsäure}}{\underset{COOH\;\;COOH}{CH_3\cdot COH{-}\!{-}CH_2}}.$$

Die Reaktion, die, wie gesagt, allgemeinster Anwendung fähig ist und meist sehr glatt verläuft, kann so ausgeführt werden[3], daß man die Aldehyde oder Ketone mit wasserfreier Blausäure erwärmt.[4] Zweckmäßiger ist es jedoch, letztere in statu nascendi zu verwenden.[5] Man mischt den Aldehyd oder das Keton in reinem Zustande oder in ätherischer Lösung mit der molekularen Menge feingepulverten reinen Cyankaliums und läßt unter Eiskühlung ein Molekül konzentrierter Salzsäure zutropfen. Die Reaktion ist in der Kälte meist nach kurzer Zeit beendet. Man trennt das Cyanhydrin von dem Chlorkalium entweder durch Ausschütteln mit Wasser oder durch einfaches Abgießen der ätherischen Lösung von dem entstandenen Salzbrei. An Stelle der freien Aldehyde oder Ketone können auch häufig mit besonders gutem Erfolge deren Verbindungen mit Natriumbisulfit verwendet werden. Diese werden einfach mit der kalten Lösung des Cyankaliums in wenig Wasser verrührt[6]

$$C_6H_5\cdot C{\leftarrow}\!\begin{smallmatrix}OH\\ SO_3Na\\ H\end{smallmatrix} + KCN = C_6H_5\cdot C{\leftarrow}\!\begin{smallmatrix}OH\\ CN\\ H\end{smallmatrix} + KNaSO_3.$$

Die Reaktion ist dann ein Analogon der früher behandelten (S. 240) Nitrildarstellung aus sulfosauren Salzen.

Von besonderer Wichtigkeit ist die Darstellung von Polyoxysäuren aus Polyoxyaldehyden der nächst niedrigeren Reihe

[1] Wislicenus, Urech, A. **164**, 255. — Böcking, A. **204**, 18.

[2] Michael, J. pr. [2] **46**, 287. — Demarçay, Bl. [2] **27**, 120. — Morris, Soc. **37**, 6.

[3] G. 263. [4] Wallach, A. **193**, 38.

[5] Wislicenus, Urech, A. **164**, 258. [6] D.R.P. 85230. — G. 264.

für die Synthese der Zucker, da diese Umsetzung in Verbindung mit der früher besprochenen Reduktion der Polyoxysäurelaktone zu Polyoxyaldehyden den stufenweisen Aufbau der verschiedenen Aldosen gestattet. So addiert die Arabinose, eine Pentose, Blausäure unter Bildung eines Cyanhydrins, das bei der Verseifung *Glukonsäure* liefert und so die Synthese der Glukose, einer Hexose, aus der Arabinose vermittelt. Diese Methode ist daher schon bei den Oxyaldehyden erwähnt worden (s. S. 264)

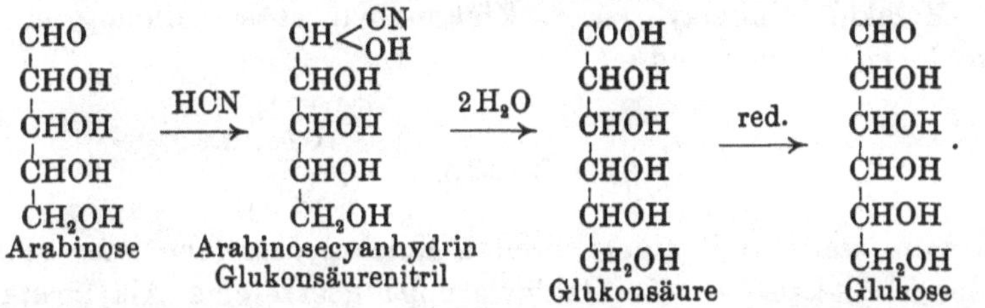

Die Ausführung der Reaktion ist auch hier nicht wesentlich anders als bei den einfachen Aldehyden[1], doch lassen sich die Cyanhydrine nicht isolieren.

Andere Methoden zur Darstellung von Oxynitrilen sind z. B. Austausch des Halogens in den sogenannten Halogenhydrinen (s. S. 58) gegen Cyan (vgl. S. 237). So entsteht aus Äthylenchlorhydrin Äthylencyanhydrin, das Nitril der *β-Oxypropionsäure*[2]

$$\begin{matrix} CH_2Cl \\ | \\ CH_2OH \end{matrix} + KCN = \begin{matrix} CH_2 \cdot CN \\ | \\ CH_2OH \end{matrix} + KCl \quad \left[\longrightarrow \begin{matrix} CH_2 \cdot COOH \\ | \\ CH_2OH \end{matrix} \right].$$

Im allgemeinen reagieren jedoch derartige Oxychloride schwieriger als gewöhnliche Halogenalkyle. Man erhitzt dieselben in alkoholischer Lösung mit Cyankalium mehrere Stunden im Einschlußrohr auf 100°.

Für aromatische Alkoholcarbonsäuren wird häufig die Verseifung einer Nitrilgruppe gleichzeitig mit dem Ersatz eines Halogens durch Hydroxyl ausgeführt. So wird die *Benzylalkohol-o-carbonsäure* (bezw. ihr Lakton, das *Phtalid*) aus o-Cyanbenzylchlorid durch Erhitzen mit Eisessig und Salzsäure dargestellt[3]

$$C_6H_4{<}\begin{matrix} CH_2Cl \\ CN \end{matrix} + 3H_2O = C_6H_4{<}\begin{matrix} CH_2OH \\ COOH \end{matrix} + NH_3 + HCl.$$

Derartige Nitrile erhält man z. B., indem man nach der Sandmeyerschen Methode (s. S. 241) die Cyangruppe in den Kern

[1] Kiliani, B. **19**, 1914. 3033; **21**, 916. — E. Fischer, B. **22**, 370.
[2] Wislicenus, A. **128**, 4. [3] Cassirer, B. **25**, 3021.

aromatischer Verbindungen einführt, und diese Cyanverbindungen dann in der Seitenkette chloriert (s. S. 61).

7. *Aus Säureestern und Organometallen.* Eine wichtige Synthese von tertiären Oxysäuren besteht in der Einwirkung von Zinkalkylen auf Oxalsäureester. Dieselbe entspricht der Bildung tertiärer Alkohole aus Zinkalkylen und den Estern einbasischer Säuren (S. 120). Wie dort verläuft die Reaktion in mehreren Phasen. Die eine Carbonylgruppe des Oxalesters addiert zunächst ein Molekül Zinkalkyl (z. B. Zinkmethyl) unter Bildung einer komplexen Zinkverbindung

I. 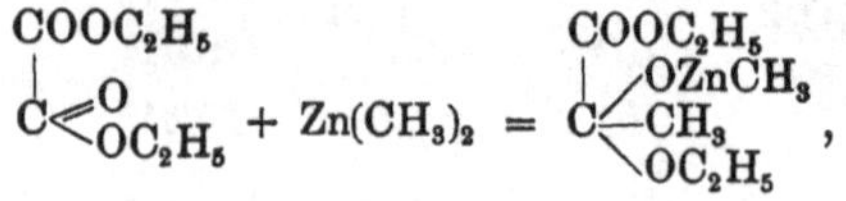

die dann weiter mit einem zweiten Molekül desselben oder eines anderen Zinkalkyls, die Oxalkylgruppe gegen eine Alkylgruppe austauscht

II. 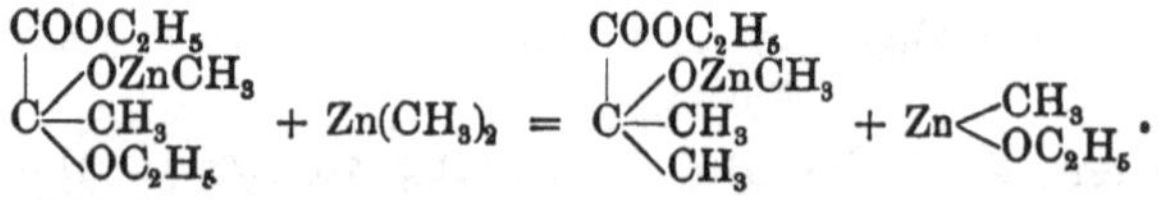

Zersetzt man die so entstehende Verbindung mit Wasser, so bildet sich der Ester einer Oxysäure[1], der *Oxyisobuttersäure* (*Dimethyloxyessigsäure*)[2]

III. 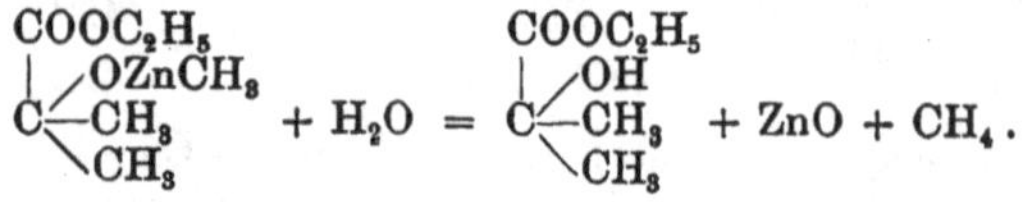

Nach diesem Reaktionsschema würde man für jedes Molekül Oxalester zwei Moleküle Zinkalkyl gebrauchen. Da man aber in der Praxis nur die Hälfte dieser Zinkalkylmenge anzuwenden braucht, ist der Vorgang der Reaktion wohl etwas anders. Man hat zur Erklärung angenommen, daß das Additionsprodukt der ersten Phase sich durch intramolekularen Austausch von Alkyl und Oxalkyl, ohne Einwirkung eines zweiten Moleküls Zinkalkyl, in eine Verbindung umlagert

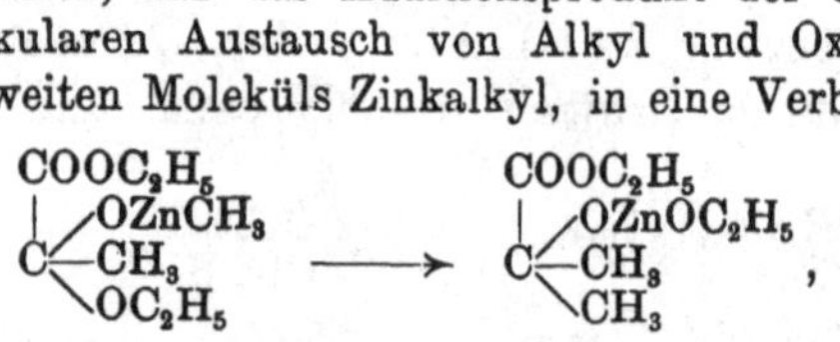

---

[1] Nach ihrer Bildungsweise wurden die entstehenden Säuren früher als Dialkyloxalsäuren bezeichnet. Die der Konstitution entsprechenden richtigen Benennungen sind diejenigen als Dialkyloxyessigsäuren.

[2] Frankland, Duppa, A. **133**, 80.

welche direkt durch Wasser unter Bildung des Oxysäureesters zersetzt wird

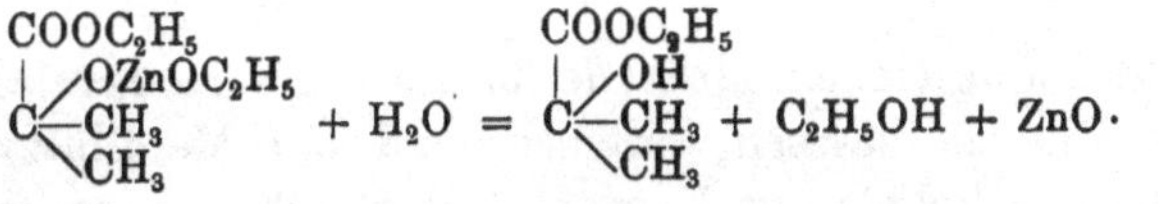

Vielleicht addiert aber auch, und hierdurch würde die Möglichkeit, zwei verschiedene Alkylreste nacheinander einzuführen, eine bessere Erklärung finden, von vornherein ein Molekül Zinkalkyl zwei Moleküle Ester

I.

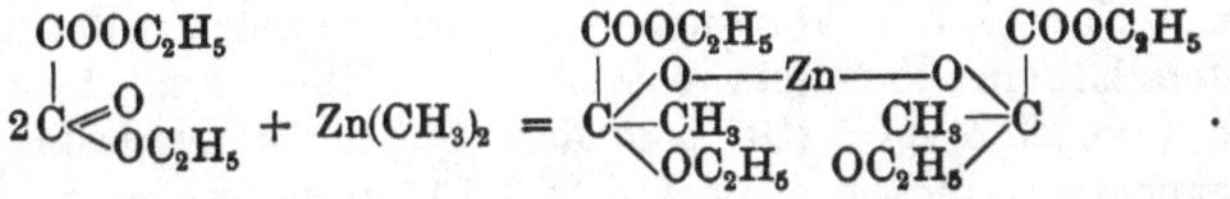

Dies Additionsprodukt reagiert in zweiter Phase normal mit einem zweiten Molekül desselben oder eines anderen Zinkalkyls, z. B.

II.

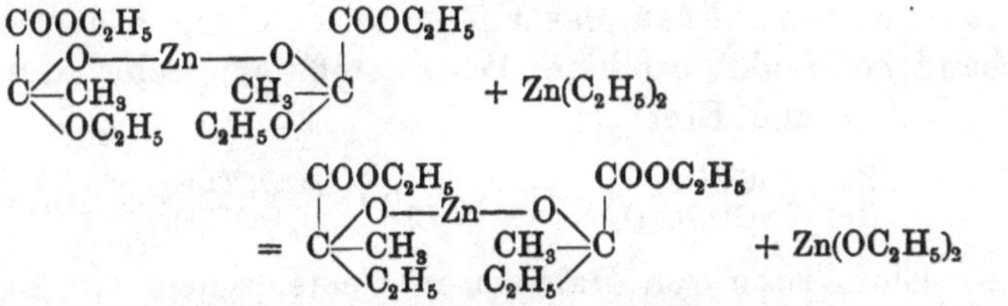

und schließlich entsteht durch Zersetzung mit Wasser der Oxysäureester

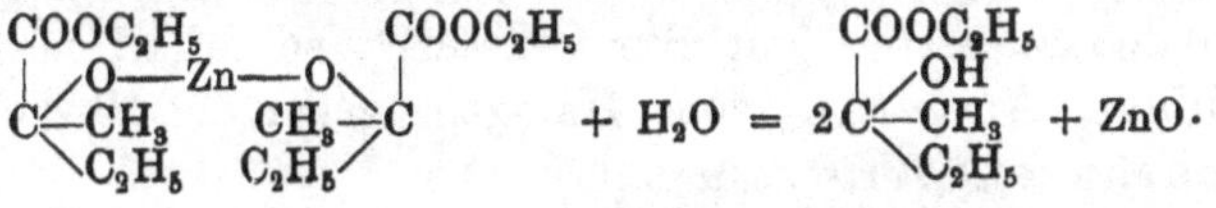

Bei der Ausführung dieser Synthese wendet man fast nie die fertigen Zinkalkyle an, da ein Gemisch von Jodalkylen mit gekörntem (schwach amalgamiertem) Zink ebenso wirkt und weit bequemer zu handhaben ist (vgl. S. 120). Die trockenen Zinkkörner werden mit den berechneten Mengen Alkyljodid und Oxalsäureester mehrere Tage lang am Rückflußkühler erwärmt, dann wird mit Wasser und zur Bindung der Säuren mit Baryumhydroxyd versetzt. Durch Einleiten von Dampf wird verseift und der Alkohol abgeblasen, zur Entfernung der Jodverbindungen mit Silberoxyd durchgeschüttelt und schließlich die klarfiltrierte Lösung der Baryumsalze mit Kohlensäure zerlegt.[1] Daß man auch zwei verschiedene Alkylgruppen einführen kann, ist schon gesagt worden. Es gelingt dies auch bei gleichzeitiger Anwendung zweier verschiedener Jodalkyle.[2]

---

[1] FRANKLAND, DUPPA, A. **142**, 15. — FITTIG, A. **200**, 21.

[2] FRANKLAND, DUPPA, A. **135**, 37.

Bei Anwendung eines Überschusses von Metallalkyl reagiert natürlich auch die zweite Carboxäthylgruppe und es entstehen bitertiäre Glykole.

Nach der gleichen Methode erhält man tertiäre Oxysäuren auch aus Ketosäureestern, entsprechend der Metallalkylsynthese der tertiären Alkohole aus Ketonen (vgl. S. 120), indem bei Gegenwart einer beschränkten Metallalkylmenge zuerst die Ketogruppe reagiert.

Diese Methode scheint einer sehr allgemeinen Anwendung fähig zu sein. Nur β-Ketosäureester reagieren anormal. Bei Gegenwart eines Metallalkylüberschusses entstehen natürlich auch hier bitertiäre Glykole (vgl. S. 251). Mit besonders gutem Erfolg lassen sich hier die Organomagnesiumverbindungen (s. S. 119) verwenden.[1]

8. *Durch Malonestersynthese.* Wie schon erwähnt wurde (S. 306), kann man im Malonsäureester und allen seinen Monosubstitutionsprodukten das am mittelständigen Kohlenstoff noch vorhandene reaktionsfähige Wasserstoffatom sehr leicht direkt durch Chlor und Brom ersetzen[2]

$$\begin{matrix}X\\H\end{matrix}\!>C<\!\begin{matrix}COOC_2H_5\\COOC_2H_5\end{matrix} + Cl_2 = \begin{matrix}X\\Cl\end{matrix}\!>C<\!\begin{matrix}COOC_2H_5\\COOC_2H_5\end{matrix} + HCl\,.$$

Diese Einführung von Halogen in Gemeinschaft mit der früher behandelten Alkylierung (s. S. 304) des Malonesters führt zu beliebigen Alkylhalogenmalonsäureestern. Verseift man diese Alkylhalogenmalonsäureester (mit Barytwasser)[3], so erhält man durch gleichzeitigen Austausch von Halogen gegen Hydroxyl Oxydicarbonsäuren (*Tartronsäuren*)

$$\begin{matrix}X\\Cl\end{matrix}\!>C<\!\begin{matrix}COOC_2H_5\\COOC_2H_5\end{matrix} + 3\,H_2O = \begin{matrix}X\\OH\end{matrix}\!>C<\!\begin{matrix}COOH\\COOH\end{matrix} + HCl + 2\,C_2H_5OH\,.$$

Diese spalten wie alle analog konstituierten Säuren (s. S. 295) beim Erhitzen CO_2 ab und gehen in α-Oxymonocarbonsäuren über

$$X\cdot C(OH)<\!\begin{matrix}COOH\\COOH\end{matrix} = X\cdot CH(OH)\cdot COOH + CO_2\,.$$

Als Beispiel dieser Umsetzung möge angeführt werden die Bildung der *Äthyltartronsäure* aus Äthylchlormalonsäureester und ihre Zer-

[1] Grignard, C. r. **135**, 627; **134**, 849.

[2] Conrad, Bischoff, A. **209**, 219; **214**, 44. — Byk, J. pr. [2] **1**, 27. — Guthzeit, A. **209**, 232. — Knoevenagel, B. **21**, 1356. — Ruhemann, B. **26**, 2356.

[3] Conrad, Guthzeit, A. **209**, 233; B. **14**, 619.

setzung in *α-Oxybuttersäure* und Kohlendioxyd. Diese Bildungsweise entspricht völlig obigem Schema ($X = C_2H_5$).[1]

9. *Perkinsche Synthese.* Bei der PERKINschen Synthese ungesättigter Säuren (S. 205) wurde bereits erörtert, daß die primären Produkte der Addition von Fettsäuren an Aldehyde β-Oxysäuren sind. Zur Darstellung dieser Säuren ist die Reaktion jedoch nicht brauchbar, weil die β-Oxysäuren bei den hier notwendigen Versuchsbedingungen in Olefincarbonsäuren und Wasser zerfallen. Diese Olefinbildung findet nur dann nicht statt, wenn die Hydroxylgruppe der primären Oxysäure am α-Kohlenstoffatom keinen Wasserstoff zur Wasserabspaltung vorfindet (s. S. 206). Läßt man jedoch Aldehyde in gleicher Weise auf zweibasische Säuren vom Typus der Bernsteinsäure einwirken, so daß bei der primären Addition (neben der einen stets in β-Stellung zum Hydroxyl stehenden Carboxylgruppe) eine Carboxylgruppe in γ-Stellung zum Hydroxyl zu stehen kommt, so überwiegt die Tendenz zur Laktonbildung diejenige zur Olefinbildung und es entstehen Laktoncarbonsäuren, d. h. die inneren Esteranhydride von zweibasischen γ-Oxysäuren, eine Reaktion, die als Bildung der Parakonsäuren schon früher (S. 316) ausführlich behandelt worden ist.

Diese γ-Laktoncarbonsäuren zerfallen bei der Destillation in CO_2 und γ-Laktone (innere Esteranhydride der γ-Oxysäuren), wobei aber zugleich auch die isomeren ungesättigten Säuren entstehen (s. S. 203). So liefert die Dimethylparakonsäure (Terebinsäure) teils *Isocaprolakton*, teils Brenzterebinsäure[2]

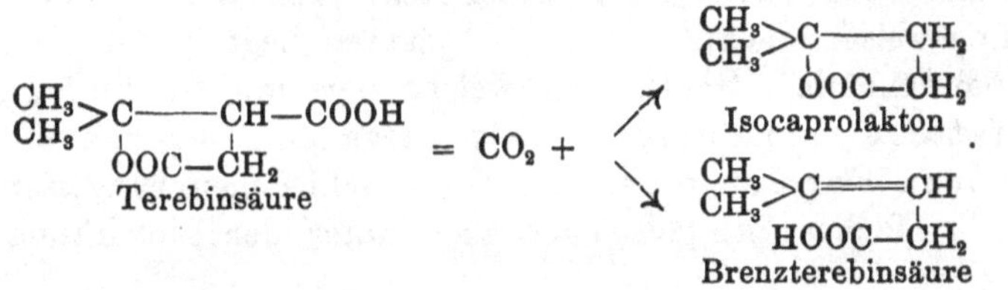

Schließlich entstehen noch Ätherester von β-Oxysäuren bei der Anwendung der Acetessigesterbildungsreaktion auf höhere Säure-

[1] CONRAD, GUTHZEIT, A. **209**, 233. — BISCHOFF, HAUSDÖRFER, A. **239**, 127.

[2] FITTIG, BREDT, A. **200**, 259. — FITTIG, DELISLE, A. **255**, 61. — FITTIG, FRÄNKEL, A. **255**, 25.

ester als Propionsäureester (vgl. S. 324), z. B. entsteht aus Isobuttersäureester *Äthoxycaprylsäureester.*[1]

10. *Durch intramolekulare Umlagerung.* Laktone von γ- oder δ-Oxysäuren entstehen durch Umlagerung von $\beta\gamma$- oder $\gamma\delta$-Olefincarbonsäuren, z. B. γ-*Valerolakton* aus Allylessigsäure[2]

Diese Umlagerung findet bei der Destillation für sich oder auch beim Erwärmen mit Bromwasserstoffsäure oder verdünnter Schwefelsäure statt. In den beiden letzten Fällen kann man eine intermediäre Anlagerung und Wiederabspaltung von Halogenwasserstoff oder Wasser annehmen (vgl. die Methoden 1 u. 4).[3]

Schließlich möge hier noch eine andere, sehr merkwürdige intramolekulare Umlagerung erwähnt werden, obwohl dieselbe unter gleichzeitiger Addition von Wasser verläuft. Dieselbe führt von α-Diketonen zu tertiären α-Oxysäuren, doch geben nur diejenigen α-Diketone diese Reaktion, in denen beide Ketogruppen an aromatische Kerne gebunden sind, also das Benzil $C_6H_5 \cdot CO \cdot CO \cdot C_6H_5$ und seine Substitutionsprodukte Anisil, Cuminil u. s. w. (sowie das analoge Furil). Hiernach lagert sich das Benzil unter Wasseraufnahme in *Diphenyloxyessigsäure* (*Benzilsäure*) um[4]

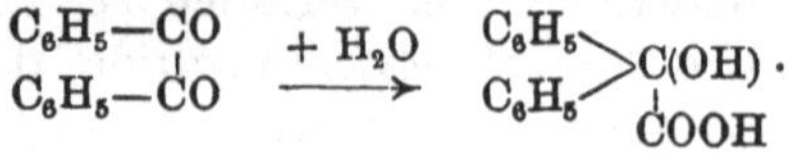

Die Umlagerung findet statt, wenn man Benzil mit alkoholischer Kalilauge erwärmt oder mit Kali schmilzt.[5]

Eine von den eben genannten prinzipiell verschiedene Bildungsweise neuer Arten von Oxysäuren liegt in der Tatsache, daß bei denjenigen Substanzen, welche asymmetrische Kohlenstoffatome enthalten und infolgedessen in mehreren stereoisomeren Formen existieren, die verschiedenen Raumisomeren durch einfaches Erhitzen oder auch unter der Einwirkung ver-

---

[1] Hantzsch, A. **249**, 54. — Über eine andere sehr merkwürdige Bildungsweise von Oxysäuren siehe Reformatzky, Plesconossoff, B. **28**, 2838. 2842; J. pr. [2] **54**, 469.

[2] Rasch, Fittig, A. **256**, 126.

[3] Fittig, B. **16**, 373. — Fittig, Rasch, Dubois, A. **256**, 126. 134. — Hjelt, B. **29**, 1857.

[4] Liebig, A. **25**, 25. — Zinin, A. **31**, 329.

[5] Klinger, B. **19**, 1868. — E. Fischer, B. **14**, 326 Anm.

schiedener Agentien häufig wechselseitig ineinander überzuführen sind. Dies gilt für alle Verbindungen, bei denen überhaupt eine Stereoisomerie möglich ist, ist aber gerade für die Gruppe der Oxysäuren von besonderer Wichtigkeit.

Es möge erwähnt werden, daß bei allen Synthesen, bei denen eine neue Asymmetrie geschaffen wird, regelmäßig gleich große Mengen der beiden möglichen stereoisomeren Formen der d- und der l-Modifikation entstehen, welche sich zu physikalisch polymeren Molekülen vereinigen. In diesen, den sogenannten racemischen oder (d + l)-Verbindungen heben sich infolgedessen die gleich großen aber entgegengesetzt gerichteten optischen Wirkungen der beiden Modifikationen des neuen asymmetrischen Kohlenstoffatoms gegenseitig auf. Bei dem direkten Aufbau solcher Verbindungen erhält man also stets[1] optisch inaktive Verbindungen, welche sich aber durch verschiedene Mittel, wie Gärungsvorgänge und Trennung ihrer Salze nach Löslichkeit oder Kristallform, in die beiden optisch aktiven Antipoden, die d- und l-Verbindung spalten lassen. So kann man die künstliche Mandelsäure in d-Mandelsäure und l-Mandelsäure zerlegen, deren letztere mit der natürlichen Mandelsäure völlig identisch ist, während die d-Mandelsäure chemisch zwar auch die gleichen Eigenschaften besitzt, aber die Schwingungsebene des polarisierten Lichtes um ebensoviel nach rechts dreht, wie die l-Säure nach links.[2] Bei Substanzen, welche zwei asymmetrische Kohlenstoffatome besitzen, kann sich deren optische Wirkung bei einer vierten, der sogenannten i-Modifikation, auch innerhalb des chemischen Einzelmoleküls gegenseitig aufheben. Derartige Verbindungen, die auch synthetisch entstehen können, sind ebenfalls optisch inaktiv, aber nicht in aktive Komponenten spaltbar. Bei Substanzen, welche mehr als zwei asymmetrische Kohlenstoffatome enthalten, wächst natürlich die Anzahl der möglichen stereoisomeren Modifikationen, welche sich zum Teil wechselseitig ineinander umlagern lassen.

Diese Umlagerungsfähigkeit ist bei den Oxysäuren besonders wichtig geworden. So verwandelt sich sowohl die d- als auch die l-Mandelsäure beim Erhitzen auf 180° in inaktive (racemische) Mandelsäure. Da diese eine Vereinigung gleicher Mengen d- und l-Mandelsäure darstellt, so hat sich in einem Falle die Hälfte der d-Säure in l-Säure, im anderen die Hälfte der l-Säure in d-Säure umgelagert, und da sich die racemische Säure in ihre beiden optisch aktiven Komponenten zerlegen läßt, kann man sowohl d-Säure aus l-Säure, als auch l-Säure aus d-Säure dar-

---

[1] Vgl. E. Fischer, B. **36**, 2575.

[2] G. 264. — Rimbach, B. **32**, 2385.

stellen. Auf einem anderen Wege lassen sich die beiden optisch aktiven Äpfelsäuren ineinander überführen.[1] Die d-Weinsäure lagert sich beim Erhitzen mit Wasser auf 165—175° sowohl in die durch intramolekularen Ausgleich (s. o.) inaktive Mesoweinsäure, als auch in die racemische Traubensäure (und somit auch in l-Weinsäure) um[2] u. s. w.

Ein besonderes Interesse beanspruchen derartige Umlagerungen bei den Polyoxycarbonsäuren. Beim Erhitzen mit Chinolin oder Pyridin lagern sich nämlich die drei Mannonsäuren (racemische, d- und l-Modifikation) in die entsprechenden *Glukonsäuren* um, indem nur die Konfiguration an dem der Carboxylgruppe benachbarten asymmetrischen Kohlenstoffatom verändert wird. Diese Umlagerung ist deshalb von so außerordentlicher Wichtigkeit, weil sie den Aufbau des natürlichen Traubenzuckers, der d-Glukose, vermittelte, indem sie erlaubte, künstlich gewonnenen Fruchtzucker in Traubenzucker umzuwandeln (s. S. 264 sowie die Tafel auf S. 265). Ganz ebenso gelingt die Umlagerung der Gulonsäuren (s. S. 341) in die entsprechenden *Idonsäuren* und der Galaktonsäuren in die *Talonsäuren,* so die Möglichkeit zur Synthese neuer Zuckerarten gebend. Erwähnt möge noch werden, daß diese Reaktionen ebenfalls umkehrbar sind; aus jeder einzelnen dieser Verbindungen entsteht also ein Gemisch der beiden korrespondierenden Säuren.[3]

B. Phenolcarbonsäuren.

1. *Durch Addition von Wasserstoff an ungesättigte Säuren.* Ganz analog der Hydrierung gewöhnlicher ungesättigter Säuren (S. 181) kann man in den leicht zugänglichen ungesättigten Phenolcarbonsäuren (S. 364) durch Behandlung mit Natriumamalgam in üblicher Weise Wasserstoff an die Doppelbindung anlagern, ohne daß die Phenolhydroxylgruppen reduziert werden. Man stellt so die *Hydrocumarsäuren* (*β-Phenolpropionsäuren*) aus den Cumarsäuren dar[4]

$$C_6H_4{<}^{OH}_{CH=CH\cdot COOH} + H_2 = C_6H_4{<}^{OH}_{CH_2-CH_2\cdot COOH}\ .$$

2. *Durch Reduktion von Phenolalkoholsäuren.* Soweit Säuren, welche gleichzeitig phenolische und alkoholische Hydroxylgruppen

[1] Walden, B. **29**, 133. [2] Meissner, B. **30**, 1574.
[3] E. Fischer, B. **27**, 3193. [4] Tiemann, Herzfeld, B. **10**, 286.

enthalten, leicht zugänglich sind (s. S. 362), kann man dieselben zur Darstellung von Oxyphenylfettsäuren benutzen, indem bei der Behandlung derselben mit Jodwasserstoffsäure und Phosphor im Rohr nur die alkoholische Hydroxylgruppe reduziert wird. Bei der Reduktion der o-Oxymandelsäure nach dieser Methode entsteht also *o-Oxyphenylessigsäure*[1]

$$C_6H_4<^{OH}_{CHOH \cdot COOH} + H_2 = C_6H_4<^{OH}_{CH_2 \cdot COOH} + H_2O .$$

3. *Durch Oxydation sauerstoffärmerer Verbindungen.* Die Darstellung von Phenolcarbonsäuren auf diesem Wege gelingt nur insofern, als aliphatische Seitenketten der Phenole zu Carboxylgruppen oxydiert werden können, nicht durch Oxydation von Kernwasserstoffen der aromatischen Carbonsäuren zu Phenolhydroxylen. Phenolcarbonsäuren entstehen so durch Oxydation der homologen Phenole, z. B. *Salicylsäure* (*o-Oxybenzoesäure*) aus o-Kresol

$$C_6H_4<^{OH}_{CH_3} + 3O = C_6H_4<^{OH}_{COOH} + H_2O .$$

und ganz analog natürlich auch durch Oxydation der zwischen diesen beiden Körperklassen liegenden Oxydationsstufen, also Salicylsäure aus o-Oxybenzylalkohol und o-Oxybenzaldehyd.

Die Oxydation der freien Phenole wird meist durch Schmelzen mit Alkalien (als eigentliches Oxydationsmittel dient wohl der Luftsauerstoff) ausgeführt, doch ist diese Methode als Darstellungsweise ohne große Bedeutung. Zu ihrer Ausführung schmilzt man die Phenolhomologen mit Kaliumhydrat und wenig Wasser mehrere Stunden lang bei etwa 200—250°.[2] Andere Oxydationsmittel greifen entweder gar nicht an oder bewirken tiefgehende Zersetzung (s. unten). Im übrigen gilt das schon früher über die Oxydation aromatischer Verbindungen mit Seitenketten Gesagte (vgl. S. 189).

Dagegen läßt sich auch mit anderen Oxydationsmitteln eine glatte Oxydation erzielen, wenn man die Hydroxylgruppe durch Ätherifizierung (s. S. 131 u. 133) oder Esterifizierung (s. S. 214) schützt. Beispielsweise läßt sich der Methyläther des m-Kresols sowohl durch Kaliumpermanganat als auch durch Chromsäuregemisch zu *m-Methoxybenzoesäure* oxydieren, aus der man die freie *m-Oxybenzoesäure* durch Erhitzen mit Säuren erhält.[3]

$$C_6H_4<^{OCH_3}_{CH_3} \longrightarrow C_6H_4<^{OCH_3}_{COOH} \longrightarrow C_6H_4<^{OH}_{COOH} .$$

[1] Baeyer, Fritsch, B. **17**, 974.
[2] Vgl. Jacobsen, A. **206**, 197.
[3] Oppenheim, Pfaff, B. **8**, 887.

Ebenso läßt sich p-Kresolschwefelsäure gut in alkalischer Lösung durch Kaliumpermanganat oxydieren. Aus dem entstehenden Kaliumsalz der p-Carboxylphenolschwefelsäure wird, wie aus allen Phenolschwefelsäuren, beim Ansäuren das Phenol, hier die *p-Phenolcarbonsäure* (*p-Oxybenzoesäure*) in Freiheit gesetzt.[1]

$$C_6H_4<^{OSO_3K}_{CH_3} \longrightarrow C_6H_4<^{OSO_3K}_{COOK} \longrightarrow C_6H_4<^{OH}_{COOH} .$$

Am besten geeignet zur Oxydation sind die Schwefelsäure- und Phosphorsäureester, deren Alkylgruppen man mit alkalischer Permanganatlösung gut oxydieren kann, während das gleiche Mittel die freien Phenole völlig zerstört.[2] Auch Chromsäure ist für die Oxydation der freien Phenolhomologen nicht brauchbar, weil die freie Hydroxylgruppe (ähnlich wie auch Sulfosäuregruppen und andere negative Elemente oder Gruppen und zwar besonders in o-Stellung) die Oxydation der Alkylgruppen durch saure Oxydationsmittel verhindert.[3]

4. *Aus Sulfosäuren und Halogenverbindungen.* Schmilzt man aromatische Sulfocarbonsäuren mit Alkali, so wird entsprechend der gewöhnlichen Phenoldarstellung (S. 125) die Sulfosäuregruppe durch Hydroxyl ersetzt. Als Beispiel diene die Bildung der *m-Oxybenzoesäure* aus m-Sulfobenzoesäure[4], sowie der symmetrischen *Resorcinmonocarbonsäure* (*3.5-Dioxybenzoesäure, α-Resorcylsäure*) aus 3.5-Disulfobenzoesäure[5]

$$C_6H_4<^{SO_3K}_{COOK} + KOH = C_6H_4<^{OH}_{COOK} + K_2SO_3 ,$$

$$C_6H_3\begin{cases}SO_3K\\SO_3K\\COOK\end{cases} + 2\,KOH = C_6H_3\begin{cases}OH\\OH\\COOK\end{cases} + 2\,K_2SO_3 .$$

Da, wie aus der vorhergehenden Methode erhellt, bei der Kalischmelze am Kern stehende Methylgruppen leicht zu Carboxyl oxydiert werden, so kann man beide Methoden miteinander kombinieren, d. h. man erhält auch aus den Sulfosäuren der Benzolhomologen beim Schmelzen mit Alkali Phenolcarbonsäuren, indem gleichzeitig die Methylgruppe oxydiert und die Sulfosäuregruppe durch Hydroxyl substituiert wird. So erhält man die *Protocatechusäure* (*3.4-Dioxybenzoesäure, Brenzcatechin-m-carbonsäure*) durch Kalischmelze aus p- oder m-Kresolsulfosäure[6]

---

[1] Heymann, Königs, B. **19**, 705.
[2] Heymann, Königs, B. **19**, 3304. [3] R. Meyer, A. **220**, 16.
[4] Barth, A. **148**, 34. — Offermann, A. **280**, 6.
[5] Barth, Senhofer, A. **159**, 222. [6] Barth, A. **154**, 364.

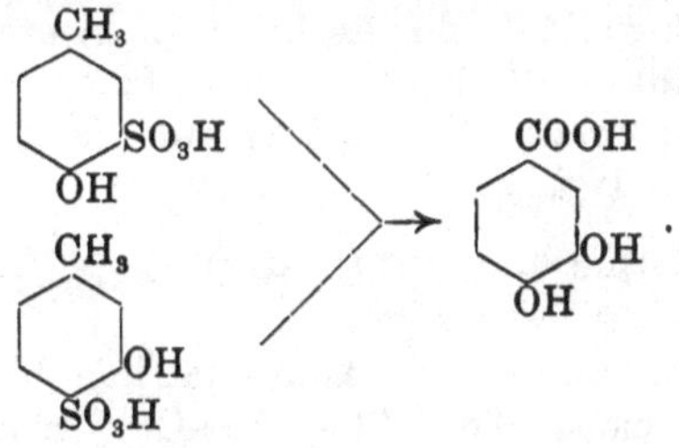

Obwohl unter gewöhnlichen Umständen am aromatischen Kern haftende Halogenatome nicht durch Hydroxylgruppen ersetzt werden können, liefern die halogensubstituierten Benzolcarbonsäuren beim Schmelzen mit Alkali ebenfalls Oxysäuren[1] (vgl. S. 126).

5. *Aus Aminoverbindungen.* Während diese Methode in der aliphatischen Reihe (S. 344) kein großes Interesse beansprucht, ist sie für die Gewinnung von Phenolcarbonsäuren von ziemlich großer Bedeutung, weil hier die Aminoverbindungen zu den leichtest zugänglichen Verbindungen gehören. Sie wird fast ausschließlich so gehandhabt, daß man in Aminocarbonsäuren die Amidogruppe unter Vermittelung der Diazoverbindung durch die Hydroxylgruppe ersetzt. In ihrer Ausführung deckt sie sich völlig mit der früher besprochenen Phenoldarstellung (S. 126). Nur in ganz vereinzelten Fällen hat man in Aminophenolen die Amidogruppe nach der SANDMEYERschen Methode (S. 241) durch Cyan ersetzt und aus dem so entstehenden Oxynitril durch Verseifung die Phenolcarbonsäure dargestellt.[2]

6. *Kolbesche Synthese.* Von außerordentlich großem Wert für die Gewinnung von Phenolcarbonsäuren ist eine kernsynthetische Methode, die auch in ausgedehntem Maße in der Technik Verwendung findet. Läßt man nämlich auf die trocknen Natrium- oder Kaliumphenolate bei höherer Temperatur Kohlensäuregas einwirken, so wird dasselbe addiert und man enhält das Mononatriumsalz der entsprechenden o- oder p-Oxybenzoesäure. Aus dem Natriumsalz des gewöhnlichen Phenols erhält man so dasjenige der *Salicylsäure*, welche auf diesem Wege technisch gewonnen wird.[3]

$$C_6H_5ONa + CO_2 = C_6H_4{<}^{OH}_{COONa} \,.$$

[1] DEMBEY, A. **148**, 222.

[2] AHRENS, B. **20**, 2953. — V. MEYER, B. **20**, 3289.

[3] KOLBE, J. pr. [2] **10**, 93.

In Wirklichkeit verläuft die Reaktion in mehreren Phasen. Bei niedrigerer Temperatur (110°) bildet das Kohlendioxyd mit dem Phenolnatrium, nach der normalen Esterbildung aus Säureanhydrid, *phenylkohlensaures Natrium* (vgl. S. 214)

$$\text{I.}\quad O{=}C{=}O + NaOC_6H_5 = O:C{<}^{ONa}_{OC_6H_5}\ .$$

Erhitzt man dann das phenylkohlensaure Natrium höher (190—200°), so lagert es sich um, indem die —CO—ONa-Gruppe mit einem Wasserstoffatom des Benzolkerns (und zwar dem in o-Stellung) den Platz tauscht, d. h. vom Phenolsauerstoff an den Kern wandert

II. 

Bei einer bestimmten Arbeitsweise (s. weiter unten) ist die Umsetzung hiermit zu Ende und man gewinnt aus dem so entstandenen Mononatriumsalz der Salicylsäure durch Lösen und Ansäuern mit Mineralsäuren die freie *Salicylsäure.* Unter anderen Versuchsbedingungen kommt jedoch noch eine dritte Reaktionsphase hinzu, indem sich das Mononatriumsalz der Salicylsäure mit einem zweiten Molekül Phenolnatrium zu Dinatriumsalicylat und freies Phenol umsetzt

$$\text{III.}\quad C_6H_4{<}^{OH}_{COONa} + C_6H_5ONa = C_6H_4{<}^{ONa}_{COONa} + C_6H_5OH\ .$$

Da die freien Phenole mit Kohlensäure nicht reagieren, wird hierbei nur die Hälfte des angewandten Phenols ausgenutzt, während die zweite Hälfte überdestilliert und wiedergewonnen wird.

Man arbeitet im Laboratorium meist so, daß man in einer tubulierten Retorte über völlig trockenes, gepulvertes Phenolnatrium zuerst etwa eine Stunde bei 110° (Phase I) und dann mehrere Stunden unter allmählicher Steigerung der Temperatur auf 200° (Phase II und III) trockenes Kohlensäuregas leitet. Hierbei destilliert die Hälfte des angewandten Phenols in eine Vorlage über und muß zur Weiterverarbeitung erst wieder in Phenolnatrium verwandelt werden.[1]

Die Ausnutzung des ganzen Natriumphenolats (d. h. die Vermeidung der Phase III) gelingt in der Technik, wenn man das trockene Phenolnatrium in der Kälte mit flüssiger Kohlensäure mischt (Phase I) und das entstandene phenylkohlensaure Natron im Autoklaven unter Druck auf 130—140° erhitzt.[2]

---

[1] Kolbe, J. pr. [2] **10**, 89; A. **115**, 201. — Hentschel, J. pr. **27**, 39. — G. 297.

[2] Schmitt, J. pr. [2] **31**, 397; D.R.P. 29939.

Zuweilen kann die KOLBEsche Synthese auch vorteilhaft bei Gegenwart indifferenter Lösungsmittel, wie Toluol oder Äther, ausgeführt werden.[1]

Bei Verwendung der Phenolnatriumverbindungen entstehen stets nur die o-Oxysäuren, während bei den Kaliumverbindungen der Verlauf der Reaktion von der Temperatur abhängt. So gibt Phenolkalium, im Kohlensäurestrom auf 150° erhitzt, zwar ebenfalls nur Salicylsäure, bei steigender Temperatur aber immer wachsende Mengen von p-Oxybenzoesäure, die bei 220° das einzige Produkt bildet[2]

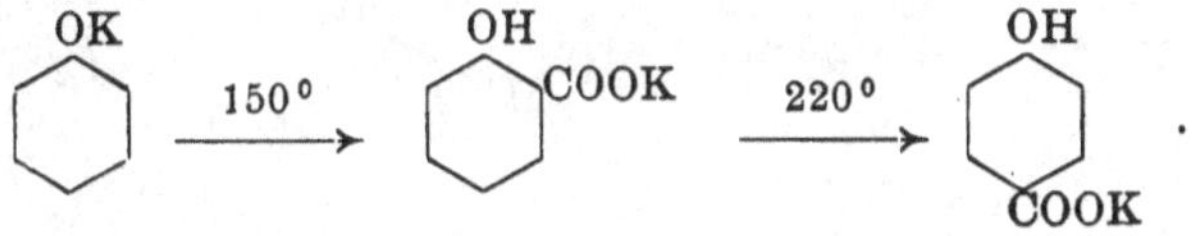

Erwähnenswert ist, daß bei der KOLBEschen Synthese bei noch höheren Temperaturen auch noch weitere Reaktion eintritt. Die Kohlensäure wirkt dann auf das entstandene Dinatriumsalicylat in analoger Weise weiter ein. So entsteht bei 360—380° fast ausschließlich *Phenol-s-Tricarbonsäure* (*Oxytrimesinsäure*) neben wenig *Phenoldicarbonsäure*, die offenbar ein Zwischenprodukt darstellt[3]

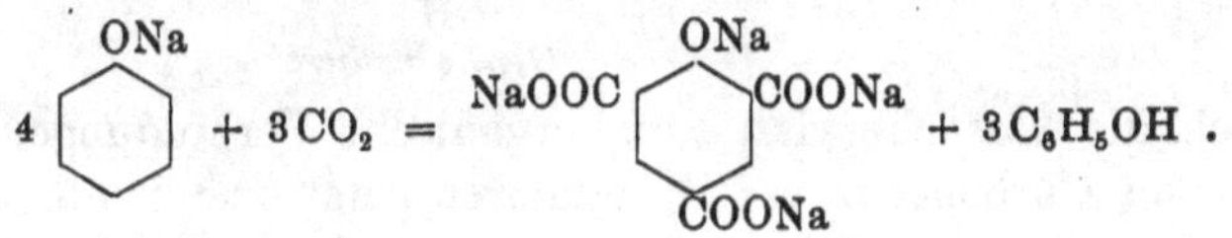

Die KOLBEsche Synthese gestattet die Gewinnung von Oxysäuren aus allen einwertigen Phenolen, so auch die der *o-Naphtoesäuren* aus den beiden Naphtolen.[4] Selbst komplizierter zusammengesetzte Verbindungen geben die gleiche Reaktion, sofern sie an einem Benzolkern hydroxyliert sind, so entstehen aus o- und p-Oxychinolin ebenfalls die entsprechenden *Oxychinolincarbonsäuren.*[5] Auch die Monoalkyläther der Diphenole können in gleicher Weise zur Herstellung von Dioxycarbonsäuren benutzt werden.

Noch leichter als die einwertigen Phenole addieren die mehrwertigen Phenole Kohlendioxyd. Hier genügt es schon, mit einer wäßrigen Lösung von Ammoniumcarbonat oder Kalium-

---

[1] ODDO, MAMELI, Gaz. **31** II, 244. [2] HARTMANN, J. pr. [2] **16**, 39.
[3] OST, J. pr. [2] **14**, 95; **15**, 302.
[4] SCHMITT, BURKARD, B. **20**, 2699.
[5] SCHMITT, ALTSCHUL, ENGELMANN, B. **20**, 1217. 2690. 2695. — KÖNIG, B. **21**, 883.

bicarbonat auf 100—140°[1] zu erhitzen.[2] Auch hier tritt die Carboxylgruppe in o- oder p-Stellung zu einer der beiden Hydroxyle, nie aber in m-Stellung zu beiden (vgl. S. 69). So entstehen aus Brenzkatechin (I) die beiden möglichen Monocarbonsäuren, aus Resorcin (II) die beiden asymmetrischen, nicht aber die symmetrische Monocarbonsäure, während ja vom Hydrochinon (III) nur eine Monocarbonsäure möglich ist

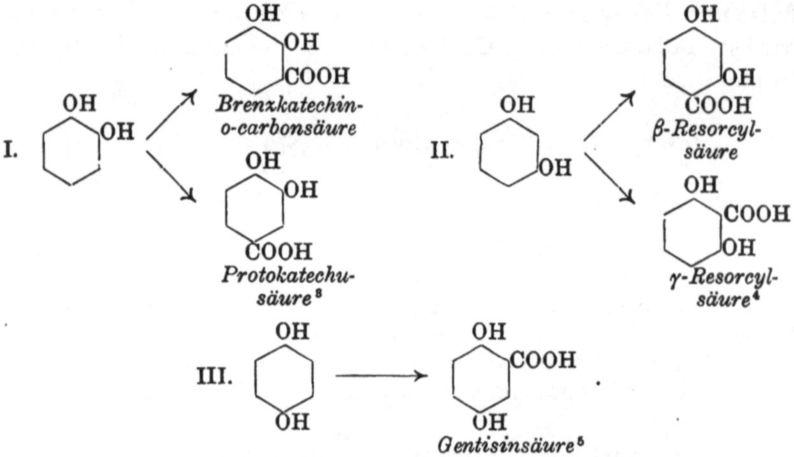

Auch die Tatsache, daß metallorganische Verbindungen unter Bildung von Carbonsäuren CO_2 addieren, hat zur Synthese von Phenolcarbonsäuren geführt. Die kernsubstituierten Monobromphenoläther verhalten sich nämlich merkwürdigerweise gegen Metalle ganz wie aliphatische Halogenalkyle und geben z. B. mit Magnesium die entsprechenden Alkylmagnesiumbromide. Durch normale Addition von CO_2 (vgl. S. 194) liefern letztere Phenoläthercarbonsäuren[6]

$$\mathrm{Alk\cdot O\cdot C_6H_4\cdot Br + Mg = Alk\cdot O\cdot C_6H_4\cdot Mg\cdot Br},$$

$$\mathrm{Alk\cdot O\cdot C_6H_4\cdot Mg\cdot Br + CO_2 + HCl = Alk\cdot O\cdot C_6H_4\cdot COOH + MgClBr}.$$

7. *Reimer-Tiemannsche Synthese.* Von geringerer Wichtigkeit als die vorhergehende Methode, aber zu den gleichen Verbindungen führend, ist eine weitere Kernsynthese, die der schon

[1] Kostanecki, B. **18**, 3202. [2] Senhofer, Brunner, B. **13**, 930.
[3] Miller, A. **220**, 116.
[4] Bistrzycki, Kostanecki, B. **18**, 1985. — Tiemann, Parrisius, B. **13**, 2354. — Brunner, Senhofer, B. **13**, 2356.
[5] Senhofer, Sarlay, M. **2**, 448. [6] Bodroux, C. r. **136**, 377.

früher (S. 268) ausführlich besprochenen Synthese von Phenolaldehyden vollkommen analog ist.

Erhitzt man Phenole in alkalischer Lösung mit Tetrachlorkohlenstoff, so greift letzteres unter Salzsäureabspaltung in den Benzolkern ein, indem sein Rest gleichzeitig in die Carboxylgruppe umgewandelt wird. So entsteht aus Phenol und Tetrachlorkohlenstoff neben etwas Salicylsäure hauptsächlich *p-Oxybenzoesäure*[1]

$$C_6H_5OH + CCl_4 + 4\,KOH = C_6H_4{<}{}^{OH}_{COOH} + 4\,KCl + 2\,H_2O\ ,$$

genau ebenso, wie aus Phenol und Chloroform *Oxybenzaldehyd* entsteht

$$C_6H_5OH + CHCl_3 + 3\,KOH = C_6H_4{<}{}^{OH}_{CHO} + 3\,KCl + 2\,H_2O\ .$$

Auch hier kann man sich die Reaktion als in mehreren Phasen verlaufend denken. Zunächst werden die beiden Moleküle miteinander verbunden, indem ein Chloratom des Tetrachlorkohlenstoffs mit einem Wasserstoff des Benzolkerns abgespalten wird

$$C_6H_5OH + Cl\cdot C\cdot Cl_3 + KOH = C_6H_4{<}{}^{OH}_{CCl_3} + KCl + H_2O\ .$$

Das entstehende Oxybenzotrichlorid wird dann weiter in normaler Weise umgesetzt (vgl. S. 194)

$$C_6H_4{<}{}^{OH}_{CCl_3} + 3\,KOH = C_6H_4{<}{}^{OH}_{COOH} + 3\,KCl + H_2O\ .$$

Andrerseits könnte man auch annehmen, daß sich zunächst nur der Tetrachlorkohlenstoff mit dem Alkali unter Bildung von Kohlensäure reagiert

$$CCl_4 + 4\,KOH = CO_2 + 4\,KCl + 2\,H_2O$$

und daß die Kohlensäure in statu nascendi im Sinne der (vorhergehenden) Kolbeschen Synthese auf das Phenolkalium einwirkt.

Die praktische Ausführung der Synthese wird so gehandhabt, daß man die nach der Gleichung

$$C_6H_5OH + CCl_4 + 6\,KOH = C_6H_4(OK)COOK + 4\,KCl + 2\,H_2O$$

berechnete Menge Phenol und Kaliumhydroxyd in möglichst wenig Wasser löst, die nötige Menge Tetrachlorkohlenstoff und die zur Herstellung einer homogenen Lösung nötige Menge Alkohol zufügt und im Druckgefäß auf 100—140° erhitzt.

Die Ausbeuten sind wesentlich schlechter als bei der Kolbeschen Synthese.

---

[1] Reimer, Tiemann, B. **9**, 1285. — Hasse, B. **10**, 2185.

Bei dieser Methode tritt die Carboxylgruppe vorwiegend in die p-Stellung zum Hydroxyl, daneben entstehen in weit geringerer Menge die o-Verbindungen.

Auch diese Methode ist einer ziemlich großen Verallgemeinerung fähig. Für die Trennung der entsprechenden Produkte ist es von Interesse, daß die o-Oxycarbonsäuren mit Wasserdampf flüchtig, die (m- und) p-Verbindungen dagegen unflüchtig sind.

C. Alkoholphenolcarbonsäuren.

Durch geeignete Modifikation der vorstehend genannten Methoden lassen sich auch Oxysäuren gewinnen, welche zugleich alkoholische und phenolische Hydroxylgruppen enthalten. Die wichtigsten hierfür in Betracht kommenden Methoden sind: 1. *Reduktion von Oxyphenylketosäuren oder Oxyphenylaldehydosäuren* (vgl. S. 108). So entsteht z. B. *o-Oxyphenylmilchsäure* aus o-Oxyphenylbrenztraubensäure (oder Oxyphenylglycidsäure)[1]

$$C_6H_4{<}^{OH}_{CH_2\cdot CO\cdot COOH} \longrightarrow C_6H_4{<}^{OH}_{CH_2\cdot CHOH\cdot COOH}.$$

2. *Ersatz aliphatischer oder aromatischer Amidogruppen durch Hydroxyl* (vgl. S. 117 u. 126) z. B. im p-Aminophenylalanin zu *p-Oxyphenylmilchsäure*[2]

$$C_6H_4{<}^{NH_2}_{CH_2\cdot CH(NH_2)\cdot COOH} \longrightarrow C_6H_4{<}^{OH}_{CH_2\cdot CH(OH)\cdot COOH}.$$

3. Anwendung der *Cyanhydrinreaktion* (vgl. S. 345) auf Phenolaldehyde z. B. *o-Oxymandelsäure* aus Salicylaldehyd[3]

$$C_6H_4{<}^{OH}_{CHO} \longrightarrow C_6H_4{<}^{OH}_{CHOH\cdot CN} \longrightarrow C_6H_4{<}^{OH}_{CHOH\cdot COOH}.$$

Anhang.

1. Ungesättigte Oxysäuren. A. Rein *aliphatische ungesättigte Oxysäuren* sind nur wenige bekannt, da viele derselben nicht existenzfähig[4] sind und sich in statu nascendi in gesättigte Ketosäuren umlagern, als deren „Enolform" sie anzusehen sind. Ein solcher Fall liegt bei der Acetessigesterbildung vor und ist dort besprochen worden (s. S. 324). Nur in einem speziellen Falle, der

[1] Plöchl, Wolfrum, B. **18**, 1188.
[2] Erlenmeyer, Lipp, A. **219**, 226. [3] Plöchl, B. **14**, 1316.
[4] Wohl aber existieren einige Derivate solcher Säuren (Friedrich, A. **219**, 357. — Enke, A. **256**, 207. — Pechmann, B. **28**, 1626. — Claisen, B. **25**, 1760; **26**, 2729), die auf verschiedene Arten entstehen.

schon früher (s. S. 337) erwähnt wurde, scheinen solche β-Oxy-$\Delta\alpha\beta$-olefincarbonsäuren beständig zu sein.[1] Auch die durch die Cyanhydrinreaktion (s. S. 345) aus ungesättigten Aldehyden entstehenden α-Oxy-$\Delta\beta\gamma$-olefincarbonsäuren lagern sich äußerst leicht in Ketosäuren um, z. B. die aus Crotonaldehyd gewonnene *α-Oxyäthylidenpropionsäure* in *Lävulinsäure*[2]

$$CH_3\cdot CH{=}CH\cdot CHO \longrightarrow CH_3\cdot CH{=}CH\cdot CH{<}^{OH}_{COOH}$$
$$\longrightarrow CH_3\cdot CO\cdot CH_2\cdot CH_2\cdot COOH.$$

Einige Laktone von γ- und δ-Oxyolefincarbonsäuren entstehen durch Destillation (Wasserabspaltung) aus Ketosäuren, z. B. die beiden *Angelikalaktone* aus Lävulinsäure[3]

$$CH_3\cdot CO\cdot CH_2\cdot CH_2\cdot COOH \xrightarrow{-H_2O} CH_3\cdot \overset{\lceil\!\!-\!\!-\!\!-\!\!-\!\!-\!\!-\!\!-\!\!-\!\!-\!\!-\!\!-\!\!-\!\!-\!\!-\!\!-\!\!-\!\!-\!\!O}{C{=}CH\cdot CH_2\cdot CO}$$
$$\text{und}\quad CH_2{=}\overset{\lceil\!\!-\!\!-\!\!-\!\!-\!\!-\!\!-\!\!-\!\!-\!\!-\!\!-\!\!-\!\!-\!\!-\!\!-\!\!O}{C\cdot CH_2\cdot CH_2\cdot CO}.$$

Außerdem sind neuerdings Oxylaktoncarbonsäuren und Oxylaktone (Tetronsäuren) aus Chloriden aliphatischer und aromatischer Oxysäuren (bezw. deren Acetylverbindungen) mit Natriummalonsäureester erhalten worden.[4]

B. Dagegen sind *Phenololefincarbonsäuren* beständig und in großer Anzahl bekannt. Ihre Bildungsweisen sind zum Teil denen der gesättigten Oxysäuren entsprechender Konstitution völlig analog, so entstehen sie 1. *aus den Aminophenylolefincarbonsäuren* nach der gewöhnlichen Methode (vgl. S. 126) oder 2. nach der *Perkinschen Synthese* ungesättigter Säuren (vgl. S. 205) unter Benutzung von Phenolaldehyden. Die o-Oxyolefincarbonsäuren wurden im letzteren Falle, infolge der Gegenwart wasserentziehender Mittel, in Form der Laktone erhalten.[5] Als Beispiel diene die Bildung der *o-Oxyzimtsäure* (*o-Cumarsäure*) aus o-Aminozimtsäure[6], oder in Form

---

[1] Vielleicht sind Ketoform und Enolform beständig, nur unter verschiedenen Bedingungen. So soll sich die Ketoform des Acetessigesters bei Gegenwart kleiner Mengen Natriumäthylat in die Enolform umlagern, doch kann dies noch nicht als sicher erwiesen gelten (Schiff, B. **31**, 601. 205. S. jedoch Schaum, B. **31**, 1964).

[2] Fittig, B. **29**, 2582.

[3] Wolff, A. **229**, 250. — Bredt, A. **256**, 322.

[4] Anschütz, Bertram, B. **36**, 463. 468.

[5] Vgl. die Fußnote 2 auf S. 338.

[6] E. Fischer, Kuzel, B. **14**, 479; A. **221**, 274.

ihres Laktons, des *Cumarins*, aus Salicylaldehyd und Natriumacetat bei Gegenwart von Essigsäureanhydrid[1]

I. $C_6H_4\!<\!{}^{NH_2}_{CH=CH\cdot COOH} + NOOH$

$$= C_6H_4\!<\!{}^{OH}_{CH=CH\cdot COOH} + N_2 + H_2O\,,$$

II. $C_6H_4\!<\!{}^{OH}_{CHO} + CH_3\cdot COONa = C_6H_4\!<\!{}^{OH}_{CH=CH\cdot COONa} + H_2O\,,$

$C_6H_4\!<\!{}^{OH}_{CH=CH\cdot COONa} + (CH_3CO)_2O$

$$= C_6H_4\!<\!{}^{O\text{———}}_{CH=CH-CO} + CH_3\cdot COONa + CH_3COOH\,.$$

Besonders nach der PERKINschen Synthese sind auch Derivate mehrwertiger Phenole dargestellt worden, so die *Kaffeesäure* (*3,4-Dioxyzimtsäure*) aus Protokatechualdehyd, das *Umbelliferon*, das Lakton der *2,4-Dioxyzimtsäure* aus Resorcylaldehyd, *Daphnetin* und *Äsculatin*, die Laktone von *Trioxyzimtsäuren* aus Pyrogallolaldehyd bezw. Oxyhydrochinonaldehyd u. a. m.[2] Ebenso entstehen α-Alkylcumarine, wenn man an Stelle von Natriumacetat die Salze höherer Fettsäuren anwendet.

3. Zu diesen ganz allgemein anwendbaren Methoden kommt noch eine weitere, die speziell zu den Laktonen der o-Oxyphenylolefincarbonsäuren führt, die *Pechmannsche Cumarinsynthese*. Dieselbe beruht darauf, daß sich Formylessigsäure (Oxymethylenessigsäure[3]) mit Phenolen durch Erhitzen mit konzentrierter Schwefelsäure kondensiert, indem die Hydroxylgruppe der Formylessigsäure mit einem in o-Stellung zum Phenolhydroxyl stehenden Wasserstoffatom des Kerns als Wasser austritt und gleichzeitig unter Abspaltung eines zweiten Moleküls Wasser Laktonbildung eintritt. So entsteht aus Phenol das *Cumarin*[4]

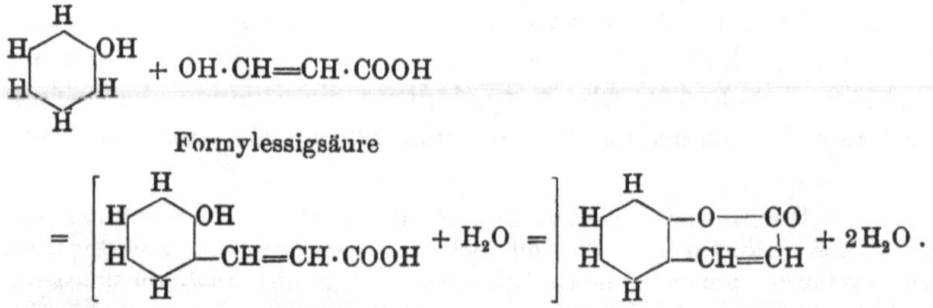

[1] PERKIN, B. **8**, 1599; Soc. **31**, 388. — Vgl. FITTIG, BIEBER, A. **153**, 360. — TIEMANN, HERZFELD, B. **10**, 284.

[2] GATTERMANN, KÖBNER, B. **32**, 287.

[3] Daß man die Formylessigsäure bezw. ihren Ester früher als Aldehydosäure auffaßte, ist bereits S. 337 erwähnt worden.

[4] PECHMANN, B. **17**, 929.

Auch diese Methode scheint auf alle einwertigen und mehrwertigen Phenole angewendet werden zu können. Nur beim Phloroglucin hat sie bisher versagt. Der Eingriff in den Kern erfolgt stets in o-Stellung zu einer Hydroxylgruppe, mit welcher letzteren dann die Laktonbildung stattfindet. Die Ausbeuten sind bei den mehrwertigen Phenolen besser als bei den einwertigen.

Zur Ausführung dieser Kondensation wendet man nicht die unbeständige Formylessigsäure selbst an, sondern ein Gemisch von Äpfelsäure mit konzentrierter Schwefelsäure. Die Äpfelsäure spaltet sich nämlich als α-Oxysäure beim Erhitzen mit Schwefelsäure in normaler Weise in Ameisensäure (bezw. Kohlenoxyd und Wasser) und den entsprechenden Aldehyd, die Aldehydopropionsäure (vgl. S. 157)

$$HOOC \cdot CH_2 \cdot CHOH \cdot COOH = HOOC \cdot CH_2 \cdot CHO + HCOOH .$$

Diese Aldehydopropionsäure (Malonaldehydsäure) reagiert nun nach der isomeren „Enolformel“, d. h. als Oxymethylenessigsäure (vgl. S. 337)

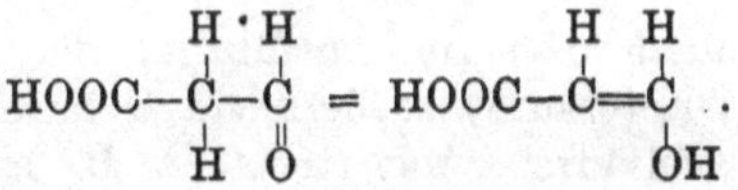

Man übergießt ein äquimolekulares Gemisch von Äpfelsäure und dem anzuwendenden Phenol mit dem doppelten Gewicht konzentrierter Schwefelsäure und erhitzt rasch bis zum Beginn der Gasentwickelung, die man dann von selbst zu Ende gehen läßt. Schließlich wird die Reaktionsmasse in Eiswasser gegossen.[1]

Ebenfalls von Pechmann aufgefunden wurde die Darstellung von β-Alkylcumarinen aus Phenolen und β-Ketosäuren (Acetessigsäure und analoge sowie homologe Verbindungen). Nimmt man an, daß die Acetessigsäure, ebenso wie die Formylessigsäure in der Enolform (s. oben) reagiert, so ist diese Kondensation der vorhergehenden völlig analog; die Acetessigsäure selbst bildet z. B. mit dem gewöhnlichen Phenol *β-Methylcumarin*[2]

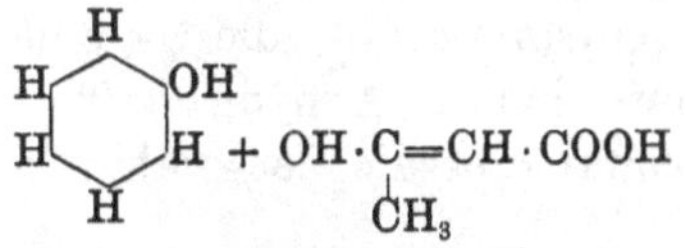

Acetessigsäure (Enolform)

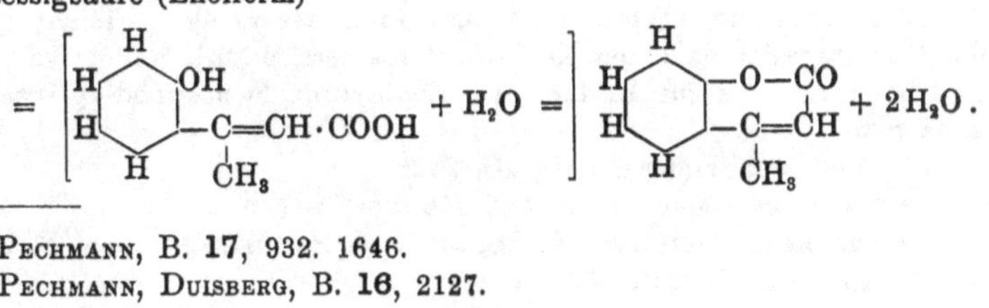

[1] Pechmann, B. **17**, 932. 1646.

[2] Pechmann, Duisberg, B. **16**, 2127.

Diese Methode läßt sich noch weiter verallgemeinern als die vorhergehende, indem nicht nur alle einwertigen und mehrwertigen Phenole in gewünschter Weise reagieren, sondern auch an Stelle des Acetessigesters (s. u.) Benzoylessigester, sowie die monoalkylierten Acetessigester[1] angewendet werden können.[2] Hier wie bei der vorhergehenden Methode reagieren die mehrwertigen Phenole leichter und besser als die einwertigen. Sind mehrere Hydroxylgruppen mit unbesetzten Orthostellungen vorhanden, so kann die Cumarinbildung am selben Phenol sogar mehrmals erfolgen. So entsteht aus Phloroglucin ein *Trimethyltricumarin*[3]

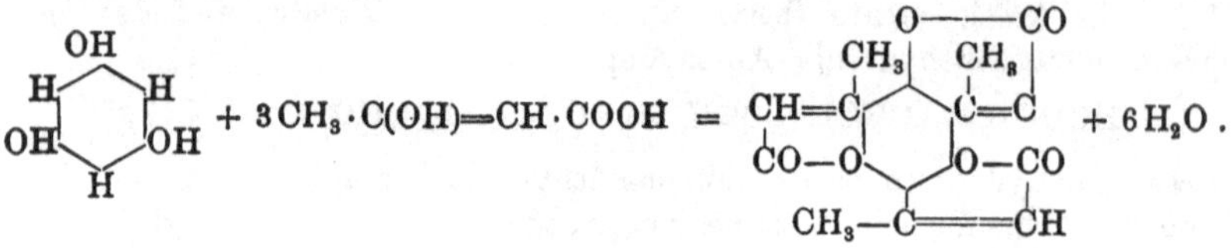

Auch hier benutzt man zur Ausführung der Reaktion nicht die unbeständige freie β-Ketosäure, sondern ein Gemisch ihres Esters mit konzentrierter Schwefelsäure. Man tropft z. B. ein äquimolekulares Gemisch von Acetessigester mit dem Phenol in die 4—5fache konzentrierte Schwefelsäure ein und gießt die Lösung nach einigen Stunden auf Eis.[4]

Oxycumarine und deren Carbonsäuren sind neuerdings durch Einwirkung von Phenolcarbonsäurechloriden, z. B. von Salicylsäurechlorid, auf Natriummalonester erhalten worden.[5]

2. Aminosäuren. Entsprechend der gleichzeitigen Anwesenheit von Amino- und Carboxylgruppe sind die Aminosäuren sowohl Basen als auch Säuren, liefern also sowohl mit anderen Säuren als auch mit anderen Basen Salze. Ganz analog dem Verhalten der Oxysäuren (s. S. 338) bilden die α-Aminosäuren durch intermolekulare Anhydridbildung zwischen zwei Molekülen cyklische Doppelamide (den Laktiden entsprechend), die γ- und δ-Aminosäuren dagegen monomolekulare innere Anhydride (den Laktonen entsprechend), die man als Laktame bezeichnet, während

---

[1] Dialkylierte Acetessigester sind hier, wie in allen Fällen, in denen der Acetessigester nach der Enolformel reagiert, natürlich nicht verwendbar, weil bei ihnen das zur Bildung des Enolhydroxyls notwendige Wasserstoffatom fehlt.

[2] Pechmann, Duisberg, B. **16**, 2126.

[3] Hantzsch, Zürcher, B. **20**, 1329.

[4] Pechmann, Duisberg, B. **16**, 2122. — Pechmann, Cohen, B. **17**, 2187.

[5] Anschütz, B. **36**, 463.

die β-Aminosäuren zu keiner Anhydridbildung befähigt zu sein scheinen.

1. *Aus Halogenverbindungen.* Die allgemeinen Methoden, welche zu aliphatischen Aminosäuren führen, entsprechen zumeist den Synthesen der einfachen Amine. Vor allem kann man in halogensubstituierten Säuren das Halogenatom in üblicher Weise durch die Amidogruppe ersetzen (vgl. S. 78). So entsteht aus Chloressigsäure *β-Aminoessigsäure* (*Glykokoll*)[1]

$$Cl\cdot CH_2\cdot COOH + NH_3 = NH_2\cdot CH_2\cdot COOH,\ HCl$$

und analog *Phenylamidoessigsäure* aus Phenylbromessigsäure.[2]

Aus den Halogenmalonsäuren entstehen ganz ebenso Aminomalonsäuren, dagegen reagieren Halogenbernsteinsäuren anormal.[3]

Auch hier bilden sich nebeneinander primäre, sekundäre und tertiäre Aminoverbindungen, indem der Säurerest ein-, zwei- und dreimal mit demselben Ammoniakrest reagieren kann. Will man nur die primäre Aminoverbindung haben, so kann man sich wiederum mit Vorteil der Phtalimidkaliummethode[4] bedienen (s. S. 81). Man benutzt in diesem Falle die Ester der halogensubstituierten Säuren, die ganz ebenso reagieren, wie einfache Halogenalkyle.

Sehr wertvoll, insbesondere zur Gewinnung von ω-Aminosäuren[5] ist die Kombination der Phtalimidkaliummethode mit den wichtigsten Synthesen der Carbonsäuren. Man geht hierbei von ω-Dihalogenverbindungen aus, in denen man, wie schon früher erwähnt (S. 254), eines der beiden Halogenatome gegen den Phtalimidrest austauscht. So entsteht z. B. aus dem Trimethylenbromid das *ω-Brompropylphtalimid*

$$Br\cdot CH_2\cdot CH_2\cdot CH_2\cdot Br + KN{<}{}^{CO}_{CO}{>}C_6H_4$$
$$= Br\cdot CH_2\cdot CH_2\cdot CH_2\cdot N{<}{}^{CO}_{CO}{>}C_6H_4 + KBr,$$

in diesen Verbindungen kann man nun entweder nach der gewöhnlichen Nitrilsynthese das zweite Halogenatom gegen den Cyanrest austauschen (s. S. 237), oder man läßt sie wie gewöhnliche Halogen-

[1] Mauthner, Suida, M. **11**, 374. — Nencki, B. **16**, 2827. — Kraut, A. **266**, 295.

[2] Stöckenius, B. **11**, 2002. [3] Lutz, B. **35**, 2460. 2549.

[4] Gabriel, Kroseberg, B. **22**, 426.

[5] d. h. solchen, in denen die Aminogruppe an dem der Carboxylgruppe entferntesten endständigen Kohlenstoffatom steht.

alkyle auf Natriummalonester oder Natriumalkylmalonester einwirken (s. S. 304). Im ersteren Falle würde aus dem Brompropylphtalimid *Cyanpropylphtalimid* (*Phtalyliminobuttersäurenitril*) entstehen (I.), aus dem der Phtalylrest unter gleichzeitiger Verseifung der Cyangruppe in üblicher Weise abgespalten werden kann (II). So entsteht *γ-Aminobuttersäurechlorhydrat*[1]

$$\text{I.}\quad C_6H_4{<}^{CO}_{CO}{>}N\cdot CH_2\cdot CH_2\cdot CH_2\cdot Br + KCN$$
$$= C_6H_4{<}^{CO}_{CO}{>}N\cdot CH_2\cdot CH_2\cdot CH_2\cdot CN + KBr,$$

$$\text{II.}\quad C_6H_4{<}^{CO}_{CO}{>}N\cdot CH_2\cdot CH_2\cdot CH_2\cdot CN + 2\,HCl + 4\,H_2O$$
$$= C_6H_4{<}^{COOH}_{COOH} + HCl, NH_2\cdot CH_2\cdot CH_2\cdot CH_2\cdot COOH + NH_4Cl.$$

Im zweiten Falle liefert dasselbe Brompropylphtalimid *Phtalylaminopropylmalonsäureester* (I), der beim Erhitzen mit Salzsäure unter gleichzeitiger Verseifung des Malonesterrestes, Abspaltung einer Carboxylgruppe und Abspaltung des Phtalsäurerestes *δ-Aminovaleriansäurechlorhydrat* geben würde (II)[2]

$$\text{I.}\quad C_6H_4{<}^{CO}_{CO}{>}N\cdot CH_2\cdot CH_2\cdot CH_2\cdot Br + NaCH{<}^{COOC_2H_5}_{COOC_2H_5}$$
$$= C_6H_4{<}^{CO}_{CO}{>}N\cdot CH_2\cdot CH_2\cdot CH_2\cdot CH{<}^{COOC_2H_5}_{COOC_2H_5} + NaBr,$$

$$\text{II.}\quad C_6H_4{<}^{CO}_{CO}{>}N\cdot CH_2\cdot CH_2\cdot CH_2\cdot CH{<}^{COOC_2H_5}_{COOC_2H_5} + HCl + 4\,H_2O$$
$$= \left[C_6H_4{<}^{COOH}_{COOH} + HCl, NH_2\cdot CH_2\cdot CH_2\cdot CH_2\cdot CH{<}^{COOH}_{COOH} + 2\,C_2H_5OH\right]$$
$$= C_6H_4{<}^{COOH}_{COOH} + HCl, NH_2\cdot CH_2\cdot CH_2\cdot CH_2\cdot CH_2\cdot COOH$$
$$+ CO_2 + 2\,C_2H_5OH.$$

Die Handhabung der Methode versteht sich aus dem früher Gesagten von selbst. Ebenso ist es ohne weiteres verständlich, daß man bei Anwendung der Natriumverbindungen der verschiedensten Monoalkylmalonester Amidosäuren erhält, welche die entsprechende Alkylgruppe in α-Stellung zum Carboxyl enthalten.

2. *Durch Reduktion von Cyanfettsäuren und anderen Stickstoffverbindungen.* Praktisch wenig wichtig, aber von theoretischem Interesse, ist die Reduktion der Halbnitrile zweibasischer Säuren (der Cyanfettsäuren) zu Aminosäuren, welche völlig

[1] Gabriel, B 22, 3337; 23, 1772.

[2] Gabriel, B. 23, 1769. — Gabriel, Aschan, Maass, B. 24, 1365. 2444. 2450; 32, 1266.

der MENDIUSschen Reaktion (s. S. 74) entspricht. Sie gibt z. B. aus der Cyanessigsäure die *β-Aminopropionsäure*[1]

$$CH_2\!<\!\begin{smallmatrix}CN\\COOH\end{smallmatrix} + 4H = CH_2\!<\!\begin{smallmatrix}CH_2\cdot NH_2\\COOH\end{smallmatrix}.$$

Die Reduktion geschieht gewöhnlich durch Zink und Salzsäure oder durch Jodwasserstoffsäure. Diese Methode ermöglicht den Aufbau von Aminosäuren (und Oxysäuren vgl. S. 344) aus Fettsäuren (oder Oxysäuren) von geringerer Kohlenstoffanzahl

$$\begin{matrix}H\cdot X\cdot COOH \searrow\\ OH\cdot X\cdot COOH \nearrow\end{matrix} Cl\cdot X\cdot COOH \longrightarrow X\!<\!\begin{smallmatrix}CN\\COOH\end{smallmatrix}$$

$$\longrightarrow X\!<\!\begin{smallmatrix}CH_2\cdot NH_2\\COOH\end{smallmatrix} \longrightarrow X\!<\!\begin{smallmatrix}CH_2\cdot OH\\COOH\end{smallmatrix}.$$

Auch die Oxime und Phenylhydrazone der Ketosäuren sowie die Nitrofettsäuren lassen sich zu Aminosäuren reduzieren. Doch besitzt diese Reaktion als Darstellungsweise kaum größeren Wert. Man erhält hiernach z. B. die *Phenylaminoessigsäure* aus dem Oxim (oder Phenylhydrazon) der Benzoylameisensäure (vgl. S. 77)[2]

$$C_6H_5\cdot C(:NOH)\cdot COOH + 4H = C_6H_5\cdot CHNH_2\cdot COOH + H_2O.$$

Eine bequeme Darstellungsweise für α-Aminosäuren scheint auch in der Reduktion derjenigen Hydroxylaminosäuren gegeben zu sein, die leicht durch Anlagerung von Hydroxylamin an ungesättigte Säuren entstehen (vgl. S. 98). So erhält man *β-Phenyl-α-Aminopropionsäure* am bequemsten aus der entsprechenden Hydroxylaminosäure, die durch Addition von freiem Hydroxylamin an Zimtsäure entsteht[3]

$$\begin{matrix}CH\cdot C_6H_5\\ \Vert\\ CH\cdot COOH\end{matrix} \longrightarrow \begin{matrix}CH_2\cdot C_6H_5\\ |\\ HOHNCH\cdot COOH\end{matrix} \longrightarrow \begin{matrix}CH_2\cdot C_6H_5\\ |\\ H_2N\cdot CH\cdot COOH\end{matrix}.$$

Die Reduktion der Hydroxylaminosäuren geht außerordentlich leicht vor sich, teilweise schon beim einfachen Eindampfen der alkoholischen Lösungen, teils durch ammoniakalische Silberlösung, FEHLINGsche Lösung u. s. w. Über die Verallgemeinerungsfähigkeit dieser Methode läßt sich bis jetzt nur sagen, daß anscheinend alle einbasischen, nicht aber zweibasische ungesättigte Säuren Hydroxylamin anlagern.

3. *Aus Cyanhydrinen.* Einer sehr allgemeinen Anwendung fähig und daher wichtig ist eine spezielle Darstellungsmethode für α-Aminosäuren. Sie beruht darauf, daß in den Cyanhydrinen (α-Oxynitrilen), die ja bequem zugängliche Verbindungen darstellen (s. S. 345), die Hydroxylgruppe leicht und glatt gegen die

[1] ENGEL, B. **8**, 1597. [2] ELBERS, A. **227**, 344.
[3] POSNER, B. Demnächst zu veröffentlichende Arbeiten.

Amidogruppe austauschbar ist, wie dies schon bei anderer Gelegenheit (S. 84) erwähnt wurde. So entsteht z. B. aus dem Cyanhydrin des Acetons die *α-Aminodimethylessigsäure* (*α-Aminoisobuttersäure*)[1]

$$(CH_3)_2\cdot C{<}^{OH}_{CN} \longrightarrow (CH_3)_2\cdot C{<}^{NH_2}_{CN} \longrightarrow (CH_3)_2\cdot C{<}^{NH_2}_{COOH}.$$

Der Ersatz der Hydroxylgruppe gelingt leicht in alkoholischer Lösung mit der berechneten Menge Ammoniak meist schon bei gewöhnlicher Temperatur. Die so entstandenen Aminonitrile lassen sich isolieren, werden aber meist gleich in der alkoholischen Lösung durch Zusatz konzentrierter Salzsäure zu den Aminosäuren (Chlorhydraten) verseift.[2]

Diese Methode läßt sich auch dahin modifizieren, daß man zunächst an die Aldehyde Ammoniak anlagert (vgl. S. 254) und in dem so entstandenen Aminoalkohol (Aldehydammoniak) die Hydroxylgruppe gegen Cyan austauscht. So erhält man aus Acetaldehydammoniak *α-Aminopropionsäure*[3]

$$CH_3\cdot CH{=}O \longrightarrow CH_3\cdot CH{<}^{OH}_{NH_2}$$

$$\longrightarrow CH_3\cdot CH{<}^{CN}_{NH_2} \longrightarrow CH_3\cdot CH{<}^{COOH}_{NH_2}.$$

In diesem Falle läßt man das Aldehydammoniak längere Zeit mit konzentrierter wäßriger Blausäure stehen und verseift dann durch Zusatz von konzentrierter Salzsäure und Eindampfen.

Man kann sogar die Addition und Substitution zu einer Reaktion vereinigen, wenn man die Aldehyde direkt mit einer Lösung von Cyanammonium stehen läßt[4], doch hat weder diese noch die vorangehende Modifikation irgend welche Vorteile vor der erstgenannten Methode. Außerdem ist auch nur die erste Methode auf Aldehyde und Ketone anwendbar, weil die Ketone zwar Blausäure, nicht aber Ammoniak addieren.

4. *Aromatische Aminosäuren.* Aminosäuren mit aromatisch gebundener Aminogruppe entstehen fast ausschließlich durch Reduktion der entsprechenden Nitrocarbonsäuren. Über diese Methode ist zu dem früher Angegebenen (s. S. 75) nichts hinzuzufügen. Sind die Nitrocarbonsäuren schwer zugänglich, so scheint die Hofmannsche Methode (aus den Säureamiden mit Brom und Kalilauge) gut verwendbar zu sein. Das wichtigste bisher bekannte Beispiel für die Anwendung dieser Methode, die Darstellung der *Anthranilsäure* aus Phtalimid, ist ebenfalls schon besprochen worden (s. S. 90).[5]

---

[1] Tiemann, Friedländer, B. **14**, 1971.
[2] Tiemann, B. **13**, 381. — Tiemann, Friedländer, B. **14**, 1965.
[3] Strecker, A. **75**, 29. — Lipp, A. **211**, 359. — Erlenmeyer, B. **14**, 1868.
[4] Ljubavin, B. **14**, 2686.
[5] Hoogewerff, Dorp, Rec. **10**, 4. — Gabriel, Colmann, B. **35**, 2832.

Vierter Teil.

Heterocyklische Verbindungen.

Die heterocyklischen Verbindungen, d. h. derjenigen ringförmig konstituierten Körper, welche als Ringglieder nicht nur Kohlenstoffatome, sondern auch andere Elemente enthalten, sind so mannigfaltig und die Anzahl der zu ihnen führenden Reaktionen ist eine so große, daß ein genaues Eingehen auf dieselben den Umfang dieses Buches nahezu verdoppeln würde. Es soll daher auf eine ausführliche Behandlung dieses Kapitels um so mehr verzichtet werden, als seit einiger Zeit ein Lehrbuch[1] über dies Spezialgebiet existiert, in dem auch die Bildungsweisen der heterocyklischen Verbindungen eingehend berücksichtigt werden. Im folgenden sollen daher nur die wichtigsten allgemeinen Methoden kurz besprochen werden, welche die Synthese des Heteroringes selbst[2] aus offenen Ketten gestatten.

Von den Heteroringen sollen ferner nur die wichtigsten fünf- und sechsgliedrigen Ringe berücksichtigt werden, weil bisher nur diese ein allgemeineres Interesse beanspruchen, und von diesen wiederum nur diejenigen, welche durch das Vorhandensein mehrerer Doppelbindungen (oder potentieller Valenzen [vgl. S. 18]) ebenso wie die aromatischen homocyklischen Verbindungen eine größere Beständigkeit besitzen und dadurch als Grundkörper größerer Körperklassen von Bedeutung sind, denn nur für diese sind bisher allgemeine synthetische Methoden bekannt geworden.

---

[1] Wedekind, Die heterocyklischen Verbindungen der organischen Chemie. Leipzig 1901, Veit & Co.

[2] Die Darstellungsweisen der Derivate beständiger heterocyklischer Kerne schließen sich im großen und ganzen denen der Benzolderivate an. Bei einzelnen Kernen, z. B. beim Thiophen, ist diese Analogie fast vollständig, während andrerseits namentlich in den stickstoffhaltigen Ringen die Additionsfähigkeit des Stickstoffatoms besondere Reaktionen bedingt. Die wichtigsten dieser speziellen Reaktionen sind bei den entsprechenden Ringen ganz kurz angeführt, während die Übertragbarkeit anderer Reaktionen auf heterocyklische Kerne meist schon in den vorangehenden Teilen des Buches an den geeigneten Stellen erwähnt worden ist.

Es sind in diesem Teil synthetische Methoden nur für folgende wichtigere Heteroringe angegeben.

						Seite
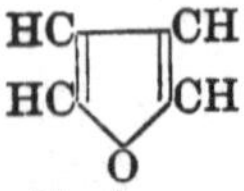 Furfuran		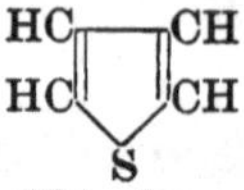 Thiophen		 Pyrrol		374
	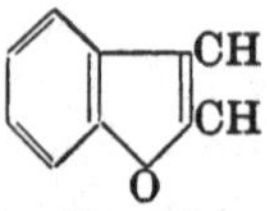 Benzo-furfuran, Cumaron		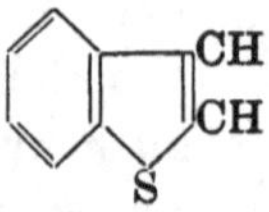 Benzo-thiophen		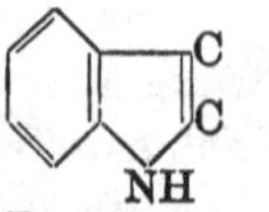 Benzopyrrol, Indol	378
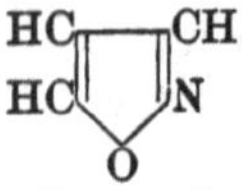 Isoxazol		Isothio-azole noch nicht bekannt		 Pyrazol		381
	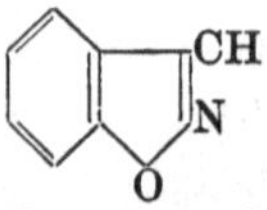 Benzisoxazol		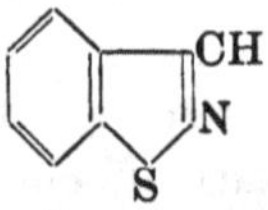 Benziso-thiazol		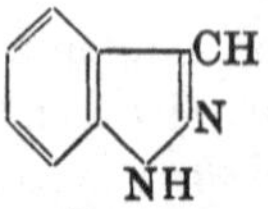 Benzo-pyrazol (Isindazol u. Indazol)	387
 Oxazol		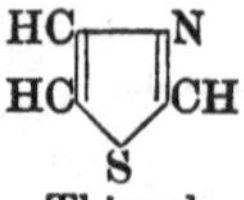 Thiazol		 Imidazol, Glyoxalin		389
	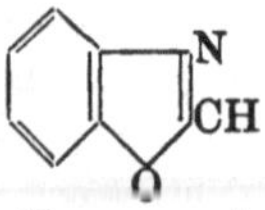 Benzoxazol		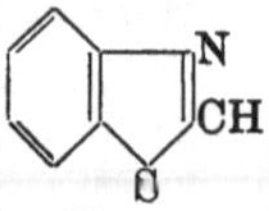 Benzo-thiazol		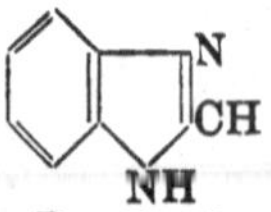 Benzimid-azol	393
				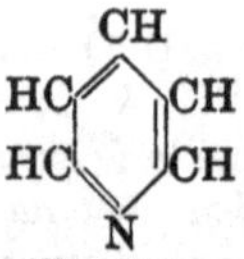 Pyridin		395
					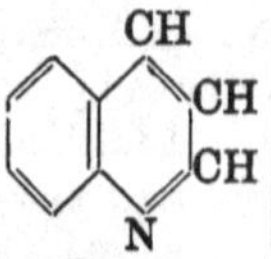 Benzo-pyridin, Chinolin	399

					Seite
				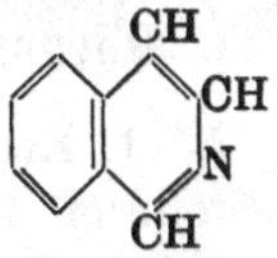 Isochinolin	406
				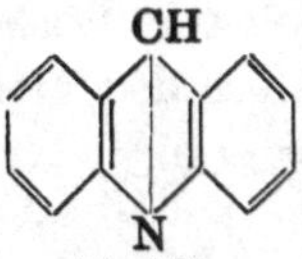 Akridin	407
				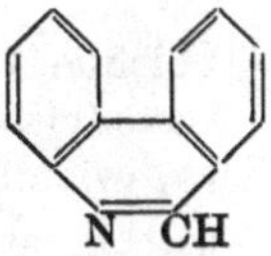 Phen-anthridin	408
			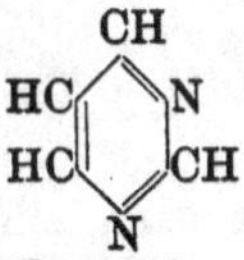 Pyrimidin		409
				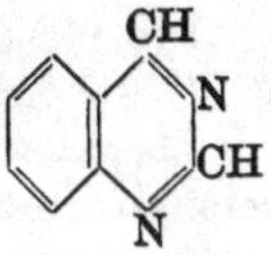 Chinazolin	410
			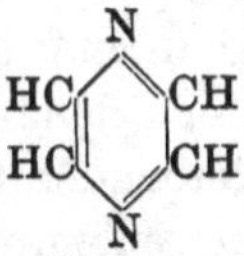 Pyrazin		410
				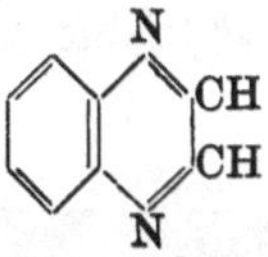 Chinoxalin	411
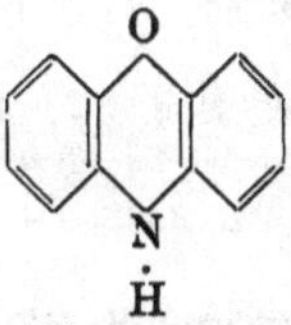 Phenoxazin		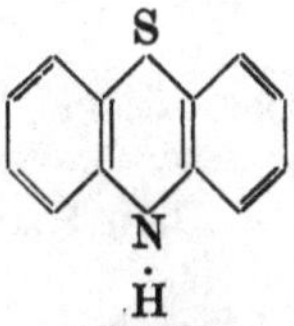 Thiodi-phenylamin		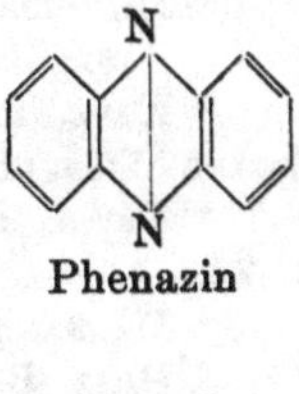 Phenazin	412

I. Bildung des Furfuran-, Thiophen- und Pyrrolringes.

A. 1. Erhitzt man Verbindungen, welche zwei Ketogruppen in 1.4-Stellung zueinander enthalten (γ-Diketone) mit wasserentziehenden Mitteln, so findet unter Austritt von einem Molekül Wasser die Bildung des Furfuranringes statt. So liefert das einfachste γ-Diketon, das Acetonylaceton, *1.4-Dimethylfurfuran*[1]

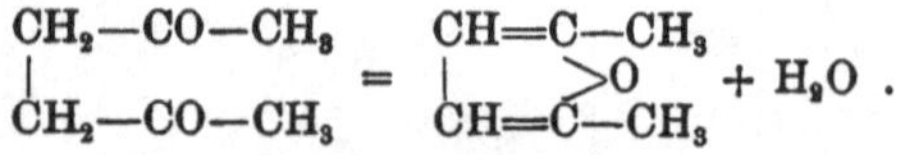

Leichter verständlich wird die Reaktion, wenn man annimmt, daß das Acetonylaceton bei dieser Umsetzung nicht als Ketoverbindung, sondern, wie dies Ketoverbindungen häufig tun, in der isomeren „Enolform", d. h. als ungesättigter Alkohol, reagiert (vgl. S. 324)

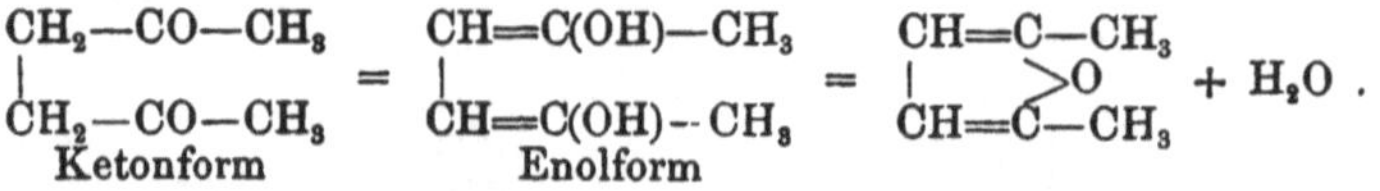

Die Reaktion ist dann ein einfaches Analogon der Bildung cyklischer Äther aus Glykolen (S. 138).

Die Wasserabspaltung wird durch Destillieren mit Chlorzink oder mit Phosphorsäureanhydrid bewirkt.

Ebenso wie Acetonylaceton reagieren auch andere γ-Diketone, z. B. Acetonylacetophenon[2], Diphenacyl[3], Desylacetophenon[4], Bisdesyl[5] u. a.

2. Läßt man an Stelle der wasserentziehenden Mittel Phosphorpentasulfid auf die gleichen γ-Diketone einwirken, so findet neben der gleichen Wasserabspaltung Austausch des als Ringglied verbleibenden Sauerstoffatoms gegen Schwefel statt und es entstehen die entsprechenden Thiophenderivate, z. B. aus Acetonylaceton *Dimethylthiophen* (*Thioxen*)[6]

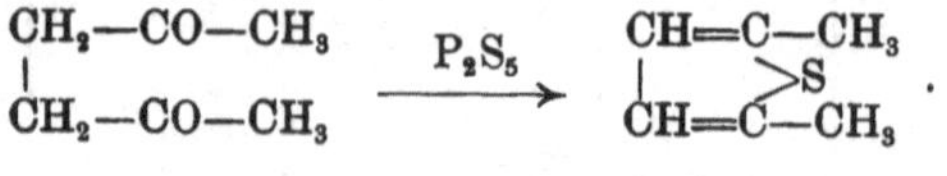

[1] DIETRICH, PAAL, B. **20**, 1085. — S. auch PAAL, B. **18**, 58. 367. 2251.

[2] PAAL, B. **17**, 915. 2759.

[3] KAPF, PAAL, B. **21**, 3057. — PERKIN, SCHLÖSSER, Soc. **57**, 953. — ENGLER, DENGLER, B. **26**, 1447.

[4] SMITH, Soc. **57**, 645. — JAPP, KLINGEMANN, B. **21**, 2933. — SMITH, B. **26**, 61.

[5] MAGNANIMI, ANGELI, B. **22**, 855. — JAPP, KLINGEMANN, B. **22**, 2880.

[6] PAAL, B. **18**, 367. 2252. — KAPF, PAAL, B. **21**, 3058.

Zur Thiophenbildung sind ebenso wie zur Furfuranbildung die verschiedensten γ-Diketone geeignet, außerdem aber auch γ-Ketosäuren und γ-Dicarbonsäuren, während Furfurane aus diesen nicht zu entstehen scheinen. γ-Ketosäuren liefern so mit Phosphorpentasulfid Oxythiophenderivate; z. B. entsteht aus Lävulinsäure *1-Methyl-4-oxythiophen* (*Oxythiotolen, Thiotenol*)[1]

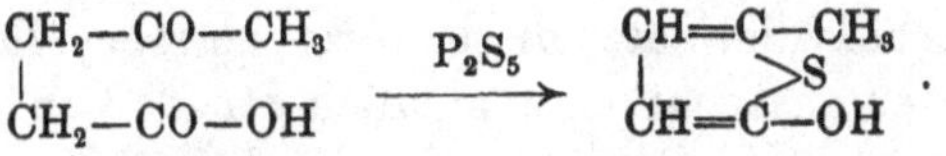

Wendet man an Stelle des Phosphorpentasulfids das gleichzeitig reduzierend wirkende Trisulfid an, so wird das entstehende Oxythiophen zum Thiophen reduziert, aus der Lävulinsäure entsteht also *1-Methylthiophen* (*Thiotolen*)[2]

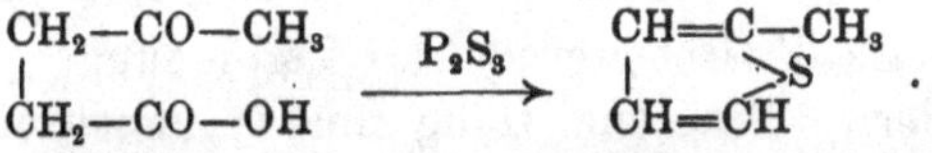

Auch aus Bernsteinsäure (beim Erhitzen des Natriumsalzes mit Phosphortrisulfid) läßt sich analog *Thiophen* gewinnen, wobei man die Bildung von Dioxythiophen als Zwischenprodukt annehmen kann[3]

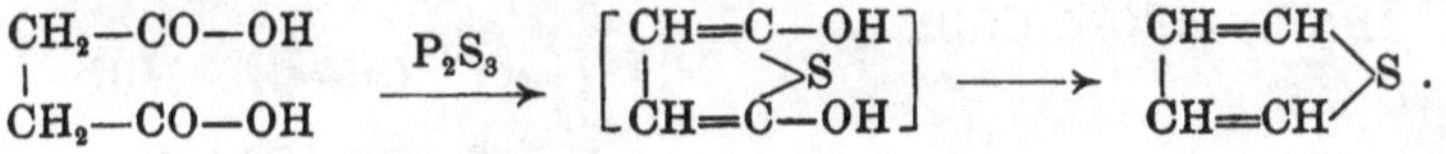

3. Behandelt man die gleichen γ-Diketone mit Ammoniak, so findet Ringschluß zu Pyrrolderivaten statt, so liefert Acetonylaceton *Dimethylpyrrol*[4]

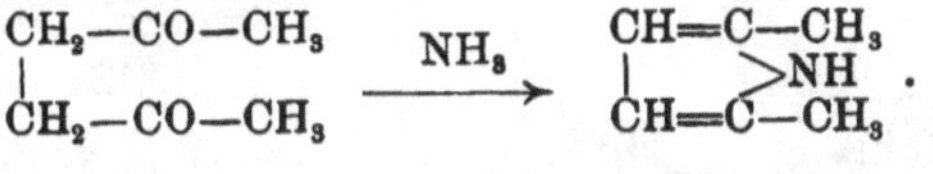

Ganz analog entstehen aus anderen γ-Diketonen andere Homologe des Pyrrols[5] und aus γ-Diketocarbon- oder Dicarbonsäuren die entsprechenden Carboxylderivate.[6] Verwendet man an Stelle des Ammoniaks primäre Amine, so kann man Pyrrole erhalten, welche am Stickstoff alkyliert sind. Aus den γ-Ketosäuren und γ-Dicarbonsäuren scheinen direkt keine Pyrrole darstellbar zu sein, doch läßt sich das Succinimid, das sich aus Bernsteinsäure

---

[1] Kues, Paal, B. **19**, 555. [2] Kues, Paal, B. **19**, 553.
[3] Volhard, Erdmann, B. **18**, 454. [4] Paal, B. **18**, 367. 2254.
[5] S. z. B. Kapf, Paal, B. **21**, 3061 3107.
[6] Z. B. Knorr, Schmidt, A. **293**, 107.

und Ammoniak beim Erhitzen bildet, durch Destillation mit Zinkstaub zu *Pyrrol* reduzieren[1]

$$\begin{matrix} CH_2\cdot COOH \\ | \\ CH_2\cdot COOH \end{matrix} \xrightarrow{NH_3} \begin{matrix} CH_2-CO \\ | \\ CH_2-CO \end{matrix}\!\!>NH \xrightarrow{\text{reduziert}} \begin{matrix} CH{=}CH \\ | \\ CH{=}CH \end{matrix}\!\!>NH\,.$$

B. Als eine Abart dieser Reaktionen kann man die Überführung der Tetraoxydicarbonsäuren, wie der Schleimsäure und Zuckersäure, in Carboxylderivate dieser drei heterocyklischen Grundkörper auffassen. Nimmt man nämlich an, daß in diesen Säuren zunächst die in β-Stellung zu den Carboxylgruppen stehenden Hydroxylgruppen als Wasser unter Olefinbildung abgespalten werden (eine für β-Oxysäuren normale Reaktion s. S. 203)

$$\begin{matrix} CH(OH)\cdot CH(OH)\cdot COOH \\ | \\ CH(OH)\cdot CH(OH)\cdot COOH \end{matrix} \xrightarrow{-2\,H_2O} \begin{matrix} CH{=}C(OH)\cdot COOH \\ | \\ CH{=}C(OH)\cdot COOH \end{matrix}\,,$$

so entstehen als Zwischenprodukte Verbindungen, welche den Enolformen der γ-Diketone völlig analog konstituiert sind und wie diese beim Erhitzen mit wasserabspaltenden Mitteln in Furfuranderivate, beim Erhitzen mit Schwefelbaryum in Thiophenderivate und mit Ammoniak in Pyrrolderivate übergehen

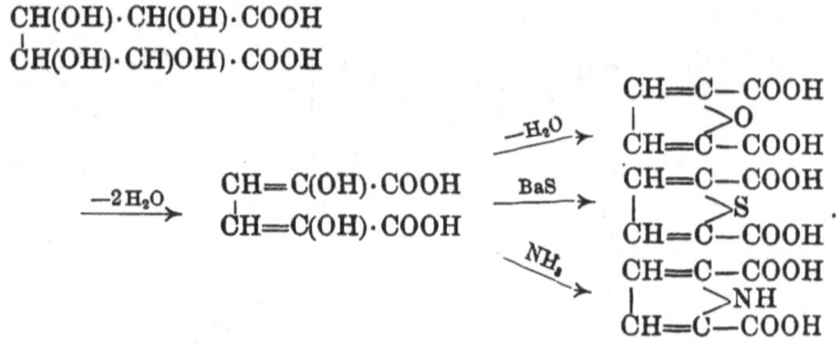

Die Überführung in *Furfurandicarbonsäure* (*Dehydroschleimsäure*) geschieht durch Erhitzen mit Salzsäure oder Bromwasserstoffsäure.[2] Die Dehydroschleimsäure spaltet leicht eine Carboxylgruppe ab und geht in *Furfuranmonocarbonsäure* (*Brenzschleimsäure*) über, die auch direkt durch einfaches Erhitzen der Schleimsäure erhalten wird.

Beim Erhitzen mit Schwefelbaryum entsteht analog α-Thiophencarbonsäure[3] und beim Erhitzen des Diammoniumsalzes hauptsächlich *Pyrrol*, indem beide Carboxylgruppen abgespalten werden.[4] Verwendet

[1] Bell, B. **13**, 877. — Bernthsen, B. **13**, 1049.

[2] Hill, B. **32**, 1221. — E. Fischer, B. **24**, 2140. — Heinzelmann, A. **193**, 184. — Seelig, B. **12**, 1083.

[3] Paal, Tafel, B. **18**, 457.

[4] Bell, Lapper, B. **10**, 1962.

man an Stelle des Diammoniumsalzes schleimsaure Alkylamine, so entstehen Homologe des Pyrrols, welche am Stickstoff alkyliert sind.[1]

C. Thiophenderivate entstehen ferner beim Erhitzen der verschiedensten ungesättigten Verbindungen mit Schwefel, so liefern Äthylen oder Acetylen *Thiophen*[2]

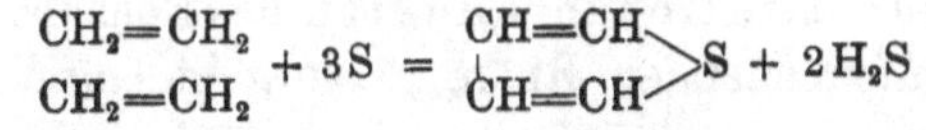

und ebenso Styrol oder Zimtsäure: *Diphenylthiophen*[3]; Acetylendicarbonsäure: *Thiophentetracarbonsäure* u. a. m.[4] Acetylen liefert analog mit Ammoniak *Pyrrol.*[5]

D. Pyrrolderivate entstehen schließlich ganz allgemein bei der Reduktion molekularer Gemische von Isonitrosoketonen mit Ketonen nach dem Schema:

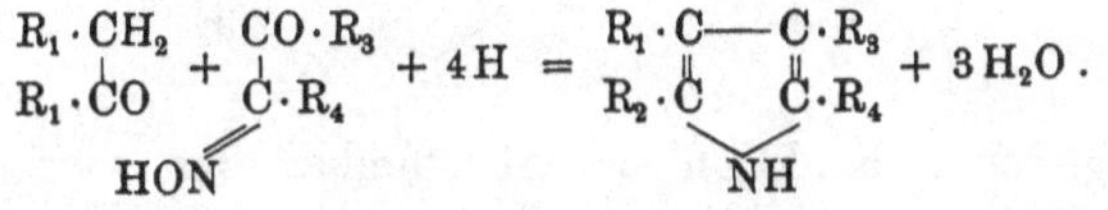

Zu dieser Synthese sind — sowohl als Isonitrosoverbindungen als auch als freie Ketone — anscheinend alle Ketoverbindungen verwendbar, die die Gruppe $-CO-CH_2-$ besitzen, d.. h. Monoketone, Diketone, Ketoaldehyde, Ketosäureester u. s. w.[6]

Die Darstellung der verschiedenen Derivate des Furfurans, Thiophens und Pyrrols aus den Grundkörpern schließt sich im allgemeinen den Darstellungsweisen der korrespondierenden Benzolderivate an.

Besonders erwähnt möge noch werden, daß diejenigen Derivate des Pyrrols, welche am Stickstoff alkyliert sind und die durch Ersatz des Imidwasserstoffs durch Metall und Umsetzung mit Jodalkylen entstehen, beim Erhitzen ihre Alkylgruppe vom Stickstoff an ein Kohlenstoffatom des Kerns wandern lassen, ähnlich wie die Alkylaniline in kernsubstituierte Aniline umgewandelt werden (s. S. 86).

[1] Pictet, Crépieux, B. **28**, 1905.
[2] V. Meyer, Sandmeyer, B. **16**, 2176.
[3] Baumann, Fromm, B. **28**, 891.
[4] Michael, B. **28**, 1635.
[5] Williams, J. **1885**, 793.
[6] Knorr, Lange, B. **35**, 2998.

II. Bildung der Benzofurfuran-, Benzothiophen- und Benzopyrrolringe.

A. Die einfachsten allgemeinen Bildungsweisen für diese drei Arten von kondensierten Kernen sind Kondensationsreaktionen von Orthodisubstitutionsprodukten des Benzols. Wie aus der Formel der aufzubauenden Ringe hervorgeht, muß der eine der beiden Orthosubstituenten in allen drei Fällen ein ungesättigter und in β-Stellung zum Kern halogenisierter oder hydroxylierter Alkylrest, der andere die Hydroxyl-, Sulfhydril- oder Amidogruppe sein.

1. So liefert o-Oxychlorstyrol beim Behandeln mit Kali direkt das *Benzofurfuran* (*Cumaron*)[1]

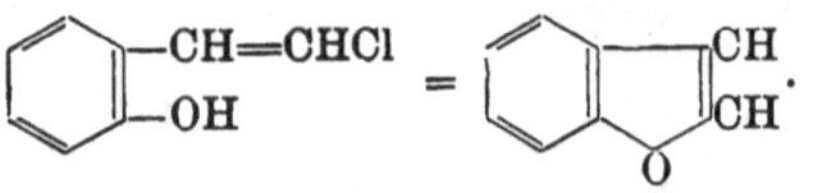

Auf der gleichen Reaktion beruht offenbar der wichtige Übergang der Mono- oder Dibromderivate verschiedener Cumarine (s. S. 364) in Carbonsäuren der Benzofurfurane und in die letzteren selbst, welche aus dieser Bildungsweise die Bezeichnung Cumarone erhalten haben. So liefert das α-Bromcumarin oder das Cumarinbromid beim Behandeln mit alkoholischem Kali *Cumaroncarbonsäure* (*Cumarilsäure*)[2], indem das Kali offenbar zunächst den Laktonring des Cumarins in ganz normaler Weise aufspaltet, so daß als Zwischenprodukt α-Brom-o-Oxyzimtsäure entsteht

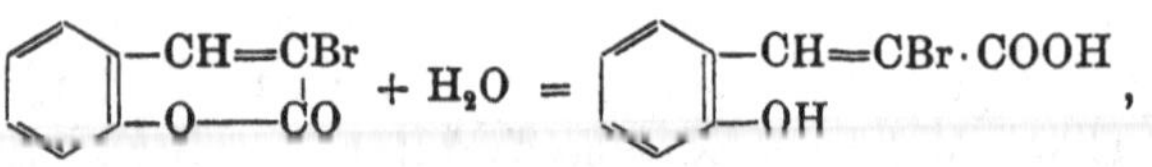

deren Ringschluß zum Cumaron dann genau ebenso verläuft, wie beim o-Oxychlorstyrol

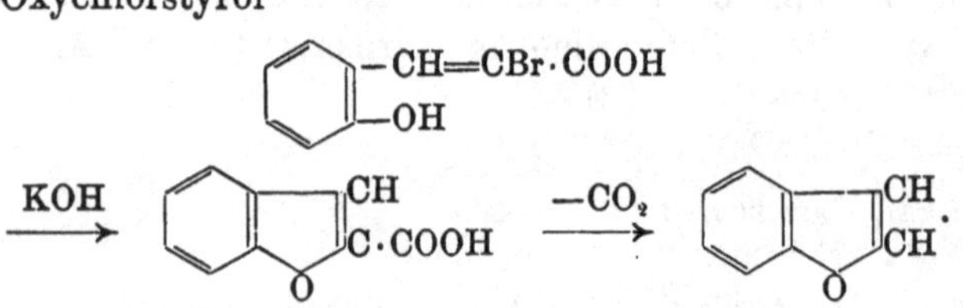

[1] Komppa, B. **26**, 2971.
[2] Perkin, Z. **1871**, 178. — Fittig, Ebert, A. **216**, 162.

Ebenso reagieren die Homologen des Cumarins. Auch die Bildung von *Benzoylcumaron* aus Salicylaldehyd und ω-Bromacetophenon — bei Einwirkung von Kali — und ähnliche Reaktionen gehören hierher, indem zuerst der Salicylaldehyd mit dem Bromacetophenon, entsprechend dem normalen Verlauf der PERKINschen Synthese (S. 178) o-Oxybenzalbromacetophenon bildet

$$C_6H_4{<}{}^{CHO}_{OH} + CH_2Br \cdot CO \cdot C_6H_5 = C_6H_4{<}{}^{CH=CBr \cdot CO \cdot C_6H_5}_{OH} + H_2O\,,$$

das dann wieder in gleicher Weise unter Ringschluß reagiert[1]

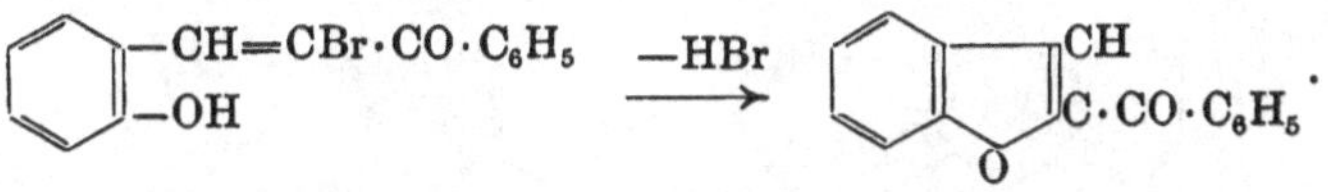

2. 3. Ganz ebenso wie aus o-Oxychlorstyrol Cumaron gebildet wird, entsteht aus o-Sulfhydryl-ω-Chlorstyrol *Benzothiophen* (*Thionaphten*)[2]

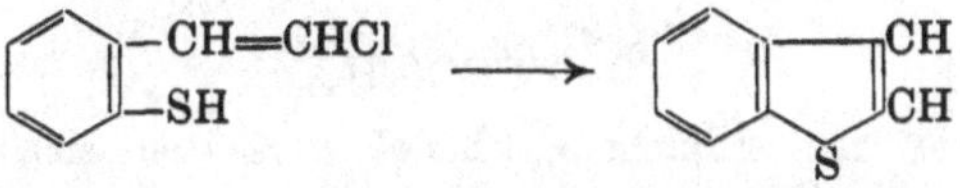

und aus o-Amino-ω-chlorstyrol *Benzopyrrol* (*Indol*)[3]

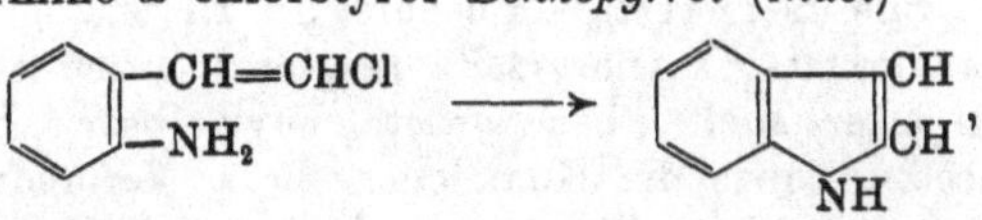

wobei man an Stelle der Aminoverbindung auch Nitroverbindungen bei Gegenwart reduzierender Mittel nehmen kann.

Ähnlich verläuft die Bildung des Indolringes aus o-Nitrophenylacetaldehyd oder o-Nitrophenylzimtsäure[4], sowie aus o-Aminobenzylmethylketon[5] oder analog konstituierten Verbindungen.[6]

B. Außer den bisher genannten Synthesen, welche von Orthodisubstitutionsprodukten des Benzols ausgehen, gibt es für die Cumaron- und Indolgruppe noch eine allgemeine Methode, welche von einfachen Phenolen oder Aminen ausgeht. Läßt man auf Phenole oder Phenylamine, in denen eine Orthostellung zur Hydroxyl- bezw. Aminogruppe unbesetzt sein muß, Verbindungen einwirken, welche die Gruppe —CO·CHCl— enthalten, so entstehen Derivate des Cumarons oder Indols.

---

[1] RAP, Gaz. **25** [2] 286.
[2] GATTERMANN, LOCKHART, B. **26**, 2809. [3] LIPP, B. **17**, 1072.
[4] BAEYER, EMMERLING, B. **2**, 679. — BEILSTEIN, KUHLBERG, A. **163**, 141.
[5] BAEYER, JACKSON, B. **13**, 187; **14**, 879. [6] PICTET, B. **19**, 1065.

1. So liefert Phenolnatrium mit α-Chloracetessigester *β-Methylcumarilsäurester.*[1] Die Reaktion kann man sich am besten als in zwei Phasen verlaufend denken. Unter Austritt von Chlornatrium wird zunächst Phenoxyacetessigester gebildet

$$C_6H_5ONa + Cl\cdot CH{<}{}^{CO\cdot CH_3}_{COOC_2H_5} = C_6H_5O\cdot CH{<}{}^{CO\cdot CH_3}_{COOC_2H_5} + NaCl$$

und dieser, der — wie Keto- oder Aldehydoverbindungen meist in derartigen Fällen — in seiner „Enolform“ reagiert, spaltet mit einem in Orthostellung am Kern stehenden Wasserstoffatom Wasser ab

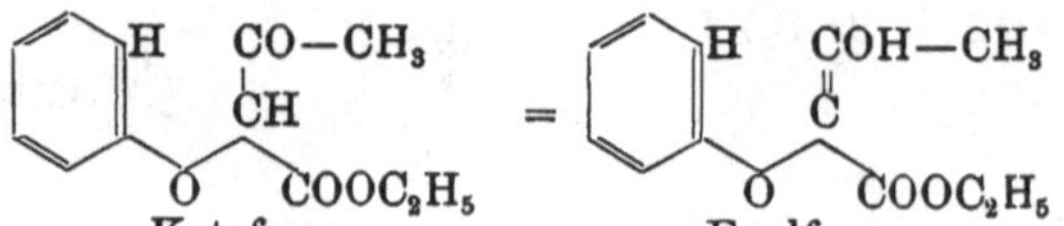

Ketoform Enolform

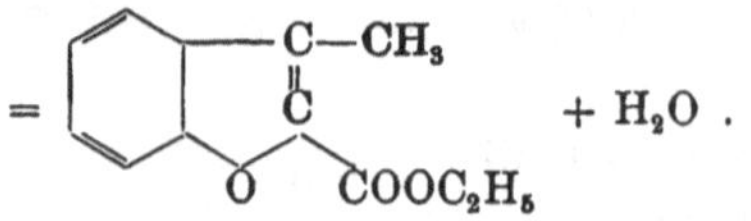

Ebenso wie das einfachste Phenol verhalten sich auch andere Phenole, wenn dieselben nur eine freie Orthostellung zum Hydroxyl besitzen. Derartige mehrwertige Phenole liefern analog Benzodi- und Benzotrifurfuranderivate.[2] Andrerseits reagieren genau ebenso wie der Phenoxyacetessigester auch Phenoxyacetaldehyd (bezw. Phenoxyacetal) und Phenoxyaceton, sowie die Homologen dieser Verbindungen.[3] Eine ähnliche Umsetzung geben Chinone und deren Halogenderivate mit Acetessigester[4], auch kann an Stelle der Gruppe —CO·CHCl— die Gruppe —CO—CHOH— treten; so reagiert Benzoïn in gleicher Weise mit Phenolen.[5]

2. Ganz analog den Phenolen reagiert das Anilin und seine Derivate, z. B. gibt Anilin und Chloraldehyd *Indol.* Auch hier kann man annehmen, daß das Chloratom zunächst mit einem Wasserstoff der Amidogruppe austritt[6]

$$C_6H_5NH_2 + Cl\cdot CH_2\cdot COH = C_6H_5NH\cdot CH_2\cdot COH + HCl.$$

Der entstandene Phenylamidoacetaldehyd spaltet dann in seiner „Enolform“ intramolekular Wasser ab

---

[1] HANTZSCH, B. **19**, 1291.

[2] HANTZSCH, B. **19**, 2931. — LANG, B. **19**, 2935. — NUTH, B. **20**, 1337.

[3] STÖRMER, B. **28**, 1254; A. **312**, 237.

[4] PECHMANN, B. **21**, 3005. — IKUTA, J. pr. [2] **45**, 67. — GRAEBE, LEVY, A. **283**, 245.

[5] JAPP, MELDRUM, Soc. **75**, 1035.

[6] BERLINERBLAU, POLIKIEV, M. **8**, 180. 187. — WOLFF, B. **21**, 123.

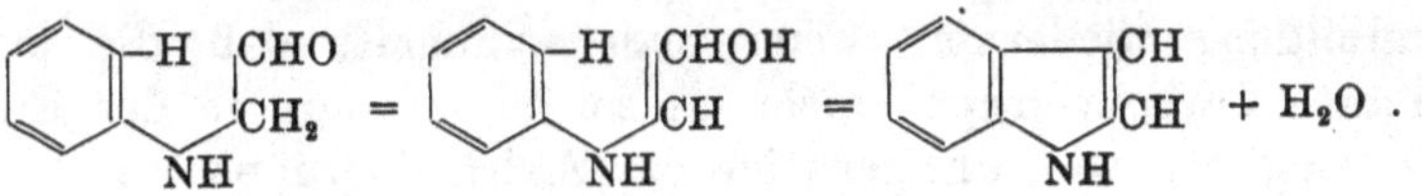

Ketoform Enolform

Ebenso wie Chloracetaldehyd verhalten sich Bromacetophenon (Phenacylbromid), β-Bromlävulinsäure und andere analoge Verbindungen[1] und auch hier reagiert die Gruppe CO—CHOH des Benzoïns analog der Gruppe CO—CHCl.[2]

C. Eine sehr merkwürdige und in ihrem Mechanismus noch nicht aufgeklärte Reaktion, die ziemlich allgemein für die Bildung von Alkylindolen verwendbar ist, ist die von E. Fischer entdeckte intramolekulare Kondensation von Phenylhydrazonen der Aldehyde, Ketone und Ketosäuren unter Ammoniakabspaltung. So entsteht aus dem Phenylhydrazon des Propionaldehyds *β-Methylindol*[3]

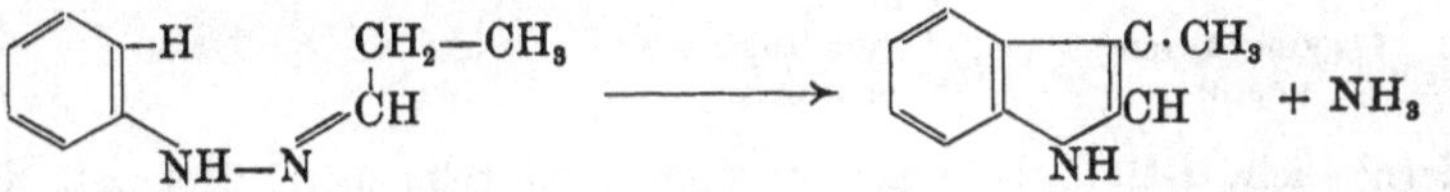

und analog z. B. aus dem Methylphenylhydrazon des Acetessigesters *N-α-Dimethylindol-β-carbonsäure*[4]

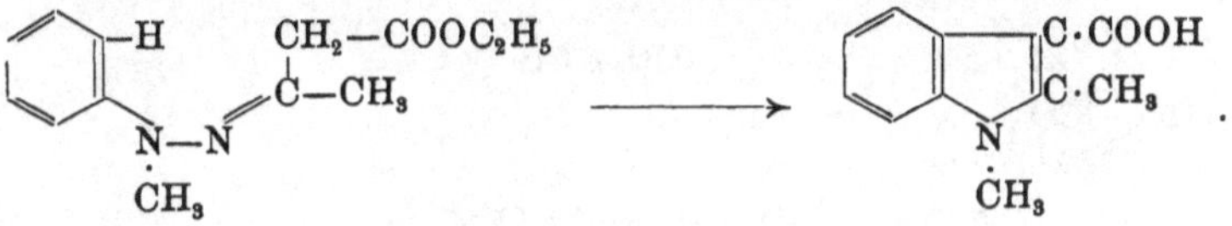

Die Ammoniakabspaltung erfolgt beim Erhitzen mit Salzsäure oder Chlorzink, oder auch mit anderen Kondensationsmitteln.[5]

III. Bildung des Isoxazol- und Pyrazolringes.

A. 1. Die Monoxime von Verbindungen, welche zwei CO-Gruppen in β-Stellung zueinander enthalten, also von β-Diketonen oder β-Ketoaldehyden, gehen durch intramolekulare Wasserabspaltung in Derivate des Isoxazols über, welch letzteres selbst noch nicht bekannt ist. Am leichtesten verständlich wird die

[1] Bischler, Fireman, B. **25**, 2860; **26**, 1336. — Japp, Murray, B. **26**, 2638.

[2] Japp, Murray, Meldrum, Soc. **65**, 889; **75**, 1043; C. **99** II, 251.

[3] E. Fischer, A. **236**, 137. [4] Degen, A. **236**, 157.

[5] E. Fischer, B. **19**, 1563. — Degen, Roder, Schlieper, A. **236**, 116—184. — Trenckler, A. **248**, 106. — Walker, Am. **16**, 430.

Isoxalbildung wiederum, wenn man annimmt, daß die nicht oximierte Carbonylgruppe nicht als solche, sondern in der Enolform reagiert, was übrigens für die Aldehydogruppe der Ketoaldehyde auch sonst angenommen werden muß (s. S. 284). So liefert das Monoxim des Benzoylacetophenons *α.γ-Diphenylisoxazol*[1]

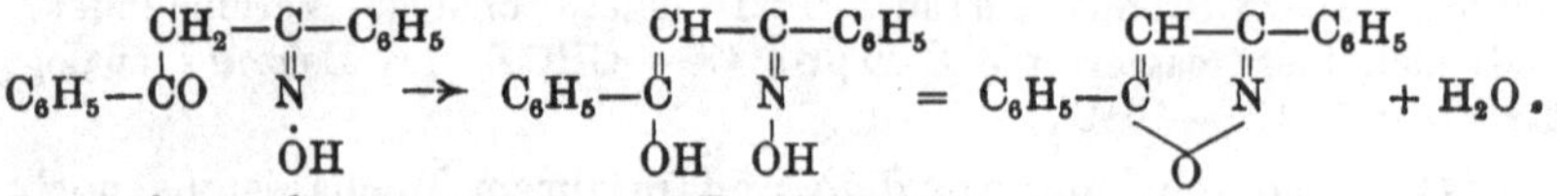

Benzoylacetophenonmonoxim Ketoform — Enolform

Aus dem Oxymethylenaceton (Formylaceton) und Hydroxylamin entsteht übrigens nicht nur das zu erwartende *γ-Methylisoxazol*

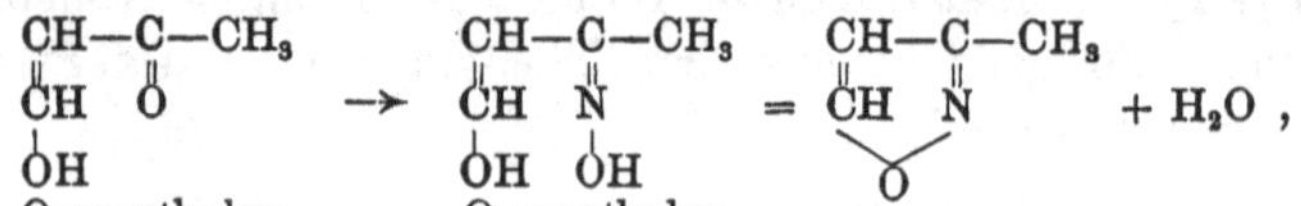

Oxymethylen-aceton — Oxymethylen-acetoxim

sondern auch α-Methylisoxazol, was nur dadurch zu erklären ist, daß im Formylaceton unter Umständen auch die Formylgruppe als wahre Aldehydgruppe, d. h. oximbildend und die Ketogruppe in ihrer Enolform reagieren kann[2]

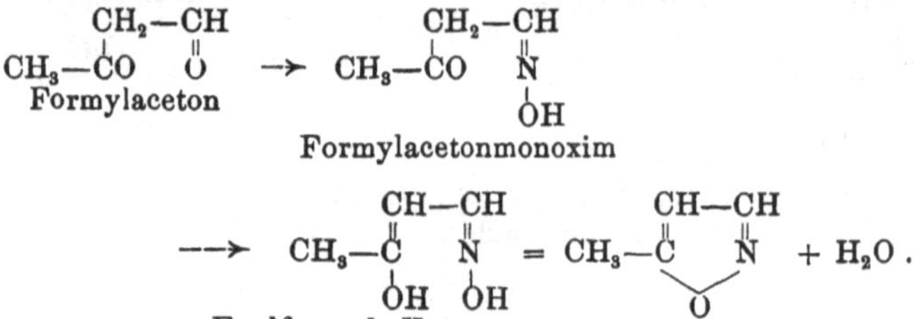

Formylaceton — Formylacetonmonoxim — Enolform d. Ketogruppe

Ganz analog entstehen natürlich aus den Monoximen von β-Diketocarbonsäuren, z. B. von Ketonoxalestern, Isoxazolcarbonsäuren, wie *β-Methylisoxazol-γ-carbonsäure* aus Acetonoxalestermonoxim[3]

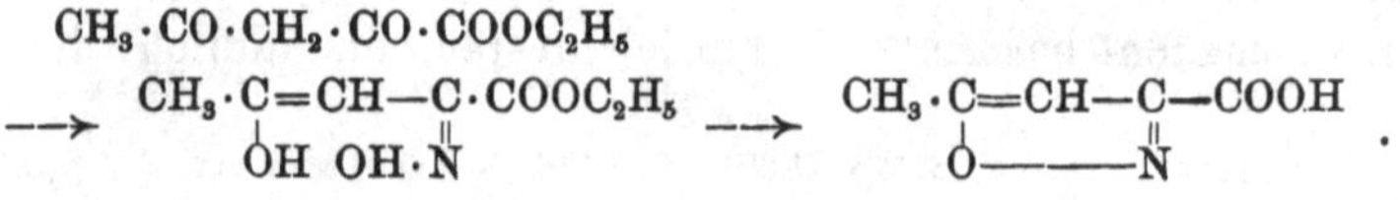

[1] Claisen, B. **24**, 3906. — Goldschmidt, B. **28**, 2540. — S. auch Claisen, Zedel, B. **21**, 1150. 2178.

[2] Claisen, B. **25**, 1787. [3] Claisen, B. **24**, 3910.

Von einiger Wichtigkeit ist die Bildung der **Isoxazolone**, d. h. des Ketodihydroisoxazolringes

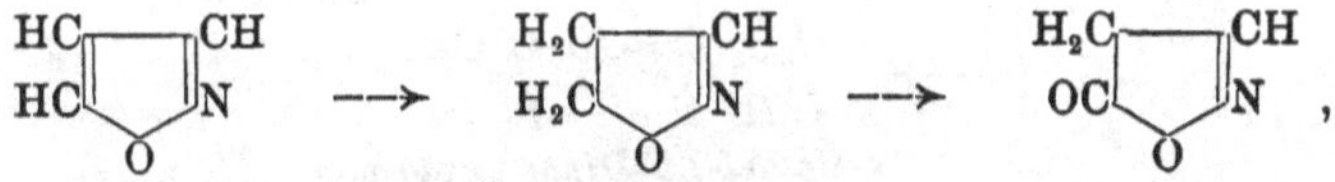

Isoxazol — Dihydroisoxazol — Isoxazolon

die aus den Oximen der β-Ketosäureester unter Alkoholabspaltung stattfindet. So entsteht aus dem Oxim des Acetessigesters *γ-Methylisoxazolon*[1]

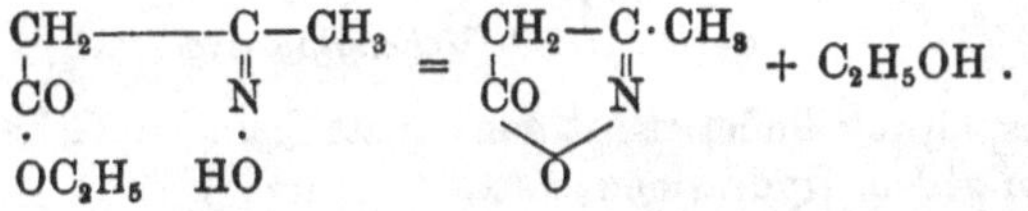

2. Die den Isoxazolen entsprechenden Ringe, welche an Stelle des Sauerstoffs ein Schwefelatom enthalten, die **Isothiazole**, sind noch nicht bekannt.

3. Der **Pyrazolring**, der sich vom Isoxazol dadurch ableitet, daß der Sauerstoff desselben durch die Imidogruppe ersetzt ist, entsteht dementsprechend analog der Isoxazolbildung durch Wasserabspaltung aus den **Monohydrazonen** von **β-Diketonen** oder **β-Ketoaldehyden** (**Oxymethylenketonen**) durch Wasserabspaltung. So entsteht aus Acetylaceton und Hydrazin *3.5-Dimethylpyrazol*[2]

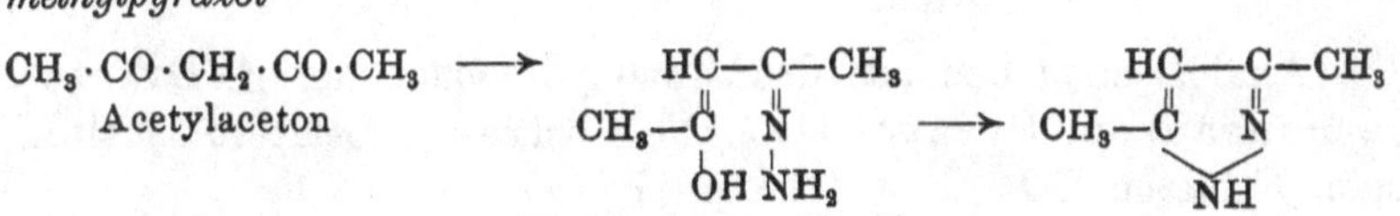

Acetylaceton — Monohydrazon (Enolform)

und ebenso aus Benzoylaceton und Phenylhydrazin *Diphenylmethylpyrazol*[3] und zwar entstehen hier, wie bei allen **unsymmetrischen** Diketonen, zwei Isomere nebeneinander, welche dadurch entstehen, daß jede der beiden Ketogruppen zunächst mit dem Phenylhydrazin unter Hydrazonbildung reagieren kann

[1] Hantzsch, B. **24**, 495. — Schiff, Viciani, B. **30**, 1159. — Uhlenhuth, A. **296**, 33.

[2] Rothenburg, B. **27**, 1097. — J. pr. [2] **52**, 50. — Rosengarten, A. **279**, 237.

[3] Knorr, B. **20**, 1098. — Claisen, A. **278**, 262. — Claisen, Roosen, B. **24**, 1891.

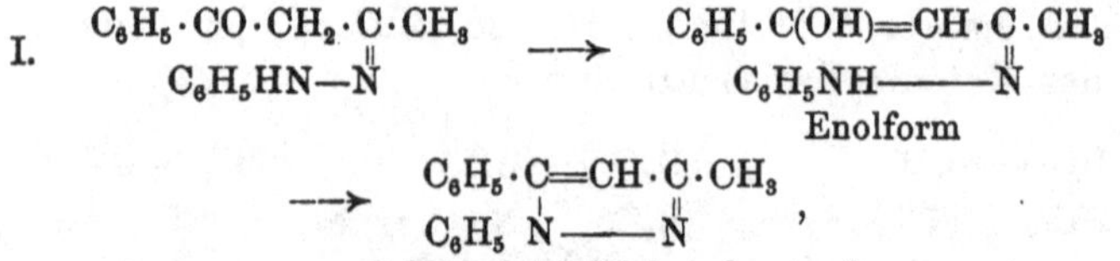

3-Methyl-1.5-Diphenylpyrazol

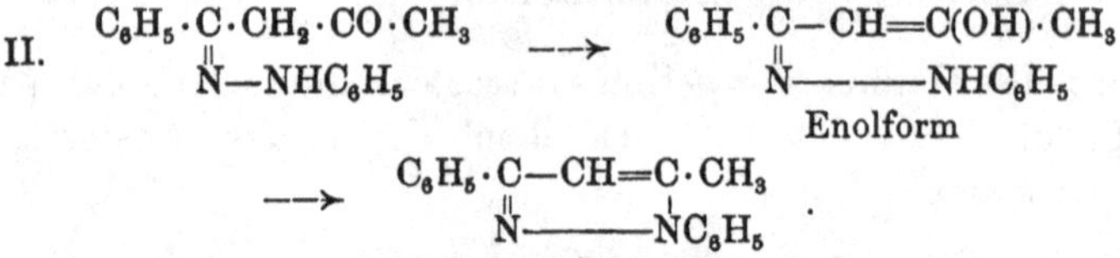

5-Methyl-1.3-Diphenylpyrazol

Die Wasserabspaltung findet meist ganz glatt beim einfachen Erwärmen der Ketone mit den Hydrazinen statt.

An Stelle des einfachen Hydrazins kann man auch Semicarbazid $NH_2—NH·CO·NH_2$ anwenden. Es entsteht dann zuerst das Amid einer Pyrazol-N-carbonsäure, aus dem sich die Gruppe $CONH_2$ außerordentlich leicht abspalten läßt[1]

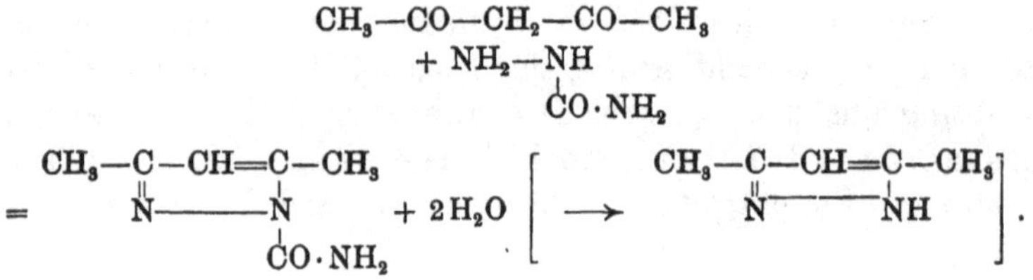

Analog entstehen aus den Monohydrazonen der β-Diketocarbonsäuren Pyrazol-C-carbonsäuren. Letztere spalten beim Erhitzen CO_2 ab und liefern Pyrazole.

Zur Konstitution der Pyrazolderivate mit unbesetztem Imidwasserstoff möge nur kurz erwähnt werden, daß dieses Wasserstoffatom anscheinend nicht fest an einem der beiden Stickstoffatome haftet, sondern als zwischen beiden oscillierend angenommen werden muß

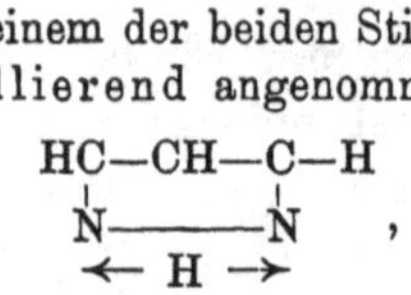

weil sich z. B. das 3-Methylpyrazol als identisch mit dem 5-Methylpyrazol erwiesen hat[2]

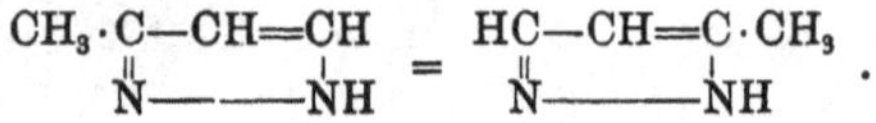

[1] Posner, B. **34**, 3980. [2] Knorr, A. **279**, 188.

Ganz ähnlich verläuft die Bildung von Pyrazolen aus den Hydrazonen von Monoketonen beim Erhitzen mit Säureanhydriden auf 180°. So gibt Acetonphenylhydrazon mit Essigsäureanhydrid *Dimethylphenylpyrazol*[1]

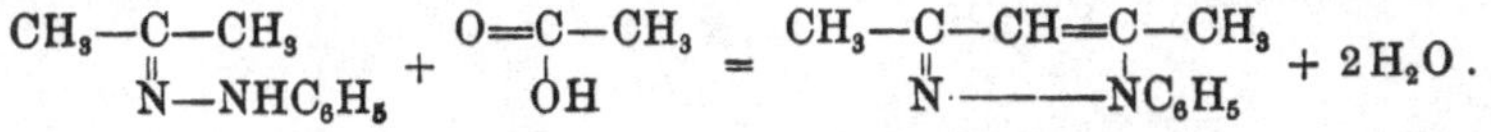

Der Grundkörper der Gruppe, das *Pyrazol*, entsteht synthetisch aus Epichlorhydrin und Hydrazinhydrat mit Chlorzink.[2] Hierbei findet eine freiwillige Oxydation des eigentlich zu erwartenden Dihydropyrazols zum Pyrazol selbst statt, die auch bei analogen Reaktionen oft eintritt

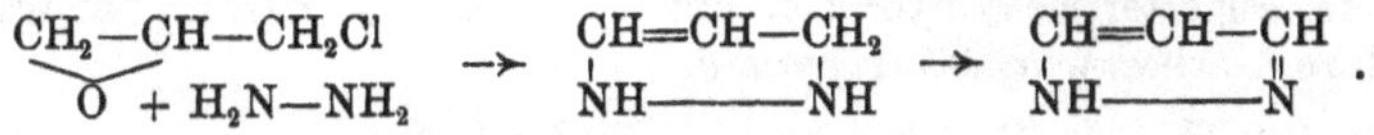

B. Als spezielle Bildungsweise des Pyrazolringes ist noch die Addition von Acetylenderivaten an aliphatische Diazoverbindungen zu erwähnen. So entsteht z. B. aus Acetylen und Diazomethan das *Pyrazol* selbst[3]

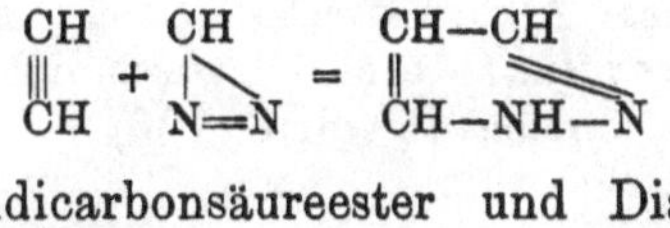

und aus Acetylendicarbonsäureester und Diazoessigester z. B. *Pyrazoltricarbonsäureester*[4]

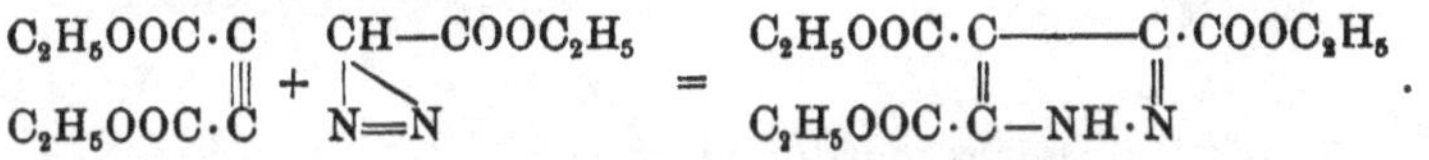

Ebenso wie die Acetylencarbonsäuren verhalten sich die leicht in dieselben übergehenden monohalogensubstituierten Olefincarbonsäuren und die $\alpha\beta$-dihalogensubstituierten gesättigten Säuren.

C. Auch hier haben die Ketodihydroverbindungen des Pyrazolringes, die Pyrazolone, eine besondere Wichtigkeit. Ihre wichtigste Bildungsweise steht zu derjenigen der oben (S. 383) besprochenen Isoxazolone im selben Verhältnis, wie die Bildung des Pyrazolringes überhaupt zu der des Isoxazolringes. Die Pyrazolone entstehen also aus den Hydrazonen der β-Keto-

---

[1] Friedel, Combes, Bl. [3] **11**, 115. Vgl. auch Knorr, B. **28**, 703 Anm. 4.

[2] Balbiano, B. **23**, 1105.

[3] Pechmann, B. **31**, 2950. — Über verwandte Pyrazolringbildungen siehe auch Wolff, A. **325**, 177.

[4] Buchner, B. **22**, 2165; A. **273**, 214—266.

säureester durch Alkoholabspaltung. So liefert das Phenylhydrazon des Acetessigesters *1.3-Phenylmethylpyrazolon*[1]

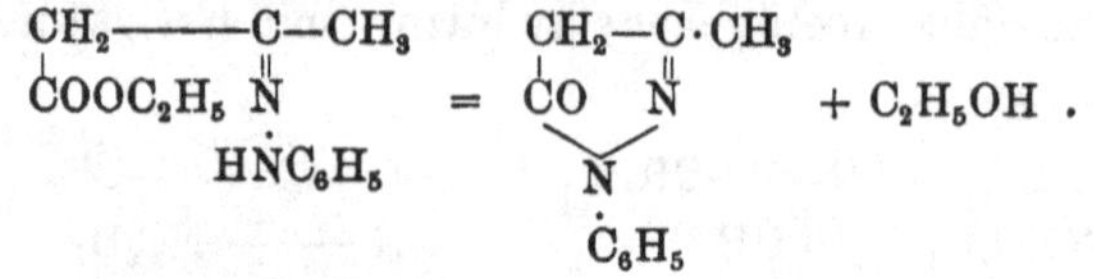

Die monosubstituierten Hydrazone kondensieren sich zuweilen, namentlich bei Gegenwart saurer wasserentziehender Mittel, in etwas anderer als oben angegebener Weise, indem nicht die OC_2H_5-Gruppe, sondern das doppelt gebundene Sauerstoffatom der Carboxylgruppe an der Kondensation teilnimmt. So entstehen Alkoxypyrazole, z. B. aus Acetessigesterphenylhydrazon mit Acetylchlorid oder überschüssiger Salzsäure *Phenylmethyläthoxypyrazol*[2]

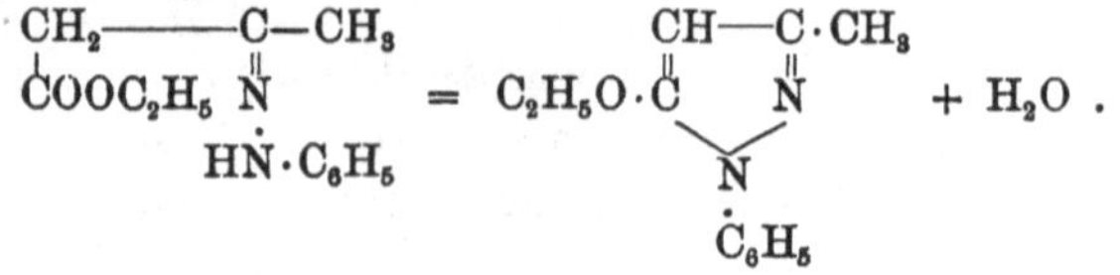

Verseift man diese Alkoxypyrazole jedoch, so erweisen sich die entstehenden Hydroxypyrazole als identisch mit den Pyrazolonen, deren „Enolform“ sie darstellen (vgl. S. 123).

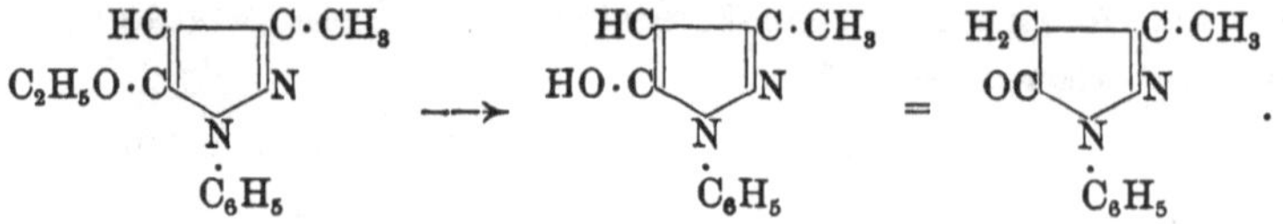

Anstatt erst die Hydrazone darzustellen, kann man auch die β-Ketosäureester mit dem Hydrazin direkt zu Pyrazolonen kondensieren. Hierbei reagieren auch symmetrische disubstituierte Hydrazine unter Pyrazolonbildung, indem der β-Ketosäureester gemäß seiner Enolformel an der Kondensation teilnimmt. So entsteht aus Acetessigester und symmetrischem Methylphenylhydrazin *1.2.3-Phenyldimethylpyrazolon (Antipyrin)*[3]

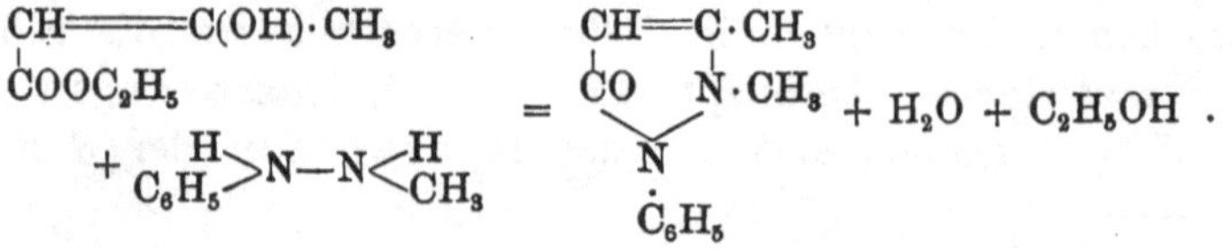

[1] KNORR, B. **16**, 2597; A. **238**, 147—219. — KNORR, REUTER, B. **27**, 1175.

[2] KNORR, B. **28**, 713. — STOLZ, B. **28**, 632. — S. auch WALKER, Am. **16**, 437.

[3] KNORR, A. **238**, 203; D.R.P. 40377.

Wie aus den eben angeführten Tatsachen hervorgeht, leiten sich die verschiedenen Pyrazolone nicht von einer einzigen Formel ab, sondern es kommen für dieselben folgende drei Formeln in Betracht, zwischen denen oft nur schwierig zu unterscheiden ist

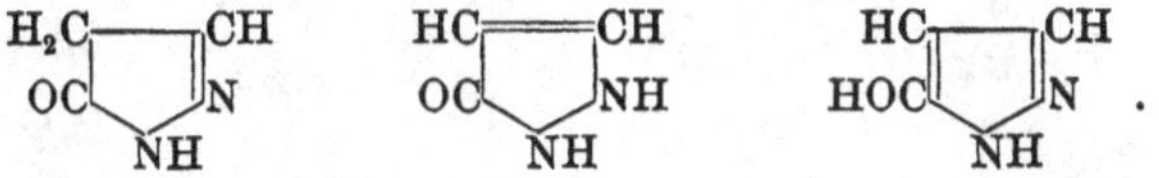

IV. Bildung des Benzisoxazol- und Benzopyrazolringes.

1. Der Benzisoxazol- oder Indoxazenring entsteht aus den Oximen der o-Halogen- oder o-Nitrophenylketone mit Alkali, so *Phenylindoxazen* aus o-Nitrobenzophenonoxim[1] oder o-Brombenzophenonoxim[2] mit Alkali

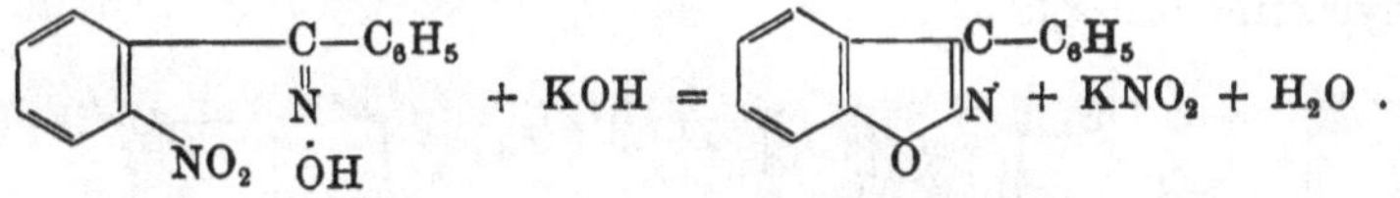

Auch o-Aminobenzophenon gibt mit salpetriger Säure dasselbe Benzisoxazol.[3] Dagegen entsteht das einfachste Benzisoxazol nicht, wie man erwarten sollte, aus o-substituiertem Benzaldehyd.[4]

2. Wichtiger als diese Verbindungen sind die Derivate des Benzopyrazols oder Indazols. Da es zwei isomere Reihen von am Stickstoff alkylierten Indazolen gibt, welche die Alkylgruppen an verschiedenen Stickstoffatomen enthalten, muß man für dieselben zwei verschieden konstituierte Grundkörper annehmen. Die dem Pyrazol analog konstituierten eigentlichen Benzopyrazole, die sich von dem Grundkörper 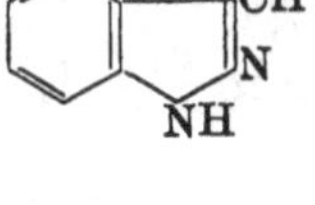 ableiten, werden als Isindazole, die isomeren, dem Grundkörper 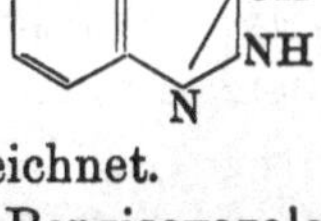 entsprechenden Verbindungen als Indazole bezeichnet.

α) Die Isindazole entstehen analog den Benzisoxazolen aus o-Aminophenyl-aldoximen und -ketoximen durch Einwirkung von Eisessig oder Essigsäureanhydrid, wobei jedoch Acetylisindazole

[1] V. Meyer, B. **26**, 1251.

[2] Cathcart, V. Meyer, B. **25**, 1498. 3294. — S. auch Russanow, ibid. 3297.

[3] Meyenburg, B. **26**, 1657. [4] V. Meyer, B. **26**, 1253.

gebildet werden.[1] Aus o-Aminobenzaldoxim entsteht das einfachste *Acetylisindazol*[2]

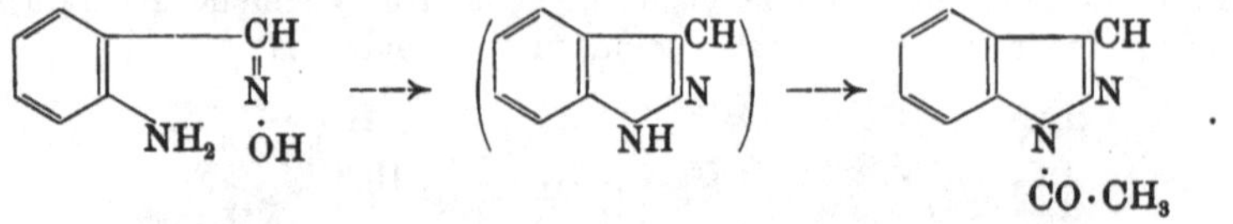

Versucht man die Acetylgruppe mit Alkali abzuspalten, so wird gleichzeitig auch der Ring wieder aufgespalten.[3]

Andrerseits entstehen Isindazole aus den o-Hydrazinoacetophenonen oder o-Hydrazinozimtsäuren, bei denen das direkt am Benzolkern stehende Stickstoffatom eine Alkylgruppe enthält (vgl. weiter unten). So entsteht *αγ-Dimethylisindazol* aus α-Methylhydrazinoacetophenon (durch Reduktion von Nitrosomethylaminoacetophenon)[4]

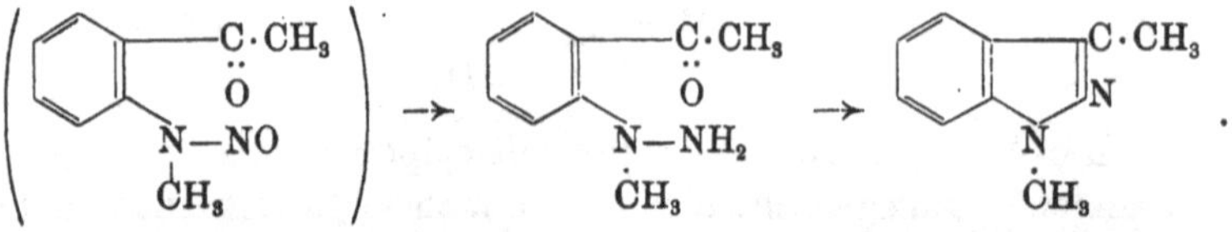

β) Dagegen bilden o-Hydrazinoacetophenone und ähnliche Verbindungen sowie o-Hydrazinozimtsäuren, in denen das am Benzolkern stehende Stickstoffatom nicht alkyliert ist, Indazole, d. h. Derivate des isomeren Ringes. So entsteht aus o-Hydrazinoacetophenon (aus Aminoacetophenon durch Diazotierung und Reduktion) *γ-Methylindazol*[5]

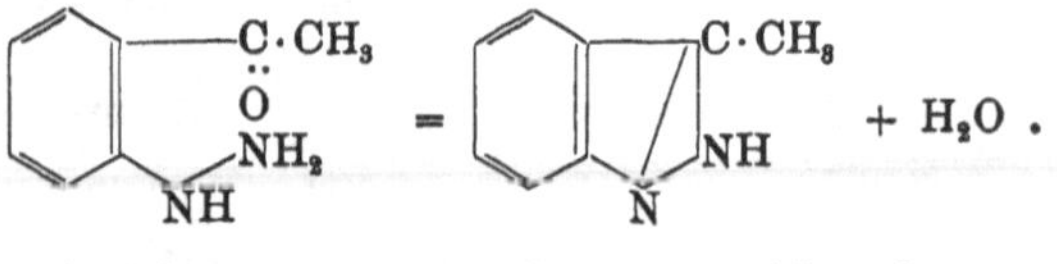

Aus o-Hydrazinozimtsäure entsteht unter Abspaltung von Essigsäure beim Erhitzen das *Indazol* selbst[6]

---

[1] Bischler, B. **26**, 1903. — Auwers, B. **29**, 1261.

[2] Auwers, Meyenburg, B. **24**, 2370. 2379; **29**, 1261.

[3] Auwers, B. **24**, 2380; **29**, 1255.

[4] E. Fischer, Tafel, A. **227**, 333. 336. Das einfache *Isindazol* und solche Derivate, welche eine freie Imidogruppe enthalten, sind also bisher nicht bekannt.

[5] E. Fischer, Tafel, A. **227**, 317.

[6] E. Fischer, Tafel, A. **227**, 303; A. **221**, 280.

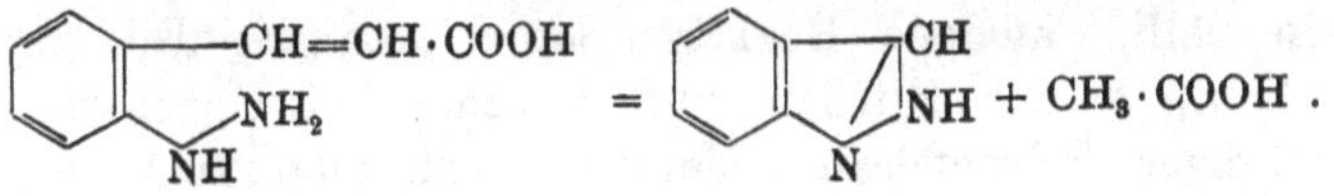

Außerdem entstehen Indazole, welche am Stickstoff einen Phenylrest enthalten, bei der Reduktion von o-Nitrobenzylanilinen[1]

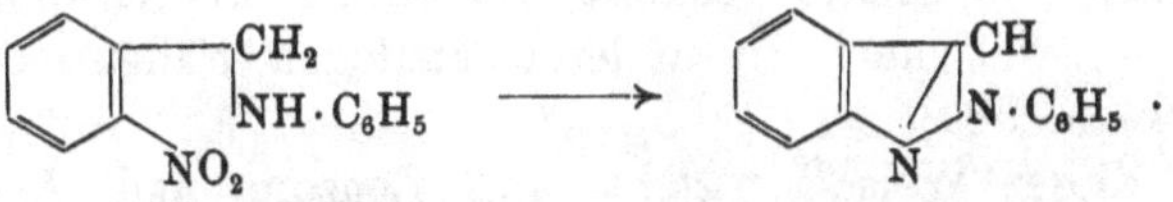

Auch Diazoverbindungen, welche in Orthostellung zur Diazogruppe ein Methyl enthalten, geben beim Behandeln mit Alkalien in der Kälte Indazole[2]

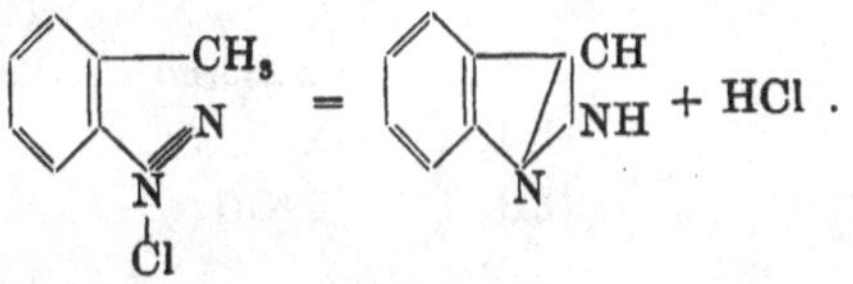

V. Bildung des Oxazol-, Thiazol- und Imidazolringes.

1. Der Oxazolring, der sich vom Isoxazolring nur durch die relative Stellung des Stickstoffs und Sauerstoffs unterscheidet, entsteht allgemein durch Kondensation von Säureamiden mit α-halogensubstituierten Ketonen und Aldehyden, d. h. Verbindungen, welche die Gruppe —CO—CHHal— enthalten. So entsteht aus Bromacetophenon und Acetamid *β-Phenyl-n-Methyloxazol.*[3] Zum Verständnis der Reaktion nimmt man am besten an, daß sowohl Keton als auch Amid in der „Enolform“ reagieren

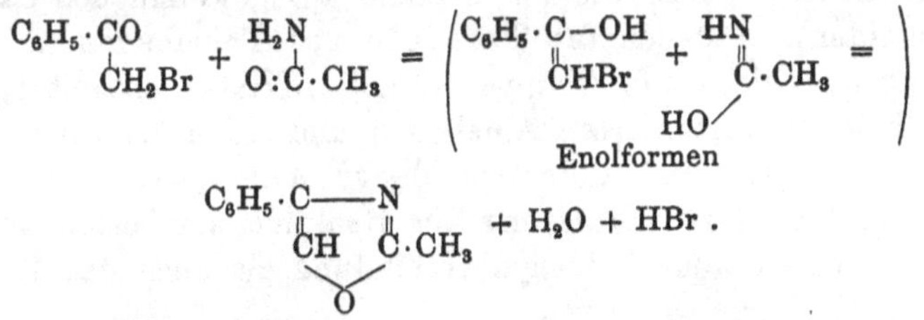

[1] Paal, Krecke, B. **23**, 2640; **24**, 961. — Paal, Fritzweiler, B. **25**, 3167. — Busch, B. **27**, 2899.

[2] Bamberger, A. **305**, 289—370. — Witt, Nölting, Grandmougin, B. **23**, 3635; **25**, 3149; **26**, 2349.

[3] Blümlein, B. **17**, 2578. — Lewy, B. **20**, 2576; **21**, 924. 2195. — Schuftan, B. **28**, 3070.

Als völlig analoge Reaktion kann man die Bildung des Oxazolringes aus Nitrilen und Benzoïn bei Gegenwart von konzentrierter Schwefelsäure deuten, wenn man annimmt, daß das Nitril zunächst unter der Einwirkung der konzentrierten Schwefelsäure in das Amid übergeht, und daß sonst die Gruppe —CO—CHOH— ebenso reagiert wie vorher die Gruppe —CO —CHHal—, was auch in anderen analogen Fällen stattfindet (vgl. S. 380 u. 381).

Auf diese Weise entsteht aus Benzoïn und Acetonitril *αβ-Diphenyl-μ-methyloxazol*[1]

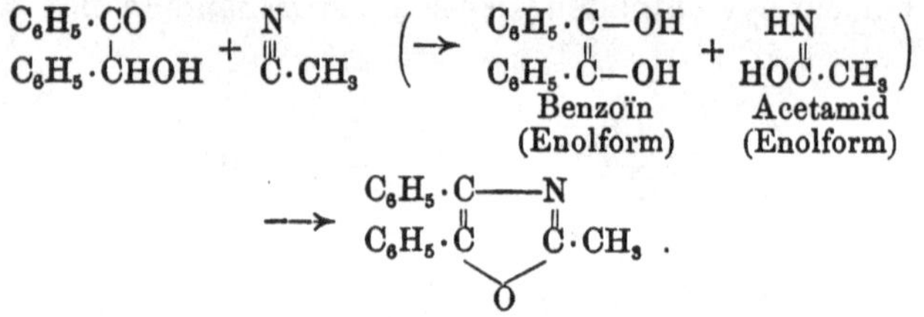

Eine verwandte, aber schwieriger erklärbare Reaktion ist die Bildung von Oxazolen aus Mandelsäurenitril und seinen Homologen (aromatischen Aldehydcyanhydrinen) mit aromatischen Aldehyden bei der Einwirkung von trockenem Chlorwasserstoff. So entsteht *αμ-Diphenyloxazol* aus Mandelsäurenitril und Benzaldehyd[2]

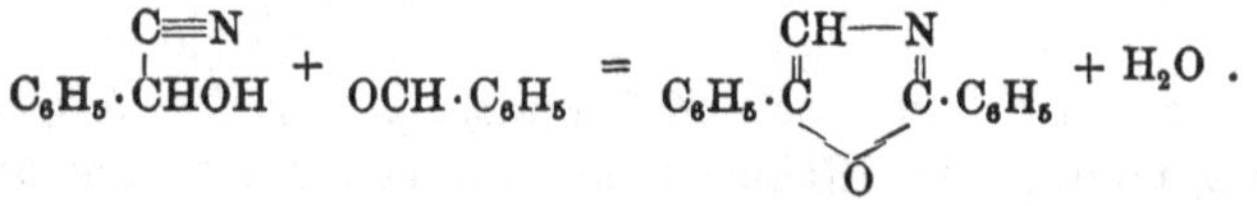

2. Genau ebenso wie die Oxazole aus gewöhnlichen Carbonsäureamiden, entstehen die Thiazole aus Thioamiden mit Verbindungen, welche die Gruppe —CO—CHHal— enthalten, d. h. mit α-halogensubstituierten Aldehyden und Ketonen. So entsteht aus Thiacetamid und Chloracetaldehyd *μ-Methylthiazol.*[3] Auch hier nimmt man zur Erklärung der Reaktion am besten an, daß sowohl die Keto- oder Aldehydoverbindung als auch das Thiamid in ihrer Enolform reagieren

---

[1] Japp, Murray, Soc. **63**, 469. — Mit dem Buchstaben μ wird in heterocyklischen Verbindungen dasjenige Kohlenstoffatom bezeichnet, welches zwischen zwei Heteroatomen steht.

[2] E. Fischer, B. **29**, 205. — Minovici, B. **29**, 2097.

[3] Hantzsch, A. **250**, 271. — Hubacher, A. **259**, 228—300.

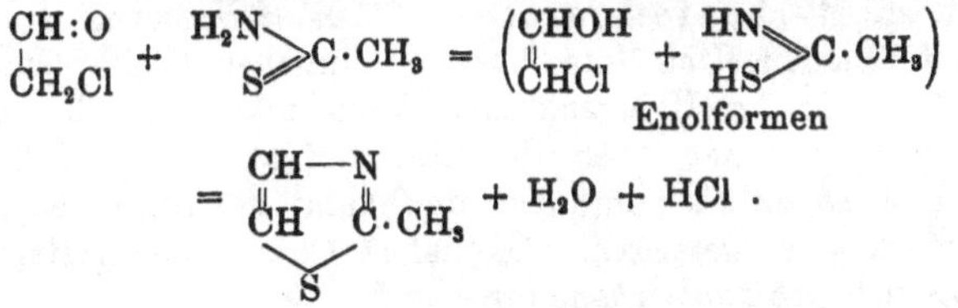

Ebenso wie die gewöhnlichen Thiamide, verhalten sich in dieser Beziehung die Thioharnstoffe. Sie liefern mit α-Halogencarbonylverbindungen Thiazole, welche an dem μ-Kohlenstoffatom eine Amidogruppe enthalten. So entsteht aus Chloraceton und Thioharnstoff *β-Methyl-μ-aminothiazol*[1]

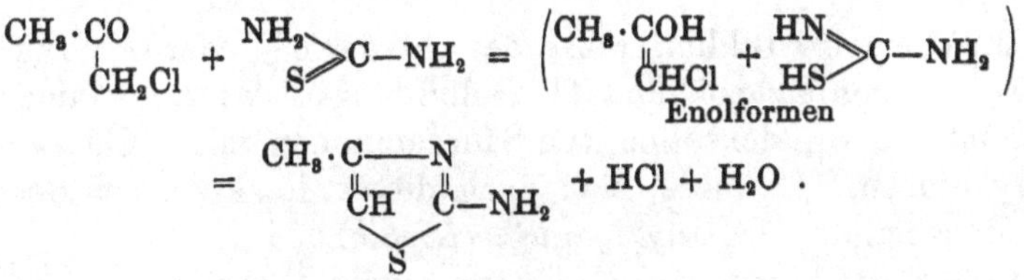

Diese Aminothiazole sind besonders dadurch wichtig, daß sich in ihnen die Amidogruppe, genau wie bei wahren aromatischen Verbindungen, diazotieren läßt, und so sowohl eliminiert als auch durch andere Gruppen oder Elemente ersetzt werden kann.[2]

Aus symmetrisch disubstituierten Thioharnstoffen können sich natürlich nur substituierte Imidothiazoline bilden, weil erstere in ihrer Enolform nur noch mit der Alkylamido-, nicht aber mit der Alkylimidogruppe reagieren können. So entsteht aus Chloraceton und symmetrischem Dimethylthioharnstoff *β, N-Dimethyl-μ-methylimidothiazolin*[3]

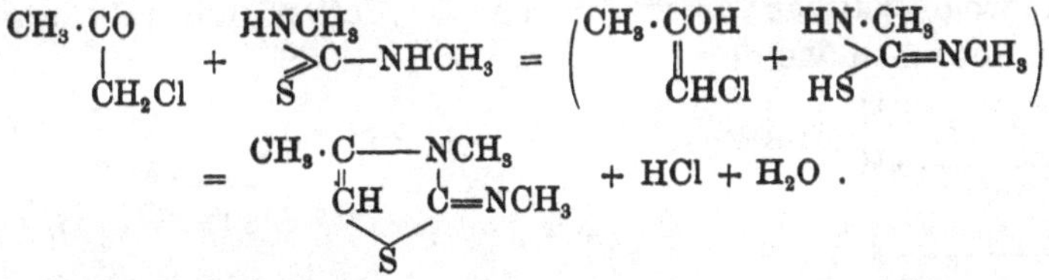

Auch die Dithiocarbaminsäure reagiert in der Form $\begin{matrix}HN\\HS\end{matrix}\!\!>C{-}SH$ genau ebenso wie die Thioharnstoffe mit α-Halogenketonen und führt

---

[1] Traumann, A. **249**, 31.

[2] Popp, A. **250**, 275. — Schatzmann, A. **261**, 12.

[3] Traumann, A. **249**, 49. — Näf, A. **265**, 114.

naturgemäß zu **Merkaptothiazolen.**[1] Aus α-Halogencarbonylverbindungen und Rhodansalzen entstehen in ähnlicher Weise *Oxythiazole.*[2]

An Stelle der α-Halogenketone kann man bei allen genannten Thiazolbildungsreaktionen auch die Chlorderivate der β-Ketosäureester anwenden und so zu Carbonsäuren der Thiazole, Aminothiazole, Merkaptothiazole u. s. w. gelangen. So liefert Chloracetessigester mit Thiacetamid *Dimethylthiazolcarbonsäureester*[3]

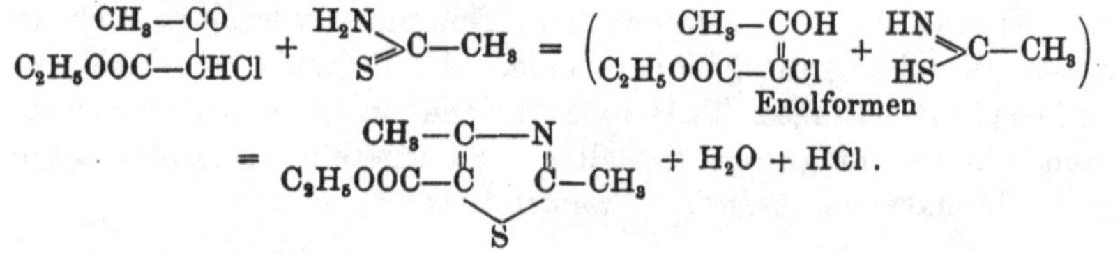

3. Diejenige Bildungsweise des **Imidazol-** oder **Glyoxalinringes**, die den Oxazol- und Thiazolbildungsreaktionen analog verläuft, ist die Kondensation von Säureamidinen mit α-Chlor- oder α-Oxyketonen. Es bildet sich nach dieser Reaktion aus Benzoïn und Benzamidin *Triphenylglyoxalin (Lophin)*[4]

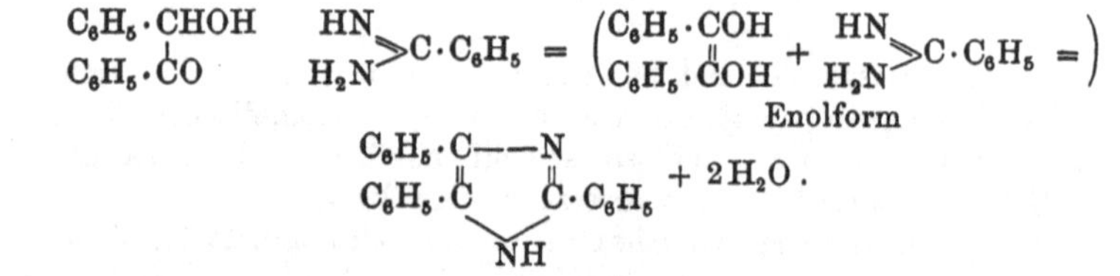

Diese Reaktion hat jedoch noch keine ausgedehntere Anwendung gefunden. Wichtiger ist die sehr ähnlich verlaufende Bildung von **Merkaptoglyoxalinen** durch intramolekulare Kondensation von Acetalyl- oder Acetonylthioharnstoffen, zumal sich aus den Merkaptoglyoxalinen leicht durch Oxydation die **Glyoxaline** selbst gewinnen lassen[5]

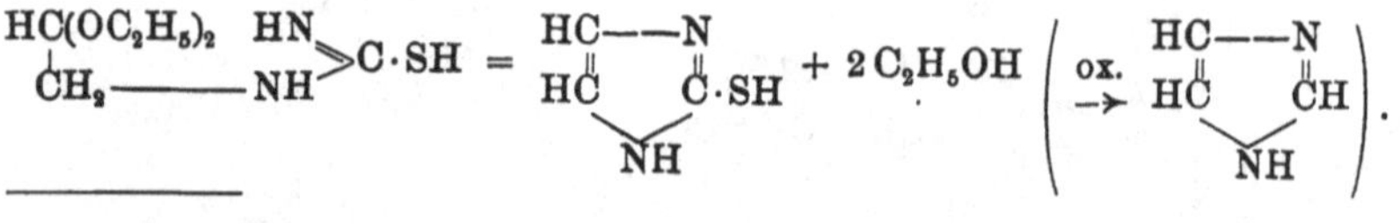

---

[1] S. z. B. MIOLATI, Gaz. **23** I, 578.

[2] TSCHERNIAC, HELLON, B. **16**, 348; **25**, 2623. — HANTZSCH, WEBER, B. **20**, 3128.

[3] HANTZSCH, A. **250**, 269. — S. auch STEUDE, A. **261**, 40. — ROUBLEFF, WOHMANN, A. **259**, 268. 278.

[4] KULISCH, M. **17**, 302.

[5] WOHL, MARCKWALD, B. **22**, 568. 1353. — MARCKWALD, B. **25**, 2354. — GABRIEL, PINKUS, B. **26**, 2204. — BASSE, KLINGER, B. **31**, 1220.

Am einfachsten bilden sich Glyoxaline durch Kondensation von α-Diketonen mit Ammoniak und Aldehyden

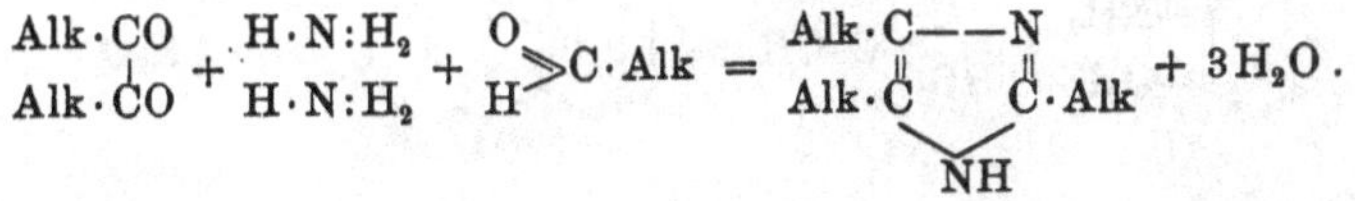

So entsteht z. B. aus Benzil und Benzaldehyd (Alk = C_6H_5) *Triphenylglyoxalin* (*Lophin*).[1]

Verwendet man anstatt eines Diketons Glyoxal $\begin{array}{l}H\cdot CO\\ H\cdot CO\end{array}$ und als Aldehyd Formaldehyd, so entsteht das einfachste Glyoxalin selbst.

Ähnlich verläuft die Bildung von Glyoxalinen aus α-Diketonen und Aminen, welche die Gruppe $—CH_2—NH_2$ enthalten.[2]

Zuweilen kann man Imidazole aus den entsprechenden Oxazolen durch Ersatz des Sauerstoffs durch die Imidogruppe (Erhitzen mit Ammoniak) erhalten.[3]

Auch durch Umlagerung der Hydrobenzamide und der analogen Verbindungen entstehen Glyoxaline[4], z. B. *Triphenylglyoxalin* (*Lophin*) aus Hydrobenzamid selbst. Als Zwischenprodukt entsteht *Amarin* (*Triphenyldihydroglyoxalin*).

In den Glyoxalinen läßt sich der Imidwasserstoff wie in den analogen Verbindungen leicht durch Metalle und darauf durch Alkylgruppen ersetzen. Beim Erhitzen lagern sich die so entstehenden am Stickstoff alkylierten Verbindungen um, indem die Alkylgruppe an das zwischen beiden Stickstoffen stehende (μ-)Kohlenstoffatom wandert (vgl. die analoge Umlagerung bei den Pyrrolen S. 377).

VI. Bildung des Benzoxazol-, Benzothiazol- und Benzimidazolringes.

1. Die einzige Bildungsweise für den Benzoxazolring, die allgemeinere Bedeutung besitzt, ist die Kondensation von o-Aminophenolen mit Carbonsäuren oder deren Derivaten. So liefert

[1] Radziszewski, B. **15**, 1493. 2706; **16**, 747. — Japp, Robinson, B. **15**, 1268. 2410; **16**, 284. — Pechmann, B. **21**, 1417.

[2] Japp, Davidson, Soc. **67**, 32. [3] Minovici, B. **29**, 2103.

[4] Laurent, J. pr. [1] **35**, 455. — Fownes, A. **54**, 368. — Radziszewski, B. **10**, 70.

Essigsäure mit o-Aminophenol *μ-Methylbenzoxazol* (*Äthenylaminophenol*)[1]

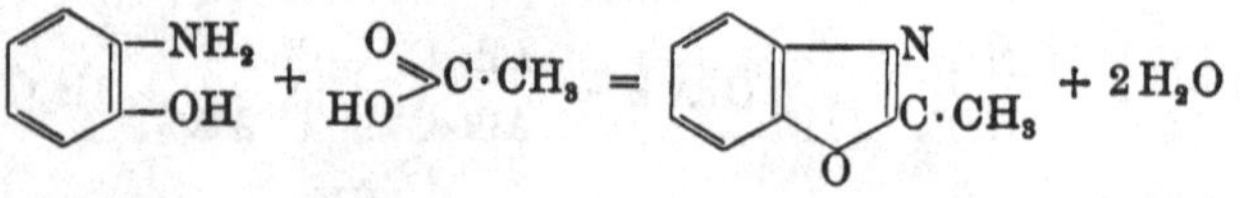

Durch Kondensation von o-Aminophenolen mit Phosgen oder Thiophosgen und ähnlichen Verbindungen entstehen Oxy- und Merkaptobenzoxazole.[2]

2. α) Ganz analog liefern o-Aminothiophenole mit Säuren oder deren Derivaten Benzothiazole[3]

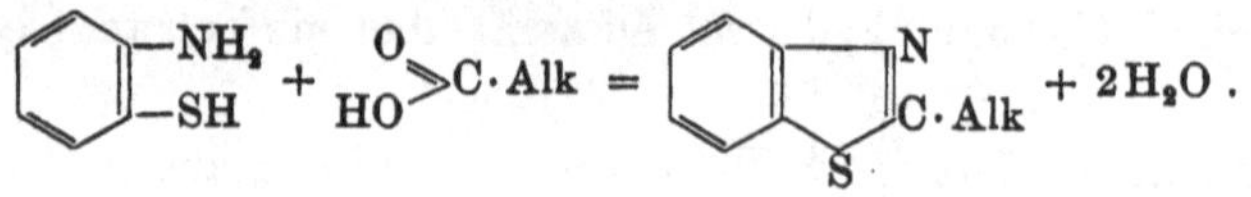

β) Außerdem entstehen Benzothiazole noch durch Erhitzen von Säureaniliden mit Schwefel oder durch Oxydation der Thioanilide (mit Ferricyankalium)[4]

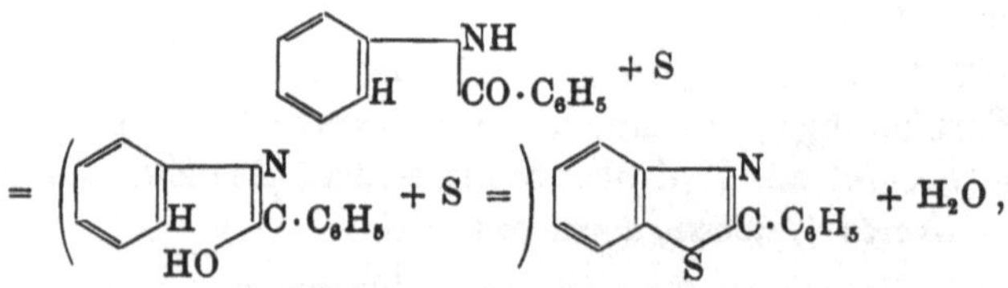

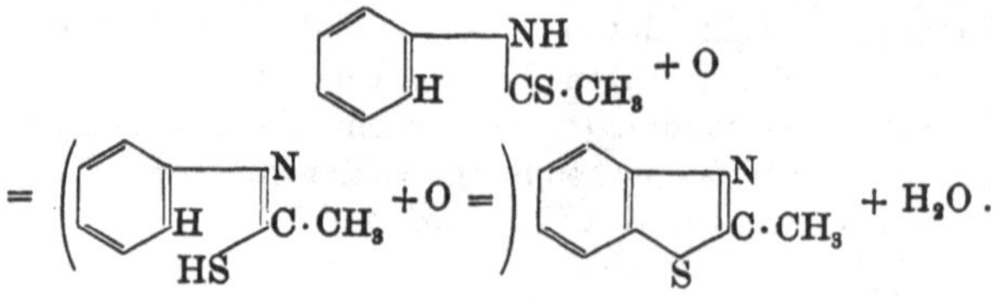

3. α) Aus o-Phenylendiaminen und Säuren oder deren Chloriden und Anhydriden entstehen in völlig gleicher Weise Benzimidazole (Benzoglyoxaline)[5], wobei als Zwischenprodukte o-Amidoanilide der Säuren gebildet werden[6]

---

[1] LADENBURG, B. **9**, 1524; **10**, 1124. — HOFMANN, MILLER, B. **14**, 572. — NÖLTING, KOHN, B. **17**, 361. — BÖTTCHER, B. **16**, 1937.

[2] CHELMICKI, B. **20**, 177; J. pr. [2] **42**, 445. — DÜNNER, B. **9**, 465.

[3] HOFMANN, B. **12**, 2363; **13**, 21. 1224. — HESS, B. **14**, 493.

[4] HOFMANN, B. **12**, 2360; **13**, 21. — JACOBSON, B. **19**, 1068.

[5] LADENBURG, B. **8**, 677. — WUNDT, B. **11**, 826. — HEMPEL, J. pr. [2] **41**, 166.

[6] Ähnliche Reaktionen s. BISTRZYCKI, ULFFERS, B. **23**, 1876; **25**, 1992. — O. FISCHER, B. **27**, 2773.

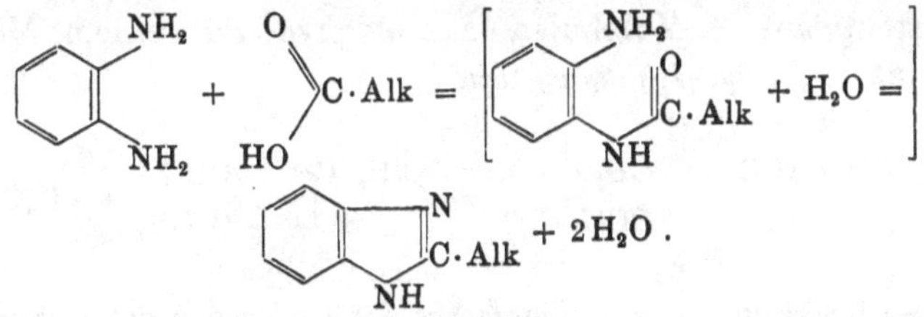

Eine ganz analoge Benzimidazolbildung findet bei der Reduktion von o-Nitroaniliden der Säuren mit Zinn und Salzsäure statt[1], da hier zunächst die gleichen o-Amidoanilide entstehen.

β) Benzimidazole, welche am Stickstoff alkyliert sind, entstehen bei der Einwirkung von Aldehyden auf o-Phenylendiamine. Wahrscheinlich bilden sich zunächst durch einfache Kondensation Dialkylidendiamine, die sich aber sofort in das isomere Benzimidazol umlagern[2]

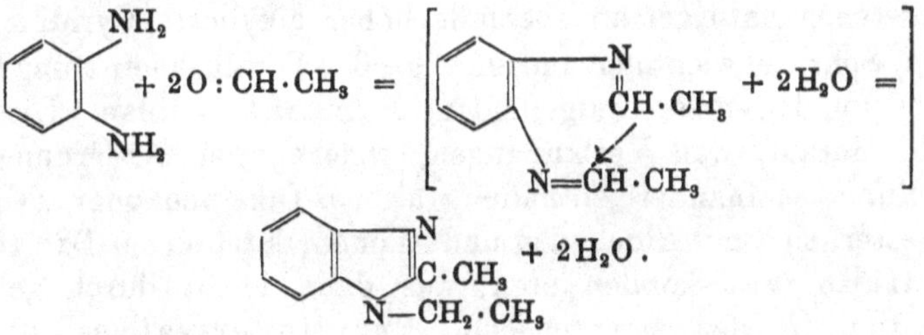

Die gleichzeitig als Zwischenprodukte entstehenden Monoalkyliden-o-diamine liefern übrigens ebenfalls Benzimidazole, welche jedoch nicht am Stickstoff alkyliert sind. Es entstehen zunächst Dihydroverbindungen, die aber leicht durch Oxydation in die Glyoxaline selbst übergehen.[3] Auch Monoalkyl-o-diamine geben den gleichen Ringschluß.[4]

VII. Bildung des Pyridinringes.

α) Am einfachsten bilden sich Pyridinderivate beim Erhitzen von Aldehydammoniaken ohne oder mit Aldehyden oder Ketonen.

[1] Hobrecker, B. **5**, 920. — Hübner, A. **208**, 302; **209**, 353. — S. auch Bamberger, Lorenzen, A. **273**, 272.

[2] Ladenburg, B. **10**, 1126; **11**, 590. — Hinsberg, B. **20**, 1585. — Hinsberg, König, Funcke, B. **27**, 2181—2193.

[3] Hinsberg, Koller, B. **29**, 1498.

[4] O. Fischer, B. **25**, 2826; **32**, 245.

So entsteht aus 4 Molekülen Acetaldehyd mit einem Molekül Ammoniak *α-Methyl-β'-äthylpyridin*[1]

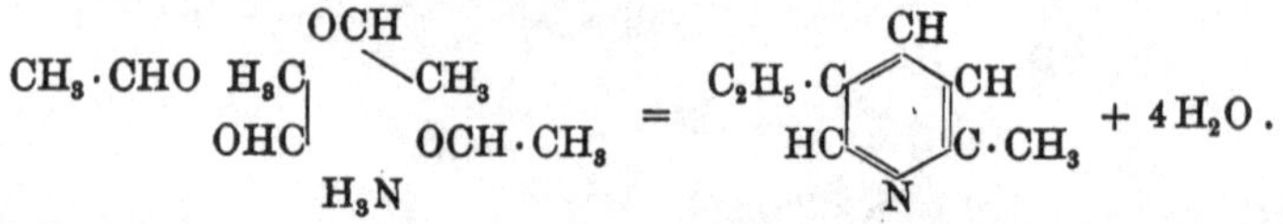

Diese Reaktion, die durch einfaches Erhitzen von Aldehydammoniak für sich oder mit 3 Molekülen Paraldehyd ausgeführt wird, verläuft in Wirklichkeit ziemlich kompliziert und man erhält Gemische verschiedener Pyridinbasen.[2] Jedenfalls entstehen zunächst durch Kondensation mehrerer Aldehydmoleküle kompliziertere ungesättigte Aldehyde (vgl. S. 159), die sich dann mit Ammoniak zum Ring schließen. So liefert z. B. Akroleïn mit Ammoniak *β-Methylpyridin* (*β-Pikolin*).[3]

Ebenso wie Acetaldehyd reagieren höhere aliphatische Aldehyde, z. B. Propionaldehyd, und auch Gemische zweier verschiedener Aldehyde[4] unter Bildung der entsprechend höher alkylierten Pyridine.

Treten an Stelle von Aldehydmolekülen solche von Ketonen, so entstehen naturgemäß ebenfalls höher alkylierte Pyridine.

β) Sehr viel wichtiger und einer großen Verallgemeinerung fähig ist die von Hantzsch aufgefundene Pyridinsynthese. Dieselbe beruht darauf, daß Verbindungen, welche zwei CO-Gruppen in *β*-Stellung zueinander enthalten, also *β*-Diketone oder *β*-Ketosäureester, sich mit Aldehyden und Ammoniak zu einem Dihydropyridinderivat kondensieren, das dann leicht durch gelinde Oxydation in das entsprechende Pyridinderivat selbst verwandelt werden kann. So liefert Acetessigester mit Acetaldehyd und Ammoniak *Trimethyldihydropyridindicarbonsäureester* (*Dihydrocollidindicarbonsäureester*)[5]

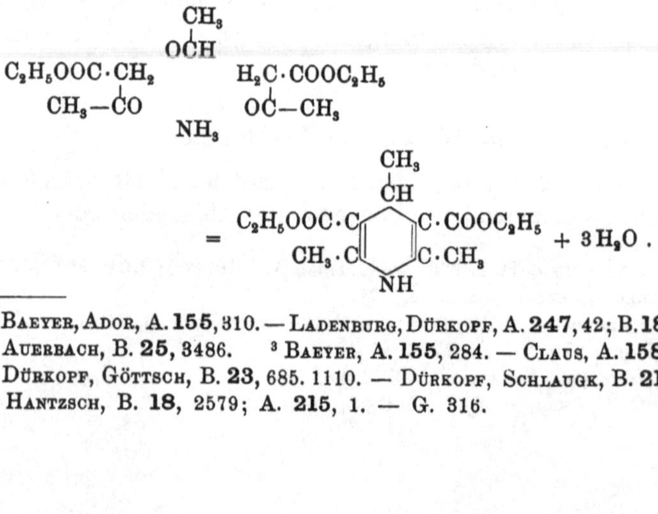

[1] Baeyer, Ador, A. **155**, 310. — Ladenburg, Dürkopf, A. **247**, 42; B. **18**, 921.
[2] Auerbach, B. **25**, 3486. [3] Baeyer, A. **155**, 284. — Claus, A. **158**, 222.
[4] Dürkopf, Göttsch, B. **23**, 685. 1110. — Dürkopf, Schlaugk, B. **21**, 832.
[5] Hantzsch, B. **18**, 2579; A. **215**, 1. — G. 316.

Leichter verständlich wird die Reaktion, wenn man annimmt, daß der Aldehyd zunächst mit den beiden Acetessigestermolekülen in normaler Weise Äthylidenbisacetessigester liefert (s. S. 330) und daß sich dieser (in seiner Enolform) mit Ammoniak kondensiert[1]

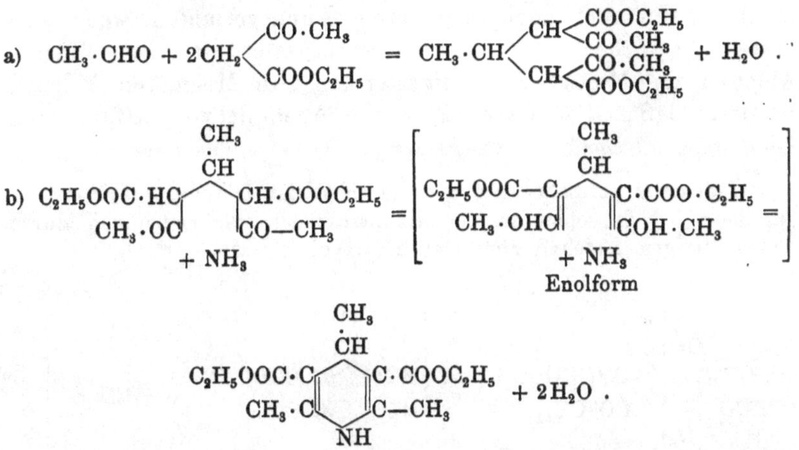

Daß die Reaktion wirklich in dieser Weise vor sich geht, wird dadurch wahrscheinlich, daß der Rest des Aldehyds stets dem Stickstoff gegenüber (in γ-Stellung) an der Ringbildung teilnimmt.

Die Methode hat eine große allgemeine Bedeutung, weil man an Stelle des Acetaldehyds auch beliebige andere Aldehyde[2] und an Stelle des Acetessigesters auch β-Diketone[3] verwenden kann und weil man von den entstehenden Dihydroestern aus leicht zu den Pyridincarbonsäureestern[4] und nach Verseifung dieser durch Abspaltung von Kohlensäure auch zu den zu grunde liegenden Pyridinbasen selbst gelangen kann.

Zur praktischen Ausführung der Synthese möge nur kurz erwähnt werden, daß die Kondensation schon bei kurzem Erwärmen des Gemischs von Acetessigester und Aldehydammoniak mit verdünnter Salzsäure auf 100° stattfindet. Zur Oxydation der Dihydroverbindung zum eigentlichen Pyridinderivat wird in erstere salpetrige Säure eingeleitet, der so erhaltene Ester wird mit alkoholischem Kali verseift und das Kaliumsalz zur Abspaltung der Kohlensäure mit gelöschtem Kalk erhitzt, wobei die Pyridinbase überdestilliert.[5]

Ganz analog wie aus den Alkylidenbisacetessigestern entstehen

[1] S. auch SCHIFF, PROSIO, Gaz. **25** II, 65.
[2] LACHOWICZ, M. **17**, 343.
[3] BEYER, B. **24**, 1669.
[4] HANTZSCH, A. **215**, 1; B. **18**, 2579.
[5] G. 316.

Pyridincarbonsäureester aus anderen 1.5-Diketonen.[1] Die ganze Reaktion kann daher als Analogon der Pyrrolbildung aus γ-Diketonen angesehen werden (s. S. 375).[2]

γ) Die Reaktion zwischen Aldehyd, Acetessigester und Ammoniak kann auch noch in anderem Sinne verlaufen, wenn man anstatt wie vorher zwei Moleküle Acetessigester mit einem Molekül Aldehyd, ein Molekül Acetessigester mit zwei Molekülen Aldehyd reagieren läßt. Bei Verwendung von Acetaldehyd entsteht dann *Dimethylpyridinmonocarbonsäureester*.

Jedenfalls entsteht auch hier zunächst das Dihydropyridinderivat, das hier jedoch schon in der Hauptreaktion, wahrscheinlich durch überschüssigen Aldehyd zum Pyridin oxydiert wird.

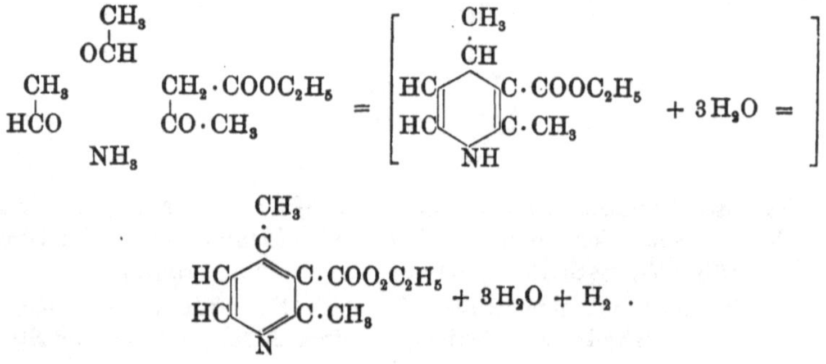

Im übrigen verläuft die Reaktion offenbar ganz ähnlich, wie die vorher erwähnte.[3]

δ) Nahe verwandt mit diesen Reaktionen ist auch die **Pyridinbildung** aus 1.5.-Diketonen mit Hydroxylamin. Zu dieser Kondensation scheinen jedoch nur diejenigen Diketone befähigt zu sein, deren Ketogruppen einerseits an Phenylreste gebunden sind. So liefert das durch Kondensation von Benzaldehyd und Desoxybenzoïn entstehende Benzylidenbisdesoxybenzoïn (Benzamaron) *Pentaphenylpyridin*[4]

[1] D.R.P. 79863. — Claisen, A. **297**, 12.

[2] Über andere ähnliche Synthesen des Pyridinringes siehe Beyer, B. **24**, 1667. — Knoevenagel, Fries, B. **31**, 761. — Claisen, B. **26**, 2734.

[3] Michael, B. **18**, 2020.

[4] Knoevenagel, Weissgerber, B. **26**, 440. — Knoevenagel, A. **281**, 36; **303**, 225. — S. auch Scholtz, B. **28**, 1726.

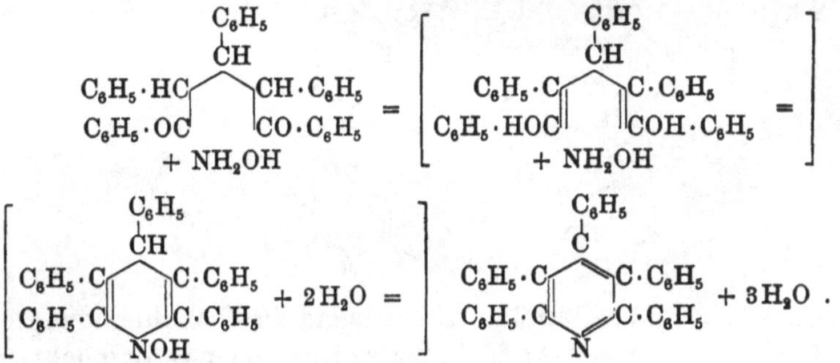

Die übrigen synthetischen Bildungsweisen des Pyridinringes kommen als allgemeine Methoden nicht in Betracht.

Da das Pyridin eine tertiäre Base ist, gibt es natürlich keine am Stickstoff alkylierten Derivate desselben, wie von den vorher besprochenen stickstoffhaltigen Ringen, wohl aber vermag das Pyridin, wie andere tertiäre Basen, ein Molekül Jodalkyl zu addieren. Diese Additionsprodukte, die Alkylpyridoniumjodide, verhalten sich nun beim Erhitzen analog den am Stickstoff alkylierten Derivaten der anderen Stickstoffringe, indem ihre Alkylgruppe vom Stickstoff an ein benachbartes oder das gegenüberliegende Kohlenstoffatom wandert (vgl. S. 377, 393 u. a.).

VIII. I. Bildung des Chinolinringes (Benzopyridinringes).

α) Die einfachste Bildungsweise des Chinolinringes ist die intramolekulare Wasserabspaltung in solchen aromatischen Aminen, welche in Orthostellung zur Amidogruppe eine ungesättigte Kohlenstoffkette mit *γ*-ständiger Carbonylgruppe besitzen. So entsteht das *Chinolin* selbst aus o-Aminozimtaldehyd[1]

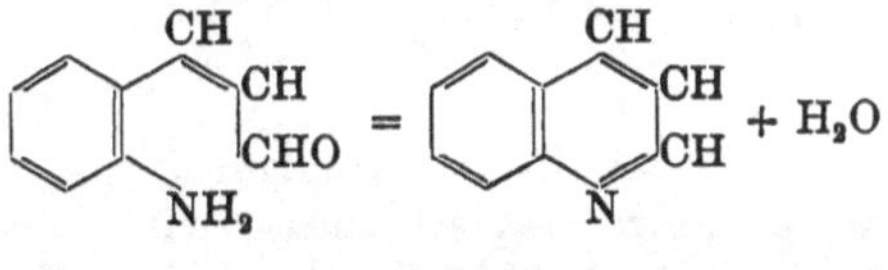

und ganz analog aus o-Aminozimtsäuremethylketon *Methylchinolin*[2], aus o-Aminozimtsäure *Oxychinolin*[3] u. s. w.

---

[1] Friedländer, Gohring, B. **15**, 2573; **16**, 1833. — Diehl, Einhorn, B. **18**, 2336.

[2] Drewsen, B. **16**, 1954.

[3] Tiemann, Oppermann, B. **13**, 2070. — Baeyer, Jackson, B. **13**, 115. — Friedländer, Ostermaier, B. **14**, 1916.

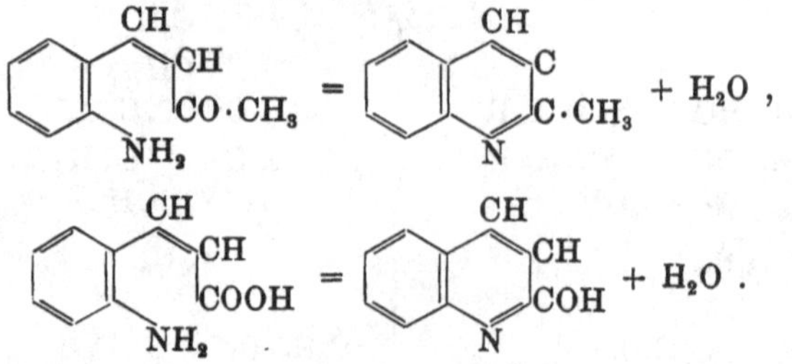

β) Völlig analog verläuft anscheinend die Chinolinbildung bei der Kondensation von o-Aminobenzaldehyden oder o-Aminophenylketonen mit Körpern, welche die Gruppe —CH_2—CO— enthalten, also mit solchen Aldehyden, Ketonen oder Säuren, welche eine CH_2-Gruppe mit leicht beweglichen Wasserstoffatomen enthalten (vgl. S. 160 u. 178), indem hier aus Zwischenprodukten offenbar dieselben ungesättigten Carbonylverbindungen entstehen. So gibt z. B. o-Aminobenzaldehyd mit Aceton *α-Methylchinolin*, mit Acetessigester *α-Methylchinolin-β-carbonsäure*, mit Malonsäure *α-Oxychinolin-β-carbonsäure* u. s. w.[1]

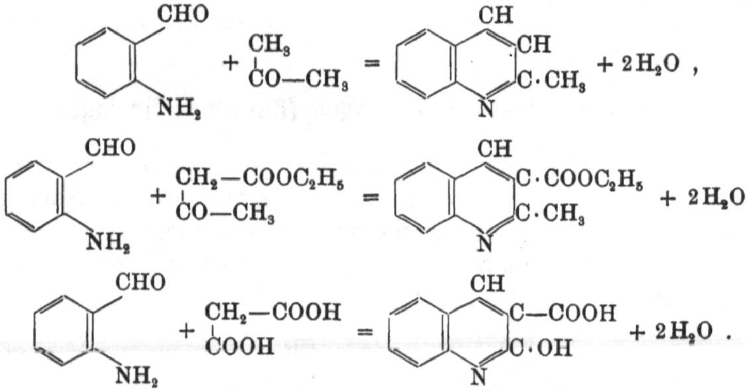

Als Kondensationsmittel dient Natronlauge.

Auch die Anthranilsäure reagiert ebenso wie die o-Aminoaldehyde oder Ketone und liefert *γ*-Oxychinoline.[2] Außerdem existieren noch mehrere andere ganz ähnlich verlaufende Chinolinsynthesen.[3]

---

[1] Friedländer, Gohring, B. **16**, 1833; **17**, 459; **25**, 1752. — O. Fischer, B. **19**, 1037. — Geigy, Königs, B. **18**, 2406. — Camps, C. **1901** II, 1228; **1902** I, 818.

[2] Niementowski, Ch.-Ztg. **17**, Rep. 258; B. **27**, 1394; **28**, 2809.

[3] Camps, B. **32**, 3228; C. **1900** I, 426. — Ferner Kulisch, M. **15**, 276; **16**, 351.

Von besonders hervorragender Wichtigkeit, sowohl bezüglich ihrer Verallgemeinerungsfähigkeit als auch bezüglich der guten praktischen Durchführbarkeit, ist die Kondensation von aromatischen Aminen mit Glycerin bei Gegenwart eines Oxydationsmittels, die SKRAUPsche Chinolinsynthese. So entsteht aus Anilin und Glycerin *Chinolin*[1]

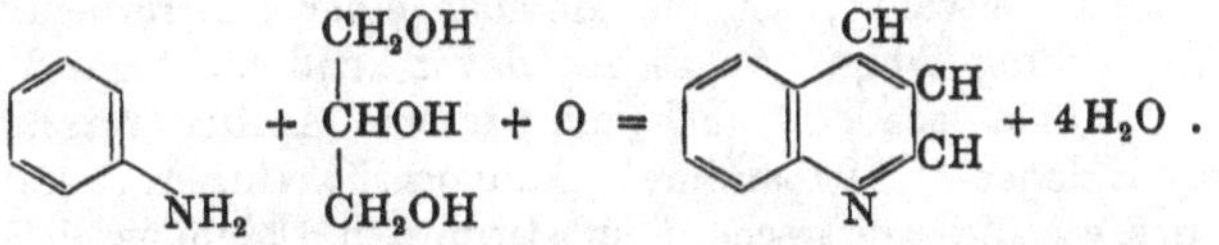

Der Mechanismus dieser wichtigen Reaktion ist wahrscheinlich der, daß aus dem Glycerin unter dem Einfluß der als Kondensationsmittel vorhandenen konzentrierten Schwefelsäure zunächst Akroleïn entsteht

$$\begin{array}{l} CH_2OH \\ | \\ CHOH \\ | \\ CH_2OH \end{array} \xrightarrow{-H_2O} \begin{array}{l} CHOH \\ \| \\ CH \\ | \\ CH_2OH \end{array} \longrightarrow \begin{array}{l} CH{=}O \\ | \\ CH_2 \\ | \\ CH_2OH \end{array} \xrightarrow{-H_2O} \begin{array}{l} CH{=}O \\ | \\ CH \\ \| \\ CH_2 \end{array} .$$

Das Akroleïn reagiert als Aldehyd in normaler Weise mit dem Anilin unter Bildung des entsprechenden Alkylidenanilins (Akroleïnanilins) (s. S. 85)

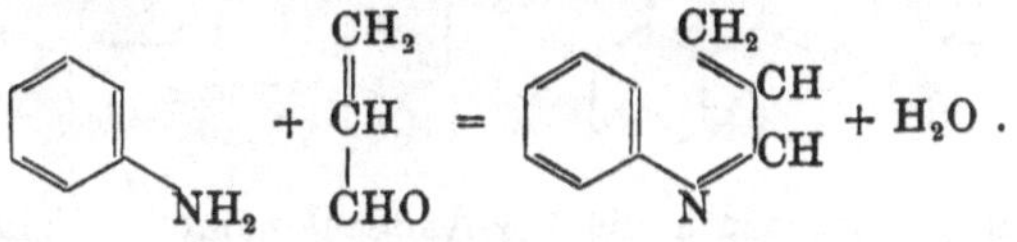

Aus diesen entsteht dann durch Aboxydation zweier Wasserstoffatome *Chinolin*[2]

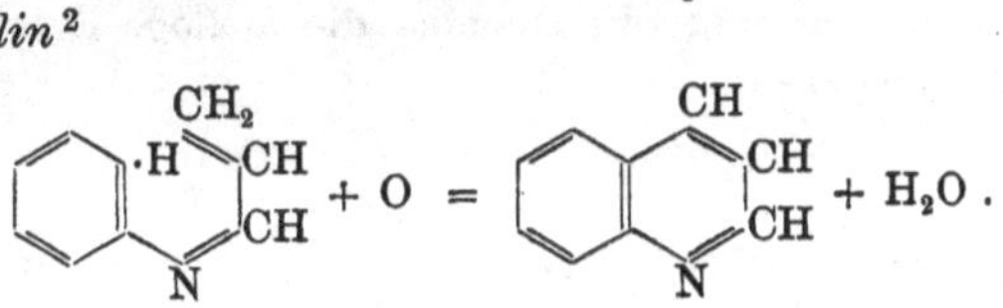

Zur praktischen Ausführung der Synthese erwärmt man ein Gemisch von Anilin oder einem anderen aromatischen Amin und Glycerin mit konzentrierter Schwefelsäure (als Kondensationsmittel) und Nitrobenzol (als Oxydationsmittel) bis zum Eintritt der dann ohne weitere Erwärmung äußerst lebhaft verlaufenden Reaktion und entfernt das

[1] SKRAUP, Wiener akad. Ber. **1883** [2] 1089. — M. **2**, 141. — WALTER, J. pr. [2] **49**, 549.

[2] KÖNIGS, B. **13**, 911.

Nitrobenzol durch Abblasen aus saurer Lösung. Aus dem durch darauffolgendes alkalisches Abblasen erhaltenen Gemisch von Chinolin und unverändertem Anilin erhält man das Chinolin rein, wenn man das Anilin durch Diazotierung in Phenol überführt (s. S. 126) und dann das Chinolin aus alkalischer Lösung wiederum abbläst.[1]

Als Oxydationsmittel kann an Stelle des Nitrobenzols vielfach mit besserem Erfolge Arsensäure dienen.[2]

Wie schon erwähnt, ist die Methode einer außerordentlich vielseitigen Anwendung fähig. Abgesehen davon, daß nicht nur die Homologen des Anilins, sondern auch substituierte Aniline verschiedenster Art, wie Halogen-, Nitroaniline, Aminocarbonsäuren, -sulfosäuren, -phenole u. s. w., die entsprechend substituierten Chinoline liefern, sind auch die Amidoverbindungen anderer aromatischer Kerne, wie des Naphtalins, Anthracens, des Chinolins selbst u. s. w., zu einem analogen Ringschluß befähigt, so daß man auf diese Weise die verschiedensten kondensierten Chinoline darstellen kann:

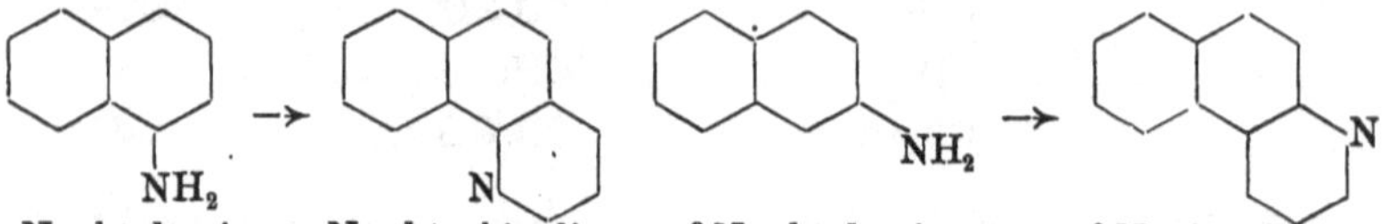

α-Naphtylamin α-Naphtochinolin β-Naphtylamin β-Naphtochinolin

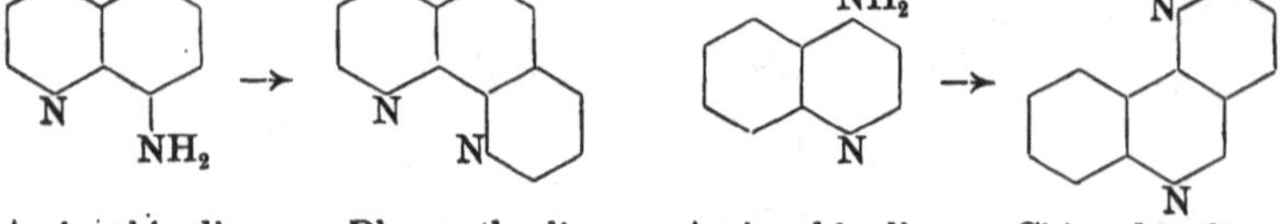

o-Aminochinolin o-Phenanthrolin γ-Aminochinolin Chinochinolin

u. a. m.

Ebenso können aromatische Diamine die analoge Ringbildung nach zwei Seiten hin eingehen:

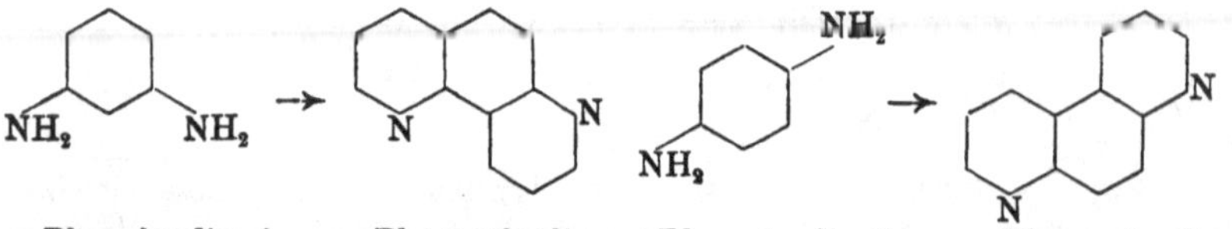

m-Phenylendiamin m-Phenanthrolin p-Phenylendiamin p-Phenanthrolin

u. a. m.

Ebenfalls von sehr bedeutender Wichtigkeit und auch theoretisch der Skraupschen Synthese sehr nahestehend ist die von Döbner und Miller aufgefundene Chinolinsynthese, die darauf

[1] G. 319. [2] Knueppel, B. **29**, 703.

beruht, daß sich aromatische Amine mit Aldehyden unter gleichzeitiger Oxydation zu Alkylchinolinen kondensieren lassen. So liefert Anilin mit Acetaldehyd *α-Methylchinolin (Chinaldin)*[1]

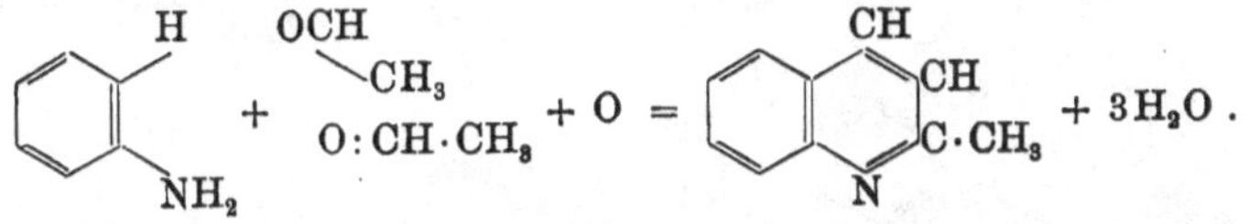

Ähnlich wie bei der SKRAUPschen Synthese (s. S. 401) kann man annehmen, daß die beiden Aldehydmoleküle zunächst in normaler Weise miteinander unter Bildung eines ungesättigten Aldehyds kondensieren (vgl. S. 159)

$$O:CH\cdot CH_3 + O:CH\cdot CH_3 = O:CH\cdot CH{=}CH\cdot CH_3 + H_2O\,.$$

Dieser ungesättigte Aldehyd (hier Crotonaldehyd) liefert dann mit dem Anilin zunächst ein α-Alkyldihydrochinolin

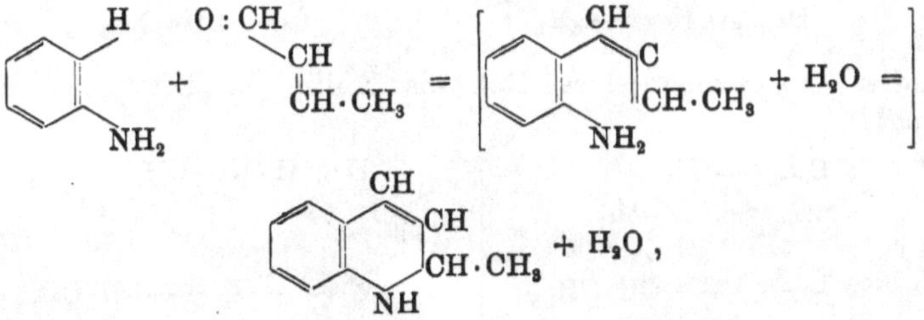

und dieses gibt unter Aboxydation zweier Wasserstoffe das *Chinaldin* selbst

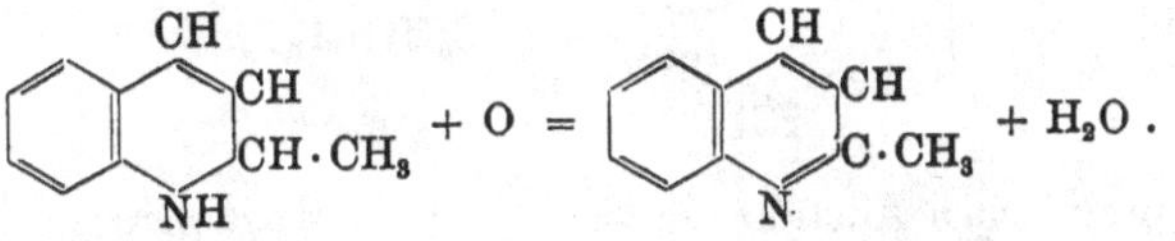

Tatsächlich liefert Crotonaldehyd mit Anilin ebenfalls *Chinaldin.*[2]

Noch anschaulicher wird der Vorgang, wenn man annimmt, daß die beiden Aldehydmoleküle sich nur unter Aldolbildung addieren (denn auch Aldol liefert unter gleichen Bedingungen Chinaldin)[3]

$$O:CH\cdot CH_3 + O:CH\cdot CH_3 = O:CH\cdot CH_2\cdot CHOH\cdot CH_3\,.$$

Dieses Aldol liefert dann (in seiner Enolform) unter zweifacher Wasserabspaltung *Dihydrochinaldin*

[1] DÖBNER, MILLER, B. **14**, 2812; **16**, 2465.

[2] SKRAUP, B. **15**, 897.

[3] DÖBNER, MILLER, l. c.

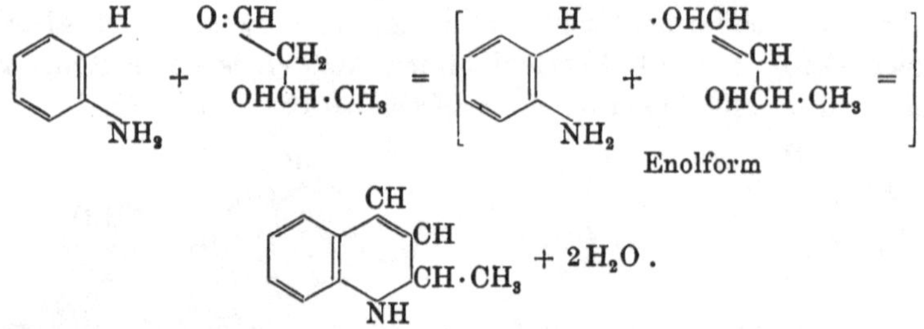

Nach einer anderen Auffassung bildet zunächst der angewandte Aldehyd mit dem Anilin Alkylidenanilin

$$C_6H_5 \cdot NH_2 + O{:}CH \cdot CH_3 = C_6H_5 \cdot N{=}CH \cdot CH_3 + H_2O\,.$$

Von diesem addieren sich zwei Moleküle zu einer aldolartigen Verbindung

$$\begin{array}{l} C_6H_5{-}N{=}CH \cdot CH_3 + \\ \quad HCH_2 \cdot CH{=}N \cdot C_6H_5 \end{array} = \begin{array}{l} C_6H_5 \cdot NH{-}CH{-}CH_3 \\ \qquad\quad\;\; | \\ \qquad\quad CH_2{-}CH{=}NC_6H_5\,, \end{array}$$

die unter Abspaltung eines Moleküls Anilin in Dihydrochinaldin übergeht[1]

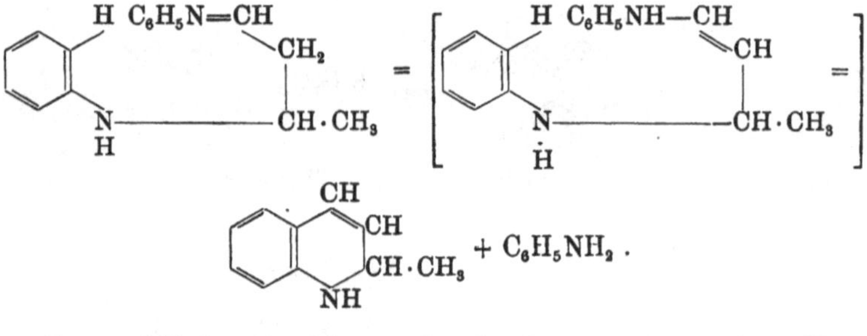

Zur praktischen Ausführung der Synthese trägt man den Aldehyd, z. B. Paraldehyd, unter Kühlung in ein Gemisch von Anilin, Nitrobenzol (als Oxydationsmittel) und Schwefelsäure (als Kondensationsmittel) ein. Man kann auch das Oxydationsmittel fortlassen und ein Gemisch von Aldehyd (oder Aldol), Anilin und konzentrierter Salzsäure einige Stunden auf 100^0 erhitzen. In diesem Falle findet die Reaktion unter Freiwerden von Wasserstoff statt, der aber einen Teil des Chinolins zu Tetrahydrochinolin reduzieren kann.[2]

Auch diese Synthese läßt sich in mannigfaltigster Weise variieren. Durch Anwendung substituierter Aniline erhält man die verschiedensten

---

[1] Miller, B. **24**, 1720. — Bischler, B. **25**, 2864. — Miller, Plöchl, B. **29**, 59.

[2] Döbner, Miller, B. **16**, 2465.

im Benzolkern substituierten Chinoline. Andrerseits liefern alle Aldehyde, welche die Gruppe —CH_2—CHO enthalten, ebenso wie der Acetaldehyd, verschiedene im Pyridinkern alkylierte Chinoline. Nach dieser Seite hin läßt sich diese Synthese aber noch viel weiter verallgemeinern, denn anstatt zweier Moleküle desselben Aldehyds kann man auch ein Gemisch zweier verschiedener Aldehyde oder ein Gemisch eines Aldehydes und eines Ketons auf Anilin reagieren lassen und so weitere Di- und Trialkylchinoline erhalten.[1] Analog liefert ein Gemisch von Aldehyd und Brenztraubensäure *α-Alkylchinolin-γ-carbonsäuren.*[2] Schließlich können auch hier an Stelle der Aniline Amidoderivate anderer aromatischer Kerne benutzt werden.

Schließlich entstehen Chinolinderivate noch bei der Kondensation von Anilin mit β-Dicarbonylverbindungen, d. h. mit β-Ketosäureestern, β-Diketonen, β-Dicarbonsäureestern u. a. So entsteht aus Anilin und Acetylaceton *αγ-Dimethylchinolin*[3]

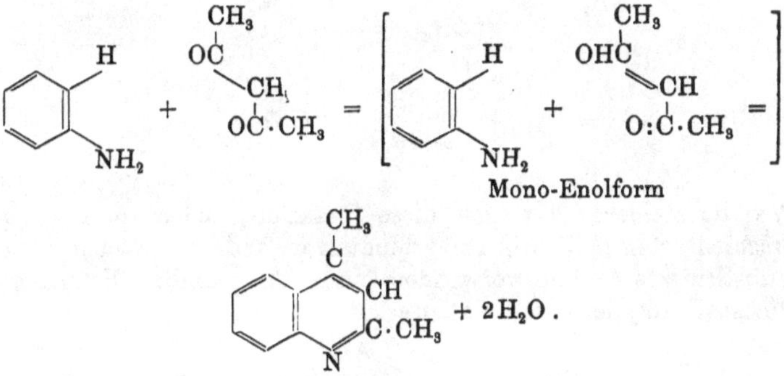

Als Zwischenprodukt entsteht bei niedrigerer Temperatur zunächst durch einmaligen Wasseraustritt das Anilid $C_6H_5 \cdot N{=}C\begin{matrix} CH_2 \cdot CO \cdot CH_3 \\ CH_3 \end{matrix}$, das dann bei höherer Temperatur oder beim Erhitzen mit konzentrierter Schwefelsäure unter Ringschluß das zweite Molekül Wasser abspaltet. Bei unsymmetrischen Dicarbonylverbindungen, wie bei den β-Ketosäureestern, kann die Reaktion nach zwei Richtungen verlaufen, je nachdem sich die Amidogruppe zuerst mit der einen oder der anderen CO-Gruppe kondensiert. So liefert Acetessigester mit Anilin bei gewöhnlicher Temperatur zunächst Acetessigesteranil und beim Erhitzen auf 250° dann *α-Methyl-γ-oxychinolin*[4]

---

[1] Miller, B. **20**, 1908. — Beyer, J. pr. [2] **33**, 393.
[2] Döbner, A. **281**, 1.
[3] Combes, Bl. [2] **49**, 90.
[4] Conrad, Limpach, B. **24**, 2990.

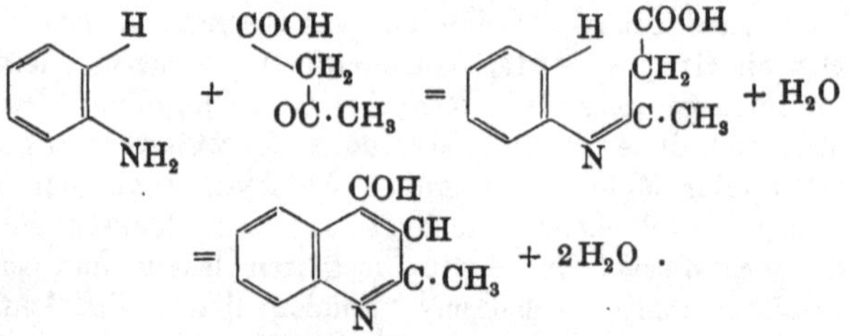

Läßt man Acetessigester und Anilin dagegen zunächst bei 110° reagieren, so entsteht Acetessigsäureanilid, das dann mit konzentrierter Schwefelsäure *α-Oxy-γ-methylchinolin* bildet[1]

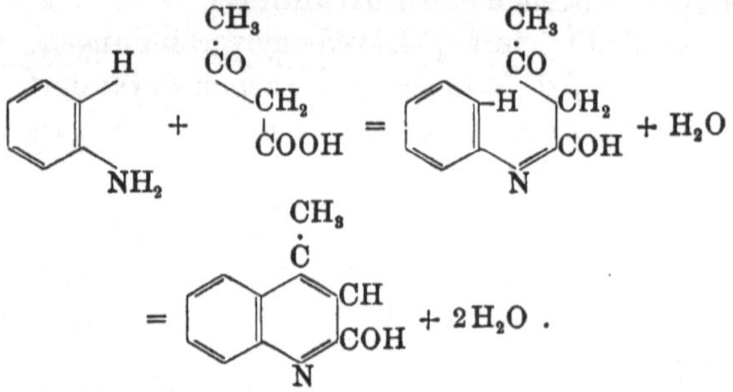

Verallgemeinern läßt sich diese Reaktion, indem man einerseits die verschiedensten *β*-Dicarbonylverbindungen, andrerseits auch homologe oder substituierte Aniline verwenden kann. Alkylaniline liefern analog am Stickstoff alkylierte Chinolone

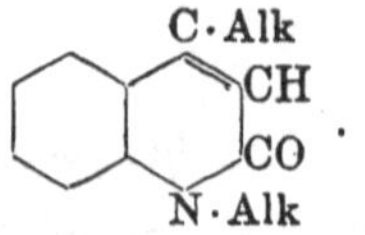

Auch die Jodalkyladditionsprodukte des Chinolins (Chinoliniumjodide)[2], gehen analog denen des Pyridins beim Erhitzen in Alkylchinoline über (vgl. S. 399).

2. Bildung des Isochinolinringes.

Sowohl die Imide von der Formel $C_6H_4<\begin{matrix}CH=CAlk\\ CO-NH\end{matrix}$, die aus den Isocumarinen oder Isobenzalphtaliden[3] mit kaltem

[1] Knorr, A. **236**, 112. [2] Siehe Decker, B. **24**, 1984.

[3] $C_6H_4<\begin{matrix}CH=CAlk\\ CO-O\end{matrix}$. Siehe Ruhemann, B. **24**, 3972. — Gabriel, Neumann, B. **25**, 3566. — Gabriel, Posner, B. **27**, 827.

Ammoniak leicht entstehen, als auch die Homophtalimide[1]

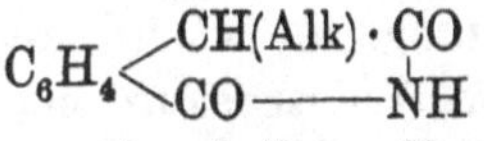

reagieren mit Phosphorpentachlorid entsprechend ihrer Enolformel

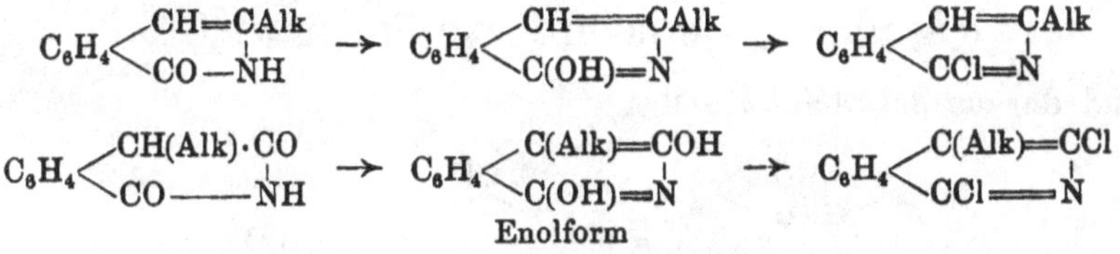

und die so entstandenen Chlorverbindungen liefern bei der Reduktion mit Zinkstaub oder Jodwasserstoffsäure und Phosphor Alkylisochinoline[2]

Ihrer Einfachheit wegen möge auch schließlich noch die Bildung des Isochinolins aus Benzylidenaminoacetaldehyd (oder Benzylidenaminoacetal) und analogen Verbindungen beim Erwärmen mit Schwefelsäure erwähnt werden[3]

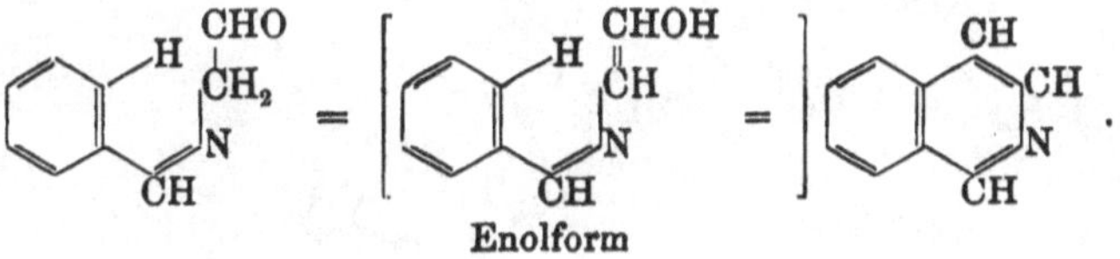

3. Bildung des Akridin- und Phenanthridinringes.

Die einzige wichtige **allgemeine** Methode zur synthetischen Darstellung des **Akridinringes** ist die Einwirkung von Carbonsäuren auf Diphenylamine. Hierbei entstehen zuerst Acidyl-

[1] Gabriel, B. **20**, 2499.

[2] Le Blanc, B. **21**, 2299. — Gabriel, B. **19**, 1655. 2361; **20**, 1206. — Bamberger, Kitschelt, B. **25**, 1138. — Zincke, B. **25**, 1496. — Gabriel, Neumann, B. **25**, 3563. — Damerow, B. **27**, 2237.

[3] Pomeranz, M. **14**, 116; **15**, 300; **18**, 1. — Fritsch, A. **286**, 1.

diphenylamine, die dann beim Erhitzen mit wasserentziehenden Mitteln, wie Chlorzink unter Wasserabspaltung in Akridine übergehen. So entsteht aus Diphenylamin und Ameisensäure zunächst Formyldiphenylamin

$$C_6H_5\cdot NH\cdot C_6H_5 + H\cdot COOH = C_6H_5\cdot \overset{HCO}{\dot{N}}\cdot C_6H_5 + H_2O\ .$$

und daraus das *Akridin* selbst[1]

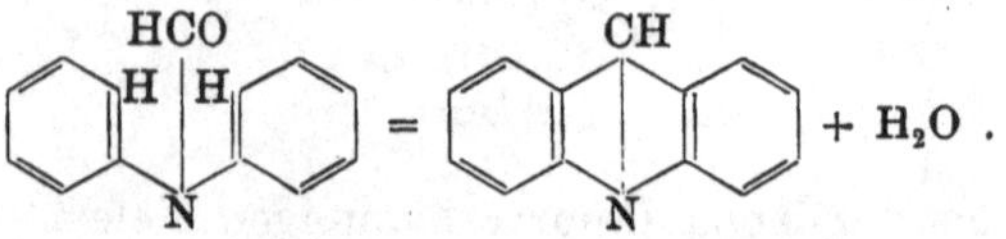

In genau der gleichen Weise liefern andere Carbonsäuren am mittelständigen Kohlenstoffatom substituierte, sogenannte Meso-Derivate des Akridins, z. B. Essigsäure *ms-Methylakridin,* Benzoesäure *ms-Phenylakridin* u. s. w.[2] In den Benzolkernen substituierte Akridine erhält man durch Verwendung substituierter Diphenylamine.[3] Auch aus o-Aminoderivaten des Di- und Triphenylmethans durch Oxydation entstehen Akridine.[4]

Akridine entstehen ferner, wenn man o-Aminobenzylalkohol mit Phenolen oder Aminen auf 200° erhitzt. So liefert o-Aminobenzylalkohol mit Resorcin *Oxyakridin*[5]

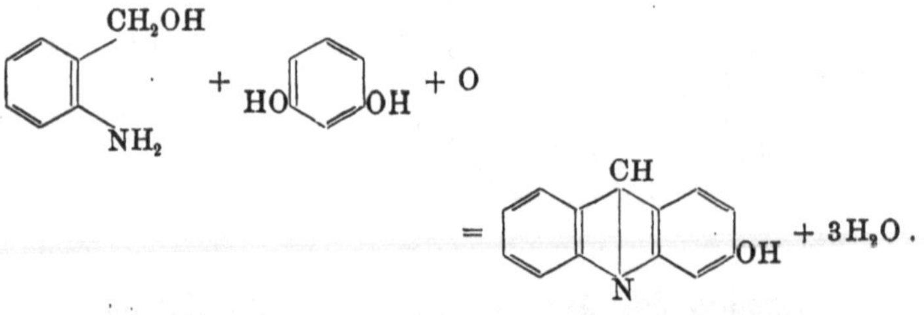

In ganz analoger Weise liefert o-Aminodiphenyl mit Carbonsäuren das *Phenanthridin* und seine ms-Derivate[6]

---

[1] Bernthsen, A. **224**, 1.

[2] O. Fischer, Besthorn, B. **16**, 74. — Hess, Bernthsen, B. **18**, 690. — Volpi, B. **25** R., 940.

[3] Besthorn, Curti, B. **24**, 2039. — Bonna, A. **239**, 63.

[4] O. Fischer, Körner, A. **226**, 175. — O. Fischer, Schütte, B. **26**, 3086.

[5] Ullmann, B. **33**, 905—919; **35**, 2670.

[6] Pictet, Hubert, B. **29**, 1182.

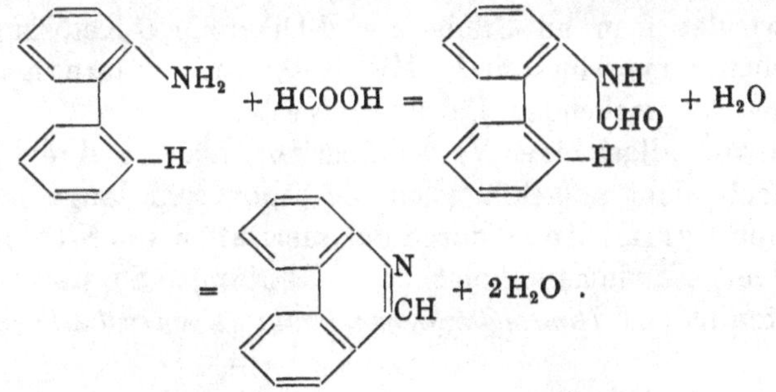

Von einiger Wichtigkeit ist noch die Bildung der Akridone (Ketodihydroakridine) aus Phenylanthranilsäuren.[1]

IX. Bildung des Pyrimidin- und Pyrazinringes.

Während für die Pyridazine (Orthodiazine) noch keine allgemeinen Darstellungsmethoden bekannt sind[2], besitzen wir solche für die in der Überschrift genannten Meta- und Paradiazine.

Die Pyrimidine[3] (Metadiazine) entstehen aus β-Diketonen oder anderen β-Dicarbonylverbindungen mit den Amidinen der aliphatischen und aromatischen Säuren, ebenso wie die Pyrazole aus den Diketonen mit Hydrazinen (s. S. 383). So liefert Benzamidin mit Acetylaceton *Phenyldimethylpyrimidin*[4]

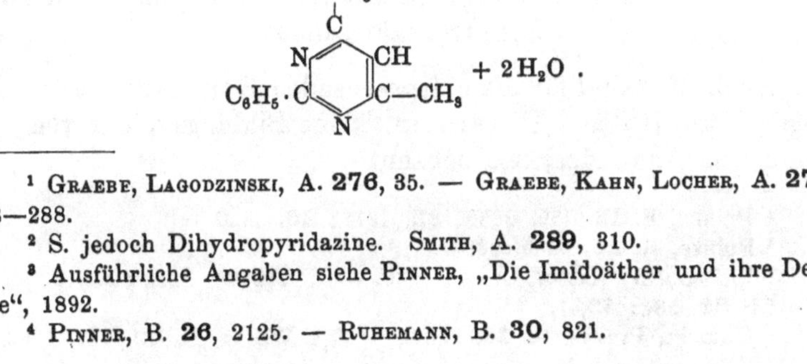

[1] GRAEBE, LAGODZINSKI, A. **276**, 35. — GRAEBE, KAHN, LOCHER, A. **279**, 268—288.

[2] S. jedoch Dihydropyridazine. SMITH, A. **289**, 310.

[3] Ausführliche Angaben siehe PINNER, „Die Imidoäther und ihre Derivate", 1892.

[4] PINNER, B. **26**, 2125. — RUHEMANN, B. **30**, 821.

Verwendet man an Stelle der β-Diketone β-Ketosäureester, so entstehen Oxypyrimidine.[1] Mit Ketodicarbonsäureestern entstehen die entsprechenden Carbonsäureester.[2]

Auch von allgemeiner Verwendbarkeit, aber in ihrem Mechanismus noch nicht aufgeklärt, ist die schon sehr lange bekannte Bildung von Pyrimidinen durch Polymerisation von Nitrilen (beim Erhitzen mit Natriumalkoholat oder Natrium). So polymerisiert sich Acetonitril zu *Dimethylaminopyrimidin (Kyanmethin)*[3]

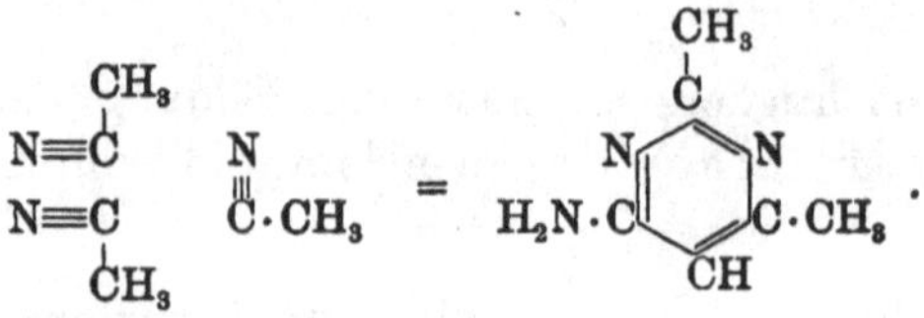

Die Pyrazine (Paradiazine) entstehen aus je zwei Molekülen α-Aminoketonen oder -aldehyden durch gleichzeitige Kondensation und Oxydation. So entsteht *Dimethylpyrazin* (*Ketin*) aus Aminoaceton[4]

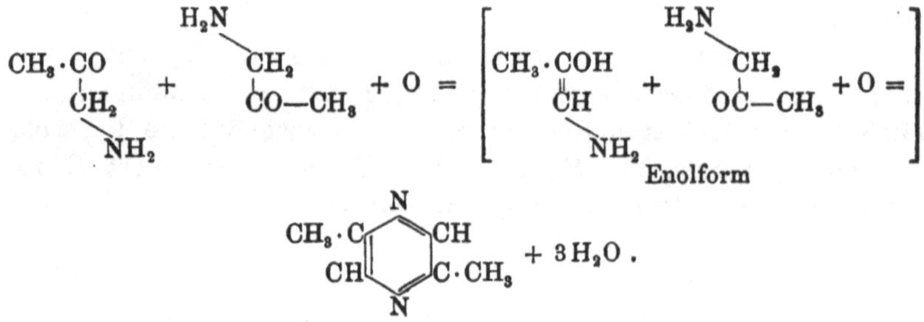

Durch intermediäre Bildung von α-Aminoketonen u. s. w. liefern auch α-Halogenketoverbindungen mit Ammoniak Pyrazine.

X. I. Bildung des Chinazolin-(Benzopyrimidin-) und Chinoxalin-(Benzopyrazin-)ringes.

Auch hier sind für die entsprechenden Benzo-orthodiazinringe, Cinnolin und Phtalazin, keine Bildungsweisen von allgemeiner Anwendbarkeit bekannt.

[1] PINNER, B. **18**, 759. 2850; **22**, 1612; **23**, 3820.

[2] PINNER, B. **22**, 1629. 2609.

[3] FRANKLAND, KOLBE, A. **65**, 269. — E. MEYER, SCHWARZE, J. pr. [2] **27**, 153; **38**, 584; **42**, 1.

[4] GABRIEL, PINKUS, B. **26**, 2207. — Vgl. WOLFF, B. **26**, 722. 1832.

Die Chinazoline (Benzometadiazine oder auch Phenmiazine) entstehen aus den Acidylverbindungen der o-Amidobenzaldehyde oder o-Amidophenylketone mit Ammoniak.[1] So liefert Acetylamidobenzaldehyd *Methylchinazolin*

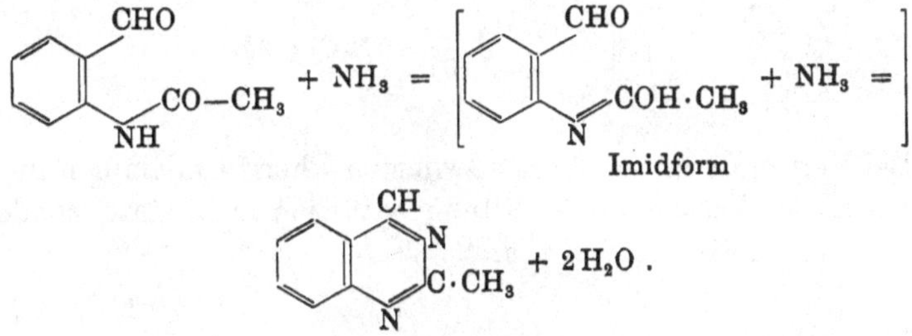

Das einfache Chinazolin selbst ist noch nicht dargestellt worden.

Die wichtigste Bildungsweise der Chinoxaline ist die Kondensation von o-Diaminobenzolen mit α-Dicarbonylverbindungen. Das Chinoxalin selbst entsteht aus o-Phenylendiamin und Glyoxal[2]

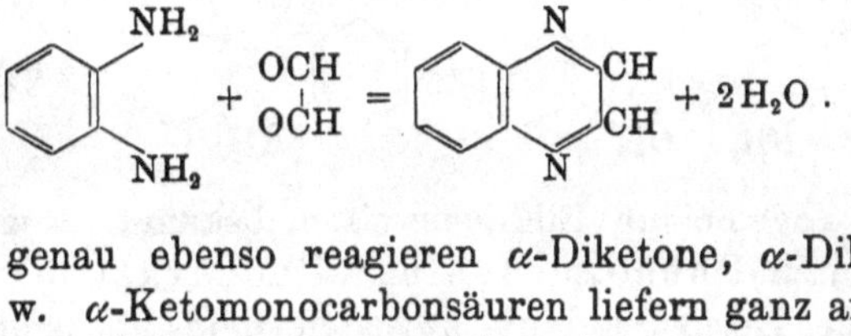

Ganz genau ebenso reagieren α-Diketone, α-Diketocarbonsäuren u. s. w. α-Ketomonocarbonsäuren liefern ganz analog Oxychinoxaline und die einzige mögliche α-Dicarbonsäure, die Oxalsäure Dioxychinoxaline.[3] Ebenso wie die Phenylendiamine reagieren o-Diamidoverbindungen anderer aromatischer Kerne, z. B. des Naphtalins, die Naphtochinoxaline liefern.

Auch Verbindungen, welche die Gruppe —CO·CCl— oder —CO—COH— enthalten, d. h. α-Oxyaldehyde, α-Oxyketone und α-Halogenketone, liefern mit o-Phenylendiaminen Chinoxaline, indem die zunächst gebildeten Dihydrochinoxaline unter Wasserstoffabspaltung in die Chinoxaline übergehen. So liefert Benzoïn *Diphenylchinoxalin*[4]

---

[1] Bischler, Lang, B. **24**, 507; **28**, 279.

[2] Hinsberg, A. **237**, 327; **248**, 71; **292**, 245.

[3] Siehe R. Meyer, B. **30**, 768.

[4] Griess, Harrow, B. **20**, 281. 2205. — E. Fischer, B. **22**, 92. — O. Fischer, B. **24**, 720. — Hinsberg, A. **292**, 246.

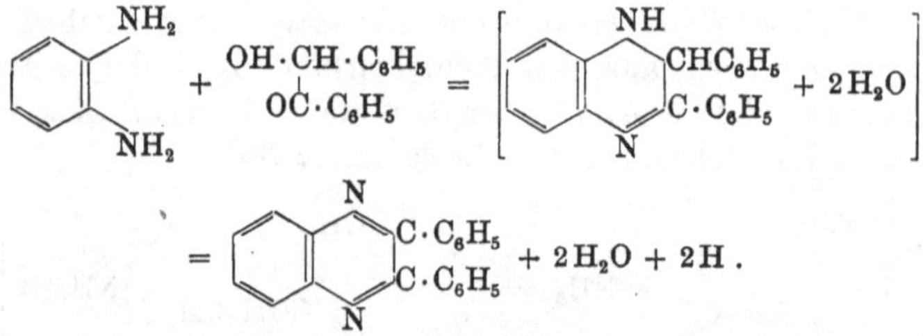

Bei Verwendung von monoalkylierten Phenylendiaminen findet dagegen diese Wasserstoffabspaltung natürlich nicht statt, sondern es resultieren *Dihydrochinoxaline.*[1]

2. Bildung des Dibenzoparoxazin-(Phenoxazin-) und des Dibenzoparathiazin-(Thiodiphenylamin-)ringes.

Für Derivate des Phenoxazins, das selbst aus o-Aminophenol und Brenzkatechin (o-Diphenol) beim Erhitzen entsteht[2],

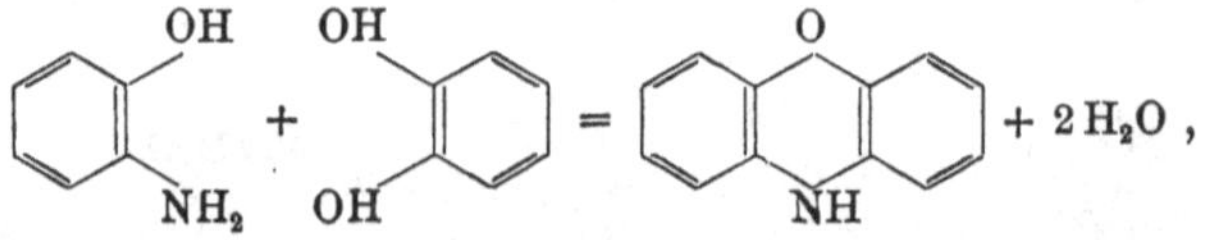

sind keine allgemeinen Bildungsweisen bekannt, wohl aber für die sogenannten Phenoxazone und Phenoxazime[3], die durch eine chinoïde Doppelbindung zwischen dem Stickstoffatom und einem aromatischen Kern charakterisiert sind und die Grundkörper der Phenoxazinfarbstoffe bilden. Dieselben entstehen aus o-Oxychinonen (Phenoxazone) bezw. o-Oxychinonimiden (Phenoxazime), namentlich aus solchen des Naphtalins, mit o-Amidophenolen. So geben o-Oxynaphtochinon und o-Amidophenol das *Naphtophenoxazon*[4]

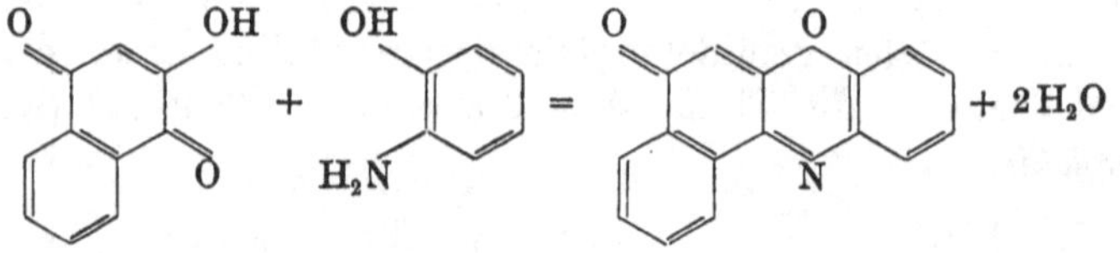

[1] S. auch O. Fischer, B. **24**, 719. — Kehrmann, Messinger, B. **24**, 1875; **25**, 1627.

[2] Bernthsen, B. **20**, 942.

[3] Nietzki, Bossi, B. **25**, 2995.

[4] Kehrmann, Messinger, B. **26**, 2375. — Kehrmann, B. **28**, 353.

und genau ebenso Oxynaphtochinonimid und o-Amidophenol *Naphtophenoxazim.*[1]

Oxy- und Amidoderivate derselben Ringkörper entstehen aus mehrwertigen Phenolen oder Dialkylamidophenolen mit p-Nitrosophenolen[2], p-Nitrosodialkylaminen[3] oder Chinondichlorimiden[4] unter Oxydation, z. B. das sogenannte *Gallocyanin* aus Gallussäure und Nitrosodimethylanilin[5]

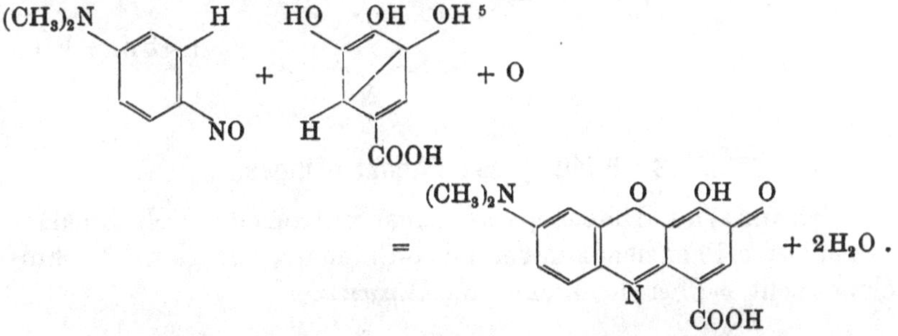

Vollkommen analog der Phenoxazinbildung entsteht aus o-Aminothiophenol und Brenzkatechin[6] oder aus Diphenylamin beim Erhitzen mit Schwefel[7] das *Dibenzoparathiazin* (*Thiodiphenylamin*)

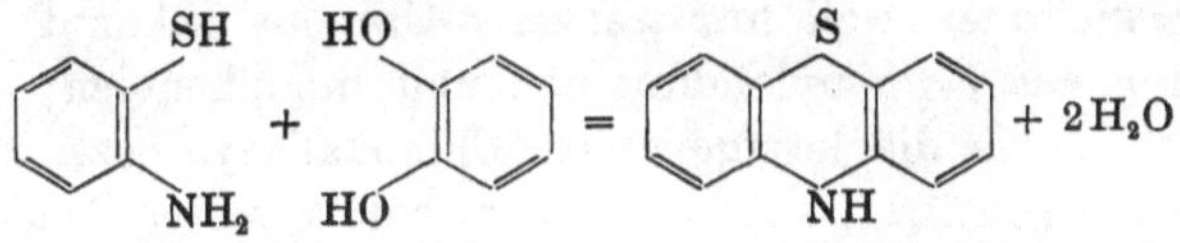

und in entsprechender Weise die Kernhomologen.[8]

Auch hier sind die Verbindungen von chinoïder Doppelbindung, die Phenthiazone und Phenthiazime, von besonderer Wichtigkeit als Grundkörper wertvoller Farbstoffe. Sie entstehen aus p-Aminophenolen oder p-Phenylendiaminen durch Oxydation bei Gegenwart von Schwefelwasserstoff oder durch Schmelzen mit

[1] Kehrmann, B. **28**, 355. [2] Nietzki, B. **22**, 3020. 3035.

[3] Möhlau, B. **25**, 1061. — D.R.P. 50612. — Meldola, B. **12**, 2065. — Witt, B. **23**, 2247. — Nietzki, Bossi, B. **25**, 3002.

[4] Nietzki, Otto, B. **21**, 1601. 1744.

[5] Nietzki, Otto, B. **21**, 1740. — D.R.P. 19580. — Der leichteren Übersichtlichkeit wegen ist hier in einigen Fällen an Stelle der sonst gebräuchlichen Benzolformel 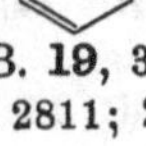 die Formel 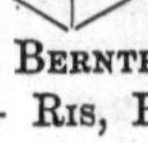 gebraucht worden.

[6] Bernthsen, B. **19**, 3255. [7] Bernthsen, B. **16**, 2897; A. **230**, 77.

[8] Kym, B. **21**, 2811; **23**, 2464. — Ris, B. **19**, 2240.

Schwefel, so aus dem p-Phenylendiamin selbst das *Aminophenthiazim* (*Lauthsche Violett*)[1]

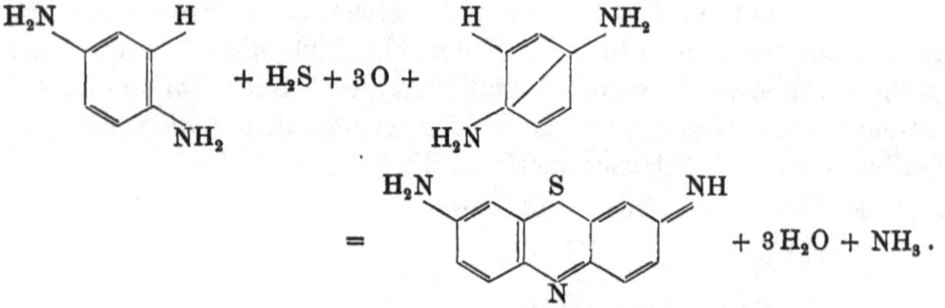

3. Bildung des Phenazinringes.

Phenazine (Dibenzoparadiazine) entstehen durch Kondensation von o-Phenylendiaminen mit o-Chinonen. So gibt β-Naphtochinon mit o-Phenylendiamin *Naphtophenazin*[2]

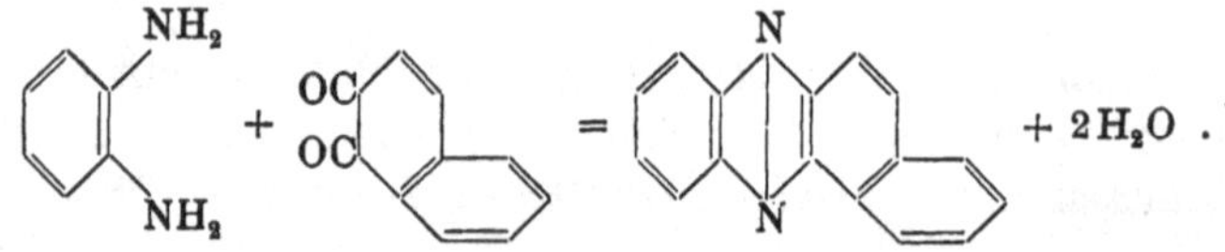

Praktisch wichtiger, weil nur wenige o-Chinone bekannt sind, ist die Bildung aus o-Phenylendiaminen und o-Diphenolen; dieselbe führt, ebenso wie die letztgenannte Chinoxalinsynthese, zunächst zu Dihydrophenazinen, die aber sofort unter Wasserstoffabspaltung in die Phenazine übergehen. So entsteht das einfachste *Phenazin* aus o-Phenylendiamin und Brenzkatechin[3]

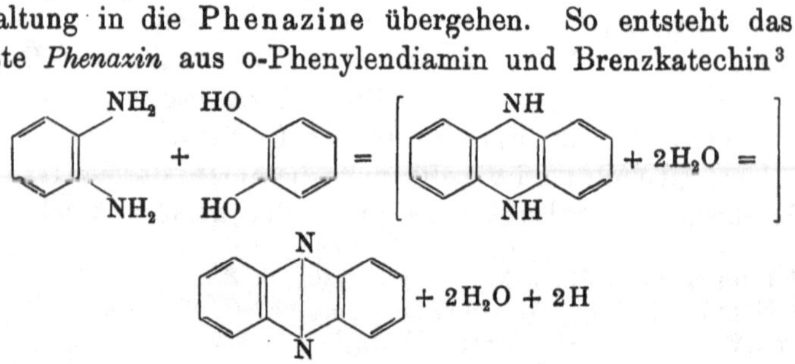

und analog die Kernhomologen.[4]

[1] Lauth, B. **9**, 1035. — Bernthsen, A. **230**, 73—211; **251**, 1—97. — Vidal, C. **1897** II, 747.

[2] Witt, B. **19**, 2794; **20**, 573. — S. auch Hinsberg, A. **237**, 340. — Schunck, Marchlewski, B. **29**, 200.

[3] Merz, Ris, B. **19**, 725. 2206.

[4] Witt, B. **19**, 917; **20**, 575.

Die in einer Parastellung zu einem der Stickstoffatome durch eine Hydroxyl- oder Amidogruppe substituierten Phenazine besitzen wahrscheinlich eine chinoïde Doppelbindung, wie die Phenoxazone und Phenoxazime (s. S. 412)

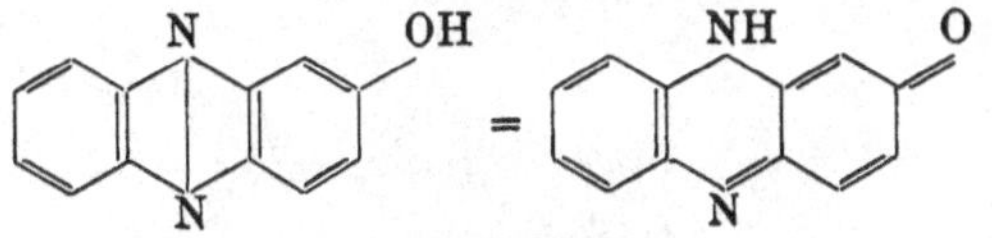

und

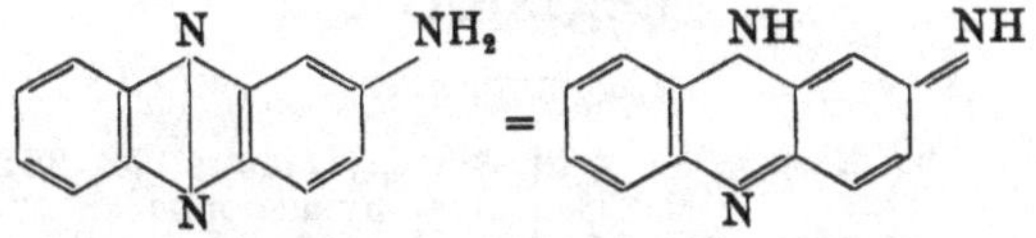

.

Diese Verbindungen, die Eurhodole und Eurhodine, sind die Grundkörper wichtiger Farbstoffe, u. a. der Induline und Safranine. Sie entstehen z. B. aus Oxy-o-chinonen und o-Diaminen bezw. aus o-Chinonen und Amido-o-diaminen[1] oder auch analog den Bildungsweisen der Oxy- und Amino-phenoxazone und -phenoxazime.[2]

[1] KEHRMANN, MESSINGER, B. **24**, 2171.
[2] WITT, B. **21**, 719. — NIETZKI, OTTO, B. **21**, 1598.

Register.

Berichtigungen.

S. 20 Zeile 2 v. o. lies: (C=O) statt (C≡O).
„ 62 „ 5 „ u. „ s. S. 106 Anm. statt s. S. 103 Anm.
„ 76 „ 6 „ u. „ Formel des Azoxybenzols $\begin{matrix}C_6H_5-N\\ C_6H_5-N\end{matrix}\!>O$.
„ 131 „ 5 „ o. „ Gemisch von zwei Molekülen Alkohol mit einem Molekül Schwefelsäure, statt Gemisch von einem Molekül Alkohol mit zwei Molekülen Schwefelsäure.
„ 162 Fußnote 4 lies: Moureu, Delange, C. r. 136. 753. C. **1903** I, 1018.
„ 218 Zeile 17 v. o. lies: + COOH—COOH statt + 2COOH—COOH.
„ 221 Fußnote 2 lies: A. **104**, 111 statt A. **104**, 11.
„ 251 Zeile 6 v. u. lies: Formaldehyd statt Formaldhyd.

Kolibri 360 GmbH
Ferdinand-Jühlke-Straße 7
99095 Erfurt, Deutschland
produktsicherheit@kolibri360.de